Journal

für

die Baukunst.

In zwanglosen Heften.

Herausgegeben

von

Dr. A. L. Crelle,

Königlich-Preufsischem Geheimen-Ober-Baurathe, Mitgliede der Königlichen Akademie der Wissenschaften zu Berlin, Correspondenten der Kaiserlichen Akademie der Wissenschaften zu St. Petersburg und der Königlichen Akademieen der Wissenschaften zu Neapel und Brüssel, Ehrenmitgliede der Hamburger Gesellschaft zur Verbreitung der mathematischen Wissenschaften.

Neunter Band.

In vier Heften.

Mit 17 Kupfertafeln.

Berlin,

bei G. Reimer.

1836.

Inhalt des neunten Bandes.

Erstes Heft.

Zweites Heft.

Drittes Heft.

Einige Berichtigungen in diesem Bande.

Im ersten Hefte.

Seite 92 lese man Laacbener See st. Lumser See.
— 96 Taf. 1. Spalte 2. Rauheit st. Reinheit.
— 99 Spalte 2. oben st. über.

Im dritten Hefte.

— 210 bis 226 lese man überall Familie statt Famielie.
— 211 Acotyledoneen, Monocotyledoneen, Dicotyledoneen st. Acotylidonen, Monocotylidonen Dycotylidonen.
— 212 Z. 15 v. o. *parallela* st. *paralella*.
— 212 — 23 v. o. *Sarcomycetes* st. *Succomites*.
— 213 — 4 v. o. *Xylophagus* st. *Xilophagus*.
— 215 und 217 mephitisch st. mephytisch.
— 219 Z. 3 v. o. *Hepaticae* st. *Stepaticae*.
— 220 — 3 v. o. *antipyretica* st. *antipretica*.
— 223 — 13 v. u. *larynx* st. *laryx*.
— 291 §. 2. weich st. reich.

Journal

für

die Baukunst.

In zwanglosen Heften.

Herausgegeben

von

Dr. A. L. Crelle,

Königlich-Preufsischem Geheimen-Ober-Baurathe, Mitgliede der Königlichen Akademie der Wissenschaften zu Berlin, Correspondenten der Königlichen Akademieen der Wissenschaften zu Neapel und Brüssel und Ehrenmitgliede der Hamburger Gesellschaft zur Verbreitung der mathematischen Wissenschaften.

Neunter Band.

Erstes Heft.

Mit vier Kupfertafeln (Taf. I. — IV.).

Berlin,

bei G. Reimer.

1835.

1.

Beschreibung der beim Bau des Hafens am neuen Salzmagazine zu Berlin gebrauchten Wasserhebungs-Maschine.

(Von dem Herrn Bau-Conducteur *Rosenbaum* zu Berlin.)

Bei dem Bau des neuen Salzmagazins und des damit verbundenen Hafens zu Berlin, in den Jahren 1833 und 1834, sollte der Boden des Hafens bis 3 Fufs tief unter das niedrigste Wasser der Spree ausgegraben werden. Der Baugrund bestand aus einer 9 bis 10 Fufs mächtigen Schicht aufgeschütteten Bodens, unter welcher eine 2 bis 3 Fufs dicke Torflage sich befand. Wegen dieser Beschaffenheit des Bodens und der grofsen Höhe der Spree mufste man auf einen bedeutenden Wasser-Zuflufs rechnen. Die Schwierigkeit, aus der 420 Fufs langen und meistens 50 Fufs breiten Baugrube das Wasser bis zu der bestimmten Tiefe herauszuschaffen war also nicht gering, und man mufste im Voraus auf eine bessere Maschine, als kostspielige Pumpen, bedacht sein.

Unter den vielen bekannten, mitunter sehr wirksamen Wasserhebungs-Maschinen, die sich zu diesem Zweck darboten, war die Wahl schwierig, indem die meisten theils zu kostbar waren, theils auch nicht den Grad von Dauer verhiefsen, der hier von einer Maschine, welche vier Monate lang Tag und Nacht ununterbrochen im Gebrauch sein sollte (so lange dauerte der Bau), verlangt werden mufste. Endlich entschied man sich für ein Schöpfrad, ähnlich der Maschine, die Perronet bei dem Bau der Brücke zu Neuilly gebraucht hat.

Auf Taf. I. Fig 1. bis 7. ist die gewählte Maschine vorgestellt. Fig. 1. ist der Grundrifs, Fig 2., 3., 4. sind Ansichten desselben, nach den drei Seiten *AB*, *CD*, *EF*; Fig. 5., 6. und 7. zeigen das Schöpfrad selbst in gröfserem Maafsstabe.

Die Maschine ruht auf den beiden Schwellen *b*, *b* (Fig. 1. — 4.), welche zwischen den Pfählen *a*, *a*, *a*, *a*, je nachdem es der Wasserstand erfordert, gehoben oder gesenkt werden können. Die Vorrichtung hiezu ist die nemliche, wie beim Stockpanster zum Heben und Senken des Wasserrades. Zwei Mann können die Maschine mit einer Handwinde ganz bequem heben und senken. Man könnte diese Schwellen zwar auch auf Böcke legen, wie es wirklich der Fall war; indessen ist dann das Senken der Maschine immer mit vielen Umständen verknüpft, und geschieht selten gleichmäfsig; es dürfte daher, besonders wenn die Maschine längere Zeit auf einer Stelle gebraucht werden soll, besser sein, gleich die gedachten Pfähle, welche nur 8 und 10 Zoll stark zu sein brauchen, dazu einzurammen, wodurch dann das Schwanken und die Ungleichmäfsigkeit der Senkung ganz vermieden wird.

Auf den Schwellen *b*, *b* sind die Balken *c*, *c*, *c* eingekämmt, auf denen der Fufsboden liegt. Die beiden Balken *d*, *d*, welche ebenfalls in die Schwellen *b*, *b* eingekämmt sind, tragen die Zapfenlager des Schöpfrades *e*. Dieses Rad hat 12 Fufs im Durchmesser und wird durch zwei Kurbeln *f* und *g* in Bewegung gesetzt, an welchen 6 Mann drehen können. Auf der Kurbelwelle, deren Zapfenlager auf dem aus Kreuzholz fest verbundenen Bocke *k* befestigt sind, steckt das kleine Getriebe *h* und das Schwungrad *i*; das Getriebe *h* greift in das Stirnrad *m*, welches auf der Welle des Schöpfrades befestigt ist, auf welche Weise dann letzteres in Bewegung gesetzt wird. Zum Schutze der Arbeiter gegen schlechtes Wetter kann über der ganzen Maschine ein kleines Bretterdach errichtet werden.

Es wird die nähere Beschreibung der einzelnen Theile der Maschine, so wie die Mittheilung einiger Bemerkungen, die während des langen Gebrauchs derselben gemacht worden sind, vielleicht nicht ganz uninteressant sein.

Die Construction des Schöpfrades ist folgende. Die Kränze desselben sind aus zwei Lagen $1\frac{1}{2}$ Zoll starker, 9 Zoll breiter Felgen zusammen genagelt, welche 12 Zoll, im Lichten gemessen, von einander entfernt sind. Um den Ausflufs des Wassers aus den Zellen oder Kammern zu beschleunigen, ist das Rad konisch geformt, und zwar so, dafs der Kranz, worin sich die Öffnungen der Zellen befinden, 11 Fufs 8 Zoll, der andere aber 12 Fufs Durchmesser hat. Der Boden jeder Zelle hat also 2 Zoll Gefälle. Der Mantel und der Boden des Rades bestehen aus

$\frac{5}{4}$ Zoll starken, gehobelten und gespundeten kiehnen Brettern, welche an die Kränze angeschraubt und dicht mit Pech vergossen sind.

Damit beim Ausströmen des Wassers in die Rinne nichts davon vorbeifliefsen könne, steht der Boden des Rades an dieser Seite 1 bis $\frac{5}{4}$ Zoll weit vor. Das Rad ist in 24 Zellen getheilt. Die Scheidewände der Zellen bestehen aus 1 Zoll dicken Brettern, welche in die beiden Kränze eingeschoben und mit Pech vergossen sind. Die Richtung derselben wird folgendermafsen bestimmt. In Fig. 5. ist mn der 24ste Theil der Peripherie des Kranzes; man ziehe den Radius mo, halbire den Bogen mn in q, verbinde q mit dem Puncte p, wo der Radius mo die innere Peripherie des Kranzes schneidet, durch eine gerade Linie: alsdann ist dieselbe die Richtung der Scheidewand zweier Zellen. Die Form der Ein- und Ausflufsöffnungen ist dem Querschnitte der Zellen ähnlich. Die Ein- und Ausflufsöffnungen Fig. 5. a waren anfänglich $5\frac{1}{2}$ Zoll lang und 5 Zoll breit. Allein das Wasser fing auf diese Weise schon ehe die Ausflufsöffnung die Rinne erreichte an, auszufliefsen, so dafs eine bedeutende Menge Wasser umsonst gehoben wurde. Um diesem Übelstande abzuhelfen, wurden schmale Streifen von Zink-Platten auf die Öffnungen genagelt, Fig. 5. b, welche die Gröfse der Öffnungen auf $5\frac{1}{2}$ Zoll Länge und 4 Zoll Breite beschränkten. Der Cubikinhalt der Zellen stieg hierdurch von 16 auf 20 Quart, und das zu frühe Ausfliefsen des Wassers hörte beinahe ganz auf. Jedoch dürfte die Form Fig. 5. c der Öffnungen, wo der spitze Winkel bei β etwas abgerundet ist, noch besser sein. Aus Fig. 7., welche einen Abschnitt des Kranzes nach der Linie GH Fig. 5. darstellt, ist zu ersehen, wie die Scheidewände in die Kränze eingeschoben und die Ecken γ und δ der Ausflufsöffnungen gebrochen sind, um den Ausflufs des Wassers zu erleichtern.

Zu den Armen des Schöpfrades kann man Schlufsarme nehmen, weil sich dann, wenn es vielleicht nöthig sein sollte, das Rad von der Welle leichter abnehmen läfst.

Dicht am Rade steht auf ein Paar Böcken, oder sonstigen Unterstützungen, der $2\frac{1}{2}$ Fufs breite Kasten M, Fig. 1., welcher das ausströmende Wasser aufnimmt und den Rinnen zuführt. In Fig. 2. und 3. sind die Unterstützungen des Kastens mit N bezeichnet. Die am Schöpfrade anliegende Seite des Kastens M wird nach dem Radius des Rades abgerundet und etwas schräg unter den Boden des Rades gestellt, der, wie oben bemerkt, $\frac{5}{4}$ Zoll weit vorsteht, wodurch alles Vorbeifliefsen des Wassers verhütet wird. Die gröfste Menge Wasser wird ausgegossen, wenn sich die Zellen in der Gegend von a' und b' Fig. 3. befinden; wird jedoch das Rad sehr rasch umgedreht, so haben sie öfters in der Gegend von c' und d' noch nicht ausgegossen.

Man könnte glauben, dafs, wenn der Kranz des Rades ganz ins Wasser taucht, die in den Zellen eingeschlossene Luft das Wasser am Einströmen hindern müsse. Auch war man bei der Zusammensetzung der Maschine darauf bedacht, diesem Umstande zu begegnen; allein die Erfahrung zeigte, dafs die Befürchtung keinen Grund gehabt hatte. Die Peripherie des Schöpfrades hat meistens nur eine Geschwindigkeit von $1\frac{1}{2}$ Fufs in der Secunde, bei welcher Geschwindigkeit sich die Zellen ganz gut füllen. Nimmt die Geschwindigkeit zu, oder geht das Rad sehr tief ins Wasser, so entweicht zwar die Luft mit einigem Geräusch, jedoch füllen sich die Zellen immer.

Die 10 Zoll im Quadrat starke kiehnene Welle, an welcher das Schöpfrad steckt, ist an jedem Ende mit einem aufgetriebenen Ringe und aufserdem noch mit 3 Ziehringen gebunden. Die Zapfen sind gewöhnliche Hakzapfen. Die Zapfenlager bestehen aus eichenen Klötzen v, Fig. 1. und 3., welche an die Balken d, d mit Klammern und Nägeln befestigt sind und sich sehr gut gehalten haben. An dem anderen Ende der Welle steckt das Stirnrad m. Dasselbe ist ganz auf die gewöhnliche Weise verfertigt, und hat 76 Zähne, mit 3 Zoll Theilung, also etwa 6 Fufs, oder genau 6 Fufs 0,057 Zoll im Durchmesser. Um die Welle an ihrem Ende nicht zu sehr zu schwächen, mufs das Stirnrad ebenfalls Schlufsarme haben.

In das Stirnrad m greift das Getriebe h, welches Anfangs von Holz war, und 7 Stöcke, mit 3 Zoll Theilung, also 6,68 Zoll im Durchmesser hatte. Die Stöcke nutzten sich aber sehr bald ab; weshalb denn ein eisernes Getriebe gegossen wurde, welches sehr gute Dienste that, indem es auch die Zähne des Stirnrades weit mehr schonte, als das hölzerne. Die eiserne Welle, auf welcher man das Getriebe festkeilte, ist an den Stellen, wo sie in den Zapfenlagern liegt, sauber abgedreht, und $1\frac{3}{4}$ Zoll im Quadrat stark. Die Zapfenlager sind aus Messing gegossen und auf den Bock k angebolzt. An dieser Welle steckt noch das Schwungrad i. In Ermangelung eines eisernen Rades wurde ein hölzernes verfertigt. Es hat 7 Fufs im Durchmesser; sein Kranz war 9 Zoll breit und

6 Zoll dick aus 3 Zoll starken Felgen zusammengenagelt. Die Kreuzarme waren in der Mitte überschnitten. Das Loch für die Welle muſs sehr sorgfältig mit Eisen ausgefüttert werden, damit das Schwungrad auf die kleine Welle recht fest gekeilt werden könne. An den Enden der Welle sind die Kurbeln *f* und *g* befestigt. An der Kurbel *g* drehen 4 Mann; sie bewegt sich, damit sie nicht federn könne, am andern Ende ebenfalls in einem Zapfenlager, welches auf dem Bocke *l* befestigt ist. Der Kurbelbug hat $15\frac{1}{2}$ Zoll. Die Böcke *k* und *l* müssen besonders genau gearbeitet und fest verstrebt werden, weil sie sonst leicht schlottern, welches dem Gange der Maschine sehr nachtheilig sein würde.

Die Balken *c, c, c* haben nichts weiter zu tragen, als den aus $1\frac{1}{2}$ Zoll dicken Brettern bestehenden Fuſsboden und die Arbeiter, welche zur Bewegung der Maschine nothwendig sind, weshalb sie von Halbholz hinlänglich stark sind. Um den Arbeitern aber nicht durch einen zu hohen Stand der Kurbel die Arbeit zu erschweren, ist es gut, wenn man zu den Balken *c, c* 12 Zoll hohes Halbholz nimmt, weil alsdann der Fuſsboden einige Zolle höher rückt; auch kann man die Stelle, wo die Arbeiter während der Arbeit stehen, durch eine Stufe von 4 bis 5 Zoll hoch erhöhen.

Bei vollem Wasser, d. h. wenn das Rad so weit als es in Fig. 2., 3. u. 4. angedeutet ist, in's Wasser ging, wurde die Kurbel 27 bis 30 mal in einer Minute herumgedreht, in welcher Zeit dann das Wasserrad $2\frac{1}{2}$ Umgänge machte. Die Geschwindigkeit in der Kurbel ist $1\frac{3}{4}$ bis 2 Fuſs und in der Peripherie des Schöpfrades $1\frac{1}{2}$ Fuſs in der Secunde. Der Cubikinhalt einer Zelle war, nachdem die Zinkstreifen aufgenagelt waren, 20 Quart. Rechnet man für etwanigen Verlust 2 Quart ab, so ist die in einer Minute geförderte Wassermenge:

$$18 . 24 . 2\frac{1}{2} = 1080 \text{ Quart.}$$

Dieses giebt, das Quart zu $65\frac{1}{3}$ Cubikzoll gerechnet, eine Wassermenge von $40\frac{5}{6}$ Cubikfuſs in einer Minute und von 2450 Cubikfuſs in einer Stunde. Diese Wassermenge ist im Durchschnitt 8 Fuſs hoch gehoben worden und es haben dabei 12 Mann gearbeitet, stundenweis abgelöst, so daſs also ein Mann im Durchschnitt in einer Stunde $204\frac{1}{6}$ Cubikfuſs Wasser 8 Fuſs hoch gehoben hat.

Nimmt man an, daſs immer die Hälfte der Zellen gefüllt ist, so würden stets $12 . 18 = 216$ Quart oder $\frac{216 . 65\frac{1}{3}}{1728} = 8\frac{1}{6}$ Cubikfuſs oder

$8\frac{1}{6}.66 = 539$ Pfund Wasser im Kranze des Rades sich befinden. Das mit Wasser angefüllte Stück des Rades kann man als einen schweren Bogen ansehen, dessen Schwerpunct nach dem Satze: der schwere Bogen verhält sich zu seiner Sehne, wie der Radius zur Entfernung des Schwerpunctes vom Mittelpuncte, gefunden wird. Nimmt man auf die Hälfte der Breite des Kranzes, also $65\frac{1}{4}$ Zoll vom Mittelpuncte entfernt, die Schwerpuncte der einzelnen gefüllten Zellen an, so wird die durch diese Schwerpuncte beschriebene Curve den schweren Bogen darstellen. Nach dem vorhin ausgesprochenen Satze ist alsdann:

$$65\tfrac{1}{4}.3{,}1416:130{,}5 = 65\tfrac{1}{4}:x,$$

woraus x beinahe $= 41{,}6$ Zoll folgt. Die vorhin berechnete Last von 539 Pfund wirkt also an einem Hebelsarme von 41,6 Zoll. Diese Last auf die Peripherie des Theilkreises am Stirnrade reducirt, giebt:

$$\frac{539.41{,}6}{36{,}88} = 618 \text{ Pfd.}$$

In der Peripherie des Theilkreises des Getriebes wirkt also, wenn man die Reibung wegläfst, eine Last von 618 Pfunden. Rechnet man zur Überwindung sämmtlicher Reibungen, so wie für die anfänglich mehr zu hebenden 2 Quart Wasser in den unteren Zellen, und für den Widerstand, den das Wasser dem Rade entgegensetzt, den fünften Theil dieser Last noch hinzu, so werden in der Peripherie des Theilkreises des Getriebes circa 742 Pfund Last zu überwinden sein. Diese Last erfordert in der Kurbel eine Kraftäufserung von

$$\frac{3{,}34.742}{15{,}5} = 156{,}9 \text{ Pfunden.}$$

Es mufs daher ein Mann mit $\frac{159{,}9}{6} = 26{,}7$ Pfund Kraft arbeiten, um die Wassermenge 8 Fufs hoch zu heben. Für die Geschwindigkeit von $1\frac{3}{4}$ bis 2 Fufs, mit welcher gearbeitet wird, ist dies Resultat vortheilhaft, da man in der Regel an der Kurbel $2\frac{1}{2}$ Fufs Geschwindigkeit und 25 Pfund Kraftaufwand rechnen darf.

Die Baugrube wurde durch Fangedämme in verschiedene Abtheilungen getheilt, um nicht immer die ganze Menge des zufliefsenden Wassers schöpfen zu müssen. Je nachdem eine Abtheilung tief genug ausgegraben war, war auch der Zuflufs des Wassers verschieden. Bei geringem Wasserzuflusse waren 2 bis 3 Mann hinreichend, die Maschine zu bewegen, und die Kurbel mufste bis 40 mal in einer Minute herumgedreht werden, um den Vortheil des Schwungrades noch mehr benutzen zu können.

Vergleicht man die Wirkung dieser Maschine mit der der Pumpen, so ergiebt sich Folgendes. Ist der Querschnitt des Stiefels 9 Zoll im Quadrat, die Höhe des Zuges 4 Fuſs, die Entfernung des Punctes, wo der Kolben am Zugbaume hängt, vom Drehpuncte desselben, $2\frac{1}{2}$ Fuſs, die Länge des Zugbaumes 12 Fuſs, so ist die Höhe des Kolbenhubes:

$$12:2{,}5 = 4:\frac{2{,}5 \cdot 4}{12} = 0{,}833 \text{ Fuſs.}$$

Nimmt man in einer Minute 24 Züge an, so ist die Wassermenge, welche 2 Pumpen in einer Minute heben,

$$= 0{,}833 \cdot 2 \cdot \tfrac{81}{144} \cdot 24 \cdot \tfrac{5}{6} = 18\tfrac{3}{4} \text{ Cubikfuſs;}$$

in einer Stunde also 1125 Cubikfuſs. An einer solchen Pumpe müssen 16 Mann abgelöset arbeiten. Ein Mann hebt also durchschnittlich in einer Stunde nur $70\frac{1}{4}$ Cubikfuſs, wobei noch zu berücksichtigen ist, daſs das Pumpen die Arbeiter weit mehr anstrengt, als das Drehen an der Kurbel des Schöpfrades.

Aus dieser Vergleichung geht hervor, wie sehr den Pumpen die hier beschriebene Maschine vorzuziehen ist, vorausgesetzt, daſs der Raum ihren Gebrauch gestattet.

Auſser dem Vortheil eines beinahe dreifachen Effectes, bei geringerem Kraftaufwande, ist aber auch folgender Vortheil zu berücksichtigen. Man kann nemlich auch das unreinste Wasser mit dem Schöpfrade schöpfen, ohne befürchten zu dürfen, daſs die Maschine dadurch leide, welches bei den Pumpen nicht der Fall ist, indem hier, wenn das Wasser unrein ist, der Schlamm und Sand, den die Pumpe mithebt, gröſstentheils über dem Ventile liegen bleibt, und so nach und nach das Öffnen des Ventiles, wenn der Kolben sich in die Höhe bewegt, ganz hemmt. Das Wasser aber nach einem Sumpfe hinzuleiten, wo es die Sinkstoffe, welche es mit sich führt, absetzen kann, ist nicht überall möglich. Wie kostspielig und zeitraubend auſserdem die immerwährenden Reparaturen an Pumpen sind, ist bekannt, wogegen hier bei dem Schöpfrade beinahe gar keine Ausbesserungen vorkommen; und selbst während des Hebens und Senkens der Maschine kann sie noch im Gange bleiben.

Berlin, im November 1834.

2.

Beschreibuug der Irren-Zimmer und des Wasch- und Badehauses in der Irren-Heilanstalt zu Leubus in Schlesien.

(Von dem Königl. Bau-Inspector Herrn *Rimann* zu Wohlau.)

Auf welche Weise in öffentlichen Irren-Heil- oder anderen Kranken-Anstalten die Zimmer für körperlich (somatisch) und für Seelen- (psychisch) Kranke angeordnet werden sollen, wird zwar von dem eine solche Einrichtung leitenden Arzt oder Sanitäts-Beamten angegeben; doch verlangt man von dem Architekten, welcher den Bau ausführt, daſs er mit der Construction und der technischen Behandlung schon bekannt sei. Dies ist der Beweggrund, warum ich in dieser Zeitschrift die Vorrichtungen, welche für ihren Zweck von dem Director der Irren-Heilanstalt zu Leubus, Dr. Martini angeordnet und unter meiner Mitwirkung ausgeführt worden sind, näher beschreiben werde.

Herr Dr. Jacobi hat eine ausführliche Darstellung der Irren-Heilanstalt zu Siegburg und die baulichen Einrichtungen dieses in neuerer Zeit entstandenen Instituts mitgetheilt*). Die Einrichtungen zu Siegburg weichen jedoch so bedeutend von denen zu Leubus ab, daſs es schon um deswillen der Mühe werth sein dürfte, die letztern darzustellen, um das Urtheil Sachverständiger über beide zu erforschen.

Meine Absicht beschränkt sich jedoch lediglich darauf, für die Bauwissenschaft dasjenige festzuhalten, was ihr allein angehört.

Im Voraus muſs ich bemerken, daſs die drei, 19 bis 21 Fuſs hohen, durchgängig gewölbten Etagen, die $4\frac{3}{4}$ Fuſs breiten, 9 Fuſs hohen Fenster und das prachtvolle Äuſsere des zur Irren-Heilanstalt zu Leubus eingeräumten ehemaligen Cisterzienser Klostergebäudes (den Grund-

*) D. M. Jacobi, über die Anlegung und Einrichtung von Irren-Heilanstalten, mit ausführlicher Darstellung der Irren-Heilanstalt zu Siegburg. 8vo. Berlin, 1834.

rifs desselben stellt Taf. II. Fig. 1. vor) bei mehrern Einrichtungen Bedingungen vorgeschrieben haben, mit welchen die Forderungen für die Aufnahme Seelenkranker nicht immer im Einklange standen und jenen nur untergeordnet werden mufsten. Die Königliche Ober-Bau-Deputation verwarf, als ihr das erste Project zum Einrichtungs-Bau für diese Anstalt vorgelegt wurde, die Vorschläge zur Erniedrigung der Etagen und Einziehung grader Rohrdecken, und bestimmte, dafs die gewölbten Zimmer beibehalten und nur bei Sälen oder gröfsern in kleinere Zimmer zu zerlegenden Räumen die Erniedrigung der Etage und die Einziehung grader Rohrdecken geschehen solle.

Der Theil *abcd* (Fig. 1.) des Gebäudes hat, wegen abhängiger Lage des Terrains unter der Parterre-Etage, noch ein 16 Fufs hohes Geschofs, welches man nicht Souterrain nennen kann, weil die darin befindlichen Zimmer sich über der Erde befinden. Hier werden die Zimmer der Tobsüchtigen mehrentheils durch warme Luft geheizt, und haben folglich keine Öfen. Sie sind ungefähr 12 bis 13 Fufs breit und 20 bis 24 Fufs lang, und ganz nach der Autenriethschen Angabe eingerichtet. Es wird nicht überflüssig sein, zur Beschreibung eines solchen Zimmers dasjenige zu wiederholen, was Hr. Doctor Hayner in seiner „Aufforderung zur Abstellung einiger schweren Gebrechen in der Behandlung der Irren, Leipzig, 1817. pag. 13," mit folgenden Worten sagt:

Das Autenriethsche Irrenzimmer.

Herr Professor Autenrieth in Tübingen hat die Einrichtung desselben angegeben. Es hat folgende Vorzüge vor andern Verwahrungsmitteln der Irren.

1. Es hat nicht das finstere, schreckliche Aussehen eines gewöhnlichen Gefängnisses.
2. Der Kranke kann darin Andern nicht schädlich oder gefährlich werden.
3. Er kann sich nicht umbringen.
4. Er ist aufser Stande, etwas zu zertrümmern. Der mit der Construction des Zimmers verbundene Kostenaufwand verinteressirt sich also schon durch ersparte Öfen, Fensterscheiben etc.
5. Kein Glied seines Körpers wird gedrückt oder gezwängt.

6. Er kann sich frei bewegen, nach Belieben gehen, laufen, springen, mit den Armen vagiren.

7. Die Luft, die ihn umgiebt, läſst sich leicht rein erhalten.

Zu dem Ende ist das Zimmer so eingerichtet, daſs der Kranke nicht zu den Fenstern und zum Ofen gelangen, die Thüre nicht durchbrechen, des Geschirres für den Unrath sich nicht bemächtigen oder dasselbe zerstören, nirgends einen Strick oder dergleichen, um sich zu erhenken, anbringen kann; daſs man viel frische Luft zulassen und das Nachtgeschirr von Auſsen wegnehmen kann.

Ich will Autenrieths Vorschriften zur Einrichtung dieses Zimmers aus dem 1sten Hefte des 1sten Bandes seiner Versuche über die praktische Heilkunde hersetzen und mit einigen Bemerkungen begleiten.

„In einem gewöhnlichen Zimmer läſst man aus dem Schlosse der „Thüre den Drücker ausheben, und die Thüre auf der innern Seite mit „wohl angenageltem Eisenblech überziehen. Über die Angeln der Thüre „läſst man von dem Rahmen, welcher die Thüre einfaſst, kleine dutten-„förmige, wohlangeschraubte Kappen von Eisenblech laufen," [diese Kappen braucht man nur da, wo die Thüre in's Zimmer hineinschlägt,] „da-„mit an ihnen kein Punct sei, wo ein Strick, mit dem sich der Kranke „erhenken möchte, haften könnte. Die Entfernung des Drückers von dem „Schlosse, und das Überziehen des Schlosses von innen mit Eisenblech, „welches die äuſserlich unverändert bleibende Thüre vor dem Durchtreten „sichert, bewerkstelligt eben dieses an der ganzen Thüre. Um das dü-„stere Aussehen einer mit Eisen überzogenen Thüre zu vermeiden, läſst „man sie mit weiſser Ölfarbe anstreichen. In einer weiteren Entfernung „von dem Ofen und dem Fenster, als der Arm reicht, werden Pallisaden „in Halbzirkeln herumgestellt, welche die Annäherung des Irren zum Ofen „und zum Fenster unmöglich machen." [Ich habe hier in Waldheim vor jedem Fenster 9 Tannen, vor den Öfen 13 bis 21, nach Beschaffenheit ihres Standes und Umfanges.] „Diese Pallisaden, stehen 4 Zoll weit aus„einander, damit der Kranke den Kopf nicht durchstecken kann; jede „hat die ganze Höhe des Zimmers, ist im Durchmesser $3\frac{1}{2}$ Zoll stark, „und ganz rund und glatt gearbeitet. Sie dürfen nicht aus dicken Balken „geschnitten sein, an welchen sehr häufig Risse und Splitter mit der Zeit „entstehen; sondern es müssen junge Tannen von dieser Gröſse genom-„men und nur oberflächlich glatt gemacht werden, damit auch an ihnen

„kein Strick hafte, sondern bis auf den Boden herabglitschen würde." [In Gegenden, wo junge Tannen nicht zu haben sind, müfsten wohl junge Birken ihre Stelle ersetzen, oder noch besser sein. Man versichert mir auch, dafs junge Fichten dieselbe Zähigkeit haben, wie junge Tannen.] „Man läfst diese Pallisaden mit weifser Ölfarbe anstreichen, was zur Hei-„terkeit etwas beiträgt. Tannenholz ist zu zähe, als dafs der stärkste „Mann eine solche Pallisade zerbrechen könnte; vier Männer sind mit „vereinigten Kräften nicht im Stande, sie zu zerbrechen. Die Pallisaden „haben oben und unten möglichst breite und kurze viereckige Zapfen, „womit sie oben und unten in Löchern halbzirkelförmiger Rahmen ste-„hen, die aus mehrern Zoll dickem und hinlänglich breitem Holze gear-„beitet sind. Diese Rahmen sind jedesmal in dem Zwischenraume, der „auf zwei Pallisaden folgt, durch eine sehr starke, tief eingetriebene Schraube, „in den Boden und in die Decke des Zimmers befestigt. In jedem die-„ser Halbzirkel befindet sich aber für die mittelste Pallisade eine Rinne, „so, dafs der untere Zapfen von dieser herausgestreift, die Pallisade aus-„gehoben werden, und der Wärter zum Fenster und Ofen kommen kann, „wenn er will. Dafs der Kranke jedoch diese Pallisade nicht ausheben „könne, dafür sorgt ein starkes, über jene Rinne quer übergehendes und „hart an dem untern Ende der Pallisade anliegendes Eisen, das an einem „Ende ein Gelenk hat, am andern mit einer, keinen erhabenen Kopf be-„sitzenden, also nur durch einen Schraubenschlüssel zu öffnenden Schraube, „in eine Schraubenmutter, welche in dem halbzirkelförmigen Rahmen „der Pallisaden befestigt ist, eingeschraubt wird. Es versteht sich, dafs „der Wärter diesen Schraubenschlüssel wohl zu verwahren hat. Noch „befindet sich in dem Zimmer ein Nachtstuhl, welcher aus den stärksten, „2 Zoll dicken Brettern, sogenannten Dielen oder Bettseiten, gemacht „ist, und einen eben so starken Deckel hat; er mufs nirgends genagelt, „sondern überall mit eisernen Bändern, welche durch Schrauben befestigt „sind, versehen sein; eben so können auch die eisernen Bänder für das „Gelenk des Deckels nicht stark genug und nicht wohl genug mit Schrau-„ben befestigt sein." [Die Schrauben prellen nicht so leicht ab, als die Nägel; übrigens müssen sie mit den Bändern ebene Flächen bilden, so dafs man keine Erhabenheit fühlt, wenn man mit der Hand darüber hin fährt. — Dies ist vorzüglich an den Bändern des Deckels nöthig.] „Das „Ganze wird mit Ölfarbe angestrichen, damit das Eisen nicht in die Au-

„gen falle. Dieser Nachtstuhl wird nun in die Wand, welche das Zimmer „gegen den Gang hinaus schliefst, so in ein Loch gestellt, dafs er gehörig „weit, um sich darauf zu setzen und den Deckel aufheben zu können, in „das Zimmer hereinragt; er mufs aber von innen aus, sowohl ringsum „an die Balken der Wandung des Zimmers, als auch auf dem Boden des-„selben, mit starken Schrauben befestigt werden. Aufsen im Gange be-„deckt die Öffnung in der Zimmerwand ein Thürchen, wie vor einem Ka-„mine. In dem Nachtstuhl ist ein Geschirr von Eisenblech, welches mit „Ölfarbe angestrichen und dessen Rand viel breiter ist, als dafs es von „dem Kranken durch die in dem Sitze des Nachtstuhls befindliche Öff-„nung in dem Zimmer könnte herausgezogen werden, das also jedesmal „durch die Öffnung in dem Gange herausgenommen und gereinigt wird." — [Zur Befestigung des Nachtstuhls habe ich in hiesiger Anstalt noch folgende Vorrichtung. An die Mitte der hintern Fläche des Blechgeschirres legt sich ein anderthalb Zoll breiter eiserner Halbzirkel an, der an der linken Seite in die Wand des Nachtstuhls mit 4 Schrauben befestigt ist und daselbst ein Gelenk hat (in einem Charnier geht), an der rechten Seite aber sich in einen, in der rechten Wand des Nachtstuhls angebrachten, gekröpften Haspen einlegt und daselbst durch einen eisernen Vorstecker befestigt wird. Diese Vorrichtung hält das Blechgeschirr unbeweglich fest, so dafs ihm der Kranke nichts anhaben kann. Durch einen unter das Geschirr gesetzten Schemel wird dasselbe nach oben angedrückt und festgehalten.] „Für „die schlimmsten Fälle kann man auch in eine andere Wand des Zim-„mers ein mit seinen Rändern nicht vor der Wand vorstehendes hölzer-„nes, eben so stark als der Nachtstuhl befestigtes, vorn und hinten offenes, „sonst cylindrisches Behältnifs setzen, worin ein genau eingepafstes, vier-„eckiges, sich um 2 Zapfen drehendes Kästchen steckt, was nur auf einer „Seite offen ist, und mit einem Riegel aufserhalb des Zimmers festgestellt „werden kann. In dieses Kästchen kann man einen zinnernen Becher, „eine hölzerne Schüssel mit einen hölzernen Löffel stellen, und durch „Umdrehen des Kästchens dann diese Stücke gegen das Zimmer zu stel-„len, so, dafs sie der Kranke von diesem aus holen kann. In dem Hinter-„grunde des beweglichen Kästchens sind Löcher gebohrt, um den Kran-„ken unbemerkt beobachten zu können. Die Zapfen, um welche oben „und unten das Kästchen sich dreht, sind in dieses so eingeschraubt, dafs „sie in einer Höhle mit den Köpfen nicht hervorragen; sie laufen in" [mit Eisen ausgefütterten] „Höhlungen des vorn und hinten offenen, in „die Wand eingeschraubten und eingemauerten cylindrischen Behältnisses." [Ich habe dies Kästchen in den hiesigen Irrenzimmern nicht anbringen lassen, weil man einen Kranken, der in einem Autenriethschen Zimmer verwahrt werden mufs, gewöhnlich füttern, oder doch so lange bei ihm bleiben mufs, bis er getrunken und gegessen hat. Mit dem hölzernen Löffel, auch wohl mit den übrigen Efsgeräthen könnte er ja, wenn er allein ist, manches zertrümmern. — Dann halte ich alle Beobachtungslöcher, durch die man den Kranken belauschen will, für schädlich, wenn sie, wie gewöhnlich, von demselben bemerkt werden können. Man erregt dadurch bald Mifstrauen, bald die Einbildung in ihm, als ob man sich vor ihm fürchte.] „Licht erhält der Kranke genug bei dieser Einrichtung in „dem überall weifs getünchten Zimmer, der vor den Fenstern stehenden „Pallisaden ungeachtet. Um Luft zu erhalten, darf man nur die Pallisade „in dem Halbzirkel vor dem Fenster ausheben, und einen obern Fenster„flügel aufmachen." — [Die Pallisaden in der Waldheimer Anstalt sind ganz nach diesen Angaben eingerichtet, und wir konnten also zur Luftreinigung die mittelsten ausheben. Da aber unsere Pallisaden-Zimmer zu ebner Erde sind, so habe ich einige Fenster-Flügel so einrichten lassen, dafs sie hinauswärtsschlagen, lasse sie also von aufsen öffnen, und habe folglich das umständliche Ausheben der Mittelpallisaden nicht nöthig.] — „Eben so kann man nöthigenfalls durch Verschliefsung der gewöhnlichen „Fensterladen das Zimmer hinlänglich verdunkeln. Aufserdem sind unter „der Decke des Zimmers, wohin der Kranke ohne Leiter nicht gelangen „kann, zwei kleine hohle Blechkapseln in die Wand des Zimmers, welche „gegen die Strafse sieht, eingemauert, die nöthigenfalls mit einem Deckel „verschlossen werden können, gewöhnlich aber im Sommer nnd Winter „offen bleiben." [Ich habe diese Vorrichtung weggelassen, weil das tägliche Öffnen von Fensterflügeln und die Geräumigkeit unsrer Zimmer die Luft rein erhält.] „Der Ofen des Zimmers hat eine Einrichtung, durch „welche, so lange Feuer in ihm brennt, frische Luft in dem Zimmer von „aufsen hinein vertheilt wird, nämlich vermittelst einer unter dem Fufsboden „von der äufsern Wand des Hauses entspringenden, an dem Ofen aufsteigen„den, durch seinen Aufsatz dringenden und, die Enden ausgenommen, überall „geschlossenen Röhre von starkem Eisenbleche, welche sich in das Zimmer öffnet." (An den Öfen der Waldheimer Anstalt fängt diese Röhre in der Feueresse an, geht über den Einfeuerungs-Platz weg, und endigt sich an einer Seite des Ofens.) „Es ist durchaus nothwendig, ein genaues „Auge auf die Handwerksleute zu haben, welche jene Einrichtungen aus„zuführen befehligt, und ohnehin oft gewohnt sind, alles schlechter zu ver„fertigen, was für den öffentlichen Gebrauch ist, als was sie für Privat„personen zu liefern haben. Leicht auszuziehende oder abzubrechende „Nägel, statt starker Schrauben: schwache eiserne, halb verrostete Bän„der, statt starker und neuer: leicht zu zertretende, schwache Bretter, statt „Dielen und sogenannter Bettseiten: rissiges, schwaches, morsches, statt „gesunden und starken Holzes, werden gewifs ohne Aufsicht oft solche „Einrichtungen lächerlich machen und das Lob der alten, aus übereinander„gelegten Balken gezimmerten, engen, finstern Käfige für Wahnsinnige, wo „sie angeschlossen sind, aufs neue neu erschallen machen. — Ein Wahn„sinniger gab einen Beweis, wie nöthig Aufmerksamkeit bei einer solchen „Einrichtung sei. In eine Stube gebracht, die nach obigen Angaben einge„richtet war, rifs er bald alle Pallisaden zusammen. Als ich es untersuchte, „zeigte sich, dafs zwar der Zimmermann überall Löcher gebohrt hatte, „wo Schrauben in den hölzernen Rahmen an der Decke und am Fufs„boden nöthig waren: dafs aber der Schlosser vergessen hatte, eine ein„zige alte, leicht zu zerbrechende Schraube ausgenommen, Schrauben in „diese Löcher zu stecken. Nachdem dieses noch geschehen war, konnte „der Wüthende den Pallisaden nicht das geringste anhaben."

Bei der Verwahrung eines Irren in einem solchen Autenriethschen Zimmer ist Folgendes zu beobachten.

1. Niemals darf mehr als ein Seelenkranker darin aufbewahrt werden; zwei würden einander beunruhigen, mit vereinten Kräften doch vielleicht am Nachtstuhle etwas zertrümmern, und eine Person würde die andere vom Zwanghemde befreien können, wenn etwa, wovon weiter unten die Rede sein wird, der Arzt dasselbe anzulegen verordnete.

2. Der Person, welche in dies Zimmer gebracht wird, werden alle spitzige, schneidende, scharfe und harte Sachen, wie auch alles Band- und Strickartige abgenommen, z. B. Messer, Nadeln, Halsbinde, Halstuch, Schürze, Strumpfbänder (mancher wohl auch das Schnupftuch), kurz alles, womit sie sich zu beschädigen oder umzubringen im Stande wäre; ferner alles,

womit man eine Fensterscheibe zertrümmern kann, als: Schnallen, Schuhe, Pantoffeln, Tabacksdose und dergleichen.

3. Aufser dem Kranken darf durchaus nichts Bewegliches und Transportables im ganzen Zimmer sein: kein Stuhl, Tisch u. s. w.

4. Der Wärter schläft des Nachts in der Nähe der Thüre des Irrenzimmers. (Es ist am besten, wenn der Wärter am Tage und in der Nacht sich immer in dem Zimmer aufhält, das an das Irrenzimmer stöfst.)

5. Die aufbewahrte Person darf, ohne ausdrückliche Erlaubnifs des Arztes, nicht selbst essen, sondern mufs von dem Wärter gefüttert werden.

6. Abends 10 Uhr wird der verwahrten Person für die Nacht ein Strohsack, oder eine Matratze, ein Kopfkissen und ein Deckbette (kein Betttuch) auf die Dielen des Zimmers gelegt, früh um 5 Uhr aber wieder weggenommen, und durchaus keine Bettstelle gegeben.

7. Täglich 3 mal wird das Nachtgeschirr herausgenommen und gereinigt.

8. Blofs einer zur Aufsicht beauftragten obrigkeitlichen Person, dem Arzte und dem Wärter, ist der Zutritt zu der in dem Irrenzimmer aufbewahrten Person zu verstatten.

9. Der Arzt bestimmt, ob der aufbewahrten Person das Zwanghemde angezogen werden soll, oder nicht.

10. Es mufs noch ein andres, gewöhnliches Zimmer vorhanden sein, in welches, ohne Aufsehen und Weitläufigkeit, der Kranke, nach Ermessen des Arztes, gebracht werden kann, wenn er sich so weit gebessert hat, dafs man ohne Gefahr für ihn und Andre den Aufenthalt, unter Aufsicht, ihm gestatten kann. Übrigens versteht sich von selbst, dafs nicht alle Irren in solchen Zimmern aufzubewahren sind, sondern solche, die, in der Wuth, geneigt sind, andre zu verletzen, oder manche Gegenstände zu zerstören, oder Hang zum Selbstmord zeigen.

Bei Einrichtung der Autenriethschen Tollklausen in Leubus ist ganz nach Herrn Dr. Hayners Angaben verfahren und die Verpallisadirungen sind mit möglichster Accuratesse ausgeführt worden.

In Ermangelung junger Fichten, oder Tannen, wurden junge Kiefern und Eichen zu Pallisaden genommen. Letztere rissen in Jahresfrist auf, und es ist daher besser, runde, 4 Zoll lange Stangen aus getrenntem eichenem Holze arbeiten zu lassen, welche diesen Mangel nicht haben. Jede Fensternische hat acht Pallisaden von 4 Zoll im Durchmesser stark, mit 4 Zoll weiten Zwischenräumen. Die untern und obern Rahmen sind von dreizölligen eichenen Bohlen und die Vorrichtung zum Herausnehmen der mittelsten Pallisade ist auf die beschriebene Weise gemacht.

Die Thüre zur Tollklause ist nach innen ganz glatt verfertigt und ohne Klinke, von Aufsen mit einem Schubriegel oder mit einem Schlosse versehen, wie solches im 3ten Heft V. Bandes pag. 243 dieses Journals beschrieben ist. Mehrentheils haben die Tollklausen zwei Thüren, um das Schreien und Toben der Kranken weniger hörbar zu machen. Die Dielen des Fufsbodens, von kiefernem Holze, gespundet, $\frac{5}{4}$ Zoll stark, liegen mit einer geringen Neigung vom Fenster gegen die Thüre zu, und sind mit Ölfirnifs getränkt. Die abgerundeten Wandleisten sind von eichenem Holze und mit starken Schrauben an die Wände angebolzt.

Für jede Fenster-Verpallisadirung wurden 3 Rthlr. reines Zimmerarbeitslohn bezahlt. Diese Vergitterungen, so wie die Thüren, sind mit grauer Ölfarbe angestrichen.

Wer jemals ein Autenriethsches Zimmer in der beschriebenen Art gesehen hat, wird ihm ein gefängnifsähnliches Ansehen nicht absprechen. Auch leisten die Vergitterungen nicht immer genügende Sicherheit. In Leubus ist zweimal der Fall vorgekommen, dafs Irre die Pallisaden aus einander getrieben haben und durchgekrochen sind; auch war es einem Irren gelungen, die Schraube, womit die Schiene zum Verschlufs der mittlern Pallisade befestigt ist, mit den Zähnen zu öffnen, weil solche nicht tief genug eingelassen war.

Die Vergitterungen der Öfen sind weniger zweckmäfsig, wie die der Fenster. Es sind in dieser Anstalt deren zwei angebracht, wovon eine im Viertel-Zirkel, die andere im Viereck um den Ofen gestellt ist. Die Pallisaden sind von gleicher Stärke und stehen in gleicher Entfernung von einander, wie bei den Fenstern. Wenn sie nur 1 Fufs vom Ofen abstehen, so reifsen sie von der Hitze auf; auch ist viel Brennmaterial zu einer mäfsigen Erwärmung erforderlich, weil die Vergitterung die Hitze abhält; und werden die Pallisaden über $3\frac{1}{2}$ Zoll von einander gestellt, so fährt der Irre mit den Händen zwischen ihnen durch und kann sich entweder verbrennen, oder den Ofen beschädigen.

Ofenvergitterungen in hohen, gewölbten Zimmern, wie hier, sind sehr schwer zu befestigen. Eine 10 Fuſs hohe Vergitterung übersteigt der Irre, wenn sie nicht oben durch eine ausgesimste Bohle überdeckt und ihm dadurch, daſs die Bohle 6 Zoll breit vor der Vergitterung vorsteht, das Hinaufklettern erschwert wird.

Ofenvergitterungen von Draht, mit grüner Ölfarbe angestrichen, gewähren ein gutes Aussehen; sie sind der Heizung der Stube nicht hinderlich und es kann hier das Hinaufklettern nicht nachtheilig werden, da die Vergitterung sich oben mit einer Decke von Draht schlieſsen muſs. Allein diese Art von Bewährung ist kostbar und nur für Irre von schwachen Kräften anwendbar; von starken, tobsüchtigen Personen würde sie bald zertrümmert werden.

In der hiesigen Pensionair-Anstalt ist eine Drahtvergitterung in dem Zimmer einer Kranken weiblichen Geschlechts gemacht worden, welche ihren Zweck erfüllt, weshalb ich die Berechnung der Kosten derselben hier beifüge.

Die Ofenvergitterung ist 8 Fuſs hoch von eisernen Stäben gemacht, mit Draht ausgeflochten und mit grüner Ölfarbe angestrichen. Sie umfaſst den Ofen von 3 Seiten, an jeder 4 Fuſs lang, und ist also zusammen 12 Fuſs lang.

1. Dem Tischler. Für das Gestell von eichenem Holze, bestehend aus einem obern und einem untern gesimsten Rahmstücke von 12 Fuſs lang, 4 Zoll dick, aus zwei ganzen, im Durchmesser 8 Zoll starken, und aus zwei halben Säulen, von eben der Dicke, alles sauber gehobelt und zusammengesetzt, ... 12 Rthlr. — Sgr.

2. Dem Schlosser. Für 96 Fuſs Eisenstäbe zu 12 vertical stehenden Stäben zu 8 Fuſs lang.

Für 36 Fuſs Umschweiſe dazu, 3 Eisenstäbe zu 12 Fuſs lang.

Zusammen für 132 Fuſs rund gearbeitete Eisenstäbe, beträgt $1\frac{1}{4}$ Centner Eisen, für das Pfund 3 Sgr., thut 13 Rthlr. $22\frac{1}{2}$ Sgr.

Für 112 Quadrat-Fuſs Überstrickung von Draht, 8 Fuſs hoch, 12 Fuſs lang, die Decke 4 Fuſs lang und breit, für den Quadr.-F. 10 Sgr., thut 37 - 10 -

——————— 51 - $2\frac{1}{2}$ -

3. **Dem Anstreicher.** 112 Quadratfufs mit hellgrüner Ölfarbe anzustreichen, zu $1\frac{1}{4}$ Sgr., thut .		4 Rthlr. 20 Sgr.
4. **Dem Schmidt.** Für 4 starke Winkelbänder zum Anschrauben an den obern und untern Rahmen, zu 15 Sgr., thut	2 Rthlr. 2 Sgr.	
Für 4 dergleichen Bankeisen von 8 Zoll lang zur Befestigung der Rahmen an die Wand, zu 8 Sgr., thut .	1 - 2 -	
		3 - 2 -
	Zusammen	70 Rthlr. $24\frac{1}{2}$ Sgr.

Wo man solche Drahtvergitterungen, theils wegen ihrer Kostbarkeit, theils weil sie nicht die erforderliche Festigkeit gewährt haben würden, nicht anbringen konnte, ist in dieser Anstalt die in (Fig. 2.) dargestellte Einrichtung angewendet worden. Das Irrenzimmer wird auf $\frac{2}{3}$ oder $\frac{3}{4}$ seiner Länge, vom Fenster gegen den Ofen zu, durch eine Pallisadenwand getheilt. Man erreicht dadurch zugleich den Vortheil, dafs ein Vorcabinet entsteht, worin ein Irrenwärter sich zuweilen aufhalten und den Kranken beobachten, auch wohl darin schlafen kann. In der Mitte dieser Pallisadenwand wird eine Thürzarge, deren Seitenpfosten in dem untern Rahmen der Wand stehen, oben aber ein starkes Kopfstück erhalten, worin wiederum die obern Pallisaden eingezapft werden können, angebracht. Letztere stehen $4\frac{1}{4}$ bis $3\frac{1}{2}$ Zoll weit aus einander und werden auf der Seite gegen den Ofen zu mit gespundeten kiefernen, $\frac{5}{4}$ Zoll starken Brettern, die mit versenkten Schrauben an die Pallisaden befestigt sind, bekleidet. Die ganze Wand wird mit Ölfarbe angestrichen. Eine so eingerichtete Tollklause läfst sich leichter erwärmen, als eine andere von gleicher Gröfse, deren Ofenvergatterung dicht an dem Ofen angebracht ist. Sie mufs jedoch eine gerade Decke haben, an welche das obere Rahmstück genau anschliefsen und stark befestigt werden kann. Ist das Zimmer gewölbt, so wird die Pallisadenwand nur 9 Fufs hoch gemacht, der darüber befindliche Raum aber zur Circulation der Wärme offen gelassen. Die Pallisaden werden in diesem Falle so dicht neben einander gestellt, dafs der Irre nicht mit den Händen dazwischen fahren kann; und nur auf diese Weise ist das Hinaufklettern zu verhindern. — Die Verkleidung mit Brettern ist alsdann überflüssig. Die Thüre zu einer solchen Tollklause mufs mit angeschraubten Bändern, die an der Öse besonders stark sind, und mit einem Riegel, beides nach Aufsen gerichtet, versehen sein. Auch die Haken müssen mit Schrauben in die Thürzarge eingelassen werden. Ohne diese Vorsichtsmaafsregeln würde der Kranke die Thüre bald zu öffnen wissen.

Die Kosten einer solchen Pallisadenwand betragen, mit Einschlufs der Thüre und ihres Beschlages, und mit dem Öl-Anstrich, für den laufenden Fufs $1\frac{1}{2}$ Rthlr., oder für den Quadr.-Fufs 6 Sgr.

In der ersten Etage des Gebäudes befinden sich noch einige Zimmer für Tobsüchtige oder unruhige Irre, und sie sind auf die Weise wie in Siegburg eingerichtet *). Sie unterscheiden sich von jenen wesentlich blofs darin, dafs das 9 Fufs hohe Fenster, weil der Kranke bis dahin nicht gelangen kann, wenn es mit einem Drahtgitter verwahrt ist, von aufsen geöffnet werden kann. Besondere Vorrichtungen zum Öffnen des Fensters sind nicht angebracht.

Die 1ste, 2te und 3te Etage des Gebäudes enthalten die Zimmer für die andern Abtheilungen der Irren.

Ein grofser Theil derselben wird durch erwärmte Luft geheizt und hat mithin keine Öfen. Da, wo die Heizung durch Öfen geschieht, haben dieselben keine Vergitterung und die Heizung geschieht von aufsen.

Die Thüren sämmtlicher Zimmer schlagen nach aufsen, d. h. nach dem gemeinschaftlichen Corridor auf, bestehen aus gewöhnlichen, gestemmten Thüren mit Füllungen, und sind mit dem bereits erwähnten Thürschlosse versehen.

Damit die Kranken in der Abtheilung der Unruhigen nicht durchs Fenster Schaden anrichten können, sind die Schlaf- und Aufenthalts-Zimmer für einzelne Irre durch Jalousieen, und die gemeinschaftlichen Speise- und Arbeitszimmer mit halbrunden Gittern versehen. Überdies sind die Fensterrahmen fast sämmtlich zum Verschliefsen eingerichtet.

Die Jalousieen bestehen aus 6 Zoll breiten, in den Fenster-Anschlag stark befestigten Rahmen, in welchen Bretter, von gleicher Breite, diagonal aufwärts stehend, 4 Zoll von einander, unbeweglich fest eingezapft sind. Sie haben keine Flügel, verdunkeln das Zimmer gar nicht, bringen kein gefängnifsähnliches Ansehn hervor, und gewähren, auch wenn die

*) Dr. Jacobi, über die Anlegung etc., pag. 63 bis 67.

Fenster geöffnet sind, die vollkommenste Sicherheit. Der Kranke kann durch sie die freie Luft geniefsen, aber nicht umher sehen, und der Wunsch nach Befreiung kann in ihm nicht rege werden. Die Jalousieen werden mit hellgrüner Ölfarbe angestrichen, und das gute äufsere Ansehen des Gebäudes leidet durch sie nicht. Die Kosten betragen, wegen der Gröfse der Fenster, für eine Jalousie 3 Rthlr. und mit Einschlufs des Anstrichs und der Befestigung 4 Rthlr. 15 Sgr. Es kommen auf den Quadrat-Fufs Fensterfläche 3 Sgr.

Die eisernen Fenstergitter in den Speise- und Arbeits-Sälen haben die Form Fig. 3. und bestehen aus 9 lothrechten, dreimal verriegelten Schienen, die 6 Zoll von einander entfernt sind. Diese Gitter sind an die Unter- und Mittelstücke der Fensterrahmen angeschraubt und jedes wiegt 50 Pfd. Die Kosten sind für das Pfund Eisen 3 Sgr., für jedes Fenster 5 Rthlr. und für den Quadr.-Fufs Fensterfläche 9 Sgr.

Der Kranke kann so ohne Nachtheil zum Fenster hinaus und frei sich umsehen, ohne die Gefahr, hinauszufallen. Das Gitter verursacht kein gefängnifsähnliches Ansehn und trägt nicht zur Verdunklung des Zimmers bei. Auch in den Versammlungssälen, in der Abtheilung für ruhige Irre, sind solche Gitter angebracht. Dagegen befinden sich in dieser Abtheilung nicht Jalousieen vor den Fenstern, sondern Schlösser, damit die Fenster nicht willkürlich geöffnet werden können.

Das Schlofs zum Verschlufs der Fensterrahmen ist durch Fig. 4. bis 9. dargestellt. Es kostet, gut gearbeitet, 20 Sgr.

Fig. 4. ist die Ansicht des Schlosses, wie es sich, geschlossen, vor dem Mittelpfosten *a* des Fensterrahmens befindet und durch zwei Lappen das Öffnen der Fenster-Flügel verhindert.

Fig. 5. zeigt das Schlofs abgenommen und von der Kehr-Seite.

Fig. 6. ist der Schlüssel, durch welchen alle hier angebrachten Fenster-Schlösser abgeschraubt werden können.

Fig. 7. ist eine Queransicht des Schlosses, welches, abgenommen, mit dem darin noch befindlichen Schlüssel vorgestellt ist. Der innere Raum ist mit vier Blechen ausgefüllt, die so ausgeschnitten sind, das der Schlüssel gut fassen kann.

Fig. 8. zeigt, wie das Schlofs in den Mittelpfosten *a* des Fensterrahmens eingeschraubt ist und mit den beiden Lappen die Fenster-Flügel umfafst.

Fig. 9. ist der eiserne Bolzen, an welchem das Schloſs befestigt ist, und der nach Abnahme desselben im Mittelpfosten zurückbleibt.

Diese Art des Fenster-Verschlusses hat keine Beschwernisse, ist dem Zwecke vollkommen angemessen und wird von den Irren fast nicht bemerkt.

In einigen Irren-Zimmern der Pensionair-Anstalt, wo zu besorgen war, die verwahrten Personen möchten die Fensterscheiben zertrümmern, sind vor der unteren Hälfte der Fenster saubere innere Fensterladen gemacht worden, welche verschlossen werden können.

Der Fuſsboden der sämmtlichen Irren-Zimmer ist auf die gewöhnliche Art bedielt, und die Wände sind gröſstentheils nicht gefärbt. In der Pensionair-Anstalt sind sie mit Wasser-Farben gemalt.

Die vor den Zimmern in den verschiedenen Abtheilungen befindlichen Corridore sind 50 und 70 Fuſs lang und 16 Fuſs breit, und mit Ziegeln gepflastert. Sie haben 4 und 5 Fenster. Da sich die Irren hier häufig aufhalten und der Aufmerksamkeit des Irrenwächters häufig entziehen, so muſsten wieder die Fenster stärker verwahrt werden. Es wurden anfänglich auswendig Drahtgitter auf $\frac{2}{3}$ oder $\frac{3}{4}$ der Fensterhöhe angebracht, die auch zum Theil noch vorhanden sind. Sie erhalten den Corridoren ein freundliches Ansehen und völliges Fensterlicht, gewähren aber nicht zureichende Dauer und Sicherheit, insbesondere nicht in der Abtheilung der Männer. Die Kosten eines solchen Drahtgitters, welches 24 Quadrat-Fuſs Fläche hat, sind folgende.

	Rthlr.	Sgr.
Für den Rahmen von kiefernem Holze, gehobelt, $4\frac{3}{4}$ Fuſs breit und 5 Fuſs hoch, ...	—	15
Denselben mit starkem Drahte auszuflechten, mit Einschluſs des Drahtes, zu 7 Sgr. der Quadr.-Fr., .	5	18
Für 2 eiserne Stäbe, jeder 5 Fuſs lang, zur Festhaltung des Drahts	—	10
Für Nägel zum Anheften des Drahts	—	8
Für 2 Schrauben und 8 Hefthaken zur Befestigung des Gitters	—	22
Für den zweimaligen Anstrich mit grauer Ölfarbe	—	15
Summa	7	28

Es kommen mithin auf den Quadrat-Fuſs 10 Sgr.

Bei diesen Drahtgittern mufs man darauf sehen, dafs die Schlingen so enge geflochten werden, dafs die Irren nicht mit den Fingern hineinfahren können; auch mufs der Draht nicht zu knapp auf dem Rahmen befestigt sein, sondern denselben einen Zoll breit erfassen, weil er sonst durch einen starken Druck mit den Händen auf das Gitter ausreifst.

Die meisten Fenster der Corridore sind halb zugemauert und verkleinert worden. Die Corridore haben aber immer noch hinreichendes Licht, und die Sicherheit der Irren hat dadurch sehr gewonnen, weil die Fensterrahmen 7 Fufs hoch sind und nicht von ihnen erreicht werden können.

Die Theile *A* und *B* (Fig. 1.) des Leubuser Gebäudes sind für die weiblichen Irren, und der Theil *C* ist für die männlichen bestimmt worden. Beide zusammen bilden einen Hofraum von 175 Fufs lang und 102 Fufs breit. Quer durch denselben ist im Jahre 1829 ein Wasch- und Badehaus gebaut worden, welches mit seinen beiden Enden mit den in sich ganz abgeschlossenen Abtheilungen für die männlichen und die weiblichen Irren in Verbindung steht.

Die Figuren 10., 11., 12. und 13. (Taf. III. und IV.) stellen die Gröfse und innere Einrichtung dieses Gebäudes dar. Es ist von gebrannten Ziegeln aufgeführt und mit Dachziegeln, der mittlere Theil aber mit Zink bedeckt.

Fig. 10. ist der Grundrifs, und zwar ist

a. die mit Marmor-Fliesen gepflasterte, überwölbte Waschküche, worin

α. der Waschapparat,

β. der kupferne Wasserkessel für die Bäder und die Waschanstalt. Das kalte Wasser wird demselben aus dem Hauptreservoir, und aus diesem heifs, weiter den Bädern zugeführt.

γ. Ein kleiner kupferner Dampfkessel, mit Sicherheits-Ventil, zu den Dampfbädern in dem angrenzenden Gemache. Das Wasser wird aus dem grofsen Wasserkessel nach dem Kessel geleitet, der auch für die Waschanstalt benutzt wird.

δ. Ein thönerner Ofen zur Heizung der Waschküche, mit einer Heerdplatte von Gufseisen.

ε. Ein hölzerner Bottich zum Schweifen der Wäsche, 7 Fufs lang, 4 Fufs breit und 2 Fufs hoch. Das Wasser wird demselben direct aus dem Hauptreservoir zugeführt und kann, nach gemachtem Gebrauch, in dem unter dem Gebäude fortlaufenden Canal abgeleitet werden.

ζ. Die verticale Hauptwasserröhre, von Gufseisen, 4 Zoll im Durchmesser weit. Das Wasser tritt unter dem Fufsboden in das Gebäude ein und wird 25 Fufs hoch in dieser Röhre gehoben.

η. Die Wendeltreppe nach dem obern Raume, woselbst sich das Hauptreservoir befindet.

ϑ. Zwei zweiflügelige, einander gegenüberstehende Thüren, nach den anstofsenden beiden Hofräumen.

b. Das Gemach zum starken Regenbade. Es enthält eine Wanne; sein Fufsboden ist mit Klinkern gepflastert und die Decke gerohrt.

c. Das Gemach zum Dampfbade und zugleich zum feinen Regenbade bestimmt und mit einer Wanne versehen. Es ist gedielt und überwölbt.

d. Der Eingang zu diesem Badezimmer, zum Aus- und Ankleiden bestimmt. Der Fufsboden ist mit Klinkern gepflastert und die Decke gerohrt.

e. Die beiden allgemeinen Bade-Zimmer, das eine für die männlichen, das andere für die weiblichen Irren, jedes mit drei Wannen.

f. Corridore zur Verbindung der beiden Höfe mit der gesammten Anstalt.

h. Der Ständer, durch welchen die Wasserleitung in den Hof eintritt. Vermöge eines Wechselhahns kann das Wasser hier entweder ganz abgesperrt, oder der Küche zugeleitet werden.

Fig. 11. Ist der durch die Mitte des Gebäudes gehende Längen-Durchschnitt und zeigt die Verbindung desselben mit dem Hauptgebäude. Die Buchstaben bezeichnen das schon beschriebene, und es kommt noch Folgendes hinzu:

i. Der durch die Mitte des Gebäudes geführte gemauerte Canal, in welchem die beiden kupfernen Röhren zum kalten und zum warmen Wasser für die Bäder befindlich sind. Der Canal hat ein geringes Gefälle von der linken nach der rechten Seite. Das in der Wasch-Stube und den Bädern gebrauchte Wasser fliefst rechts in einen gröfseren Canal, der das Trauf-Wasser aus den Hofräumen aufnimmt und unter dem Hauptgebäude hindurch weiter fortführt. Vor jedem Badezimmer kann der Zuflufs des kalten Wassers vermittelst eines Hahnes abgesperrt werden. Der Abflufs des kalten Wassers kann durch die an den Enden angebrachten Hähne in den Canal eröffnet werden. Um den etwanigen Überfluſs an Wasser zu benutzen, kann solches durch eine Röhre auf der Seite links nach den Gärten geleitet werden.

k. Das Hauptreservoir von Holz, mit Zink gefüttert, im Lichten 5 Fuſs lang und breit und 3 Fuſs hoch. Es enthält mithin 75 Cubik-Fuſs. Die darin angedeutete kupferne Röhre bestimmt den Wasserstand, und es läuft der Ueberschuſs sogleich ab.

λ. Das Ausfluſsrohr aus der kalten Wasserröhre, welche das Wasser nach den Bädern führt.

μ. Der Dachraum, welcher unbenutzt ist. Man sieht hier die in beide Badezimmer *e* gehenden kupfernen Röhren zur Douche, und die Maschinen zum Sturz- und Regenbade.

ν. Corridore im anstoſsenden Hauptgebäude.

Fig. 12. Querdurchschnitt des Gebäudes durch die Waschküche. Die Buchstaben bezeichnen die früher benannten Gegenstände.

Fig. 13. Querdurchschnitt durch ein Badezimmer, welcher, eben wie der Grundriſs, bemerkbar macht, daſs der mit Marmor-Fliesen gepflasterte Fuſsboden in der Mitte 6 Fuſs breit mit eichenen Bohlen bedielt ist, um, wenn die Röhren schadhaft werden, den Canal leicht aufdecken zu können. Die Bohlen sind lose, aber genau schlieſsend gelegt, und zwei in einem Zimmer haben eiserne Ringe, um sie daran aufzuheben.

Über den Erfolg der Vorrichtungen in dem Wasch- und Bade-Hause ist Folgendes zu bemerken.

I. Der Wasch-Apparat.

Er ist eben so groſs und auf die Weise wie derjenige im Krankenhause zu München verfertigt worden, und jeder der beiden Cylinder ist 6 Fuſs hoch und im Durchmesser 3 Fuſs weit. Die im 1sten Bande dieses Journals, Seite 413, von dieser Maschine gerühmten Eigenschaften haben sich nicht bestätigt, weshalb dieselbe jetzt fast gar nicht mehr gebraucht und statt dessen auf die gewöhnliche Weise mit den Händen gewaschen wird. Die Mängel, welche die Erfahrung gezeigt hat, sind folgende. Sobald die in dem kupfernen Kessel befindliche Lauge zum Sieden gebracht ist, tritt solche durch die obere Verbindungsröhre stoſsweise in den hölzernen Cylinder über und durchfährt die in diesem befindliche Wäsche, indem gleichzeitig eben so viel kaltes Wasser durch die untere Röhre in den kupfernen Cylinder stofsweise hineingetrieben wird. Ein Aufwallen der Wäsche und ein Durchkreisen derselben durch das heifse Wasser kann nicht Statt finden; denn es hat sich erwiesen, dafs die Bewegung des heifsen Wassers nur strichweise, in verticaler Richtung erfolgt, und dafs die Wäsche nur an einzelnen Stellen gereinigt wird, während im Übrigen der Schmutz weder aufgelöset, noch entfernt worden. Es wurden zwar durch die Maschine einzelne Stücke der Wäsche zum Theil mehr oder weniger gereinigt; doch war immer ein Nachwaschen mit den Händen nöthig, und die gesammten Arbeitskräfte dieses doppelten Waschens gewähren keine Ersparnifs gegen das gewöhnliche Verfahren; vielmehr verursachen sie gröfsern Kosten- und Zeit-Aufwand. Rechnet man hierzu die Zinsen der beträchtlichen Anschaffungskosten der Maschine, welche, da der kupferne Cylinder hier mehr als 1000 Pfd. gewogen und mithin über 500 Rthlr. gekostet hat, nicht unbedeutend waren: so läfst sich die Kochsche Waschgeräthschaft für eine ähnliche Anstalt nicht empfehlen.

Dafs der Übertritt der bis zur Siedehitze gediehenen Lauge nicht gleichförmig, sondern stofsweise erfolgt: davon kann man sich, bei aufmerksamer Beobachtung, durch das Gehör überzeugen. Jener Übelstand verhindert aber die gleichmäfsige Circulation der Lauge durch die sämmtliche im hölzernen Cylinder befindliche Wäsche.

Erwägt man noch Dasjenige, was Seite 415 I. Bandes dieses Journals gesagt wird, dafs nämlich nur weifse Wäsche durch diesen Apparat gereinigt, bei bunter Wäsche aber eben so wenig, wie bei feiner, davon Anwendung gemacht werden kann: so finden sich auch noch dadurch die geringen Leistungen dieser kostbaren Vorrichtung geschmälert.

II. Die Bade-Anstalt.

Die Anordnung der Bäder erfordert in einer Irren- oder Kranken-Anstalt Rücksichten, die bei gewöhnlichen Bade-Anstalten nicht vorkommen. Die Wannen müssen sich ohne das mindeste Geräusch füllen und leeren *), und ohne dafs der Kranke dabei behülflich ist, oder hinderlich sein kann. Diese Erfordernisse sind hier auf folgende Weise erreicht.

*) Die Hineinleitung des warmen und kalten Wassers macht in vielen Badehäusern ein Geräusch, welches auf kranke Personen einen unangenehmen Eindruck hervorbringt, in Irrenhäusern aber durchaus nicht Statt finden darf. Den nemlichen Man-

In jedem der beiden Bade-Zimmer *e* (Fig. 10.) befinden sich drei Wannen von Zink, von der Gestalt und Gröfse, wie es (Fig. 14., 15., 16. und 17. Taf. III. und IV.) in gröfserem Maafsstabe vorgestellt ist. Der Deckel der Wanne (Fig. 17.), der wohl selten gebraucht werden mag, ist, der bessern Haltbarkeit wegen, von Kupfer, und äufserlich, eben so wie die Wanne, mit hellgrüner Ölfarbe angestrichen.

Die Wanne steht auf der Bohlung von eichenem Holze, und die beiden mit messingenen Ventilen versehenen kupfernen Zuleitungs-Röhren sind in den Boden eingelöthet. Dadurch sind aber die Wannen mit den Bohlen verbunden, und das Schwinden und Aufquellen der letztern hat keinen nachtheiligen Einflufs auf den zinkenen Boden. Es würde daher bei zinkenen Wannen zu rathen sein, sie nicht auf Bohlen, sondern unmittelbar auf die Wangen des gemauerten Canals zu stellen und von der Bohlung nur umfassen zu lassen.

Für jede der beiden Zuleitungsröhren ist, bei jeder Wanne, ein messingener Wechselhahn *m* (Fig. 16.) angebracht, so, dafs durch einen an einem Stock befestigten Schrauben-Schlüssel die Leitung nach Belieben geöffnet werden kann; was dann ohne Geräusch geschieht.

Der Abflufs des Wassers aus der Wanne erfolgt durch einen mit einer Feder auf ihren Boden von unten drückenden Winkelhebel, durch welchen, wenn man aufserhalb der Wanne mit dem Fufse oder mit einem Stock auf das Plättchen *n* (Fig. 16.) drückt, das in dem Boden befindliche Ventil gehoben wird, worauf das Wasser in den Canal abfliefst. Dieser Hebel, der 1 Rthlr. kostete und an den Boden der Wanne befestigt ist, mufs möglichst genau und die Feder stark gearbeitet sein, damit, wenn der Druck auf *n* aufhört, sich das Ventil sogleich wieder schliefst und kein Tropfen weiter abfliefsen kann.

In jedem Bade-Zimmer ist übrigens eine kupferne, 1¾ Zoll weite Douche-Röhre, die bis auf die Höhe der Wannen hinabgeht, angebracht. Durch den an ihrem untern Ende befestigten Schlauch kann bei der ersten Wanne eine Douche gegeben werden.

---

gel hat auch das neue in diesem Jahr eingerichtete Badehaus in dem stark besuchten Badeort Altwasser. Einige weibliche Curgäste von zarter Natur, die dort Bäder gebraucht haben, äufserten, dafs sie von dem gewaltigen Getöse des Wassers bei der Füllung der Wanne eine Explosion befürchtet hätten.

Die Vorrichtung zum Sturz- oder starken Regenbade, in *b* (Fig. 10. und 11.) zeigt (Fig. 18.) vergrößsert. Sie besteht aus einem Cylinder von eichenem Holze, mit starkem, verzinntem Eisenbleche gefüttert. Die unten angebrachte Brause ist ebenfalls von Blech; aber die beiden Ventile innerhalb sind von Messing. Die Hebelsarme sind 3 und 5 Fuſs lang, und es bedarf nur eines leisen Zugs, so stürzt eine angemessene Quantität Wasser, 16 Fuſs hoch, in starken Tropfen auf den Kranken herab.

Der zu Dampf- oder Fumigationsbädern bestimmte Raum *c* (Fig. 10. und 11.) ist zugleich zu einem feinen Regenbade benutzt, durch welches auch die Dämpfe wieder niedergeschlagen werden können. Die Maschine für das feine Regenbad ist der vorigen ähnlich und folglich eine besondere Zeichnung derselben nicht nöthig. Sie besteht aus einem kupfernen Cylinder von $1\frac{1}{2}$ Fuſs hoch und 1 Fuſs im Durchmesser weit und, mit den beiden messingenen Ventilen, 51 Pfd. schwer. Die Hebelsarme sind hier 2 und 3 Fuſs lang; doch läſst sich die Maschine leicht bewegen.

Beide Maschinen, zu den Sturz- und Regenbädern, kosten zusammen, mit Einschluſs der nöthigen Vorrichtung zum Ziehen, dem Schranke zum Verschlieſsen des Zugs von starkem Eisendraht und mit Inbegriff des Aufstellens, 75 Rthlr. Bei jedesmaliger Anwendung eines Sturz- oder Regenbades wird das Wasser aus dem Hauptreservoir durch Kannen eingegossen, könnte aber auch leicht durch Röhren zugeleitet werden.

Die Bade-Anstalt ist, in ihren Einzelheiten, nach dem Muster derjenigen im Hospital St. Louis zu Paris gemacht worden und hat sich bis jetzt zweckmäſsig gezeigt.

III. Die Wasserleitung.

Das Bedürfniſs der Anstalt verlangte nicht allein eine bedeutende Quantität Wasser zur Consumtion, sondern zugleich eine Druckhöhe von 24 Fuſs für die Douche- und Regenbäder.

Reines Quellwasser, welches durch ein Druckwerk auf diese Höhe hätte gehoben werden können, war, selbst in bedeutender Tiefe, nicht zu finden. Eine 10 Lachter mächtige Thonschicht verhinderte sogar den Zudrang des Wassers aus dem kaum 100 Ruthen entfernten Bette der Oder. Aus diesen Gründen war schon in früherer Zeit eine Wasserleitung gemacht worden, die das Wasser zum Bedarf des Klosters, einer Brauerei, eines Wirthschaftshofes und mehrere Hauswirthschaften aus einer 484 Ruthen entfernten Quelle herbeiführte.

Ein Nivellement dieser Wasserleitung ergab, daſs das Gefälle derselben, auf 398 Ruthen lang, 66½ Fuſs betrug. Nachdem das Terrain auf diese Länge so bedeutend stetig gefallen ist, steigt es wieder bis zum Puncte *h* (Fig. 10.) um 19 Fuſs 5⅝ Zoll. Mithin ist auf die ganze Länge ein absolutes Gefälle von 46 Fuſs ⅜ Zoll vorhanden. Zu dem beabsichtigten Zwecke war also eine hinreichende Fallhöhe vorhanden; die vielen Ableitungen der bestehenden Wasserleitung, zumal an der tiefsten Stelle derselben, verstatteten jedoch nicht, das Wasser bis zu der verlangten Höhe zu heben. Es blieb also nichts anderes übrig, als eine besondere, von jener ganz getrennte, Leitung zu machen, zu deren Speisung eine noch nicht benutzte Quelle aufgedeckt wurde.

Da die Genehmigung dazu erst im Juni erfolgte, und also die für Baue so günstigen Frühlings-Monate vorüber waren, so muſste man sich bemühen, durch Fleiſs in der Ausführung die fehlende Zeit zu ersetzen. Die 3 Zoll weit gebohrten kiefernen Röhren wurden im August gelegt und es wurde darauf die Leitung auf die gewöhnliche oder übliche Weise mit möglichster Vorsicht verfertigt. Ende Septembers war die Leitung vollendet; die Einleitungs- und Stand-Röhren im Badehause, von Guſseisen, waren angebracht; das Reservoir war aufgestellt und das Quellwasser hineingelassen. Mit Verlangen, jedoch vergeblich, erwartete man den Ausguſs in das Reservoir, und eine Reihe von Änderungen und Verbesserungen muſsten nach und nach vorgenommen werden, ehe der Zweck erreicht werden konnte.

Die durch die anfängliche Zweifelhaftigkeit des Gelingens dieses Unternehmens entstandenen Unannehmlichkeiten veranlassen mich, hier zugleich noch Dasjenige mitzutheilen, was ich bei genauer Beobachtung der fünf unter meiner amtlichen Aufsicht stehenden Röhrleitungen durch 15 Jahre erfahren habe *). Zu erinnern ist, daſs die Leitungen aus kiefernem Holze gemacht sind.

Der Druck des Wassers auf die Röhrenwände richtet sich bekanntlich nach der Fallhöhe, muſs aber auch bei Leitungen, die nur ein gerin-

---

*) Es sind dies die Röhrenleitungen der Stadt und des Amtes Wohlau, der Stadt und des Amtes Herrnstadt und des Amtes Leubus, zu deren Unterhaltung jährlich 100 Stämme oder 4500 Fuſs Mittelbauholz, 12 Zoll im mittleren Durchmesser stark, erforderlich sind. Man bedenke, wie bedeutend der Holzbedarf zu diesen Einrichtungen ist, da hier fast jede Stadt und eine groſse Menge Wirthschaftshöfe durch Röhren mit Wasser versorgt werden.

ges Gefälle und gewöhnlich freien Abflufs haben, nicht ganz aufser Acht gelassen werden, weil häufig der Abflufs zu verschliefsen ist und die Röhren alsdann sehr leicht bersten.

Über die specifische Festigkeit des kiefernen und fichtenen Holzes gegen das Bersten der Wasserröhren sind zur Zeit noch keine Erfahrungen bekannt gemacht worden.

Wenn eine Röhrenableitung abwechselnd steigt und fällt, also ihr Gefälle nicht stetig ist, so werden die Röhrenwände an den tiefen Stellen immer einen starken Druck zu erleiden haben; auch wenn das Wasser fortdauernd abfliefst. Dieser Druck wird zunehmen, wenn die Leitungen verschlossen werden, und wird am gröfsten sein, wenn das Wasser eben so hoch steigen mufs, als es gefallen ist.

Diese Umstände mufs man bei der Behandlung der Röhrenleitungen stets vor Augen haben *).

Die Dauer der Röhren hängt zwar auch von der Güte des Holzes ab, wird aber befördert, wenn das Holz dazu im Winter gefällt und gebohrt wird und eine Zeit lang im Wasser gelegen hat; auch wenn die Röhren von dem Stamm-Ende genommen werden, nicht unter 4 Zoll starke Röhrenwände haben, und wenn sie in frischen thonigen oder lehmigen Boden gelegt werden. Liegt der Röhrengang in dürrem Sandboden, so müssen die Röhren mit Lehm umhüllt werden, weil sie sonst schnell in Fäulnifs übergehen. Höchst nachtheilig ist es, wenn die Röhren gar nicht oder nur kurze Zeit im Wasser gelegen haben und mit der Rinde in die Erde gelegt werden. Die Larve des Borkenkäfers [*Dermesthes typographus Linn.*], die gewöhnlich in der Rinde sich aufhält, lebt auch unter der Erde fort und verändert ihren verlarvten Zustand nicht. Statt dafs sie aber

---

*) Weiteres und Gründliches hierüber findet man z. B. in:

E. K. Langsdorfs Handbuch der Maschinenlehre. 2ter Band. Leipzig, 1809. 3te Abhandlung, Seite 69.

A. G. Kästners Hydrodynamik. Göttingen, 1797. Seite 25.

W. J. G. Karstens Lehrbegriff der gesammten Mathematik. 5ter Theil. Greifswald, 1770. XIV. Abschnitt. Seite 331.

Du Buats Grundlehren der Hydraulik, übersetzt von Kosmann. 1ster Band. Berlin, 1796. Seite 439.

J. A. Eytelweins Handbuch der Mechanik und Hydraulik. Berlin, 1807. IX. Kapitel. Seite 216.

Bernhards Grundlehren der Hydraulik, übersetzt von Langsdorf. Leipzig und Frankfurt, 1790. Seite 205.

sonst den Stamm selbst nicht angreift, bohrt sie sich jetzt in das Holz ein und durch die Röhre hindurch. Bei der Röhrenleitung zu Leubus mufsten in diesem Jahr eine Menge unbrauchbar gewordener Röhren, die mit der Rinde eingelegt worden waren, herausgenommen werden. Das Holz derselben war noch von ziemlich guter Beschaffenheit: sie hatten aber ihre Wasserdichtigkeit durch eine Menge Wurmlöcher verloren, die durch die Röhrenwände durchgebohrt waren. Es gab Röhren, die bis zu 40 Bohrlöcher hatten, so grofs, dafs eine Erbse hindurchfallen konnte. Obgleich die Röhren schon seit 1829 in der Erde gelegen hatten, war doch in allen Bohrlöchern, welche noch nicht ganz durch die Wand hindurchgingen, die Larve des Borkenkäfers noch lebend anzutreffen. Sie ist weifs, einer Made ähnlich und beinahe einen Zoll lang. An die Luft gebracht lebte sie noch zwei Tage, ohne ihren Zustand sehr zu verändern.

Hat die Wasserleitung ein stetiges oder normales Gefälle von einem höhern Puncte nach einem niedrigern, so werden unbedenklich 9 Zoll starke Röhren ihren Zweck erfüllen. Steigt und fällt aber die Röhrenbahn, und mufs sie, wie die Amts-Röhrenleitung zu Leubus, nachdem sie 60 Fufs gefallen ist, wieder beinahe 20 Fufs steigen: so müssen die Röhren 12 Zoll im Durchmesser sein. An die tiefsten Stellen der Röhrleitungen müssen die kernigsten Röhren, vom Stamm-Ende, gelegt werden. Sie müssen, wenn sie 15 Fufs lang sind, auch mit einem Bohrer von 15 bis 18 Fufs Länge gebohrt werden. Röhren, mit einem kürzeren Bohrer, von beiden Enden her gebohrt, sind nicht gleichförmig weit; sie sind in der Mitte enger und zerbersten leichter. Die meisten zerborstenen Röhren fand ich nicht gleichförmig gebohrt und den Rifs der Röhren gegen die enge Stelle zu.

Bei einer Leitung, wie die der Irren-Heilanstalt zu Leubus, welche, nachdem sie 70 Fufs gefallen ist, der Gestalt des Terrains wegen 20 Fufs und im Badehause noch 25 Fufs, mithin zusammen 45 Fufs wieder steigen mufs, müssen die Röhren wo möglich noch stärker sein; auch mufs ihre Zusammensetzung sehr sorgfältig gemacht werden; die Röhrenbuchsen dürfen nicht unter 6 bis 7 Zoll im Durchmesser haben.

Nichts ist für die Dauer einer Röhrleitung nachtheiliger, als wenn sie im Winter einfriert. In der Regel mufs sie daher überall wenigstens 3 Fufs tief liegen, vollständig gegen den Frost verwahrt werden und einen ununterbrochenen Abflufs haben. Liegen einige Stellen des Röhrenganges weniger als drei Fufs tief, vielleicht nur dicht unter der Oberfläche der Erde, so müssen sie im Winter mit Quecken oder Dünger bedeckt werden. Eben das mufs mit den Röhrenständern und allen an die äufsere Luft tretenden Theilen der Röhren geschehen. Leitungen, welche den 60sten oder 80sten Theil ihrer Länge zum Gefälle haben, frieren selbst in den kältesten Wintern nicht ein, sondern können, ohne im Winter bedeckt zu werden, ganz zu Tage liegen.

Schon wegen des grofsen Holzbedarfs zu Röhrenleitungen von Kiefern- oder Fichten-Holze ist es nothwendig, auf die Benutzung des Erlen- oder Elsen-Holzes und der thönernen und gufseisernen Röhren Bedacht zu nehmen.

Das Erlen-Holz ist zwar in Schlesien überall, doch selten so dick als das Kiefern-Holz anzutreffen. Auch steht es im Preise viel höher; und da nun auch die Kosten des Bohrens erlener Röhren höher zu stehen kommen, so kann man die Kosten einer Röhrenleitung von diesem Holze doppelt so hoch rechnen, als wenn sie von Kiefern-Holz ist.

Thönerne Röhren sind zu mehreren städtischen Wasserleitungen, z. B. in Grünberg, angewendet worden. Sie empfehlen sich durch ihre Wohlfeilheit und fast unvergängliche Dauer, welche letztere jedoch nur dann Statt findet, wenn der Thon ganz zu Röhren geeignet ist und sich in der Erde und im Wasser nicht auflöset, was selten der Fall ist und erst durch Versuche ermittelt werden mufs.

Als bessere, jedoch kostbare Röhrenleitungen bewähren sich die von Gufseisen, welche aber bedeutend tief gelegt werden müssen und keiner Erschütterung ausgesetzt sein dürfen, auch übrigens eine Behandlung erfordern, die man in Leubus wegen des Mangels an geschickten und sorgfältig arbeitenden Werkmeistern zu erreichen nicht hoffen durfte.

Beim Legen der Röhren von Gufseisen verfährt man in Breslau auf folgende Weise.

1. Die Röhren sind $16\frac{1}{2}$ Fufs lang und innerhalb 4 Zoll im Durchmesser weit. Engere Röhren verschlämmen leichter.

2. Die Tiefe des Röhrenganges unter dem Strafsenpflaster ist 6 Fufs.

3. Von 5 zu 5 Ruthen werden Reinigungskasten gesetzt, deren Lage im Steinpflaster durch ein Zeichen bemerkt wird.

4. Um die Röhren gegen das Oxydiren zu schützen, erhalten sie innerhalb eine Übertünchung oder Emaille, die mit einem Pinsel angestrichen wird. Man nimmt dazu entweder 7 Quart Theer und $\frac{1}{4}$ Centner

Hartpech, oder auf 1 Centner Colophonium 4 Pfd. Schellack und 28 Pfd. Theer. Die erste Mischung ist besser, als die zweite. Zwar müssen für beide Mischungen die Röhren durchgängig und stark heifs gemacht werden; indessen erfordert die zweite Mischung mehr Genauigkeit beim Auspinseln und eine gleichförmigere Erhitzung.

5. Beim Legen wird, nachdem die Röhren in der Muffe zusammengeschoben worden sind, ein von hanfenem Werg gedrehter, mit Talg bestrichener Kranz eingetrieben; hierauf wird noch ein zweiter Kranz, aus demselben Stoffe, trocken nachgetrieben, jedoch so, dafs noch ein offener Raum von wenigstens einen Zoll tief bleibt, der, vermittelst einer vorgelegten Form von Lehm, mit Blei ausgegossen und mit dem Dichteisen verdichtet wird.

Eben so viele Sorgfalt, wie die Röhrenleitung selbst, erfordert die Behandlung und Benutzung der Quellen. Die Quellen werden da, wo selbst im trockensten Sommer Wasser hervortritt, so tief als möglich und etwa $2\frac{1}{2}$ bis 3 Fufs im Quadrat weit gefafst und mit Brettern bedeckt, um sie gegen alle Unreinigkeiten von aufsen zu schützen. Unterhalb der sämmtlichen Quellenfänge, an einem schicklichen Vereinigungspuncte derselben, wird ein Bassin zur Aufnahme des gesammten, durch Röhren aus den Quellenfängen zusammengeleiteten, Quellwassers, wenn es sein kann von Steinen, gebaut, überwölbt und mit Rasen bedeckt. Von hier aus, gewöhnlich 6 Zoll unter dem mittlern Wasserstande, geschieht die Einmündung in das Hauptrohr. Bei der Wasserleitung der Irren-Heilanstalt habe ich bemerkt, dafs, sobald ein niedriger Wasserstand im Bassin eingetreten war, und das Wasser nur noch kaum über die Mündung des Hauptrohres reichte, auch der Zuflufs im Badehause aufhörte.

Damit nicht Unreinigkeiten in die Mündungen gelangen können, wird eine convex halbkugelförmige Brause von Blech, wie das Gufsrohr einer Giefskanne durchlöchert, auf die Mündung des Hauptrohrs genagelt. Das Versperren der Mündung geschieht durch eine gut schliefsende blecherne Drehkappe. Damit die Quellenfänge, nebst dem Bassin, rein bleiben, und nicht zum Aufenthalt der Kröten, Frösche und anderer Amphibien werden, auch von Zeit zu Zeit leicht ausgeschlämmt werden können, werden auf den Boden derselben, 6 bis 12 Fufs hoch, ausgesuchte Kieselsteine von der Gröfse einer Wallnufs geschüttet und festgestampft.

Wohlau, den 29sten Mai 1834.

3.
Nachrichten von der Belgischen Eisenbahn.

(Fortsetzung von No. 9. und 12. Band 8.)

II.
Abhandlung über den Entwurf der Eisenbahn von Mecheln über Gent und Brügge nach Ostende, als Vervollständigung der Strafse von der Nordsee durch Belgien nach dem Rhein. Von den Herren Simons und v. Ridder, Brücken- und Wege-Ingenieurs. Geschrieben im November 1833.

Einleitung.

Es soll hier untersucht werden, in wie fern eine Verlängerung der für die Verbindung von Antwerpen und Brüssel mit der Maas und dem Rhein, und für den Absatz der Lütticher Producte als nützlich anerkannten Eisenbahn, durch das reiche und fruchtbare Flandern, bis zum Hafen von Ostende, dessen Canal hergestellt worden ist und leicht noch verbessert werden kann, nützlich sein würde.

Beim ersten Anblick scheint es, dafs eine neue Strafse durch Flandern selbst, welches schon von einem Netze der trefflichsten Strafsen, nach allen Handelsplätzen und in allen Richtungen, so wie von Flüssen und breiten und tiefen Canälen, die eine leichte Schiffahrt gewähren, durchzogen ist, überflüssig sein würde; in der That finden sich nirgend in Europa so treffliche innere Verbindungs-Strafsen, als in den beiden Flandern. Wir sehen nun zwar in England Eisenbahnen neben den trefflichsten Wasserstrafsen entstehen, und vernehmen sogar die Absicht, die Canäle dort im Allgemeinen durch Eisenbahnen zu ersetzen; dies aber beruht nicht sowohl auf den eigenthümlichen Vorzügen der neuen Art von Strafsen, sondern vielmehr darauf, dafs in England die Canäle von den Unternehmern mit ungeheuren Zöllen belastet sind und ihnen unverhältnifsmäfsige Erträge abwerfen. In Flandern dagegen, weit entfernt, dafs die Strafsen zu einer Finanz-Speculation gemacht würden, wird für dieselben gerade nur so viel erhoben, als ihre Erhaltung erfordert. Unter solchen Umständen ist also allerdings eine Eisenbahn von Ostende nach Brüssel, als Verminderungs-Mittel der Transportkosten betrachtet, für überflüssig zu erklären. In der That kostet jetzt die Fracht von Ostende nach Brüssel, Antwerpen, Löwen, und umgekehrt, nur 28 Sgr. bis 1 Rthlr. 10 Sgr. die Tonne, für die ganze Fahrt, und eine regelmäfsige Beurth-Fahrt schafft die Waaren für 1 Rthlr. 18 Sgr. bis 2 Rthlr. 12 Sgr., die Tonne, in 6 bis 10 Tagen an Ort und Stelle. Die blofsen Transportkosten auf einer Eisenbahn dagegen würden schon 24 Sgr. bis 1 Rthlr. 10 Sgr. für die Tonne betragen, je nachdem sich Rückfracht findet, oder nicht: es würde also nicht möglich sein, die Zinsen des Anlage-Capitals durch die Wegezölle, die aufgelegt werden könnten, zu decken. Die Eisenbahn würde nur für die Reisenden und für gewisse Waaren, welche eine besonders schnelle Beförderung erfordern, Nutzen haben; wovon aber der Ertrag, so sehr auch der Verkehr zunehmen möchte, immer die Zinsen nicht dekken würde.

An und für sich, und aus dem finanziellen Gesichtspuncte betrachtet, würde also eine Eisenbahn von Brüssel, oder von Antwerpen nach Ostende wenig ersprießlich sein. Ganz anders indessen verhält es sich, wenn man sie als Verlängerung der Strafse zwischen Lüttich, Antwerpen und Brüssel über Gent, den Mittelpunct des Handels von Flandern, betrachtet.

§. I. Vortheile einer Eisenbahn von Mecheln nach Gent.

Gent, die zweite Stadt von Belgien der Einwohnerzahl nach (von 83000 Menschen), und vielleicht die erste rücksichtlich der Fabriken und Gewerbe, mit Recht als das Belgische Manchester betrachtet, am Zusammenflusse der Lys und Schelde gelegen, der natürliche Stapelort für die Erzeugnisse des Hennegau und des französischen Flandern, mufs nothwendig mit der projectirten Handelsstrafse zwischen Antwerpen und dem Rhein verbunden werden; denn sein Verkehr mit Antwerpen und Brüssel ist schon jetzt ungemein bedeutend, und die Eisenbahn würde denselben, zum gegenseitigen Vortheil aller drei Städte, noch bei weitem vermehren. Deshalb ist auch schon oben, bei dem Projecte zur Strafse zwischen Antwerpen, Brüssel und dem Rhein, der Vortheile gedacht worden, die gegenseitig dieser Strafse nach Gent zu Theil werden dürften.

Einer vorläufigen Besichtigung des Terrains zufolge kann die Strafse über Londerzeel, Termonde und Wetteren, auf die Weise, wie die Strafse von Antwerpen nach dem Rhein, und nach den weiter unten folgenden Details, innerhalb eines Zeitraumes von 2 Jahren, für die Summe von etwa 1 093 333 Rthlr. gebaut werden. Die jährlichen Erhaltungs- und Verwaltungs-Kosten, mit Einschlufs von 5 pro Cent Zinsen des Anlage-Capitals, werden sich auf 80 000 Rthlr. belaufen.

Um diese Kosten zu decken, darf man auf den Ertrag vom Transport der Reisenden und auf diejenigen Frachten rechnen, die jetzt durch die Diligencen, wöchentlichen Messagerien, Chassemarées, und durch die regelmäfsige Beurth-Fahrt befördert werden. Von den Frachten, die mit den gewöhnlichen Schiffen gehen, darf man, wegen der sehr geringen Transportkosten, nur auf einen sehr geringen Theil rechnen, in den Zeiten, wo der Frost oder starke Fluthen die Schiffahrt unterbrechen, oder wo starke Schwankungen der Preise Statt finden, oder der Verkehr ungewöhnlich stark ist.

Nach vorhandenen Daten dürfte der Ertrag der Eisenbahn folgender sein.

Der Verkehr von Reisenden ist jetzt folgender:

	Zahl der Personen jährlich:	Sie zahlen jede:
Zwischen Brüssel und Gent . .	60 000	24 Sgr. bis 1 Rthl. 2 Sgr.
- - Antwerpen u. Gent .	35 000 .	1 Rthl. 2 Sgr. bis 1 Rthl. 18 Sgr.
- - Termonde und Gent .	5 000	24 Sgr. bis 1 Rthl. 2 Sgr.
- - Termonde u. Mecheln	5 000	16 Sgr.

Durchschnittlich also zahlen jetzt jährlich 100 000 Personen für eine Reise von 4 bis 5 Stunden Zeit 1 Rthlr. 2 Sgr. jede. Diese Personen würden sich nun für die nemlichen Reise-Kosten ohne Zweifel der Eisenbahn bedienen, weil sie auf ihr nur 2½ bis 3 Stunden Zeit zur Reise bedürfen würden.

Zieht man also von den jetzigen Kosten von . . 1 Rthlr. 2 Sgr.
erstlich die Transportkosten selbst auf der Eisenbahn ab, welche $10\frac{4}{5}$ Spf. für die Meile, also im Durchschnitt $9\frac{3}{5}$ Sgr. für die Fahrt betragen; desgleichen den Zoll, so wie er auf der Strafsenstrecke zwischen Mecheln, Brüssel und Antwerpen bestimmt worden ist, und welcher, zu $2\frac{1}{2}$ Sgr. auf die Meile für eine Person berechnet, noch $7\frac{2}{5}$ Sgr. ausmacht, zusammen also $9\frac{3}{5}$ und $7\frac{2}{5}$ Sgr. oder — - 17 Sgr.
so bleiben auf die Person für die Strecke von Gent bis Mecheln . . . . 15 Sgr.
übrig, was ungefähr 16 Spf. für die Meile beträgt und für 100 000 Personen . . . . 50 133 Rthlr. 10 Sgr. giebt.

Der Waaren-Verkehr ist jetzt folgender:

	Tonnen.	Fracht für die Tonne.	
Zwischen Brüssel und Gent.			
Durch Diligencen	1 500	. . . 8 Rthl.	bis 9 Rthl. 10 Sgr.
Durch Chassemarées und die wöchentlichen Messagerieen	3 000	. . . 4 Rthl. 8 Sgr.	bis 5 - 10 -
Durch grofse Frachtwagen .	3 000	. . . 3 - 6 -	bis 4 - 24 -
Durch Beurth-Fahrt	9 000	. . . 1 - 2 -	bis 1 - 26 -
Ladungen zur Zeit des Frostes, starker Fluthen und Handels-Schwankungen .	3 000	. . . 1 - 2 -	bis 1 - 18 -
Zwischen Antwerpen und Mecheln.			
Durch Diligencen	500	. . . 9 - 10 -	bis 10 - 20 -
Durch Beurth-Fahrt	18 000	. . . . 24 -	bis 1 - 18 -
Ladungen während des Eisganges, während starker Fluthen u. s. w.	6 000	. . . . 18 -	bis 1 - 10 -

Im Ganzen also 44 000 Tonnen, zu einem Durchschnittspreise von etwas über 1 Rthlr. 26 Sgr.

Die Sendungen von Brüssel und Antwerpen nach Gent und Flandern sind etwa doppelt so stark in der Tonnenzahl, als die Rückfracht. Man kann also auf der Eisenbahn 15 bis 22 Spf. für die Tonne auf die Meile rechnen; also von Gent nach Brüssel und Antwerpen, und zurück, . . 16 Sgr.
Hiezu den Zoll, nach dem Maafsstabe wie auf der Strafse nach dem Rhein berechnet, nemlich zu 4 Ct. für den

Kilom., was auf die $10\frac{1}{2}$ Meile Entfernung von Gent nach Brüssel oder Antwerpen . . . . $25\frac{3}{5}$ Sgr.

ausmacht: thut an Frachtkosten auf der Eisenbahn durchschnittlich . . . . 1 Rthlr. $11\frac{3}{5}$ Sgr.

Der Transport würde also auf der Eisenbahn an den obigen, jetzigen Kosten von 1 Rthlr. 26 Sgr. 25 bis 30 pro Cent gewinnen, wovon aber auf die Strecke von Gent bis Mecheln nur etwa 26 666 Rthlr. 20 Sgr. kommen.

Da aber der Verkehr, sowohl der Reisenden, als mit Waaren, besonders solchen, die einen beschleunigten Transport erfordern, zunehmen würde, so kann man den zehnten Theil der beiden obigen Erträge hinzurechnen, mit . . . . 7466 - 20 -

Ferner würde sich ein Kohlentransport bilden, während der winterlichen Unterbrechung der jetzigen Strafsen. Der Tarif für denselben darf aber nicht höher gesetzt werden, als die jetzigen Kosten von $7\frac{1}{2}$ bis 15 Spf. für die Tonne auf die Meile. Wegen der grofsen und gewerbreichen Bevölkerung der Gegend kann man auf 30 000 Tonnen aus den Gruben von Mons, Lüttich und Charleroi rechnen, im Durchschnitt auf $7\frac{1}{2}$ Meilen Transportweite; also den Ertrag auf 4 533 - 10 -

Zusammen also würden auf der Eisenbahn zwischen Mecheln und Gent einkommen:

von Reisenden	50 133 Rthlr.	10 Sgr.
von Waaren	26 666 -	20 -
von zu erwartender Zunahme des Verkehrs .	7 466 -	— -
vom Kohlentransport	4 533 -	10 -
thut	88 800 Rthlr.	— Sgr.

Die Ausgaben für Erhaltung und Verwaltung der Strafse betragen, nebst den Zinsen des Anlage-Capitals, nur 80 000 Rthlr.; also folgt, dafs ein Eisenbahn-Arm von Mecheln nach Gent, auch finanziell, vortheilhaft sein würde. Bei dem Projecte der Hauptstrafse nach dem Rhein ist des Strafsen-Armes nach Gent deshalb nicht gedacht worden, um jenes Project weniger zu verwickeln.

Übrigens würde der Strafsen-Arm nach Gent durch die in Frankreich projectirte Eisenbahn von Paris nach Calais noch ferner an Wichtigkeit gewinnen, weil jene Strafse eine Verbindung von Gent mit Lille, dem Haupt-Orte des nächsten und bewohntesten Departements von Frankreich (mit 1 Million Einwohnern), nach sich ziehen würde. Dann könnte der Weg von Brüssel nach Paris in 12 bis 14 Stunden Zeit zurückgelegt werden, und der Strafsen-Arm von Mecheln nach Gent würde zur Verbindung der vier gröfsten Belgischen Städte mit Paris und dem Französischen Flandern beitragen.

Nimmt man nun die Ausführung der Strafse von der Schelde nach Cölln, und der zwei Verlängerungen derselben von Mecheln nach Brüssel und Gent, als beschlossen und bevorstehend an, und erwägt, dafs Ostende von Gent nur noch 6 Meilen entfernt ist, dafs das Terrain dort vollkommen eben ist, dafs der einst so wichtige Hafen von Ostende, der schon neuerdings verbessert worden ist, und noch ferner verbessert werden kann, in der Folge von Neuem wichtig werden dürfte, auch als Marine-Hafen, und dafs Ostende, der Mündung der Themse gegenüber, für die täglichen Verbindungen mit London eine besonders vortheilhafte Lage hat: so frägt es sich ferner, ob und in wie weit es vortheilhaft sein könne, die Eisenbahn auch noch bis Ostende zu verlängern.

§. II. Nutzen einer Eisenbahn von Gent bis Ostende.

Wenn man blofs den Geld-Ertrag in Betracht zieht, so ist es sicher, dafs das Einkommen auf einer Eisenbahn von Ostende nach Gent die Kosten nicht decken würde, weil die Fahrten auf den Wasserstrafsen jetzt sehr wohlfeil sind und Eilbarken die Reisenden auch mit Annehmlichkeit und schnell fortschaffen. Zwar sind die Frachtkosten (die Zölle eingeschlossen) auf den Canälen von Brügge nach Gent und Ostende höher, als die blofsen Transport-Kosten auf der Eisenbahn; aber der geringste hinzugefügte Zoll würde das Werk für den Verkehr unnütz machen, oder sein Nutzen würde sich doch nur auf die Zeitpuncte beschränkt finden, wenn entweder die Schiffahrt unterbrochen oder der Verkehr ungewöhnlich stark ist.

Die Handelsleute von Gent und Brügge, welche überseeische Verbindungen, besonders mit London, Liverpool, Marenne oder dem Baltischen Meere haben, werden ihre Schiffe nicht auf die Eisenbahn ausladen lassen. Dieselbe wird also blofs diejenigen Waaren zu befördern bekommen, welche, wie z. B. die Fische, Beschleunigung des Transports erfordern; so wie einen Theil der Reisenden, besonders derjenigen von und nach England.

Jetzt ist die Zahl der Reisenden zwischen Ostende, Brügge und Gent jährlich ungefähr 38 000, von welchen 27 000 mit den Barken reisen und für die ganze Fahrt durchschnittlich 20 Sgr. bezahlen; die übrigen 11 000 reisen mit den Diligencen, in welchen ein Platz durchschnittlich 28 Sgr. kostet. Rechnet man, dafs, wenn das Passagiergeld auf der Eisenbahn nicht höher ist, als auf den Diligencen, 30 000 Reisende der neuen Strafse sich bedienen werden: so giebt dies, weil die Transportkosten selbst, ungefähr 8 Sgr. für die Person betragen werden, so, dafs 20 Sgr. übrig bleiben, einen Ertrag von . . . . 20 000 Rthlr.

Der Waaren-Transport, welcher auf die Eisenbahn übergehen könnte, ist gegenwärtig folgender:

	Tonnen.	Fracht für die ganze Fahrt.
Mit den Diligencen . . .	400 . . .	8 Rthlr. bis 13 Rthlr. 10 Sgr.
Mit den Postbarken . . .	7 000 . . .	3 Rthlr. 22 Sgr. bis 5 Rthlr. 10 Sgr.
Mit der Beurth-Fahrt .	10 000 . . .	1 Rthlr. 2 Sgr. bis 1 Rthlr. 26 Sgr.

Im Durchschnitt kostet also, von den 17 400 Tonnen jährlich, jede 2 Rthlr. 12 Sgr. Fracht. Die Transportkosten auf der Eisenbahn werden, auf die $8\frac{7}{8}$ Meile Entfernung, je nachdem die Geschwindigkeit der Fahrt sein soll, und Rückfracht sich findet, oder nicht, $10\frac{2}{7}$ bis 20 Sgr., im Durchschnitt 16 Sgr. für die Tonne betragen. Will man also den ganzen oben benannten Verkehr auf die Eisenbahn ziehen, so dürfen die Gefälle nicht höher gesetzt werden, als der mittlere Preis der Beurth-Fahrt ist: also nicht höher, als 1 Rthlr. 14 Sgr. für die Tonne. Folglich bleibt an Zoll für die Fahrt zwischen Ostende und Gent 28 Sgr. für die Tonne übrig, und es ergiebt sich also von dem Waaren-Transport, nemlich von 17 400 Tonnen, ein Ertrag von . . . . . 16 000 Rthlr.

Von den Transporten während der Unterbrechung der Schiffahrt, und zur Zeit sehr starken Verkehrs, läfst sich noch ein Ertrag hoffen von . 6 666 - 20 Sgr.

Überhaupt also, mit dem Einkommen von den Reisenden, von . . . . 20 000 Rthlr. — Sgr.,

würde der Ertrag der Eisenbahn jährlich sein: . 42 666 Rthlr. 20 Sgr.

Die jährlichen Ausgaben für Erhaltung und Verwaltung der Strafse sind, wie sich weiter unten zeigen wird, ... 29 333 Rthlr. 10 Sgr.

Es bleiben, also zu den Zinsen des Anlage-Capitals, welches 1 173 333 Rthlr. beträgt, nur . . 13 333 Rthlr. 10 Sgr. übrig, was nur etwa 1 pro Cent ausmacht. Finanziell also würde eine Eisenbahn zwischen Gent und Ostende eine schlechte Speculation sein.

Die neue Strafse würde nun zwar dem Handel von Flandern im Allgemeinen, und besonders den Städten Gent, Brügge und Ostende Nutzen bringen, weil sie eine nie unterbrochene Communication gewährt; die von der Eisenbahn berührten Grundstücke würden an Werth gewinnen und die Frequenz der Reisenden würde wegen der Schnelligkeit der Fahrt zunehmen; allein diese localen Vortheile sind nicht beträchtlich genug, als dafs der Handels-Verkehr die Unkosten davon tragen könnte.

Das Werk ist also nur ausführbar aus Rücksicht seines Nutzens für das gesammte Land; folglich zunächst nur dann, wenn die Strafse von Antwerpen nach dem Rhein gebaut und nach Brüssel und Gent verlängert wird. Dann aber auch hat das Land ein Interesse, die neue Strafse bis an das Meer zu verlängern. Die Erfolge davon würden folgende sein.

Erstlich würde die Eisenbahn, weil man auf ihr in 12 bis 15 Stunden Zeit von den Dampfboten zu Ostende bis zu den Dampfboten auf dem Rhein nach Cölln gelangen könnte, von den Reisenden aus England nach Deutschland, der Schweiz und Italien vorzugsweise gewählt werden. Und man glaube nicht, dafs die Schnelligkeit der Fahrt zum Nachtheile des Landes gereichen würde, auf die Weise, dafs demselben das, was jetzt die Reisenden verzehren, gröfstentheils entginge. Gerade umgekehrt, wird in vielen Fällen die Schnelligkeit der Fahrt für die Reisenden ein Beweggrund sein, ihren Aufenthalt bei uns zu verlängern. Schon werden es Diejenigen thun, die zu ihrem Vergnügen reisen; die Zahl der Handelsreisenden, welche möglichst eilen, wird sich dagegen, wegen der Wohlfeilheit des Reisens im Innern, von Stadt zu Stadt immerfort vermehren.

Zweitens ist die Beförderung des Vertriebes der Seefische, sowohl nach dem östlichen Belgien, als nach dem Rhein, wichtig.

Drittens werden die Fischereien von Ostende, Nieuport, Blankenberghe und Heist selbst, in Aufnahme kommen. Es werden sich Seeleute bilden, die wieder im Fall des Krieges nützlich sind. Die zur

Beschützung des Handels nöthige Marine wird Werfte und Zeughäuser bedürfen, die in Brügge ihren Platz finden, dessen Hafen mit dem Meere durch einen sehr tiefen Canal verbunden ist. Die Stadt Brügge (jetzt noch mit 43 000 Einwohner) würde auf diese Weise einen Theil ihres alten Wohlstandes wieder gewinnen.

Viertens die Eisenbahn nach Ostende würde selbst Antwerpen seine Verbindung mit dem Meere zur Zeit des Krieges mit Holland sichern: ein sehr wesentlicher Gegenstand, der indessen nicht das Haupt-Motiv zu dem Werke sein darf, da die Freiheit der Schelde-Schiffahrt, durch Tractate gesichert, und von den Mächten geschützt, nicht mehr zweifelhaft sein kann. Diese Schiffahrt ist in der That von einem zu großsen Interesse für England, Deutschland und Frankreich, als daſs daran zu denken wäre, einen so vortheilhaften Fluſs, wie die Schelde, aufzugeben. Antwerpen wird immer der Haupt-Handelsplatz von Belgien und der Haupt-Ausfuhrort für dessen Producte, so wie sein Hauptmarkt für fremde Erzeugnisse sein. Belgien, Cölln, die Rheinlande und Deutschland werden immer über Antwerpen mit dem Meere in Verbindung bleiben, und die überseeischen Länder werden immer ihre Schiffe nach Antwerpen senden, dessen Hafen einer der besten in Europa ist, und wo für die Förderung des Verkehrs nichts zu wünschen übrig bleibt.

Fünftens die Verbindung von Mecheln mit Gent und Ostende würde die inländische Communicationen vervollkommnen und vervollständigen. Eine Eisenbahn quer durch das Land würde die Bewegung von Truppen, die Beschützung der Küste, die Vertheidigung der Marine-Etablissements und die Verproviantirung der Festungen erleichtern; und dies allein schon muſs das Land zu dieser Verlängerung der Straſse bewegen. Der Staat muſs die fehlenden 4 pro Cent Zinsen der Anlage-Kosten, jährlich etwa 48 000 Rthlr., oder einen Zuschuſs zu den Anlage-Kosten selbst von 933 333 Rthlr. übernehmen: ein Zuschuſs, der unbedeutend ist im Verhältniſs zu dem Nutzen für das ganze Land.

Es dürfte also als erwiesen anzunehmen sein, daſs eine Eisenbahn von Mecheln bis Ostende, als Fortsetzung der Straſse zwischen Brüssel, Antwerpen und dem Rhein, von nicht geringerem nationalem Interesse sein würde, als die Hauptstraſse selbst, obgleich die Vortheile der neuen Straſse, neben den schon vorhandenen sehr vervollkommneten Wege-Verbindungen, hier weniger in die Augen fallen. Der Bau der

Verlängerung der Eisenbahn bis Ostende kann übrigens nach denselben Grundsätzen angeordnet werden, wie der Bau der Hauptbahn; aber der Zoll-Tarif mufs besonders bestimmt werden.

Einflufs der Verlängerung bis Ostende auf die Hauptstrafse. Wegen der Zunahme des Verkehrs auf der Hauptstrafse, welche, besonders zwischen Brüssel, Mecheln und Antwerpen, die Verlängerung der Bahn bis Ostende zur Folge haben dürfte, kann es bald nothwendig werden, auf der Hauptstrafse ein zweites Schienen-Paar zu legen. In der That werden nach der obigen Auseinandersetzung, nach geschehener Verlängerung der Strafse, zwischen Mecheln und Brüssel 60 000 Reisende und 19 500 Tonnen Frachten, und zwischen Mecheln und Antwerpen 35 000 Reisende und 24 500 Tonnen Frachten jährlich mehr passiren; was der vierte Theil des gesammten dortigen Verkehrs ist.

Ein solches zweites Schienen-Paar kostet, nach der unten folgenden Berechnung, an Anlage-Capital 320 000 Rthlr. und jährlich für Erhaltung und Zinsen 20 000 Rthlr. Die Einkünfte dagegen auf der genannten Strafsen-Section, nach dem dortigen Tarif, werden sich wie folgt vermehren:

Von 95 000 Reisenden, auf die mittlere Entfernung von $3\frac{1}{2}$ Meile,	23 306	Rthlr.	20 Sgr.
Von 44 000 Tonnen Waaren	10 666	-	20 -
Zunahme von Reisenden, Waaren und Kohlen	3 360	-	— -
Zusammen	37 333	Rthlr.	10 Sgr.

so dafs also der Ertrag des zweiten Schienen-Paares fast doppelt so hoch sein wird, als die jährlichen Ausgaben dafür. Man könnte diesen Überschufs verwenden, um die Auslage für die Section von Gent bis Ostende zu decken; aber es wird gewifs besser gethan sein, den Tarif auf der Hauptstrafse zu erniedrigen, der schon höher ist, als auf den Flandernschen Strafsen, und der nach dem Grundsatze bestimmt wurde, dafs der Verkehr zwischen Antwerpen, Lüttich und Deutschland allein die Kosten der Strafsen zwischen Antwerpen, Brüssel und der Maas und dem Rhein tragen soll.

[Hier folgt im Original die Aufzählung der verschiedenen Arbeiten zu der Eisenbahn von Mecheln bis Gent, in zwei Sectionen, die sich zu Termonde scheiden, und derjenigen von Gent bis Ostende, ebenfalls in zwei Sectionen, die zu Brügge zusammenstofsen. Wir geben den Inhalt, der Kürze wegen, tabellarisch, wie oben bei der Strafse zwischen Antwerpen, Brüssel und dem Rhein.]

	Eisenbahn von Mecheln bis Gent.			Eisenbahn von Gent bis Ostende.		
	1ste Section von Mecheln bis Termonde.	2te Section von Termonde bis Gent.	Summe.	1ste Section von Gent bis Brügge.	2te Section von Brügge bis Ostende.	Summe.
	Rthlr. Sgr.	Rthlr. Sgr.	Rthlr. Sgr.	Rthlr. Sgr.	Rthlr. Sgr.	Rthlr. Sgr.
Terrain-Kosten . . .	86 933 10	89 333 10	176 266 20	106 666 20	56 000 —	162 666 20
Damm-Arbeiten . . .	29 333 10	40 000 —	69 333 10	42 666 20	26 666 20	69 333 10
Brücken etc.	32 000 —	69 600 —	101 600 —	61 066 20	49 333 10	110 400 —
Die Eisenbahn	283 200 —	335 733 10	618 933 10	418 666 20	286 400 —	705 066 20
Neben-Bauwerke . . .	23 466 20	22 400 —	45 866 20	28 266 20	18 133 10	46 400 —
Kosten des Entwurfs und der Ausführung	6 400 —	12 266 20	18 666 20	13 600 —	7 466 20	21 066 20
Zinsen während der Ausführung	24 000 —	38 666 20	62 666 20	34 666 20	23 733 10	58 400 —
Zusammen an Kosten	485 333 10	608 000 —	1093 333 10	705 600 —	467 733 10	1173 333 10
Terrain zur Strafse, Morgen	182	180	362	278	153	431
Erd-Arbeiten, Sch.-Ruthen	47 170	62 893	110 063	67 386	42 678	105 571
Drehbrücken über Canäle	1	2	3	1	1	2
Andere gröfsere Brücken	—	2	2	1	1	2
Brücken über 10 Fufs weit	1	4	5	9	2	11
Kleine Brücken	10	13	23	9	12	21
Wasserleitungen . . .	12	10	22	—	—	—
Uebergänge über Chausséen	—	3	3	4	3	7
Uebergänge über Feldwege	3	40	43	55	26	81
Gröfsere Gebäude . . .	1	1	2	1	1	2
Zollhäuser	2	1	3	2	—	2
Brückenhäuser	1	2	3	1	1	2
Wegewärter-Häuser . .	15	15	30	21	13	34
Wasserbehälter	3	2	5	3	2	5
Wagebrücken	1	1	2	2	1	3
Länge der eigentlichen Bahn in Ruthen	7302	7726	15 028	11 152	6451	17 603
Länge der Ausweichestellen in Ruthen	1832	1991	3823	2655	1646	4301
Länge der Anschlüsse in Ruthen	743	1991	2734	796	1912	2708
Dauer der Bauzeit, Jahre	1	$1\frac{1}{2}$	$1\frac{4}{2}$	$1\frac{1}{2}$	1	$1\frac{1}{2}$
[Kosten auf die Meile, im Durchschnitt.	Rthlr.	Rthlr.	Rthlr.	Rthlr.	Rthlr.	Rthlr.
Terrain	23 818	23 053	23 502	19 134	17 364	18 485
Damm-Arbeiten . . .	8 036	10 323	9 244	7 654	8 286	7 876
Brücken etc.	8 768	17 962	13 546	10 955	15 287	12 545
Die Eisenbahn	77 589	86 642	82 526	75 098	88 801	80 123
Neben-Bauwerke . . .	6 429	5 782	6 115	5 071	5 622	5 274
Entwurf und Ausführung	1 753	3 163	2 489	2 439	2 315	2 394
Zinsen während der Ausführung	6 575	9 978	8 355	6 214	7 359	6 636
Zusammen	132 968	156 903	145 777	126 565	145 039	133 333

Die Kosten der einzelnen Theile des Bauwerks, so wie des Ganzen, sind hier, wie man sieht, gleichförmiger, als auf der Hauptstrafse von der Schelde nach der Maas; auch sind die Kosten im Ganzen niedriger; denn sie belaufen sich, statt wie dort auf 191 000 Rthlr. im Durchschnitt, hier nur auf nicht voll 140 000 Rthlr. für die Meile; auch sind die Kosten der Damm-Arbeiten, von etwa 8000 Rthlr. für die Meile, nicht viel höher, als sie es bei Chausséen in Deutschland, in den Fällen mittler Schwierigkeit, zu sein pflegen; welches alles seinen Grund hier in dem ganz ebenen Terrain hat. Indessen sind freilich die Kosten noch immer, in Vergleich gegen diejenigen von Chausséen, sehr hoch. Die Erhöhung liegt aber vorzüglich in der ungewöhnlichen Kostbarkeit des Terrains zur Strafse, von mehr als 29 000 Rthlr. für die Meile, und in dem Anschlag der Zinsen vom Capital während des Baues. Werden die letzten nicht mitgerechnet, und vermindern sich die Terrain-Kosten und diejenigen der Damm-Arbeiten bis auf das in Deutschland gewöhnliche mittlere Maafs, so kommt die Meile Eisenbahn, nach der übrigen gegenwärtigen Veranschlagung, nicht viel über 100 000 Rthlr. zu stehen. D. H.]

Die jährlichen Erhaltungs-Kosten der Strafse werden sein:

	Von Mecheln bis Gent.		Von Gent bis Ostende.	
	Rthlr.	Sgr.	Rthlr.	Sgr.
Zinsen des Anlage-Capitals von respective 1 093 333 Rthlr. 10 Sgr. und 1 173 333 Rthlr. 10 Sgr.	54 666	20 . . .	58 666	20
Erhaltungs-Kosten des Dammes und der Gräben	1 333	10 . . .	1 600	—
Desgleichen der Brücken und Gebäude . .	1 333	10 . . .	1 333	10
Desgleichen der Eisenbahn	8 533	10 . . .	9 866	20
Kosten des Verwaltungs- und Aufsichts-Personals, der Wege-Polizei, der Aufsicht auf die Brücken, Barrieren, Wagebrücken, Wasser-Stationen etc.	8 800	— . . .	10 400	—
Kosten der allgemeinen Verwaltung und Zoll-Erhebung . , ...	5 333	10 . . .	6 133	10
Zusammen	80 000	— . . .	88 000	—

Die Kosten eines zweiten Schienen-Paares von Brüssel bis Antwerpen werden folgende sein.

Die Länge des zweiten Schienen-Paares ist:

In der Section von Antwerpen bis Mecheln	5 258 Ruthen.
In der Section von Mecheln bis Brüssel	4 681 - -
Anschlüsse in den verschiedenen Städten, an den Brücken etc.	682 - -
Zusammen	10621 Ruthen.

Auf diese Länge werden zwei Schienen mit allem Zubehör kosten	285 333 Rthlr.	10 Sgr.
10 Wegewärter-Häuser, 2 Wagebrücken, 2 Wasserbehälter und 10 Platformen sind anzuschlagen auf	12 000 -	— -
Ausführungs-Kosten	8 000 -	— -
Zinsen des Anlage-Capitals während des Baues .	14 666 -	20 -
Zusammen	320 000 Rthlr.	— Sgr.

Die jährlichen Erhaltungs-Kosten des zweiten Schienen-Paares werden betragen:

Zinsen des Anlage-Capitals zu 5 pro C.	16 000 Rthlr.
Erhaltung der Schienen	2 400 -
Mehreres Personal	1 600 -
Zusammen	20 000 Rthlr.

[Eine Meile des zweiten Schienen-Paares würde also nach dieser Berechnung etwa 60 000 Rthlr. und dessen Erhaltung 3750 Rthlr. jährlich kosten. D. H.]

Beschreibung der Strafsen-Linie. Der schicklichste Abgangspunct von Mecheln ist oberhalb der Stadt, da wo die Strafse nach dem Rhein von der nach Brüssel abgeht. So dient also eine und dieselbe Strafse zur Verbindung von Antwerpen und von Ostende mit dem Rheine.

Man könnte allerdings von Gent auch gerade zu nach Antwerpen, über Lockeren und St. Nicolas, und eben so, gerade zu von Gent nach Brüssel, über Alost und Assche gehen, welche Linien jede um 5310 Ruthen kürzer sein würden, als jetzt der Umweg von Gent über Mecheln nach Antwerpen (21 452 Ruthen lang), und von Gent über Mecheln nach Brüssel (20 789 Ruth. lang); auch würden die geraden Linien sehr gewerbreiche und stark bevölkerte Gegenden durchschneiden. Aber einestheils würde gegenseitig wieder die Strafse von Gent nach der Maas und dem Rhein um mehr als 5310 Ruthen länger werden [also würde der Gewinn an Länge in der Linie von Gent nach Antwerpen wieder verloren gehen, D. H.]: anderntheils würden die Kosten der beiden geraden Strafsen sehr bedeutend sein, besonders derjenigen über Alost, wo das Terrain sehr uneben ist und gegen 200 Fufs in die Höhe steigt, so, dafs der Wegezoll bei weitem höher sein müfste, als jetzt, wo die Section von Gent bis Mecheln beinahe allen Verkehr der beiden geraden Strafsen von Gent nach Antwerpen und von Gent nach Brüssel allein aufnimmt. Die längere Dauer der Reise von Brüssel nach Gent, auf dem Umwege über Mecheln, ist aufserdem für die Passagiere unbedeutend, da sie dennoch nur 2 bis 3 Stunden Zeit zu der Reise nöthig haben, während jetzt die schnellsten Eilwagen fast die doppelte Zeit brauchen. Auch erfordern strategische Rücksichten, dafs man der Richtung der Canäle und Wasserläufe zwischen Ostende und Mecheln folge, damit sie der Strafse zur Vertheidigung dienen; und dieses entscheidet allein schon, gegen die industriellen Zwecke, für das rechte Ufer der Schelde, und für das südliche Ufer des Canals von Gent nach Ostende. [Auch ohne diese besonderen Gründe entscheidet vielleicht schon die Beschaffenheit des Terrains die Vorzüge der in Mecheln sich kreuzenden Richtung der beiden Strafsen von Antwerpen nach Brüssel und von Gent oder Ostende nach dem Rhein vor den zwei besondern Strafsen von Gent nach Antwerpen und von Gent nach Brüssel. Denn in der Richtung nach Antwerpen geht, wie oben bemerkt, der Gewinn von 5310 Ruthen Länge, den eine besondere, gerade Strafse von Gent nach Antwerpen gewähren würde, weiter hin, von Antwerpen nach dem Rhein zu, wenigstens für die Passage von Gent nach dem Rhein, wieder verloren, und in der Richtung von Gent nach Brüssel kann der Gewinn von 5310 Ruthen Länge sehr leicht durch das Auf- und Absteigen des Terrains, bis zu 200 Fufs Höhe, aufgewogen werden. D. H.]

Zwischen Mecheln und Gent ist die gewerbreiche, von 7000 Menschen bewohnte, und schon befestigte Stadt Termonde ein Punct, den die Strafse nothwendig berühren mufs.

Von Mecheln läuft die Eisenbahn, nachdem sie die Chaussée nach Brüssel an der äufsersten Vorstadt, den Senne-Flufs bei dem Dorfe Hombecke (von 1700 Einwohnern) und den Canal von Willebrock, bei Ramsdonk Capelle, wo die meisten in die Umgegend bestimmten Kohlen ausgeladen werden, passirt hat, dicht an dem Flecken Londerzeel vorbei, der 4000 Einwohner und beträchtlichen Getreide- und Leinewandhandel hat, nach Termonde. Zwischen Londerzeel und Termonde geht sie nahe an den grofsen Dörfern Opdorp und Malderen, Buggenhout und Baesrode, von 1200, 1600, 3000 und 3000 Einwohnern, vorbei, und berührt, gegen St. Amands, die ausspringenden Winkel der Chaussée von Termonde nach Mecheln, um den Verkehr auf dieser Strafse zu erleichtern. Termonde erreicht sie am Brüsseler Thor.

Zwischen Termonde und Gent schneidet die Eisenbahn den Canal und die Chaussée von Alost beim Dorfe Oudeghem (von 1500 Einwohnern) und erreicht bei Schönrode die gepflasterte Strafse von Termonde nach Gent, welcher sie bis Wichelen (von 4000 Einwohnern) folgt. Von hier läuft sie in gerader Linie nach Wetteren, einer Stadt von 8000 Einwohnern, die mehrere Fabriken, Hammerwerke und Webereien besitzt. Von Wetteren an folgt sie dem Laufe der Schelde bis Melle (von 2000 Einwohnern), schneidet die Brüsseler Chaussée, und läuft auf St. Pierre-Ledeberg nach dem Brüsseler Thore von Gent, wo die Haupt-Stationen errichtet und von wo die Seiten-Arme nach den verschiedenen Gewerbe-Stätten abgeleitet werden können.

Die Eisenbahn umgeht Gent oberhalb, und aufserhalb der Citadelle, oder auch, wenn es fortificatorisch zuläfslich befunden wird, zwischen der Citadelle und der Stadt. Nachdem sie die Chaussée von Audenaerde an der äufsersten Courtrayer Vorstadt erreicht hat, und die Schelde nebst den beiden Armen der Lys passirt ist, schneidet sie die gepflasterte Strafse von Deynse bei dem Dorfe Dronghem (von 4700 Einwohnern) und zieht sich nun durch den Flecken Aeltre (von 5500 Einwohnern), Landeghem links lassend, die Gräben von Nevele schneidend, und Harsbecke und Bellem rechts lassend, nach Brügge. Bei Oostcamp (von 4000 Einw.) angekommen, wo sie die Chaussée von Courtray, am Auslauf derjenigen von Lopphem, schneidet, läuft sie längs dem Canal von Gent nach Brügge, bis zum Eingang in die Stadt.

Sie umgeht dieselbe und erreicht das Thor von Boverie, von wo der Seiten-Arm nach dem grofsen Meer-Canal abgehen kann.

Um dereinst einen Arm über Ghistelle nach Nieuport bauen zu können, wird es gut sein, die Bahn von Brügge einen Umweg über Jabbecke und Oudenburg (von 1500 und 1300 Einw.) machen zu lassen. Die Strafse von Thournout wird an der alten Barrierre und diejenige von Nieuport bei dem Flecken Varsenaere geschnitten.

Von dem Dorfe Oudenburg, wo die Eisenbahn den Canal von Plaschendalle schneidet, läuft sie über Zandvoorde (von 500 Einw.) nach Ostende (von 11400 Einw.), und gelangt in die Stadt, entweder durch die Festungswerke hindurch, oder vermittelst des Übergangs über den Canal von Slykens, und längs dem östlichen Deich fortlaufend, um bis an den Hafen zu gelangen.

(Die Fortsetzung folgt.)

4.
Über die Kettenbrücke zu Freiburg in der Schweiz.

(Von einem Ungenannten.)

Zu den merkwürdigen Bauwerken neuerer Zeit gehört die Draht- (Hänge-) Brücke, welche die beiden (Stadt)-Theile der Stadt Freiburg in der Schweiz verbindet. Freiburg ist bekanntlich auf beiden Seiten einer tiefen Schlucht erbauet, in deren Grunde ein Bach (die Sarine) fliefst: über diesen Bach führt allerdings eine Brücke; allein es ist so beschwerlich, zu selbiger herab, und auf der andern Seite wieder hinauf zu gelangen, dafs ein Fuhrwerk $\frac{3}{4}$ Stunden bis 1 Stunde dazu gebraucht. Dieser beschwerliche Umstand veranlafste seit den ältesten Zeiten eine solche Entfremdung unter den Einwohnern der beiden Stadttheile, dafs sie sogar nicht eine Sprache reden: in dem einen wird nur deutsch, in dem andern nur französisch gehört.

Das Bedürfnifs einer Brücke von einem Thal-Rande zum andern war längst erkannt. Da aber die senkrechte Tiefe gegen 160 Pariser Fufs (bis an den Thal-Grund) beträgt, so würden mehrere Bogenstellungen über einander erforderlich und die Kosten ungemein grofs gewesen sein. Erst im Jahre 1830 kam der Gedanke auf, die Schlucht mittelst einer Hänge-Brücke zu überspannen. Folgender kurze Auszug aus der „*Notice sur le pont suspendu de Fribourg en Suisse, par Mr. de Candolle*" welche sich im September-Heft 1834 der zu Genf erscheinenden *Bibliothèque universelle* findet, enthält einiges Nähere über die Ausführung dieses Gedankens.

Nachdem sich im Jahre 1830 eine Gesellschaft von Actionnairs zu solchem Zwecke in Freiburg vereinigt und die Genehmigung der Staats-Behörde dazu erlangt hatte, wurde mit dem französichen Obrist-Lieutenant der Artillerie, Herrn Challey zu Lyon (schon bekannt durch die Erbauung einer ähnlichen Brücke zu Beaucaire) ein Vertrag abgeschlossen, des Inhalts, dafs

1) der O. L. Challey nach den genehmigten Entwürfen eine Draht-

(Hänge-) Brücke über die erwähnte Schlucht, von einem Thal-Rande zum andern, im Niveau der Domkirche zu Freiburg, auf seine Kosten erbauen und selbige einer Belastung von 100 Kilogr. auf den Quadr.-Mètre (versuchsweise) unterwerfen solle; wogegen ihm

2) nebst freier Anweisung des erforderlichen Terrains, gezahlt und gestattet werden sollten

   a) 300 000 Francs (französische, nicht schweitzer), nach und nach, während des Baues. (Diese Summe jedoch nicht ganz zinsfrei, sondern nur während der ersten 15 Jahre: dann verzinset er sie während 15 Jahren mit 2 pro Cent, und nach deren Ablauf, während 10 Jahre, mit 4 pro Cent.)

   b) Die Befugnifs zum Erheben eines mäfsigen Brücken-Zolls während 40 Jahre. (Dann erhebt die Actien-Gesellschaft den Zoll während andrer 40 Jahre; nach deren Ablauf (also nach 80 Jahren von der Eröffnung) die ganze Brücke dem Staate ohne Vergütung anheim fällt.)

Der verabredete Brücken-Bau konnte, ohne Schuld des Unternehmers, oder der Actien-Gesellschaft, erst im Frühling 1832 beginnen: 30 Monate später war er beendet, und schon am 15ten October 1834 fuhr ein starker Zug schweren Geschützes, 15 Stück, mit 300 Mann Bedeckung, über die Brücke. Wenige Tage darauf wurde sie feierlich eröffnet und es befanden sich während der Procession nie weniger als 1800 Personen zugleich auf derselben in Bewegung. Seitdem ist sie in stetem Gebrauch für jedes Fuhrwerk u. s. w. Der ganze Kosten-Aufwand hat 600 000 Francs (160 000 Rthlr. Pr. Crt.) nicht überstiegen.

Nun einige Worte von der Construction der gedachten Brücke und ihren Dimensionen.

Die ganze Länge der hängenden Brücken-Bahn beträgt 817 Pariser Fufs, die Breite 26 Fufs, wovon 14 auf die Fahr-Bahn und 6 auf 2 Trottoirs kommen. An jeder Seite der Bahn sind, dicht neben einander, zwei Trag-Seile ausgespannt, welche, in gewöhnlicher Weise, über die (*Portiques*) Brücken-Thore (an beiden Endpuncten der Bahn), und zwar über

4 starke eiserne, bewegliche Walzen laufen und an der Landseite (über andere 4 Walzen) in gemauerte Brunnen treten, auf deren Boden sie befestigt sind. Jedes der erwähnten 4 Tragseile besteht aus 1200 einzelnen Drähten (von 1,36 Pariser Linien Durchmesser), welcher jeder 610 Kilogr. zu tragen vermag. Es werden zuerst je zwei Drähte, jeder von 200 Mètres Länge (auf bekannte Weise) nach der Länge verbunden. Es werden nemlich zwei Enden, auf $1\frac{1}{2}$ bis 2 Zoll lang, neben einander gelegt, und mit schwachem Draht, ins Kreuz, wie ein sogenannter Krätzer, fest umwunden. Von diesen, nun 400 Mètres langen, Drähten werden je 80 durch Gewichte und sehr starke Spann-Schrauben in eine gleiche Anspannung gebracht, und dann zu einem, 347,46 Mètres langen Seile vereinigt: es entstehen hierdurch 60 Seile, deren wiederum je 15 zu jedem der 4 eigentlichen Tragseile verbunden werden. Dieses geschieht, nachdem zuvor die 60 einzelnen Seile auf die Brückenthor-Bogen (*Portiques*) gehoben worden, durch Arbeiter, welche dabei über einer Tiefe von 150 bis 200 Par. Fuſs hängen oder schweben. (Es ist bei der Freiburger Brücke Niemand beschädigt worden.) Diese 4 Tragseile beschreiben, nach ihrer möglichsten Anspannung, eine fast parabolische Curve, deren Sehne (*flêche*) 20 Mètres oder etwa 62 Par. Fuſs beträgt. ?? Mittelst Doppelhaken, welche beide neben einander liegende Tragseile jederseits von oben umfassen, laufen senkrechte Seile (jedes bestehend aus 30 der beschriebenen Drähte, mit einer Tragfähigkeit von 18 300 Kilogr.) zu den Brückenbalken herab, welche von ihnen getragen werden. Es sind dieser Balken 164, welche von Mitte zu Mitte $1\frac{1}{2}$ Mètre aus einander liegen; die längsten senkrecht herabfallenden Tragseile sind 17 Mètres lang. Die beiden Brücken-Thore (*Portiques*) sind 10 Fuſs vom Thal-Rande erbauet, aus sehr groſsen, vielfach mit Eisen verklammerten, Blöcken von hartem Jura-Kalkstein; die Höhe jedes solchen Thores ist 20 Mètres, die Länge 14, die Stärke 6; die mittlere Bogen-Öffnung ist 5,76 weit; die Höhe im Lichten 13 Mètres. Die Draht-Seile werden durch sorgfältigen Ölfarbe-Anstrich gegen den Rost geschützt. Da dieser Anstrich in den ausgemauerten Brunnen, in welche die groſsen Trag-Seile zu den Befestigungspuncten hinablaufen, nicht wohl erneuert werden kann, so will Herr Challey die Brunnen oder Schachten mit lebendigem Kalk ausfüllen lassen.

Zum Schlusse eine Vergleichung einiger Dimensionen der beschriebenen Freiburger Hänge-Brücke mit der Telfordschen über den Meeres-Arm Menai, zwischen Carnaervonshire und der Insel Anglesea.

Erstere ist lang (schwebend)	817	Par. Fufs.
Letztere - - -	516	- -
Erstere ist hoch über den Thalgrund . .	156	- -
Letztere - - - - Wasserspiegel .	110	- -

Erstere ist in $2\frac{1}{2}$ Jahren
Letztere - - 7 Jahren } erbauet.

Der Brücken-Zoll auf beiden ist wie 1 zu 9.

Die Kosten der englischen Brücke sind nicht genau bekannt, betragen indessen wahrscheinlich über das Zehnfache dessen, was die Freiburger Brücke kostete.

Eine gründliche und ausführliche Belehrung über die Construction der Draht-Hängebrücken findet sich in:

Notices sur les ponts suspendus en fil de fer, par le Colonel Dufour. A Genève 1834. 4to.

5.

Andeutungen zur Charakteristik der Baustyle der Vorzeit, mit Hinweisung auf die bekannten Bauwerke und auf die Hülfsquellen zur Kenntnifs derselben.

(Von dem Königl. Regierungs-Bau-Inspector und Ingenieur-Premier-Lieutenant a. D. Herrn *Emmich* zu Frankfurt a. O.)

Eine Darstellung der eigenthümlichen Bildung und Verschiedenheit der Baustyle der Vorzeit mufs auf Kenntnifs der Bauwerke begründet sein, und diese wird, theils aus den Angaben in den noch vorhandenen Überlieferungen alter Schriftsteller, theils aus den Mittheilungen späterer Untersuchungen der noch erhaltenen Monumente geschöpft.

Diese Überlieferungen und Untersuchungen umfassen entweder die Bauwerke ganzer Gegenden und Baustyle, oder sie beschränken sich auf einzelne Bauwerke und Gegenstände; und daraus sind wieder Abhandlungen in andere historische und archäologische Schriften übergegangen, oder neue allgemeine Werke entstanden, die eine übersichtliche und vergleichende Zusammenstellung der bekanuteren Bauwerke aller, oder doch der wichtigsten, Völker, Länder und Zeiten zu geben suchen, und zu denen (aufser den allgemeinen, eigentlich historischen Werken) besonders gehören:

1. Durand, *Recueil et parallèle des edifices.*
2. Leroux d'Agincourt, *l'histoire de l'art, par les monumens.*
3. Wiebeking, theoretisch-practische Civil-Baukunst.
4. Bildergallerie zum allgemeinen Conversations-Lexikon.
5. Caylus, *Recueil d'antiquités.*
6. Middleton, *antiquitatis monumenta.*
7. Campini, *vetera monumenta.*
8. Winkelmann, alte Denkmäler der Kunst.
9. Eberhardt, Denkmäler der Baukunst, ein überaus gründliches und vollständiges, jedoch sehr umfassendes Werk, aus den besten Quellen zusammengetragen, ist noch im Entstehen und bis jetzt auf

die Denkmäler in Griechenland und Klein-Asien, nach Stuart, Revett etc. beschränkt.

Danach lassen sich folgende, nach Zeiten, Gegenden und Formen individuell verschiedene Bauarten, annehmen:

1) Die babylonische;
2) Die phönicische;
3) Die sinesische;
4) Die amerikanische (malayische);
5) Die alt-persische (medische);
6) Die indische;
7) Die ägyptische;
8) Die pelasgische (cyclopische, keltische);
9) Die etruskische;
10) Die alt-griechische;
11) Die römische;
12) Die byzantinische (neu-griechische);
13) Die gothische (alt-gothische, sächsiche, lombardische);
14) Die arabische (maurische, neu-persische);
15) Die deutsche (neu-gothische, fränkische, normannische);

die mehr oder weniger genau bekannt sind, deren Hauptverschiedenheit und Individualität jedoch, sowohl durch das Clima der Länder, als durch die Bildung und den Cultus der Völker, bedingt zu sein scheint.

1. Die babylonische Bauart.

Über die Bauwerke, welche in der frühesten Zeit, bis gegen 800 v. Chr., in Babylonien, Assyrien, Medien etc. ausgeführt wurden, sind uns von den ältesten Schriftstellern der Griechen (besonders Herodot) und durch die Bibel, nur wenige, meist fabelhafte und unbestimmte Nachrichten überkommen; und da die Untersuchungen neuerer Reisenden, als Niebuhr und Schulze, nur unkenntliche Trümmern ergeben haben, so sind wir sowohl über die Beschaffenheit jener Bauwerke selbst, als über den Styl derselben überhaupt, völlig im Dunkeln: nur scheint angenommen werden zu können, dafs es colossale Massivbaue, von Backsteinen, in einem rohen Charakter gewesen, zu deren Ausführung jedoch schon gute technische Kenntnisse und mechanische Hülfsmittel vorausgesetzt werden müssen.

Die berühmtesten Werke von dieser Bauart sind:

1) Der Tempel des Belus zu Babylon;
2) Der Thurm des Ninus daselbst;
3) Der Pallast der Semiramis, mit den hängenden Gärten;
4) Die Brücke über den Euphrat und
5) 6) Die Mauren von Ecbatana und Ninive.

2. Die phönicische Bauart.

Über die Bauwerke in Phönicien, Judäa und Syrien, aus denselben Zeiten, sind wir eben so mangelhaft unterrichtet, und es waltet über ihren Styl dasselbe Dunkel ob, da die historischen Quellen eben so gering sind, als die neuen Untersuchungen fruchtlos gewesen sind, so dafs man daraus nur im Allgemeinen auf grofse Holzbaue schliefsen kann, die zwar gleichfalls eine bereits gewandte Technik und Mechanik voraussetzen lassen, jedoch auf Ausbildung der Formen wohl keine Ansprüche machen können.

Die hierher gehörigen berühmtesten Bauwerke sind:

1) Der Tempel des Hercules zu Tyrus;
2) Der Tempel des Jehova zu Jerusalem;
3) Der Pallast des Salomo daselbst.

Die vielfachen Versuche von Architekten (als Vilalpandus, Pokok, Sturm, Hirt etc.), die Anordnung dieser, in damaliger Zeit durch Pracht und Gröfse berühmten, Gebäude aus den alten Quellen zu entwickeln, bleiben immer nur Ideen der Restauratoren, ohne eigentlichen historischen Grund.

3. Die sinesische Bauart.

Über die Bauwerke der Sinesen, die von den ältesten Zeiten her, im östlichen Asien, stets in demselben unveränderten Styl ausgeführt worden zu sein scheinen, sind uns aus dem Alterthume gar keine Nachrichten überkommen, und die Untersuchungen und Mittheilungen der Neuern, wovon die wichtigsten in „Chambres *desseins des edifices*" enthalten sind, noch zu gering und mangelhaft, um ein vollständiges und sicheres Resultat daraus ziehen zu können. Es scheinen mehr Holz- als Stein-Baue, häufig mit leicht proportionirten Pfeilerstellungen, mit hölzernen Decken-Constructionen, geschweiften Dachungen und eigenthümlichen, oft im Übermaafs angewendeten und in kleinliche Spielereien ausartenden, Verzierungen zu sein.

Die wichtigsten und ältesten der uns bekannten Bauwerke sind:

1) Die grofse Grenzmauer;
2) Der Kaiserkanal;
3) Die Pajode zu Honang;
4) Der Porzellanthurm zu Nanking;
5) Der Pallast zu Pecking und
6) Die Brücke zu Lonyang.

4. Die amerikanische Bauart.

Über die Bauwerke der Amerikaner, welche vor der Entdeckung der neuen Welt, 1500 v. Chr., aufgeführt worden, sind uns keine alten Nachrichten überkommen, und aus den, bis jetzt noch geringen, Untersuchungen der wenigen aufgefundenen Überreste kann nur im Allgemeinen auf colossale Fels- und Steinbaue, in einfachen Formen, geschlossen werden.

Die wichtigsten der bekannt gewordenen Monumente sind:

1) Der Thurm zu Tlapallan;
2) Der Pallast des Montezuma zu Mexico;
3) Der Tempel des Teotihuacan bei Guatimala;
4) Die Gebäude zu Palenque;
5) Die Gräber der Incas in Peru und
6) Der Sonnentempel zu Cuzko, worüber sich Nachrichten in neuern Reisebeschreibungen, besonders von A. v. Humboldt, finden.

5. Die alt-persische Bauart.

Über die Bauwerke der alten Perser sind uns nur sehr wenige allgemeine Nachrichten durch Diodor mitgetheilt worden; die neuen Untersuchungen einiger merkwürdigen Reste derselben jedoch, deren Resultate in

1. Niebuhrs Reisebeschreibung;
2. Chardin, *Voyage en Perse*, und
3. Le Brun, *Voyage en Perse, en Moscovie etc.*

mitgetheilt werden, haben uns nicht nur mit der Anordnung dieser berühmten Werke, sondern auch mit der Bauart überhaupt, die in Persien und Medien bis zur Zeit der griechischen Kriege, 500 v. Chr., befolgt wurde, bekannter gemacht. Wir erkennen daraus grofsartige Stein- und Felsenbaue, mit Säulen und Pfeilern von ziemlich leichten Verhältnissen, wagerechten Decken und eben so mannigfaltigen als eigenthümlichen Ornamenten und Sculpturen, von zierlicherer Ausführung, als in Ägypten.

Die merkwürdigsten uns bekannt gewordenen Bauwerke sind:

Der Palast des Dsiemschied zu Persepolis (Pasargadae), jetzt Tschilminar genannt;

Die Gräber der Könige zu Fars.

6. Die indische Bauart.

Über die Bauwerke der alten Inder sind uns von den Schriftstellern der Alten gar keine Mittheilungen geworden; jedoch haben sich viele und bedeutende Überreste der Werke bis jetzt erhalten, und sind von neuern Reisenden zum Theil so gründlich untersucht und aufgedeckt worden, z. B. in:

1. Niebuhrs Reisebeschreibung;
2. Langle's *Monumens anciens et modernes de l'Hindostan*;
3. *A Comparatif view of the ancient Monuments of India*;
4. Hunter, Beschreibung einiger künstlichen Höhlen bei Bombay:

dafs wir die Anordnung derselben insbesondere, so wie den Styl im Allgemeinen, ziemlich sicher daraus entnehmen können.

Diese Bauart, welche in Ostindien und Tibet wahrscheinlich bis zum Mittelalter ausgeübt wurde, spricht sich aus in colossalen Felsbauen, meist unterirdische Höhlen bildend, mit wagerechten Decken, durch schwere Pfeiler gestützt, und ausgezeichnet durch mannigfache und eigenthümliche Ornamente und überhäufte Sculpturen, die, wenn sie auch nicht einem Ideale der Kunst entsprechen, doch von zierlicher Ausführuug zeugen, und angenehmer ins Auge fallen, als die ägyptischen Compositionen.

Die merkwürdigsten bekannten Bauwerke dieses Styls sind:

1—14) Die Tempel oder Pajoden zu Dantali, Tintali, Desavatara, Nilakantha, Deruacas, Richi, Kennery, Bamian, Colombron, Tulicut, Galipuri (Elephanta), Ambola und Canara;

15) Zu Elora: die Tempel des Dschagarnatha, Parasua, Rama, Sabha, Doumar-Leyna, Viscua carma, die Paläste des Schiwa und des Indra, die Höhle der unreinen Hindus;

16) Der Tempel der Maha-Dewa zu Bombay;

17) Die Pajode zu Tanschaur;

18) Die Pajode zu Mahabaly-Puram;
19) Das Tschultri oder Hospiz zu Madhura.

7. Die ägyptische Bauart.

Über die Bauart der Ägypter sind nicht nur sehr viele Nachrichten durch die Schriftsteller der Griechen und Römer, besonders Herodot, Diodor, Pausanias, Strabo und Plinius, auf uns gekommen, sondern auch sehr viele und ansehnliche Überreste derselben noch erhalten und von neuern Reisenden untersucht, so daſs wir aus deren Mittheilungen sowohl die Anordnung dieser Bauwerke, als auch die Eigenthümlichkeit dieses Baustyls, welcher in Ägypten, Habessinien und Nubien, bis zu den Zeiten der Ptolemäer, 300 v. Chr., ausgeübt wurde, genau kennen lernen.

Mittheilungen finden sich in:

1. Pockok, Beschreibung des Morgenlandes;
2. Norden, Reise durch Ägypten und Nubien;
3. Bruce, Reisen zur Entdeckung der Nilquellen;
4. Caillaud, *voyage à l'Oasis des Thebes et dans les deserts, situés à l'orient et à l'occident de la Thebaïde;*
5. Belzoni, *voyage en Egypte et en Nubie;*
6. Waddington, *Journal of a visit to some parts of Ethiopia;*
7. Burkhard *et* Gravier, *monumens egyptiens;*
8. Gau, neu entdeckte Denkmäler in Nubien;
9. Ehrenberg und Hempert, Reisen durch Ägypten, Lybien und Habesch;
10. Menu von Minutoli, Reise zum Tempel des Jupiter Ammon in der lybischen Wüste;
11. *Description de l'Egypte*, von den Gelehrten der französischen Expedition nach Ägypten;
12. Hirt, vom Wasserbau der alten Ägypter;
13. Hirt, über den Bau der Pyramiden;
14. Ackermann, *de Pyramidibus aegyptiacis;*
15. Mercati, *degli Obelischi di Roma;*
16. Bosius, *de Obelisco Sesostridis;*
17. Kircher, *Obeliscus aegyptiacus;*
18. Kircher, *Obeliscus Pamphili;*
19. Bandini, *de Obelisco Augusti.*

Der Character des ägyptischen Styls spricht sich besonders aus in colossalen Fels- und Steinbauen, mit äufserlich dossirten Mauern und verjüngten Öffnungen von schweren Verhältnissen, mit stämmigen Säulen, einfachen Gebälken, wagerechten Steindecken, ohne schräge Dachungen, so wie mit mannigfaltigen und eigenthümlichen, jedoch nicht zierlichen und gefälligen, Ornamenten und Sculpturen, die sich meist als Hieroglyphen zeigen.

Zu den vorzüglichern, uns bekannt gewordenen Werken in diesem Baustyle gehören:

1—8) Die Tempel zu Dosche, Dschebel el Berkel, Kalapsche Balange, Essabua, Girscheh, Obussambul;

9) Die Tempel der Isis und des Osiris, der östliche und der südliche Tempel auf der Insel Philae;

10) Der Tempel zu Syene;

11) Der Tempel des Knuphis auf der Insel Elephantine;

12) Der grofse und kleine Tempel und der Tempel des Horus zu Ombos;

13) Die Tempel des Apollo und des Typhon zu Apollinopolis magna;

14) Die Katakomben oder Hypogäen zu Elithya;

15) Der Tempel des Jupiter-Ammon und der Nordtempel zu Latopolis;

16) der Tempel der Venus zu Aphroditopolis oder Contralatopolis;

17) Der Tempel des Apollo zu Hermontis;

18) Zu Thebae oder Diospolis: die grofse Rennbahn; die Paläste des Sesostris, Memnon, und zu Gumale; das Grabmal des Osymandias; der Tempel der Isis; der grofse und mehrere kleine Tempel auf dem linken Nilufer; die kleine Rennbahn; die Paläste zu Karnak und Luxor; der kleine und grofse Tempel; die Ufermauer; die Kolosse und Sphinxe auf dem rechten Nilufer;

19) Der Tempel der Isis und das Typhonium zu Tentyra (Denderah);

20) Der Tempel zu Apollinopolis;

21) Die Tempel zu Panopolis (Chemnis);

22) Der Tempel des Osiris und der Palast des Memnon zu Abydos;

23) Die Hypogäen zu Alkmyn;

24) Der Tempel zu Passalon oder Anteopolis;

25) Der Tempel des Hermes zu Hermopolis magna;
26) Das Labyrinth zu Crocodilopolis (Arsinoe);
27) Der See Moeris, nebst mehrern Pyramiden, und der Josephs-Canal in der Landschaft Fejum;
28) Der grofse Sphinx; die grofse und viele kleine Pyramiden in Mittel-Ägypten;
29—30) Die Pyramiden zu Dagsur und Mangelmusa;
31) Die Hypogäen und Pyramiden zu Sacarra;
32) Der Tempel der Isis zu Busiris;
33) Die Gebäude zu Bubastis;
34) Die Nekropolis zu Saïs;
35) Die Tempel der Sonne und die Obelisken zu Heliopolis;
36) Die Gebäude zu Berenice am rothen Meer.

8. Die pelasgische Bauart.

Über die Bauwerke, welche in der frühesten Zeit, bis gegen 1000 v. Chr., in Griechenland und Italien von den Pelasgern ausgeführt wurden, sind uns von griechischen und römischen Schriftstellern, als: Diodor, Pausanias, Livius, einzelne Nachrichten überkommen, und von neuern Reisenden Mittheilungen über die noch vorgefundenen Überreste derselben in:
Dodwell, *class. and topogr. tour trough Grece* und
Willogell, *views in Grece*
geworden, woraus nur auf rohe Höhlen und colossale Steinbaue von unregelmäfsigen Massen, zur alleinigen Befriedigung des nöthigsten Bedürfnisses äufseres Schutzes, ohne alle Anforderungen an schöne Formen und Annehmlichkeiten, geschlossen werden kann.

Zu den wichtigsten der uns bekannt gewordenen, hierher zu rechnenden, Bauwerke gehören:

1—6) Die Mauern der italischen Städte Terracina, Cora, Arpino, Fondi, Norba und Volterra;
7) Der Tempel des Jupiter Urius zu Signi;
8) Die Burg Larissa zu Argos;
9) Das Löwenthor zu Mycenae;
10—15) Die Thore und Mauern der griechischen Städte Trözene, Tyrins, Lycosura, Locri, Dodona und Pharsalus;
16) Das Labyrinth zu Gnossus auf Creta.

Die wenigen rohen Bauwerke der keltischen Völker, vor der Römer-Zeit, im Norden Europas, wovon noch die Reste einiger Druidentempel in Schottland, Irland und Schweden zeugen, und wovon sich Nachrichten in einigen neuern Reisebeschreibungen finden, sind auch zu diesem Style zu rechnen, und es läfst sich das oben Gesagte darauf mit anwenden.

9. Die griechische Bauart.

Über die Bauart der alten hellenischen Völker sind wir sowohl durch die auf uns gekommenen Überlieferungen griechischer und lateinischer Schriftsteller, nämlich des **Herodot**, **Diodor**, **Strabo**, **Plinius**, **Dionysius** und **Pausanias**, als auch durch die in neuern Zeiten unternommenen und mitgetheilten Untersuchungen über die mehr oder weniger erhaltenen Denkmale dieses Baustyls im eigentlichen Griechenlande, Macedonien, Klein-Asien, Süd-Italien (Grofs-Griechenland), Sicilien und den griechischen Inseln, ziemlich gründlich unterrichtet, so dafs wir über die Anordnung derselben und die Bauart im Allgemeinen ziemlich im Klaren sind; welches um so wichtiger ist, da der Kunstsinn dieses berühmten Volkes auch die Baukunst in jeder Hinsicht so ausbildete, dafs der griechische Baustyl immer das beste Vorbild sein wird, um sich, durch freie Nachbildung, dem Ideale des Schönen in der Architektur möglichst zu nähern.

Der Character dieser, mit angemessenen Modificationen, allen Gegenden und Zeiten ziemlich anpassenden Bauart, die sich sowohl in Stein- als in Holz-Constructionen darstellt, spricht sich besonders in horizontal bedeckten Öffnungen, durch Rostgebälke gebildeten ebenen Decken, schrägen, durch Giebel bezeichneten Dachungen, drei mit individuell verschiedenen Ornamenten gezierten und nach zweckmäfsigen Verhältnissen angeordneten, auf bestimmte allgemeine Grundsätze zurückführenden Säulenordnungen und in schönen Sculpturen aus, deren Ausführung die zierlichste Bearbeitung und deren Anordnung den reinsten Geschmack bekunden.

Wenn die Wölbekunst in späterer Zeit auch den Griechen bekannt wurde, oder selbst ihnen ihre Erfindung verdankt: so fand sie doch wenig Eingang, und sprach sich vor der Römerzeit, 140 v. Chr., wenigstens äufserlich, nie aus, von wo an denn der griechische Baustyl in den römischen überging, und bis wohin die Befolgung des alt-griechischen Styls nur gerechnet werden kann.

Die wichtigsten Resultate der Untersuchungen über die Werke und Denkmale griechischer Baukunst finden sich mitgetheilt in:

1. Le Grand, *monumens de la Grece;*
2. Le Roi, *les plus beaux monumens de la Grece;*
3. La Gardette, *les Ruines de Pästum;*
4. Major, *les Ruines de Pästum;*
5. Houel, *voyage pittoresque de la Sicile;*
6. De Non, *voyage pittoresque de la Sicile et de Naples;*
7. Choiseul Gouffier, *voyage pittoresque;*
8. Tournefort, *voyage de Levante;*
9. Paoli, *Rovina della Citta di Pesto;*
10. Stuart, *Revett and Wood, te antiquities of Athen;*
11. Chandler, *Revett and Pars, Jonian antiquities;*
12. Gell; *the antiquities inedited of Attica;*
13. Wilkins, *the antiquities of Attica;*
14. Dodwell, *views in Grece;*
15. Dodwell, *class. and topogr. tour trough Grece;*
16. Williams, *views in Grece;*
17. Wilkins, *the antiquities of magna Gräcia;*
18. Pockok, Beschreibung des Morgenlandes;
19. Gärtner, die best-erhaltenen griechischen Monumente in Sicilien;
20. Swinburne, Reise durch beide Sicilien;
21. Chandler, Reisen in Klein-Asien und Griechenland;
22. Riedesel, Reisen durch Sicilien, Grofs-Griechenland und nach der Levante;
23. Hirt, über den Bau des Tempels zu Ephesus;
24. Klenze, der Tempel des olympischen Jupiters zu Aggrigent;
25. Horner, Bilder des griechischen Alterthums;
26. Martini, von den Odeen der Alten;
27. Gronow, *de Musaeo Alexandrino;*
28. Bernard de Montfaucon, griechische und römische Alterthümer;
29. Baumgärtner, Ruinen von Pästum;
30. Stackelberg, der Apollotempel zu Bassae;
31. Müller, *Minervae Poliadis sacra et aedes in arce Athenarum;*
32. Völkel, über den Tempel und die Statue des Jupiter zu Olympia.

Zu den vorzüglichsten der uns bekannt gewordenen Bauwerke in diesem Style gehören:

In Asien und Afrika.

1) Der Tempel der grofsen Syrischen Göttin zu Hieropolis;
2) Der Tempel des Apollo zu Antiochien;
3) Der Palast der Ptolemäer zu Alexandria;
4) Der Hafen und Leuchtthurm zu Pharus;
5) Der Tempel der Minerva zu Sigaeum;
6) Der Tempel der Diana, das Gymnasium, das Stadium und das Odeum zu Ephesus;
7) Der Tempel des Bachus und das Theater zu Myus;
8) Der Tempel des Apollo-Didymaeus und das Theater zu Milet;
9) Der Tempel der Minerva-Polias zu Prïene:
10) Der Tempel der Diana leucophryne und das Theater zu Magnesia;
11) Der Tempel des Jupiter Carius zu Mylassa;
12) Das Grabmal des Mausolus und der Tempel des Mars zu Halicarnafs;
13) Das Odeum, das Gymnasium und das Stadium zu Smyrna;
14) Der Tempel der Cybele und das Grabmal des Alyates zu Sardes;
15) Die Burg von Assos;
16) Das Stadium zu Laodicaea;
17) Das Stadium und Gymnasium zu Alabanda;
18) Die Gebäude zu Cyrene.

Auf den griechischen Inseln.

19) Der Hafen und Kolofs zu Rhodus;
20) Der Tempel der Venus zu Paphos;
21) Der Tempel der Juno zu Samos;
22) Der Tempel des Bachus, das Theater und das Odeum auf Teos;
23) Der Tempel des Jupiter-Panhellenius, der Tempel der Venus, das Theater, das Stadium und das Aeacicum auf Aegina;
24) Der Tempel des Apollo und der Porticus auf Delos.

In Griechenland und Macedonien.

25) Die Incantada oder Hätriva zu Thessalonica;
26) Der Tempel der Juno, das Stadium, die Agora und das Denkmal des Pyrrhus zu Argos;

27) Die Agora zu Trözene;
28) Das Schatzhaus des Atreus, oder das Grabmal des Agamemnon zu Mycenae;
29) Der Tempel des Jupiter zu Nemaea;
30) Der Tempel des Aesculapius, der Tholus und das Theater zu Epidaurus;
31) Das Odeum zu Patrae;
32) Die Burg, das Stadium, die Agora und der Tempel des Neptun zu Corinth;
33) Der Hippodrom zu Mantinaea;
34) Der Klisthenos zu Sicyon;
35) Das Thor und die Agora zu Messene;
36) Der Tempel des Apollo-Epicurius zu Phigalia;
37) Der Tempel der Minerva-Alea und die Agora zu Tegea;
38) Der Hippodrom zu Lycosura;
39) Das Theater, Stadium, Tersilium, und die Agora zu Megalopolis;
40) Der Tempel des Jupiter; das Gymnasium und der Agaptus zu Olympia;
41) Die Agora, Stoa, der Skias, das Theater und Gymnasium zu Lacedaemon;
42—44) Die Agoren zu Clis, Thespis und Elathia;
45) Das Schatzhaus des Minyas zu Orchomus;
46) Der Tempel der Minerva-Area zu Platäa;
47) Die Burg, der Hippodrom und die Gymnasien des Hercules und des Jolaus zu Thebae;
48) Der Tempel des Apollo zu Delphi;
49) Das Phocicum zu Daulis;
50) Die Stoa zu Thoricus;
51) Die Propyläen und der Tempel der Minerva zu Sunium;
52) Der Tempel der Themis und der Tempel der Nemesis zu Rhamnus;
53) Die Propyläen, das mystische Portal, der Tempel der Diana propyläa und der Tempel der Ceres und Proserpina zu Eleusis.
54) Zu Athen: die Akropolis mit den Propyläen; der Tempel des Theseus; der Tempel der Minerva (Parthenon); der Tempel der Minerva-Polias, des Erechtheus und des Pandrosus; der

Hafen **Pyraeus**, das Theater des **Bacchus**, das Denkmal des **Trasyllus** und **Trasycles** (oder das Heiligthum des **Agraules**), die Agora, die Stoa **Pökile**, die Brücke über den **Ilissus**, das Odeum des **Pericles**, der Tempel der **Ceres** oder des **Triptolemos**, der Thurm der Winde, das Denkmal des **Lysicrates** (oder die Laterne des **Demosthenes**), das Grabmal des **Hippolitus**, die **Pnyx**, die Akademie, der Areopagus, der Kynosarges, das Prytaneum, das Lyceum, das Gymnasium des **Mercur**, das Stadium panathenaicum und der Tempel des olympischen **Jupiter**, vor der Römerzeit.

In Sicilien und Grofs-Griechenland (oder Süd-Italien).

55) Der Tempel des olympischen **Jupiter**, der Tempel der **Concordia**, der Tempel der **Juno-Lucinia** und der Aquäduct zu **Agrigent**;
56) Der Tempel der **Venus**, oder der **Diana**, und das Theater zu **Segesta**;
57) Der grofse Tempel (des **Jupiter**), der kleine Tempel und der Südtempel zu **Selinus**;
58) Das Odeum und das Theater zu **Catanea**;
59) Der Tempel der **Minerva**, der Tempel des olympischen **Jupiter**, das Theater und die Höhlen (**Latomien**) zu **Syracus**;
60) Der Tempel zu **Megapont**;
61) Der grofse Tempel (des **Jupiter**), der kleine Tempel und die Stoa zu **Paestum**;
62 u. 63) Die Theater zu **Taormina** und **Cystene**;
64 u. 65) Die Gymnasien zu **Neapel** und **Tarent**.

10. Die etruskische Bauart.

Über die Bauart der **Etrusker** sind uns zwar von den alten Schriftstellern wenige, nur sehr allgemeine, Nachrichten mitgetheilt, und auch die geringen Überreste derselben sind zu unbedeutend, um sichere Schlüsse daraus auf die Anordnung und den Styl derselben ziehen zu können: indefs läfst sich doch, mit Bezug auf die wenigen Mittheilungen des **Vitruvius**, **Livius** und **Plinius**, und auf die neuern Untersuchungen der Überreste, annehmen, dafs ihre Bauart, ursprünglich ein Holzbau, mit einer einfach, jedoch gut componirten Säulenordnung und mit wagerechter Dekken-Construction, sich der griechisch-dorischen Bauart näherte, später indefs durch Anwendung einfacher Wölbungen bei massiven Bauwerken sich auszeichnete und bisweilen durch Sculpturen von roher Arbeit geziert wurde.

Ob die Wölbekunst von den Etruskern erfunden sei, oder früher schon den Griechen bekannt war, ist noch nicht entschieden; indefs finden sich wenigstens die ältesten Überreste davon nur unter den Denkmälern dieses Volks, dessen Baustyl in Rom und ganz Mittel-Italien bis zur Zeit des Sulla, 100 v. Chr., allein in Ausübung geblieben zu sein scheint.

Die Untersuchungen der Neuern und deren Mittheilungen über die Bauwerke dieses Volks und deren Überbleibsel finden sich besonders in:

1. Dempster, *Etr. Reg.*;
2. Gorius, *Musaeum etruscum;*
3. Inghirami, *Monumenti Etruschi;*
4. *Ad antiquitates etruscas observationes;*
5. Quatremère de Quincy, *tombeau de Porsenna;*
6. Orsini, *dissertazione sull' arco Etrusco della via vecchia;*
7. Sachse, Beschreibung der alten Stadt Rom.

Zu den vorzüglichsten der uns bekannt gewordenen Bauwerke dieses Styls gehören:

1) Die Mauern, die Gräber, das Theater, das Bassin, der Tempel der Bellona und das Thor des Hercules, zu Volterra;
2) Der Tempel der Voltumna zu Volsinium;
3) Der Tempel des Apollo, das Grabmal und das Labyrinth (Grab des Porsenna) zu Clusium;
4) Das Grabmal zu Eugubium;
5) Der Tempel des Bacchus und das Grabmal zu Croton (Farneto);
6) Der Tempel des Apollo zu Anxur (Terracina);
7) Das Theater zu Adria;
8) Die Gräber zu Tarquinium (Corneto);
9—13) Die Mauern von Terracina, Cora, Arpino, Fondi und Norba;
14) Das Grab der Horatier und Curiatier zu Albano.
15) Zu Rom: Das Capitol, der Tempel des capitolinischen Jupiter, der Carcer Tullianus, die Rostra, die Curia Hostilia, die Horrea, das Emporium, die Cloaca maxima, der Circus maximus, das Campus Marcius, das Forum Romanum, das Forum piscarium, das Forum boarium, das Forum olitorium, das Forum cupedinis, die Tempel des

Saturn, des Quirinus, des Castor und Pollux, der Venus-Cloacina, der Bellona, der Concordia, des Aesculap, des Janus, der Honor und Virtus, des Deus rediculus, vor der Unterjochung Griechenlands.

Die römische Bauart.

Über die Bauwerke der Römer sind uns sowohl aus den Mittheilungen alter Schriftsteller, besonders des Livius, Plinius, Suetonius, Dio-Cassius, Pausanias, Frontinus und Vitruvius, viele Nachrichten überkommen, als auch viele, zum Theil bedeutende und wohl erhaltene Denkmäler geblieben, die von Neuern vielfach untersucht, beschrieben und dargestellt sind, so dafs wir die Anordnung und den Baustyl derselben ziemlich genau verfolgen können.

Derselbe ist eigentlich nur als eine Modification des griechischen Styls, in Verbindung mit etruskischer Bauart, sowohl in Stein als Holz-Material, anzusehen, spricht sich in Benutzung der 4 Säulenordnungen dieser beiden Style, mit wenigen Veränderungen in Verhältnissen und Ornamenten, in Anwendung des Bogenstyls im Äufsern, so wie durch abwechselnde Anordnung ebner und krummer Decken im Innern aus; wobei zugleich, neben Sculpturen griechischer Composition, besonders die Grotesken und Mosaiken als eigenthümliche Zierden vorkommen.

Aber sowohl durch das Übermaafs und die Geschmacklosigkeit in Anwendung dieser Zierden, als auch durch die schlechten Abweichungen, welche die Römer sich später in ihren Compositionen und Verhältnissen überhaupt erlaubten, führten sie endlich diejenige Ausartung der Kunst herbei, welche sich in ihren spätern Bauwerken zeigt, wenn gleich die Grofsartigkeit ihrer Anlagen, so wie die Vollkommenheit ihrer Technik, auch da noch, grofsentheils unsere Bewunderung in Anspruch nehmen.

Die Zeit der Entstehung dieses Styls, welcher, von Rom ausgehend, später auf die ganze damals bekannte Erde überging, ist etwa nach der Unterjochung Griechenlands, 140 v. Chr. anzunehmen, und seine Dauer bis zur Theilung des römischen Reichs unter Constatin, 300 n. Chr., zu rechnen.

Die Untersuchungen und die Beschreibungen der römischen Bauwerke und deren wichtigeren Denkmäler sind besonders in folgenden Werken enthalten:

1. **Desgodez**, *edifices antiques de Rome;*
2. **Piranesi**, *antichità Romana;*
3. **Piranesi**, *della magnificenza della architettura de' antichi Romani;*
4. **Piranesi**, *Ruines des anciens edifices de Rome, avec les explications;*
5. **Piranesi**, *antichità di Cora;*
6. *Recueil général d'Herculane;*
7. *Le antichite d'Ercolano;*
8. **Winkelmann**, herkulanische Entdeckungen;
9. **Burton und Sickler**, Roms Alterthümer in ihrem jetzigen Zustande;
10. **Barboult**, *monumens de Rome;*
11. **Oberbeck**, *reliquae antiquae Romae urbis;*
12. **Vestigi**, *della antichità di Roma da Sadeler;*
13. **Mazois**, *les Ruines de Pompei;*
14. **Gell and Gandy**, *Pompejana;*
15. **Lampiri**, *de sacris aedificiis de Constantino magno constructis;*
16. *Veteris Latii antiquitatum collectio;*
17. **Laffredo**, *l'antichità de Puzzuoli;*
18. *Ichnographia Villae Tiburt. Hadriani;*
19. **Herdesini**, *antiq. Puteolanorum;*
20. **Hadrawa**, Briefe über die Alterthümer auf der Insel Capri;
21. **Olivieri**, *vedute degli avanzi dei monumenti antichi delle due Sicilie;*
22. **Labus**, *int. antichi monumenti scoperti à Brescia;*
23. **Pancrazi**, *Antichiti Siciliane;*
24. **De Non**, *voyage pittoresque de la Sicile et de Naples;*
25. **Adams**, *Ruins of Spalatro;*
26. *Voyage pittoresque de l'Istrie et de Dalmatie;*
27. **Allason**, *Views of the antiquities of Pola;*
28. **Choiseul-Gouffier**, *voyage pittoresque;*
29. **Paoli**, *Antichità di Puzzuoli;*
30. **Casas**, *voyage pittoresque;*
31. **Stuart, Revett** *and* **Wood**, *antiquities of Athens;*
32. **Le-Roy**, *les plus beaux monumens de la Grece;*
33. **Chandler, Revett** *and* **Pars**, *jonian antiquities;*
34. **Volney**; *voyage pittoresque en Egypte et en Syrie;*

35. **Wood**, *the ruins of Baalbek;*
36. **Wood**, *the ruins of Palmyra;*
37. **Clerisseau**, *les antiquités de la France;*
38. **Girvaud de la Vincelle**, *Recueil de monumens antiques dans l'ancienne Gaule;*
39. Sammlung römischer Denkmäler in Baiern;
40. Quednow, Beschreibung der Alterthümer in Trier;
41. Dorow, Denkmäler germanischer und römischer Zeit in Rheinland und Westphalen;
42. Swinburne, Reisen in Spanien;
43. Volkmann, historisch-kritische Nachrichten von Italien;
44. Weinlig, Briefe über Rom;
45. Bernard de Monfaucon, griechische und römische Alterthümer;
46. Sachse, Beschreibung der Stadt Rom;
47. v. Rumohr, italiänische Forschungen;
48. **Carletti**, *camere delle terme di Tito;*
49. **Cameron**, *the baths of the Romans;*
50. **Maffei**, *de amphitheatro Flavii;*
51. **Bartoli**, *Colonna Trajana et Antonina;*
52. **Stancowich**, *dell' amfiteatro di Pola;*
53. **Mazois**, *le palais de Scaurus;*
54. **Felibien des Avaux**, *plan et description de la maison de campagne de Pline;*
55. **Vignoli**, *columna Antonini;*
56. **Piale**, *del Tempio di Vesta;*
57. **Gens**, *description des arenas d'Arles;*
58. **Mercati**, *degli obelischi di Roma;*
59. **Ligorio**, *Pianta della villa Tiburtini di Adriano;*
60. **Gerhard**, *della Basilica Giulia;*
61. **Lucargeli**, *il Colosseo di Roma;*
62. **Fea**, *osservazioni sull' arena;*
63. **Fea**, *integrita del Panteon;*
64. **Nibby**, *del fora Romano;*
65. **Palosy-Navarro**, *Dissertatione sobra el Theatro e Circo de Sagunto;*
66. **Hirt**, *osservazione istorica sopra il Panteon;*

67. **Bartoli**, *Veterum sepulcra;*
68. **Fabretti**, *di Columna Trajani;*
69. **Fontana**, *l'amfiteatro Flavio;*
70. *Descrizione dei circhi di Caracalla, di* **Fea**;
71. **Ponce**, *description des bains de Titus;*
72. **Palladio**, *les thermes des Romains;*
73. **Arcus**, *Augustorum triumphis insigna;*
74. **Nolli**, *del arco Trojani in Benevento*
75. *L'arco antico di Susa, per* **Masazzo**;
76. **Gorius**, *Columna Trajana;*
77. **Gorius**, *admiranda antiquitatis Herculanea.*

Zu den uns bekannt gewordenen wichtigern Werken in diesem Baustyle gehören:

In Italien.

1) Zu **Rom**:

die Tempel des **Janus**, der **Venus**, der **Virtus** und **Honor**, der **Fortuna equestris**, der **Minerva** (Kirche **Maria sopra Minerva**), der **Juno** und des **Jupiter** (Kirche **St. Angelo**), der **Concordia**, der **Fortuna virilis** (Kirche **Maria-Aegiciaca**), der **Vesta** (Kirche **Stefano alla Carozzi**), der **Camönen**, oder der **Egeria** (Kirche **Urban alla Caffarella**), des **Deus rediculus**, des **Mars ultor**, des **Jupiter tonans**, des **Jupiter Stator**, des Friedens, des **Mars** (**Basilica** des **Antoninus**), des **Antoninus** und der **Faustina** (Kirche **San-Lorenzo in Miranda**), der Sonne, des **Faunus** (Kirche **San-Stefano rotondo**), des **Bacchus** (Kirche **St. Constanze** oder **Agnese**), der **Pudes** (Kirche **Maria in Cosmedia**), des **Hadrian** (Kirche **San-Martino e Lucas**), der **Minerva medica**, des **Saturnus**, des **Clitumnus**, der **Pietas**, des **Neptun** (**Basilica**) und das **Pantheon** (Kirche **Santa Maria alla Rotonda**), — die Grabmäler des **Cestius**, der **Julia**, der **Metella**, der **Scipionen**, der **Plautia**; die Mausoleen des **Hadrian** und des **Alexander Severus**, und die Septizonien des **Augustus** und des **Septimius Severus**. —

Die Basiliken **Porcia** (Kirche **Porcia**), **Sempronia** (Kirche **St. Georgi in Velabro**), **Julia** (Kirche **Grisogna**), **Ulpia**, des

Paulus Aemilius (Kirche San-Cosmo e Damiano), des Neptun (Tempel), des Antoninus (Tempel des Mars). —

Die Brücken des Cestius-Gallus (Ponte ferrato), der Senatoren (St. Maria), des Fabricius (quattri capi), des Paulus-Aemilius (Ponte molo), die Triumph-Brücke (pons triumphalis), die Engels-Brücke (Pons Aelius), die Brücke des Sublicius. —

Die Thermen des Paulus Aemilius, des Agrippa, des Nero, des Titus, des Caracalla und Heliogabalus, des Alexander Severus, und des Diocletian oder Constantin. —

Die Foren des Caesar, des Augustus, des Nerva, des Trajan.

Die Circi des Flaminius, des Nero, des Caracalla; die Naumachie des Domitian; das Amphitheatrum castrense, das Colosseum oder Colisaeum. —

Die Theater des Pompejus, des Balbus, des Marcellus; — die Paläste des Scaurus und des Nero; die Curie (Kirche San-Pietro in Vincoli) der Portius der Octavia, das Odeum, die Meta sudans, die Aqua trajana, Virgo (Augusta), Marcia, Anio vetus und Anio novus. —

Die Triumphbogen des Augustus, des Titus, des Trajanus (Constantin), des Septimius-Severus, des Caracalla (der Goldschmiede), des Aurelian (Gallianus) und des Dollabella; — die Columna rostrata; die Ehrensäulen des Trajan, Antoninus, Marc-Aurel, und des Phocas; die Kirchen San-Paolo aufser den Mauern, Santa Maria und Cäcilia in Trastevere, St. Johann im Lateran, St. Peter, St. Clemens, St. Lorenzo, St. Sabini. —

2) Der Hafen zu Ostia.

3 — 23) In Mittel-Italien:

Die Via Appia, Flaminia, Aemilia, Aurelia, Valeria, Ostiensis, Latina, Salaria, Nomentana, Praenestina, Lavicana, Albana, Tusculana, Laurentina, Gabina, Collatina, Tiburtina, Portunensis, Vitellia, Triumphalis und Campana.

24 — 32) Die Wasserleitung in der Campagna, die Aqua Tepula, Julia, Crubra, Claudia, Alexandrina, Septimiana, Algentiana und Appia (felice).

33) Zu Pompeji: der Tempel der Isis, das Odeum, die Basilika, das Theater, das Haus des tragischen Dichters, viele Privatgebäude, die Mauern, Thore, Plätze und Strafsen;

34) Zu Herculanum: das Theater, das Castrum, die Mauern, Thore, Plätze, Strafsen und viele Privatgebäude;

35) Zu Stabiae, Privatgebäude, Mauern, Thore, Plätze und Strafsen;

36) Die Brücke zu Vicenza;

37) Der Triumphbogen zu Susa;

38) Das Amphitheater zu Verona;

39) Die Triumphbrücke des Augustus zu Rimini;

40) Der Triumphbogen des Trajan zu Ancona;

41) Das Amphitheater und das Grabmal zu Capua;

42) Der Triumphbogen des Trajan zu Benevent;

43) Das Stadtthor zu Pästum;

44) Die Villen des Lucullus, Plinius und Cicero; die Tempel der Venus, Diana und des Merkur und die Cisternen zu Bajae;

45) Die Brücke nach der Insel Ischia;

46) Das Amphitheater und die Tempel des Serapis und des Augustus (Kirche des St. Procul) und die Villa zu Puzzuoli (Puteoli);

47) Das Amphitheater zu Arretium;

48) Der Tempel zu Nocera;

49) Das Denkmal des Augustus zu Torbia;

50) Der Tempel der Minerva zu Assisi;

51) Der Tempel des Hercules zu Cora;

52) Das Theater zu Eugubium;

53) Das Theater zu Antium;

54) Die Villen des Hadrian und des Horaz, so wie der Tempel der Vesta oder der Sybilla zu Tibur (Tivoli);

55 — 61) Die Villen des Plinius zu Albano, des Antonin zu Lanuvium, des Gordian zu Praeneste, des Cicero zu Cumae, Formiae und Tusculum, und des Tiberius zu Caprae;

In Illyrien, Thracien und Mösien.

62) Die Basilika zu Fanestrum;

63) Der Tempel des Augustus und der Roma, der Triumphbogen und das Amphitheater zu Pola;

64) Der Palast des Diocletian zu Salona (Spalatro);
65) Die Curie, das Forum, der Hippodrom, der Tempel und die Kirche der Apostel zu Byzanz;
66) In Mösien der Wall des Trajan und die Donaubrücke;

In Sicilien.

67) Der Aquaeduct zu Taormina (Tauromenien);
68) Das Grabmal des Theron und der Tempel des Castor und Pollux zu Syracus;
69) Das Amphitheater, die Thermen, die Naumachie und das Grabmal zu Catanea;
70) Die Naumachie zu Panormus.

In Britannien, Gallien, Hispanien und Germanien.

71) Der Wall des Trajan in Britannien;
72) Die Brücke zu Alcantara;
73) Die Brücke zu Salamanca;
74) Der Tempel der Diana zu Tarragona;
75) Das Theater und der Circus zu Sagunt;
76) Das Amphitheater zu Italica;
77) Der Aquaeduct zu Evora;
78) Der Aquaeduct zu Segovia;
79 — 80) Die Heerstrafsen und Feldlager in Gallien und Germanien;
81) Das Thor und die Strafse zu Trier;
82) Das Ehrendenkmal zu Igel;
83) Die Wasserleitung über die Mosel und der Brückenkanal (Pont du Gard) bei Metz;
84) Die Bäder des Julian zu Paris;
85) Der Aquaeduct zu Clermont;
86) Das Grabmal zu Vienne;
87) Das Theater und der Bogen des Marius zu Oranges;
88) Die Thermen zu Aquae-Sextiae (Aix);
89) Das Theater zu Arles;
90) Zu Nismes (Nemausis) der Tempel des Cajus und Lucius (maison carré), die Basilica, die Thermen, das Amphitheater und das Nymphaeum;

91) Der Triumphbogen des Julian zu Rheims;
92) Das Amphitheater zu Frejus.

In Afrika.

93) Der Tempel zu Antinoe;
94) Der Triumphbogen zu Philae;
95) Das Grabmal des Pompejus zu Pelusium;
96) Das Odeum und der Bogen des Hadrian zu Carthago (bei Tunis).

In Syrien und Mesopotamien.

97) Das Amphitheater zu Gadara;
98) Das Theater zu Gaballa;
99) Das Theater zu Hieropolis;
100) Zu Heliopolis (Baalbeck) der Tempel der Sonne, der kleine Tempel und der runde Tempel;
101) Zu Palmyra (Tadmor) der Tempel der Sonne, der kleine Tempel, der Triumphbogen, der Circus, der Porticus, der Palast des Diocletian (Basilica), das Mausoleum und das Grabmal des Elabelus;
102) Die Grabmäler zu Petra.

In Klein-Asien.

103) Das Theater zu Macri;
104) Das Theater und das Grabmal zu Telmissus;
105) Das Theater und das Stadium zu Laodicaea;
106—110) Die Theater zu Stratonicaea, zu Thasus, zu Jassus, zu Patara und zu Alabanda;
111) Der Tempel des Antoninus zu Euromus (Jackly);
112) Der Aquaeduct und das Gymnasium zu Alexandria-Troas;
113) Der Aquaeduct, das Theater und der Tempel des Augustus zu Ephesus;
114 u. 115) Die Theater zu Cycicus und zu Alinda;
116) Das Denkmal des Augustus zu Ancyra;
117) Das Theater und der Aquaeduct zu Smyrna;
118) Das Theater und der Aquaeduct zu Nicaea;
119) Zu Mylassa: das Mausoleum, der Triumphbogen des Augustus, das Theater und der Tempel des Augustus und der Roma.

In Griechenland.

120) Das Theater und das Odeum zu Corinth;
121) Das Odeum und das Stadium zu Delphi;

122) Der Tempel des Neptun und der Hippodrom zu Mantinea;
123) Der Tempel des Apollo zu Megara;
124) Das Stadium zu Epidaurus;
125) Zu Athen: der Tempel des olympischen Jupiter, das Pantheon des Hadrian, der Triumphbogen des Theseus oder Hadrian, die Colonnade des Hadrian, der Aquaeduct des Hadrian, das Denkmal des Philopappus, das Gymnasium des Ptolemaeus, das Odeum der Regilla, das Stadium panathenaicum.

Die altgothische Bauart.

Von den Bauwerken der Ost- und Westgothen, der Sachsen und Longobarden, deren Bauart nach dem Untergange des Römischen Styls seit Theodorich, 460 n. Chr. G., sich aus diesem entwickelte und daher nur als eine Abart desselben nach seinem Verfalle zu betrachten ist, finden sich noch bedeutende Überbleibsel und zum Theil gut erhaltene Denkmale, besonders in Italien, Frankreich und England, weniger in Spanien und Deutschland, wo dieser Baustyl, mit geringen Modificationen, durch die verschiedenen Namen des gothischen, lombardischen und sächsischen bezeichnet, bis zur Einführung des neu-gothischen Styls fast allgemein befolgt wurde. Er characterisirt sich als schwerer Massivbau, mit starken Mauern, stämmigen Pfeilern, halbrunden Bogenöffnungen, Bedeckungen mit Kuppel- und Kreuzgewölben, und durch eigenthümliche, schlecht gearbeitete Sculpturen, wobei sich insbesondere noch die ostgothischen Bauwerke durch ungeregelte Anwendung antiker Säulen und Ornamente, die lombardisch-sächsischen durch perspectivische Anordnung der Öffnungen, und die westgothischen durch Bekrönung mit Zinnen auszeichnen.

Im Ganzen sind jedoch über die Werke dieses Baustyls noch wenige Untersuchungen angestellt und Mittheilungen vorhanden, die sich besonders finden in:

1. Moller, Denkmäler deutscher Baukunst;
2. Rumohr, italiänische Forschungen;
3. Millin, *antiquités nationales;*
4. Britton, *the architectural antiquities of Great-Britain.*

Zu den bekanntern Bauwerken dieses Styls gehören besonders:

In Italien.

1) Zu Ravenna: das Baptisterium, die Kirchen San Nazarus a Santa

celse und St. Apollinaris, das Theater, der Palast und das Mausoleum des Theodorich (Kirche Sta. Maria della Rotonda);

2) Die Cathedrale zu Parenzo;
3) Die Brücke über den Anio (Teverone);
4) Der Palast des Theodorich zu Terracina (Anxur);
5) Der Palast der Theodolinde zu Monza;
6) Die Kirche St. Alexander zu Fiesole;
7) Die Kirchen Sta. Julia und San Thomaso (in limine) zu Bergamo;
8) Das römische Thor zu Mayland;
9) Die Kirche Sta. Petronia zu Bologna;
10) Die Sophien-Kirche zu Brescia;
11) Die Kirchen San Michael und San Giovanni in Borgo zu Pavia;
12) Der Dom zu Spoleto;
13) Die Kirche Sta. Clara zu Assisi;
14) Die Cathedrale zu Carrara;
15) Die Kirche San Giacomo zu Vicovaro;
16) Die Kirche San Jean degli Eremiti und das Schlofs della Zisa zu Palermo.

In Frankreich und Spanien.

17—19) Die Schlösser zu Rouen, Corbeille und Vincennes;
20) Der Thurm zu Monteri;
21) Die Abtei Paraclet;
22) Die Dreieinigkeits-Kirche zu Caen;
23) Die Kirche St. Maurice zu Angers;
24) Die Hauptkirche zu Tarragona.

In Britannien.

25) Die Cathedrale zu Ely;
26) Die Abtei St. Alban und die Kirche St. Peter zu Oxford;
27) Die Kirche zu Istey;
28) Die Kirche Sta. Maria zu York;
29) Das Kloster Kelso.

In Deutschland und der Schweiz.

30) Die Kirche zu Soest;
31) Der Dom zu Paderborn;

32) Der Dom und die St. Pauls Kirche zu Worms;
33) Der Dom zu Mainz;
34) Die St. Annen-Kapelle zu Aachen;
35) Die Frauenkirche zu Memmleben;
36) Der Dom zu Freisingen;
37) Der Grofsmünster zu Zürich;
38) Die Kirche St. Simeon zu Trier;
39) Die Spital-Kirche zu München;
40) Die Abtei Heidesheim;
41) Der Münster zu Schafhausen;
42) Die Kirche St. Titi und die Neumarkts-Kirche zu Merseburg;
43) Das Kloster Alt-Zelle bei Nossen;
44) Die Kirche Sta. Maria auf dem Harlunger Berge bei Brandenburg.

Die byzantinische Bauart.

Von den Bauwerken der Byzantiner, deren Styl sich ebenfalls aus dem verdorbenen antiken Geschmacke, seit Constantin, 330 n. Chr., in Byzanz entwickelt und ausgebildet hatte, von da aus verbreitete, und bis zum 12ten Jahrhundert in Deutschland, Frankreich und England, vorzugsweise aber im byzantinischen Reiche befolgt wurde, haben sich viele, zum Theil sehr bedeutende, Denkmäler noch mehr oder weniger erhalten, die zum Theil näher untersucht und dadurch bekannt geworden sind, so dafs wir diesen Styl ziemlich genau kennen zu lernen im Stande sind, obgleich wenig alte Nachrichten davon auf uns gekommen.

Derselbe characterisirt sich gleichfalls als ein Steinbau von schweren und kahlen Massen, mit übrigens kleinlichen Verhältnissen, durch Anwendung des Rundbogens und perspectivisches Zurücktreten der Öffnungen, so wie durch hohe Kuppelgewölbe und Überhäufung von unpassend angewendeten, zum Theil eigenthümlichen, schlecht componirten, jedoch zierlich ausgeführten, zum Theil aus antiken Resten entnommenen, Ornamenten und Sculpturen.

Die wichtigsten Untersuchungen über die Werke dieses Styls finden sich besonders in:

1. Ruhl, Denkmäler der Baukunst des Mittelalters in Italien;
2. Moller, Denkmäler deutscher Baukunst;

3. **Forbin**, *Voyages;*
4. **Drummond**, *Voyages;*
5. **Chateaubriand**, *itineraire de Paris à Jerusalem;*
6. **Gutttensohn und Knapp**, Sammlung der ältesten Kirchen und Basiliken in Rom;
7. **Rumohr**, italiänische Forschungen;
8. **Le Brun**, *voyage par la Moscovie en Perse etc.*
9. **Gorius**, *Musaeum Florentinum;*
10. **Gorius**, *Musaeum Veronense.*

Zu den bekannteren Bauwerken dieses Styls gehören besonders:

In Griechenland, in Ägypten und in der Türkei (dem ehemaligen byzantinischen Reiche).

1) Zu Byzanz (Istambul oder Constantinopolis): die Sophien-Kirche oder Moschee, die Porta aurea, die Cisterna, die Basilica und die Säule des Marcian;
2) Die Kirche Panagia zu Athen;
3) Das Kloster Megaspelia im Peloponnes;
4) Die Rotunda und der Bogen des Constantin zu Salonica;
5) Der Aquaeduct zu Burgas;
6) Der Thurm St. Nicolas zu Rhodus;
7) Die Kirche Sta. Anna zu Nicaea;
8) Die Kirche St. Nicolas zu Samos;
9) Die Kirche auf dem Sinai;
10) Die Kirche Sta. Maria zu Betlehem;
11) Die Kirche zum heiligen Grabe und die Commanderie der Johanniter zu Jerusalem;
12) Das Schlofs Gottfrieds von Boullion zu Alexandretta;
13) Das Siegesthor und der Palast der Sultane zu Cairo;
14) Die Kirche der Armenier zu Erivan.

In Italien.

15) Zu Rom: die Kirchen St. Vincent und Anastasius, Chrysogen in Trastevere, St. Nereus und Achilles, St. Michael, St. Barthelemy, St. Laurent, die Kapelle St. Johann in oleo, das Haus des Creszencio und der Thurm da Conti;
16) Zu Florenz: das Baptisterium San Giovanni, der Dom Maria

del Fiore, der Glockenthurm, die Apostelkirche, die Kirche San Miniato und der Porticus (die Loggia);

17) Der Dom zu Como;
18) Das Wohnhaus zu Bolsena;
19) Das Kloster St. Scholasticus zu Subiaco;
20) Die Kirche St. Flavius zu Montefiascone;
21) Die Kirche St. Bernhard zu Chiaravalle;
22) Der Thurm und der Dom zu Cremona;
23) Die Kirchen St. Marcus und Sta. Catharina zu Venedig;
24) Die Kirche St. Stephan zu Bologna;
25) Die Kirche St. Fosca zu Torcello;
26) Die Kirchen St. Vital, Sta. Agatha und zum heiligen Geist zu Ravenna;
27) Das Baptisterium zu Parma;
28) Der Dom, das römische Thor und die Brücke zu Siena;
29) Die Kirche Sta. Maria della Torre zu San Germano;
30) Die Kirchen San Michael in Foro und Sta. Maria in acumine zu Rimini;
31) Der Dom zu Orvieto;
32) Zu Pisa: der Dom, der schiefe Thurm, das Campo santo und das Baptisterium;
33) Die Kirche Sta. Maria in castello zu Corneto;
34) Die Kirche St. Paul und St. Andreas zu Pistoja;
35) Die Kirche Sta. Catharina zu Pola;
36) Die Kirche nebst Thurm zu Trani;
37) Die Kirche San Antonio zu Padua;
38) Das Hospital zu Fabriano;
39) Die Bibliothek zu Capua.

In Spanien und Frankreich.

40) Die Kathedrale zu Oviedo;
41) Die Brücke zu Martorel;
42 u. 43) Die Cathedralen zu Laon und Bourges.

In England.

44) Die Capelle zu Cambridge;

45) Die Cathedrale zu Haxhem;
46) Die Abtei zu Waltham.

In Deutschland und Belgien.

47) Der Dom zu Speier;
48) Das Kloster zu Paulinzelle;
49) Der Neumünster und die Burkhards-Kirche zu Würzburg;
50) Die Domkirche Sta. Georg zu Limburg;
51) Der Münster Sta. Maria zu Aachen;
52) Die Kirche St. Jacob und St. Barthelemy, nebst Thurm, zu Lüttich;
53) Die Margarethen-Capelle in der Kaiserwohnung zu Nürnberg;
54) Die St. Castor-Kirche zu Coblenz;
55) Das Kloster Lorch an der Bergstrafse;
56) Der Dom zu Bamberg;
57) Die Stiftskirche zu Aschaffenburg;
58) Die St. Leonhards-Kirche zu Frankfurt a. M.;
59) Die Kirche St. Maximin und der Dom zu Trier;
60 u. 61) Die Dome zu Lübeck und Schwerin;
62) Die Benedictiner-Abtei zu Erfurt;
63) Die Kirche zu Bürgelin;
64) Der Dom zu Goslar;
65) Die Johannis-Kirche zu Magdeburg;
56) Der Tempelherrnhoff zu Bacharach.

Die arabische Bauart.

Von den Bauwerken der Araber und Mauren, so wie der Neu-Perser, sind zwar von den alten Schriftstellern keine Mittheilungen bekannt, auch die vorhandenen, zum Theil bedeutenden, Überreste derselben bis jetzt nur sparsam untersucht und dargestellt; indefs sind wir mit Hülfe dieser Quellen doch im Stande, uns von der Anordnung und dem Style dieser Bauwerke einen deutlichen Begriff zu machen.

Derselbe hat sich wahrscheinlich schon in früher Zeit in Arabien ausgebildet, mit der Herrschaft der Araber, seit Mahomed, 620 n. Chr., über Vorder-Asien, Nord-Afrika und Spanien ausgebreitet, hier besonders vervollkommnet, und gleichzeitig auch, mit Modificationen, nach Persien nach Indien und dem byzantinischen Reiche verpflanzt, wo er während des ganzen Mittelalters und bis in die neuesten Zeiten, theils mehr, theils weniger ausgeübt wurde. — Er characterisirt sich als Steinbau mit vielen kurzen, jedoch schwachen Pfeilern und Säulen, Kuppelwölbungen und Bogenöffnungen in Huf- und Kielform, äufserlich in einfachen, rohen Massen, innerlich mit vielfachen, eben so zierlich und reich, als eigenthümlich und mannigfaltig ausgeführten, oft jedoch auch mehr prächtig, als geschmackvoll angeordneten Ornamenten und Verzierungen in Sculptur und Malerei; worunter sich besonders die Mosaiken und Moresken auszeichnen.

Die eigentlich arabischen Bauwerke sind besonders durch die hufförmigen Bogen, die persischen durch die kielförmigen Bogen und schlanken Thürme (*minarets*) unterschieden.

Die wichtigsten Mittheilungen über die Denkmäler dieses Baustyls, finden sich besonders in:

1. Murphy, *arabian antiquities of Spain;*
2. Swinburne, *travels trough Spain;*
3. Hodges, Reise nach Ostindien;
4. Langle's, *Monumens anciens et modernes de l'Hindostan;*
5. Chardin, *vôyage en Perse;*
6. Chateaubriand, *itineraire;*

Zu den wichtigsten bekannten Bauwerken dieses Styls gehören:

In Spanien.

1) Die Moschee, jetzt Kirche zu Cordova;
2) Die Moschee Thulma und das Schlofs Generaliffe zu Sevilla;
3) Der Palast Alhambra zu Granada.

In Ungarn, der Türkei, Arabien Ägypten und der Barbarei.

4) Die Bäder zu Buda;
5) Die Moschee Mahomeds zu Constantinopel;
6) Die Moschee des Omar zu Jerusalem;
7) Das Schlofs zu Smyrna;
8) Die Kirche St. Marcus zu Famagusta auf Cypern;
9) Die Caaba zu Mecca;
10) Die Kirche St. Simeon zu Mandras;

11) Die grofse Moschee Hassans, die Moschee Thulum, die Moschee Amrah und der Aquaeduct zu Cairo;
12) Der Palast zu Fez.

In Persien und Indien.

13) Die Kirche St. Macar zu Tiflis;
14) Das Caravanserai zu Schiras;
15) Die Moschee und der Palast zu Ispahan;
16) Die Thürme und Grabmäler zu Toos;
17) Der Palast zu Gallipour;
18) Die Brücke des Ordonella bei Rajemahel;
19) Das Grabmal der Sultane zu Mysore;
20) Der Palast zu Bangalore;
21) Das Grab des Kaisers Acbar zu Agra;
22) Das Grabmal des Schach Schere zu Sassaram;
23) Die Caravanserais auf der Küste Coromandel.

Die deutsche Bauart.

Von den Bauwerken der Deutschen des Mittelalters, der Franken und Normannen, sind wir nur in geringem Maafse durch alte Chroniken und Manuscripte (von denen überdies wenige bis jetzt öffentlich geworden), mehr aber durch neuere Untersuchungen der vielen, ganz oder theilweise erhaltenen Denkmäler unterrichtet und werden es täglich mehr, seitdem man angefangen, die Schönheit und Grofsartigkeit dieser Werke wieder gehörig zu würdigen.

Der grofsartige Styl derselben, welcher eine eigenthümliche Gewölb-Architektur bildete, entstand unstreitig in Deutschland selbst, wahrscheinlich seit dem 12ten Jahrhunderte, weshalb er mit Recht in neuester Zeit mit dem Namen des Deutschen, statt des bisherigen: des Neugothischen Styls, bezeichnet wird; vervollkommnete sich mit dem Steigen deutsches Gewerbfleisses, verbreitete sich nach und nach besonders nach Frankreich, Britanien, Scandinavien, und selbst nach Italien und der pyrenäischen Halbinsel, mit geringen Modificationen, und blieb während des ganzen Mittelalters, zuletzt fast ausschliefslich, in Ausübung, bis man im 15ten Jahrhundert, in Italien, durch die Wiedererweckung antiker Kunst, sich wieder mehr dem römischen Baustyle zuzuwenden anfing und denselben in den übrigen Ländern Europas nachzubilden suchte.

Der deutsche Baustyl characterisirt sich vor allem durch ein in die Höhe Streben und durch die perpendiculäre Scheidung seiner Theile, so wie durch die Anwendung des Spitzbogens, sowohl bei den Öffnungen, welche überdies perspectivisch zurücktreten, als auch bei den zur Bedekkung der Räume benutzten Kreuzgewölben, die von hohen und schlanken Pfeilern getragen und durch hervortretende Rippen ausgezeichnet werden; ferner durch verhältnifsmäfsig schwache Umfangsmauern, welche durch Strebepfeiler äufserlich verstärkt werden, und durch hohe Dachungen, mit spitzen Giebeln; wobei aufserdem vielfach angewendete, eigenthümliche und zierlich componirte und ausgeführte Ornamente und Sculpturen, mit unzähligen Abwechselungen, den Öffnungen, Wölbungen, Pfeilern, Strebepfeilern und Giebeln zur Zierde dienen, und Durchbrechungen das leichte Ansehn vermehren.

Dabei characterisiren sich noch insbesondere die Baue der Normannen durch die eigenthümliche Ausführung und die gedrückte Form ihrer Wölbungen, die der Franken durch geriefelte Pfeiler, und die der eigentlichen Deutschen durch die pflanzenartige Bildung ihrer Verzierungen.

Die wichtigsten Mittheilungen über deutschen Baustyl und dessen Denkmale finden sich in folgenden Werken:

1. Moller, Denkmäler deutscher Baukunst;
2. Quaglio, Denkmäler der Baukunst des Mittelalters in Baiern;
3. Fischer, Denkmäler der Baukunst des Mittelalters in Oesterreich;
4. Dorow, Denkmäler germanischer und römischer Zeit, in Rheinland und Westphalen;
5. Denkmäler deutscher Baukunst in Westphalen;
6. Denkmäler deutscher Kirchenbaukunst am Ober-Rhein;
7. Quednow, Beschreibung der Alterthümer in Trier;
8. Tappe, Alterthümer deutscher Baukunst in Soest;
9. Gottschalk, deutsche Burgen;
10. Strack, Denkmäler in der Altmark;
11. Büsching, das Schlofs der deutschen Ritter zu Marienburg;
12. Gilly, das Marienburger Schlofs;
13. Hundeshagen, der Palast des Kaiser Friedrich in Gellnhausen;

14. Costenoble, der Dom zu Magdeburg;
15. Moller, Originalzeichnung des Doms zu Cölln;
16. Boisserée, der Dom zu Cölln;
17. Schwechten, der Dom zu Meifsen;
18. Müller, die St. Catharinen-Kirche zu Oppenheim;
19. Murphy, *the church of Batalha;*
20. *Suecia antiqua et nova;*
21. Britton, *antiquities of Salisbury, Norwich, Winchester, York, Lichfield, Oxford and Canterbury-cathedral;*
22. Ruhl, Denkmäler der Baukunst des Mittelalters in Italien;
23. Swinburne, *travels trough Spain;*
24. Jolimont, *cathedrales françaises;*
25. Britton, *the architectural antiquities of Great-Britain;*
26. Chateaubriand, *itineraire de Paris à Jerusalem;*
27. Millin, *antiques monumens à Paris;*
28. Beyer, *thesaurus Brandenburgicus.*

Zu den wichtigsten und bekanntesten Bauwerken dieses Styls gehören:

In Deutschland mit Preufsen, Belgien, Holland und der Schweiz.

1) Die Nicolai-Kirche, die Marien-Kirche und die Kloster-Kirche zu Berlin;
2) Die St. Catharinen-Kirche zu Brandenburg;
3) Die Kirche zu Beeskow;
4) Die Ober- und Unterkirche zu Frankfurt a. O.;
5) Die Hauptkirche zu Lübben;
6) Der Dom zn Magdeburg;
7) Der Dom zu Halberstadt;
8) Die Hauptkirche und die Stephans-Kirche zu Stendal;
9) Das Thor zu Tangermünde;
10) Die Schlofskirche zu Zeitz;
11) Der Dom zu Merseburg;
12) Der Dom zu Meifsen;
13) Der Dom zu Naumburg;
14) Die Kirche zu Schulpforta;
15) Der Dom und die Kirche St. Blasius zu Braunschweig;

16) Der Hafen zu Lübeck;
17) Die Johannis-Kirche zn Hamburg;
18) Die Marien-Kirche, das Wallthor und ein Wohnhaus zu Danzig;
19) Die Marien-Kirche und das Kapuziner-Kloster zu Thorn;
20) Die Marien-Kirche zu Elbing;
21) Das Schloſs der deutschen Ritter zu Marienburg;
22) Die Schloſs-Kirche zu Königsberg i. Pr.;
23) Die Kreuz-Kirche und die Liebfrauen-Kirche in Breslau;
24) Die Kirche St. Veit, das Schloſs und die Brücke zu Prag;
25) Das Cölestiner-Kloster auf den Oibyn bei Zittau;
26) Die Stadt-Kirche zu Meiningen;
27) Das Schloſs Regenstein auf dem Harz;
28) Das Schloſs Puffart und die Wartburg im Thüringer Walde;
29) Die Marien-Kirche zu Zwickau;
30) Der Dom zu Freiberg;
31) Die Elbbrücke zu Dresden;
32) Die Cathedrale St. Stephan und die Kirche Marie-Stiege zu Wien;
33 u. 34) Die Kirchen zu Friedberg und Grüneberg in Hessen;
35) Ein Wohnhaus zu Hannover;
36) Die Capelle zu Frankenhausen;
37) Die St. Elisabeth-Kirche zu Marburg;
38) Der Dom zu Erfurt;
39) Die Kirche zu Meisenheim;
40) Die Kirche und der Palast des Kaiser Friedrich zu Gellnhausen;
41) Die Grabmäler Wittekinds und des Grafen Heinrich und der Irmgard bei Arensberg;
42) Das Schloſs im Siebengebirge;
43) Der Dom, die Liebfrauen-Kirche, die Ludgeri-Kirche und die Lambert-Kirche zu Münster;
44) Die Matenasche-Kirche und die Stadt-Kirche zu Wesel;
45) Die Jacobi-Kirche zu Coesfeld;
46) Die Collegiat-Kirche zu Xanten;
47) Die Stifts-Kirche zu Herford;
48) Die Abtei-Kirche zu Altenberg;
49) Die Stifts-Kirche zu Obermarsberg;

50—52) Die Kirchen zu Bocholt, Lüdinghausen und Hohensyburg;
53) Der Dom und die Marien-Kirche zu Minden;
54) Die Andreas-Kirche zu Hildesheim;
55) Der Dom und die Liebfrauen-Kirche zu Osnabrück;
56) Der Dom und die Wiesenkirche zu Soest;
57) Der Dom zu Paderborn;
58) Der Dom zu Frankfurt a. M.;
59) Das Kaufhaus und die Stephans-Kirche zu Mainz;
60) Zu Cölln: der Dom, der Beginen-Thurm, das Kaufhaus Gürzenich, die Kirchen der Apostel, der Minoriten, St. Gereon, St. Ursula, St. Andreas, St. Peter und St. Cäcilia, St. Cunibert, St. Severin, St. Jacob und St. Georg, St. Mauritius und St. Martin;
61) Die Kirche zu Weinsberg;
62) Der Münster zu Basel;
63) Der Dom und die Marien-Capelle zu Würzburg;
64) Die Frauen-Kirche zu München;
65) Die Martins-Kirche zu Landshut;
66) Die Brücke und der Dom zu Regensburg;
67 u. 68) Die Dome zu Fulda und Constanz;
69) Der Münster zu Ulm;
70) Die Kirche zu Eslingen;
71) Der Dom und die Reichs-Kirche St. Ulrich und Afra zu Augsburg;
72) Der Münster zu Strafsburg;
73) Die St. Catharinen-Kirche zu Oppenheim;
74) Der Münster unserer lieben Frauen zu Freiburg;
75) Die Kirche St. Peter und Georg zu Bamberg;
76) Die Sebaldus-Kirche, die St. Lorenz-Kirche, die Marien-Capelle, und die Brücke zu Nürnberg;
77) Das Stadthaus zu Oudenarde;
78) Das Stadthaus zu Brüssel;
79) Das Stadthaus und die Kirche St. Peter zu Löwen;
80) Die Cathedrale und das Rathhaus zu Antwerpen;
81) Die Kirche St. Nicolai zu Gent;

82) Der Thurm, die Kirche St. Peter und Gudula und die Cathedrale St. Romoaldus zu Mecheln.

In Italien.

83) Die Colonnade zu Rimini;
84) Die Cathedrale zu Modena;
85) Die Börse zu Bologna;
86) Die Kirche St. Cyriac zu Ancona;
87) Die Kreuz-Kirche und die Kirche San Francisci zu Assisi;
88) Die Cathedrale St. Leo und der Palast zu Urbino;
89) Die Fontaine Branda zu Siena;
90) Die Brücke zu Pavia;
91) Der Dom zu Mayland;
92) Der Dogenpalast zu Venedig;
93) Das Schloſs Cofaggiuolo in Toscana;
94) Ein Wohnhaus zu Otricoli;
95) Die Cathedrale zu Palermo.

In Frankreich.

96) Der Dom zu Chartres;
97) Die Brücke zu Avignon;
98) Die Kirche Notre-Dame zu Dijon;
99) Die Cathedrale zu St. Denis;
100) Die Kirche Notre-Dame zu Orleans;
101) Die Rhonebrücke zu St. Esprit;
102) Zu Paris: die Kirchen Notre Dame, St. Stephan vom Berge, St. Germain und St. Innocenz;
103) Der Dom uud die Abtei Ouen zu Rouen;
104 u. 105) Die Cathedralen zu Amiens und Broue;
106) Die Kirche Notre-Dame zu Couzi.

In Spanien und Portugal.

107 u. 108) Die Cathedralen zu Leon und Amarant;
109 u. 110) Die Dome zu Sevilla und Toledo;
111 u. 112) Die Cathedralen zu Burgos und Segovia;
113 u. 114) Die Dome zu Batalha und Oviedo.

In Grofsbritannien.

115) Der Tower, die Themse-Brücke und die Westminster-Abtei in London;
116 u. 117) Die Cathedralen zu Canterbury und Exely;
118) Der Dom zu Norwich;
119) Der Münster und das Capitelshaus zu York;
120) Die Cathedrale und das Capitelshaus zu Lincoln;
121 — 123) Die Cathedralen zu Winschester, Canterbury und Lichfield;
124 u. 125) Die Dome zu Bath und Salisbury;
126) Die Capelle zu Cambridge.

In Schweden, Norwegen und Dänemark.

127) Die Kirche zu Drontheim;
128) Die Cathedrale zu Schleswig;
129) Die Cathedrale zu Lindkiöping;
130) Der Dom zu Lund;
131) Der Dom und die Dreifaltigkeits-Kirche zu Upsala.

Frankfurt a. O., den 1sten März 1835.

6.

Versuche über die Widerstandsfähigkeit der bekanntesten und nützlichsten Bausteine, welche das Rheinische Schiefergebirge und das daran grenzende Flötzgebirge an der Mosel und in den Ardennen liefern, angestellt im Festungs-Bauhofe zu Coblenz.

(Von dem Königl. Preufs. Ingenieur-Premier-Lieutenant Herrn *Beise* zu Coblenz.)

Einleitung.

§. 1.

Die grofsen Baue verschiedener Art, die in neuerer Zeit in den Provinzen des Preufsischen Staates am Rhein mit dem verschiedenartigsten Materiale des Rheinischen Schiefergebirges ausgeführt worden sind, und noch ausgeführt werden, so wie der Aufschwung, welchen der Chaussée- und Strafsen-Bau daselbst genommen haben, liefsen es wünschenswerth erscheinen, das Baumaterial einer nähern Prüfung zu unterwerfen. Dies war der Anlafs zu den nachfolgenden Versuchen und Beobachtungen.

§. 2.

Die Versuche wurden mit der bekannten Rondeletschen Schraubenpresse vorgenommen. Jedoch war das Gehäuse, worin sich die Schraube bewegte, aus zweizölligem Gufseisen; die Platten, welche die obere und untere Fläche der zu prüfenden Steine berührten, waren aus 4zölligem Gufseisen und so glatt als möglich abgeschliffen. Die Muttern, worin sich die 3zöllige Schraube bewegte, waren aus Messing, und die Schraube, nebst dem Quadranten, welcher den Hebelarm der Schraube bildete, aus geschmiedetem Eisen gefertigt worden. Späterhin wurde dieser Quadrant in einen ganzen Kreis verwandelt und überhaupt eine solche Vorrichtung angebracht, dafs die Gewichte nicht so oft von der Wagschale genommen und wieder aufgelegt zu werden brauchten: ein Umstand, der früher viele Zeit raubte. Das Seil, welches den ganzen Kreis bewegt, ist aus verschiedenen Seil-Enden so gefertigt, daſs alle 4 Fuſs ein starker eiserner Haken in ein starkes Öhr eingreift. Wenn nun die Gewichte die Schraube so weit herumgedreht haben, daſs sich die Wagschale dem Fuſsboden nähert, was immer der Fall ist, wenn die Schraube eine Vierteldrehung vollendet hat, so wird die Wagschale mit den darauf lastenden Gewichten vermittelst eines senkrecht darüber angebrachten Flaschenzuges in die Höhe gehoben und ein Glied des Seiles ausgehakt, damit das folgende in den Haken über der Wagschale eingehangen werden kann. Ist dies geschehen, so werden immer wieder neue Gewichte aufgelegt, bis die Wagschale sich dem Fuſsboden nähert. Darauf wird das vorige Verfahren und so lange wiederholt, bis der Stein zerdrückt und der Versuch beendigt ist.

§. 3.

Um mit dieser Maschine auch Bauhölzer zu prüfen, indem man sie der Länge nach zerreiſst, oder quer über die Fasern durchbricht, wurde über den Kopf der Schraube eine Vorrichtung angebracht, welche die zu zerreiſsenden oder zu zerbrechenden Balken faſst. Die in dieser Art angestellten Versuche mit Bauhölzern sind genauer, als wenn man die Hölzer unmittelbar belastet, und man kann sie so stark zerbrechen, als sie gerade vorhanden sind, und bedarf weniger Gewichte dazu. Diese Maschine steht permanent in einem Pavillon des Festungs-Bauhofes zu Coblenz aufgerichtet.

§. 4.

Ungeachtet das Gehäuse so sehr stark war, wurde es doch durch die nach Rondelets Methode ermittelte Last von 240 000 Pfd. zersprengt. Es muſste deshalb ein neues Gehäuse gegossen und dasselbe mit 2 Zoll breiten, 1 Zoll dicken Bändern von zähem Schmiede-Eisen verstärkt werden, um eine Gewalt von etwa 500 000 Pfd. zu ertragen, ohne zersprengt zu werden. Bei sehr hohem Drucke konnte man jedoch deutlich messen, daſs sich die untern Platten des Schraubengehäuses auf beiden Seiten des zu zerdrückenden Steines um $\frac{1}{4}$ bis $\frac{1}{2}$ Linien in die Höhe hoben, ohne zu zerbrechen. Es würde überflüssig sein, eine nähere und detaillirtere Beschreibung der Maschine hier zu geben, da sie nur in den benannten Stücken von der Rondeletschen Schraubenpresse abweicht.

§. 5.

Die Versuche mit einem jeden einzelnen Steine dauerten jedesmal mehrere Stunden, selbst einen oder zwei Tage, wenn sehr viele Gewichte auf die Wagschale gelegt werden mufsten, ehe der Stein zerdrückt wurde. Aus diesem Grunde konnten die in nachfolgenden Tabellen aufgeführten Versuche erst im Laufe zweier Jahre vollendet werden. Es mufsten nemlich die Gewichte sehr vorsichtig und in langen Zwischenräumen aufgelegt werden, damit die Wirkung der Schraube nicht zu schnell oder durch Stofs erfolge; denn einige angestellten Versuche lehrten, dafs die festesten Steine durch die beschleunigte Schraubenbewegung vermittelst der erregten Percussion zersprengt wurden, wenn verhältnifsmäfsig wenige Pfunde die Bewegung verursachten. Bei sehr weichen Steinen legte man deshalb nur loth-, $\frac{1}{4}$pfund-, $\frac{1}{2}$pfund- und pfundweise Gewichte auf, und bei den härtesten höchstens anfänglich nur 10 Pfund und später nur 1 Pfund. Die Gewichte wurden aber immer erst dann aufgelegt, wenn am Umfange des bewegenden Kreises nicht die geringste Bewegung mehr wahrgenommen wurde, welche man durch einen über der Schraube angebrachten Index und durch Eintheilung der Peripherie von Linie zu Linie mit feinen Feilstrichen beobachten konnte. Nachdem die Momente von allen auf die Wagschale gelegten Gewichten geprüft und durch den unter der Schraube angebrachten Hebel beobachtet worden waren, ergab sich, dafs ein Pfund auf der Wagschale mit 151 Pfd. und beinahe 1 Loth unter der Schraube wirke, wenn der Druck nicht zu hoch war. Bei hohem Drucke, über 100 000 Pfd., dagegen wirkte 1 Pfd. auf der Wagschale kaum mit 151 Pfd. unter der Schraube.

§. 6.

Es war die Absicht der Experimentatoren, jeden Stein von 2, 3, 4, 5, 6 u. s. w. Zoll im Cubus oder Durchmesser, bereiten zu lassen; aber ungeachtet aller Mühe war es unmöglich, diesen Prismen, Cylindern u. s. w. die genauen Dimensionen in der Höhe zu geben, weil unebene oder härtere Stellen, welche unrichtige Resultate befürchten liefsen, wenigstens in den beiden Flächen, welche der Druck senkrecht traf, so viel als möglich zu vermeiden waren. Dies ist der Grund für die Bruchtheile der Zolle, welche in den Dimensionen der Steine vorkommen: besonders häufig in den Höhen der Steine.

§. 7.

Tabelle I. giebt die verschiedener Grauwacken-Exemplare an.
- II. desgl. vom Übergangs-Thonschiefer.
- III. desgl. vom Übergangs-Kalkstein.
- IV. desgl. vom Kieselschiefer.
- V. desgl. vom Quarz.
- VI. desgl. vom Schalstein. (Vom Grünstein oder Diorit konnte man keine passende Exemplare erhalten.)
- VII. desgl. Porphyr von der Lahn und der Aar.
- VIII. desgl. Porphyr von der Nahe.
- IX. desgl. Trachit.
- X. desgl. Basalt.
- XI. Basaltisches (Lava ähnliches) Gestein aus der Umgegend von Andernach u. s. w.
- XII. Tufstein aus derselben Gegend.
- XIII. Quarzconglomerat.
- XIV. Trafse aus Pleidt, unweit des Lumser Sees.
- XV. Muschelkalk.
- XVI. Keuper Sandstein.
- XVII. Gryphitenkalk oder Lias.
- XVIII. Bunter Sandstein.
- XIX. Ziegelsteine.
- XX. Vergleichung aller Steinarten unter einander.
- XXI. Widerstand verschiedener Bauhölzer, nebst Anwendung der Barlowschen Theorie.
- XXII. desgl. einiger verstärkter Träger oder armirter Balken; nebst verschiedenen Vergleichungen.

§. 8.

Die Tabellen I. bis XIX. haben alle dieselbe Einrichtung, nemlich.

Die erste Spalte giebt die laufende No. der geprüften Steine.

Die zweite die Steinart, den Fundort und die Art und Weise, wie sie unter die Presse gebracht wurde.

Die dritte die Dimensionen in Preufs. Zollen, welche den geprüften Steinen zukamen.

Die vierte giebt die Gewichte an, bei welchen man hören konnte, dafs eine Trennung im Stein vorging, ohne dafs sich Risse zeigten. Zuweilen war es ein feiner, klingender Ton, mitunter auch ein Krachen, welches die Trennung andeutete. Gröfstentheils zeigten sich mit diesen Tönen aber auch zugleich feine Risse, oder es sprangen auch wohl Ecken ab. Das vollkommen glatte, ebene, rauhe, unebene oder ungleiche Lager der Steine, Unterlagen von Sand, Bleiplatten oder Mörtel, zeigten hierbei aber einen Einflufs. Bemerkenswerth ist, dafs Ziegelsteine oder andere Steine viel mehr tragen konnten, wenn sie Unterlagen von feinem Sande erhielten und durch Mörtel verbunden waren, als wenn man ihnen Bleiplatten unterlegte. Das Blei hatte sich durch den hohen Druck in ungleiche Anhäufungen verzogen und gab dadurch Veranlassung zur frühern Trennung. Der Sand und der feine Mörtel dagegen hatten sich mit den Steinen zu einem festen Mörtel verbunden und liefsen sich später nur mit Mühe davon los machen. Aus diesem Grunde hatten die Römer nicht Unrecht, wenn sie ihre Steinschichten durch grofse und dicke Mörtellagen von einander trennten, wie man dies an den Ruinen ihrer Paläste, Amphitheater und Bäder u. s. w. sieht. Auch wenn die Lager der Steine, auf welche der Druck wirkte, vollkommen glatt oder eben geschliffen waren, erfolgte die hörbare Trennung viel später, und die Ecken sprangen entweder gar nicht oder nur unter sehr hohem Drucke ab und der Stein trug eine grofse Last. Man mufste hierbei unwillkürlich an die Porta-nigra in **Trier** oder andere antike Bauwerke denken, zu welchen kein Mörtel verwendet worden ist.

Die **fünfte** Spalte giebt die Gewichte an, bei welchen sich feine Risse zeigten, die dem Auge kaum sichtbar waren. Da wo nichts weiter bei diesen Gewichten bemerkt worden ist, entstand nur ein Rifs. Da wo mehre entstanden, hat man es jedesmal bemerkt.

Die **sechste** Spalte giebt diejenigen Gewichte, durch welche sich die entstandenen Risse wenigstens bis auf $\frac{1}{10}$ Preufsische Linien erweiterten. Die meisten Risse wurden dann bald $\frac{1}{5}$ Linie stark, und zuweilen entstanden noch aufser den vorhandenen Rissen mehrere neue. Da wo besondere Erscheinungen vorkamen, sind diese bei jedem einzelnen Steine angegeben worden; wo nichts weiter bemerkt worden ist, war nur ein Rifs erweitert worden.

Die **siebente** Spalte zeigt die Gewichte an, welche die Steine wirklich zerstörten, und es ist dabei weiter nichts zu erinnern.

In der achten Spalte findet man die Gewichte, welche einzelne Ecken der Steine absprengten, einzelne Flächen abschälten, oder von den cylindrischen Steinen Segmente abspalteten. Wo nur ein Gewicht steht, sprang nur eine Ecke ab; wo deren mehrere absprangen, ist es besonders angegeben worden, eben so wo gar keine Ecke absprang.

Die neunte Spalte enthält die Compression des Steines unmittelbar vor der Zerstörung, da wo sich solche beobachten liefs, und die Zerstörung nicht zu plötzlich erfolgte, in Preufsischen Linien angegeben. Es schien nemlich wissenswerth, um wie viel eine Säule u. s. w. comprimirt werde, ehe sie zerbricht. Es fanden sich aber so viele Anomalien bei den Versuchen, dafs es unmöglich ist, ein genaues Resultat daraus zu entwickeln. So viel steht fest, dafs sich weiche und poröse Steinarten stärker comprimirten, als feste und harte. Bei derselben Steinart war im Allgemeinen die Compression stärker bei höhern Steinen, als bei niedrigern.

Die zehnte Spalte endlich giebt alle besondern Erscheinungen an, welche sich während des Versuches beobachten liefsen.

§. 9.

Die specifischen Gewichte einiger zerdrückten Steine wurden zwar vermittelst eines Aërometers beobachtet; aber es fand sich, dafs diese, selbst bei Steinen aus demselben Block bearbeitet, die verschiedensten waren, weshalb solche späterhin nicht weiter beobachtet wurden, und dies um so mehr, als man jetzt in der Geognosie, Oryktognosie u. s. w. die specifische Schwere jeder Steinart hinreichend im allgemeinen angegeben findet, selbst in Thomsons Chemie.

§. 10.

Die Tabelle XX. enthält die vergleichenden Resultate aller Steinarten, mit Reduction der Widerstandsfähigkeit derselben auf den Quadr.-Zoll Widerstandsfläche oder Druckfläche.

Erste Spalte: laufende No. der Steinart.

Zweite Spalte: Steinart und Höhe der geprüften Exemplare.

Dritte Spalte: Gewichte, bei welchen man die Trennung hörte pro Quadr.-Zoll Druckfläche.

Vierte Spalte: Gewichte, welche pro Quadr.-Zoll Druckfläche wirklich Risse erzeugten.

Fünfte Spalte: Gewichte pro Quadr.-Zoll Widerstandsfläche, welche die früher kaum sichtbaren Risse bis auf wenigstens $\frac{1}{10}$ Linien erweiterten.

Sechste Spalte: Gewichte, welche pro Quadr.-Zoll Druckfläche die Zerstörung der Steine bewirkten.

Siebente Spalte: Gewichte, welche pro Quadr.-Zoll Druckfläche, Ecken, Flächen oder Segmente absprengten.

Achte Spalte: Besondere Bemerkungen und Beobachtungen.

Im Allgemeinen ist zu bemerken, daſs man den basaltischen Steinen in der Umgegend von Andernach, die man zu den pseudo-vulkanischen oder wohl gar wirklich-vulkanischen Formationen rechnen kann, so wie manchem andern Steine nicht den geognostischen Namen gegeben hat, weil die neuere Geognosie viele derselben anders benennt, als früher, und in kurzer Zeit bei den groſsen Fortschritten dieser Wissenschaft, vielleicht noch andere Benennungen dafür gewählt werden müssen.

§. 11.

Die Tabelle XXI. enthält Versuche, welche mit der Rondeletschen Schraubenpresse, und auch zur gröſsern Sicherheit durch Belasten mit wirklichen Gewichten, über Eichenholz und Rothtannenholz angestellt wurden, um solche mit den vom Mechaniker Barlow zu Woolwich auf Kosten der Englischen Regierung angestellten Versuchen und dessen Theorie der Biegung und Widerstandfähigkeit verschiedener Bauhölzer zu vergleichen. Man sieht daraus, daſs diese Theorie für die Praxis sehr brauchbare Resultate giebt, sobald man die absolute Elasticität jeder Holzart, die man zu irgend einer Construction anwenden will, gehörig berechnet hat.

§. 12.

Tabelle XXII. Diese enthält Versuche über die Widerstände und Biegungen verschiedener Träger und armirter Balken.

§. 1.

Tab. I. Grauwacke des Rheinischen Schiefergebirges.

Sieht in den Spalten röthlich aus; der Bruch ist inwendig uneben und körnig, von hellblau schmutzig grauer Farbe, zuweilen bläulich weifs. Sie wird zu Mauersteinen, besonders aber zu Pflastersteinen verarbeitet. Beim Häuserbau ist sie nur in Kellern und den äufsern Flächen brauchbar, weil sie die Feuchtigkeit aus der Luft anzieht und die Wände und Tapeten feucht macht. Zum Bau der crenelirten Mauern, überhaupt der Revetementsmauern der Festungen und der Reduits, ist sie wegen ihrer Härte und Dauer gegen Verwitterung besonders zu empfehlen. Ein dauerhaftes Chaussée-Material.

Laufende No.	Steinarten und Fund-Ort. Art, wie sie unter die Presse gebracht wurden.	Dimensionen in Preufsischen Zollen. Länge.	Breite.	Höhe.	Gewichte, bei welchem man die Trennung hörte, ehe sich Risse zeigten. Pr. Pfd.	Gewichte, durch welche feine Risse entstanden, die nur so eben sichtbar wurden. Pr. Pfunde.	Gewichte, bei welchen sich die entstandenen Risse bis auf $\frac{1}{10}$ Linie erweiterten. Pr. Pfunde.	Gewichte, welche die Zerstörung der Steine bewirkten. Pr. Pfd.	Gewichte, bei welchen die Ecken absprangen, oder sich einzelne Flächen abschälten. Pr. Pfunde.	Compression des Steines, unmittelbar vor der Zerstörung beobachtet, wo es möglich war, in Pr. Linien.	Besondere Bemerkungen und Beobachtungen.
1.	Dichte, sehr feste Grauwacke bei Coblenz und Ehrenbreitstein. Ohne Unterlager.	2	$2\frac{1}{6}$	2	24040	Einen Rifs. 30784	30784	30784	Eine Ecke. 23985	$\frac{1}{2}$	Dieser Stein hatte sehr glatte und gute Lager, und wurde in kleine unregelmäfsige Stücke Sandkörner und Staub zerstört.
2.	Eben solcher Stein ohne Unterlager.	$3\frac{1}{4}$	$3\frac{5}{12}$	$2\frac{5}{6}$	63780	Einen Rifs. 63780	63780	90790	Es sprang keine Ecke ab.	$\frac{1}{2}$	Die Lager waren rauh und uneben; er wurde nicht so innig zerstört, wie der vorige.
3.	Desgleichen.	3	3	3	47290	57785 Mehrere Risse.	58280	95275	59285 Links die vordere Ecke.	Konnte nicht beobachtet werden.	Der Stein wurde in mehrere kleinere und gröfsere Stücke von verschiedener Gestalt und Gröfse zerdrückt.
4.	Eben solcher Stein, oben und unten feine Sandlager, eine Linie stark, genau ausgeglichen, um dadurch die Reinheit und Unebenheiten der Lager wegzuschaffen.	$2\frac{1}{6}$	$2\frac{1}{12}$	$1\frac{5}{6}$	48810	Es zeigten sich mehrere sehr feine Risse. 48810	Einige Risse erweiterten sich schon früher, die andern aber erst mit: 53605	53605	Es sprang gar keine Ecke ab, weil die Risse mehr in der Mitte lagen.	Dieser harte Stein wurde um 2 Linien comprimirt, ehe er zerbrach.	Zerbrach in 4seitige, 5seitige und unregelmäfsige Prismen, keilförmige Stücke und Körner von jeder Gestalt, mit grofsem Krachen und knitterndem Geräusch.
5.	Desgl.	$2\frac{1}{6}$	$2\frac{1}{12}$	2	56625	56625 Nur zwei Risse.	79257 Erweiterten sich beide.	85465	Desgl.	Konnte nicht beobachtet werden, weil er zu schnell brach.	Desgleichen.
6.	Desgl.	4	4	$2\frac{1}{6}$	58134	58134 Mehrere Risse.	Einige erweiterten sich bei 91360	197055	Eine Ecke rechts. 35436	Desgl.	Der Stein hatte ein weiches Lager; und wurde in Prismen, Pyramiden u. andere Stücke zerstört.

Laufende No.	Stein-Arten und Fund-Ort. Art, wie sie unter die Presse gebracht wurden.	Dimensionen in Preufsischen Zollen. Länge.	Breite.	Höhe.	Gewichte, bei welchen man die Trennung hörte, ehe sich Risse zeigten. Pr. Pfd.	Gewichte, durch welche feine Risse entstanden, die nur so eben sichtbar wurden. Pr. Pfunde.	Gewichte, bei welchen sich die entstandenen Risse bis auf $\frac{1}{10}$ Linie erweiterten. Pr. Pfunde.	Gewichte, welche eine Zerstörung der Steine bewirkten. Pr. Pfd.	Gewichte, bei welchen die Ecken absprangen, oder sich einzelne Flächen abschälten. Pr. Pfunde.	Compression des Steines, unmittelbar vor der Zerstörung beobachtet, wo es möglich war, in Pr. Linien.	Besondere Bemerkungen und Beobachtungen.
7.	Desgl.	$4\frac{1}{2}$	4	$4\frac{1}{12}$	180445	180445 Nur wenige feine Risse.	Alle erweiterten sich mit 231745	245375	Es sprang keine Ecke ab.	$\frac{1}{2}$	Er wurde sehr innig in kleine Prismen, Pyramiden, Körner und Staub zerdrückt.
8.	Desgl.	$4\frac{1}{6}$	$4\frac{1}{4}$	4	159294	Mehrere Risse. 189294	Erweiterten sich alle. 167610	231030	Desgl.	Konnte nicht beobachtet werden, weil er zu schlecht zerbrach.	Von diesem Stein sprangen mehrere Stücke umher; daher war es gefährlich die Compression zu beobachten. Er wurde eben so zerstört wie der vorige.
9.	Desgl.	$3\frac{1}{4}$	$4\frac{1}{4}$	$5\frac{1}{6}$	136655	Nur zwei Risse. 165345	165345	233295	Desgl.	Desgl.	Desgl.
10.	Desgl.	$3\frac{5}{6}$	$3\frac{5}{6}$	$4\frac{3}{4}$	70215	Mehrere Risse. 70215	76255	95875	Eine Ecke. 69460	Desgl.	Hatte ein unebenes Lager, und zerbrach deshalb mit geringerer Last. Die Stücke waren nicht so klein, als bei den vorigen.
11.	Desgl.	$3\frac{3}{4}$	$4\frac{5}{6}$	4	73235	Mehrere Risse. 73235	Alle erweiterten sich mit 78520	119290	Eine Ecke links. 60865	Desgl.	Hatte ein ziemlich glattes Lager, und wurde sehr innig zerstört. Das thonige Bindemittel häufig.
12.	Desgleichen, jedoch ohne Sandlager.	6	$5\frac{11}{12}$	$5\frac{11}{12}$	50285	Ein Rifs. 57895	Er erweiterte sich mit 95280	228035	Eine Ecke mit 72875, die andere mit 102785	4	Das Gewicht von 135000 Pfund sollte die Nacht über daran hangen bleiben, aber das Seil war am andern Morgen zerrissen und mufste durch ein stärkeres ersetzt werden.
13.	Der Stein erhielt oben und unten eine Bleiplatte von $\frac{1}{2}$ Linie dick.	7	5	$4\frac{3}{4}$	65250	Nur einen Rifs. 77285	87785	Nicht beobachtet.	Keine Ecke.	Nicht beobachtet.	Er zersprang mit 87785 Pfund in zwei Stücke, welche eine solche schlechte Lage gegen die obere und untere Platte der Maschine annahmen, wegen seiner unebenen natürlichen Lager, dafs der Versuch nicht fortgesetzt werden konnte, weil vorauszusehen war, dafs kein richtiges Resultat erscheinen würde.

Laufende No.	Stein-Arten und Fund-Ort. Art, wie sie unter die Presse gebracht wurden.	Dimensionen in Preufsischen Zollen. Länge.	Breite.	Höhe.	Gewichte, bei welchen man die Trennung hörte, ehe sich Risse zeigten. Pr. Pfd.	Gewichte, durch welche feine Risse entstanden, die nur so eben sichtbar wurden. Pr. Pfunde.	Gewichte, bei welchen sich die entstandenen Risse bis auf $\frac{1}{10}$ Linie erweiterten. Pr. Pfunde.	Gewichte, welche die Zerstörung der Steine bewirkten. Pr. Pfd.	Gewichte, bei welchen die Ecken absprangen, oder sich einzelne Flächen abschälten. Pr. Pfunde.	Compression des Steines, unmittelbar vor der Zerstörung beobachtet, wo es möglich war, in Pr. Linien.	Besondere Bemerkungen und Beobachtungen.
14.	Ein eben solcher Stein, der von feinen fadenförmigen Quarzadern gangartig durchzogen war. Oben und unten Bleiplatten, $\frac{1}{2}$ Linie stark.	3	3	3	47285	Erhielt mehrere feine Risse. 57785	Erweiterten sich alle. 58285	95285	Eine Ecke an der linken Seite vorne. 59395	—	In viele gröfsere und kleinere Pyramiden, Prismen und Körner zerdrückt.
15.	Desgleichen, von Eisenoxyd roth gefärbt.	$3\frac{1}{4}$	$3\frac{1}{4}$	$1\frac{3}{4}$	73235	73235	86825	97445	Es sprang gar keine Ecke ab.	Konnte nicht beobachtet werden, weil die Zerstörung zu schnell erfolgte.	Hatte ein rauhes, unebenes Lager, und zerbrach in viele kleinere und gröfsere unregelmäfsige Stücke.
16.	Grauwacke aus den Brüchen zwischen Boppard u. Oberspey am Rhein. Ohne Unterlager.	2	2	2	24120	30790 Zwei feine Risse.	30790	30790	23984 Eine Ecke am hintern Ende.	$\frac{1}{2}$	Die Lager waren zwar nicht glatt geschliffen, aber auch nicht uneben oder rauh.
17.	Desgl.	$3\frac{1}{4}$	$3\frac{5}{12}$	$2\frac{5}{6}$	63780	65624 Mehrere Risse nach der Mitte zu.	65624	90815	Keine Ecke, weil die Risse alle in der Mitte lagen.	$\frac{2}{3}$	Unebene Lager, weil er sich nur sehr mühsam gleich bearbeiten liefs. Deshalb wurde er wahrscheinlich auch nur in gröfsere Stücke zersprengt.
8.	Eben von diesen Steinen, aber es wurden oben und unten feine Sandlager gebracht, um die Rauhheit und Unebenheiten dieser Flächen auszugleichen, und auch zu sehen, welchen Einflufs der Mörtel auf die Widerstandsfähigkeit d. Bausteine äufsere.	$3\frac{1}{6}$	$3\frac{1}{3}$	$3\frac{1}{4}$	71285	75795 Es entstanden mehrere feine Risse beinahe vertical und gegen die Mitte des Steines gelegen.	78765 Nur ein Rifs erweiterte sich bedeutend, die andern fast unmerklich.	108775	Desgl.	Konnte nicht beobachtet werden, weil die Stücke, welche umherflogen, die Augen beschädigt hätten und die Zerstörung sehr schnell erfolgte.	Der Stein hatte gute ebene Lager, und war sehr feinkörnig, ohne alle sichtbare Beimischung fremder Körper. Zersprang in kleine Prismen und Pyramiden, und andere unregelmäfsige Körper.
19.	Desgl.	$3\frac{7}{12}$	4	$3\frac{1}{4}$	71285	Zwei Risse. 107285	Der eine mit 117755 der andere mit 123040	131409	Desgl.	Desgl.	Wie der vorige.

Laufende No.	Stein-Arten und Fund-Ort. Art, wie sie unter die Presse gebracht wurden.	Dimensionen in Preufsischen Zollen. Länge.	Breite.	Höhe.	Gewichte, bei welchen man die Trennung hörte, ehe sich Risse zeigten. Pr. Pfd.	Gewichte, durch welche feine Risse entstanden, die nur so eben sichtbar wurden. Pr. Pfunde.	Gewichte, bei welchen sich die entstandenen Risse bis auf $\frac{1}{10}$ Linie erweiterten. Pr. Pfunde.	Gewichte, welche die Zerstörung der Steine bewirkten. Pr. Pfd.	Gewichte, bei welchen die Ecken absprangen, oder sich einzelne Flächen abschälten. Pr. Pfunde.	Compression des Steines, unmittelbar vor der Zerstörung beobachtet, wo es möglich war, in Pr. Linien.	Besondere Bemerkungen und Beobachtungen.
20.	Desgl.	$3\frac{1}{4}$	3	$2\frac{1}{2}$	40825	40890 Mehrere sehr feine Risse in der Mitte, die alle beinahe vertical liefen.	45795 Erweiterten sich alle.	69809	Desgl.	Desgl.	Desgl. Seine Farbe fiel aber mehr ins Dunkle, so dafs viel Thonschiefer als Bindemittel vorhanden zu sein schien.
21.	Desgl.	$4\frac{1}{12}$	$4\frac{1}{6}$	$3\frac{5}{12}$	106530	106530 Drei Risse in verticaler Richtung.	171780 Dann erweiterten sich nur 2.	213485	Desgl.	Desgl.	Dieser Stein wurde in viele kleine prismatische und andere Stückchen und Staub zerdrückt. Das untere Lager der Schraubenpresse wurde mit dem Stein zugleich zerbrochen, und es wurde nun ein Gehäuse von $1\frac{1}{2}$ Zoll dicken Wänden gegossen, weil das vorige nur einzöllige Wände hatte.
22.	Desgl.	$3\frac{1}{4}$	$4\frac{1}{2}$	$2\frac{11}{12}$	135780	Mit 135780 ein Rifs, mit 152285 ein anderer.	164545 Erweiterten sich beide.	180035	Desgl.	Desgl.	Unmittelbar vor der Zerstörung zerspaltete er in Prismen von oben nach unten, und unter dem Druck von 165 345 Pfund schien sich der Zusammenhang zu lösen.
23.	Desgl.	$4\frac{1}{6}$	$3\frac{1}{12}$	$2\frac{7}{12}$	111740	111740 Erhielt viele sehr feine Risse.	127595 Einige. 165345 Sehr viele.	177425	Desgl.	Desgl.	Mit der Last von 165 345 zerspaltete er von oben bis unten in viele Prismen, und wurde mit 177 425 Pfund fast ganz in Sandkörner u. Staub verwandelt.
24.	Grauwacke vom nordwestlichen Abhange des Taunus zwischen Ems und Schwalbach aus verschiedenen Brüchen in der Nähe des Rheins, über und unter feine Sandlager.	$3\frac{1}{2}$	$4\frac{1}{2}$	$3\frac{7}{12}$	68705	68705 Mehrere Risse.	74245 Alle erweiterten sich.	79273	50583 Eine Ecke.	Desgl.	Seine Lager waren rauh und uneben, weil er sich nicht gut bearbeiten liefs. Zersprang von oben bis unten in meistens vierseitige Prismen, und wurde nicht sehr innig zerstört.
25.	Desgl.	$3\frac{1}{2}$	$3\frac{1}{2}$	$3\frac{3}{4}$	111704	Mehrere Risse. 111740	111740 Alle.	111740 Alle.	49075 Eine Ecke.	Desgl.	Seine beiden Lagerflächen waren zwar ziemlich eben, aber nicht vollkommen glatt.

Laufende No.	Stein-Arten und Fund-Ort. Art, wie sie unter die Presse gebracht wurden.	Dimensionen in Preufsischen Zollen. Länge.	Breite.	Höhe.	Gewichte, bei welchen man die Trennung hörte, ehe sich Risse zeigten. Pr. Pfd.	Gewichte, durch welche feine Risse entstanden, die nur so eben sichtbar wurden. Pr. Pfunde.	Gewichte, bei welchen sich die entstandenen Risse bis auf $\frac{1}{10}$ Linie erweiterten. Pr. Pfunde.	Gewichte, welche die Zerstörung der Steine bewirkten. Pr. Pfd.	Gewichte, bei welchen die Ecken absprangen, oder sich einzelne Flächen abschälten. Pr. Pfunde.	Compression des Steines, unmittelbar vor der Zerstörung beobachtet, wo es möglich war, in Pr. Linien.	Besondere Bemerkungen und Beobachtungen.
26.	Desgl.	$3\frac{7}{12}$	$3\frac{1}{2}$	$2\frac{11}{12}$	165345	165345 Nur ein Rifs.	165345 Der erste erweiterte sich und es entstanden mehrere neue.	165345	Keine Ecke.	Desgl.	Hatte gute, glatte Lager, enthielt aber viele gangartige Quarzadern.
27.	Desgl.	4	$3\frac{3}{4}$	$3\frac{1}{2}$	80280	80280 Mehrere feine Risse.	80280 Erweiterten sich alle.	80280	Desgl.	Desgl.	Dieser Stein hatte sehr unebene Lager; deshalb wurde er auch so schnell und mit so wenig Gewicht zerstört.
28.	Desgl.	$3\frac{1}{2}$	4	$3\frac{5}{6}$	120040	120040 Es entstanden 5 Risse in verticaler Richtung.	120040 Alle bedeutend erweitert.	120040	Desgl.	Desgl.	Das untere Lager war sehr glatt, das obere aber uneben, weil es sich nicht gut bearbeiten liefs.
29.	Desgl.	$3\frac{5}{6}$	$4\frac{1}{2}$	$4\frac{1}{12}$	141185	Mehrere Risse. 141185	Erweiterten sich alle. 141185	194035	Ein Prisma an der vordern Seite aus der Mitte. 124575	Konnte nicht beobachtet werden, weil die Zerstörung zu schnell erfolgte.	Die Lager sehr gut. Er wurde in viele kleine unregelmäfsige Prismen und Pyramiden, Körner und Staub zerdrückt.
30.	Desgl.	$3\frac{5}{6}$	$4\frac{1}{3}$	$4\frac{1}{12}$	238580	238580 Viele feine Risse.	238580 Erweiterten sich alle.	238580	Keine Ecke, weil d. Risse in der Mitte lagen.	Desgl.	Die Lager waren sehr glatt, und der Stein wurde in Staub und kleine Körner zerstört.
31.	Desgl.	$4\frac{1}{12}$	$3\frac{5}{6}$	$3\frac{11}{12}$	83805	Ein Rifs mit 83805, mehrere mit 115515.	115515 Erweiterten sich nur einige.	115515	Eine Platte sprang mit 94375 vorn ab.	Desgl.	Das untere Lager sehr gut, das obere aber uneben; er wurde deshalb in Platten, Prismen, Pyramiden und Körner zerdrückt.
32.	Desgl.	4	$3\frac{3}{4}$	$3\frac{11}{12}$	148735	148735 Ein Rifs.	172895	218195	Keine.	Desgl.	Ziemlich glatte Lager; woher es auch kam, dafs er ein so grofses Gewicht trug.
33.	Desgl. Nur wurden keine Unterlagen von Sand oder Bleiplatten gelegt.	4	$3\frac{5}{6}$	$3\frac{11}{12}$	92110	Drei Risse. 92110	Einer erweiterte sich. 92110	92110	Desgl.	Desgl.	Beide Lager waren uneben, weil sie sich nicht bearbeiten liefsen. Daher der geringe Widerstand.
34.	Eben solcher Stein, aber die natürlichen Lager vertical, oder aufs Haupt gestellt. Oben und unten feine Sandlager.	$3\frac{5}{6}$	$3\frac{11}{12}$	$3\frac{11}{12}$	131370	135900 Die natürlichen Lager spalteten sich; sonst keine Risse.	135900	180898	Desgl.	Desgl.	Die künstlichen Lager waren sehr glatt, und der Stein wurde in Prismen und Pyramiden von $\frac{1}{2}$ bis 1 Z. Gröfse, Körner und Staub zerdrückt.

(Die Fortsetzung folgt.)

Inhaltsverzeichnifs des ersten Hefts neunten Bandes.

Berlin, gedruckt bei G. Reimer.

Journal

für

die Baukunst.

In zwanglosen Heften.

Herausgegeben

von

Dr. A. L. Crelle,

Königlich-Preufsischem Geheimen-Ober-Baurathe, Mitgliede der Königlichen Akademie der Wissenschaften zu Berlin, Correspondenten der Kaiserlichen Akademie der Wissenschaften zu St. Petersburg und der Königlichen Akademieen der Wissenschaften zu Neapel und Brüssel, Ehrenmitgliede der Hamburger Gesellschaft zur Verbreitung der mathematischen Wissenschaften.

Neunter Band.

Zweites Heft.

Mit sieben Kupfertafeln (Taf. V. — XI.).

Berlin,

bei G. Reimer.

1835

7.
Vorlesungen über Eisenbahnen.

Gehalten in der *Ecole des ponts et chaussées* zu Paris in den Jahren 1833 und 1834 von Herrn *Minard*.

Vorbemerkung des Herausgebers.

Diese Vorlesungen des Herrn Professor Minard geben in der gedrängtesten Kürze einen so deutlichen Begriff von ihrem Gegenstande und von allem, worauf es dabei ankommt; sie enthalten eine solche Menge von bewährten Erfahrungs-Resultaten und es waltet darin überall ein so wissenschaftlicher Sinn, verbunden mit so vieler sichtbar practischen Kenntnifs, dafs sie vielleicht zu dem Besten gehören, was überhaupt bis jetzt über Eisenbahnen geschrieben und gedruckt wurde.

Da nun jetzt, wo man, wie es scheint, in Deutschland immer ernstlicher sich anschickt, ebenfalls Theil an dem grofsen Nutzen zu nehmen, welchen Eisenbahnen einem Volke zu gewähren vermögen, und hie und da im Begriff ist, dabei von Worten wirklich zur That überzugehen, alles Verständige, und besonders Practische, auch hier nicht anders als nützlich sein kann: so hat es dem Herausgeber angemessen geschienen, hier in diesen Blättern die Vorlesungen des Herrn Minard über Eisenbahnen in deutscher Sprache mitzutheilen, und zwar wörtlich, weil die Reichhaltigkeit und Gedrängtheit derselben keinen Auszug oder Abkürzungen gestattet. Er hätte zwar mancherlei Bemerkungen und Zusätze beizufügen gehabt; allein er hat sie meistens gemieden, weil er einen eigenen Vortrag über diesen Gegenstand zu machen sich vorbehält. Dagegen hat er nicht blofs die Worte des Originals übertragen, sondern auch zugleich die französischen Maafse, Gewichte und Münzwerthe auf Preufsische reducirt. Es scheint ihm ein Mangel, wenn in Übersetzungen technischer und andrer Schriften, die von Gegenständen des bürgerlichen Lebens handeln, fremde Maafse, Gewichte und Geldsorten stehen bleiben; denn der Zweck der Übertragung wird so offenbar öfters kaum zur Hälfte erreicht, indem es gewifs bei weitem mehr deutsche Leser giebt, die auch wohl die Worte einer Schrift in fremder Sprache verstehen, und für welche also die Übersetzung mehr oder wenig überflüssig ist, als solche, die sogleich Zeit oder Lust haben, oder denen die nöthigen sicheren Notizen nahe zur Hand sind, um die fremden Maafse, Gewichte und Münzen in bekannte vaterländische übersetzen zu können; ohne diese Reductionen aber ist der Begriff, welcher sich aus einer technischen Schrift von ihren Gegenständen schöpfen läfst, unstreitig in hohem Grade unvollkommen; ja es können selbst aus Unterlassung oder Ungenauigkeit der Reduction gerade zu unrichtige Begriffe und sehr erhebliche Irrthümer in den gewonnenen Ansichten und den darauf vielleicht gegründeten Urtheilen entstehen. Nur erst, wenn aufser den Worten einer in fremder Sprache geschriebenen technischen Schrift auch noch die Maafse der Dinge, von welchen sie handelt, in vaterländischen ausgedrückt sind, von welchen die Vorstellung dem Leser erst eben so klar und deutlich ist, wie der Sinn der vaterländischen Worte, läfst sich erwarten, dafs eine Übersetzung dem Leser allgemein wirklich willkommner und nützlicher sein werde, als das Original, selbst dann, wenn er das Original ohne besondere Mühe und Kosten sich zu verschaffen im Stande ist. Von der gegenwärtigen Mittheilung hofft demnach der Herausgeber, dafs eben dies aus den angeführten Gründen der Fall sein werde. Es ist gerechnet worden:

Der Franc zu 8 Sgr.;

Das Kilogramm zu 2,1343 Preufsischen Pfunden;

Die Tonne, meistens in runder Zahl, zu 20 Ctr. (Genauer beträgt sie 19 Ctr. 78 Pfd.)

Der Meter zu 0,26552 Preufs. Ruthen, oder zu 3,1862 Preufs. Fufsen, oder zu 38,234 Preufs. Zollen, oder zu 458,8127 Preufs. Linien.

Erste Vorlesung.

§. 1.

Der Zweck der Eisenbahnen oder Schienenwege ist Verminderung des Widerstandes, den die Strafse den Fuhrwerken entgegensetzt und daraus entstehende Verminderung der Transportkosten und Vergröfserung der Geschwindigkeit des Transports.

Man kann unterscheiden:

1. Temporaire Eisenbahnen auf Baustellen;
2. Eisenbahnen für Güter-Transporte insbesondere;
3. Eisenbahnen, besonders für den Transport von Reisenden.

Die Construction und Anordnung dieser drei Arten von Schienenwegen ist nach ihren Zwecken verschieden.

§. 2.

Temporaire Eisenbahnen.

Temporaire Eisenbahnen müssen leicht zu legen und wieder wegzunehmen sein. Sie bestehen aus rohen Eisenstangen, wie sie im Handel vorkommen, auf Hölzer von $5\frac{1}{2}$ bis $7\frac{1}{2}$ Zoll im Quadr. im Querschnitt stark, gelagert. Diese Hölzer werden entweder der Länge nach unter die eisernen Stangen gelegt, wie bei dem Canal von Burgund, bei den Arbeiten zu Cherbourg und zu Soccoa geschehen (Taf. V. Fig. 1. *a* und *b*), oder, in angemessenen Entfernungen von einander, quer unter die Schienen, wie zu Roanne, bei dem Brücken-Canal des Allier, der Loire, und wie bei den Eisenbahnen zu Leeds und Selby (Fig. 2. und 3.).

Liegen die eisernen Schienen der Länge nach auf den Hölzern, so sind sie in der Regel platt und werden auf die Hölzer vermittelst Nägel mit versenkten Köpfen befestigt. Liegen die Hölzer quer unter den Schienen, so sind diese entweder quadratisch im Querschnitt und werden wie vorher befestigt, oder sie sind platt und liegen horizontal, in Einschnitten, in welche sie mittelst hölzerner Keile befestigt werden. Zwei parallele Bahnen, die dann Schienen heifsen, bilden einen Weg von gröfserer oder geringerer Breite.

Folgendes sind die Maaſse der Schienen auf einigen temporairen Eisenbahnen.

Ort	Der Querschnitt der Schiene ist hoch	breit	Der beladene Wagen wiegt	Die Querhölzer sind von einander entfernt	Die Hölzer, der Länge nach, sind im Querschnitt hoch	breit
Brücken-Canal zu Digoin	$2\frac{1}{4}$ Zoll	$7\frac{1}{3}$ Lin.	78 Ctr.	3 F. $2\frac{1}{4}$ Zoll	—	—
Brücken-Canal des Allier	$2\frac{2}{3}$ -	4 -	27 -	3 - $2\frac{1}{4}$ -	—	—
Brücke zu Roanne	$2\frac{2}{3}$ -	7 -	25 -	3 - $2\frac{1}{4}$ -	—	—
Leeds und Selby	$1\frac{1}{7}$ -	$1\frac{1}{7}$ Zoll	48 -	3 - $2\frac{1}{4}$ -	—	—
Soccoa	$5\frac{1}{2}$ Lin.	$1\frac{1}{7}$ -	54 -	— —	$5\frac{3}{4}$ Zoll	$5\frac{3}{4}$ Zoll
Cherbourg ...	14 -	2 -	116 -	— —	$7\frac{2}{3}$ -	$5\frac{3}{4}$ -
Canal von Burgund	$2\frac{1}{4}$ -	$1\frac{1}{2}$ -	—	— —	nicht angegeben.	

§. 3.

Eisenbahnen für Frachten.

Eisenbahnen für Frachten hat man zunächst von Bergwerken oder Steinbrüchen nach den Einschiffungs-Plätzen gebaut. Da diese Bahnen im allgemeinen denen für Reisende gleich sind, welche nur etwa insbesondere weiter sich erstrecken, so paſst was folgt auf beide Arten von Bahnen. Wo eine Unterscheidung nöthig ist, wird es angemerkt werden.

Die Frachtstraſsenschienen sind zuerst von Holz, mit Eisen belegt, darauf von gegossenem und dann von geschmiedetem Eisen gemacht worden.

Über die hölzernen, mit Eisen plattirten, Schienen ist oben Einiges gesagt worden.

§. 4.

Rinnen-Schienen (*plate-rails*).

Die Schienen von gegossenem Eisen hatten ursprünglich die Gestalt einer Rinne oder eines halben Falzes, in welchem die Räder liefen. Die Engländer nannten solche Straſsen *Trame-road, Rail-road.* So sind in England viele Schienen-Wege gebaut worden, die noch existiren.

Die Schienen der *Trame-roads* wurden auf Querhölzern vermittelst Nägel mit versenkten Köpfen befestigt (Fig. 5.), oder vermittelst Vorsprünge an den Enden. Auch legte man sie auf Steine, *stones* oder **Würfel** genannt, und befestigte sie auf denselben vermittelst starker Nägel oder Pflöcke.

Diese Schienen von gegossenem Eisen, $34\frac{3}{4}$ Zoll lang, hatten in der Regel einen horizontalen platten Theil von $3\frac{4}{9}$ Zoll breit und $11\frac{1}{2}$ Linien dick, mit einem verticalen, nach oben vorstehenden Rande von $1\frac{1}{2}$ Zoll hoch, der in der Mitte der Länge der Schienen vielleicht noch $1\frac{1}{8}$ bis $1\frac{1}{2}$ Zoll höher war, auch zuweilen, jedoch selten, noch unten einen senkrecht vorspringenden Rücken von $2\frac{2}{3}$ Zoll in der Mitte hoch, nach den Enden der Schienen sich verlaufend (Fig. 4.).

Auf dem horizontalen Theile liefen die Räder; der obere Rand hielt sie ab, die Schienen zu verlassen. Dieser Rand befand sich auf der innern Seite der Schienen, um die etwa von den Füfsen der Pferde in Bewegung gesetzten Kiesel von den Schienen abzuhalten; der untere Rand diente zur Verstärkung der Schienen.

Die Schienen wurden mit ihren Enden stumpf zusammen gestofsen. An jedem Ende einer Schiene war ein rechtwinkliger Einschnitt, welcher, gegen den der folgenden Schiene passend, ein viereckiges Loch bildete, durch welches man einen Nagel trieb, der nun so je zwei Schienen zugleich auf dem Tragesteine festhielt. Der Kopf des Nagels wurde in den horizontalen Theil der Schiene versenkt.

Die Breite der Bahn betrug $2\frac{1}{4}$ bis $4\frac{3}{4}$ Fufs. Der Weg zwischen den Schienen wurde chaussirt, oder gepflastert.

Nach zwei Versuchen von Wood ist die Reibung auf gut gelegten Rinnenschienen der 196ste Theil der Last. Der Durchmesser der Axe der Wagen ist der 14te Theil des Durchmessers der Räder.

Die Rinnenschienen sind in neuern Zeiten völlig aus dem Gebrauch gekommen, weil sich in dem Falz der Schienen Staub, Moder und Nässe festsetzt, was die Reibung vermehrt und die Zerstörung der Schienen beschleunigt; weshalb es auch nicht nöthig ist, hier länger dabei zu verweilen. Gleichwohl haben diese Schienen den wesentlichen Vorzug, dafs die Bahnwagen auch auf jedem andern Wege fahren können.

§. 5.

Bahnen von behauenen Steinen.

Eben dieses Vorzugs wegen hat man Bahnen gebaut von platt behauenen, harten Steinen, die so breit sind, dafs die Räder ohne grofse Unachtsamkeit des Fuhrmanns nicht wohl abgleiten können. Solcher Bahnen findet man eine zu London, 800 Ruthen lang; desgleichen findet man in **Schottland** ähnliche Bahnen aus dicken **Platten** von gegossenem Eisen.

Die steinerne Bahn zu London (Fig. 6.), eine Frachtstraße, ist aus Granit gemacht, meistens aus Aberdeen. Die Steine sind $3\frac{1}{2}$ F. lang, $1\frac{1}{2}$ F. breit und etwa $11\frac{1}{2}$ Zoll dick. Sie sind ohne Verjüngung nach unten behauen und, ohne weitere Verbindung der zusammenstoſsenden Enden, auf einen festen Boden von Cement und Kies gelagert.

Man hat gefunden, daſs die Reibung eines 80 Ctr. schweren Fuhrwerks, bei gutem Wetter und als die Steine rein gefegt und noch neu waren, den 180sten Theil der Last beträgt. Es findet sich das Verhältniſs der Durchmesser der Räder und Axen nicht angegeben. Wahrscheinlich ist es, wie bei den Londoner Wagen, 1 zu 30. Bei den Wagen auf Eisenbahnen ist es nur 1 zu 12.

Nimmt man an, daſs der Moder und Staub allmälig die Reibung verdoppeln, so würde immer die Reibung erst den 90sten Theil der Last betragen, und man würde also auf solchen Bahnen von Steinen, wenn das Gefälle nicht stark ist, immer nur den dritten Theil der Pferde brauchen. Dieser Gewinn ist bedeutend. Aber diese Bahnen sind kostbar, und über die Abnutzung der Steine fehlt es noch an Erfahrungen. Offenbar aber wird der Widerstand stark zunehmen, so wie Furchen in den Steinen entstehen; auch würden sich die Furchen nicht wohl anders wegschaffen lassen, als daſs man neue Steine legte, oder die gefurchten nach und nach auf alle Seiten wendete. Ich habe indessen auf der Londoner Straſse keine Furchen bemerkt, obgleich diese Straſse schon seit 5 Jahren befahren wird, und obgleich die Felgen der Wagenräder viel schmaler sind, als die Steine. Die Räder greifen die Steine auf allen Puncten ziemlich gleich an, bald hier, bald da. [In den Straſsen italiänischer Städte, z. B. in Mailand, findet man solche Bahnen von behauenen Steinen, und selbst zuweilen von ziemlich weichen Steinen, die gleichwohl recht gut vorhalten. D. H.]

§. 6.

Stabschienen (*edge-rails*).

Wegen der Übelstände der Rinnenschienen ist man seit lange darauf gefallen, den Schienen eine rückenförmige, über den Boden vorspringende Gestalt zu geben, so daſs darauf nichts liegen bleiben kann. Die

Räder der Wagen bekommen dann vorstehende Ränder. Der erste Versuch mit solchen Schienen, welche die Engländer *edge-vails* nennen, ist auf einer Heerstraſse vor länger als 40 Jahren gemacht worden. Es ist aber dieser Verbesserung wie so vielen andern ergangen; die einfachste Idee hat nicht zuerst den Platz behauptet. Da man eine platte Bahn mit möglichst geringer Reibung haben wollte, so wäre es in der That weit natürlicher gewesen, die Schienen über die Straſse zu legen, als mit ihr gleich hoch, und eine Rinne daraus zu machen, in welcher sich Moder und Staub festsetzen können. Gleichwohl sind in England die ersten 50 Pr. Meilen Eisenbahnen mit Rinnen-Schienen gebaut worden. [Die Ursache muſs doch wohl gewesen sein, daſs man es für besser gehalten hat, die Schienen so zu machen, daſs darauf auch mit gewöhnlichen Wagenrädern gefahren werden kann, was freilich im Allgemeinen ein Irrthum war, der doch aber nur daraus entstand, daſs man unterlieſs, die Vortheile der einen und der andern Art richtig gegen einander abzuwägen; denn sonst müſste, weil es wahrlich kein groſses Erfindungsglück erfordert, darauf zu fallen, den Rädern statt den Schienen die Rinnen zu geben, auch dieser Fall wieder in die leider! nur allzu groſse Liste derjenigen gesetzt werden, wo man, immerfort der Macht der bloſsen Gewohnheit gehorchend, wohl eine lange Reihe von Jahren hindurch auf Irrthümern beharrete, die so handgreiflich sind, daſs sie dann, wenn sie endlich gewichen sind, sehr leicht als solche erkannt werden. D. H.]

Die ersten Stabschienen (*edge-rails*) sind von gegossenem Eisen und 3 Fuſs 8 Zoll lang gemacht worden. Anfangs war der Querschnitt der Schienen beinahe ein Rechteck. Darauf gab man den Schienen oben mehr Breite, als unten, damit sie den Rädern mehr Fläche zur Berührung darbieten möchten. Die Breite nahm nach unten zu ab, und unten wurde eine Verstärkung angebracht (Fig. 20.). Endlich gab man dem Querschnitte der Schienen die Gestalt eines T, und dies ist nun im allgemeinen diejenige, welche sie heut zu Tage haben. Sie haben einen horizontalen Theil, auf welchen das Rad läuft, und einen verticalen Theil darunter, welcher den horizontalen Theil verstärkt.

Der Länge nach machte man die Schienen nach unten krumm (Fig. 8.), um Masse zu sparen und ihnen gleiche Widerstandskraft für jede Art der Belastung zu geben; nemlich man machte sie in der Mitte höher, als an den Enden. Man meinte, die Curve müsse diejenige des

gleichen Widerstandes, also eine **Ellipse** sein. [Die **Ellipse** läſst sich zwar, von einer dazu passenden Hypothese ausgehend, wie es in solchen Fällen zu geschehen pflegt, durch mathematische Berechnungen finden; aber auch die **Parabel**, und noch manche andere Curve, wenn man nur die Hypothese danach einrichtet. D. H.] So würde es sich zwar verhalten, wenn die Schienen frei auf ihren Unterstützungspuncten ruheten; aber da sie auch mit einander verbunden und stets stark in den Schienenstühlen (*chairs*) eingeklemmt werden, so ist der Fall ein wenig anders. [Aber warum machte man denn nun die Schienen einer Hypothese gemäſs, die **offenbar** nicht richtig ist? Das war, wie leider! in so vielen Fällen, Anwendung der Mathematik auf unmathematische Weise. D. H.]

§. 7.

Befestigung der Endpuncte der Schienen. Schienenstühle (*chairs*).

Die Art, die **Endpuncte** der Schienen zu befestigen, ist etwas sehr Wesentliches. Anfänglich gab man den Schienen an den Enden eine Art von Lappen (*oreilles*), welche sich auf die Tragesteine legten, auf welchen man sie vermittelst Nägel befestigte (Fig. 7.). So stieſsen die Schienen an den Enden stumpf zusammen. Die Last drückte auf die vier Endpuncte der Lappen; lag nun etwa die Oberfläche dreier auf einander folgender Steine nicht genau in einer und derselben Ebene, so trugen die vier Puncte nicht gleichförmig, und da die starken Schienen sich nicht genugsam biegen konnten, so muſsten sie häufig brechen.

Darauf kam man auf den Gedanken, noch einen dritten Körper zwischen die Schiene und den Tragestein zu legen, der einen Theil des Stoſses auffange. Man legte also die Enden der Schienen auf **Schienenstühle** (*chairs, chaises, coussinets*) von gegossenem Eisen und erst diese auf die Tragesteine.

Der Schienenstuhl wurde auf den Steinen vermittelst zweier Pflöcke befestigt. Das auf dem Schienenstuhle ruhende Ende der Schiene wurde vermittelst eines horizontal durch die Schiene und die beiden Wangen des Schienenstuhls gehenden Nagels gehalten.

Man bemerkte aber nun, daſs sich die Steine, die von der Last des Fuhrwerks mehr oder weniger in die Erde eingedrückt wurden, beim Übergange der Wagen nach vorn und nach hinten neigten (Fig. 9.), so daſs das Ende der einen Schiene sich hob, während das anstoſsende Ende der nächsten Schiene sich senkte, woraus ein Vorsprung auf der Bahn entstand, der einen, den Schienen sowohl, als den Wagenrädern und der bewegenden Kraft nachtheiligen Stofs verursachte.

Um diesen Übelstand zu vermindern, fügte man die Schienen mit halbem Blatte zusammen, indem man sie zuschrägte und etwa $2\frac{1}{4}$ Zoll lang neben einander treten liefs (Fig. 13.). Durch den Schienenstuhl wurde nur ein einzelner horizontaler Nagel getrieben, und zwar durch die Blätter der beiden Schienen. Ferner schrägte man den horizontalen Theil des Schienenstuhles ab, auf welchem die Schienen ruhen, und machte ihn convex (Fig. 11. und 23.), so dafs der Schienenstuhl die Schienen nur in einem einzigen Puncte, senkrecht unter der Mitte der Blätter der Schienen, trug. Auf diese Weise ruhte jede Schiene nur auf dem höchsten Puncte des Stuhllagerrückens, und der Stein konnte sich nach vorn und nach hinten neigen, ohne dafs der Unterstützungspunct merklich wankte; wenigstens senkten sich beide Schienen zugleich.

Man hat auch die Anordnung noch verändert, aber die Regel beibehalten, die Enden zusammenstofsender Schienen nur auf einem einzigen Puncte ruhen zu lassen (Fig. 12. und 10.).

Man hat auch die Schienen mit den Schienenstühlen auf andere Weise, als vermittelst durchgehender Nägel zu verbinden gesucht, weil die Nägel sich leicht biegen, also die Schienen nicht fest genug halten, auch bei Ausbesserungen schwer herauszuziehen sind. Man hat in der einen Wange des Schienenstuhls eine runde oder eckige Vertiefung angebracht, in welche von der Seite ein vorspringender Theil der Schiene tritt, die auf solche Weise an den Stuhl festgehalten wird, der, da er selbst auf dem Tragsteine befestigt ist, die Bewegung der Schienen von unten nach oben hindert.

Um die Schienen gegen den Stuhl zu stemmen, von welchen sie nur die eine Wange berühren, treibt man zwischen die Schienen und die andere Wange des Stuhls einen hölzernen oder eisernen Keil, und zwar horizontal, oder parallel mit der Länge der Schiene und in einen kleinen, für den Keil bestimmten Ausschnitt der Wange.

Die Figuren 21., 22., 23., 14., 16., 24 *a.* und 24 *b.* zeigen mehrere verschiedene Arten der Befestigung der Schienen und der Schienenstühle nach diesem System.

Es lassen sich vielerlei Anordnungen der Stühle und der Verbindung der Schienen denken. Wir werden die vorzüglichsten Bedingungen untersuchen, die dabei zu beobachten sind, nachdem wir von der Anwendung des geschmiedeten Eisens, statt des gegossenen, zu den Schienen und von der gegenwärtigen Gestalt derselben werden gesprochen haben.

Zweite Vorlesung.

§. 8.

Allgemeine Vergleichung der Schienen von geschmiedetem und von gegossenem Eisen.

Wegen des harten Ganges der Fuhrwerke auf gegossenen eisernen Schienen, und des häufigen Zerbrechens derselben, fiel man darauf, die Schienen von gewalztem Eisen (*fèr laminé*) zu machen. Die ersten Versuche damit mifslangen. Aber im Jahre 1810 kam diejenige Gestalt der Schienen auf, welche beinahe die nemliche ist, die man ihnen noch jetzt giebt.

Das gegossene Eisen hat für Schienen gegen geschmiedetes folgende Nachtheile:

Erstlich brechen gegossene Schienen häufig und plötzlich.

Zweitens darf man sie nicht länger machen, als von einem Stützpunct bis zum nächsten, weil das gegossene Eisen zu wenig biegsam ist, als dafs sich eine gegossene Schiene auch zwischen den Endpuncten unterstützen liefse. Die Stöfse, welche je bei der Zusammenfügung zweier Schienen entstehen, sind also bei den kurzen Schienen häufiger.

Drittens ist das gegossene Eisen zwar auf der Oberfläche sehr hart; aber nur in geringer Dicke seiner Rinde; ist dieselbe abgenutzt, so widersteht das Innere sehr ungleich und wird bald rauh.

§. 9.

Vergleichung der Tragkraft der Schienen von gegossenem und von geschmiedetem Eisen.

Wenn man blofs den statischen Widerstand einer Schiene von rechteckigem Querschnitt, und zwar von der Höhe c und der Breite b, in Betracht zieht, so ist die Last, welche eine Schiene von der Länge L, von einem Stützpunct bis zum nächsten gemessen, und frei aufliegend, tragen kann (nach Navier, *resumé des leçons de mécanique, pag.* 70, 72) $= \frac{2}{3} R . \frac{bc^2}{L}$, wo R einen Durchschnitt der Gewichte bezeichnet, welche die Einheit der Fläche trägt, nach dem Grade der Festigkeit, der für zureichend erachtet wird. Bestimmen wir hier R nach derjenigen Belastung, welche noch geringer ist, als diejenige, die eine bleibende Biegung hervorzubringen vermag, und setzen sie 61 Pfd. auf die Quadrat-Linie für geschmiedetes und 76 Pfd. für gegossenes Eisen, so ist das letztere allerdings im Vortheil.

Aber die Schienen tragen nicht ruhende Lasten, sondern es wirkt auf sie auch der Stofs bewegter Massen. Desgleichen liegen sie nicht frei, sondern sind in die Schienenstühle eingeklemmt. Deshalb ist die obige Formel nicht anwendbar, sondern man kann sich wegen der Stärke der Schienen nur an der Erfahrung auf wirklichen Strafsen halten. Diese ergiebt bis jetzt folgendes.

Erstlich. Zu Darlington, und auf einigen andern Eisenbahnen, sind die Schienen, von gegossenem Eisen (Fig. 13.), oben 2 Zoll $1\frac{1}{4}$ Linien breit, 3 Fufs 8 Zoll von einem Stützpuncte bis zum andern lang, im Durchschnitt $4\frac{1}{2}$ Zoll hoch und 1 Zoll dick. Der laufende Fufs Schiene wiegt $14\frac{3}{4}$ Pfd. Von den darauf fahrenden Bahnenwagen wiegt einer 80 Ctr., ein Dampfwagen wiegt 160 Ctr. Die Wagen bewegen sich mit 14 Fufs Geschwindigkeit in der Secunde ($2\frac{1}{10}$ Meilen in der Stunde).

Zweitens. Zu Liverpool sind die Schienen, von geschmiedetem Eisen (Fig. 16. und 14.), oben 2 Zoll $1\frac{1}{4}$ Linien breit, 2 F. $10\frac{4}{5}$ Zoll von einem Stützpuncte bis zum andern lang, $3\frac{1}{6}$ Zoll im Durchschnitt hoch und 1 Zoll $1\frac{3}{4}$ Linien im Durchschnitt dick. Der laufende Fufs Schiene wiegt 11 Pfd. $12\frac{1}{3}$ Loth. Ein Bahnwagen, wie sie auf dieser Strafse mit 28 Fufs Geschwindigkeit in der Secunde ($4\frac{1}{5}$ Meilen in der Stunde) fahren, wiegt 100 Ctr., ein Dampfwagen 220 bis 240 Ctr. Aber die Schienen sind für dieses Fuhrwerk zu schwach, obgleich sich annehmen läfst, dafs sie auf der Darlingtoner Strafse stark genug sein würden, was um so gewisser ist, da die Darlingtoner Bahn jetzt wirklich gröfstentheils Schienen von geschmiedetem Eisen hat, die oben 2 Zoll $1\frac{1}{4}$ Linien breit, 2 F. $10\frac{4}{5}$ Zoll von einem Stützpunct bis zum nächsten lang, 2 Zoll 9 Linien im Durchschnitt hoch, $11\frac{1}{2}$ Linien im Durchschnit dick sind und 9 Pfd. 12 Loth der laufende Fufs wiegen. Zwar hält man diese leichten Schienen für zu schwach; aber gleichwohl tragen sie das gegenwärtige Fuhrwerk.

Die Liverpooler 11 Pfd. $12\frac{1}{3}$ Loth schweren Schienen von geschmiedetem Eisen sind ungefähr eben so stark, als diejenigen von $14\frac{3}{4}$ Pfd. von gegossenem Eisen zu Darlington, so dafs also, wie sich hieraus zeigt, das geschmiedete Eisen im Vortheil ist.

Wenn wir nun aus diesen Erfahrungen im Grofsen die Masse andrer Schienen, von ziemlich ähnlicher Gestalt, und von ungefähr gleichen Fuhrwerken befahren, herleiten wollen, so können wir uns des Ausdrucks

$$P = \tfrac{2}{3}R.\frac{bc^2}{L}$$

bedienen, wo P die gröfste in Bewegung gesetzte Belastung auf der Mitte der Schienen, b und c die mittlere Höhe und Dicke der Schienen und L die Entfernung der Stützpuncte von einander bezeichnen. R ist der Widerstands-Coefficient, dessen Werth wir aus dem Maafse bei der Darlingtoner Strafse herleiten wollen, annehmend, dafs auf dieser Strafse die gröfste Belastung $P = 6403$ Pfd. ist, für b, c und L aber die Maafse von Darlington und Liverpool für die beiden Fälle des gegossenen und geschmiedeten Eisens setzend.

Dieses giebt dann $R = 145{,}6$ für gegossenes und $R = 202$ für geschmiedetes Eisen, wenn nemlich b, c, L in Linien und P in Pfunden ausgedrückt werden. Es ist also:

$$P = 134{,}8.\frac{bc^2}{L} \text{ für geschmiedetes und}$$

$$P = 97{,}05.\frac{bc^2}{L} \text{ für gegossenes Eisen,}$$

und diese Formeln dienen, b, c, L in den beiden Fällen für andere Schienen zu bestimmen.

Die Voraussetzung von 6403 Pfd. gröfster Belastung auf dem Darlingtoner Wege, wo die Dampfwagen ungefähr 17 600 Pfd. wiegen, erklärt sich wie folgt.

Da die Entfernung der Stützpuncte der Schienen von einander kleiner ist, als diejenige der Achsen der Wagen, so scheint es, dafs eine Schiene niemals mehr als den vierten Theil des Gewichts der Dampfwagen, mithin nicht über 40 Ctr. zu tragen bekommen könne. Aber Herr Wood bemerkt mit Recht, dafs die Schienen, in Folge einer Einsenkung der Tragsteine, sich gegen einander neigen, und dann nicht mehr in einer und derselben, die vier Räder des Wagens berührenden, Ebene liegen können; dafs es also möglich ist, dafs die Last des Wagens nur auf 3 Rädern ruhe, so dafs also die Mitte einer Schiene auf der Darlingtoner Strafse für einen Augenblick die Hälfte des Gewichts eines Lastwagens oder des Dampfwagens, also 80 Ctr. zu tragen bekommen kann. Da indessen die Wirkung davon durch die Federn, auf welchen die Last ruht, sehr vermindert wird, so haben wir 6403 Pf. (3000 Kil.) angenommen. Wir werden indessen weiter unten sehen, dafs die Geschwindigkeit die Wirkung der Lasten auf die Schienen verstärkt.

Will man die Formel auf die Liverpooler Strafse anwenden, voraussetzend, dafs die Stützpuncte ihre Entfernung von 2 F. $10\frac{4}{5}$ Zoll behalten, dafs die Höhe der neuen Schienen $c = 3$ Zoll 10 Linien sein soll, und dafs die gröfste Belastung, die von einem 240 Ctr. wiegenden Dampfwagen herrühren kann, 10671 Pfd. ist, so findet sich b aus dem Ausdrucke $10671 = 134{,}8 \cdot \frac{46^2}{418} \cdot b$, was $b = 1$ Zoll $3\frac{3}{5}$ Linien giebt. Solche Schienen würden 17 Pfd. 12 Loth der laufende Fufs wiegen, welches Gewicht demjenigen nahe kommt, das man den Schienen auf den von London nach Birmingham und Bristol beabsichtigten Strafsen geben will.

Man hat auch directe Versuche über den statischen Widerstand der Schienen angestellt. Folgendes ist ein Auszug der Resultate der Versuche von Wood.

Es wurden gegossene Schienen (Fig. 20. und 13.), die ungefähr $14\frac{3}{4}$ Pfund der laufende Fufs wogen, wie gewöhnlich, in Schienenstühlen befestigt, welche auf 3 Fufs 8 Zoll von einander entfernte hölzerne Lager gelegt wurden. Bei 12 Versuchen trug die Schiene in der Mitte:

Höchstens . . 14 940 Pfd. und 20 702 Pfd., nachdem die Masse mit altem Gufseisen gemischt war.
Mindestens . . 11 311 Pfd. und 14 727 Pfd., eben so.
Im Durchschnitt 12 806 Pfd. und 17074 Pfd., eben so.

Ferner legte man eine geschmiedete Schiene, von $14\frac{1}{2}$ Fufs lang und von durchgängig gleichem Querschnitte (Fig. 18.), auf 6 Schienenstühle, die also einer von dem andern 2 Fufs $10\frac{4}{5}$ Zoll entfernt waren, und befestigte sie, erst auf allen Stühlen, und dann blofs auf den beiden Stühlen in der Mitte. Man belud sie mit zunehmenden Gewichten, die jedesmal wieder weggenommen wurden. Die Einbiegungen, welche die Gewichte hervorbrachten, waren theils bleibend, theils nicht bleibend. Die Tiefe dieser Einbiegungen wurde unterhalb in den mittlern Fachen gemessen, wo die Gewichte aufgelegt waren. Die Schiene wog $12\frac{3}{4}$ Pfund der laufende Fuſs. Es ergab sich Folgendes.

Gewicht in der Mitte.	Die Schiene war an allen Stühlen befestigt.		Die Schiene war nur an den beiden Stühlen in der Mitte befestigt.	
	Gröſste Einsenkung.	Bleibende Einsenkung.	Gröſste Einsenkung.	Bleibende Einsenkung.
Pfund.	Linien.	Linien.	Linien.	Linien.
1 814	0,09	0	0,09	0
3 628	0,14	0	0,18	0
7 256	0,27	0	0,41	0
9 071	0,37	0	0,55	0
10 885	0,46	0	0,47	0,046
12 592	0,55	0,046	0,78	0,092
18 141	0,78	0,092	1,33	0,917

§. 10.

Vergleichung der Kosten und der Dauer der Schienen von gegossenem und von geschmiedetem Eisen.

Die Kosten des gegossenen Eisens verhalten sich zu denen des geschmiedeten ungefähr umgekehrt, wie die Gewichte der Schienen von gleicher Tragkraft. Also sind die Kosten gegossener und geschmiedeter Schienen an sich selbst ungefähr gleich. Der Gebrauch der geschmiedeten Schienen ist aber deshalb etwas theurer, weil sie den vierten Theil Schienenstühle und Tragsteine mehr erfordern. Die gegossenen Schienen finden deshalb noch einige Vertheidiger für den Waaren-Transport. Gleichwohl bedient man sich fast allgemein der geschmiedeten Schienen, weil sie sich weniger schnell abnutzen und nicht plötzlich brechen, welches letztere für den Transport der Reisenden besonders wichtig ist.

Die Dauer der geschmiedeten Schienen ist bedeutend gröſser, als die der gegossenen. Man hat auf der Straſse von Darlington beobachtet, daſs eine jährliche Transportmasse von 1 720 000 Ctr. Waaren nach einer, und von 1 040 000 Ctr. Last- und Dampfwagen nach beiden Richtungen, von einer 3 Fuſs $2\frac{2}{3}$ Zoll langen gegossenen und von einer $14\frac{1}{2}$ Fuſs langen geschmiedeten Schiene ungefähr das gleiche Gewicht abrieb, nemlich $15\frac{1}{2}$ Loth, so daſs also die gegossene Schiene 4 mal so viel an Gewicht verlor, als die geschmiedete. Das Resultat dieser Beobachtung ist für geschmiedete Schienen entscheidend, wenigstens in so fern, daſs daraus ihre gröfsere Dauer folgt; denn der Irrthum bei der Wahrnehmung müfste sehr grofs gewesen sein, wenn die Dauer auch nur gleich wäre.

Wenn man annimmt, dafs die Reibung die Schienen auf eine Breite von $1\frac{1}{2}$ Zoll angreift, und dafs eine Schiene, die $2\frac{3}{4}$ Linien an der Dicke verloren hat, untauglich geworden ist, so würde folgen, dafs geschmiedete Schienen 38 Jahre, gegossene dagegen nur 9 Jahre vorhalten können. Die Herren Coste und Perdonnet haben zwar gegossene Schienen gesehen, welche 20 Jahre gedient hatten; aber sie waren auch bis zur Hälfte abgerieben.

Zu bemerken ist, dafs die geschmiedeten Schienen, wenn sie auf dem Boden liegen, sich schnell mit Rost bedecken, dafs sie aber, wenn viel darauf gefahren wird, an der Stelle der Reibung einen hellen, metallischen Glanz annehmen, während sie auf der ganzen übrigen Fläche fast gar nicht rosten; welches letztere vielleicht von dem durch die Reibung hervorgebrachten, fortwährend magnetischen Zustande des Eisens herrührt.

§. 11.

Prüfung der Schienen.

Man prüft die Schienen, ehe man sie legt. Die Liverpooler Schienen haben in der Mitte zwischen den Stützpuncten 100 Ctr. (5 Tonnen) getragen. [Hier ist vielleicht ein Druckfehler; denn das eine Rad eines 240 Ctr. schweren Dampfwagens drückt schon wenigstens 60 Ctr. schwer auf die Schienen, und schon 60 Ctr. in Bewegung wirken viel stärker, als 100 Ctr. ruhend. D. H.] Die Schienen zu Roanne haben, $7\frac{3}{4}$ Zoll frei liegend, ein Gewicht von 4268 Pfd., $26\frac{3}{4}$ Zoll hoch herabfallend, ausgehalten. Eben so die Lyoner Schienen. Durch diese Proben werden die Schienen zuweilen ziemlich stark gebogen: um $2\frac{1}{3}$ bis $2\frac{1}{2}$ Zoll, und es ist schwer, sie, ohne sie in's Feuer zu bringen, wieder gerade zu richten. Durch das Biegen der kalten Schienen wird aber das Resultat der Probe täuschend. Man kann also füglich nur einzelne Schienen prüfen, zur Versicherung der Tauglichkeit des zu den Schienen bestimmten Eisens.

§. 12.

Vergleichung der gewalzten Schienen von verschiedener Gestalt.

Vorzüglich zwei von einander abweichende Formen sind es, welche man den geschmiedeten Schienen giebt. Man macht sie erstlich entweder durchgängig von gleichem Querschnitt, oder parallel: oder zweitens in der Mitte höher, als an den Enden, und unten gebogen, oben natürlich gerade.

Man rühmte die zweite Form, auf welche ein Erfindungs-Patent genommen worden ist, deshalb, weil durch die Linie von gleichem Widerstande an Masse gespart werde. Aber die, nach unten gebogen, verstärkten Schienen haben, ohne die davon versprochenen Vortheile zu gewähren, grofse Unvollkommenheiten.

Erstlich nemlich lassen sie sich, ohne die Theile des Metalls zu verschieben und die Cohäsion desselben zu vermindern, schwer walzen.

Zweitens ist eine viel gröfsere, schon so schwierige Genauigkeit beim Setzen der Steine und der Schienenstühle nöthig, weil die Schienen mit ihrem dünnsten Theile aufliegen.

Drittens läfst sich eine solche Schiene, wenn sie nachgiebt, oder wenn das Terrain es erfordert, nicht wohl in Zwischenpuncten unterstützen.

Viertens endlich hindert die gröfsere Höhe der Schienen, in der Mitte, also gerade da, wo zwischen den Unterstützungs-Puncten die bei Schienenstrafsen so sehr nothwendige Ableitung des Wassers angeordnet werden kann, diese Anordnung um so mehr.

Gegenseits sind die Vortheile der nicht parallelen Schienen vor den parallelen nicht erwiesen. Woods vergleichende Versuche ergeben zu geringe Unterschiede des Widerstandes, um ihnen mit Sicherheit den Vorzug einräumen zu können. Folgendes sind die Resultate dieser Versuche:

Gewicht, auf die Mitte der Schiene gelegt.	Widerstand einer 14½ Fufs langen Schiene, unterstützt durch 6 Stühle, 2 Fufs 10⅝ Zoll von einander entfernt.			
	Nicht parallele Schiene Fig. 19. 12¾ Pfund der lauf. Fufs schwer.		Parallele Schiene Fig. 18. 12¾ Pfund der lauf. Fufs schwer.	
	Einbiegung.	Bleibende Biegung.	Einbiegung.	Bleibende Biegung.
Pfund.	Linien.	Linien.	Linien.	Linien.
1 814	0	0	0,09	0
3 628	0	0	0,14	0
7 256	0,32	0	0,27	0
9 071	0,41	0	0,37	0
10 885	0,50	0	0,46	0
12 592	0,55	0	0,55	0,05
18 141	1,01	0,14	0,78	0,09

Der laufende Fufs **paralleler** Schienen, längs aus mit dem **gröfsten** Querschnitte der **nicht parallelen Liverpooler** Schienen, würde ungefähr $13\frac{1}{3}$ Pfd., der laufende Fufs **nicht paralleler** Schienen nur $11\frac{1}{3}$ Pfd. wiegen. Da aber (im Jahre 1830) der Centner **paralleler** Schienen nur 3 Rthlr. 17 Sgr., der Centner **gebogener** Schienen dagegen 4 Rthlr. $7\frac{1}{2}$ Sgr. kostete, so sind die **parallelen** Schienen **wohlfeiler.** [Um etwa $1\frac{1}{3}$ p. C. D. H.] Erwägt man nun aber die übrigen gröfsern Vorzüge der parallelen Schienen: dafs nemlich die Tragsteine leichter genau gesetzt werden können und nur die gerade Richtung erfordern; dafs den Steinen nach Erfordernifs der Wirkung des Fuhrwerks auf die Schienen und der Beschaffenheit des Bodens mehr eine **beliebige** Entfernung von einander gegeben werden kann, und dafs die parallelen Schienen weniger die Ableitung des Wassers hindern: so ist kein Zweifel, dafs ihnen der Vorrang gebührt.

Folgendes sind die Maafse der Schienen auf einigen Strafsen.

Strafse.	Entfernung der Stützpuncte von einander.	Höhe der Schienen.	Breite der Schienen. Gröfste Breite.	Breite der Schienen. Kleinste Breite.	Länge einer Schiene.		Gewicht eines laufenden Fufses Schienen.		Gewicht der Last- oder Dampfwagen.
	Zoll.	Linien.	Linien.	Linien.	Fufs,	Zoll.	Pfund,	Loth.	Centner.
1. Parallele Schienen von geschmiedetem Eisen.									
Bei **Lyon** . .	$28\frac{2}{3}$ bis $34\frac{4}{5}$	$34\frac{2}{5}$	$21\frac{1}{10}$	$6\frac{2}{5}$	14	$6\frac{3}{4}$	8	27	136
Bei **Roanne**, Fig. 24 *c.* und *d.*	$27\frac{1}{7}$ bis $31\frac{1}{3}$	$34\frac{2}{5}$	$21\frac{1}{10}$	$6\frac{2}{5}$	15	$11\frac{1}{6}$	8	27	136
Bei **Epinac**, Fig. 21.	$38\frac{1}{4}$	$36\frac{7}{10}$	$19\frac{3}{4}$	$5\frac{1}{2}$	15	$11\frac{1}{6}$	7	12	70
Bei **Denain**, Fig. 22.	—	$36\frac{7}{10}$	22	6	—	—	8	27	90
Bei **St. Helen-Runcorn**, Fig. 18 *b.*	$34\frac{4}{5}$	$42\frac{1}{5}$	$25\frac{1}{4}$	$8\frac{3}{5}$	14	$6\frac{1}{3}$	13	2	155
Bei **Leeds** und **Selby**, Fig. 23. . .	$34\frac{4}{5}$	$45\frac{8}{9}$	$26\frac{2}{3}$	6	14	$6\frac{1}{3}$	14	19	—
Bei **Sunderland**, Fig. 19 *b.*	—	$44\frac{1}{2}$	$22\frac{1}{2}$	6	14	$6\frac{1}{3}$	9	23	78
Bei **Redruth** . .	$34\frac{4}{5}$	$36\frac{7}{10}$	$13\frac{3}{4}$	$7\frac{1}{3}$	—	—	8	16	39
Bei **Wrexham** . .	44	$36\frac{7}{10}$	$18\frac{1}{3}$	$9\frac{1}{6}$	14	$7\frac{7}{8}$	9	12	48

Strafse.	Entfernung der Stützpuncte von einander.	Höhe der Schienen.	Breite der Schienen. Gröfste Breite.	Breite der Schienen. Kleinste Breite.	Länge einer Schiene.		Gewicht eines laufenden Fufses Schienen.		Gewicht der Last- oder Dampfwagen.
	Zoll.	Linien.	Linien.	Linien.	Fufs,	Zoll.	Pfund,	Loth.	Centner.
II. Nicht parallele Schienen von geschmiedetem Eisen.									
Bei Darlington, Fig. 15. und 17.	$34\frac{4}{5}$	$25\frac{7}{10}$ bis 39	$25\frac{1}{4}$	$6\frac{2}{5}$	14	$6\frac{2}{3}$	9	12	155
Bei Liverpool, Fig. 14. und 16.	$34\frac{4}{5}$	$27\frac{1}{2}$ bis $45\frac{8}{9}$	$25\frac{1}{4}$	$6\frac{8}{9}$	14	$6\frac{2}{3}$	11	12	223
III. Schienen von gegossenem Eisen.									
Aei Andrezieux	$43\frac{1}{2}$	$32\frac{1}{9}$ bis $64\frac{2}{9}$	23	$9\frac{1}{6}$	3	$9\frac{7}{8}$	14	16	74
Bei Darlington u. Helton, Fig. 13.	44	$36\frac{7}{10}$ bis $66\frac{1}{2}$	$25\frac{1}{4}$	6	3	$9\frac{7}{8}$	14	24	155
Bei Newcastle	44	—	$18\frac{1}{3}$	—	3	$10\frac{2}{3}$	13	30	78
Bei Middleton, unfern Leeds .	35	$41\frac{3}{10}$ bis 55	$23\frac{2}{5}$	$8\frac{3}{4}$	2	11	13	8	107

§. 13

Unterstützung der Schienen.

Die Schienen müssen nothwendig so befestigt werden, dafs sie immer in der nemlichen Höhe, immer parallel und immer bündig in den Stöfsen verbleiben, welches alles um so schwieriger zu erlangen ist, je schwerer das Fuhrwerk wiegt und je geschwinder es sich bewegt.

Die Erhaltung der Höhe hängt vom Widerstande des Bodens ab, der selten **stark genug** und noch seltener **gleichförmig** ist. Sie hängt also grofsentheils von der Grundfläche und dem Gewichte der Tragsteine ab. Anfänglich nahm man dazu Steine von 1 Fufs lang und breit und 8 Zoll hoch. Allmälig stiegen diese Maafse bis auf beinahe 2 F. lang und breit und 1 F. hoch, also bis auf das 6fache der Masse, und in der neuesten Zeit fand man, dafs für grofse Geschwindigkeiten des Fuhrwerks noch schwerere Steine nothwendig sind.

Steine mit grofser Grundfläche widerstehen gut, weil sie den Druck auf eine grofse Fläche vertheilen, und Steine von grofsem Gewicht durch die Trägheit ihrer Masse. Wenn das Fuhrwerk über den Stein hinrollt, so strebt es, ihn einzudrücken. Der Erfolg der augenblicklichen Wirkung ist um so geringer, je mehr Masse der Stein hat.

Jede Steinart ist zur Unterstützung der Schienen tauglich, in so fern sie nur dem Frost und der Ausdehnung der hölzernen Pflöcke widersteht, die zur Befestigung der Schienenstühle in die in den Stein gebohrten Löcher getrieben werden müssen. Jedoch ist ein großes specifisches Gewicht der Steinart vortheilhaft. Die Seiten der Steine werden nur sehr aus dem Groben behauen, die obere Seite, welche dem Schienenstuhle zum Lager dienen soll, etwas genauer. [Wo es große Steingeschiebe, besonders von Granit, giebt, wie im nördlichen Deutschland, würden mit eisernen Keilen gespaltene Stücke dieser Geschiebe, die flache Seite nach unten gelegt und bloß die obere etwas behauen, zu Tragsteinen tauglich sein. D. H.]

Wenn man, wie gewöhnlich, die Stützpuncte der Schienen 2 Fuß $10\frac{1}{4}$ Zoll aus einander legt und die Tragsteine 1 Fuß breit nimmt, so bleibt nur $\frac{1}{3}$ der Länge übrig, auf welche die Schienen auf der bloßen Erde liegen. Es würde also die Kosten wenig erhöhen, wenn man die Schienen durchweg mit Mauerwerk unterstützte. Diese Methode einiger Ingenieurs wird von andern verworfen, welche die fortlaufende Unterstützung für nachtheilig halten, indem ein zu starrer Widerstand die stärkere und schnellere Zerstörung der Schienen und der Last- und Dampfwagen zur Folge habe. Dieses scheint auch z. B. die Erfahrung bei Lyon zu bestätigen, durch Vergleichung der Stellen, wo die Schienen auf Kies und Felsen-Boden und wo sie auf aufgeschütteten Dämmen liegen. Eine gewisse Elasticität, wie sie durch vereinzelte Unterstützungspuncte erlangt wird, scheint also den Schienenbahnen vortheilhaft zu sein. Dieses ist auch den Erfahrungen bei gewöhnlichen Chausséen gemäß. Mac-Adam hat beobachtet, daß die Abnutzung einer Chaussée in Sommersetshire an den Stellen, wo sie auf Felsen liegt, in dem Verhältniß wie 7 zu 5 stärker war, als da, wo sie über einen Morast führte. [Ein Stein läßt sich bekanntlich leichter zermalmen, wenn man ihn auf einen andern harten Stein, als wenn man ihn auf weiche Erde legt. D. H.]

Man unterstüzt auch die Schienen der Eisenbahnen, statt durch Steine, durch hölzerne Schwellen oder Lager, die meistens quer unter beide Schienenreihen hindurch reichen. Solche Hölzer sind 6 bis $7\frac{2}{3}$ Zoll hoch und $8\frac{1}{2}$ bis $11\frac{1}{2}$ Zoll breit. Man nimmt auch getrenntes Holz zu den Unterlagen, die Schnittseite nach unten gelegt. Diese Unterlagen legt man zuweilen auf andere, die mit den Schienen parallel laufen; oder blofs auf Bohlen. Dieses giebt eine sehr breite Unterlage, die also den Druck sehr vertheilt. Indessen widerstehen die hölzernen Unterlagen, als träge Massen betrachtet, viel weniger, als die Steine. Die gröfsern Steine wiegen wohl den vierten Theil des Drucks eines Lastwagenrades, die hölzernen Lager kaum den dreifsigsten Theil. Auch bemerkt man eine viel stärkere Bewegung der Schienen, wenn sie auf Holz, als wenn sie auf Steinen liegen.

Man hat auch zur Verbindung der Schienen Querstücke von gegossenem Eisen genommen (Fig. 35.), die in der Mitte eingebogen wurden, während die Enden derselben die Klauen zur Aufnahme und Befestigung der Schienen trugen, was also die Schienenstühle ersparte. Aber man ist davon wieder abgegangen, wahrscheinlich weil die Querstücke leicht zerbrechen und zusammen mit den, gleichwohl nothwendigen, Tragsteinen theuer waren.

[Sollte man nicht irgendwo darauf gekommen sein, die Schienen, wenigstens in aufgeschüttetem Boden, durch Pfähle zu unterstützen? Pfähle, schon von 5 bis 6 Fufs lang und 6 bis 8 Zoll im Durchmesser, mit quer durchgehenden Holmen bedeckt, würden eine sehr feste Stütze gewähren. Braucht man eben das Holz nicht zu schonen, so könnten die Schienen unmittelbar auf den Holmen befestigt werden. Mufs aber das Holz möglichst gegen das Verfaulen geschützt werden, so müfste man die Holme ein Paar Fufs unter die Oberfläche der Erde versenken und dann die Schienen von aufgesetzten Stühlen tragen lassen. D. H.]

Dritte Vorlesung.

---

§. 14.

Von den Schienenstühlen.

Die Stellung der Schienenstühle auf den Tragsteinen ist nicht willkürlich. Der Schienenstuhl pflanzt den augenblicklichen Druck des Fuhrwerks auf die Schienen auf den Stein fort, und dem Steine widersteht der Boden. Damit also keine Verschiebung erfolgen kann, mufs die

Richtung der mittlern der widerstehenden Kräfte in die Richtung der mittlern der drückenden Kräfte fallen. Also mufs der Mittelpunct des Schienenstuhls mit dem Schwerpuncte des Steins und der Grundfläche desselben in einer und derselben Verticale liegen, woraus folgt, dafs die Steine eine bestimmte Gestalt haben müssen, so wie, dafs die obere und die untere Fläche des Steines parallel sein müssen. [Wenn man um dieser, von ihrer Hypothese ab, allerdings sehr richtigen, mathematischen Theorie genau zu folgen, etwa Granite nach der Vorschrift behauen lassen wollte, so würde man wohl viele Kosten unnöthig aufwenden. Ein recht grofser Stein, wenn die Schwerpuncte auch eben nicht so genau die bestimmte Lage haben, wird, unbehauen immer noch besser widerstehen, als ein kleiner. Und das erklärt sich daraus, dafs zwar, wie gesagt, die obige Theorie richtig ist, nicht aber die Hypothese, von welcher sie ausgeht; denn die Last drückt nicht blofs immer vertical, sondern kann auch vielfältig, durch Stöfse an die Fugen der Schienen, durch Ausdrängen der Schienen u. s. w. schräg drücken; also läfst sich die Lage der Schwerpuncte nicht für alle Fälle bestimmen. So ist es nur zu oft mit Theorien in technischen Dingen. D. H.]

Nachdem die Stellung des Schienenstuhls auf dem Steine bestimmt ist, wird der Stuhl durch zwei eiserne oder hölzerne Dübel (*broches*) befestigt. Sind die Dübel von Eisen, so treibt man erst in die in den Stein gebohrten cylindrischen Löcher hölzerne Pflöcke (*chevilles*), und dann in diese, sehr stark, die eisernen Dübel, deren Köpfe den Stuhl festhalten. Wenn das Holz zu trocken ist, oder das Loch zu nah am Rande des Steins sich befindet, so kann der Stein zersprengt werden. Die Löcher in den Steinen sind, z. B. zu Epinac, $3\frac{3}{4}$ Zoll tief und gegen 1 Zoll im Durchmesser, zu Liverpool $6\frac{5}{8}$ Zoll tief und $1\frac{1}{2}$ Zoll weit.

Zuweilen hat man zwischen die Steine und die Schienenstüble eine prefsbare Masse gelegt, z. B. bei Leeds und Selby getheerten Filz; bei Roanne, auf einige tausend Meter Länge, dünne hölzerne Spähne. Der Zweck davon ist, die Starrheit des Ganzen noch mehr zu vermindern, und durch die vollständigere Berührung die Stühle mehr gegen das Zerbrechen zu schützen, wenn sie auf dem etwa nicht ganz glatten Stein nicht überall aufliegen.

Die Löcher in den Schienenstühlen haben gewöhnlich ein wenig vorstehende Ränder, um den Schlägen des Hammers besser zu widerstehen.

Die Keile, mit welchen man die Schienen in den Stühlen befestigt, sind von Holz, oder von Eisen. Die hölzernen Keile, die man zuweilen mit Theer tränkt, machen die Verbindung weniger starr, halten aber auch die Schienen weniger fest gegen die Stöfse der Fuhrwerke. Die eisernen Keile gewähren eine stärkere Befestigung; aber es können auch beim Eintreiben derselben, oder durch den Stofs der Wagen auf die zu starre Masse, die Wangen der Stühle leichter abgesprengt werden. Man hat die Keile an der innern, so wie an der äufsern Seite der Bahn eingetrieben. Befinden sie sich an der äufsern Seite, so wirken die Fuhrwerke, die immer die Schienen nach aufsen drängen, weniger heftig auf den Schienenstuhl; besonders wenn die Keile von Holz sind. Die hölzernen Keile befinden sich auch deshalb besser an der äufsern Seite, weil man sie dann mit Erde bedecken kann, unter welcher sie weniger trocknen und lose werden. Überhaupt befindet sich wohl der Keil am besten an der äufsern Seite, weil alsdann die Schiene den Rand der Räder um so weiter von dem Stuhl entfernt, der zuweilen von ihm erreicht wird.

Zu Liverpool hat man die Wangen der neuen Schienenstühle sehr viel stärker gemacht, und zwei Keile, von jeder Seite der Schienen einen, angebracht. Diese Keile sind von Eisen und haben einen kleinen Knaggen, wie die Klammerbolzen, um durch Hammerschläge besser wieder gelöset werden zu können (Fig. 14. u. 16.).

Die Breite der Schienenstühle, in der Richtung der Schienen, beträgt $3\frac{1}{2}$ bis 5 Zoll. Diejenigen Stühle, welche zwei Schienen tragen, sind zuweilen breiter, als die übrigen, und unter den Stöfsen der Schienen etwas convex. Der Boden des Stuhls (*patin*) ist unter den Schienen etwa $1\frac{1}{7}$ Zoll und aufserhalb $\frac{3}{4}$ Zoll dick. Die Wangen müssen so hoch sein, dafs die innere Wange niemals von dem Rande der Räder berührt werden kann. Das Gewicht eines Schienenstuhls beträgt von $6\frac{1}{2}$ bis zu 14 Pfund.

Der Zwischenraum zwischen den Stützpuncten richtet sich nach der Stärke der Schienen und dem Gewichte der Fuhrwerke. Man kann, bis zu einer gewissen Grenze, entweder die Stützpuncte einander nähern, oder die Schienen verstärken. So hat man bei Lyon und Roanne einige Strecken der Eisenbahn dadurch verstärkt, dafs man auf die Länge einer Schiene einen Stützpunct mehr anbrachte.

§. 15.

Verfahren beim Bau einer Eisenbahn.

Zunächst werden die Steine zugehauen und die Löcher zu den eisernen oder den hölzernen Pflöcken in dieselben gebohrt. Sie werden zur Stelle gebracht und die Schienenstühle werden darauf befestigt.

Die Mittellinie der Strafse wird vermittelst Pfähle bezeichnet, die 5 oder 6 Schienen-Längen, also etwa 6 Ruthen, von einander abstehen. Die Pfähle werden von 80 zu 80 Ruthen mit der Libellenwage abgewogen. An den Seiten jedes Pfahls, aufserhalb der Schienenreihe, setzt man zwei andere Pfähle, deren Köpfe, nach der Setzwage, mit den mittlern Pfählen in gleiche Höhe gebracht werden.

In den Linien der Schienen macht man der Länge nach Gräben, um die Steine aufzunehmen. Den Boden mufs man auf das sorgfältigste zu befestigen suchen. Zuerst setzt man diejenigen Steine, die unter die auf die Pfähle treffenden Stöfse der Schienen zu liegen kommen; sodann die Steine unter den übrigen Stöfsen. Die Stellen derselben giebt die Mittellinie; ihre Höhe findet sich durch Steinsetzer-Visire, auf die Schienenstühle der zuerst gelagerten Steine gesetzt. Nachdem alle Steine unter den Schienenstöfsen gesetzt sind, giebt eine Schnur, von dem Boden eines Schienenstuhls bis zu dem des nächsten ausgespannt, die Stelle und Höhe der zwischen liegenden Steine.

Hierauf werden die Schienen zur Stelle gebracht, auf einem ambulanten Ambofs genau gerichtet und dann in die Schienenstühle gelegt und festgekeilt. Man mufs sorgen, dafs die Schienen genau auf dem Boden aller Stühle aufliegen, und dafs sie genau gleich hoch und gerade liegen.

Der Rest der Gräben wird nun mit Sand, Kies oder zerschlagenen Steinen ausgefüllt, die stark gegen die Tragsteine gestampft und wiederholt fest gerammt werden. Zuweilen hebt man auch, statt Gräben, den Boden in der ganzen Breite der Strafse aus.

Es ist vorzüglich nothwendig, dafs die Steine nicht wanken, und dafs sie mit allen Puncten ihrer untern Fläche den Boden berühren. Bei Liverpool habe ich die Steine auf folgende Weise setzen gesehen. Eine Art von Dreifufs, Fig. 48. *b.*, 5½ Fufs hoch, diente zum Auflager eines 13 bis 16 Fufs langen Hebels. Am Ende des langen Armes desselben waren Zugseile geknüpft, wie bei einer Ramme, um den Hebel herunter zu ziehen. Am Ende des andern, kurzen Armes des Hebels war eine Kette, die mittelst eines Hakens in den schon am Steine befestigten Schienenstuhl griff. So hob man den Stein, der gegen 6 Ctr. wog, auf, rammte mit ihm selbst, indem man ihn wieder fallen liefs, den Boden fest, der nun zugleich genau die Gestalt der kleinen Unebenheiten der untern Fläche des Steins annahm. Man hat dieses Verfahren sehr gut befunden, weil man sich seiner, nach 3 Jahren, noch immer bedient. Gleichwohl scheint es, dafs die Befestigung des Schienenstuhls am Steine leiden müsse.

Zuweilen füllt man den Boden der Gräben unter den Schienen mit einem Bett von zerschlagenen Steinen, 9½ Zoll hoch, aus, auf welches man die Tragsteine setzt. Durch dieses Verfahren erlangt man viele Festigkeit, und der Abflufs des Wassers geschieht durch kleine Canäle, von Strecke zu Strecke. Man hat ein solches Steinbett bei Leeds und Selby gemacht; aber es scheint, dafs es nur auf weichem Boden angemessen sei. Die zerschlagenen Steine werden sich unter den Stöfsen der Wagen auf ähnliche Weise verhalten, wie unter den gewöhnlichen Fuhrwerken: sie werden sich zusammendrängen, in einander keilen und also zuletzt weniger Raum einnehmen. Die Schienen müssen also sinken; aber da die Steine einander gleich voraus gesetzt werden können, so wird solches gleichförmig geschehen.

Setzt man die Schienenstühle auf Querstücke, so ist es schwieriger, sie zu richten, weil das eine Ende des Querstücks verschoben wird, wenn man das andere Ende hebt, oder senkt. Dagegen läfst sich leichter der Parallelismus der Schienen erlangen.

Die Schienen dürfen nicht scharf zusammen stofsen. Es mufs zwischen zwei Schienen-Enden ein Spielraum bleiben, von 1 bis 1½ Linien, als so viel eine Schiene von 14½ F. lang sich ausdehnen kann, wenn man annimmt, dafs sie bei 0 Grad Wärme gelegt wird und die gröfste Sommerwärme nicht über 32 Grad Rèaum. steigt. Der Zwischenraum darf aber, verdoppelt, nur je bei der zweiten Schiene gelassen werden und die Schienen können paarweise unmittelbar einander berühren. Aber nicht weiter dürfen die Zwischenräume von einander entfernt werden, weil sonst die Schienen nicht auf den Stühlen frei genug würden gleiten können.

Zuweilen neigt man ein wenig die Oberfläche der Schienen gegen einander, um die Wagen um so besser in die Bahn zu drängen. Diese Neigung ist insbesondere den conischen Rädern angemessen.

Die Stöſse der Schienen in den beiden Linien können auf verschiedene Weise angeordnet werden. Bei Liverpool, scheint es, habe man anfänglich die Stöſse der einen Linie den Mitten der Schienen in der andern Linie gegenüber gelegt. Dies hat sich aber durch die allmäligen Ausbesserungen und Erneuerungen der Schienen verändert. Bei Lyon sind die Schienenstöſse einander gegenüber gelegt worden. Bei der ersten Art kann ein Stoſs nie von mehr als einem Rade getroffen werden; bei der zweiten Art werden zwei Stöſse zugleich getroffen; aber der Parallelismus der Schienen läſst sich bei der zweiten Art besser erhalten, weil ein Querstück zwei Stöſse und folglich 4 Schienen auf einmal verbindet.

Da die Schienen durch die Räder der Fuhrwerke seitwärts gedrängt werden können, so legt man, um solches zu verhindern, von Strecke zu Strecke Querstücke, statt der Steine. Diese Vorsicht, durch welche die Breite der Bahn erhalten wird, ist auf weichem Boden und auf aufgeschütteten Dämmen ganz nothwendig, und wenig kostbar, weil man die Querstücke zugleich zu der vorläufigen Straſse, zum Transport der Erde, benutzen kann.

§. 16.

Breite der Eisenbahnen, und Ausweiche-Stellen.

Sie hängt von der Breite der Wagen ab, nemlich von der Entfernung der äuſsern Seiten der Radränder von einander, zu welcher noch $\frac{3}{4}$ Zoll Spielraum gefügt werden muſs.

Die Breite der Eisenbahnen, von der Mittellinie der einen Schienenreihe bis zur Mittellinie der andern gemessen, beträgt:

von Leeds nach Middleton	4 Fuſs	2 Zoll,
zu Sunderland	4 -	$5\frac{1}{2}$ -
von Redruth nach Restrongett	3 -	$10\frac{1}{4}$ -
von Darlington nach Stockton	4 -	$8\frac{1}{2}$ -
von Liverpool nach Manchester	4 -	$8\frac{1}{2}$ -
von Canterbury nach Whitestable	4 -	10 -
von Leeds nach Selby	4 -	9 -
Die Bills über die neuesten Eisenbahnen bestimmen für die Breite:		
innerhalb (*dans oeuvre*) wenigstens . . .	4 Fuſs	$6\frac{1}{4}$ Zoll,
auſserhalb (*hors oeuvre*) höchstens . . .	4 -	$11\frac{1}{4}$ -
von St. Etienne nach Andrezieux	4 -	9 -
von Lyon nach Roanne	4 -	$9\frac{1}{3}$ -

bei Epinac	4 Fuſs	10	Zoll,
bei Denain	4 -	$9\frac{1}{3}$	-

Wenn eine Eisenbahn nur zwei Reihen Schienen hat, so müssen Verdoppelungen vorhanden sein, wo die sich begegnenden oder die mit verschiedener Geschwindigkeit fahrenden Wagen einander ausweichen können. Die Entfernung der Ausweichestellen von einander richtet sich nach der Frequenz der Straſse, die Länge der Ausweichestellen nach der Länge des Zuges der an einander gehängten Wagen. Die Länge der Ausweiche-Stellen zusammen beträgt den 17ten bis 8ten Theil der Bahn. [Auch wohl noch mehr, wenn die Passage frequent ist. D. H.]

Bei den Abgangs- und Ab- und Auflade-Orten müssen Nebenbahnen nach den Stand-Orten der Wagen auſserhalb der Hauptbahn gebaut werden.

Wenn der Verkehr auf einer Straſse sehr stark ist, so macht man zwei Bahnen. Der Zwischenraum zwischen denselben hängt von der Breite der Ladung der Bahnwagen ab.

Es beträgt die Entfernung der Mittellinie des Zwischenraums von der Mittellinie jeder Bahn: [*entrevoie d'axe en axe* kann wohl nicht anders als *so* zu verstehen sein; denn daſs nicht die Entfernung der Mittellinie der beiden Bahnen von einander gemeint sein kann, beweisen die Maaſse selbst, die zum Theil weniger betragen, als die Breite einer Bahn, und folglich weniger als zwei halbe Breiten, so daſs diese Maaſse nicht würden Statt finden können. D. H.]

Von Darlington nach Stockton	4 Fuſs	$\frac{1}{6}$	Zoll.
Von Liverpool nach Manchester	5 -	$2\frac{1}{2}$	-
Von Leeds nach Selby	6 -	$3\frac{2}{3}$	-
Bei Sunderland	3 -	$6\frac{4}{5}$	-
Von Lyon nach Roanne	3 -	$2\frac{1}{3}$	-
Bei Epinac	3 -	$2\frac{1}{3}$	-

§. 17.

Veränderung der Richtung, und Radlenker (*switches*).

Um von einer Bahn nach der andern zu kommen [bei doppelten Bahnen, D. H.], macht man Biegungen, deren Tangenten aber nicht nothwendig in die Richtung der Hauptlinie fallen dürfen. Es ist hinreichend, wenn der Winkel des Zusammenstoſsens der Linien die Wagen nicht zu plötzlich aus ihrer Richtung lenkt, und wenn das Rechteck, welches die geraden Linien zwischen den Berührungspuncten der vier Räder eines Wagens mit den Schienen zu Seiten hat, überall in die horizontale Projection der zusammenstofsenden Bahnlinien eingeschrieben werden kann. Der Winkel kann nach dieser Regel 3 bis 6 Grad betragen.

Wo die Richtung einer Bahn sich verändert, müssen bewegliche Schienenstücke, die sich um einen Mittelpunct drehen, und welche *switches* oder *aiguilles* heifsen [Radlenker genannt werden können, D. H.], vorhanden sein. Zuweilen befindet sich nur an einer Schienenreihe ein Radlenker. Haben beide Schienen Radlenker, so müssen sie durch eine Kette oder eiserne Stange mit einander verbunden werden. (Fig. 26., 29. und 27 *b*)

Die Radlenker werden durch einen Menschen in Bewegung gesetzt, der entweder dem Wagenzuge vorangeht [also in dem Falle, wenn mit Pferden, langsam gefahren wird, D. H.], oder der an der Wendestelle stehen bleibt. Auch läfst man sie durch ein Gewicht bewegen, welches, über eine Rolle gehend, in eine kleine Grube hinabsinkt und den Radlenker in die Lage, welche er haben soll, zurück zieht. (Fig. 25 *a.* und *b.*)

Das zuletzt genannte Mittel ist hinreichend, um die Wagen in beide Richtungen zu lenken (Fig. 27.). Es sei nemlich *AB* die Hauptlinie, welche die von *A* nach *B* fahrenden, beladenen Wagen verfolgen und *CD* eine Ausweichestelle, wo die leer von *C* nach *D* gehenden Wagen verweilen sollen. Die von *A* kommenden beladenen Wagen finden den Radlenker *D* durch das Gewicht *H* verschlossen: sie werden also der Hauptbahn folgen, und wenn sie bei dem Lenker *E* anlangen, denselben durch den Stofs des Rades öffnen. Die leeren Wagen, von *B* nach *A* fahrend, finden den Lenker *E* durch das Gewicht *L* verschlossen, und werden also durch diesen Lenker in die Nebenbahn gelenkt, in welcher sie, wenn es nöthig ist, verweilen, um die beladenen Wagen in der Hauptbahn vorüber fahren zu lassen. Wenn sie hernach ihre Fahrt weiter fortsetzen, so werden sie zwar den Lenker *D* verschlossen finden; aber ihre Räder werden ihn öffnen und die leeren Wagen werden in die Hauptbahn zurückkehren.

Man legt bei dieser Anordnung gegossene Stücke *M*, *M* da, wo zwei Schienenreihen sich schneiden oder kreuzen, und Stücke *N*, *N* da, wo eine Linie an die andere ausläuft. Diese Stücke verursachen einigen Stofs, und Herr Wood hat sie durch bessere Lenker ersetzt. Fig. 27 *b.* zeigt die Einrichtung derselben. Man wird zwei Lenker bemerken, die beide zugleich von einem Gegengewicht in ihre Lage gebracht werden.

Man ist auch auf eine Anordnung ohne bewegliche Theile gefallen. Sie beruht auf das Bestreben der Wagen, ihren Lauf in gerader Linie fortzusetzen (Fig. 28.).

Bei Liverpool ändert man die Richtung auf eine Weise, welche noch besser zu sein scheint. Es dreht sich nemlich ein Theil der Schienen selbst um einen Mittelpunct und legt sich nach Erfordern in die eine oder die andere Richtung der Bahn. Die beweglichen Theile der Schienen sind ungefähr 5 Fufs 9 Zoll lang, und etwa $3\frac{4}{5}$ Zoll von ihrem Ende geht eine Stange hindurch, welche sie zieht oder treibt. Diese Stange endigt sich an der Seite der Bahn in ein horizontales Rechteck von $7\frac{2}{3}$ Zoll breit, $15\frac{1}{3}$ Zoll lang, in welchem sich ein excentrisches Stück bewegt, dessen verticale Axe nach Belieben vermittelst eines 3 Fufs 2 Zoll langen Hebel-Armes gedreht wird. Dadurch können die Enden der Schienen etwa um $3\frac{4}{5}$ Zoll verschoben werden. Das Ganze, Fig. 29. und 30., ist von geschmiedetem Eisen. Fig. 32. stellt eine andere Einrichtung des excentrischen Stücks auf dem Schienenwege bei St. Helen-Runcorn vor.

Wenn die Geschwindigkeit der Fuhrwerke sehr grofs ist, so dafs zu fürchten, die Ränder der Räder bei den Lenkern würden über die Schienen springen, so legt man zur Sicherheit grofse hölzerne Lenker hin, gegen welche sich die Felgen der Räder auf die Weise stemmen, wie die Ränder der Räder gegen die Schienen. Diese grofsen Lenker sind $12\frac{3}{4}$ bis 16 Fufs lang und bewegen sich auf einem Holz, dessen obere Fläche mit dem Terrain gleich hoch ist. Sie springen über dieses Stück $4\frac{1}{5}$ bis $5\frac{3}{4}$ Zoll vor, gegen welchen Vorsprung die Radfelgen sich legen (Fig. 31.). Man bewegt die hölzernen Radlenker besonders.

Wenn es an Raum zur Biegung der Bahn fehlt, oder wenn die Wagen plötzlich ihre Richtung ändern sollen, so müssen sie unvermeidlich angehalten, von einander gelöset und, einer nach dem andern, einzeln auf einen kreisförmigen Drehstuhl gebracht werden, der auf einen Walzenwagen läuft. Vermittelst dieses Drehstuhls kann man dem Theile der Schienen, der sich mit ihm bewegt, und folglich dem Wagen, der darauf steht, jede beliebige Richtung geben. Fig. 33. stellt einen hölzernen

Drehstuhl von Stockton und Fig. 34. einen Drehstuhl von Gufseisen auf der Liverpooler Strafse vor.

§. 18.

Übergang einer Schienenbahn über Chausséen.

Da, wo ein Schienenweg eine Chaussée kreuzen soll, legt man jede Schiene zwischen zwei gufseiserne Tafeln, die, horizontal liegend, durch Bolzen mit einander verbunden werden und zwischen sich und den Schienen etwa $1\frac{1}{2}$ Zoll Zwischenraum lassen. Diese Tafeln, deren obere Fläche mit den Schienen gleich hoch liegen mufs, dienen, die Steine der Chausseé abzuhalten und die Schienen gegen den Stofs der Räder zu schützen, die auf der Chaussée darüber hingehen (Fig. 46.).

Meistens findet man statt der eisernen Tafeln blofs Hölzer, die ein wenig höher liegen, als die Schienen (Fig. 47.).

Endlich findet man auch, wenn die, die Schienenbahn kreuzende, Strafse gepflastert ist, gar nichts zum Schutze der Schienen. Das Pflaster bildet zwischen den Schienen eben so viele kleine Chausséen, und senkt sich gegen dieselben, innerhalb, plötzlich, um den Rändern der Bahnwagenräder Raum zu geben (Fig. 48.).

In England schreiben die neuesten Concessionen auf Eisenschienenstrafsen vor, dafs die Differenz der Höhe eines Schienenweges und einer Heerstrafse, welche sie kreuzt, über oder unter derselben, nicht mehr als $11\frac{1}{2}$ Linien betragen soll.

Vierte Vorlesung.

§. 19.

Einschnitte in das Terrain, und Aufschüttungen.

Die Damm-Arbeiten, Aufschüttungen und Einschnitte zu einem Eisenschienen-Wege sind denen zu einer Chaussée ganz ähnlich. Wir haben daher nur wenig davon zu sagen. [In so fern die richtigen Regeln für Chausséedämme vorausgesetzt werden dürfen. Indessen möchten doch auch wesentliche Veränderungen und Zusätze nothwendig sein. D. H.]

Da das Wasser, in beiden Fällen, rechts und links zur Seite geschafft werden muſs, und solches bei der Schienenbahn fast noch nothwendiger ist, als bei der Chaussée; so macht man an den eingeschnittenen Stellen, am Fuſse der Böschungen, kleine Gräben (Fig. 36., 37., 38., 39., 41., 45.). Sie sind oben $2\frac{1}{4}$ Fuſs (bei Leeds und Selby) bis zu $3\frac{1}{4}$ F. (bei Liverpool und Darlington) breit, und müssen so tief sein, daſs das W asser, welches darin stehen bleiben könnte, immer tiefer stehe, als die untere Fläche der Schienen-Tragesteine. [Aber nach der Tiefe richtet sich erst, der Böschung wegen, die obere Breite. Also läſst sich diese nicht im Voraus bestimmen. D. H.] Die Gräben sind bei Liverpool $3\frac{1}{4}$ bis $4\frac{3}{4}$ Fuſs von der äuſsern Schienenreihe entfernt.

Die Böschung der Aufschüttungen fängt bei Liverpool 4 F. $9\frac{1}{3}$ Z. von der äuſsern Schienenreihe entfernt an. [So breit wäre also das Bankett, D. H.] Auf der Straſse von Leeds nach Selby, die für vier Schienenreihen eingerichtet ist, wird diese Entfernung, auf dem Damme bei Halton, 11 Fuſs 2 Zoll betragen, was bei weitem überflüssig zu sein scheint. Vielleicht aber hat man nur das Mittel behalten wollen, die Böschung, welche sehr steil ist, flacher zu machen. Bei der Straſse von Lyon scheint man in die entgegengesetzte Ungewöhnlichkeit verfallen zu sein; denn jene Entfernung des Böschungsrandes von der äuſsern Schienenreihe beträgt dort nur $2\frac{1}{4}$ Fuſs. Indessen sind die Banketts auf den Dämmen mehrerer steilen Bahn-Abhänge in England, über welche täglich 3 bis 4 Hundert Wagen fahren, nicht breiter als 1 Fuſs 11 Zoll; auch an mehreren Stellen in der Ebene nicht (Fig. 42.).

Man setzt, in Aufschüttungen, die Schienenstühle anfänglich immer auf hölzerne Querstücke, was sie mehr gegen das Ausgedrängtwerden schützt. Erst nachdem das Terrain sich mehr gesetzt hat, legt man Tragsteine an die Stelle der Hölzer.

Aus den oben angeführten Beispielen folgt, daſs 4 Fuſs 9 Zoll Breite zwischen der äuſsern Schienenreihe und dem Rande der Böschung vollkommen hinreichend ist, um allen Erschütterungen von der Bewegung der mit gröſster Geschwindigkeit fahrenden Wagen zu widerstehen.

Auf der Liverpooler Straſse hat man ursprünglich die Böschungen des 48 Fuſs hohen Dammes bei Roby convex gemacht, mit $4\frac{3}{4}$ Fuſs Erhebung auf $44\frac{1}{2}$ Fuſs Sehne (Fig. 43.). Aber ich habe gefunden, daſs man darauf an einigen Stellen die Erde, geradlinig im Profil, mit einem

Steinpflaster hat bedecken müssen, welches die Höhlung der Curve ausfüllt. An andern Stellen hat sich die ursprüngliche Gestalt der Böschung noch erhalten.

Auf der Strafse von Leeds nach Selby hat man einem 51 Fufs hohen Damme nur 32 Fufs Böschung gegeben und die Erde mit trockenem Mauerwerk, von $6\frac{1}{3}$ Fufs unten dick, bekleidet. Die Kühnheit dieser Anordnung scheint uns nicht gerechtfertigt, da die Aufschüttung hier noch ganz ungewöhnliche Erschütterungen zu erleiden hat; auch nicht in Rücksicht des Raums oben zwischen der äufsern Schienenreihe und dem Rande der Böschung, der selbst dann zu grofs ist, wenn man, wie man es sich vorbehalten hat, 4 Reihen Schienen legen will.

Wenn man die Ungleichheit und die lange Dauer des Setzens hoch aufgeschütteter Erde erwägt, so läfst sich leicht erachten, dafs Schienenstrafsen auf solchen Dämmen, weil die Schienen dem Setzen folgen, nur erst nach oft wiederholter Herstellung fahrbar bleiben können. Der Schienenweg kann hier auch nicht anders reparirt werden, als wenn die Fahrt unterbrochen oder verlegt wird. Deshalb scheint es auch gut, die Krone hoher Dämme so breit zu machen, dafs neben der Hauptbahn Hülfsbahnen gelegt werden können.

§. 20.

Stellen über und unter der Erde.

Eine Schienenstrafse kann durch Berge, oder, auf Brücken, über Thäler gehen müssen. Wir werden hier nur von den Abmessungen dieser Stellen sprechen, da ihre Anordnung sonst der unterirdischer Canäle und Brücken für gewöhnliche Strafsen ähnlich ist.

Die unterirdischen Stellen von Schienenwegen unterscheiden sich jedoch von Canälen wesentlich darin, dafs man die Canäle eher unter als über die unterirdischen Gewässer legen mufs, während es sich bei Schienenwegen umgekehrt verhält; und wenn man die Gewässer nicht vermeiden kann, so mufs man sie so weit abzuleiten suchen, dafs sie nicht über die Grundfläche der Schienen-Tragsteine steigen können.

Ein Strafsenstollen (*tunnel*) für eine Schienenstrafse mit einer Bahn ist breit genug, wenn 19 bis 23 Zoll Raum an jeder Seite zwischen der Wagenladung und der Wand, und oben 27 Zoll Raum zwischen der Wagenladung und der Decke bleiben. Fig. 50. stellt den Strafsenstollen von Preston und Fig. 49. den von Terre-noire vor.

Ist der Strafsenstollen zur Personenfahrt bestimmt, so sind wenigstens 3 Fufs 2 Zoll Raum zwischen den Wänden der Personenwagen und den Gewölbewiderlagen nöthig (Fig. 52.). Der neue Strafsenstollen bei Liverpool, durch welchen blofs Personenwagen fahren, ist, für zwei Bahnen, 23¼ Fufs breit; welches 3 Fufs 2½ Zoll Raum zwischen den Wagen und den Wänden giebt (Fig. 54.). Eine Höhe von 12¾ Fufs, vom Boden des Stollens bis zum Gewölbe, ist für die Passage von Personenwagen zureichend. Wenn aber Dampfwagen durch die Stollen fahren sollen, so mufs Raum für die Schornsteine derselben vorhanden sein, welche 11¾ F. über den Schienen hoch sind.

Die nemlichen Maafse würden auch für Brücken zureichend sein, welche gewöhnliche Strafsen über einen Schienenweg führen. Bei der Liverpooler Strafse sind jedoch dergleichen Brücken in der Regel 32 Fufs im Lichten weit und 19 F. bis zum Gewölbe-Schlufssteine hoch.

Die Brückenstrafsen können von Stein, von Holz, oder von Eisen gebaut werden; auch auf Hängebrücken. Die Breite zwischen den äufsern Schienen und dem Geländer beträgt auf denselben 2 Fufs 3 Zoll, bis 8 Fufs 7 Zoll. Aber 4 Fufs 9 Zoll Breite, wie bei Newton und Sankey, auf der Liverpooler Strafse, sind vollkommen hinreichend. Diese Brückenstrafsen bei Newton und Sankey sind von Steinen gebaut; aber bei der einen ist der Damm nicht bis zur Stirnmauer fortgesetzt, sondern es fahren die Personenwagen bis dahin über eine hölzerne, 100 bis 130 Fufs lange Brücke. Man findet auch, auf der Strafse von Roanne, eine Brückenstrafse mit hölzerner Decke, auf Pfeilern und Stirnmauern von Stein ruhend, und eine ganz hölzerne Brückenstrafse, bei Preston. Um die Eisenbahn von St. Helens über diejenige von Liverpool hinweg zu führen, hat man eine Brückenstrafse ganz von gegossenem Eisen gebaut, die den Schienenweg unter ihr nicht im rechten Winkel schneidet. Endlich findet man bei Stockton eine Kettenbrücke, von 239 Fufs Öffnung, in der Linie der Schienenbahn von Darlington (Fig. 99.). Die Wagen fahren am linken Ufer von einem Puncte ab, der höher liegt, als die Brückenbahn. Der Wirkung der Schwere überlassen, passiren sie die Brücke, und steigen auf das andere Ufer wieder hinauf. Da ein Anhängepunct gefehlt hat, so hat man die Brückenbahn durch 5 Joche mit Holmen und Streben unterstützt. Aber man darf

daraus nicht schliefsen, dafs Bahnwagen über Kettenbrücken nicht fahren dürften.

§. 21.

Wagen auf vorläufigen Schienenwegen.

Da diese Wagen öfters zum Transport der Erde bestimmt sind, so sind sie wie die gewöhnlichen Wippkarren eingerichtet. Die Drehachse ist entweder senkrecht auf die Richtung der Strafse, und dann entladet sich der Wagen nach vorn (Fig. 2.); oder sie ist mit der Strafsenrichtung parallel, und dann fällt die Ladung zur Seite (Fig. 3.). Diese Wagen können rückwärts und vorwärts gefahren werden und fassen 26 bis 52 Cub.-Fufs.

Die Räder dieser kleinen Wagen, die gewöhnlich niedriger sind, als die der Wagen auf einer bleibenden Bahn, um das Laden mit der Schaufel zu erleichtern, unterscheiden sich dadurch von den Rädern der bleibenden Wagen wesentlich, dafs bei den letztern die Achse mit den Rädern zugleich sich dreht, bei jenen dagegen die Achse fest ist, und die Räder Buchsen haben. Diese Einrichtung ist ihnen in den kurzen Krümmen nützlich, welche öfters die vorläufigen Bahnen bekommen müssen. Auch lassen sich so die Enden der Achsen neigen, und der Wagenkasten läfst sich breiter machen.

§. 22.

Wagen auf bleibenden Bahnen.

Die Kasten dieser Wagen haben gewöhnlich die Gestalt eines Trichters oder Mühlrumpfs. Ein hölzernes Gestell trägt den Wagenkasten, und zwei Achsen, mit 4 Rädern, tragen das Gestell.

Die Kasten der Wagen, besonders wenn sie zum Transport von Steinkohlen bestimmt sind, macht man deshalb verjüngt nach unten, damit sie oben breiter als die Bahn werden können, und um die Entladung zu erleichtern. Dieselbe geschieht durch Öffnen des Bodens. Die Kohlen fallen so in die Schiffe, oder andere Wagen, welche sie nach ihren Bestimmungs-Orten führen sollen (Fig. 55., 56., 57. und 86.).

Auf der Liverpooler Strafse, wo der Verkehr grofsen Theils aus dem Transport von Colonial-Waaren besteht, hat man die Wagen zu einer andern Art des Beladens und Entladens eingerichtet. Sie haben zwei prismatische Kasten, die auf Rollen und Schienen, parallel mit den

Achsen der Wagen und über denselben, sich bewegen. Diese Kasten, welche man aus den Magazinen auf die Wagen rollt, und umgekehrt, werden unter bedeckten Schuppen beladen und entladen (Fig. 58.).

Wesentlich nothwendig ist es, dafs die Längenstücke des Gestells der Wagen, welche mit einander fahren sollen, hinten und vorn überstehen, damit sie, und nicht die Kasten, sich berühren, wenn die Wagen einander stofsen, weil sonst dieser Stofs die Kasten bald zertrümmern würde.

Die Wagen müssen vermittelst Ketten an einander gehängt werden, die sehr fest an die Gestelle geheftet sind (Fig. 85.). Die Ringe dieser Ketten sind 2 bis $2\frac{1}{2}$ Zoll dick. Sie sind sehr heftigen Stöfsen unterworfen. Man bringt an jeder Seite eines Wagens einen Ring an, oder auch nur einen in der Mitte; im letzten Falle fügt man zuweilen einen zweiten Ring hinzu, zur Aushülfe, im Fall eines Bruches. Die Ketten sind sehr kurz; denn die Wagen dürfen, wie sich sogleich zeigen wird, nicht weit, nicht über 12 bis 16 Zoll, von einander entfernt bleiben.

Ein Pferd kann eine grofse Last auf solchen an einander gehängten Wagen fortziehen, nemlich 300 bis 500 Ctr. Wenn die Wagen still stehen, so müssen sich ihre Gestelle berühren und die Ketten sind nicht gespannt. Wenn nun das Pferd sich in Bewegung setzt, so zieht es Anfangs nur den ersten Wagen; darauf wirkt die vereinte Masse des Pferdes und des ersten Wagens auf den zweiten; hierauf die vereinte Masse des Pferdes und der beiden ersten Wagen auf den dritten, und so weiter, so dafs also die Trägheit des ganzen Zuges allmälig, und ohne zu grofse Anstrengung für das Pferd, überwunden wird. Eben das gilt für feststehende oder mitfahrende Dampfmaschinen. Ohne die beschriebene Anordnung des Wagenzuges würde die Wirkung der Maschine auf so grofse Massen leicht Unfälle und das Zerbrechen der Fuhrwerke zur Folge haben können.

Um die heftigen Stöfse zu vermindern, welchen die Passagiere in den einander und gegen den Dampfwagen sich stofsenden Personenwagen auf der Liverpooler Strafse ausgesetzt sind, wird die Bewegung jedem Wagen, er mag gezogen oder getrieben werden, durch Vermittelung einer Feder an der Mitte des Wagengestells und sinnreich angeordneter Hebel mitgetheilt (Fig. 59.).

Die beschriebene Art der Kuppelung der Wagen ist ebenfalls nützlich für die Zugkraft beim Anhalten. Die Wagen gelangen nemlich

allmälig zum Stillstande. Der erste bewegt sich weniger auf das Pferd zu, als wenn alle nur eine Masse ausmachten, und es ist weniger zu befürchten, dafs das Thier gestofsen werde, wenn es bergab geht. Zuweilen kann ein leerer Wagen auf einem Abhange, bergab, nicht durch sein eigenes Gewicht allein sich in Bewegung setzen: wohl aber können es mehrere, wenn sie an einander gehängt sind, je nachdem die Wagen, einzeln oder zusammen, Hindernisse zu überwinden finden, die aus zufälligen Unebenheiten der Bahn entstehen. Gesetzt, der erste Wagen treffe nach einigen Secunden auf ein Hindernifs, welches den gröfsten Theil seiner Geschwindigkeit zerstört, so wird sein Lauf durch dasselbe verzögert werden; der Wagen, welcher ihm folgt, wird ihn also einholen und stofsen, und so werden beide mit einander sich fortbewegen. Nun aber trifft der zweite Wagen auf das Hindernifs; sein Lauf wird seinerseits verzögert; der erste Wagen trennt sich also von ihm, er spannt die Kette, welche ihn mit dem zweiten verbindet, zieht ihn, und so bewegen sich wieder beide mit gemeinschaftlicher Geschwindigkeit weiter. Wäre nun etwa ein zweites Hindernifs auf das erste gefolgt, so hätte dasselbe die schon geschwächte Geschwindigkeit des ersten Wagens ganz vernichten können, wenn der erste Wagen allein da war, während jetzt, durch die zwei vereinigten Wagen, auch das zweite Hindernifs überwunden werden kann. Eben so wird das Hindernifs, welches den zweiten Wagen, im Fall er allein wäre, würde haben aufhalten können, überwunden werden können, wenn der erste ihn fortzieht. So giebt also jeder Wagen dem andern die Hülfe zurück, welche er von ihm empfing, und die Wagen helfen gleichsam einander gegen Hindernisse aus, welche sie einzeln aufhalten würden. Zwar würde das nemliche auch Statt finden, wenn die Wagen fest mit einander verbunden wären: aber die feste Verbindung würde für die bewegenden Kräfte nicht vortheilhaft sein. Indessen hat die lose Kuppelung der Wagen auch wieder den Nachtheil, dafs die Wagen sehr stark und schwer sein müssen, um durch die Stöfse gegen einander nicht zu leiden, und dafs man also eine grofse unnütze Last fortbewegen mufs, die, wie das nachfolgende Verzeichnifs zeigt, ohne Nutzwirkung, etwa den dritten Theil der Zugkraft wegnimmt.

Eisenbahn.	Gewicht der Wagen.		
	Beladen. Pfunde.	Leer. Pfunde.	Verhältnifszahl.
Von Killingworth	8473	2706	0,32
Desgleichen	8134	2491	0,29
Desgleichen	8258	2518	0,31
Von Helton	9096	3357	0,36
Desgleichen	8230	2491	0,31
Von Backworth	8710	2977	0,34
Von Darlington	6403	2775	0,44
Desgleichen	8270	2668	0,32
Von Bolton	7683	3201	0,42
Von Glasgow	7683	2134	0,28
Von Whitestaple	4546	1622	0,36
Von Newcastle	8110	2561	0,32
Desgleichen	8537	3201	0,38
Desgleichen	4055	1281	0,32
Von Liverpool	10671	3415	0,32
Von Denain	9604	3201	0,33
Von Epinac	7683	2134	0,28
Von Roanne	7897	2348	0,30
Von Lyon	8751	2348	0,27
Von Andrezieux	8110	2988	0,38

Die Stöfse und Erschütterungen, welche die Fuhrwerke auf den Chausséen und Pflastern erfahren, sind es, wegen welcher die Wagen so stark gebaut werden müssen, dafs sie halb so viel als ihre Ladung wiegen. Man hätte nun glauben sollen, dafs Eisenbahnen, die doch so eben und glatt sind, jenes Übel mindern würden; aber es verhält sich aus den obigen Gründen nicht also. Das Verhältnifs bleibt das nemliche. Bei Fuhrwerken auf gewöhnlichen Strafsen verhält es sich mit dem Gewichte der beladenen und der leeren Wagen wie folgt.

Fuhrwerke.	Gewicht derselben.		
	Beladen. Pfunde.	Leer. Pfunde.	Verhältnifszahl.
Französische Diligencen	7470	3628	0,48
Englische Diligencen	5122	1921	0,37
Kleine Karren mit zwei Rädern	2775	1067	0,38
Grofse Wagen mit zwei Rädern	14940	4695	0,31
Leichte Wagen, mit vier Rädern	2454	747	0,30
Grofse Wagen, mit vier Rädern	19209	7257	0,38

Diese Zahlen zeigen, welches weite Feld noch für die Vervollkommnungen der Transportmittel offen bleibt, da selbst noch auf den sonst so vortheilhaften Eisenbahnen, eben wie auf den gewöhnlichen Strafsen, der dritte Theil der Zugkraft nutzlos verloren geht.

Auch auf Canälen beträgt das Gewicht der Schiffe ungefähr den dritten Theil des Gewichtes der Ladung. Also sind alle drei Transportmittel, die so viel zur Beförderung des Verkehrs beitrugen, beinahe noch in gleichem Maafse unvollkommen.

Fünfte Vorlesung.

§. 23.

Räder der Bahn-Lastwagen (*waggons*).

Räder und Achsen sind die wichtigsten Theile der Bahnlastwagen.

Die Achsen der Wagen müssen weiter von einander abstehen, als die Stützpuncte der Schienen, damit die Last eines stillstehenden Wagens auf sechs Stützpuncten ruhe, und ein Zwischenraum zwischen zwei Stützpuncten nicht mehr als den vierten Theil der Last zu tragen bekomme.

Der Durchmesser des äufsern Randes der Felgen der Bahnlastwagen-Räder beträgt 2 Fufs 2¾ Zoll bis 3 Fufs 2¼ Zoll, derjenige der Räder der Dampfwagen bis 4 Fufs 5½ Zoll. Der Vorsprung oder Rand der Felgen (*boudin, crease*), welcher das Rad in der Bahn hält, tritt vor die Felge 8¾ bis 13¾ Linien vor. Die Breite der Felgen, ohne den vorspringenden Rand, beträgt 2 Zoll 8 Linien bis 3 Zoll 10 Linien. Die des Randes 1 Zoll 1¼ Linien. Die Dicke der Felgen ist 11½ bis 13¾ Linien. Die Räder haben 6 bis 12 Speichen von 9⅕ Linien dick und 2 Zoll 8 Linien bis 3 Zoll ¾ Linien breit. Die Buchsen haben 5¾ bis 7¼ Zoll im Durchmesser und sind eben so lang. Die Räder [*elles* (*les roues*), doch aber wohl *ein* Rad, D. H.] wiegen 213 bis 256 Pfund.

Gewöhnlich sind die Felgen etwas conisch. Dadurch werden die Räder da, wo die Bahn gerade ist, besser auf den Schienen festgehalten, und in Krümmungen machen die conische Gestalt und der Spielraum, dafs das Rad durch die Schwungkraft mit seinem gröfsern Durchmesser auf die äufseren Schienen gedrängt wird; was vortheilhaft ist. Indessen darf die Verjüngung nicht zu stark sein, weil die Räder sonst die Schienen aus einander drängen würden.

Der Querschnitt des vorspringenden Randes ist sehr verschieden. Zuweilen ist er ein Halbkreis, der nach der Felge hin ausläuft; zuweilen ist er conisch und endigt in einen Halbkreis, oder in zwei Viertel-Kreisen, die ein S bilden (Fig. 60., 63., 65., 66., 67., 68.). Im Allgemeinen mufs der Rand desto stärker sein, je kürzer die Krümmen der Bahn sind, und je gröfser die Geschwindigkeit ist, also je mehr von der Schwungkraft zu fürchten ist.

Die Stabschienen (*edge rails*) reiben bald in den Radfelgen eine Rinne aus. Um diesen Übelstand zu vermindern, giebt man dem äufsern Rande der Felgen eine Art von Härtung, indem man die Räder in einer eisernen cylindrischen Form giefst, die, weil sie schneller erkaltet, als die Sandformen des gewöhnlichen Gufses, die äufsere Fläche des Gufses härter macht. Indessen hat dieses Verfahren auch seine Nachtheile. Denn da die äufsere Fläche der Felgen schnell erstarrt, so bildet sie einen Ring, der schon hart ist, ehe sich die inneren Theile zusammengezogen haben. So trennen sich dann die Speichen entweder vom Radkranze, oder erhärten so stark gespannt, dafs sie beim ersten Stofse zerbrechen. Man hat diesem Übelstande wider dadurch vorzubeugen gesucht, dafs man die Felgen gegen die Speichen sehr dick machte, damit diese, eher erkaltet, sich eher zusammenziehen möchten; oder auch dadurch, dafs man die Buchsen in zwei, drei, und selbst vier Theile theilte und die Zwischenräume mit eisernen oder hölzernen Keilen ausfüllte, nachdem die beiden Enden der eisernen Buchse abgedreht waren (Fig. 60., 64., 65.).

Die gufseisernen Räder sind dem Zerbrechen um so mehr ausgesetzt, je gröfser die Geschwindigkeit der Fuhrwerke ist; und besonders an der Gestalt der Räder der Dampfwagen, wenn sie sehr schnell sich bewegen sollen, und welche unter den Bahn-Fuhrwerken die schwersten sind, hat sich die Erfindungskraft der Mechaniker geübt.

Man hat gufseiserne Räder mit geradlinigen und mit Sförmigen Speichen gemacht (Fig. 61., 62., 64., 65.).

Man hat gufseiserne Räder ohne Speichen, ganz gefüllt, und nur mit drei oder vier ausgesparten kreisförmigen Löchern, gemacht. [Diese Art scheint in der neuesten Zeit als die beste befunden worden zu sein. D. H.]

Man hat Räder um geschmiedete Schienen gegossen, die durch Schwalbenschwänze festgehalten wurden.

Man hat Räder mit gegossenen Felgen und Buchsen, aber mit geschmiedeten Speichen, gemacht, die in den Felgen versenkt sind und durch Schraubenmuttern gehalten werden, welche sich in den Buchsen drehen. Diese Räder werden mit geschmiedeten Reifen beschlagen (Fig. 63.).

Man hat Dampfwagen-Räder mit Speichen von geschmiedetem Eisen gemacht, die Felgen aus zwei sich kreuzenden, gegossenen, kreisförmigen Stücken zusammengesetzt und mit geschmiedeten Reifen beschlagen (Fig. 68.).

Man hat Räder mit hölzernen Felgen und Speichen gemacht, doppelt mit geschmiedeten Reifen beschlagen, die Buchse aus einem Stücke gegossen, oder aus zwei verbundenen Stücken (Fig. 66., 67.).

Man hat den vier Rädern der Dampfwagen gleiche Durchmesser, oder dem einen Paare derselben einen kleinern Durchmesser gegeben.

Der nemliche Ingenieur hat den Dampfwagen erst sechs, dann vier, und dann wieder sechs Räder gegeben.

Es würden sich schwer alle verschiedenen Arten von Rädern aufzählen lassen, die man versucht hat. Nichts hat bei den Eisenbahnen so viele Veränderungen erfahren, als die Räder der Fuhrwerke. Es folgt aber daraus, dafs es darauf ganz besonders ankommt, weil man noch von keiner Art ganz befriedigt worden ist.

Eins nur läfst sich bis jetzt als ein sicheres Resultat angeben, nemlich, dafs man nicht mehr die gufseisernen Räder der Dampfwagen unmittelbar die Schienen berühren läfst, sondern sie mit geschmiedeten Reifen umgiebt. Wahrscheinlich würden sich auch mit Nutzen die Felgen und Speichen von Holz machen lassen, wenigstens für grofse Geschwindigkeiten.

Die Räder nutzen sich besonders in den Winkeln der Felgen an ihrem Vorsprunge ab. Die mit geschmiedeten Reifen beschlagenen Räder kann man dadurch ausbessern, dafs man sie von neuem abdreht. Über die Abnutzung hat man folgende Erfahrungen gemacht.

Die Räder der Bahnlastwagen, von gehärtetem Gufseisen, dauern am längsten, wenn sie mit $9\frac{1}{2}$ bis $12\frac{3}{4}$ Fufs Geschwindigkeit in der Secunde sich bewegen. Nach Herrn Wood waren dergleichen Räder nach 8jährigem Dienste noch in gutem Stande, und konnten noch länger vorhalten. Auf dem Schienenwege von Killingworth nutzten sich die

Räder der Dampfwagen von gewöhnlichem Gufseisen um $5\frac{1}{4}$ Linien in 9 Monaten ab, während die nemlichen Räder, mit geschmiedetem Eisen beschlagen, in einem Jahre nur $1\frac{1}{3}$ Linien, also fast nur den 5ten Theil verloren.

§. 24.

Achsen und Achsenlager der Räder.

Die Achsen der Bahn-, Last- und Dampfwagen sind an den Rädern fest, und drehen sich mit ihnen zugleich herum. Die Räder dürfen sich deshalb nicht um die Achsen drehen, weil der kleinste Spielraum in den Buchsen dem Rade gestatten würde, sich mit seiner Ebene gegen die Achse zu neigen; was eine Abweichung von der Bahnlinie zur Folge haben würde.

Die Achsen drehen sich in vier Lagern, die von unten an das Wagengestell angebolzt sind. Verstärkungen der Achsen, von größerem Durchmesser als die Lager, verhindern das Verschieben der Achsen nach ihrer Länge.

Der Durchmesser der Achsen ist 1 Zoll 11 Linien bis 2 Zoll 8 Linien für die Lastwagen und 3 Zoll 5 Linien bis 4 Zoll 7 Linien für die Dampfwagen. Er ist also der 11te bis 13te Theil des Durchmessers der Räder. Auf der Liverpooler Bahn sind die Durchmesser der Achsen der Lastwagen, welche auf 4 Federn ruhen, nur der 25ste Theil desjenigen der Räder. Der Körper der Achsen hat 3 Zoll 1 Linie, die Enden aber haben nur 1 Zoll $6\frac{1}{2}$ Linien im Durchmesser. Die Achsen treten über die Räder hinaus, und die vorragenden Theile bewegen sich in den Lagern (Fig. 76.). Diese Anordnung, welche, mit Ausnahme der Federn, an einigen Lastwagen zu Roanne nachgeahmt worden ist, giebt der Ladung Stabilität und gewährt das Mittel, den Wagenkasten breiter zu machen; aber der Zwischenweg mufs auch nach Verhältnifs erweitert werden.

Die Achsen sind immer von geschmiedetem Eisen, und müssen sehr sorgfältig gemacht werden. Die Lager sind zuweilen von gegossenem Eisen, zuweilen von Messing [*cuivre jaune*, Kupfer mit Zink gemischt; wahrscheinlich ist wohl Bronze oder Glockengut gemeint, D. H.], auch von geschmiedetem Eisen. Achsen und Lager müssen gedreht werden und immer geschmiert sein. Diese Vorsicht ist unerläfslich. Man hat auf dem Lyoner Wege, zwischen Rive-de-Giers und Givors, gesehen, dafs ein einzelner schlecht geschmierter Wagen den ganzen Zug, zu welchem er gehörte, aufhielt. Sobald eine Achse nicht mehr hinreichenden Schmier hat, erhitzt sie sich und reibt sich zuweilen in einer Stunde um $4\frac{1}{2}$ Linien dick ab.

Es ist schwierig, die Achsen beständig in Schmier zu erhalten; und erst nach mehreren vergeblichen Versuchen hat man die Mittel dazu gefunden. Anfangs hat man bei Liverpool auf die Achsen Öl tropfenweise durch ein Loch im Achsenlager vermittelst eines Drahts fallen lassen, dessen eines Ende in ein Gefäfs mit Öl tauchte und dessen anderes Ende auf die Achse herab hing. Das Öl stieg vermöge der Haarröhrchenkraft in dem kurzen Arm des Dochts hinauf und fiel in dem längern Arme, wie in einem Heber, wieder hinab (Fig. 80.). Bei Roanne hat man das Ölgefäfs unter der Achse angebracht; das Öl wird vermittelst einer kleinen Kette, die einen Rosenkranz bildet (*faisant noria*), und die durch eine kleine Vertiefung des Bogens streicht, auf die Achse gebracht (Fig. 81.).

Von diesen beiden Anordnungen ist man wieder abgegangen und verfährt jetzt so, wie es Fig. 70. und 76. vorstellen. Über den Achsenlagern befinden sich kleine Gefäfse, welche unten ein kleines Loch nach der Achse hin haben. Die Gefäfse sind mit Unschlitt, oder mit einer Mischung von Unschlitt, Öl und Schwefel gefüllt. So wie die Achse und das Lager durch die Bewegung warm werden, macht die Wärme den Schmier in so weit flüssig, dafs er allmälig auf die Achse herabfällt. Die Gefäfse müssen häufig von Neuem mit Schmier gefüllt werden. Auf der Lyoner Strafse befindet sich Öl in einem kleinen Gefäfse unter der Achse; ein hölzerner Cylinder, der in das Öl eintaucht, wird vermittelst einer Feder an die Wagen-Achse angedrückt, dreht sich mit ihr herum und befeuchtet sie so mit Öl, von welchem dann ein Theil zwischen das Lager und die Achse gebracht wird (Fig. 79.).

§. 25.

Hemmung der Bahn-Lastwagen.

Öfters ist es nöthig, die Geschwindigkeit der von Abhängen herabrollenden Lastwagen zu mäfsigen; zuweilen sogar, den Lauf der Wagen ganz zu hemmen. Dieses geschieht durch die von einem Manne, der hinten auf dem letzten Wagen steht, gehandhabte Hemmung. Dieselbe wirkt auf ein Wagenrad, oder auch auf zwei. Die gewöhnliche Anordnung der Hemmung stellt Fig. 56. vor.

§. 26.

Reibung der Bahn-Lastwagen.

Der Widerstand, welchen die Bahnwagen auf einer Eisenbahn der Zugkraft entgegen setzen, und welchen man nur uneigentlich Reibung nennt, ist ein sehr wesentlicher Gegenstand, den Herr Wood durch vielfache Versuche zu erörtern sich bemüht hat.

Man bedient sich, um diesen Widerstand zu messen, eines Pendel-Dynamometers (Fig. 69.). Dieses Instrument wird zwischen den Zug und den Wagen gelegt. Die verschiedenen Neigungen des Pendelzeigers geben, auf dem Limbus, der vorher nach Gewichten getheilt worden ist, die Stärke des Zuges unmittelbar in Gewicht an.

Mittelst dieses Werkzeuges hat Herr Wood die Reibung direct gemessen; aber er hat sie auch aus der Bewegung der Wagen auf abhängigen Bahnen berechnet. Das Verhältnifs zwischen dem Abhange der Bahn, der Zeit und der Länge des Laufs, dem Gewicht des Wagens und der Reibung, giebt diese letztere aus dem beobachteten Maafse der übrigen.

Die Reibung eines Wagens auf horizontaler Bahn ist zusammengesetzt aus der Reibung der Achsen in den Lagern und aus der Reibung der Räder auf den Bahnschienen. Die Erfahrung hat gezeigt, dafs diese Reibungen nicht so stark zunehmen, als der Druck. Aber in der Praxis kann man sie als proportional ansehen.

Es werde bezeichnet:

Der Durchmesser der Achsen durch d, derjenige der Räder durch D;

Das Gewicht eines Wagenkastens, mit Ladung, durch W, dasjenige der Räder und Achsen durch R;

Die Reibung am Umfange der Achsen durch fW, diejenige am Umfange der Räder auf den Schienen durch $f_1(W+R)$;

Die diesen beiden Reibungen gleiche Zugkraft durch F:

so ist

$$1. \quad F = \frac{d}{D} fW + f_1(W+R).$$

Um zu sehen, ob die beiden Reibungen sich wie der Druck verhalten, der sie hervorbringt, mufs wenigstens eine derselben besonders gemessen werden, was auch Herr Wood gethan hat. Er hat zuerst die gesammte Reibung gemessen: theils direct, theils durch das Herabrollen der Wagen von abhängigen Bahnen. Darauf hat er die Reibung der Räder auf den Schienen allein gemessen, und diese zweite Reibung, vom Ganzen abgezogen, gab nun die erste.

Wenn man zu den obigen Bezeichnungen noch

Den in der Zeit t von dem Wagen durchlaufenen Raum durch E;

Die Geschwindigkeit, welche die Schwere in der ersten Secunde hervorbringt, durch g und

Die Länge des Weges, auf die Höhe 1, durch i bezeichnet:

so ist (nach Navier, *resumé des leçons sur les machines, pag.* 149), wenn man die Trägheit der Masse der Räder eines Wagens aufser Acht läfst,

$$2.\quad E = \frac{g t^2}{2i} \cdot \frac{W + R - iF}{W + R}.$$

Das Moment der Trägheit der Masse der Räder, dieselbe voll und homogen angenommen, ist $\frac{1}{2} t^2 R$; und da nun die Geschwindigkeit ihres Umfanges der des Wagens gleich ist, so widerstehen die Räder wie eine Masse $\frac{1}{2} R$ auf dem Wagen. Also ist, mit Rücksicht auf die Trägheit der Masse der Räder,

$$3.\quad E = \frac{g t^2}{2i} \cdot \frac{W + R - iF}{W + \frac{3}{2} R},$$

und es folgt daraus:

$$4.\quad F = \frac{W + R}{i} - \frac{E}{g t^2}(2W + 3R);$$

welche Formel derjenigen ähnlich ist, durch welche Herr Wood die gesammte Reibung auf abhängigen Bahnen berechnet hat.

Für $W = 0$, oder für den Fall, wenn nur Räder und Achsen vorhanden sind, reducirt sich die Reibung F auf $f_1 R$, und es ist also, zufolge des Ausdrucks (4.), wenn man in demselben $W = 0$ setzt,

$$f_1 R = \frac{R}{i} - \frac{E}{g t^2} . 3R;$$

woraus folgt:

$$5.\quad f_1 = \frac{1}{i} - \frac{3E}{g t^2}.$$

Um diese einzelne Reibung zu beobachten, hat Herr Wood ein einzelnes Paar Räder, mit einer Achse, eine abhängige Bahn hinabrollen lassen. Er hat die Ergebnisse dabei beobachtet und, dieselben in den Ausdruck (5.) setzend, daraus f_1 berechnet. Um den Druck zu verändern, hat man darauf den Zwischenraum zwischen den Speichen der Räder mit Blei ausgefüllt. Der Abhang der Bahn betrug ungefähr 1 auf 100; der Durchmesser der Räder war 2 Fuſs 9¼ Zoll; die ganze durchlaufene Länge 484 Fuſs; die Zeit wurde beobachtet auf jedes Fünftel der durchlaufenen Länge und es wurde nun die Reibung für die verschiedenen Geschwindigkeiten, die von 5 Fuſs 8¾ Zoll bis 12 Fuſs 9 Zoll stiegen, berechnet.

Herr Wood hat so gefunden, daſs die Reibung bloſser Räder, mit der Achse, am Umfange der Räder den 640sten bis 804ten Theil der Last beträgt; die Reibung beladener Räder aber, wie unter dem Gewicht des Wagens, den 800ten bis 1200ten Theil der Last. Da aber die Formel, nach welcher er gerechnet hat, nicht ganz genau ist, so muſs sie erst berichtigt werden, und dann findet sich der 500te Theil. Was Herrn Wood bewegt, das kleinere Ergebniſs anzunehmen, ist, daſs das einzelne Paar Räder leichter aus der Richtung der Bahn kommen kann, als vier durch das Wagengestell verbundene Räder, und daſs also die Radränder an den Schienen sich klemmen können. [Dieses ist so augenfällig, daſs man nicht wohl sieht, wozu der Versuch mit dem einzelnen Räder-Paare und die darauf gegründete Rechnung nützen sollen. D. H.] Übrigens ist leicht zu sehen, daſs, wenn es auf Zahlen ankommt, wo es einzelne Tausendtheile gilt, die Versuche sehr delicat und die Resultate sehr ungewiſs werden. [Ja wohl! besonders wenn man sie nicht aus möglichst unmittelbaren Messungen nimmt, sondern sie aus zusammengesetzten Formeln berechnet, die dann öfters von eben so vielen Hypothesen ausgehen, als sie Buchstaben haben. D. H.]

Coulomb hat diese Art von Reibung an hölzernen Cylindern, von 6 bis 12 Zoll Durchmesser, mit 1067 Pfd. beladen, und auf glatt gehobelten Hölzern (*bien dressées à la varlope*) rollend, direct gemessen. Er hat gefunden, daſs die Reibung sich wie der Druck und umgekehrt wie der Durchmesser der Cylinder verhält, so daſs die Reibung eines Cylinders von Franzosenholz (*gaiac*), 2 F. 9¼ Zoll im Durchmesser, etwa den 1000ten Theil der Last betragen würde.

Folgendes ist die Übersicht der ersten 5 und des 21sten Versuches des Herrn Wood. Bei den 5 ersten Versuchen betrug das Gewicht der beiden Räder und der Achse 576 Pfd., bei dem 21sten Versuch 4330 Pfd.

No. des Versuchs.	1. Abhang der Bahn von oben ab.	2. Durchlaufene Länge der Bahn. Fufs.	Zoll.	3. Zeitdauer der Bewegung. Secunde.	4. Verhältnifs der Reibung zum Gewicht, nach Herrn Wood.	5. Geschwindigkeit am Ende der Bewegung. Fufs.	Zoll.	6. Verhältnifs der Reibung zum Gewicht, nach der Formel (5.)	7. Beschleunigende Kraft $\frac{V}{t}$. Linien.
1.	1 auf 100,4	97	1	34,2	1 auf 847	5	8	1 auf 500	23,86
2.	1 - 98,9	194	2	48,8	1 - 730	7	11½	1 - 433	23,49
3.	1 - 97,9	291	3	59,6	1 - 714	9	9	1 - 428	23,54
4.	1 - 100,4	388	4	70,2	1 - 694	11	½	1 - 425	22,57
5.	1 - 101,5	485	5	79,1	1 - 694	12	1½	1 - 426	21,51
21.	1 - 101,5	485	7	76,04	1 - 885	12	9	1 - 562	24,13

Die 5 ersten Columnen dieser Übersicht sind aus dem Buche des Herrn Wood genommen, die 6te drückt das Verhältnifs der Reibung zum Gewicht nach der Formel (5.) aus, und die 7te die beschleunigende Kraft, welche ein wenig mit der Geschwindigkeit abnimmt.

Herr Wood folgert aus diesen Versuchen, dafs die Reibung auf den Schienen sich wie der Druck verhält und von der Geschwindigkeit beinahe unabhängig ist. Indessen scheint die Hälfte der Zahl seiner Versuche anzuzeigen, dafs die Reibung ein wenig mit der Geschwindigkeit zunimmt.

Die plötzlichen Stöfse, welche man in einem Wagen auf der Eisenbahn empfindet, kommen von dem Vorsprunge der Schienen vor einander, an ihren Stöfsen, her. Der daraus entstehende Widerstand gegen die Zugkraft ist zwar nicht zu der Reibung auf den Schienen zu zählen; gleichwohl aber ist er ein Theil des zu überwindenden Widerstandes und dessen, den die Formel angiebt. Anders ist es mit den Stöfsen, welche die Radränder erfahren, wenn sie durch Abweichungen der Wagen aus der Bahnlinie gegen die Schienen gedrängt werden. Die Verluste an lebendiger Kraft, welche alle diese Stöfse verursachen, müssen stärker als die Geschwindigkeit zunehmen; und dieses um so mehr, weil die Wagen meistens nicht Federn haben.

In Folge dieser Erwägung scheint es, dafs die Schlüsse des Herrn Wood nicht weit über die Geschwindigkeit hinaus ausgedehnt werden dürfen, die er unmittelbar beobachtet hat, und welche noch nicht der dritte Theil der Geschwindigkeit der Personenwagen sind. Es wäre zu wünschen, dafs man Versuche für gröfsere Geschwindigkeiten anstellte, die aber um so schwieriger sein werden, da man nicht sieht, wie der Widerstand der Reibung auf den Schienen von dem Widerstande der Luft sich trennen lasse, wenn man nicht etwa den letzten zuerst ermittelte.

Folgendes sind die Resultate, welche Herr Wood aus seinen vorzüglichsten Versuchen über den gesammten Widerstand, den Wagen auf einer Eisenbahn erfahren, theils durch unmittelbare Messung mit dem Dynamometer, theils durch Rechnung nach der Formel (4.), gefunden hat.

No. der Versuche.	Druck auf die Schienen.	Druck auf die Achsen.	Widerstand von der Reibung der Achsen.	Widerstand im Ganzen.	Zahl der Durchmesser der Achsen, welche auf den Durchmesser des Rades gehen.	Es verhält sich die Reibung zum Druck auf die Achsen.	Es verhält sich der gesammte Widerstand zum Druck auf die Schienen.
	Pfund.	Pfund.	Pfund.	Pfund.			
I. Messung mit dem Dynamometer.							
3	2521	1300	8,00	13,04	12,36	1:13	1:193
2	2521	1300	7,04	12,08	12,36	1:15	1:208
4	4657	3468	15,81	25,14	12,36	1:18	1:185
5	6828	5637	19,21	32,87	12,36	1:24	1:207
1	8264	7045	21,19	37,71	12,36	1:27	1:219
6	8236	7045	22,20	38,67	12,36	1:25	1:213
7	8183	6990	21,34	37,71	12,36	1:26	1:216
II. Aus der Formel berechnet.							
11	3359	2089	5,57	12,29	11,60	1:32	1:273
12	8806	7585	20,11	37,71	12,36	1:30	1:233
10	9105	7837	24,52	42,73	11,6	1:28	1:212
9	9105	7837	21,77	40,08	11,6	1:31	1:227
8	9105	7837	19,83	38,03	11,6	1:34	1:241

Herr Wood findet also, im Ganzen, für die gesammte Reibung den 173sten bis 185sten Theil des Drucks. Er nimmt, im Mittel, den 200ten, und wenn Wagen und Bahn in sehr gutem Zustande sind, den 240sten Theil an.

Der Erfahrung nach vermehren die Feuchtigkeit, der Koth, der Staub und der Schnee die Reibung der Schienen. Am geringsten ist die Reibung, wenn die Schienen entweder ganz nafs, oder wenn sie ganz trocken sind. Auch der Wind verzögert den Lauf der Wagen sehr: sowohl wenn er ihnen entgegen weht, als wenn er sie seitwärts gegen die Schienen drängt.

Für die Reibung der Achsen in ihren Lagern findet Herr Wood den 10ten bis 23sten Theil des Drucks, und diese Reibung scheint für einen starken Druck geringer zu sein. Jene beiden äufsersten Verhältnisse, die auf der Voraussetzung beruhen, dafs die Reibung auf den Schienen der 1000te Theil sei, gehen auf den 13ten und 34sten Theil über, wenn man für die Reibung auf den Schienen den 500sten Theil des Drucks annimmt.

Die Beträchtlichkeit der Reibung der Achsen, welche aufserdem sich so sehr verschieden ergab, hat Herrn Wood bewogen, noch sorgfältigere Versuche über die Bewegung der Achsen allein anzustellen, und er hat gefunden, dafs, wenn die Lager von Gufseisen, oder von Kupfer, und durch langen Gebrauch recht glatt sind, die Reibung bis auf den 60sten Theil vermindert werden kann. Am geringsten war die Reibung, wenn der Druck etwa 102½ Pfund auf den Quadrat-Zoll Fläche des Achsenlagers betrug. Die flüssigen Schmiere waren die besten.

Die Reibung der Achsen waren nach Hrn. Wood bei weitem geringer, als nach Coulomb die Reibung der Rollen-Achsen, die den 11ten Theil des Drucks betragen soll. Coulomb hat diese Reibung direct gemessen, während Wood sie durch die Abrechnung des Widerstandes der Schienen findet, dessen Schätzung unsicher ist. Abgesehen von dieser Differenz, scheint es aber auch, dafs die Reibungen in den beiden Fällen nicht unmittelbar vergleichbar sind. Bei den Coulombschen Versuchen waren die Achsen und Lager fest, und drückten einander mit unveränderlicher Kraft; bei der Bewegung der Wagen kommen die Stöfse der Gesammtheit derselben in Betracht, vermöge deren sie einer auf den andern wirken.

Man hat die Reibung der Achsenlager dadurch zu vermindern gesucht, dafs man zwei Systeme von Rädern, eines über das andere setzte (Fig. 75.). Die Felgen der obern Räder laufen auf den Achsen der untern, und diese auf den Schienen. Diese, seit lange bekannte, Anordnung hat kein, irgend vortheilhaftes Resultat gegeben. [Das kann aber möglicher Weise nicht in der Anordnung selbst, sondern wohl nur in der Ausführung derselben liegen. D. H.]

Federn zwischen den Achsenlagern und dem Wagenkasten scheinen die Zugkraft nicht merklich zu vermindern, obgleich es auf gewöhnlichen Strafsen der Fall ist. Herr Wood theilt die Resultate von 9 Versuchen mit Federwagen auf der Liverpooler Strafse mit. Das Ergebnifs für die Reibung war der 244ste bis 292ste Theil der Last; der Durchmesser der Räder war 26 mal so grofs, als der Durchmesser der Achsen, was für die Reibung den 112ten bis 135sten Theil der Last giebt, wenn, wie gewöhnlich, der Durchmesser der Räder 12 mal so grofs ist, als der Durchmesser der Achsen. Danach also hätten die Wagenfedern keinen Vortheil gewährt.

Es ist zu bedauern, dafs Herr Wood nur Versuche auf ganz geraden Bahnen angestellt hat, und nicht auf Bahnen in gewöhnlichem Zustande, und in vollem Dienst. Mehrere Umstände erwecken die Vermuthung, dafs die gesammte Reibung der Schienen viel beträchtlicher ist, als man glaubt. So rollen auf der Bahn zwischen Rive-de-Gier und Givors, die einen Abhang von 1 auf 166 hat, die Wagen nur dann allein herab, wenn die Achsen sehr gut geschmiert sind. Bei Epinac rollen die leeren Waaren nur da von einem Abhange von 1 auf 143 herab, wo die Bahn gerade ist, bleiben aber in Krümmungen stehen. Auf der kleinen Schienenbahn von Denain bewegen sie sich, auf einem Abhange von 1 auf 135, nur erst dann, wenn sie angestofsen werden, und bei Roanne bewegen sie sich von einem Abhange von 1 auf 104 nur mühsam hinab, und bleiben zuweilen stehen. [Welches doch wohl an besonderen Mangelhaftigkeiten, der Wagen sowohl, als der Bahn liegen mufs. D. H.]

Zu diesen Umständen, welche Anlafs geben, die Reibung stärker anzunehmen, als Herr Wood, lassen sich noch folgende gesellen.

Erstlich vermehren Regen, Schnee, Koth und Staub die Reibung; und diese Vermehrung kann bis zu dem 6ten Theile des gesammten Widerstandes steigen.

Zweitens zeigen einige Erfahrungen, dafs der gesammte Widerstand der 185ste Theil der Last, andere, dafs er noch gröfser ist; besonders bei den Federwagen auf der Liverpooler Bahn.

Drittens scheint die Schätzung der Reibung des Herrn Wood deshalb zu gering, weil sie nicht die Reibung der Räder seitwärts an den Schienen mit einbegreift, die doch sehr oft wirklich Statt findet, indem die Wagen fast immer seitwärts gedrängt werden: ein Umstand, dem Herr Wood bei seinen Versuchen ausgewichen ist.

Viertens darf man, wenn auch vorauszusetzen, dafs Schienen und Wagen, auf Bahnen für grofse Geschwindigkeiten, in besonders gutem Stande erhalten werden, doch auch gegenseits den Widerstand der Luft nicht aus der Acht lassen, so dafs also deshalb die Reibung eher noch höher als niedriger angeschlagen werden mufs. Auch die Biegung der Schienen, die, wie wir sehen werden, bei grofsen Geschwindigkeiten zunimmt, vergröfsert den Widerstand.

Fünftens endlich fanden die Ingenieurs, die von den Actionnairs der Liverpooler Strafse im Jahre 1830 aufgefordert worden waren, die Rechnungssätze für das Fuhrwerk zu ermitteln, nach vielen Untersuchungen im Dienst befindlicher Schienenwege, und obgleich ihnen ein Theil der Woodschen Versuche bekannt war, dafs man

für die Reibung den 180sten Theil der Last

annehmen müsse.

Alles also erwogen, scheint uns dieses Verhältnifs im allgemeinen das richtigere. Die Reibung mufs nur in besondern Fällen höher angeschlagen werden; was auch Herr Wood thut, da er von dem 240sten bis auf den 213ten Theil steigt. Vorausgesetzt wird übrigens, dafs für das Verhältnifs 1 zu 180 der Durchmesser der Räder 11 bis 13 mal so grofs als der Durchmesser der Achsen sei.

Sechste Vorlesung.

§. 27.

Kraft der Pferde.

Da die Zugkräfte für die Fuhrwerke uns hier nur in so fern angehen, als sie auf die Gestalt der Linie der Eisenbahn Einflufs haben, so werden wir sie nicht sehr ausführlich abhandeln.

Obgleich man des Pferdes seit Jahrhunderten zum Ziehen von Wagen sich bedient, so fehlt es doch noch an zureichender Ermittelung seiner Zugkraft bei verschiedenen Geschwindigkeiten. Die grofse Verschieheit der Pferde macht allerdings diese Ermittelung sehr schwierig, und zum Theil auch vergeblich.

Die Frage ist auch nicht blofs Gegenstand der Mechanik. Wenn man die Kosten der gröfsten Wirkung sucht, so kommt bei der Ermittellung auch die Schätzung der Lebensdauer der Pferde in Betracht, als ein zu erneuerndes Anlage-Capital; und nur Diejenigen vermögen hier eine richtige Schätzung zu machen, die Gelegenheit haben, anhaltend und längere Zeit die Wirkung der Anstrengung auf die Complexion der Pferde in der Nähe zu beobachten. Bis jetzt sind noch keine Beobachtungen darüber bekannt geworden und wir wissen von diesem Gegenstande noch wenig. Zuverlässige Kenntnisse davon sind um so schwieriger zu erlangen, weil man mehrere Jahre hindurch die, auch zu einer und derselben Arbeit bestimmten, Pferde beobachten müfste.

Folgendes sind die Resultate einiger Beobachtungen:

Geschwindigkeit der Bewegung. In der Stunde.	In der Secunde.		Täglicher Dienst.	Last, welche fortgezogen wird.		Zugkraft.	Verhältnifs der Reibung zur Last.	Last, so auf 1 Meile fortgeschafft wird. Im Ganzen.	Nutzlast.	Anmerkungen.
Ruthen.	Fufs.	Zoll.		Ctr.	Pfd.	Pfund.		Ctr.	Ctr.	
800	2	10	10 Stunden.	233	—	109	1:240	1048	754	Nach Hrn. Wood, auf Eisenbahnen.
2390	7	$11\frac{1}{2}$	3 -	16	—	$70\frac{1}{2}$	1: 25	$57\frac{2}{3}$	$31\frac{1}{2}$	Französische Diligencen.
4248	14	2	1 St. 30 M.	9	77	$42\frac{2}{3}$	1: 25	$31\frac{1}{2}$	$13\frac{2}{3}$	Englische Diligencen.
3452	11	6	1 St. 18 M.	130	—	79	1:180	$298\frac{1}{3}$	157	Diligencen auf der Eisenbahn von Lyon, in der Ebene. Wenig Unterschied auf Abhängen von 1 auf 167 und 71.

Das erste Resultat, für den Schrittgang der Pferde, ist von Herrn Wood angegeben. Die Wirkung ist nach der Reibung berechnet, welche die Wagen von bestimmtem Gewicht auf bestimmten Abhängen erfahren.

Das dritte Resultat, für den kleinen Galopp der Pferde, ist aus verschiedenen englischen Schriften genommen, besonders aus den Mittheilungen des Herrn Macneill über seine Beobachtungen bei Diligencen, welche ergeben, dafs die Kraft eines Pferdes, vor den *stage-coaches* gespannt, im Galopp, in der Ebene, bei 4248 R. Geschwindigkeit in der Stunde, ungefähr $42\frac{2}{3}$ Pfd. ist.

Nach diesen nemlichen Beobachtungen ist aber die Kraft nicht stärker als $36\frac{1}{4}$ Pfd., wenn die Geschwindigkeit auf 2655 Ruthen in der Stunde vermindert wird, während alles Übrige ganz das nemliche bleibt; woraus man schliefsen könnte, dafs der Widerstand, der für 4248 Ruth. Geschwindigkeit der 25ste Theil dieser Last war, bei 2655 Ruth. bis auf den 30sten Theil abnimmt. Diese Verminderung liegt augenscheinlich in der des Widerstandes der Luft, und zugleich in einer Abnahme des durch den Stofs der Räder entstehenden Verlustes an lebendiger Kraft. Man mufs also darauf Rücksicht nehmen, wenn man die Widerstände für verschiedene Geschwindigkeiten berechnen will. In Ermangelung von Beobachtungen würden wir das Verhältnifs von 1 zu 30 für französische Diligencen angenommen haben, welche mit 2390 Ruth. Geschwindigkeit in der Stunde sich fortbewegen, wenn wir nicht das Verhältnifs 1 zu 25 für französische Chausséen angemessener erachtet hätten, indem sie weniger eben sind, als die engländischen. Dieserhalb, und wegen der gewöhnlichen Länge der Relais, haben wir für die Geschwindigkeit und Ladung der Pferde das obige Resultat gesetzt, welches gut genug mit den wenigen Beobachtungen übereinstimmt, die darüber angestellt worden sind.

Das vierte Resultat ist von den Diligencen auf der Lyoner Eisenbahn genommen. Es bedarf aber, da dieselbe erst 18 Monate im Gange ist, noch der Bestätigung einer längern Erfahrung.

Das erste Resultat giebt wahrscheinlich nicht das Maximum der Wirkung an. Die Schienenwege, auf welchen Herr Wood beobachtet hat, werden bergab mit Ladung und bergauf leer befahren. Auf den vierten Theil des Weges war die Reibung geringer, als die Wirkung der Schwere, des Abhanges wegen, und die Pferde zogen gar nicht. Auf ein zweites Viertel des Weges war die nöthige Zugkraft sehr gering. Wenn nun ein Pferd sich bewegt, ohne zu ziehen, so wird es ohne Zweck ermüdet. Deshalb läfst man auf der Darlingtoner Strafse die Pferde, sobald der Wagen von selbst hinabrollen kann, auf eine Plateform steigen, die an den hintersten Lastwagen angehängt ist. Dadurch erspart man nicht allein an Kraft, sondern auch an Zeit, weil die Wagen schneller laufen, als das Pferd es würde thun können. Ein Pferd, welches, ehe man diese Anordnung gemacht hatte, in den 6 Wochentagen $236\frac{1}{2}$ Ctr. Steinkohlen 37173 Ruth. weit fortschaffte, transportirt jetzt diese Last, in der nemlichen Zeit, 51244 Ruth. weit. Die Wirkung des Pferdes ist also um mehr als den dritten Theil vergröfsert worden, ungeachtet das Pferd die Plateforme mit fortziehen mufs. Auf der Strafse von St. Etienne nach Rive-de-Gier, wo das Verfahren sehr anwendbar zu sein schien, hat es jedoch nicht vortheilhaft genug geschienen, um angenommen zu werden. [Wenn nur nicht der Schein etwa getäuscht hat. D. H.]

Wenn man den gesammten Widerstand einer Eisenbahn dem 180sten Theile der Last, das Gewicht der Wagen der Hälfte des Gewichts der Ladung gleich, und die täglichen Kosten eines Pferdes mit allem Zubehör 1 Rthlr. 10 Sgr. setzt: [das würden auch beinahe die Kosten in hiesiger Gegend sein, D. H.] so findet sich Folgendes für die Transportkosten von Lasten auf horizontaler Eisenbahn.

Geschwindigkeit in der Stunde	Geschwindigkeit in der Secunde		Tägliche Arbeitszeit.	Zugkraft.	Auf 1 Meile werden täglich fortgeschafft. Ueberhaupt.	Nutzlast.	Der Centner kostet auf die Meile mit Rückladung.	ohne Rückladung.
Ruthen.	Fufs.	Zoll.	Stunden.	Pfund.	Ctr.	Ctr.	Silberpfennige.	Silberpfennige.
850	2	10	10	109	$768\frac{1}{4}$	513	0,935	1,87
2390	7	$11\frac{1}{2}$	3	$70\frac{1}{2}$	419	$279\frac{1}{2}$	1,718	3,432
4248	14	2	$1\frac{1}{2}$	$42\frac{2}{3}$	226	$150\frac{3}{4}$	3,184	6,368

Dieses wären die mittlern Preise des Transports auf Eisenbahnen, wenn sie überall horizontal, gerade, und stets im besten Zustande wären. Aber Abhänge, Krümmen und Verminderung des guten Zustandes der Bahn und der Fuhrwerke erhöhen die erforderliche Zugkraft, und folglich die Kosten.

Folgendes sind die Kosten auf einigen wirklich im Dienst befindlichen Eisenbahnen, mit Einschlufs des Rücktransportes der leeren Wagen.

Es kostet, mit 850 Ruthen Geschwindigkeit in der Stunde, der Centner Waaren auf eine Meile zu transportiren:

Zu Darlington	2,385	Silberpfennige.	
Von Lyon nach Givors	1,927	- -	
Zu Newcastle	1,835	- -	
Zwischen Andrezieux und St. Etienne	1,651	- -	bergab.
Zwischen Epinac und Ivry	3,211	- -	bergauf.

Reisende mit 3452 Ruthen Geschwindigkeit in der Stunde zu transportiren, kosten, auf die Meile und den Centner gerechnet:

Bei Lyon, auf horizontaler Bahn	3,486	Silberpfennige.
- - bergan, auf einem Abhange von 1 auf 166	8,441	- -

[Da auf jeden Reisenden, mit Gepäck, etwa 2 Ctr. Gewicht zu rechnen sind, so kostet der Transport einer Person auf die Meile resp. 6,97 und 16,88 Silberpfennige. D. H.]

§. 28.

Wenn die Schwere allein auf Abhängen die Fuhrwerke bewegt.

Die beladenen Fuhrwerke, welche einen Abhang hinunter rollen, können, wenn der Abhang stark genug ist, zugleich andere, leere Wagen heraufziehen. Diese Anordnung (Fig. 89.) nennen die Engländer *self-acting*.

In diesem Fall legt man entweder:

Erstlich, in die untere Hälfte des Abhanges eine Bahn, oder

Zweitens, zwei Bahnen in die Mitte, zum Ausweichen der Wagen, oder

Drittens, zwei Bahnen oben, und eine gemeinschaftliche Bahn in die Mitte, oder

Viertens, auf kurze Strecken oben und unten, zwei Bahnen.

Die Bewegung wird durch ein grofses Seil, oder auch zuweilen durch eine Kette mitgetheilt, die ein wenig länger als der Abhang ist. An die Enden des Seils oder der Kette werden die hinab und hinauf fahrenden Wagen gehängt. Das Seil, oder die Kette, läuft auf Rollen, und wickelt sich auf eine horizontale oder verticale Trommel oberhalb auf. Neuerdings läfst man es meistens über eine grofse Rolle von gegossenem Eisen, mit tiefen Rinnen, gehen, die, beinahe horizontal, in einiger Entfernung von dem Gipfelpuncte, unter dem Boden liegt. Diese Rolle, ein wenig in die entgegengesetzte Lage des Abhanges geneigt, wird durch zwei hölzerne Lager getragen. Sie bewegt sich in einer ummauerten Höhlung unter dem Boden, die mit starken Balken bedeckt ist, über welche die Strafsenschienen hergehen (Fig. 94.). Die Rolle hat $5\frac{3}{4}$ bis $15\frac{1}{4}$ Fufs, ihre Achse 3 bis $5\frac{3}{4}$ Zoll im Durchmesser.

Befinden sich die beladenen Wagen oben auf der Bahn, links, so sind die leeren Wagen unten. Die beladenen Wagen ziehen alsdann das Seil hinab, und zwar auf der geraden Bahn. Die Radlenker verschliefsen die Bahn links (Fig. 89.). Durch Menschen, oder auch blofs dadurch, dafs sie auf die Speichen der Räder steigen, werden die beladenen Wagen erst in Bewegung gebracht, worauf dann die Schwere sie weiter treibt. Die hinauf- und die hinabfahrenden Wagen langen gleichzeitig bei der doppelten Bahn in der Mitte an. Die beladenen Wagen gehen auf der Bahn links weiter; aber die leeren Wagen werden durch die Radlenker *AB* in die Bahn rechts getrieben, in welcher sie bleiben, bis sie oben anlangen. Die beladenen Wagen, nachdem sie den leeren begegnet sind, gehen in der einzelnen Bahn unterhalb weiter; im Vorbeifahren drängen sie die Radlenker bei *AC* so, dafs sie die Bahn rechts verschliefsen, und langen nun unten an. In dem Augenblick, wo die Wagen oben und unten anlangen, wird das Seil von Menschen schnell losgehakt und die Wagen setzen ihren Lauf, mit der Geschwindigkeit, die sie erlangt haben, noch weiter fort. Durch Erfahrung findet man, wann das Loshaken geschehen mufs, damit die Wagen da stehen bleiben, wo man es verlangt. Da nun jetzt das Seil auf der Bahn links sich befindet, so müssen die beladenen Wagen, oben auf der Plateform, nach der Bahn rechts gebracht werden, und die leeren Wagen steigen nun auf der Bahn links aufwärts; was nöthig ist, weil die Radlenker die Bahn rechts verschliefsen. So also fahren die Wagen hinab und herauf, abwechselnd auf dieser und jener Bahn.

Wenn der Abhang oder das Übergewicht so stark ist, dafs die Bewegung der Wagen zu sehr beschleunigt werden würde, was besonders nach dem Endpuncte ihres Laufes hin der Fall ist: so mäfsigt man die Geschwindigkeit vermittelst einer Hemmung, die die grofse Rolle umgiebt. In so fern aber das Übergewicht so grofs ist, dafs auch dann noch die Bewegung fortdauert, wenn die Rolle aufhört, sich zu drehen, also das Seil in der Kehle derselben gleitet, hemmt noch ein Arbeiter den hintersten Wagen. Auch kann man die Rampe verlängern, und unterhalb eine Gegenrampe anordnen. Das Gefälle der Rampe mufs übrigens nicht gleichförmig, sondern oben stärker sein, als unten, um die bewegende Kraft auszugleichen, die das Gewicht des Seils, in dem Maafse, wie es sich weiter abwickelt, verstärkt. Auch kann man die Reibung noch dadurch verstärken, dafs man das Seil mehr als ein halbmal die Rolle umgeben läfst: vermittelst einer oder zwei kleiner Rollen, welche die Richtung des Seils ändern, und an sich selbst die Reibung schon vermehren, (Fig. 89.). Aber diese Anordnung hat den Übelstand, dafs die Bewegung, am Anfange derselben, erschwert wird.

Nachdem die Wagen unten angelangt sind, werden sie von der Schwere nicht mehr getrieben; ihre Geschwindigkeit wird also nicht weiter beschleunigt, sondern gegentheils verzögert, durch das Seil, welches die Wagen mit sich fort ziehen müssen. Die Geschwindigkeit der auf dem Gipfelpunct angelangten leeren Wagen wird dagegen von der Schwere nicht mehr vermindert, und kann nur durch die Reibung der Räder vernichtet werden. Sie bewegen sich also schneller, als das Seil von ihnen und von den unten befindlichen, verzögerten Wagen fort gezogen wird. Eben so würde es sich verhalten, wenn man die Bewegung der hinabfahrenden Wagen durch Hemmen mäfsigte. Das Seil mufs sich also, unter den darüber hin gehenden Wagen, schnell biegen und aufwickeln. Um Beschädigungen, die dabei vorkommen können, zu verhindern, befestigt man an den Enden des sehr dicken und steifen Seils Ketten von 32 bis 36 Fufs lang; auch hat man mehrere Mittel, das Seil schnell los zu haken, (Fig. 87., 88.).

Die selbstwirkenden Rampen sind 53 bis 318 Ruthen lang, und ihr Gefälle beträgt 1 auf 40, bis 1 auf 6. Sie können aus mehreren einzelnen Abhängen, in concaver oder convexer Form, zusammengesetzt werden; auch die horizontale Projection derselben kann krumm, oder aus einzelnen geraden Linien zusammengesetzt sein. So endigt sich, bei Sunderland, ein solcher Abhang in einen Bogen, dessen Halbmesser, nach der Sehne und dem Sinus versus, welche ich gemessen habe, etwa 26 Ruthen lang sein mag.

Folgendes sind die Resultate einiger der Beobachtungen des Herrn Wood auf selbstwirkenden Rampen.

Nummer der Beobachtung:	18.	19.	20.	21.	22.
Abhang	1 auf 37,3	1 auf 37,3	1 auf 30	1 auf 28,3	1 auf 35,3.
Länge des Abhanges . . .	$173\frac{2}{3}$ R.	$173\frac{2}{3}$ R.	316 R.	297 R.	219 R.
Gewicht eines beladenen Wagens	8480 Pfd.	8480 Pfd.	9145 Pfd.	9150 Pfd.	9145 Pfd.
Zahl der Wagen	5	6	5	5	5
Thut an Last , ...	42400 Pfd.	50880 Pfd.	45725 Pfd.	45750 Pfd.	45725 Pfd.
Gewicht eines leeren Wagens .	2706 Pfd.	2706 Pfd.	3359 Pfd.	3359 Pfd.	3359 Pfd.
Zahl der Wagen	6	7	7	7	7
Thut Gewicht	16236 Pfd.	18942 Pfd.	23513 Pfd.	23513 Pfd.	23513 Pfd.
Zeitdauer der Bewegung . .	$3\frac{1}{4}$ Minuten	3 Minuten	5 Minuten	6 Minuten	$4\frac{2}{3}$ Minuten.
Durchmesser des Seils . . .	19 Linien	19 Linien	19 Linien	19 Linien	16 Linien.
Gewicht des Seils	3758 Pfd.	3758 Pfd.	4651 Pfd.	4301 Pfd.	2832 Pfd.
Gewicht der kleinen Rolle . .	3191 Pfd.	3191 Pfd.	4089 Pfd.	9444 Pfd.	4002 Pfd.
Gewicht der grofsen Rolle . .	4484 Pfd.	4484 Pfd.	440 Pfd.	440 Pfd.	440 Pfd.

Nummer der Beobachtung:	18.	19.	20.	21.	22.
Verhältnifs des Durchmessers der Achse der kleinen Rolle zu dem Durchmesser der Rolle . .	1:14,6	1:14,6	1:14,1	1:14,1	1:16
Verhältnifs des Durchmessers der Achse der grofsen Rolle zu dem Durchmesser der Rolle . .	1:20	1:20	1:24	1:24	1:24

Bei den Beobachtungen No. 18. und 19. war das Gefälle des Abhanges oberhalb stärker, als unten. Die Bahn war vollkommen gerade, die Schienen waren sehr trocken und im guten Zustande. 6 beladene Wagen zogen 6 leere, ohne dafs eine Hemmung nöthig war; im Winter aber rollten die Wagen kaum von selbst.

Bei der Beobachtung No. 20. war der Abhang irregulair. Die Bahn hatte eine grofse Krümme. Man läfst immer 7 leere Wagen von 7 beladenen heraufziehen und hemmt die grofse Rolle, oder theilweise die Wagen.

Bei der Beobachtung No. 21. war das Gefälle nicht gleichförmig. In der Mitte machte die Bahn einen grofsen Bogen. Gewöhnlich zogen 7 volle Wagen 7 leere herauf, mit grofsem Übergewicht.

Bei der Beobachtung No. 22. war das Gefälle fast gleichförmig. Die Bahn war gerade. Gewöhnlich zogen 7 beladene Wagen 7 leere herauf, mit grofsem Übergewicht.

Siebente Vorlesung.

§. 29.

Von den Rollen, welche auf selbstwirkenden Rampen das Seil tragen.

Die Rollen (*sheeves*), welche das Seil zu tragen und zu lenken bestimmt sind, finden sich von verschiedener Gestalt. Einige haben enge Rinnen (Fig. 71., 72., 74., 78.); andere sind Cylinder mit vorspringenden Rändern (Fig. 73., 77., 94.). Auch giebt es senkrecht stehende Cylinder und schief liegende Rollen, deren Achsen dann nicht horizontal sind (Fig. 82.).

Alle diese Rollen, von Holz, oder von gegossenem Eisen, bewegen sich um feste Achsen von geschmiedetem Eisen, welche 7 bis $9\frac{1}{6}$ Linien im Durchmesser halten. Unter dem Seile haben die Rollen $6\frac{4}{5}$ bis $15\frac{1}{4}$ Zoll im Durchmesser, und sind 19 bis $25\frac{1}{2}$ F. von einander entfernt.

Die Rollen unter dem Seile dienen, die Reibung des Seils zu vermindern, und zu verhindern, daſs sich dasselbe zu schnell abnutze; was geschehen würde, wenn man es auf der Erde sich fortschleppen lieſse. Auch dienen sie, das Seil in der Mittellinie der Bahn zu halten und die bewegende Kraft da, wo die Bahn krumm ist, zu hindern, daſs sie die Wagen zur Seite ziehe.

Die Rollen erleiden eine um so geringere Drehungs-Reibung, je gröſser der Durchmesser des Bodens ihrer Kehlen gegen den Durchmesser der Achse ist. Da nun die Achse nicht dünner gemacht werden kann, als nöthig ist, um das Gewicht der Rolle und 19 bis $25\frac{1}{2}$ Fuſs Seils zu tragen, welches 53 bis 85 Pfd. beträgt: so macht man den Durchmesser der Rollen so groſs, als möglich. Da sie aber weder die Wagen, die darüber hergehen, noch den Boden berühren dürfen, so können sie nicht gröſser sein, als 15 bis $17\frac{1}{4}$ Zoll im Durchmesser; welches gewöhnlich die Höhe unter den Wagen ist. Man hat zwar versucht, um die Rollen gröſser machen zu können, den Boden auszuhöhlen und die Achsen der Rollen tiefer zu legen; aber der kleine Graben für die Rollen füllt sich bald mit Wasser und Erde, und man muſs dann die Rollen dagegen verwahren (Fig. 71.).

Die Seile sind wesentliche Theile des Mechanismus auf Bahnrampen. Ihr Durchmesser ist 1 Zoll 4 Linien, bis 2 Zoll $3\frac{1}{2}$ Linien; ihr Gewicht beträgt $10\frac{1}{5}$ bis 24 Pfd. auf die Ruthe Länge. Die Spannung der Seile beträgt 1067 bis 3415 Pfd.

Die Reibung des Seils auf den Rollen muſs nothwendig in Betracht gezogen werden. Berührte das Seil die Rolle nur in e i n e m Puncte, so würde die Reibung der der Wagenräder auf den Schienen ähnlich sein. Aber wegen der nothwendigen Gestalt der Rolle, deren sämmtliche Puncte gleiche Winkelgeschwindigkeit haben, berührt es den Boden und die Ränder der Rolle zugleich, deren G e s c h w i n d i g k e i t e n verschieden sind. Einige Theile des Seils reiben sich also zugleich auf die g e w ö h n l i c h e Weise.

In der Schätzung des Herrn Wood findet sich die Reibung der Achsen der Rollen und der Trommeln mit der zur Biegung des Seils nöthigen Kraft zusammen genommen. Herr Wood nimmt für die Bewegung des eine Rampe auf- und abgehenden Wagenzuges, abstrahirend von der verschiedenen Länge des Seils, ungefähr folgende Gleichung an:

$$1. \quad E = \frac{gt^2}{180i} \cdot \frac{180(M-m-iF')-i(M+m)}{2(M+m+C)+R+P},$$

wo

M das Gewicht der beladenen, hinabfahrenden Wagen ist;
m das Gewicht der leeren, herauffahrenden Wagen;
R das Gewicht aller Räder, als volle Cylinder betrachtet;
P das Gewicht aller Rollen und der Trommel, eben so betrachtet;
C das Gewicht des Seils;
E der in der Zeit t durchlaufene Raum;
G die Schwere [doch wohl der nach der ersten Secunde des freien Falles gleichförmig zu durchlaufende Raum, D. H.];
$1:180$ das Verhältnifs der gesammten Reibung der Wagen zur Last;
F die Reibung des Seils, der Rollen-Achsen, der Trommel u. s. w.;
$1:i$ das Verhältnifs der Höhe der Rampe zur horizontalen Länge derselben.

Nachdem er nun noch über das Hinabfahren der Wagen verschiedene Betrachtungen angestellt hat, welche ihm E und t geben, findet er

$$2. \quad F' = \frac{180(M-m)-i(M+m)}{180i} - \frac{E}{gt^2}[2(M+m+C)+R+P]$$

für den Widerstand in der Richtung des Seils. Herr Wood überträgt diesen Widerstand auf den Umfang der Achsen, indem er ihn mit einem Durchschnitt der Verhältnisse der Durchmesser der Rollen zu ihren Achsen multiplicirt, die nach verschiedenem Druck berechnet sind, und er findet durch 9 Versuche, dafs dieser Durchschnitt den vierten bis dritten Theil des Gewichtes des Seils, der Rolle und der Trommel beträgt.

Andere Ingenieurs, die Herrn Locke und Stephenson, haben einige directe Versuche über die Reibung des Seils angestellt. Sie haben auf einem Bahn-Abhange leere Wagen hinabfahren lassen, welche verschieden lange Seile fortzogen. Wenn das Seil so lang war, dafs die Geschwindigkeit beinahe gleichförmig wurde, so nahmen sie an, dafs die Reibung des Seils und der Wagen der aus ihrem Gewichte in paralleler Richtung mit dem Abhang hervorgehenden zusammengesetzten Kraft gleich sei. Und da nun die Reibung der Wagen bekannt war, so liefs sich danach die Reibung des Seils schätzen. Aber sie haben weder den Durchmessr des Seils, noch denjenigen der Achsen und Rollen, noch das Gewicht derselben angegeben; auch wird man bemerken, dafs jene Weise, die Reibung zu finden, voraussetzt, dafs dieselbe viel stärker als die Geschwindigkeit zunahm, weil man annimmt, dafs die Bewegung gleichförmig werde. [Diese Bemühung, die Reibung durch Beobachtung zu finden, und jene, sie *a priori* berechnen zu wollen, waren also ungefähr im gleichen Maafse nicht zweckdienlich. D. H.]

Durch Messung der Reibung am Umfange der Rollen haben vier Versuche ergeben, dafs die Reibung den 10ten oder 12ten Theil des Gewichts des Seils allein beträgt. Aber diese Reibung hängt auch noch von dem Gewichte der kleinen Rollen ab, welches man ohne grofse Fehler dem des Seils gleich setzen kann. Man mufs also den doppelten Druck annehmen, und dann ergiebt sich nur der 20ste oder 24ste Theil der Last. Um diese Reibung auf den Umfang der Rollen-Achsen zu übertragen, mufs man sie mit 12, der gewöhnlichen Verhältnifszahl der Durchmesser der Rollen und ihrer Achsen, multipliciren. Dieses giebt dann $\frac{3}{5}$, oder die Hälfte der Last.

Es ist merkwürdig, dafs die Herren Stephenson und Locke eine stärkere Reibung gefunden haben, obgleich ihre Versuche nicht die Widerstände in Betracht zogen, die Herr Wood berücksichtigt hat, nemlich die Steifigkeit des Seils und die Reibung der Trommel.

Herr Walker schätzt, nach 2 Beobachtungen der Reibung des Seils, am Umfange der Rollen gemessen, diese Reibung auf den 22sten Theil des Gewichts des Seils, ohne das der Rollen.

Nach diesen, von einander abweichenden Resultaten, die nur als Schätzungen zu betrachten sein dürften, wird man vielleicht annehmen können, dafs der Widerstand des Seiles, mit Zubehör, an dem Umfange der kleinern Rollen gemessen, in der Richtung der Kraft, welche die Wagen fortzieht, den 36sten Theil des Gewichts des Seiles und der grofsen und kleinen Rollen beträgt, während der Durchmesser der Rollen ungefähr der 12fache Durchmesser ihrer Achsen ist.

Das Seil zerreifst öfters. Die herabfahrenden Wagen in solchen Fällen aufzuhalten, dient nur die Hemmung an den Rädern; die herauffahrenden Wagen hält man auf verschiedene Weise vom Zurückrollen ab. Nemlich:

Erstlich befestigt man hinter dem letzten Wagen zwei Hölzer von etwa 6 F. lang und $3\frac{4}{5}$ Zoll im Gevierte dick, unten mit eisernen Spitzen, die man den Wagen, wenn er hinauffährt, auf der Bahn nachschleppen läfst. Die Spitzen stemmen sich in den Boden, wenn der Wagen zurückrollen will.

Zweitens sind diese Hölzer zuweilen durch eiserne Stangen, in Form eines Andreas-Kreuzes, mit einander verbunden, und bilden eine Art von Gestell (Fig. 84.), welches dem hintersten Wagen folgt.

Drittens. Auf den Abhängen der unterirdischen Theile der Liverpooler Bahn bedient man sich zweier starken hölzernen, mit platten Eisen beschlagenen, Keile. Sie haben die Gestalt des krummlinigen Winkels zwischen den Rädern und den Bahnschienen, sind mit einander durch Querstücke verbunden, und bilden so eine Art Schlitten, der auf den Schienen gleitet und dem letzten Wagen folgt, an welchem er befestigt ist. So wie der Wagen zurück zu rollen strebt, hält ihn der Schlitten auf, indem sich die Keile desselben zwischen die Räder und die Bahnschienen klemmen, auf welchen sie dann nicht gleiten (Fig. 83.).

§. 30.

Feststehende Dampfmaschinen, und Bewegung auf den Bahnrampen.

Um beladene Wagen eine Rampe hinauf zu ziehen, bedient man sich fast immer der Dampfkraft, und zwar gewöhnlich auf folgende Weise.

In geringer Entfernung vom Gipfel der Rampe ist eine Trommel, von $4\frac{3}{4}$ bis $12\frac{3}{4}$ F. im Durchmesser und nach Erfordernifs der Länge des Seils etwa $4\frac{3}{4}$ F. lang, angebracht (Fig. 96.). Die Achse dieser Trommel liegt horizontal, perpendiculair auf die Richtung der Schienen, und so hoch, dafs die Wagen unter der Trommel hindurch fahren können. Die Trommel ist mit einem gezahnten Rade verbunden, in welches ein Drehling greift, dessen Achse, mit einem Schwungrade und einer Hemmung, durch die Kurbel einer Dampfmaschine umgedreht wird. Die Trommel kann sich auf ihrer cylindrischen Achse, von einem Ende bis zum andern, frei drehen, und parallel mit der Länge der Achse gleiten. Die Bewegung der Achse ist mittheilend, oder unabhängig, je nachdem die Zähne an dem einem oder dem andern Ende der Trommel eingreifen, oder nicht. Die Trommel wird auf der Achse durch einen Arbeiter vermittelst eines Hebels verschoben.

Wenn die Eisenbahn nur einfach ist, so ist sie, auf der Rampe, nach Fig. 90. eingerichtet. Am Fufse des Abhanges befinden sich zwei Bahnen, auf welchen die Wagen stehen und sich kreuzen können; auf der Rampe selbst ist nur eine Bahn, und auf der Plateform des Gipfels, zwischen dem höchsten Puncte des Abhanges und der Maschine, befinden sich wieder zwei Bahnen, deren eine ein wenig in der Richtung des Abhanges geneigt, die andere horizontal ist (Fig. 96.). Befinden sich nun die beladenen Wagen, nebst dem einen Ende des Seils, unten, so hakt man solches an die Wagen; die Trommel wird angeschoben und die Dampfmaschine in Bewegung gesetzt. Die Trommel dreht sich um, wickelt das Seil auf und zieht die Wagen in die Höhe. Oben angelangt, hakt man das Seil los; die Wagen setzen ihre Bewegung auf der Plateform noch mit der erlangten Geschwindigkeit in der Bahn rechterhand fort, und bleiben darauf dort, bis sie ihre Fahrt weiter verfolgen. Während die beladenen Wagen hinauffuhren, sind die leeren Wagen bis unter die Trommel gebracht worden; von da werden sie mit den Händen auf die Plateform der Bahn linkerhand geschoben, welche, um die Bewegung der Wagen zu befördern, ein geringes Gefälle nach dem Abhange hin hat. So wie man das Seil von den beladenen, heraufgekommenen Wagen gelöset hat, hakt man es an die leeren Wagen. Man löset die Trommel und treibt die leeren Wagen nach dem Abhange hin. Die Schwere zieht sie fort, die Trommel dreht sich frei um die feste Axe, und die Wagen fahren hinunter und ziehen das Seil mit sich.

Wenn ein stärkerer Verkehr auf der Strafse eine doppelte Bahn erfordert, so sind zwei Trommeln, für jede Bahn eine, vorhanden. Sie drehen sich in einerlei Richtung um; aber um die eine Trommel wikkelt sich das Seil von oben, um die andere von unten. Die Anordnung der Schienen ist die nemliche, wie bei den selbstwirkenden Rampen (Fig. 92.).

Statt zweier Trommeln kann man auch, wie auf den selbst wirkenden Rampen, eine grofse Rolle machen, welche von der Dampfmaschine vermittelst Winkelräder in Bewegung gesetzt wird. Diese einfachere und wohlfeilere Einrichtung erfordert aber, dafs die Reibung des Seils auf der Rolle stärker sei, als das Übergewicht der beladenen Wagen über die leeren, weil sich sonst die Rolle drehen würde, ohne die Wagen und das Seil fortzuziehen.

Wenn das Gefälle des Bahn-Abhanges, oder das Gewicht der herabfahrenden Wagen so schwach ist, dafs die Wagen nicht das Seil fortziehen können, so fügt man zu der obigen Anordnung noch eine grofse Rolle am Fufse des Abhanges hinzu, um welche ein zweites Seil läuft, dessen eines Ende an den hintersten herauffahrenden Wagen, das andere Ende an den vordersten leeren Wagen befestigt ist. Vermittelst dieses Seils zieht dann die Dampfmaschine zugleich auch die herabfahrenden Wagen fort; und zwar wechselseitig auf den beiden Bahnen (Fig. 91.).

Eine ähnliche Einrichtung findet man, um die beladenen und die leeren Wagen, zugleich oder abgesondert, auf den Bahn-Abhängen der Strafse von St. Helene und des grofsen Tunnels von Liverpool (Fig. 98.) herauf- oder herabzuziehen. Ein Seil ohne Ende, welches wir als von einem Punct *O* ausgehend betrachten wollen, ist mitten auf eine der beiden Bahnen gelegt, geht unter der Erde und nach *M* fort, und umschliefst bis *K* einen Theil der obern Kehle einer Rolle *B* mit zwei Rinnen von $9\frac{1}{2}$ Fufs im Durchmesser. Von *K* läuft das Seil nach *R*, in die obere Rinne der Rolle *C*, welche zwei Rinnen von $6\frac{2}{3}$ Fufs im Durchmesser hat; von *R* läuft es nach *S* und darauf halb um die Rolle *D*, von gleichem Durchmesser, wie *C*. Von *I* kommt es, in den untern Rinnen der Rollen *C* und *B*, nach *N* und *G* zurück, diagonal seine erste Richtung kreuzend, umfängt die Rolle *B* von *G* nach *T*, läuft über die Oberfläche des Bodens hin, folgt der Mittellinie der zweiten Bahn, geht unter die Erde am Fufse des Abhanges, kommt, nachdem es den halben Umfang *HP* der Rolle *A*, von $9\frac{1}{2}$ Fufs Durchmesser, umgeben hat, wieder hervor, und gelangt so endlich wieder nach *O*. Dieses Seil, dessen Länge mit dem Feuchtigkeits-Grade der Luft und durch den Gebrauch veränderlich ist, wird durch ein Gegengewicht *E*, welches in eine Grube hinabsteigen kann, in stets gleicher Spannung erhalten. Vermittelst der verticalen Rolle *U* wirkt es auf den Mittelpunct der Rolle *D*, die, auf einem Wagen befestigt, der auf den Schienen rollt, allen Verlängerungen und Verkürzungen des Seils folgt. Eine Dampfmaschine, auf dem Gipfel der Rampe, dreht die Rolle *B* vermittelst conischer Räderwerke um. Dadurch bekommt das Seil, dessen Reibung durch das beschriebene System von Rollen sehr vergröfsert wird, eine stetige Bewegung, und zwar auf den beiden Bahnen in entgegengesetzter Richtung. Um einen Wagenzug herauf zu ziehen, dient ein anderes, kleineres Seil, dessen eines Ende an dem ersten herauffahrenden Wagen befestigt ist, während das andere, umgeben und stark geprefst von dem grofsen Seile, daran durch die Reibung festhält und deshalb seiner Bewegung folgt.

Auf dem Bahn-Abhange des kleinen Strafsenstollens bei Liverpool, welcher nur eine Bahn hat, werden die Personenwagen durch die nemliche Dampfmaschine heraufgezogen, welche am Fufse des Abhanges steht, und zwar vermittelst einer, oberhalb befestigten, zurück lenkenden Rolle. Wenn zwei Wagenzüge, einer nach dem andern, heraufgezogen werden sollen, so wird das Ende des Seils, welches zuerst heraufgekommen ist, durch Pferde nach unten zurück gezogen.

Wenn in der Linie einer Eisenbahn eine Anhöhe liegt, deren Gipfel schmal genug und deren Abhänge stark genug sind, dafs die leeren Wagen das Seil hinabzuziehen vermögen: so ist nur eine, von einer Dampfmaschine in Bewegung zu setzende, Trommel nöthig. Hat die Strafse in diesem Falle nur eine Bahn, so legt man zwei Bahnen, auf jede Seite der Anhöhe, am Fufse derselben, eine; auf die Abhänge selbst aber nur eine Bahn, und auf den Gipfel wieder zwei Bahnen, mit geringen Gefällen in entgegengesetzter Richtung. Befindet sich nun ein Wagenzug an dem einen Fufse der Anhöhe, wohin das Seil-Ende hinabgezogen worden, so hakt man es an den ersten der heraufzuziehenden Wagen. Die Trommel wird eingeschoben, und man läfst die Dampfmaschine die Wagen heraufziehen. So wie dieselben oben angelangt sind, hält man die Maschine an und hakt das Seil los; die Wagen werden mit den Händen fortgeschoben und rollen nun, mit Hülfe des schwachen Gefälles auf dem Gipfel, leicht bis zum Anfange des andern Bahn-Abhanges fort. Während ihrer Bewegung dort hin, die mit geringer Geschwindigkeit erfolgt, hakt man das heraufgezogene Ende des Seils an den hintersten Wagen, löset die Trommel, und treibt vollends den Wagenzug nach dem Anfange des andern Abhanges, auf welchem nun die Wagen hinabrollen und das Seil mit sich fortziehen, welches sich von der frei auf der Welle sich drehenden Trommel abwickelt. Hat die Strafse eine doppelte Bahn, so müssen zwei Trommeln vorhanden sein. Die Schienen werden dann auf den Abhängen so gelegt, wie in dem Falle, wenn die Abhänge selbstwirkend sind.

Man kann auch der Wirkung der Dampfmaschine diejenige des Gewichtes der hinabfahrenden Wagen zu Hülfe kommen lassen: auf die Weise, wie es auf der doppelten Bahn zu Brüsselton geschieht. Einer der Bahn-Abhänge daselbst ist 422⅔ Ruthen lang und hat 1 auf 33 Gefälle; der andere ist 200 Ruthen lang und hat 1 auf 30½ Gefälle; der Gipfel der Anhöhe ist ungefähr 26½ Ruth. lang. Am Fuſse der Rampen und auf dem Gipfel befinden sich zwei Bahnen mit schwachen, entgegengesetzten Gefällen (Fig. 95.). Auf den Abhängen selbst ist die Bahn nur einfach. Die Bahn auf dem kürzern Abhange bildet beinahe einen Kreisbogen, von etwa 207 Ruth. Halbmesser. Der längere Abhang, der nach den Bergwerken zu liegt, wird immer von beladenen Wagen erstiegen, und leere Wagen fahren denselben hinab. Auf dem kürzern Abhange verhält es sich umgekehrt. Zwei Trommeln, auf einer und derselben guſseisernen Achse von 9⅔ Zoll Durchmesser unverschiebbar befestigt, werden durch eine Dampfmaschine von 60 Pferden Kraft, die in der Mitte des Gipfels steht, in Bewegung gesetzt. Die eine Trommel, 13 Fuſs 9½ Zoll im Durchmesser, correspondirt mit dem längern, die andere, 6 Fuſs 4½ Zoll im Durchmesser, mit dem kürzern Abhange. Die Umfänge der Trommeln verhalten sich ungefähr, wie die Länge der Abhänge, damit die Wagen diese Länge in gleichen Zeiten durchlaufen können. Die Trommeln drehen sich nach einerlei Richtung um; aber während sich das Seil auf die eine aufwickelt, wickelt es sich von der andern ab. Die Geschwindigkeit kann vermittelst einer, mit den Trommeln concentrischen, Hemmung, von 20 Fuſs 8 Zoll im Durchmesser, ermäſsigt werden. So wie nun ein Zug von 12 Wagen den einen Abhang ersteigt, fährt ein gleicher Zug von 12 andern Wagen den andern Abhang hinab. Wenn der zweite am Fuſse des Abhanges angelangt ist, befindet sich der erste am Gipfel, in *H*. Von da treibt man ihn, mit Hülfe des schwachen Gefälles der Bahn *HB*, und nachdem das groſse Seil abgehakt worden, leicht mit den Händen nach *BC*, wo er stehen bleibt. Nun wird das abgehakte groſse Seil an den hintersten der 12 leeren Wagen befestigt, die während der vorigen Bewegung in *DE* gestanden haben; das Ende des herabgezogenen kleinen Seiles aber wird an den vordersten der 12 andern leeren Wagen gehakt, welche hinaufgezogen werden sollen. Man schiebt den Wagenzug *DE* nach dem Anfange des groſsen Abhanges, setzt die Dampfmaschine in Bewegung, und schafft so die 12 leeren Wagen den obigen Abhang hinab, während die 12 andern den kleinen Abhang heraufgezogen werden. Nachdem diese letztern in *G* angelangt sind, während die ersten nach dem Fuſse des längern Abhanges kamen, schiebt man die Wagen, mit Hülfe des schwachen Gefälles *GE* und nachdem die Maschine angehalten und das kleine Seil gelöset worden ist, mit den Händen leicht nach *DE*, wo sie bis zur Fortsetzung ihrer Fahrt warten. Das abgehakte Ende des kleinern Seils wird an den letzten der 12 Wagen gehängt, die in *BC* geblieben waren. Das herab gezogene Ende des grofsen Seils aber wird an den vordersten derjenigen 12 Wagen gehakt, die herauf gezogen werden sollen. Man schiebt den Wagenzug *BC* nach dem Anfange des kürzern Bahn-Abhanges, setzt die Dampfmaschine in Bewegung, und die 12 beladenen Wagen fahren den kürzern Abhang hinab, während die 12 andern den längern Abhang hinauf gezogen werden. So geht es wechselseitig weiter.

Ich habe beobachtet, dafs zu Brüsselton 12 Wagen, mit einer Geschwindigkeit von etwa $9\frac{1}{4}$ Fufs, den längern Abhang hinauf gezogen wurden. Zum Ab- und Anhaken der Seile waren etwa 3 Minuten Zeit erforderlich; also können täglich, in 12 Stunden, etwa 30 Auf- und Abfahrten gemacht werden; was auch ungefähr dem Verkehr auf der Darlingtoner Strafse entspricht, der jetzt jährlich aus 8 bis 10 hunderttausend Ctr. Steinkohlen bestehen soll.

Wenn man zwei ganz gleiche Abhänge und zwei gleiche Trommeln annimmt, und von dem Gewichte der Seile abstrahirt, so wird in jedem Augenblicke der Bewegung das Gleichgewicht Statt finden, und es wird kein andrer Widerstand als der der Reibung zu überwinden sein; allein dieser Widerstand kann gleichwohl sehr beträchtlich sein. Auf der Strafse von Roanne, wo man bei den Abhängen von Nullize, die ungefähr in dem angenommenen Falle sind, mit einem Rofswerke auszureichen gedachte, hat man müssen eine Dampfmaschine von 25 Pferden Kraft aufstellen.

Wäre die Neigung nicht so stark, dafs das Seil von den leeren Wagen hinab gezogen werden kann, so müfste man am Fufse der Abhänge grofse horizontale Rollen anbringen, mit einem dritten Seil, welches an den vordersten hinab fahrenden und an den hintersten herauf fahrenden Wagen befestigt werden müfste.

Bei allen Abhängen ist es unumgänglich nothwendig, dafs man die ganze Bewegung, vom Gipfel aus bis unten zu, übersehen könne, damit man die Bewegung nicht eher beginnen lasse, als bis alles dazu vorbereitet ist. Zu dem Ende giebt man mit einer am Fufse der Abhänge errichteten Art von Telegraphen Zeichen, und wenn, wegen zwischen liegender Hindernisse, diese Zeichen nicht gesehen werden könnten, giebt man das Zeichen durch einen Drahtzug mit Glocke.

So lassen sich starke Abhänge übersteigen. Auf folgende Weise lassen sich durch feststehende Dampfmaschinen die Fuhrwerke auf der ganzen Linie einer Eisenbahn fortschaffen.

Man theilt die Linie in einzelne Strecken von 530 bis 664 Ruthen lang, und setzt auf jede Strecke eine Dampfmaschine. Gesetzt die Straße habe nur eine Bahn, und es seien *A*, *B*, *C* (Fig. 93.) drei Stationen, mit doppelter Bahn und drei Maschinen: so dreht jede Maschine zwei Trommeln, die auf einer und derselben Welle stecken. Jeder Wagenzug wird vorn von einem Seile gezogen und zieht ein Seil hinter sich. Es seien *D* und *E* zwei Wagenzüge, die in entgegengesetzter Richtung fahren. *D*, nach der Richtung des Pfeils, wird durch das vordere Seil *G* und durch die Trommel *S* gezogen, die in *B* eingeschoben ist; zugleich zieht dieser Wagenzug das hintere Seil *f*, welches sich von der Trommel *U* abwickelt, die von der Maschine *A* abgelöset ist. In *m* angelangt, ändert sich die Bahn und geht nach *no*, wo man die Seile hinten und vorn löset; der Wagenzug wird nun mit den Händen von *o* nach *y* geschoben, wo sich ein schwaches Gefälle befindet. In *y* hält man an. Ein anderer Wagenzug *E*, durch das vordere Seil *h* und die eingeschobene Trommel *T* gezogen, zieht das hintere Seil *i* fort, welches sich von der gelöseten Trommel *z* abwickelt. So wie der Wagenzug nach *p* kommt, hakt man beide Seile los; der Zug gelangt auf die andere Bahn und rollt von selbst hinab, oder wird mit den Händen von *p* nach *ek* geschoben, wo sich ein schwaches Gefälle befindet. Er bleibt darauf in *ek*. Nun wird das Seil *r* hinten an den Zug *D* befestigt, der in *y* geblieben war und das Seil *i* vorn an denselben. Die Trommel *T* wird von der Maschine *B* gelöset und die wieder angeschobene Trommel *z* zieht den Wagenzug *D* nach sich. Eben so wird das Seil *g* hinten an den Wagenzug *E* befestigt, der in *ek* geblieben war und das Seil *f* vorn an denselben. Die Trommel *S* wird von der Wirkung der Maschine *B* abgelöst; *U* wird für die Maschine *A* eingeschoben und zieht so den Wagenzug *E* nach sich. Die beiden Wagenzüge werden so immer weiter sich entfernen, durch die zusammengesetzte Wirkung andrer Maschinen über *A* und *C* hinaus, während andere ankommende Züge jenen in der Station *B* begegnen.

Dieses ist das Bewegungs-System, welches man *reciprocating* nennt, von den einander entgegengesetzten Wirkungen der Trommeln.

Anstatt die beiden Trommeln jeder Maschine, eine nach der andern, sich bewegen zu lassen, kann man sie auch zugleich in Bewegung setzen. So können die Tronmeln *S* und *T* zugleich die Wagenzüge *E* und *D* nach sich ziehen, an welche immer zwei Seile *f* und *i* hinten angehängt sind, welche ihnen folgen. Diese Wagenzüge begegnen sich dann unter den Trommeln der Maschine *B*. Man löset alle Seile; das hintere Seil eines Zuges wird zum vordern eines andern; die Trommeln *S* und *T* werden beide gelöset; die eingeschobenen Trommeln *U* und *Z* werden in Bewegung gesetzt und ziehen den Zug *E* nach *A* und den Zug *D* nach *C*; die Maschine *B* bleibt unthätig. Dieses System erfordert kräftigere Maschinen.

Die eine und die andere Art haben ihre Übelstände. Bei erster Art mufs jeder Wagenzug einen andern erwarten: bei der zweiten bewegen sich die Züge zwar immer fort, aber es bleiben stärkere Maschinen unthätig.

Bei dem wechselwirkenden Systeme liegt immer ein Seil auf der Mittellinie der Schienenbahn; und wo die Eisenbahn einer Heerstrafse begegnet, mufs das Seil gegen die Räder der Wagen und die Füfse der Pferde gesichert werden. Zu dem Ende läfst man es in einer Art von hölzernem oder eisernem Gerinne (*buse*) laufen, dessen Obertheil auf Angeln sich dreht. Ein Knabe, der beständig diese Leitung öffnet und verschliefst, zeigt es den Vorüberfahrenden an, wenn ein Wagenzug anlangt.

Die feststehenden Maschinen auf Eisenbahnen haben gewöhnlich hohen Druck, ohne Niederschlag der Dämpfe. Die Bewegung der Wagen erfordert, dafs die Maschine mit Unterbrechungen wirke, und je bei dem Anfange der Bewegung stärker. Die Maschinen mit Niederschlag der Dämpfe, die erst nach einigen Momenten stärkere Kraft entwickeln, scheinen also für die Bewegung der Wagen auf Bahn-Abhängen weniger geeignet.

Übrigens bezieht sich alles, was hier von feststehenden Dampfmaschinen und Bahn-Abhängen gesagt ist, nur auf Strafsen, auf welchen nicht mit grofser Geschwindigkeit gefahren wird. Eben so verhält es sich bei dem wechselwirkenden Syteme, wo die Wagen immer nur $9\frac{1}{2}$ bis $12\frac{3}{4}$ Fufs Geschwindigkeit haben.

Folgendes sind die Wirkungen einiger feststehenden Dampfmaschinen auf Bahn-Abhängen.

Strafsen.	Kraft der Maschine.	Des Bahn-Abhanges		Durchmesser des Seils.		Gewöhnliche Bewegung.	
		Länge.	Gefälle.			Gewicht der beladenen Wagen.	Mittlere Geschwindigkeit.
	Pferde.	Ruthen.		Zoll.	Linien.	Ctr.	Fufs.
Liverpool . . .	50	478	1 auf 46	1	$9\frac{1}{2}$	4851	$12\frac{1}{2}$
St. Helen-Runcorn	40	106	1 - 30	1	$9\frac{1}{2}$	4657	$5\frac{1}{4}$
Canterbury . . .	25	797	1 - 76	1	$7\frac{3}{4}$	7761	$8\frac{5}{6}$
Desgleichen . . .	25	427	1 - 41	1	$7\frac{3}{4}$	3260	$11\frac{1}{3}$
Ivry (Epinac) . .	25	80	1 - $8\frac{1}{2}$	3 -	10 $9\frac{1}{4}$	2095	$1\frac{3}{5}$

Man mufs ungefähr 3 Minuten Zeitverlust zwischen jedem Ende und Wieder-Anfange der Bewegung rechnen. Die Maschinen von Liverpool können bis 7760 Ctr. hinaufziehen; die von St. Helene bis 6210 Ctr.; die von Ivry bis 2794 Ctr. Auf diesem letzten Bahn-Abhange ist das Seil platt.

Achte Vorlesung.

§. 31.

Dampfwagen. Allgemeine Übersicht.

Herrn Wood zufolge scheint es, dafs Herr Watt im Jahre 1769 die Idee von Dampfwagen auf gewöhnlichen Strafsen hatte. Es ist davon in dem Patent, welches er damals nahm, und in einem andern von 1784, die Rede.

Im Jahre 1802 nahmen die Herren Trevithik und Vivian ein Patent für einen Dampfwagen auf Schienenstrafsen. Im Jahre 1804 versuchten sie einen solchen auf der Schienenstrafse der Bergwerke zu Merthyr-Tydvil. Damals glaubte man noch, die Reibung der Räder auf den Schienen sei nicht zureichend, um Lasten mittelst des Dampfwagens fort zu ziehen. Um diesen Widerstand zu verstärken, legte im Jahre 1811 Herr Blenkinshop längs den Schienen der Eisenbahn von

Middleton eine gezahnte Stange, in welche ein gezahntes Rad des Dampfwagens griff. Diese Anordnung ist noch jetzt im Gebrauch.

Im Jahre 1812 nahmen die Herren William und Chapman ein Patent auf die Bewegung von Dampfwagen vermittelst einer in der Mittellinie der Bahn ausgespannten Kette, welche sich mehrere mal um einen Haspel wickelte, oder durch die Rinnen eines gezahnten Rades lief, welches, von der Dampfmaschine getrieben, die Last fort oder zurück zog; die Kette war an beiden Enden befestigt. Diese Einrichtung, die bei Newcastle versucht wurde, hat man wieder aufgegeben, weil die starke Reibung die Kette abnutzte und die Maschine oft aus der Bahn gerieth.

Im Jahre 1813 nahm Herr Brunton ein Patent, um einen Dampfwagen vermittelst zweier Schenkel in Bewegung zu setzen, die sich auf den Boden stemmten, wie die Beine eines Menschen wirkend, der, indem er sich vorlehnt, eine Last fortzieht.

Endlich erkannte man, daſs die Reibung der Räder der Dampfwagen hinreichend sei, um Lasten fortzuziehen, wenigstens auf schwachen Abhängen, und nun suchte man kein anderes Mittel mehr. [Also auch hier wieder kam man auf das Einfachste und am nächsten Liegende zuletzt. D. H.]

Ein Dampfwagen führt, auf 4 oder 6 Räder gehend, einen Heerd, einen Schornstein, einen Dampfkessel und eine oder zwei Dampf-Cylinder, deren Kolben Kurbeln in Bewegung setzen, die mit den Rädern des Wagens in Verbindung stehen. Die Elasticität des Dampfes wirkt wie eine zusammengedrückte Feder, deren eines Ende an den Wagenzug befestigt, die andere gegen den Rand des Rades gestemmt wäre. Da diese Feder, so wie sie sich ausdehnt, die beiden Stützpuncte von einander entfernt, so dreht sie das Rad um, und treibt folglich den Wagen vorwärts. Man kann also die Dampfkraft als eine Kraft von auſsen betrachten, die, parallel mit den Schienen, auf den Umfang der Räder wirkt.

Der an den Dampfwagen gehängte Wagenzug wird demselben einen der Reibung gleichen Widerstand entgegen setzen, wenn das Ganze sich auf einer horizontalen Eisenbahn bewegt. Ist der Wagenzug zu schwer, so wird die Maschine den Widerstand nicht überwinden können; aber verstärkt man die Kraft des Dampfes, so wird man hier immer noch die Räder zwingen können, sich zu drehen; aber sie werden nun nicht mehr wie Walzen fortrollen, sondern der Wagen wird stehen bleiben, und die Räder werden sich heftig auf den Schienen reiben.

Fährt der Dampfwagen bergan, statt horizontal, so wird er, außer der Reibung, den Widerstand eines Theils seines eigenen Gewichts und desjenigen des angehängten Wagenzuges zu überwinden haben. Ist das Gefälle stärker, so kann der Dampfwagen nicht mehr sein und der Lasten Gewicht zu heben vermögen, und die Dampfkraft wird dann vielleicht nur noch den Dampfwagen auf dem Abhang stehen bleiben machen, und seine Räder werden sich, auf den Schienen sich reibend, herumdrehen.

§. 32.

Reibung der Räder auf den Schienen.

Wenn, nach der frühern Art, die Schienen und die Räder gezahnt wären, so würden die Räder auf den Schienen durchaus nicht gleiten können. Ihre Reibung, ungezahnt, kann man als vom Eingreifen in die kleinen Unebenheiten der Schienen, vermöge des Drucks, herrührend betrachten. Gleiten die Räder, so werden die Unebenheiten überstiegen oder abgebrochen. In der That lehrt die Erfahrung, daſs die Schienen sich sehr abnutzen, wenn die Räder gleiten, und daſs diese leichter gleiten, wenn die Schienen mit Moder, Schnee oder Staub belegt sind. Der Widerstand der Schienen ist am stärksten, wenn sie völlig trocken, oder wenn sie völlig naſs sind; umgekehrt verhält es sich mit dem Widerstande gegen das Rollen.

Da von dem Widerstande der Schienen das Gewicht der Wagen, welche ein Dampfwagen fortzuziehen vermag, und das Gefälle der Bahn abhängt, welches nicht überschritten werden darf, so ist es nöthig, ihn zu kennen. Wollte man, um ihn zu finden, etwa die Räder eines Dampfwagens hemmen, und ihn so auf einer Schienenbahn fortziehen, so würde diese Reibung, die nach Herrn Morin den 7ten Theil der Last beträgt, wahrscheinlich nicht die nemliche sein, auf welche es ankommt, weil die Stöſse der Maschine die Reibung ändern.

Um die eigentliche Reibung zu finden, hat Herr Wood einem Dampfwagen so viele Lastwagen einen bestimmten Abhang hinauf zu ziehen gegeben, als er fortbewegen konnte, bis die Räder auf den Schienen glitten. Aus dem heraufgezogenen Gewicht, mit Einschluſs dessen des Dampfwagens selbst, dem Gefälle der Bahn und den verschiedenen Reibungen, hat er auf das Verhältniſs des Widerstandes der Räder auf den

Schienen zu dem Gewicht der Maschinen geschlossen. Diese directen Ermittelungen haben Folgendes für gufseiserne Schienen ergeben.

1) Die Schienen waren sehr trocken, der Abhang 1 auf 194, die Räder glitten nicht: das Verhältnifs war 1 zu 9.

2) Die Schienen waren in schlechtem Zustande und mit Moder bedeckt, der Abhang war 1 auf 324, die Geschwindigkeit $5\frac{2}{3}$ Fufs: die Räder glitten ein wenig; das Verhältnifs war 1 zu 21.

Andere Ingenieurs haben durch ein ähnliches Verfahren Folgendes gefunden.

3) Die Schienen waren feucht und mit Kohlenstaub bedeckt, die Räder glitten: das Verhältnifs war 1 zu 20.

4) Eben so; die Räder glitten nicht: das Verhältnifs war 1 zu 24.

5) Desgleichen, mit einer andern Maschine; die Räder glitten sehr wenig: das Verhältnifs war bei zwei Versuchen 1 zu 26 und 1 zu 18.

Mehrere Jahre lang mit den Maschinen zu Killingworth fortgesetzte Versuche haben Herrn Wood, für gutes Wetter, das Verhältnifs 1 zu 20 und für schlechtes Wetter das Verhältnifs 1 zu 25 gegeben, und in der Rücksicht, dafs die neuen Maschinen vervollkommnet sind, nimmt Herr Wood als practische Regel an, dafs zu allen Zeiten die Zugkraft eines Dampfwagens

Der 20ste Theil seines Gewichtes sei.

Die folgenden Versuchs-Resultate scheinen anzuzeigen, dafs jener Satz meistens der geringste ist.

Strafse von	Gefälle des Abhanges. Bergauf.	Bergab.	Geschwindigkeit der Bewegung. Fufs.	Die Zugkraft des Dampfwagens verhält sich zu seinem Gewicht wie
Darlington	(nicht angegeben)		. . . .	1 zu 18
Desgleichen	1 auf 100	- - -	$5\frac{1}{2}$	1 - 15
Bolton	1 - 430	- - -	$8\frac{1}{2}$	1 - 22
Liverpool	1 - 600	- - -	. . . .	1 - 27
Desgleichen	1 - 89	- - -	$12\frac{3}{4}$	1 - 21
Desgleichen	1 - 96	- - -	. . . .	1 - 20
Desgleichen	1 - 96	- - -	$11\frac{1}{2}$	1 - 12
St. Helen-Runcorn	1 - 80	- - -	. . . .	1 - 10
Roanne	1 - 22	- - -	$17\frac{1}{2}$	1 - 9

Die beiden letzten Fälle gehören nicht zu denen der gewöhnlichen Fahrten, sondern sind als Ausnahmen von der Regel zu betrachten. Bei der Berechnung aller dieser Verhältnisse ist aber die gesammte Reibung der Lastwagen und des Dampfwagens nur geschätzt, und nicht direct gemessen. Es bleiben also, da die Reibung mit dem Zustande der Schienen sich ändert, die Resultate unsicher.

Der Zustand der Schienen modificirt aus doppelten Gründen die Resultate der Versuche; denn eben das, was das Aufstemmen der Räder der Dampfwagen auf die Schienen schwächt, verstärkt die Reibung der Räder der Lastwagen. So sieht man aus dem Bericht über die Liverpooler Strafse, aus der zweiten Hälfte des Jahres 1833, dafs das schlechte Wetter im Winter die Schienen dermafsen kothig machte, dafs man öfters eine Dampfmaschine zur Hülfe vorspannen mufste; selbst auf dem horizontalen Theile der Strafse.

§. 33.

Maximum des Gefälles der Bahn für Dampfwagen, und Nutz-Effect der Dampfwagen.

Wenn man den 20sten Theil des Gewichts eines Dampfwagens für den Widerstand der Schienen gegen seine Räder, und den 200ten Theil der Last für die gesammte Reibung annimmt, und bezeichnet durch

$\frac{1}{m}$ das gröfste Gefälle der Schienenbahn; durch

L das Gewicht eines Dampfwagens und durch

W die fortzuschaffende Last: so ist

$$\frac{L}{20} = \frac{L+W}{200} + \frac{L+W}{m};$$

woraus folgt

$$m = \frac{200(L+W)}{9L-W}.$$

Den Nutz-Effect eines Dampfwagens von 10 Pferden Kraft schätzt Herr Wood im Durchschnitt auf 395 bis 552 Ctr., gezogen mit $21\frac{1}{3}$ Fufs Geschwindigkeit (6404 Ruthen in der Stunde).

Folgendes sind die Resultate vom Transport durch Dampfwagen auf der Liverpooler Strafse, und die Kosten in den letzten 2 Jahren.

Jahr.	Ausgaben, halbjährig.	Transportmasse. Gewicht in Centnern. Reisende.	Waaren.	Zahl der Wagenzüge mit Reisenden,	Waaren.	Kosten des Centners auf die Meile, ohne die der Rückfahrt der leeren Wagen. Reisende.	Waaren.
1832	70 533 Rthl.	27 800	1 280 000	2636	2482	7,26 Spf.	1,58 Spf.
	84 293 -	292 000	1 800 000	3363	1890	8,26 -	1,34 -
1833	98 080 -	272 000	2 220 000	3262	2244	10,33 -	1,27 -
	93 093 -	340 000	2 260 000	3253	2587	7,84 -	1,17 -

Auf der Liverpooler Strafse fahren meistens 10 Dampfwagen von 24 Pferden Kraft. Die durchlaufene Strecke ist etwa $6\frac{1}{2}$ Meile lang; das Gewicht eines Reisenden ist zu 171 Pf. angenommen. Die mittlere Geschwindigkeit ist in der Stunde 7647 Ruth. für die Reisenden und 4800 Ruth. für die Waaren. Jede Maschine von 24 Pferden Kraft hat 966 Ctr. mit etwa 4800 Ruthen Geschwindigkeit in der Stunde fortgeschafft; was von der Angabe des Herrn Wood wenig abweicht.

Die öffentlichen Berichte der Actien-Gesellschaft, aus welchen die obigen Resultate gezogen sind, trennen nicht die Kosten des Transports der Reisenden von denen der Waaren. Wären die Geschwindigkeiten gleich, so würden sich die Kosten umgekehrt wie die Zahl der Wagenzüge verhalten. Aber theilweise verhalten sich auch die Kosten, wie die Zeitdauer der Bewegung, z. B. die Kosten der Coaks und der Wagenführer; andere Theile der Kosten verhalten sich umgekehrt, wie z. B. die der Erhaltung der Maschinen, die um so mehr leiden, je schneller sie fahren. Die letzten Columnen der obigen Zusammenstellung sind durch Halbtheilung der Kosten berechnet.

Nimmt man die Resultate der zweiten Hälfte des Jahres 1833, so findet sich, dafs der Centner Waaren, mit 4800 Ruthen Geschwindigkeit in der Stunde zu transportiren, $1\frac{1}{4}$ Silberpfennig, und 1 Ctr. Gewicht von Reisenden, mit 7647 Ruthen Geschwindigkeit in der Stunde zu transportiren, $7\frac{5}{8}$ Silberpf. gekostet hat. Auf der Darlingtoner Strafse, scheint es, kostet der Ctr. Waaren nur etwa $\frac{9}{10}$ Silberpf. für 3840 bis 4800 Ruthen Geschwindigkeit. Aber man mufs nicht übersehen, dafs diese Kosten blofs die der bewegenden Kraft sind, und dafs man das Doppelte davon für Waaren und das Dreifache für Reisende für die gesammten Kosten auf der Liverpooler Strafse rechnen mufs.

Diese Resultate, mit denen für Pferde-Kraft verglichen, würden das Verhältnifs der Kosten der beiden Bewegungs-Arten für verschiedene

Geschwindigkeiten geben. Aber es fehlen einige wesentliche Data, besonders was die Erhaltungkosten der Strafse betrifft, die um so gröfser sind, je gröfser die Geschwindigkeit ist. Da diese Kosten für verschiedene Geschwindigkeiten noch nicht bekannt sind, so ist die Vergleichung unsicher.

§. 34.

Wirkung des Fuhrwerkes auf die Schienenbahn.

Die Fuhrwerke zerstören allmälig eine Eisenbahn, wie eine Chaussée; aber die Schienenbahn verhält sich dabei anders: sie ist weniger leidend, wie die Chaussée; sie wirkt bei ihrem Widerstande zurück. Die Lastwagen stofsen die Schienen an ihren Fugen, treiben sie von einander, biegen sie, und zerbrechen sie sogar zuweilen; sie erschüttern die Tragsteine, stofsen sie und treiben sie in den Boden. Auf einer Eisenbahn fahrend, fühlt und hört man einen kleinen Stofs bei jeder Schienen-Fuge, wenn auch die Schienen noch so genau gelegt sind. Der kleine Zwischenraum der Fugen macht schon, dafs das Rad sich nicht stetig fortbewegt, sondern beim Übergange von einer Schiene zur andern einen kleinen Stofs bekommt. Stärker ist der Stofs, wenn die zusammenstofsenden Schienen nicht genau gleich hoch liegen, und er ist fühlbarer, wenn sich das Rad auf die vorspringende Schiene hinauf hebt, als wenn es von dem Vorsprunge herunter rollt. Diese Thatsachen habe ich oft bestätigt gefunden. Im ersten Falle findet der Stofs Statt, ehe der Mittelpunct des Rades in die Verticallinie durch die Fuge gelangt ist, und die Schiene wird vorwärts getrieben, ehe das Rad hinauf steigt. Im zweiten Falle findet der Stofs Statt, nachdem der Mittelpunct des Rades über die Fuge hingegangen ist; und die Schiene, welche das Rad verlassen hat, wird in dem Augenblick, wo das Rad herabsteigt, schwach rückwärts getrieben. Die Schienen, welche vor die andern hervortreten, werden also immer nach einer und derselben Richtung gestofsen, die Wagen mögen hin oder zurück fahren; und da nun ungefähr gleich viel Schienen nach dieser und nach jener Richtung vorspringen mögen, so können sich die Wirkungen in der Summe aufheben. Ist aber das Gefälle stark, und der Verkehr bergab stärker, als bergauf, so werden die vorspringenden Schienen von den hinab fahrenden Wagen mit mehr Geschwindigkeit und Kraft gestofsen, als von den hinauf fahrenden. Die

Schienen werden also immerfort bergab gedrängt. Auf der Lyoner Strafse sind alle Schienen von St. Etienne (bergab) nach Rive-de-Gier, und selbst von da nach Givors zu getrieben worden. Sie sind in den Schienenstühlen geglitten, und manche sind im Begriff, aus denselben heraus zu springen. Hierzu hat indessen mitgewirkt, dafs hier die Räder selbst die Schienen mit fort zu ziehen streben; denn diese ganze Strafse ist in Einem fort krumm; jedes Paar Räder also mufs, um sich mit gleicher Geschwindigkeit bewegen zu können, gleiten, mufs sich an den Schienen reiben und sie also mehr bergab als bergauf ziehen. Diese Reibung an der Seite ist beträchtlicher, wenn die Wagen hinabfahren, wegen der grofsen Geschwindigkeit und der Schwungkraft.

Diese Verschiebung der Schienen, welche anzeigt, mit welcher Kraft die Schienenstühle und Steine gestofsen werden, ist schwer zu verhindern. Sie scheint indessen nicht Statt zu finden, wenn die Schienen in den Schienenstühlen durch quer durchgehende Bolzen, oder durch eiserne Keile, festgehalten werden. Man versucht auf der Lyoner Strafse dem Übelstande dadurch abzuhelfen, dafs man dem Boden derjenigen Schienenstühle, welche unter den Stöfsen der Schienen liegen, einen Vorsprung giebt, gegen welchen das zu diesem Zweck ausgekerbte Ende der Schiene sich stemmt. Es wird aber auf diese Weise eine Schiene nur durch die Stabilität eines Steins gehalten werden. Die Erfahrung mufs lehren, ob der Widerstand hinreichend sein werde.

Die Räder der Lastwagen drängen ferner die Schienen aus einander, wenn sie sich stärker an die eine als an die andere Reihe derselben legen; und auch die Ränder der Räder treiben die Schienen nach aufsen; was sie von einander entfernt. Diese Pressung nach der Seite zeigt sich sichtbar an der Abnutzung der Räder, die insbesondere in der Ecke zwischen der Felge und ihrem Rande Statt findet.

Mehre Wirkungen treiben die Lastwagen zur Seite, nemlich:

Erstlich die Schwungkraft in den Krümmungen;

Zweitens der Wind, wenn er nicht parallel mit den Schienen weht;

Drittens das Wanken der Wagen, wenn die beiden Schienenreihen unter einer und derselben Wagen-Achse nicht gleich hoch liegen;

Viertens eine etwaige Excentricität der Räder;

Fünftens Änderungen der Richtung der Strafse;

Sechstens die Wirkung eines Wagens auf den andern, wenn sie anhalten, sich in Bewegung setzen, oder ihre Geschwindigkeit plötzlich ändern; denn da die Richtung des Zuges nicht immer genau durch den Schwerpunct der Wagen geht, wie sie auch angehängt sein mögen, so drehen sich die Wagen und treiben die Schienen an beiden Seiten nach aufsen.

Dafs die Schienen von der Last gebogen und die Steine in die Erde getrieben werden, gehört zu den schlimmsten und häufigsten Beschädigungen einer Eisenbahn. Dieser Übelstand hat sehr zugenommen, seit man mit Dampfwagen und mit grofser Geschwindigkeit fährt, und über alle Erwartung, seitdem man Geschwindigkeiten von $6\frac{3}{4}$ bis $9\frac{1}{2}$ Meile in der Stunde hat Statt finden lassen. Es verhält sich mit dieser Wirkung, wie folgt. Man nehme eine horizontale Eisenbahn an, nach dem Systeme von Liverpool gebaut: die Schienen $14\frac{1}{2}$ Fufs lang, alle 2 F. $10\frac{3}{4}$ Zoll unterstützt, und über jedem Stein in den Schienenstuhl eingeklemmt. Man nehme an, das Terrain widerstehe gleichförmig, aber nicht stark genug: so läfst sich zunächst erachten, dafs die Steine, die unter den Stöfsen der Fugen liegen, stärker in die Erde werden getrieben werden, als die andern; denn die Stellen der Schienen an den Fugen sind die schwächern. Wenn nun der Stein unter dem Stofse nachgiebt, so wird sich die Schiene, die sich auf ihn stützt, biegen, wenn ein Wagen darüber hinfährt, und folglich über dem nächsten Steine convex werden. Giebt gegentheils der Boden unter den mittlern Steinen nach, so wird die Schiene dort durch das Gewicht des Wagens gebogen, darauf aber durch die Elasticität des Eisens wieder in ihre ursprüngliche Gestalt zurück versetzt; # auch weil sie durch die Schienenstühle, die sie kräftig halten, in dieselbe zurückgezogen wird, wie es die Beobachtungen des Herrn Wood (oben Seite 114) beweisen. Die Mitte der Schienen wird sich also unter denselben Umständen in ihrer Gestalt eben so wieder herstellen, wie wenn das Ende derselben eine bleibende Krümmung erhalten hätte; sie wird selbst den eingedrückten Stein heben. [Diese Stelle, von dem Zeichen # an, ist wohl etwas dunkel. D. H.]

Bei dem Übergange eines Wagens wird sich also der Stein senken und heben; der durch ihn gleichsam gerammte Boden wird immer weiter nachgeben, eben wie der Stein selbst. Noch gröfser wird das Übel sein, wenn der Boden nafs ist, oder auf seiner Oberfläche Wasser steht. Das Wasser wird schneller in die Höhlung unter den Stein dringen, den

Boden dort erweichen, und nun wird der Stein noch um so mehr nachgeben. Dieses läſst sich deutlich sehen, wenn man die Bewegung der Wagen und der Steine nach einem starken Regen beobachtet. Die Mitte der Schienen also, die stärker widerstehen zu müssen scheint, als die Enden, kann, weil sie leichter sich wieder hebt, sogar mehr nachgeben, als die Enden. Eine Schiene, welche in diesem Falle sich befindet, wird also sehr concav sein, in dem Augenblicke, wo der Wagen sich in ihrer Mitte befindet. Dadurch öffnet sich denn die Fuge des Stoſses oberhalb, die Ecken der Enden heben sich und bilden einen Vorsprung, gegen welchen sich die Räder des nemlichen Wagens, oder die des folgenden stoſsen. Es erklärt sich hieraus, wie die Fuhrwerke stark gestoſsen werden können, obgleich die Bahn, vor dem Übergange der Wagen, ganz eben zu sein schien; besonders dann, wenn der Boden der Schienenstühle unter den Stöſsen nicht convex gemacht ist, welches, bei der Eisenbahn von Leeds und Selby angeordnete, Mittel (Fig. 23.) noch am besten das beschriebene Übel zu heben scheint. Man bemerke noch, daſs, da die bleibende Krümme, welche eine Schiene aus der beschriebenen Ursach annimmt, nicht alle Elasticität des Eisens vernichtet, das Rammen der Steine dennoch Statt findet. Die Schiene krümmt sich immer stärker, und die Straſse leidet immer mehr.

Daſs die Schienen sich biegen und die Steine oder hölzerne Quer-Unterlagen sich eindrücken, ist Thatsache. Die Schienen biegen sich nicht allein zwischen ihren Endpuncten, sondern selbst zwischen zwei benachbarten Stützpuncten. Auf der steinernen Brücke zu Manchester habe ich die Schienen unter der Last eines Dampfwagens, der, mit seinem Hülfswagen (*allège*), an der Spitze eines Wagenzugs ankam, merklich sich biegen gesehen. Der Dampfwagen bewegte sich nicht schneller, als ein Mensch im Schritt. In dem Augenblicke, wo eins der Räder über den Stoſs der Schienen ging, sahe man die Schiene, welche es verlieſs, sich heben: so wie das Rad die Fuge passirt war, gab die Schiene, auf welche es zu drücken anfing, nach. Die Fuge der Schienen blieb immer in der nemlichen Höhe. Diese Bewegungen, die bei einigen Schienen sehr merklich, bei andern unmerklich waren, und welche beim Übergange des Hülfswagens nicht Statt fanden, lieſsen sich hier, wo die ganze Straſse gepflastert ist, deutlich wahrnehmen. Bei Darlington, Lyon und Roanne habe ich die Schienen unter dem Gewichte der Dampfwagen sich biegen gesehen;

ja selbst unter dem der Hülfswagen und Lastwagen. Bei Epinac biegen sich die Schienen unter den Lastwagen.

Die von Herrn Wood mitgetheilten Beobachtungs-Resultate ergeben zwar für gleich starke Belastungen nur Biegungen, die dem Auge nicht bemerkbar sind; aber die Wirkung einer bewegten Masse ist auch einer ruhenden Last gar nicht zu vergleichen. Die Wirkungen der bewegten Masse nehmen mit der Geschwindigkeit sehr zu.

Wenn der Widerstand des Terrains gleichförmig ist, so läfst sich annehmen, dafs die Steine zwischen den Stöfsen unter beiden Schienenreihen ungefähr gleich viel stärker im Vergleich gegen die Steine unter den Stöfsen werden eingedrückt werden. Liegen also die Stöfse der Schienen einander gegenüber, wie bei Lyon, so werden die Krümmungen mit einander correspondiren; liegen aber die Stöfse der einen Reihe der Mitte der Schienen der andern gegenüber, so werden die Höhlungen der einen Linie auf die Erhebungen der andern zutreffen (Fig. 100.). Dieses erklärt es, wie bei der zweiten Anordnung, die Anfangs auf der Liverpooler Strafse Statt fand, die Wagen eine schaukelnde Bewegung bekommen konnten, die an einigen Stellen sehr stark war. Die Schwankungen betrugen zuweilen an $2\frac{2}{3}$ Zoll, und es waren ihrer gegen 100 in der Minute.

Man mufs sich also eine Eisenbahn mit geschmiedeten Schienen nicht als gerade, sondern als wellenförmig vorstellen. Die Krümmungen sind schwächer oder stärker, nach dem Nachgeben der Steine und der Schienen, nach dem Angriffe auf die Schienen und der Erhaltung der Strafse. Man mufs sich vorstellen, dafs der Mittelpunct der Trägheit eines Wagens eine Linie doppelter Krümmung durchläuft.

Die Biegung der Schienen und die Eindrückung der Steine nimmt, wegen der verticalen Krümmen, mit der Geschwindigkeit der Fuhrwerke zu. Man betrachte einen Wagen, der in einen von zwei gegeneinander laufenden Abhängen gebildeten Winkel hinab fährt. In dem Augenblick, wo die Räder wieder zu steigen anfangen, wird der steigende Abhang nicht allein von der Last des Wagens getroffen, sondern auch von der, senkrecht auf den Abhang zerlegten, Wirkung der bewegten Masse, welche mit der Geschwindigkeit zunimmt. Zwar sind die Schienen nicht gerade in spitzen Winkeln gebogen: gleichwohl aber ist die Wirkung der Wagen auf den steigenden Theil der Schienen der in solchem Falle ähnlich. Wo die Krümmung regelmäfsig ist, findet ein von der

Schwungkraft, die im Quadrat der Geschwindigkeit zunimmt, herrührender Überschufs des Drucks Statt. Durch die wellenförmigen Krümmen und die Geschwindigkeiten, die zuweilen Statt finden, wird das Gewicht der bewegten Massen öfters verdoppelt werden. Nimmt man an, dafs die Krümme ein Kreisbogen von etwa 1 Linie tief, 2 Fufs 10 Zoll Sehne und 160 Fufs Halbmesser ist, so beträgt die Vermehrung des Drucks, die von der Schwungkraft herrührt, für eine Geschwindigkeit von 64 Fufs in der Secunde, $\frac{v^2}{gr} = \frac{64^2}{30.80.160} = 0{,}81$ der rollenden Last.

Es kann kommen, dafs bei grofser Geschwindigkeit die Räder der Fuhrwerke, mit der Last, gerade auf die Mitte der Schienen zwischen zwei Stützpuncten sich stürzen. Denn man setze, der nächste Stein, nach demjenigen unter dem Stofse zweier Schienen, habe sich eingedrückt und die gekrümmte Schiene sei in diesem Puncte um $1\frac{1}{3}$ Linien gewichen, oder das Ende der vorhergehenden Schiene stehe über das Ende der gekrümmten um 1 Linie vor (Fig. 101.). Beträgt dann die Geschwindigkeit 42 bis 45 Fufs, so wird das Rad, nachdem es die überstehende Schiene verlassen hat, fortgeschleudert werden, ohne die folgende, gekrümmte Schiene zu berühren, und erst $14\frac{1}{2}$ Zoll von dem Stofse entfernt, da nemlich, wo die von dem Rade beschriebene Parabel die zweite Schiene trifft, die nach einem Kreisbogen gekrümmt vorausgesetzt ist, wird das Rad auf die zweite Schiene fallen. Ähnliches wird erfolgen, wenn der Stein unter dem Stofse der Schienen höher steht, als zwei nächste Steine (Fig. 102.). Das Rad, wenn es sehr geschwind fortrollt, wird sich, indem es den Stofs verläfst, heben, und erst in einiger Entfernung von dem Stofse wird es auf die Schiene niederstürzen.

Grofse Geschwindigkeit des Fuhrwerks zerstört eine Eisenbahn noch auf andere Weise. Die Schienen, die Schienenstühle und Steine machen zusammen ein Ganzes aus, dessen Elasticität sich deutlich an den verticalen Stöfsen und Bebungen wahrnehmen läfst, die man in der Nähe der Bahn empfindet. Zum Theil liegt diese Elasticität im Boden. Diese Bebung ist sehr stark auf loser Erde, auf Aufschüttungen, und auf hölzernen Unterlagen; sie wird durch auf einander folgende Wirkungen der Räder auf den Schienen hervorgebracht, die, nachdem sie eingebogen worden sind, wieder emporschnellen. Nun kann es aber, da die eingebogenen Theile der Schienen einer gewissen Zeit bedürfen, um wieder in ihre vorige Lage zu gelangen, kommen, dafs der Stofs einer neuen Masse gerade dann erfolgt, wenn das Aufschnellen der Schiene erst beginnt, oder dann, wenn es am stärksten ist. Im ersten Falle wird das Rad in die Vertiefung hinab stürzen und die Schiene noch um so stärker biegen, was dann unter jedem Wagen zunimmt; im zweiten Falle wird ein heftiger Zusammenstofs der Schienen und des Wagens erfolgen. Der Erfolg ist ungefähr so, als wenn man über einen Balken geht, der über einen breiten Graben liegt. Richtet man seine Schritte nach den Bewegungen des Balkens ein, so empfindet man nur geringe Stöfse; aber der Balken biegt sich immer mehr und mehr: richtet man sich nicht nach den Schwankungen des Holzes, so empfängt man heftige Stöfse. Wenn also auf elastischen Schienenbahnen die Räder schneller einander folgen, als die Schienen wieder gerade sich zu richten vermögen, so werden die angedeuteten zerstörenden Wirkungen Statt finden, und um so schneller sich wiederholen, je gröfser die Geschwindigkeit der Fuhrwerke ist. Auf der Liverpooler Strafse folgen sich alle Räder eines Wagenzuges ungefähr in Entfernungen von 5 Fufs 9 Zoll; und da nun die Geschwindigkeit der Fuhrwerke zuweilen 64 Fufs ist, so erfolgen gegen 11 Stöfse in einer Secunde.

[Sollten die mannichfachen und grofsen Übel, die für eine Eisenbahn aus zu schwacher Fundamentirung derselben mit einzelnen Steinen entstehen, nicht dadurch gehoben werden können, dafs man ihr ein festes Fundament von Pfählen giebt? Ein runder Pfahl, von 8 Zoll im Durchmesser und 5 Fufs lang, kann, in festem Boden, schon mehr als 600 Ctr. tragen, und eine Last von 200 Ctr., wie die der schwersten Dampfwagen, von welcher jedoch nur der auf einem Rade ruhende, 4te oder 6te Theil in Betracht kommt, wirkt, wenn sie 2 Linien hoch herab fällt, noch nicht so stark, als ein Rammklotz von 2 Ctr. schwer, der 4 F. hoch herab fällt; folglich würde es kaum wahrscheinlich sein, dafs die Fuhrwerke, selbst mit der ungeheuersten Geschwindigkeit in Bewegung gesetzt, die Pfähle eindrücken könnten. Dann aber würde die Bahn durchaus eben bleiben, und alle Übelstände, wenn aufserdem nur die Schienen so stark sind, dafs sie zwischen zwei Unterstützungen sich nicht merklich biegen, würden wegfallen.

Die Unterstützung mit Pfählen könnte man auf verschiedene Weise anordnen. Einer der bedeutendsten Übelstände bei denselben würde sein, dafs das Holz bald verfault, während die Tragsteine fast für immer bleiben.

Um nun diesen Übelstand zu vermindern, müfsten die Köpfe der Pfähle etwa 3 Fufs tief unter der Oberfläche des Bodens liegen, damit wenigstens die Pfähle selbst, länger gegen die Vergänglichkeit geschützt bleiben und weniger oft erneuert werden dürfen. Auf die Pfahlköpfe könnte man Hölzer, von gleicher Dicke wie die Pfähle, und etwa $2\frac{1}{2}$ Fufs lang, aufpfropfen; auf diese Hölzer Holme quer über die Bahn legen, und auf die Holme die gewöhnlichen eisernen Schienenstühle nageln. Die Aufsätze auf die Pfähle könnten an dieselben vermittelst drei oder vier eiserner Schienen, die von der Seite angenagelt und angekrammt werden müfsten, befestigt werden. Anfangs würde man die Pfähle ganz durchgehen lassen können und die Aufpfropfung würde erst bei der nächsten Reparatur erfolgen. Zu mehrerer Sicherheit könnte man auch einzelne Pfähle ganz durchgehend erneuern. So würde das Ganze hinreichende Festigkeit erlangen, da es, von den Schienen der Länge nach gehalten, nicht gut ausweichen kann. Die Querholme und Pfröpfe würden freilich oft erneuert werden müssen, selbst wenn man eichenes Holz dazu nähme; aber dieses würde auch sehr leicht und schnell geschehen können, da die Pfähle, unten, bleiben. Eine andere, noch festere Art wäre, etwa $2\frac{1}{2}$ Fufs tief unter der Erde, Holme nach der Länge der Bahn auf die Pfähle zu legen, auf die Holme, quer über, Sattel, und auf diese verstrebte, 2 Fufs hohe Schienenstühle von gegossenem Eisen zu setzen.

Man hätte bei der Fundamentirung durch Pfähle zugleich noch den Vortheil, dafs in der Tiefe feuchtes und nasses Terrain eher vortheilhaft als nachtheilig sein würde, da in solchem Boden die Pfähle länger dauern. Und dann hätte man den grofsen Vortheil, dafs die Stärke des Fundamentes durch die Dicke und Länge der Pfähle ohne Schwierigkeit ganz nach der Beschaffenheit des Bodens abgemessen und eingerichtet werden könnte, so dafs sich der Eisenbahn ein überall gleich starkes Fundament geben liefse, was ihr so vorzüglich nothwendig ist. Diese Art der Fundamentirung würde auch, wenn das Holz nicht etwa allzu theuer ist, nicht eben kostbarer sein, als die mit Steinen; wenigstens dann nicht, wenn unter den Steinen noch, wegen des lockern Bodens, erst eine Chaussée gelegt werden mufs, wie bei Selby. Hier, bei Berlin, im sandigen Boden, würde eine Ruthe Eisenbahn, bis auf die Schienen selbst und die Schienenstühle, weil nothwendig erst ein Steinschlag unter den Tragsteinen gelegt werden müfste, etwa 16 Rthlr. 20 Sgr. kosten. Vielmehr würden auch 4 Pfahljoche, alle 3 Fuſs eins, nicht kosten, da wo die Pfähle nicht über 5 Fuſs lang zu sein brauchten. Auch die Erhaltung würde eben nicht viel theurer sein, weil die Schienen mehr geschont werden würden. Wäre sie es aber auch, so würden die mehren Ausgaben durch die bessere Fahrt auf der Bahn reichlich vergütigt werden. D. H.]

§. 35.

Ausbesserungen von Schienenstraſsen.

Die am oftesten nothwendigen Ausbesserungen der Eisenbahnen bestehen darin, daſs die eingedrückten Steine wieder gehoben werden müssen. Ist solches nur bei einzelnen Steinen nothwendig, so kann es geschehen, ohne die Fahrt auf der Straſse zu unterbrechen. Der Stein wird von der Erde entblöſst, und behutsam, vermittelst eines dazu eingerichteten groſsen Hebels (Fig. 89 *a.*), gehoben. Während solches geschieht, bringt ein Arbeiter, mittelst einer platten, eckigen Schaufel (Fig. 89 *c.*), Erde unter den Stein und stampft sie sehr fest. Dieses Verfahren, auf zwei oder vier Seiten angewendet, hebt den Stein jedesmal ein wenig, ohne daſs er aus der Linie kommt, in welcher er stehen muſs.

Wenn mehrere Steine, auf ganze Strecken der Straſse, gehoben werden müssen, weil sie entweder in den Boden sich eingedrückt haben, oder weil das Erdreich selbst sich gesetzt hat: so muſs man im Voraus auf der Seite einen einstweiligen Weg zum Dienste während der Herstellung der Straſse einrichten.

Auſser, daſs die Steine in den Boden gedrückt werden, können sie auch durch den Frost, oder die Ausdehnung der hölzernen Pflöcke, zersprengt werden, wenn sie nicht fest genug sind. Die meisten Träger auf der Liverpooler Straſse, von rothem Sandsteine, sind zersprengt worden. Man hat an ihre Stelle andere, aus hartem Kalksteine von Cumberland, setzen müssen.

Die Schienen, wenn sie aus der Linie gekommen, oder schadhaft, oder zerbrochen sind, lassen sich leicht verbessern, oder ersetzen, da nur die Keile gelöset werden dürfen.

Die Beschädigungen der Schienenstühle hängen von ihrer Form und der Art ihrer Keile ab. Auf der Liverpooler Straſse sind eine Menge von Schienenstühlen zerbrochen. Ihre Wangen sind durch das zu heftige Eintreiben der eisernen Keile, und auch selbst durch die

Radränder, abgesprengt worden. Auf der Lyoner Strafse, wo sehr heftige Stöfse Statt finden, werden diese Wirkungen zum Theil durch die hölzernen Keile gemäfsigt, und man findet fast keine Schienenstühle zerbrochen, obgleich sie viel schwächer sind, als die Liverpooler. Man hatte anfangs ebenfalls eiserne Keile genommen; aber man ist davon abgegangen, weil schon beim Legen der Schienen viele Schienenstühle zerbrachen. Wenn die Keile sehr scharf und spitz sind, so lassen sie sich sehr leicht eintreiben; aber ein einzelner, zu starker Hammerschlag kann auch schon den Schienenstuhl sprengen. Die Schienenstühle brechen auch in ihrem Boden, wenn sie nicht voll auf den Stein aufliegen. Dieses geschieht häufig bei Roanne, Lyon und St. Etienne, wo die Steine sehr harter Granit sind, der sehr schwer zu bearbeiten ist. Bei Roanne hat man einige Schienenstühle auf hölzerne Bohlen gesetzt.

§. 36.

Die Ableitung des Wassers aus der Bahn

ist zur Erhaltung einer Schienenstrafse sehr wesentlich nothwendig. Da die Eisenbahnen nach der Länge nur ein sehr geringes Gefälle haben, so kann das Wasser in dieser Richtung, aufser auf den mit Maschinen besetzten steilen Abhängen, nicht hinreichend abfliefsen; folglich mufs man es um so mehr seitwärts fortschaffen. Da nun die Schienen ein nach der ganzen Länge fortlaufendes, ununterbrochenes Hindernifs gegen den Abflufs des Wassers bilden, welches dasselbe in der Mitte der Strafse zurückhält, so mufs man zwischen den Steinen nothwendig kleine Canäle unter den Schienen machen.

Wenn nur eine Bahn, von zwei Schienenreihen, vorhanden ist, so macht man die Canäle nur unter einer Schienenreihe hindurch; bei zwei Bahnen aber müssen sie, wegen des Zwischenraumes, wenigstens unter drei Schienenreihen hindurch gehen.

Wenn der Boden das Wasser sehr stark verschluckt, so sind die Ableitungs-Canäle entbehrlich. Dies kann man auf den Schienenstrafsen in England sehen, da, wo dieselben auf aufgeschüttetem Schiefer, Schlacken, oder selbst Steinkohlen liegen; oder auf dem Kiesboden zwischen Lyon und Givors. Wenn aber der Boden fett ist, und das Regenwasser in Pfützen stehen bleibt, mufs der Boden, von jedem Stein an, abhängig gemacht werden (Fig. 14.), um das Wasser zu entfernen. Wo die beiden Abhänge zusammenstofsen, legt man einen kleinen Canal, mit Abhang nach der Seite, senkrecht auf die Strafse, um das Wasser nach aufsen abzuführen.

Je tiefer die Canäle sind: je mehr befördern sie den Abflufs des Wassers: je mehr aber auch schwächen sie die Standfestigkeit der Steine, die nur von der Erde an ihren Seiten gehalten werden. Man hat diesen Umstand auf der Strafse von Roanne, mit gutem Erfolge, dadurch abgeholfen, dafs man die Canäle mit runden Kieseln gefüllt hat, welche die Erde festhalten, während sie zugleich das Wasser leicht durchseigen lassen (Fig. 24.).

§. 37.

Erhaltung der Eisenbahnen.

Es verhält sich mit derselben, wie mit der Erhaltung der gewöhnlichen Strafsen. Die Fahrbarkeit läfst sich nur dadurch erhalten und es läfst sich dem Fortschreiten der Beschädigungen nur dadurch vorbeugen, dafs man die Ausbesserungen nie unterbricht. Diese Ausbesserungen können nur durch einzelne, zu zweien oder dreien vereinigte, auf die Strafse vertheilte Arbeiter geschehen. So ist es bei Darlington und Liverpool. Auf der Liverpooler Strafse kommen etwa auf 320 Ruthen einfache Bahn 2 Arbeiter (also 12 bis 13 auf die Meile. D. H.); aufserdem sind Arbeiter angestellt, um den Weg für die Radränder frei zu erhalten und die Oberfläche der Schienen zu reinigen.

Es ist bis jetzt noch schwer, die Kosten der Erhaltung der Eisenbahnen zu schätzen, obgleich diese Bahnen einander ähnlicher sind, als gewöhnliche Strafsen. Bei gleichem Verkehre sind die Maafse der Schienen und Steine, die Art der Befestigung der Schienenstühle und der Widerstand des Bodens verschieden.

Folgende Übersicht kann zu einiger Schätzung der Kosten dienen.

Strafse.	Bewegende Kraft.	Gewicht der Lastwagen.	Gewicht der Dampfwagen.	Mittlerer Betrag des Verkehrs. Gewicht der Waaren.	Gewicht der Reisenden.	Mittlere Geschwindigkeit. Für die Waaren, in der Stunde.	Für die Reisenden, in der Stunde.	Erhaltungskosten einer Bahn von 2 Schienen-Reihen, auf die Meile.
		Ctr.	Ctr.	Ctr.	Ctr.	Ruthen.	Ruthen.	Arbeitslohn. Rthlr.
Bei Darlington, der obere Theil derselben, . .	Pferde,	80	—	2 000 000	—	860	—	964
Desgleichen, der untere Theil,	Dampf,	80	150	9 000 000	—	4780	6690	2170
Glasgow . .	Dampf,	74	100 bis 200	1 920 000	120 000	3537	6785	1085
Liverpool . .	Dampf,	100	160 bis 240	4 400 000	640 000	5160	6690 bis 9557	3977
Lyon	Pferde u. Dampf,	80	130	4 000 000	320 000	3728	3825 bis 7650	1085
								Arbeit und Material.
Liverpool . .	Dampf,	100	160 bis 240	4 400 000	640 000	5160	6690 bis 9557	6588
Swannington	Dampf,	—	150	1 400 000	140 000	6310	6310	2350
Warrington .	Dampf,	80	150	1 400 000	—	4780	4780	2350
Lyon	Pferde u. Dampf,	80	130	4 000 000	320 000	3728	3825 bis 7650	1687

Neunte Vorlesung.

§. 26.

Anordnung der Schienenstrafsen im Allgemeinen.

Es ist nun noch übrig, von der Linie und den Abhängen einer Schienenstrafse zu reden.

Über einstweilige Dienstwege läfst sich nichts Allgemeines sagen. Diese Strafsen, von kurzer Dauer, hängen so sehr von der Art der Lasten ab, die darauf transportirt werden sollen, und von der Art des Werks, für welches sie bestimmt sind, dafs die Örtlichkeit allein darüber entscheiden kann.

Für bleibende Strafsen, von mehreren Meilen Länge, zum Transport von Waaren und Reisenden bestimmt, lassen sich einige allgemeine Regeln geben. Aber sie sind noch schwankend, weil die Praxis bei diesen Bauwerken noch zu neu ist.

Man könnte den Entwurf einer Eisenbahn für eine Aufgabe der Mechanik erklären. Zum Entwurf einer Strafse ist die Kenntnifs der bewegenden Kraft und der Fuhrwerke nöthig, welche die Strafse passiren sollen. Breite, Abhang und Krümmung der Strafse haben sich mit der Zeit geändert, je nachdem sie für Saumthiere, Karren und Kutschen bestimmt waren; noch jetzt ändern sie sich öfters nach dem Bedürfnisse der Fuhrwerke, die sich mit grofser Geschwindigkeit bewegen. So viel sich bis jetzt bei Eisenbahnen ergeben hat, ist die Geschwindigkeit der Fuhrwerke noch nicht bis zu ihrem äufsersten Maafse gelangt. Auch läfst sich noch nicht mit Bestimmtheit sagen, welche Geschwindigkeit die vortheilhafteste sei; denn die Kostbarkeit der Erhaltung der Maschinen und Schienenstrafsen für sehr grofse Geschwindigkeiten können die Kosten des Transports so sehr erhöhen, dafs gegen die gewöhnliche Geschwindigkeit der Pferde kein Vortheil für die Reisenden mehr bleibt.

Mehrere engländische Ingenieurs nehmen an, dafs, wenn die Geschwindigkeit nicht über 4300 Ruthen in der Stunde beträgt, Pferde Kraft wohlfeiler sei, als Dampfkraft. Über gröfsere Geschwindigkeiten sind die Meinungen getheilt, und die Entscheidung wird zweifelhaft bleiben, bis man längere Erfahrungen über die Kosten der mit sehr grofser Geschwindigkeit fahrenden Dampfwagen gesammelt haben wird.

Um die Erhaltungs-Kosten der Dampfwagen zu beurtheilen, müfste ihre Construction erst fester stehen; aber noch immerfort verändert sich dieselbe. Es giebt noch keine festen Regeln über die Anordnung ihrer Räder; die Art, sie in Bewegung zu setzen; über ihren Durchmesser und ihre Zahl. Die Kraft der Maschinen, die früher die von 8 bis 10 Pferden war, ist allmälig bis zur Kraft von 50 Pferden gestiegen. Das Gewicht der Dampfwagen, welches ursprünglich, für vierrädrige Wagen, auf 90 Ctr. begrenzt wurde, ist seitdem fast auf das Dreifache gestiegen. Dann ist man wieder zu einem mäfsigern Gewichte zurückgekehrt; später aber hat man wieder schwerere Dampfwagen gemacht. Die Esse und die Verdampfung sind nicht wenigern Veränderungen unterworfen gewesen.

Über diese vielen Veränderungen darf man sich eben nicht verwundern; denn der Gegenstand ist noch zu neu, und er wird wahrscheinlich noch ferner viele Abänderungen erleiden.

Ähnlich verhält es sich mit den Schienenstrafsen selbst. Die Stärke der Schienen, der Schienenstühle, und der Steine nimmt mit dem Gewicht und der Geschwindigkeit der Dampfwagen zu. Die Constructions-Arten der Strafsen sind nicht minder verschieden. Einige Ingenieurs schlagen Schienen vor, unter welchen der Stein so beweglich sein solle, wie eine Scheere; andere wollen die Schienen auf hölzerne, längs aus laufende Balken, oder auf durchgehendes Mauerwerk legen u. s. w.

Welche aber auch die wirklichen Erhaltungs-Kosten der Maschinen und der Schienenstrafsen sein mögen: so viel ist gewifs, dafs beide, Maschinen und Strafse, durch eine sehr grofse Geschwindigkeit der Fuhrwerke ungemein angegriffen werden. Man darf sich daher zu grofser Geschwindigkeit nur mit Vorsicht entschliefsen, und nur, nachdem erwiesen worden, dafs der Gewinn gröfser ist, als der Nachtheil.

Dieser Umstand scheint die Unterscheidung zu rechtfertigen, die hier oben zwischen Strafsen für Waaren und Strafsen für Reisende gemacht worden ist; denn offenbar ist für beide nicht die nemliche Geschwindigkeit nützlich und wünschenswerth: es scheint unnütz zu sein, Waaren eben so schnell fortzuschaffen, wie Reisende. Die Zeit der Geschäftsleute ist kostbar. Man kann ihre Personen als ein zu hohen Zinsen ausstehendes Capital betrachten, welches also einen weit höhern Werth hat, als Waaren von gleichem Gewicht. Es ist daher vortheilhaft, die Reisezeit der Passagiere abzukürzen, da sie für sie und für die Gesellschaft verloren geht. Nicht so verhält es sich im allgemeinen mit den Waaren; sie haben nicht allein einen viel geringeren relativen Werth, sondern bleiben auch, je nach der Art ihres Verbrauches, kürzere oder längere Zeit nach der Ankunft in den Magazinen. Mit einigen Ausnahmen also läfst sich von den Waaren sagen, dafs die auf dem langsamen Transporte mehr verlorene Zeit, oder die Zinsen, gegen diejenigen des Verweilens in den Magazinen nicht in Betracht kommen; woraus die Unnützlichkeit eines sehr schnellen Transports folgt.

Man sagt, dafs zu Manchester öfters in den Magazinen der Eisenbahn für 6 bis 700 Tausend Thaler Baumwolle liegt, als so viel ungefähr in drei Tagen ankommt. Es ist also offenbar, dafs nichts verloren gehen würde, wenn die Waaren einige Stunden länger auf der Strafse zubrächten, weil sie dann blofs einige Stunden weniger in den Magazinen der Strafsen-Compagnie liegen würden. Auch würde nicht einzusehen sein, weshalb man die Steinkohlen ebenfalls mit grofser Geschwindigkeit fortschaffe, wenn nicht die Circulation der Reisenden auf der doppelten Bahn frei bleiben müfste.

Man könnte einwenden, dafs ja die Schnell-Frachten in Frankreich schon hinlänglich die Wichtigkeit der Beschleunigung des Transports von Waaren bewiesen haben. Aber der Beweis gilt nur für einzelne Arten von Waaren. Auch bedient sich in der That nur etwa der vierte Theil der Transportmasse des Schnellfuhrwerkes; was also keinesweges Eisenbahnen für grofse Geschwindigkeiten rechtfertigt.

Sodann wäre nun, da die gewöhnliche Geschwindigkeit auf Eisenbahnen schon ungefähr derjenigen der Schnell-Frachten gleich sein wird, die Frage, ob darüber hinaus die Vortheile im Verhältnifs der Vermehrung der Geschwindigkeit und der Kosten des Transportes wachsen; was gar nicht wahrscheinlich ist.

Die Waaren, welche hohe Transportkosten leiden, weil sie für ihr Gewicht einen hohen Werth haben, können allerdings den Passagieren in Rücksicht der Geschwindigkeit gleich gestellt werden. Auch ist die Regel nicht ohne Ausnahme. Für Efswaaren, für Schlachtvieh, für Waaren, die auf Schiffe geladen werden sollen, welche nur von Zeit zu Zeit abgehen, und für einiges Andere, kann eine sehr grofse Geschwindigkeit besondere und eigenthümliche Vortheile haben.

[Es wird wohl meistens, dem Gewichte nach, nur der kleinste Theil der Transportmasse sein, für welchen eine sehr grofse Geschwindigkeit wesentliche und mit den Kosten wirklich im Verhältnifs stehende Vortheile hat. Von den Reisenden wird es nur ein Theil sein, nemlich die Zahl derjenigen Geschäftsleute, welche wirklich die ersparte Zeit zu Geschäften verwenden; ferner Waaren, die entweder leicht verderben, wie Efswaaren, oder deren Neuheit besondern Werth hat, wie Modewaaren und einiges Andere, ferner Briefe und andere Postpakete; was alles zusammen nicht sehr stark in das Gewicht fällt. Andere Gegenstände aber, welche Zeit haben, wie Steinkohlen, Holz, Steine, Erze, selbst die meisten Colonial-Waaren etc., ungeachtet ihres gröfsern Gewichts, ebenfalls mit sehr grofser Geschwindigkeit fortschaffen zu wollen, wäre offenbar ein Widerspruch mit der eigenen Absicht; denn man macht ja Eisenbahnen zu dem Zwecke, an den Transportkosten zu sparen; und da nun dieselbe Masse, auf dieselbe Länge, mit doppelter Geschwindigkeit zu transportiren, auch wenigstens doppelt so viel kostet, so würde man, ohne andere als eingebildete Zwecke zu erreichen, wieder weggeben, was man durch die bessere und bequemere Strafse gewonnen hat. D. H.]

Rücksichtlich der der Pferdekraft für mittlere Geschwindigkeiten zugeschriebenen Vorzüge vor der Dampfkraft scheint die Erfahrung der gewöhnlichen Meinung entgegen zu sein. In den Bergwerken von Middleton wird, mit gänzlichem Ausschlufs der Pferde, seit 20 Jahren blofs mit Dampfkraft gefahren. Bei Darlington befährt man einen Theil der Strafse mit Pferden, den andern mit Dampf. In neuerer Zeit werden die Personenwagen zwischen Darlington und Stockton, statt von Pferden, von Dampfwagen gezogen, welche aber, wegen der Schwäche der Schienen, nicht viel schneller sich fortbewegen, als die Pferde. Auf den Strafsen von Hetton, Killingworth, St. Helene, Whitestable, fährt man mit Pferden sowohl, als mit Dampfkraft. In Frankreich eben so bei Roanne und Lyon.

Aus diesem Beispiele scheint zu folgen, dafs nur die örtlichen Umstände über die Wahl zwischen den beiden bewegenden Kräften entscheiden, und dafs im Allgemeinen keine der beiden Kräfte einen allgemeinen Vorzug vor der andern habe.

Aus diesem Gesichtspuncte betrachtet, ändert sich die Frage. Nicht mehr die Art der bewegenden Kraft bestimmt die Anordnung der Strafse, sondern diese, je nachdem sie für Pferde oder für Dampf besser gebaut werden kann, entscheidet die Wahl der Zugkraft.

In Frankreich, scheint es, dafs, da, in den meisten Fällen der Handels-Verkehr keine gröfsere Geschwindigkeit für Waaren erfordert, als 2400 bis 3600 Ruthen in der Stunde, da die Steinkohlen zur Dampf-Erzeugung theuer, und Leute, welche Dampfwagen zu führen und zu repariren verstehen, noch selten sind, die Pferdekraft vortheilhafter sei, als Dampfkraft, und dafs es also am besten sein dürfte, dort die Eisenbahnen für Pferdekraft zu bauen.

Sodann wird die Bahn, wenn die Transportmasse hin und zurück ungefähr gleich stark ist, am besten möglichst horizontal liegen, weil dann die Wirkung der Pferdekraft möglichst stark ist.

Da die Eisenbahnen häufig von einem Bergwerke, oder einem Steinbruche, nach einem Einschiffungs-Platze führen, so ist die Transportmasse öfters bergab am stärksten. Dann müfste man, im Fall keine Ladungen bergauf zu ziehen wären, das Gefälle so einzurichten suchen, dafs in der einen Richtung ungefähr eben so viel Zugkraft nöthig wäre, als in der andern; man müfste also der Bahn etwa 1 auf 320 Abhang geben, angenommen nemlich, dafs der gesammte Reibungs-Widerstand den 180sten Theil der Last beträgt, und die beladenen Wagen 3 bis 4 mal so schwer sind, als die leeren.

Dieser Abhang ist sehr schwach, und wird selten zu erlangen sein. Man wird also meistens denjenigen Abhang gestatten müssen, auf welchem die Wagen, mit mäfsiger Geschwindigkeit, von selbst herabrollen, und der nach den obigen Hypothesen etwas mehr als 1 auf 180 beträgt. In diesem Falle werden nur die leeren Wagen von den Pferden bergauf zu ziehen sein; bergab werden auch die Pferde selbst, mit den von selbst herabrollenden Wagen fortgeschafft werden, wie es bei Darlington geschieht, und welche Anordnung sehr vortheilhaft zu sein scheint. Ein Abhang, auf welchem die Wagen durch ihr eigenes Gewicht abwärts getrieben werden, ist aber nachtheilig, wenn die Strafse sich sehr krümmt, und wenn nur eine Bahn vorhanden ist. Die Wagen, welche sich begegnen sollen, behalten öfters, weil man nicht weit genug sie sieht, nicht Zeit, einander auszuweichen. Auf solchen Abhängen müfste man das Gefälle um so geringer annehmen, je länger sie sind, damit die Geschwindigkeit nicht zu sehr zunehme, und damit man dann nicht zu oft zu hemmen brauche. Auf der Strafse von St. Etienne nach Rive-de-Giers rollen die Personenwagen mit einer Geschwindigkeit herab, welche nur durch fast fortwährende Hemmung auf etwa 5260 Ruthen in der Stunde ermäfsigt wird. Sie nehmen sehr bald eine Geschwindigkeit von 7650 Ruthen an, über welche man nicht gern hinaus geht. Von Rive-de-Giers nach Givors, auf einem Gefälle von 1 auf 166, ist die mittlere Geschwindigkeit 3825 Ruthen und die gröfste Geschwindigkeit 5737 Ruthen in der Stunde. Die Strafse von St. Etienne bis Givors besteht übrigens zum Theil nur aus einer Reihe von Krümmen, in welchen man immerfort hemmen mufs, um eine gefährliche Steigerung der Schwungkraft zu verhindern. Das Gefälle 1 auf 166 ist also völlig hinreichend, um die Pferde selbst, mit den Wagen, bergab fahren zu machen. Bei Darlington geschieht solches, 530 Ruthen lang, auf einem Abhange von 1 auf 128.

Auf mehreren Eisenbahnen bei Bergwerken in England ist man den gröfsern Unebenheiten des Terrains gefolgt, wenn sie im Ganzen bergab führten. Man hat sich begnügt, durch schwache Auf- und Abträge eine Folge von gleichförmigen Abhängen herzustellen, die auf die Länge von 50 bis 100 Ruthen nicht stärker sind, als 1 auf 96, und auf welchen dann das Pferd die leeren Wagen, mit einer Anstrengung von 300 Pfd., heraufziehen mufs.

Stärkere Abhänge würden eben so gefährlich sein für die herabfahrenden Ladungen, als beschwerlich für hinauffahrende leere Wagen. Auf Abhängen von 1 auf 60 sind bei Andrezieux schon Pferde beschädigt worden. Die Gefahr ist um so gröfser, je glatter der Weg ist, und je leichter die Wagen rollen. Was für Bergfahrt zu wünschen, ist für Thalfahrt zu fürchten.

Bis jetzt hat man Ursach gehabt, anzunehmen, dafs eine beständig gleich starke Anstrengung die Pferde am wenigsten angreife, und dafs der Erfolg am besten sei, wenn eine Eisenbahn nur einerlei fortlaufendes Gefälle hat. Erwägt man indessen, dafs, bei Darlington, die Wirkung durch Unterbrechung der Anstrengung der Pferde und Abwechselung mit vollkommener Ruhe verstärkt worden ist, und dafs auf der Lyoner Strafse sich gezeigt hat, dafs die doppelte Zugkraft nur ein Drittheil mehr kostet; endlich, dafs auf vielen Eisenbahnen die Gefälle jede 20 oder 30 Ruthen sich ändern: so scheint es, dafs, wenn auch die Gleichförmigkeit des Abhanges für die Führer der Fuhrwerke zu wünschen ist, dennoch ihre Vortheilhaftigkeit für die Anstrengung der Pferde nicht erwiesen sei.

Noch können auch, immer in dem Falle, daſs der gröſste Theil der Transportmasse bergab geht, mehrere horizontale Stellen mit starken Abhängen verbunden werden, auf welche dann die leeren Wagen durch die beladenen hinauf gezogen werden.

Wo man aus einem Fluſsgebiet in das andere überzugehen hat, muſs man den niedrigsten Punct der Wasserscheide mit schwachem Gefälle zu erreichen suchen. Läſst sich so nur bis tief unter den Gipfel gelangen, und ist ein Durchschnitt, oder ein Stollenweg durch den Kamm des Terrains zu kostbar, so wird es besser sein, nach dem Fuſse des Kammes mit dem Gefälle der gleichen Zugkraft, nemlich 1 auf 320, zu gehen, und auf die Wasserscheide zwei entgegengesetzte, starke Abhänge zu legen. Diese Anordnung ist leicht, wenn die Wasserscheide nur schmal ist. Ist sie aber über 100 Ruthen breit, so muſs man suchen, mit den starken Abhängen nach zwei, dem Gipfel nahen Puncten zu gelangen, wo man dann, wie bei Brusselton, eine Dampfmaschine setzt.

Die gröſste Schwierigkeit ist in solchen Fällen gewöhnlich die Schwäche der Abhänge auf eine groſse Länge, so daſs die gewöhnliche Zahl der leeren Wagen eines Wagenzuges das Seil nicht herab zu ziehen vermögen.

Ist der Gipfel der Wasserscheide sehr breit, so setzt man eine feststehende Dampfmaschine auf diejenige Seite, an welcher die beladenen Wagen herauffahren sollen, und legt eine wechselwirkende Rampe auf den andern Abhang. Vom Fuſse dieser Rampe an giebt man der Straſse einen einzigen Abhang, oder legt sie horizontal, bis zu der Ankunftstelle der Wagen; oder man macht mehrere Abstufungen, und eben so viele selbstwirkende Rampen. Den Rampen muſs man so viel Gefälle geben, als die für die Stärke des Verkehrs nöthige Geschwindigkeit erfordert, damit die Fahrten auf den Rampen nicht zu lange dauern.

Wenn der Verkehr in der einen und der andern Richtung gleich stark ist, so scheint es nöthig, daſs die Straſse, absatzweise, horizontale, oder doch fast horizontale Stellen bekomme, durch Rampen verbunden. Die Höhe der Absätze und die Lage der Rampen richten sich offenbar nach der Gestalt des Terrains, und danach, ob und in wie fern die horizontalen Stellen zu erlangen sind. Dies erfordert eine sehr genaue Untersuchung des Terrains in verschiedenen Richtungen und läſst sich nicht auf den ersten Blick entscheiden.

Die Anordnung einer Eisenbahn für Frachten, von Pferden gezogen, hat auf solche Weise viel Ähnlichkeit mit der eines Canals, dessen Schleusen an die Stelle der Rampen treten. Die Aufgabe des Ingenieurs ist es, die Stellen zu ermitteln, wo die Bauwerke am vortheilhaftesten ihren Platz finden und die besten Dienste leisten.

§. 39.

Schienenstrafsen für grofse Geschwindigkeiten.

Man kann darunter Strafsen verstehen, auf welchen nur mit Dampfkraft und mit 7200 bis 10800 Ruthen Geschwindigkeit in der Stunde gefahren wird. Bis jetzt existirt nur eine solche Strafse; diejenige zwischen Liverpool und Manchester. Also lassen sich für jetzt auch nur von dieser Strafse einige Erfahrungs-Resultate hernehmen.

Damit die Personenwagen den vorher benannten Raum stündlich zurücklegen, mufs die Geschwindigkeit derselben, wegen des nothwendigen Aufenthalts von Zeit zu Zeit, 45 bis 48 F. in der Secunde oder 13500 bis 14400 Ruthen in der Stunde betragen. Die gröfsten Geschwindigkeiten, welche ich bei verschiedenen Fahrten auf der Liverpooler Bahn beobachtet habe, sind folgende:

Geschwindigkeit in der Secunde.		Mit dieser Geschwindigkeit durchlaufene Länge.
$32\frac{4}{5}$ Fufs,	. . . .	5044 Ruthen,
$42\frac{1}{3}$ -	. . . .	1487 - -
$53\frac{1}{4}$ -	. . . .	1062 - -
$56\frac{2}{5}$ -	. . . .	106 - -
$63\frac{3}{4}$ -	. . . .	106 - -

Die beiden letzten Geschwindigkeiten fanden, bei dem freien Herabrollen, auf der Mitte des Hügels von Rainhill statt. Da die Umstände bei einer Bewegung besser aus einer Zeichnung ersichtlich sind, so habe ich in Fig. 97. den Durchschnitt der Liverpooler Strafse vorgestellt, in ganze und viertel englische Meilen getheilt, die oben durch Zahlen und Verticallinien angezeigt sind. Die unten stehenden Zahlen bezeichnen, in Metern, die Geschwindigkeiten, mit welchen die correspondirenden Theile des Weges durchlaufen worden sind. Die Pfeile zeigen an, nach welcher Richtung die Geschwindigkeiten Statt fanden. Die oberen Reihen sind von den Herren Ingenieuren der Brücken und Wege beobachtet worden, die mit der Besichtigung der Eisenbahnen in England beauftragt waren; die drei andern Reihen von Geschwindigkeiten habe ich, gemeinschaftlich mit Herrn Zeiller, beobachtet. Die 104te Figur stellt den Theil der Strafse zwischen den Meilen No. 16 und 20¼ vor, wo man die Gefälle bei jeder Viertelmeile eingeschrieben hat, die sehr von dem durchschnittlichen Gefälle von 1 auf 849 abweichen; sei es deshalb, weil sich der Strafsendamm gesetzt hat, oder wegen Fehler in der Ausführung. Diese Details sind aus einem Profile der Strafse copirt, welches sich in dem Bureaux der Eisenbahn-Compagnie befindet, und welches Herr Navier gefälligst mitgetheilt hat. Dieses Profil zeigt, dafs da, wo zwei entgegengesetzte Abhänge zusammentreffen, die Geschwindigkeiten zuweilen Änderungen erleiden, die denen entgegengesetzt sind, welche man von dem Einflusse der Abhänge erwarten sollte. Diese Abweichungen rühren daher, dafs man die Geschwindigkeit beim Herabfahren zu mäfsigen, beim Herauffahren aber zu verstärken sucht.

Man sagt, dafs ein Dampfwagen, für sich allein, in 15 Minuten 9558 Ruthen durchlaufen habe, was 86 Fufs in der Secunde und 19 Meilen in der Stunde ausmachen würde; wobei noch zu bemerken, dafs die obige Entfernung auf der Liverpooler Strafse nothwendig ein Steigen und ein Fallen einbegreift, so dafs also die Geschwindigkeit von 86 Fufs eine mittlere und beinahe die möglich-gröfste auf horizontaler Bahn ist.

In der Schrift des Herrn Poussin wird erzählt, dafs in Nord-Amerika eine Dampfmaschine auf einer Eisenbahn einen Wagenzug 13 Minuten lang mit 85¾ Fufs Geschwindigkeit in der Secunde fortgezogen habe.

Die Schienenstrafsen für grofse Geschwindigkeiten sind nicht so vieler verschiedenen Arten der Einrichtung fähig, als Strafsen, die nur mit Pferden befahren werden, weil die Abhänge und die Krümmen derselben viel sanfter sein müssen.

Eine Hauptfrage bei denselben scheint zu sein, ob hier Rampen Statt finden dürfen, oder nicht. Da sie viel Zeit wegnehmen, so scheinen sie hier dem Zweck entgegen zu sein. Auch können sie durch ihre Gefälle und ihre Länge für die Passage gefährlich werden. Aber man sieht leicht, dafs sie auf manchem Terrain unvermeidlich sind, auf anderm dagegen die Linie zu vereinfachen, die Abhänge zu vermindern und die Entfernungen zu verkürzen, also die auf das Ersteigen verwendete Zeit, mit Gewinn, auch wieder einzubringen vermögen.

Die Mittel, Rampen, wo sie Statt finden sollen, zu ersteigen, würden etwa folgende sein. Erstlich eine feststehende Dampfmaschine auf dem Gipfel der Rampe. In Folge der Discussion der engländischen Ingenieurs über die Wahl der Maschinen auf der Liverpooler Strafse hat man indessen den Dampfwagen den Vorzug gegeben, und bedient sich ihrer, um die Rampen von Sutton und Rainhill zu ersteigen, welche 1 auf 89 und 1 auf 96 Gefälle haben. Neuerdings macht man im Innern der Stadt Liverpool eine unterirdische Stollenstrafse für die Personenwagen, 504 Ruthen lang, mit 1 auf 90 Gefälle, in welcher eine feststehende Dampfmaschine die Wagen ziehen soll, eben wie in der grofsen Stollenstrafse für Waaren-Frachten. Daraus läfst sich folgern, dafs die Compagnie für den Anfang einer Strafse für grofse Geschwindigkeiten den Vorzug einer feststehenden Maschine auf einer Rampe vor Dampfwagen anerkannt hat. Vielleicht aber hat sie auch für die Reisenden die Nachtheile des durch die Verbrennung und den Dampf erzeugten Gases in der unterirdischen Strafse gefürchtet; wie sich dergleichen in dem Stollen des Regent-Canals bei dem Dampfboote Toueur gezeigt haben.

Rampen, die wenigstens 1 auf 90 Gefälle haben, lassen sich vermittelst einer Hülfs-Maschine ersteigen, die die Hälfte des Wagenzuges vor sich her schiebt, während die Haupt-Maschine die andere Hälfte zieht. Damit die schiebende Maschine keine Gefahr bringe, mufs ihr Lauf gemäfsigt und es müssen einige Vorkehrungen getroffen werden, welche Zeit wegnehmen.

Endlich läfst sich eine Rampe ohne zu grofse Zögerung ersteigen, wenn es möglich ist, am Fufse derselben mit sehr grofser Geschwindigkeit anzulangen. Durch den erlangten Trieb können die Fuhrwerke bis auf eine gewisse Höhe rollen, ohne dafs die Geschwindigkeit bis unter ihr mittleres Maafs abnähme. Zu diesem Zweck ist es gut, eine Rampe auf einen Abhang folgen zu lassen, wie es auf der Liverpooler Strafse bei der Rampe von Rainhill geschehen ist. Nach Herrn Booth bringt ein Dampfwagen, der, einen leichten Wagenzug ziehend, am Fufse dieser Rampe mit $25\frac{1}{2}$ Fufs Geschwindigkeit anlangt, denselben noch mit 5 Fufs Geschwindigkeit auf den Gipfel.

Zufolge der obern Geschwindigkeitslinie in Fig. 97. wird die Rampe bei Sutton von den Personenwagen mit abnehmender Gerschwindigkeit erstiegen. Sie beträgt auf der Mitte der Rampe 4 Zehntheile der Geschwindigkeit am Fuſse. Wäre also die Rampe nur halb so lang, und langten die Wagen am Fuſse derselben mit 32 Fuſs Geschwindigkeit an, so würden sie auf dem Gipfel noch $12\frac{4}{5}$ Fuſs Geschwindigkeit haben.

Es scheint also wohl möglich zu sein, eine Eisenbahn auch für groſse Geschwindigkeiten mit Rampen zu bauen. Die Bahn müſste aus horizontalen, oder nur 1 auf 1000 fallenden Theilen, und aus Rampen von 1 auf 92, von 320 Ruthen lang und $41\frac{1}{2}$ Fuſs hoch, zusammengesetzt sein. Dieselben müſsten wenigstens 530 Ruthen von einander entfernt sein, damit die Dampfwagen, die ihre groſse Geschwindigkeit angewendet haben, eine Rampe zu ersteigen, wieder die nöthige Geschwindigkeit für die folgende Rampe erlangen könnten. Nach diesem System also könnte eine Eisenbahn mit 48 F. Abhang auf 852 Ruthen lang, also mit einem Gefälle von 1 auf 213, gebaut werden, auf welcher Personenwagen nahe an 8400 Ruthen in der Stunde zurücklegen würden. Die Stationen einer solchen Bahn würden nur auf die Gipfel der Rampen gelegt werden können. Mit ihrem Fuſse müſsten die Rampen immer auf gerade Linien zutreffen.

Es mögen nun Rampen zugelassen, oder vermieden werden, so bleibt es noch übrig, entweder die dieselben verbindenden Strecken, oder die ganze Linie selbst zu bestimmen. Dazu ist nöthig, zwei Bestimmungen fest zu stellen: die des Gefälles, und die der Änderung der Richtung.

Da die Dampfwagen Abhänge mit 1 auf 90 Gefälle, die dann für sie Rampen heiſsen, nur mit geringer Geschwindigkeit zu ersteigen vermögen, so dürfen in der gewöhnlichen Linie keine solchen Abhänge Statt finden. Folgendes sind die stärksten Abhänge, welche engländische Ingenieurs für Eisenbahnen annehmen, welche vorzugsweise von Dampfwagen mit groſser Geschwindigkeit befahren werden sollen.

Auf der Straſse:	Abhang.
Von Leeds nach Selby, ausgeführtes Project, ...	1 auf 135.
Von Dublin nach Kingstown, in der Ausführung begriffen,	1 - 168.
Von Carlisle nach Newcastle, zum Theil ausgeführt,	1 - 200.
Von London nach Brighton, Project, ...	1 - 200.
Von Liverpool nach Birmingham, in der Ausführung begriffen, ...	1 - 290.
Von London nach Birmingham, desgleichen, ...	1 - 330.
Von London nach Bristol, Project, ...	1 - 380.

Die Dampfwagen bei **Liverpool** haben, bergauf, folgende Geschwindigkeiten:

19117	Ruthen in der Stunde auf horizontaler Bahn.	
12427	- - - - - - auf einem Abhange von	1 auf 1080.
10514	- - - - - - - - - - - - -	1 - 849.
8603	- - - - - - - - - - - - -	1 - 500.
1530	- - - - - - - - - - - - -	1 - 96.

Man kann also annehmen, daſs sie, auf einem Abhange von 1 auf 300 (Fig. 105.), welcher, bis auf weitere Erfahrungen, das **stärkste** zuzulassende Gefälle sein dürfte, 5735 Ruthen Geschwindigkeit in der Stunde haben werden. Wo zwei gegen einander laufende Abhänge auf einer sie verbindenden, zwischen liegenden, Strecke auslaufen, müssen sie mit derselben durch allmälig abnehmende Gefälle verbunden werden. Dieses ist auf der **Liverpooler** Straſse für einander entgegenlaufende Abhänge von 1 auf 1086 und 1 auf 96 geschehen (Fig. 106.).

§. 40.

Krümmungen der Eisenbahnen.

Wir haben von denselben bis jetzt noch nichts gesagt, weil wir uns die Gelegenheit dazu bei den Straſsen für groſse Geschwindigkeiten vorbehalten wollten, wo dieser Gegenstand am wichtigsten ist.

Wenn zwei parallele Schienenstrecken eine Krümmung machen, die kreisbogenförmig vorausgesetzt wird, so entstehen daraus einige Unbequemlichkeiten für das Fuhrwerk. Wenn nemlich zwei Räder von gleichem Durchmesser, an einer und derselben Achse **befestigt**, auf einer Ebene fortrollen, so beschreiben sie **parallele**, **gerade** Linien. Soll es **möglich** sein, daſs sie einen **Kreisbogen** beschreiben, so muſs entweder das eine Rad **gröſser** sein, oder es muſs **geschwinder** rollen, als das andere. Da nun beides hier nicht Statt finden kann, so müssen nothwendig die beiden Räder, oder doch das eine muſs auf den Schienen **gleiten**, und sich reiben, etwa so, als wenn die Räder gehemmt wären. Diese Reibung, welche Schienen und Räder ungemein abnutzt, ist der bewegenden Kraft nicht minder nachtheilig; sie macht, daſs eine Verstärkung derselben nothwendig ist.

Eins der Mittel, welches man gegen den Übelstand vorgeschlagen hat, ist, die Achse in der Mitte durchzuschneiden, und zwei Achsenlager mehr zu machen, so daſs sich jede halbe Achse, unabhängig von der andern Hälfte, für sich drehen kann.

Ein anderes Mittel ist, innerhalb, an der Schienenlinie von gröſserem Durchmesser, einen ebenen Theil anzubringen, welcher sich, mit schwachem Gefälle, bis zu der Höhe der Schienen erhebt, so, daſs der Radrand hinaufsteigt und in den Fall eines Rades von gröſserm Durchmesser kommt, also einen Kreis beschreibt, der, in dem Verhältnisse des Radrandes gegen die Radfelgen, gröſser ist. Giebt man also der Krümmung der äuſsern Schienen dieses nemliche Verhältniſs, so wird der Übelstand des Gleitens der Räder gehoben. Aber in den gewöhnlichen Fällen muſs dann der Halbmesser der Bahnkrümmung sehr klein sein: etwa nur 82 Fuſs betragen; was wieder die Schwungkraft zu sehr erhöht. Auch ist das Mittel nur für geringe Geschwindigkeiten anwendbar, wo die Wagen wenig Antrieb haben, aus der Bahn zu weichen. Desgleichen hält dann der Radrand, weil er auf die Schienen tritt, nicht mehr das Rad in der Bahn fest, und man muſs, parallel mit den Schienen, ein vorspringendes Stück anbringen, gegen welches die Felge des Rades streift.

Während aber die beiden beschriebenen Mittel die Geschwindigkeiten der Räder mit der Länge, welche sie durchlaufen sollen, in Verhältniſs bringen, heben sie keinesweges die Schwungkraft auf, welche die Räder gegen die äuſseren Schienen drängt, die den gröſsern Durchmesser der Krümmung der Bahn haben, oder genauer: das eine Mittel hilft diesem andern Übelstande nur zum Theil, das andere gar nicht ab.

Um nun der Schwungkraft entgegen zu wirken, legt man die äuſsern Schienen, die den gröſsern Halbmesser der Bahnkrümme haben, höher, als die innern: um so viel, daſs das aus der Neigung der Achse entstehende Bestreben der Last des Wagens, nach innen zu gleiten, der nach auſsen drängenden Schwungkraft gleich sei. Aber dieses Mittel hat wieder die Unbequemlichkeit, daſs es nur für eine einzige, bestimmte Geschwindigkeit paſst. Für eine geringere Geschwindigkeit reibt sich das Rad an der innern Schiene, und für eine gröſsere, für welche die Schwungkraft überwiegend ist, an der äuſsern. Da nun die Geschwindigkeiten beim Bergauf- und Bergabfahren immer verschieden sind, so ist das Mittel zur Abhülfe auf nicht horizontalen Krümmen unzulänglich, wenn man nicht etwa bergab eben so langsam fahren will, als bergauf.

Die Wirkung der Schwungkraft ist sehr gefährlich; sie verursacht nicht blofs ein Reiben der Radränder an den Schienen, welches Räder und Schienen beschädigt, sondern, wenn die Geschwindigkeit sehr grofs und der Halbmesser der Krümmen der Bahn sehr klein ist, so können die Radränder über die äufsern Schienen springen, und da dann nichts der Schwungkraft sich mehr entgegensetzt, so können die Wagen aus der Bahn kommen, und werden zuweilen selbst umgeworfen. [Das Ähnliche sieht man schon an gewöhnlichen Fuhrwerken, wenn sie mit einiger Geschwindigkeit, die aber gegen die der Dampfwagen in keinem Vergleich ist, einen kurzen Bogen beschreiben: die Wagen werden zur Seite geschleudert, und werfen selbst um. D. H.] Auch drängt die Schwungkraft die Schienen seitwärts; wo sie sehr wenig Widerstand leisten.

[Man mufs deshalb die Halbmesser der Krümmen der Eisenbahnen so grofs machen, als möglich. D. H.] Die kleinsten Krümmungs-Halbmesser auf ausgeführten Eisenbahnen sind folgende:

Bei Sunderland	$26\frac{1}{2}$	Ruthen.
- Darlington	133	- -
- Liverpool	352	- -
- Runcorn-Gap	61	- -
- Warrington	531	- -
Zwischen St. Etienne und Andrezieux . .	8	- -
Bei Lyon	133	- -
- Roanne	53	- -
- Epinac	93	- -

Auf projectirten oder in der Ausführung begriffenen Eisenbahnen sind sie:

Zwischen Leeds und Selby	265	Ruthen.
- - Newcastle und Carlisle	109	- -
- - Dublin und Kingstown	101	- -
- - Liverpool und Birmingham . . .	956	- -
- - London und Birmingham	212	- -
- - London und Bristol	323	- -
- - London und Brighton	855	- -

§. 41.

Begegnung von Eisenbahnen unter einander, oder mit gewöhnlichen Strafsen.

Eisenbahnen, auf welchen mit grofser Geschwindigkeit gefahren wird, müssen, wenn sie anderen Eisenbahnen oder gewöhnlichen Strafsen begegnen, immer über oder unter denselben hindurch gehen, damit die Fuhrwerke auf beiden Strafsen sich in dem Kreuzungspuncte ohne Gefahr begegnen können. Diese, auf der Liverpooler Strafse, und zwar nach unserer Meinung mit Unrecht, rücksichtlich einiger Querstrafsen vernachlässigte, Beobachtung scheint als unerläfslich für Eisenbahnen, die mit Dampfwagen befahren werden sollen, anerkannt worden zu sein, wie es ein Artikel der Bewilligungs-Bill für die Strafse von St. Helen-Runcorn zeigt, welcher vorschreibt, dafs ihre Schienen der Liverpooler Strafse nur unterirdisch, in einem Stollen, oder über der Erde, auf einer Brücke, sollen begegnen dürfen. [Auf sehr frequenten Strafsen, besonders wenn beide mit Dampfwagen von grofser Geschwindigkeit befahren werden, mag diese Vorsicht nothwendig sein: aber dafs eine Eisenbahn jede andere Landstrafse nur hoch über oder unter der Erde solle kreuzen dürfen, würde einem Verbote des Befahrens der Eisenbahnen mit Dampfwagen gleich kommen, weil die Befolgung der Vorschrift, besonders in sehr ebenen Gegenden, meistens entweder gar nicht möglich, oder doch mit so grofsen Nachtheilen für die Fahrt auf der Eisenbahn verbunden sein würde, dafs die Vortheile derselben wieder verloren gehen müfsten. Auch ist es offenbar unnütz, zu verlangen, dafs eine Eisenbahn, mit Dampfwagen befahren, einer gewöhnlichen Heerstrafse anders als in gleicher Höhe mit ihr begegnen solle, weil gerade die Dampfwagen so schnell vorüberfahren, dafs die Fuhrwerke auf der gewöhnlichen Strafse recht gut so lange anhalten können, bis der Dampfwagen vorübergegangen und so weit entfernt ist, dafs auch nicht etwa die Pferde mehr davor scheuen können. Auf 50 bis 100 Ruthen weit wird kein Pferd mehr vor dem Dampfwagen scheuen, und 200 Ruthen Weges legt der Dampfwagen, wenn er auch nur 3 Meilen Geschwindigkeit in der Stunde hat, in 2 Minuten zurück, so dafs also die Fuhrwerke nur 2 Minuten anzuhalten brauchen, um aller etwa zu befürchtenden Gefahr überhoben zu sein. Es ist keine Vorsicht weiter nöthig, als dafs der Dampfwagen 50 bis 100 Ruthen von dem Kreuzungspuncte entfernt, mufs gesehen werden können. D. H.]

§. 42.

Ungefähre Angabe der Baukosten einiger Eisenbahnen.

Einstweilige Eisenbahnen, auf Baustellen.	Kosten auf die Meile.
Bei Roanne, einfache Bahn, ...	10 044 Rthlr.
Beim Brücken-Canal zu Digoin, eine Bahn, ...	14 061 -
Bei Soccoa (auf Böcken, 22 Fufs hoch), eine Bahn, . .	116 500 -
Bleibende Eisenbahnen.	
Bei Andrezieux mit gegossenen Schienen, eine Bahn, .	160 693 Rthlr.
Bei Roanne mit geschmiedeten Schienen, eine Bahn, . .	200 866 -
Bei Lyon, eben so, ...	451 948 -
Von Epinac nach Ivry, eben so, ...	114 493 -
Bei Denain, eben so,*.	44 190 -
Von Darlington nach Stockton, theils gegossene, theils geschmiedete Schienen, eine Bahn, ...	164 710 -
Von Liverpool nach Manchester, geschmiedete Schienen, zwei Bahnen, ...	823 550 -
Bei St. Helen-Runcorn, geschmiedete Schienen, eine Bahn,	311 342 -
Von Boston nach Leigh, eben so, ...	345 489 -
Von Leeds nach Selby, geschmiedete Schienen, zwei Bahnen,	516 225 -
Von Canterbury nach Whitestable, geschmiedete Schienen, eine Bahn, ...	277 194 -
Von London nach Birmingham, geschmiedete Schienen, zwei Bahnen, geschätzt zu	692 987 -

---

8.

Bücher-Anzeige.

(Eingesandt.)

Die Königl. Preufs. Gesetze und Verordnungen über das Bauwesen, vollständig in alphabetischer Ordnung zusammengestellt, als Hülfsbuch für Baumeister und Bauherren, von O. W. L. Richter, K. Pr. Criminalrathe. Leipzig, 1835. Bei Baumgärtner.

Die vorliegende Sammlung bildet den VI. Band des Repertoriums der Königlich-Preufsischen Landes-Gesetze, welches gegenwärtig von dem Herrn etc. Richter herausgegeben wird. Von einem Manne, der durch seine practische Geschäfts- und Gesetzes-Kenntnifs sowohl, als auch durch seine, bei der Redaction der Ostpreufsischen Provinzialblätter bewiesene umsichtige, Thätigkeit rühmlichst bekannt ist, liefs sich auch in Bezug auf diesen Gegenstand die möglich gröfste Vollständigkeit erwarten. Diese Erwartung wird gewifs Jeder gerechtfertigt finden, der sich im Geschäftsleben dieses Buches zu bedienen Gelegenheit hat, und man dürfte von den allgemeinen Gesetzen zuverlässig keins, von den zahlreichen Ministerial-Verordnungen, und sogar von den Rescripten und Verfügungen der verschiedenen Verwaltungsbehörden, wenigstens die wichtigern nicht vermissen, die sich auf allgemeinere Interessen beziehen, oder als Präcedenzen für künftige Fälle dienen können. Dem längst gefühlten Bedürfnifs einer solchen Sammlung wurde zwar, so viel ich weifs, zuerst durch das vom Referendar Meyer 1829 herausgegebene Handbuch abgeholfen; dann zum Theil durch das 1831 erschienene „Baurecht" des Bau-Inspector Sachs, das aber mehr eine polemische Richtung und eine Discussion über die Gesetze beabsichtigt, als die Vollständigkeit dieser Gesetze und Verordnungen in rechtlicher und polizeylicher Beziehung selbst; endlich durch das 1831 erschienene „Handbuch der Baupolizey" durch Ph. Zeller. Das letztere ist zwar auch sehr brauchbar zu nennen; indessen sind die Rescripte u. s. w. mit unter nicht ganz vollständig mitgetheilt, was da, wo es gerade auf ein Wort ankommt, zu Irrungen Veranlassung geben könnte. Aber, ohne weiter dieses letztere Werk mit der gegenwärtigen Sammlung in Bezug auf Vollständigkeit speciell vergleichen zu wollen, ist unter gleichen Umständen das neuere Werk immer das brauchbarere; denn wir wissen, was 4 Jahre an Gesetzen, Verordnungen und Rescripten im allgemeinen zu leisten im Stande sind. Dafs übrigens Gesetze u. s. w. für jede Richtung des Lebens und der geselligen Ordnung fast täglich in grofser Fülle erscheinen: dafs sie sich drängen, oft aufheben und den einfachsten Gegenstand scheinbar zu einer grofsen Verwicklung erheben: darüber ist sich eben so wenig zu verwundern, als über die Ausdehnung, welche irgend eine Wissenschaft oder Kunst, sowohl im allgemeinen, als auch in einzelnen Doctrinen erhält, so bald sie sich entwikkelt, man sich ernstlich mit ihr befafst, oder sie zu aprofundiren sich bemüht. Dem Staate ist gewifs eine eben solche Berechtigung zuzuerkennen, die baulichen Verhältnisse in bürgerlicher Beziehung zu ordnen, als sie der Baumeister sich für diese Verhältnisse in technischer und ästhetischer Beziehung erworben hat. Nach beiden Richtungen hin, hat man unbedingt Freiheit und Willkür zu beschränken: dort, um das Recht der Sicherheit und des Besitzes zu schützen: hier, um das Recht des Schönen und Zweckmäfsigen zu bewahren. Ja, Referent ist der Meinung, dafs der Staat seine Rechte noch viel ausgedehnter und strenger handhaben müsse; denn der Einzelne hat gewifs eben so wenig Recht, durch überflüssiges Lärmen die nächtliche Ruhe seiner Mitbürger zu stören, als es ihm vergönnt werden darf, den guten Geschmack zu compromittiren und seinen gebildeten Mitbürgern und ihren Nachkommen auf lange Zeit arge Augenwehen zu bereiten. Es ist keine Frage, dafs solche Strenge zwar anfangs lästig sein, später aber unfehlbar auf die Gesittung zurückwirken wird. Eine Andeutung hiervon existirt zwar in der Bestimmung, dafs Pläne von Neubauten u. s. w. von der Polizey-Behörde und deren Techniker, wenn einer vorhanden ist, nicht in constructiver Beziehung allein revidirt werden sollen: indessen ist die Art und Weise, wie diese Bestimmung, selbst in gröfsern Städten, befolgt wird, eben nur eine leise Andeutung dessen, was der Gesetzgeber beabsichtigte.

Referent will noch in Bezug auf das obige Werk hinzufügen, dafs, wenn die alphabetische Ordnung, die daher entstanden ist, dafs hier nur ein Theil des allgemeinen Repertoriums vorliegt, anfangs vielleicht etwas störend erscheint, das hinten angefügte Register leichte Übersicht und Aufsuchen der einzelnen Bestimmungen gestattet. Druck und Papier sind vortrefflich.

M. H. J.

Inhaltsverzeichniſs des zweiten Hefts neunten Bandes.

Berlin, gedruckt bei G. Reimer

Journal
für
die Baukunst.

In zwanglosen Heften.

Herausgegeben

von

Dr. A. L. Crelle,

Königlich-Preufsischem Geheimen-Ober-Baurathe, Mitgliede der Königlichen Akademie der Wissenschaften zu Berlin, Correspondenten der Kaiserlichen Akademie der Wissenschaften zu St. Petersburg und der Königlichen Akademieen der Wissenschaften zu Neapel und Brüssel, Ehrenmitgliede der Hamburger Gesellschaft zur Verbreitung der mathematischen Wissenschaften.

Neunter Band.

Drittes Heft.

Mit einer Kupfertafel (Taf. XII.).

Berlin,
bei G. Reimer.

1835.

9.

Vorschlag zu einer Gebäude-Gründung in besonders ungünstigem Boden.

(Von einem Ungenannten.)

Mitte 1833 wurde ein Entwurf zu einem drei Stockwerke hohen Gebäude auf einer Stelle verlangt, wo schon, theils auf gewöhnlichen, jedoch etwas weniger tief, als zu wünschen gebauten Fundamentmauern, theils auf gemauerten Senkbrunnen, eben so hohe Gebäude stehen, die, im Falle jenes Gebäude erbaut würde, abgetragen werden müfsten.

Die Fläche, auf welcher das neue Gebäude aufgeführt werden sollte, ist an der hinteren Seite 104¾ Fufs Preufs. lang, und, falls das Gebäude in der reinen Mauer 24 Fufs breit werden soll, wie es nothwendig sein wird, 111⅓ Fufs lang.

Die Baustelle ist, sowohl hinten, als an den beiden Giebel-Enden, von drei Stockwerke hohen Gebäuden umgeben.

Das an der hinteren Seite der Baustelle neu aufgeführte, erst im Jahre 1832 beendigte, Nachbargebäude hat, nach der Baustelle zu, aufser den drei Stockwerken, noch die Rückwand seines Pultdaches. Ähnlich verhält es sich an demjenigen Giebel-Ende, welches dem vorbeiströmenden Flusse zunächst liegt. An dem andern Giebel-Ende steht eine neu aufgeführte, hinreichend tief gegründete Quermauer, welche künftig zur Giebelmauer des stehen bleibenden Theils des alten Gebäudes dienen soll und kann.

Das erwähnte Nachbargebäude hat man, und zwar besonders an der Grenze, weil sich fester Baugrund erst in 27 Fufs Tiefe unter dem Hofpflaster gefunden hat, vermittelst Kasten gegründet, welche auf folgende Weise construirt gewesen sind.

Oberhalb lag ein Gevierte aus 9 Zoll im Quadrat starkem Holze, welches auf der äufseren, unteren Kante ausgefalzt war. Der Falz nahm die oberen Enden dreizölliger Bohlen, welche die Wände bildeten, auf.

Ein ähnliches Gevierte lag am unteren Ende des Kastens. An dieses waren die dreizölligen Bohlen festgenagelt; die Bohlen aber und die untere Seite des Schwellrahmens waren zugeschärft, um leichter in den Boden zu dringen. Zwischen den gedachten beiden Gevierten standen Säulen, und zwischen diesen lagen zweimal Riegel, über welche Kreuzbänder geschnitten waren.

Diese Kasten sind durch Ausbaggern des von den Wänden umschlossenen Erdreiches, und durch Belastung mit Steinen, nach und nach bis zum festen, groben Sande eingesenkt worden.

Hierauf hat man, 3 bis 4 Fuſs hoch, Steine hinein geworfen, Mörtel dazwischen geschüttet und darauf die Kasten durch Auspumpen trocken gemacht und erhalten, bis das Mauerwerk die Oberfläche des Grundwassers erreicht hatte.

Das Gebäude an dem, dem Flusse zunächst liegenden, Giebel-Ende ist auf einem Pfahlrost gegründet.

Es ist oben bemerkt worden, daſs erst in einer Tiefe von etwa 27 Fuſs hinreichend fester Baugrund sich findet. Die Sandschicht, in welcher dieser Baugrund besteht, liegt zwar an der Seite des Flusses am tiefsten und erhebt sich von da an landwärts: aber es läſst sich, ehe die vorhandenen Gebäude abgebrochen worden sind, durchaus nicht mit Gewiſsheit sagen, in welchem Maaſse die Mächtigkeit der Schichten, durch welche man mit den Grundmauern wird gehen müssen, abnehme, und es muſs daher, der Sicherheit wegen, angenommen werden, daſs auf die ganze Länge des Gebäudes erst in der genannten Tiefe der Grund gut sei.

Das Grundwasser findet sich etwa $8\frac{1}{4}$ Fuſs tief unter dem jetzigen Hofpflaster, in der Mitte der Länge des Gebäudes; der Wasserstand des Flusses ist dann etwa 1 Fuſs niedriger, als beim Mittelwasser, so daſs während des Baues das Wasser leicht noch 1 Fuſs höher, als in den Zeichnungen angenommen, stehen könnte.

Läge die Baustelle ganz frei, so wäre allerdings ein Pfahlrost, dessen Belag die ganze Länge und Breite des Gebäudes einnehmen müſste, zur Fundamentirung zweckmäſsig und auch vollkommen hinreichend; allein die Baustelle ist, wie gedacht, auf drei Seiten mit hohen Gebäuden umgeben, die auf die beschriebene Weise gegründet sind, und auf der anderen Seite liegen, etwa 30 Fuſs entfernt, Nachbargebäude, die sämmtlich eine bedeutende Höhe haben. Es ist also zu fürchten, daſs durch das Einrammen einer so groſsen Menge von Pfählen Risse in den Mauern der gedachten Gebäude entstehen könnten, oder daſs, selbst wenn es nicht der Fall wäre, wenigstens die Besitzer derselben auf das heftigste gegen das Rammen protestiren würden.

Gemauerte Senkbrunnen lassen sich hier deshalb nicht füglich machen, weil die Bogen, welche die Mauern tragen müſsten, an drei Seiten allzu weit von den anliegenden Gebäuden entfernt zu liegen kommen würden: also auch die darauf zu setzenden Mauern selbst, die nicht füglich auf Überkragungen gesetzt werden können, so daſs also zu viel Raum verloren gehen würde.

Es bleibt daher hier nichts übrig, als die Kasten-Gründung.

Kasten von der oben beschriebenen Art, wie sie bei den benachbarten Gebäuden gemacht worden sind, lieſsen sich hier zwar ebenfalls anwenden; und es würde nur besser sein, die Bohlen auch unterhalb in einen Falz des Schwellwerks greifen zu lassen, so daſs nur die Schwellrahmen unterhalb zugeschärft sind; auch die Kreuzbänder in den Wänden nicht über die Riegel zu schneiden, sondern sie, je paarweise, in jedem der drei übereinander liegenden Fache in jeder Wand, in die Säulen zu zapfen und nur über einander selbst zu schneiden.

Ein Hauptbedenken gegen solche Kasten aber ist, daſs die untere, 3 bis 4 Fuſs hohe Lage von eingeworfenen Steinen, durch die Belastung später noch immer etwas zusammengedrückt werden kann, und daſs daraus leichte Risse im oberen Mauerwerk entstehen können, die zwar vielleicht nicht gefährlich, immer aber doch unangenehm sein und öftere Erneuerungen des Putzes nothwendig machen würden.

Auch würde der zwischen die Steine gegossene Kalk gewiſs beim Auspumpen des Wassers aus den Kasten gröſstentheils, wenn nicht ganz, wieder fortgespült werden, und der im günstigsten Falle verbleibende Rest könnte unmöglich binden.

Ein dritter Übelstand, der zwar nicht für das neue Gebäude, aber für die dasselbe umgebenden Gebäude von Nachtheil sein kann, wie es die Erfahrung beim Baue des benachbarten Gebäudes gelehrt hat, würde sich bei dem Auspumpen der nie ganz dichten Kasten ohne Boden ergeben, weil solches sehr heftig geschehen müſste, da durch die eingeworfenen Steine die Quellen im Grunde nur sehr mangelhaft verstopft werden.

Aufserdem ist das Senken solcher Kasten noch beschwerlicher, als das der gemauerten Brunnen, wegen des geringen eigenthümlichen Gewichts der Wände; und Hindernisse im Grunde lassen sich oft nur durch Herauswinden des ganzen zum Theil schon eingesenkten Kastens heraus schaffen.

Aus allen diesen Gründen war eine andere Art von Fundamentirung zu wünschen. Eine solche soll hier beschrieben werden.

Zuerst grabe man die ganze Baustelle bis auf das Grundwasser aus; was hier ohne Gefahr für die umliegenden Gebäude geschehen kann. Auf die so erhaltene wagerechte Ebene werden dann je drei Schwellen *a* (Taf. XII. Fig. 1.) nach der Tiefe des Gebäudes, aber etwas länger als die Tiefe, gestreckt. Auf diese Schwellen kommen drei Langschwellen *b* zu liegen, von denen diejenige an der Hinterfronte nur aus einer dreizölligen Bohle bestehet, die allenfalls mit Bankeisen an das benachbarte Gebäude befestigt werden kann; was demselben nicht den geringsten Nachtheil bringt. Die zweite Schwelle liegt etwa in der Mitte der Tiefe des Gebäudes, und die dritte in einiger Entfernung von der Hoffronte. Auf jede Querschwelle kommen 5 Säulen *c* zu stehen, von welchen die beiden äufseren, und die mittlere Reihe nach der Länge des Gebäudes, also je drei Stück zusammen, verholmt sind. Auf die Holme *d* (Fig. 1. und 2.) kommen, nach der Tiefe des Gebäudes, Balken *f* (Fig. 2. und 3.) zu liegen, und auf diese Rüstbohlen *g*, nach der Länge. Die Balken dienen zugleich als äufsere Lehren für Spundwände, zwischen denen der Raum ausgebaggert werden soll, so tief, bis die feste Sandlage erreicht ist. Die inneren Lehren werden, in der Höhe der Gerüstbalken, durch Gevierte *h* (Fig. 1., 2. und 3.) gebildet, welche man während des Einrammens, immer abwechselnd, an zwei einander gegenüberliegende Spundwände durch Bolzen befestiget, während die beiden übrigen Wände tiefer getrieben werden; was mit der Handramme geschiehet. Die Handramme ist hinreichend, weil der innere Raum stets gleichmäfsig ausgebaggert wird.

An dem obersten Gevierte (Fig. 4. und 5.) hängt, in der Höhe des Grundwassers, ein zweites Gevierte *k* (Fig. 2. und 3.) vermittelst Hängesäulen von dreizölligen Bohlen *l*, welche oben und unten mit Schwalbenschwänzen eingelassen sind.

Ist man mit dem Eintreiben der Spundwände bis etwa 9 Fufs tief unter die Oberfläche des Grundwassers gekommen, so soll, der gröfseren

Sicherheit wegen, so tief als man gelangen kann, noch ein drittes Gevierte *m* (Fig. 2. und 3.) als innere Lehre angebracht werden. Das letztere kann aber nicht ganz in sich verbunden eingebracht werden, sondern mufs so eingerichtet werden, dafs es sich erst an der Stelle, wo es wirken soll, nach allen Seiten auseinander treiben läfst.

Dies soll auf folgende Weise geschehen.

Durch jedes der vier Stücke, aus welchen es bestehet, werden zwei Ringbolzen *n* (Fig. 2.) gesteckt, und in diese eiserne Stangen *p* gehakt, mittelst welcher sich jedes Stück, einzeln, bis auf eine beliebige Tiefe hinunter drücken und dort festhalten läfst. Die Stangen *p* gehen durch Öffnungen, welche durch das zweite Gevierte *k* gestemmt sind, und können dort durch einen Vorstecker festgehalten werden. Nachdem die zwei Längenstücke auf diese Weise eingebracht worden sind, geschiehet das nemliche mit den beiden Querstücken, die blos, vermittelst n i c h t durchgehender Blätter, in Einschnitte der Langenstücke sich legen, welche Spielraum genug für den Fall gewähren, dafs ein Theil der Spundbohlen aus dem Lothe gewichen wäre. An dem einen Ende jedes Längenstücks des Geviertes ist eine längliche Öffnung durchgestemmt, deren eine schmale Seite eine schiefe Ebene bildet, welche vom Loth etwa um $\frac{1}{12}$ der Höhe abweicht. Eine ähnliche schiefe Ebene ist an der inneren lothrechten Seite jedes der Enden des einen Querstücks ausgearbeitet. Steckt man in diese längliche Öffnung einen Keil, welcher nicht ganz bis zum Gevierte in der Höhe des Wasserspiegels reicht, und stellt auf den Kopf des Keils *q* eine Fufswinde, deren Klaue unter das Gevierte reicht: so läfst sich der Keil o h n e S t ö f s e eintreiben, und die beiden kurzen Seiten des untersten Geviertes werden sich von einander entfernen.

Auf gleiche Weise wird in Bezug auf die Längenseiten verfahren.

Da, wo die Spundwände an den anliegenden Gebäuden eingetrieben werden müssen, sollen die inneren Gevierte von dreizölligen Bohlen gemacht werden, um so wenig als möglich Raum zwischen dem neuen Gebäude und den benachbarten lassen zu müssen.

Ist nun auf diese Weise ein nach der Tiefe des Gebäudes liegendes Paar solcher Räume mit Spundwänden umgeben, und ist darin der Boden bis zum festen Bau-Grunde ausgebaggert worden: so läfst sich in jedes Gevierte ein Senkkasten, von der beim Brückenbau gebräuchlichen Art, bringen. Der Boden eines solchen Kastens enthält einen Rahmen *r*

(Fig. 2. und 3.), von 9 Zoll im Quadrat starken Holze, in welchen, nach der Quere, fünfzölliges Halbholz *s* dicht aneinander gelegt wird. Das Halbholz ist an der unteren Seite mit den Rahmstücken nicht bündig gelegt, damit noch einiger Spielraum für den unmöglich vollkommen zu ebnenden und zum Theil durch den Rahmen zur Seite zu drückenden Sand übrig bleibe. Aufser den vier Ecksäulen *t* erhalten nur noch die beiden Längenwände des gröfseren Kastens Mittelsäulen *u*. Die Säulen sollen von 6 und 8 Zoll starkem Holze gemacht werden und Nuthen bekommen, in welche dann zweizöllige Bohlen geschoben werden.

Die Bohlen werden genau gefugt und gedichtet, jedoch anfänglich nicht höher eingebracht, als nöthig, damit der Kasten mit der ersten Schicht Mauer schwimme, um das Einbringen der Materialien so wenig als möglich zu erschweren. Auf die Sänlen werden oben Zangen *v*, nach der Länge, gezapft und auf diese Querzangen *w* gekämmt. Durch die letzteren gehen eiserne Stangen, die unten, vermittelst Öhre, an Haken hängen, welche an dem Rahmen befestiget sind, oben aber durch Schraubenmuttern angezogen werden, so dafs die unteren Zapfen der Säulen den Rahmen nicht verlassen können.

In dem so eben beschriebenen Kasten werden nun die einzelnen Pfeiler von Kalksteinen und Wassermörtel aufgemauert, hernach aber die Kasten, bis auf den Boden, stückweise wieder herausgenommen; desgleichen werden die Spundwände, bis auf die, dem nächsten Paare Kasten zu liegenden, wieder herausgezogen. Hierauf wird die Operation, mit denselben Materialien, nach gehöriger Ergänzung und Verfertigung eines neuen Bodens, für das folgende Paar Kasten wiederholt.

Die Mittellinien der Senkkasten sind nur 8 Fufs von einander entfernt. Die Ursach davon ist, dafs es unerläfsliche Bedingung war, wenigstens in den beiden unteren Etagen so viel einfenstrige Zimmer zu schaffen, als möglich. Jedes solches Zimmer aber mufste einen besonderen Eingang erhalten, was nur durch einen Corridor längs der Hinterfronte möglich war.

In den Corridormauern mufsten, unter den gegebenen Umständen, die Vorgelege und Schornsteinröhren angebracht werden. Der Corridor konnte in der ersten Etage nur $4\frac{3}{4}$ Fufs im Lichten weit werden, weshalb die Kasten für die Hinterfronte und die Corridormauer nicht getrennt, sondern gleich durchgeführt sind, indem doch zwischen denselben beinahe kein Raum übrig bleiben würde, und also die Kosten nicht vermindert, sondern nur vermehrt und die Schwierigkeiten noch vergröfsert werden würden.

Die Ausführbarkeit dieses Vorschlages dürfte nicht zu bezweifeln sein, wenn gleich in dem hier gegebenen besonderen Falle, wegen der großen Beschränktheit des Raumes und der dadurch veranlafsten geringen Gröfse der Spielräume, die Arbeit gegen die in anderen Fällen bedeutend erschwert sein würde. An Festigkeit würde augenscheinlich gegen die der Kasten ohne Boden und der Senkbrunnen sehr bedeutend gewonnen werden. An Kosten würde, wenigstens relativ, wenig mehr erforderlich sein, als zu jenen, und das für die in der Nähe liegenden Gebäude höchst nachtheilige Auspumpen des Wassers würde fast ganz wegfallen.

10.

Nachtrag zu der im 2ten Heft 8ten Bandes pag. 137 enthaltenen Flora von Schlesien für das Bauwesen.

(Von dem Königl. Bau-Inspector Herrn *Rimann* zu Wohlau in Schlesien.)

Das ursprüngliche Linneesche Pflanzensystem nahm 24 Klassen, nehmlich 23 für die Phanerogamischen und 1 für die Cryptogamischen Pflanzen an. Die vielen Anfechtungen, die dieses System erfahren hat, wodurch mancher litterarische Streit verursacht worden ist, sind jetzt damit beseitigt, daſs die neuern Botaniker die 23ste Klasse (*Polygamia*) aufgehoben und die Pflanzen, die dahin gezählt wurden, unter die übrigen 22 Klassen vertheilt haben, wornach eine 23ste Klasse des Linneeschen Systems nicht mehr existirt.

Die 24ste Klasse (*Cryptogamia*) enthält diejenigen Gewächse, deren Geschlechtstheile unkenntlich und deren Blüthen dem unbewaffneten Auge verborgen sind, also nach dem Mythus der alten griechischen Dichter der Flora nicht geheiligt sein konnten. Linnee hatte nur vier Ordnungen dieser Abtheilung, nehmlich Farrenkräuter (*Filices*), Moose (*Musci*), Flechten (*Algae*) und Pilze (*Fungi*). Durch neuere Naturforscher sind seit Linnees Tode, der den 10ten Januar 1778 erfolgte, eine so groſse Menge cryptogamischer Vegetabilien entdeckt worden, daſs diese Klasse um mehr als das Zehnfache zugenommen hat und jetzt 13 Ordnungen derselben bekannt geworden sind. Die Anzahl dieser Vegetabilien sei aber so groſs als sie wolle, nur wenige davon gewähren und zwar nur einen geringen Nutzen im Bauwesen, dagegen giebt es mehrere, die einen zerstörenden Einfluſs auf die Dauer des Holzes und selbst ganzer Gebäude äuſsern, weshalb ihre wissenschaftliche Bedeutung zum Studium des Baumeisters gehört.

Bekanntlich ist das Linneesche System nach der Anzahl und Bildung der Staubfäden classificirt. Von ihm ist das Jussieusche Pflanzen-System, welches die Pflanzen in den Keimen unterscheidet, wesentlich abweichend. Dieses System stellt die vegetabilische Organisation von ihrem Beginnen dar und schreitet von den unvollkommensten zu den vollkommensten Pflanzen fort. Aus diesem Grunde haben ihm viele Naturforscher, besonders des Auslandes, den Vorzug vor dem Linneeschen eingeräumt und ihm den Namen natürliches Pflanzen-System beigelegt. Es zerfällt in drei Haupt-Klassen, nehmlich:

1. *Acotylidonen*, bei denen das Embrio im Saamen unkenntlich ist und wozu mithin die unvollkommensten Pflanzen gehören, wie die Cryptogamien des Linnee.
2. *Monocotylidonen*, welche mit einem Blatt oder einem Cotyledo keimen. Ein leichteres Kennzeichen für diese Ordnung, welches nur wenige Ausnahmen erleidet, ist, dafs sie Scheidenartige Blätter hat. Hierher gehören alle Gräser, Binsen oder Schilfartigen Gewächse und die Palmen. Alle Zwiebel-Gewächse gehören zu den Monocotylidonen.
3. *Dycotylidonen* keimen mit zwei Blättern oder Cotylidonen und sind solche, welche mehr zusammengesetzt, vervielfältigt und am meisten ausgebildet sind. Alle Fruchtbäume gehören zu den Dycotylidonen.

Wir wollen nun die in Schlesien vorhandenen, im Bauwesen vorkommenden Cryptogamien nach der Ordnung, wie sie im Jussieuschen System folgen, in Betrachtung ziehen.

Erste Famielie. Die Algen, *Algae.*

Diese Famielie bildet den Anfang der Pflanzenwelt, doch stehen die Algen zwischen den Flechten und Pilzen, und ihre äufsern Glieder zeigen sich in solchen Übergängen, dafs es oft schwer hält, den eigentlichen Character zu unterscheiden. Die letzte Gattung der Lichenen ist ein Übergang zu ihnen. Ihre äufsere Rinde ist wie bey diesen ein Zellgewebe, innerhalb sind sie Gallertartig, aber die Gallert besteht aus lauter gewundenen Fäden, wie sie bei den Lichenen trokken vorhanden ist. Die ganze Form der Algen ist Röhrenförmig, wie bey den Pilzen, bei denen der Stamm jedoch vollkommene Scheidewände hat. Die Algen erzeugen sich nur im Wasser, in der Nähe desselben oder an sehr feuchten Stellen. Wir finden in Schlesien folgende Arten.

Oscillatoria vaginata von dunkelbrauner Farbe, überzieht feuchte Stellen auf der Aufsenseite der Häuser.

Byssus aureus Lin., von schöner oranger Farbe, bildet kleine Rosen auf Baumstämmen, die an feuchten Plätzen oder unmittelbar am Wasser wachsen.

Conferva glomerata Lin., inwendig grün und sehr ästig. Sie findet sich häufig in den Abflüssen der Wassermühlen, unterhalb den Radstuben oder an Hintergesenken.

Zweite Famielie. Die Flechten, *Lichenes.*

Dieses ausgedehnte Geschlecht des Pflanzenreichs enthält ebenfalls einige in Schlesien vorkommende Arten, die sich auf der Aufsenseite der Mauern oder des Holzwerks erzeugen und durch die Feuchtigkeit, welche sie aus der Luft an sich saugen und conserviren, der Erhaltung der Bauwerke mehr nachtheilig als unschädlich sind.

Wir bemerken hier blos *Verrucaria nitida*, die häufig auf Steinmauern anzutreffen ist. *Verucaria* Schraderi, die in den Höhlungen des Kalksteins vegetirt. *Opegrapha paralella* und *Sticta sylvatica*, die auf alten Bretterzäunen zu finden sind.

Dritte Famielie. Die Schwämme, *Fungi.*

Diese Cryptogamien *) sollen nach der Meinung mehrerer neuern Naturforscher entweder aus faulen Pflanzentheilen oder durch eine von feuchtwarmer Luft entstandene Gährung vegetabilischer Stoffe hervorgebracht werden.

Nach Link werden die Schwämme oder Pilze in 5 Klassen getheilt. Die 5te, *Succomicetes,* enthält diejenigen Schwämme, welche auf der Rinde der Bäume, überhaupt auf dem Holzwerk ja selbst auf Mauern,

---

*) Cryptogamien nannte Linnee alle Pflanzen, welche keine deutlichen Geschlechtstheile haben. Link unterscheidet von ihnen noch die Cryptophyten, die in ihrem innern und äufsern Bau von allen übrigen Pflanzen abweichen. Innerhalb haben sie kein regelmäfsiges Zellgewebe, auch fehlen ihnen die Spiral-Gefäfse. Äufserlich mangeln ihnen die Wurzeln. Bei den Cryptophyten ist auch der Stamm von den Blättern nicht zu unterscheiden. Sie bestehen aus dem Thallus, dem Stamm oder Stock und dem Sporangium oder Fruchtgefäfs und zerfallen in drei schon erwähnte Gattungen, nehmlich:

1. *Lichenes* oder *Lichenosa*, wo der Thallus entweder Krustenartig oder Blattförmig ist.
2. *Algae*, bei ihnen ist der Thallus stammförmig.
3. *Fungi*, der Thallus ist flokkig oder gar nicht vorhanden.

wenn altes oder faules Holz in der Nähe ist, sich erzeugen *). In Schlesien sind vorhanden:

Der gewöhnliche Hausschwamm, *Merulius cantarellus.*

Der *Xilophagus vastator*, welcher der gefährlichste ist, indem er das Holz gänzlich verdirbt oder zerstört und in die tiefsten Bergwerke hineindringt und der

Boletus igniarius oder *destructor*, welcher sich auf der Rinde mehrerer Laubhölzer bildet und den gewöhnlichen Zunderschwamm liefert.

Der Hausschwamm ist diejenige Cryptogamie, welche die Aufmerksamkeit des Baumeisters am meisten in Anspruch nimmt.

Über die Erzeugung, natürliche Beschaffenheit und Vertilgungsmittel desselben besitzen wir eine vortreffliche Abhandlung von dem verstorbenen Geheimen Ober-Bau-Rath Held in Dr. Crelle's Archiv für die Baukunst. Berlin, 1818. Seite 137. Hier ist dieser Gegenstand ebenso belehrend als gnügend und erschöpfend bearbeitet worden, so daſs nichts weiter hinzuzufügen ist und diejenigen die hierüber unterrichtet sein wollen, mit Überzeugung darauf verwiesen werden können.

Doch verstatte man mir aus meinen Erfahrungen einige Beispiele über die Verwüstungen des Hausschwamms hier mittheilen zu dürfen.

1. Im Jahre 1818 baute die Amtsgemeinde Q. auf ihre alleinige Kosten und ohne Einmischung ein neues Schulhaus von Bindwerk mit Lehmfachwerk und innerem und äuſserem Lehmbeschlage. Drei Jahre nach vollzogenem Bau klagte der Schullehrer über verschiedene Mängel des Hauses und insbesondere über groſse Feuchtigkeit. Bey der von mir vorgenommenen Untersuchung fand ich die Schulstube zwar sehr geräumig, aber niedrig und dunkel. In den Winkeln der Dielung und an mehrern Fenster-Verkleidungen hatte sich der Hausschwamm in seiner ganzen Vollkommenheit eingestellt. Es wurden einfache Mittel zur Austrocknung dieses Schulgebäudes sofort angewendet und glaubte man für die Erhaltung desselben das erforderliche gethan zu haben. Nichts destoweniger nahm das Übel unbemerkt zu und nach Verlauf von zehn Jahren zeigte

*) In dem botanischen Taschenbuch: Deutschlands Flora von F. G. Röhling, III. Theil, 1813, sind die Schwammgattungen in vier Cohorten eingetheilt. Die 1ste Cohorte enthält die Rindenschwämme, hartfrüchtige oder Holzschwämme, welche schmarozzend auf Baumstämmen, Rinden, faulen Holz und Blättern wachsen. Diese Schwämme sind verschieden gestaltet und im trokkenen Zustande härtlich; die Saamentragende Masse ist Gallertartig.

sich beim Abfallen des innern Lehmbeschlags, dafs sämtliches Holzwerk der Wände gänzlich verfault war und sich an einzelnen Stellen bereits in vollständigen Moder aufgelöfst hatte.

Das Resultat der sorgfältigsten Forschungen, die ich über die Entstehung dieses Ruins zu meiner eignen Belehrung angestellt hatte, beschränkt sich auf folgende That-Sachen. Das zu diesem Schulhaus verwendete Bauholz war am Schlufs der Wadelzeit, also schon beim Eintritt der Saftbewegung gefällt, und sehr schnell, daher unausgetrocknet, verbaut worden. Bald nach der Aufstellung des Gebäudes war hintereinander das Stacken und Lehmen des Fachwerks und der innere und äufsere Lehmbeschlag gemacht und auch dadurch die Austroknung des Holzwerks gehindert worden. Auf dem innern Lehmbeschlag ist vor gänzlicher Beendigung des Gebäudes die Vegetation so stark gewesen, dafs die Wände grün ausgesehen haben. Der gegen Morgen gerichtete Giebel des Schulhauses steht am aufsteigenden Terrain, das äufsere Terrain ist dort höher als der innere Fufsboden und die Morgensonne hat niemals zur Austroknung des Gebäudes wirksam sein können. Zu allen diesen Nachtheilen kam noch die geringe Etagehöhe von 7 Fufs, zu sparsam angebrachte Fenster und Mangel an Zugluft Hinsichts der Lage der Baustelle, so dafs die Verbindung der Stubenluft mit der atmosphärischen zu wenig erfolgen und die erstere stets feucht und ungesund bleiben mufste.

2. Das Schulgebäude zu C. war im Jahr 1823 ganz neu massiv unmittelbar unter meiner Leitung gebaut und keine der zur guten Bau-Ausführung vorgeschriebenen Regeln verabsäumt worden, auch war bey der Bauabnahme noch der Anschein, als würde jeder einzelne Theil eine gnügende Dauer beweisen. Nach Verlauf der ersten Jahre zeigten sich jedoch Spuren des Schwamms, die man Anfänglich nicht beachtete, bis solche häufiger und gröfser in den Winkeln der Dielungen und auf den Thürverkleidungen hervortraten. Es wurden zwar einige Vorkehrungen getroffen und nahmentlich Lufterwärmungsröhren in den Ofens angebracht, doch hatte die Fäulnifs schon zu weit um sich gegriffen. Zehn Jahre nach dem Neubau waren sämtliche Thürzargen von 2½ Zoll starken eichenen Bohlen, die Thürverkleidungen und die Dielungen verfault und mufsten fast gänzlich erneuert werden.

Der Grund dieser so schnellen Zerstörung war schwerer zu entziffern als der vorhergehende. Nach vollständig beendigtem Bau hatte das

Gebäude fast ein Jahr unbewohnt mit geschlossenen Thüren und Fensterladen gestanden. Unbedenklich mufste sich wehrend dieser Zeit in der innern Luft viel Kohlensaures Gas und Wasser erzeugen, die das Holzwerk angesaugt hat und dadurch geneigter zu schnellerm Verfaulen und Bildung der Schwämme geworden ist. Übrigens war hier wie im vorhergehenden Fall an der hintern Seite des Hauses aufsteigendes Terrain und daher ein fortdauerndes Einwirken der Erdfeuchtigkeit von Aufsen.

Beide Beyspiele bestätigen die Erfahrung, dafs bei der Anlage der Schulstuben in denen die Luft täglich durch eine grofse Anzahl Kinder mit mephytischen Dünsten überfüllt und nach vollbrachtem Unterricht gewöhnlich das nothwendige Öffnen der Thüren und Fenster unterlassen wird, auf eine möglichst hoch und frei gelegene Baustelle gesehen werden mufs, damit sie einen trokkenen Fufsboden erhalten.

3. Am auffallendsten waren die Verwüstungen des Schwammes in dem im Jahr 1828 neu erbauten Königlichen Oberförster-Hause zu B., welches unter Aufsicht des dortigen Forstbeamten und der meinigen mit aller Vorsicht ausgeführt wurde. Dieses Gebäude war von Bindwerk mit Ziegelfachen und innerhalb mit Ziegeln verblendet, construirt worden. Wegen dem Zudrang des Wassers in geringer Tiefe erforderte die Kelleranlage, dafs dasselbe 3 Fufs über das Terrain hoch erbaut wurde und eine Zocke von gesprengten Granit-Steinen erhielt. Das in Anwendung gebrachte Bauholz war anscheinend von vorzüglicher Beschaffenheit und wurde wohlausgetroknet verarbeitet, überhaupt war nichts zur guten Ausführung erforderliche unterlassen und der Bau in der Mitte des Sommers beendigt worden.

Schon im dritten Jahr nachher zeigte sich der Hausschwamm und im fünften war fast kein Zimmer, wo man ihn nicht hätte an den Dielungen, an Thür- und Fenster-Verkleidungen und überall, da wo das Holz nicht gedekt war, gewahr werden können, auch wurden an vielen Stellen Spuren der eingetretenen Fäulnifs des Holzes sichtbar. Gleich nach seinem Vorkommen wurde zwar der Schwamm vertilgt und die Stelle mit aufgelöfstem Kochsalz getränkt, doch wuchs derselbe bald wieder an einer andern Stelle.

Im vorigen Jahre, also 6 Jahr nach beendigtem Bau, hatte das Verfaulen der Dielen und Thürsaulen in solchem Grade zugenommen, dafs zu einer bedeutenden Reparatur geschritten werden mufste. Diese ist so weit geschehen, daſs die meisten Zimmer des Hauses neu gedielt worden und die Wandstiehle an den Thüren so wie die Verkleidungen erneuert worden sind. Ob durch das Geschehene der Schwamm vernichtet und das Gebäude erhalten sein wird, ist zweifelhaft; eine lange Dauer kann jedoch von dem sämtlichen Holzwerk niemals erwartet werden.

Durch die genauesten Nachforschungen über die Entstehung dieses Übels ist folgendes ermittelt worden. Nach der Meinung des Bewohner des Hauses sollte die Ursache davon der natürlichen Beschaffenheit des auf nassem tragbaren Boden unter Buchen und andern Laubhölzern zu üppig aufgewachsenen kiefernen Bauholzes allein zuzuschreiben sein, auch waren in dem Hau, aus dem das Holz entnommen worden war, noch Stämme vorhanden, worauf der Schwamm wuchs.

Hätte diese Meinung ihre Richtigkeit, so würde daraus gefolgert werden können, daſs dasjenige Holz, welches schon auf dem Stamme schwammig gewesen, auch als Bauholz angewendet den Schwamm noch hervorbringt, ebenso wie diejenigen Hölzer, welche schon vor ihrer Anwendung vom Bohrkäfer ergriffen worden sind, niemals davon befreit werden können. — Dieser Meinung kann ich jedoch nicht unbedingt beitreten, wenn auch zugestanden werden muſs, daſs bei solchem Holz die Erzeugung des Schwamms viel leichter durch Feuchtigkeit und andere Ursachen veranlaſst werden kann.

Die Entdekkung, daſs in dem nahestehenden Stallgebäude auch Schwämme an den Balken wuchsen, brachte mich auf die Vermuthung, daſs die niedrige feuchte Lage des ganzen Oberförsterei-Gehöftes wesentlich zur Erzeugung des Hausschwammes beitragen könne. Hierzu kam noch, daſs an der Stelle, wo das neue Wohnhaus hingebaut worden war, früher ein alter baufälliger Ochsenstall gestanden hatte und wahrscheinlich die zum Keller ausgegrabene mit verschiedenen verfaulten Pflanzentheilen und thierischem Dünger gesättigte Erde, später zum Ausschütten unter die Dielen verwendet worden ist, was zur Production der Schwämme kräftig gewirkt haben mag.

Der verewigte geh. O. B. R. Held empfiehlt in seiner schon erwähnten Abhandlung die möglichste Vorsicht und Auswahl desjenigen Bodens, welcher zum innern Ausfüllen bis zur Zocken-Höhe, unter den Dielen und zwischen den Windeldecken und obern Fuſsböden gebraucht wird, und alle Erfahrungen bestätigen das nachtheilige, was durch die Anwendung nasser Holzerde, oder aus Rasen, aus Spänen, oder aus andern vegetabilischen Gegenständen bestehenden mit animalischem Dünger angefüllten Boden hervorgebracht wird.

Meine Erfahrungen über diesen für den denkenden Baumeister gewifs recht wichtigen Gegenstand berechtigen mich zu der Behauptung: ein durch Feuchtigkeit oder andern Ursachen veranlafstes vorzeitiges Verfaulen oder Verstokken des Holzwerks bringt Schwämme an denselben hervor und beides die eingetretene Fäulnifs, und die Schwämme beschleunigen die gänzliche Zerstörung des Holzes.

Dafs die Beschaffenheit der Luft in den innern Räumen eines Gebäudes viel beiträgt, darf nicht übersehen werden. Fehlt es an gehörigem Luftzug, an Verbindung der innern mit der atmosphärischen Luft, die bei unbewohnten oder verschlossenen Zimmern unterbrochen ist, und überhaupt an Trokkenheit oder ist ein Überflufs an Wasserdämpfen vorhanden, denn kann die Fäulnifs und die Erzeugung der Schwämme mit Gewifsheit erwartet werden.

Nach den genauesten Experimenten der neuern Chemiker besteht die atmosphärische Luft aus $\frac{21}{100}$ Sauerstoffgas und aus $\frac{79}{100}$ Stickstoffgas, aufserdem enthält sie noch eine veränderliche Quantität Wasserdampf und $\frac{1}{1000}$ Kohlensaures Gas (mephytische Luft) *).

Die in Zimmern befindliche Luft enthält gewöhnlich mehr Stickstoff und mehr Kohlensaures Gas.

In ganz geschlossenen unbewohnten Zimmern, wo aller Luftzug mangelt, aber doch Gegenstände vorhanden sind, welche Ausdünstung verursachen, in Kellern u. s. w. ist die Quantität der genannten Luftarten noch gröfser und das Sauerstoffgas verschwindet oft ganz.

Man wird finden, dafs in solchen Räumen die Feuchtigkeit zunimmt, der Schimmel sich bald zeigt und auch das Wachsthum der Schwämme gedeihen mufs.

---

*) Offenbar ist also unsere atmosphärische Luft aus zwei verschiedenen Luftarten zusammengesetzt: aus einer, die allein das Verbrennen zu unterhalten fähig ist, die beim Acte des Verbrennens selbst zersetzt wird, die allein zu den Functionen der Respiration für Thiere fähig ist, die höchstens etwa 0,27 der atmosphärischen Luft ausmacht, und die wir durch den Namen der Lebensluft (*Aër vitalis*) oder das Sauerstoffgas (*Gas oxicum*) unterscheiden; und dann aus einer andern Luftart, die nicht zur Unterhaltung des Verbrennens geschickt ist, worinn Thiere erstikken, die wenigstens etwa 0,73 Theile dazu beiträgt, und die den Namen das Stickgas (*Gas azotum*) erhalten hat. Grens Grundrifs der Naturlehre. Halle, 1801. §. 329.

In alten mit Balkendekken versehenen Kellern fehlen sie niemals und verschonen auch das eichene Holz nicht, wiewohl sie diesem nicht so nachtheilig zu sein scheinen als dem kiefernen und fichtenen Holz. In niedrigen mit Balkendekken versehenen Dorfbrauereyen wird man in den Brauküchen stets Schwämme in den Winkeln der Dekken, welche durch häufige Wasserdämpfe und Mangel an Luftzug erzeugt werden, antreffen. In Wohnstuben, die oft gewaschen (gescheuert) werden, wobey man jedoch die gehörige Austrocknung durch Öffnung der Thüren und Fenster verabsäumte, habe ich in den durch Möbel gedekten Ekken derselben Schwämme und das vorzeitige Verfaulen der Dielen entstehen sehen.

Vielleicht dafs diese Erfahrungen für die Wahrheit meiner Behauptung sprechen.

Da wo die Örtlichkeit eine ganz trokkene Lage des Gebäudes nicht gewährt, müssen um so dringender alle Vorschriften beobachtet werden, dafs das Mauerwerk in einer zu gehörigen Austroknung geeigneten Zeit ausgeführt und ebenso mit der Anwendung des Bauholzes verfahren werde, um die Erzeugung des Hausschwamms zu verhüten.

Alle in Vorschlag gebrachten Präservativ-Mittel gegen diese schädliche Vegetabilie, als der sind, Schwefelsäure, Kochsalz, Quecksilbersalz (*Hydrargyrum muriaticum*) und andere können niemals mit Nutzen angewendet werden, so sehr viel Gewicht auch mancher auf dieses oder jenes Mittel hält.

Eine kleine Abhandlung, die über diesen Gegenstand in vorigem Jahr erschienen: Anweisung den Mauerfrafs, Mauer- und Holzschwamm, so wie Feuchtigkeit in den Gebäuden überhaupt zu verhüten und vertilgen von M. H. G. Tölken, Quedlinburg und Leipzig, 1833, enthält für Baumeister wenig belehrendes.

Beiläufig mufs ich noch bemerken, dafs oft die Baustellen für öffentliche und Privat-Bauten in der Stadt und auf dem Lande nicht den erforderlichen Platz zur Aufstellung der im Winter anzufahrenden Mauerziegeln verstatten. Wegen beschränktem Raum müssen diese Materialien unter Dachtraufen, in feuchten die Luft und Sonne entbehrenden Stellen übereinander aufgehäuft und später ganz durchnäfst verarbeitet werden.

Bleiben die aus ersäuften Mauersteinen aufgeführten Gebäude nicht ein Jahr ohne Abputz zur gehörigen Austroknung stehen, sondern werden schnell abgeputzt, dann ist die Feuchtigkeit nie aus den untern Wänden zu verbannen.

Vierte Familie. Die Lebermoose, *Stepaticae.*

Von dieser Pflanzenfamielie kommt beim Bauwesen nichts vor.

Fünfte Familie. Die Moose, *Musci.*

Von dieser kleinen Pflanze, welche feuchte und Schattige Standorte liebt, bemerken wir zwei verschiedene in Schlesien überall wachsende Arten, nehmlich:

a. Das Waldmoos, *Polytrichum commune.*

In Laubhölzern noch mehr aber in Nadelholzwaldungen ist es in großer Menge anzutreffen und bedekt oft große Erdflächen.

Zur Aussetzung der Brunnen-Einfassungen von Bruchsteinen oder gebrannten Steinen (Brunnenziegeln) bedient man sich des Waldmooses mit größerm Nutzen, als des Kalkmörtels.

In zweistökkigen Gebäuden, deren unterer Raum Remisen oder andere unheitzbare Räume enthält, Windel- oder eingeschobene Decken aber nicht angebracht sind, wie hie und da vorkommt, nimmt man trokkenes Waldmoos zur Ausfüllung der Zwischenräume zwischen der obern Dielung und der untern Schalbretter, die es wegen seiner Leichtigkeit nicht belastet und die Fußböden der zweiten Etage wärmer macht.

Bey Gebäuden, in denen die Balken 4 Fuß auch wohl noch darüber auseinander gelegt sind und den Stackhölzern eine zu starke Belastung nicht zugetraut werden kann, bringt man trokkenes Moos über die halben Windeldekken, statt selbige mit Erde auszuschütten.

Sollen nachträglich Balkenlagen in alten aus Steinen oder Ziegeln festgemauerten Gebäuden eingezogen werden, so kann man nicht immer den Balkenköpfen eine sichere Auflage zu einer schwerfälligen Dekke verschaffen. Das Herunterbrechen solcher Dekken, wie es schon oft genung vorgekommen ist, hat man dem vorzeitigen Verfaulen oder Schwinden der Balkenköpfe und andern Ursachen vielleicht ohne hinreichenden Grund zugeschrieben, wiewohl solches nur allein durch eine zu schwerfällige Dekke veranlaſst worden sein kann. Auch in diesem Fall ist das Waldmoos mit Nutzen zu gebrauchen.

b. Das Hüllmoos, *Fontinales antipretica.*

Es erzeugt sich an den Rändern der Bäche und flieſsenden Gewässer, auf Felswänden, am häufigsten aber auf ältern Ziegel- Schindel- und Scheben-Dächern. Bey erstern ist es offenbar der längern Dauer nachtheilig und muſs von Zeit zu Zeit durch Dachdekker abgekrazt werden. Ebenso wird das schnellere Verfaulen der Schindeldächer unbedenklich dadurch befördert. Bey Schebendächern hält es der Landmann für die Erhaltung seines Daches vortheilhaft und gegen das Feuer schützend. Der erstere Grund hat allerdings viel für sich, weil das Moos die äuſsere Feuchtigkeit an sich saugt und den nachtheiligen Einfluſs abwechselnder Nässe und Trokkenheit der Witterung für die Dachscheben mindert. Eine Feuerschützende Eigenschaft des Mooses auf Dächern kann nur nach regnigtem Wetter oder wenn sich das Dach in einem feuchten Zustand befindet, zugestanden werden.

Sechste Famielie. Die Lycopodiaceen, *Lycopodiaceae.*

Diese Pflanzengattung, welche ihrem äuſsern Ansehen nach zwischen den Moosen und Farrenkräutern die Mitte hält, kommt im Bauwesen nicht vor.

Siebente Famielie. Die Farrenkräuter, *Filices.*

Wir gedenken hier nur derjenigen Art der Farrenkräuter, welche durch ganz Europa sehr häufig auf alten Mauern wächst, denen sie durch ihre langen in die Fugen derselben sich hineinziehende Wurzel-Fasern nachtheilig wird. Diese Pflanze ist uns unter dem Namen, der Mauerstreifen-Farren, *Asplenium ruta muraria*, bekannt.

Achte Famielie. Die Marsileaceen, *Marsiliaceae.*

Es sind kleine, auf dem Grunde der Gewässer befestigte oder auf ihrer Oberfläche schwimmende Wasserpflanzen. Ob sie auf irgend eine

Art Einfluſs auf das Bauwesen haben und den Wasserbauwerken nachtheilig sind, habe ich bis jetzt nicht näher kennen gelernt.

Neunte Famielie. Die Equisetaceen, *Equisetaceae.*

Diese kleine Famielie begreift die einzige Gattung, bekannt in Deutschland unter dem Namen Schachtelhalm. Der gemeine Schachtelhalm (*Equisetum hyemale* Lin.) wächst bei uns oft in groſser Anzahl auf magern Wiesen, die eine Torf- oder Moor-Unterlage haben; auch in schattigen Wäldern findet man ihn nicht selten. Die Stengel sind rund, rohrartig und scharf; sie werden bis 2 Fuſs lang. Der Schachtelhalm wird von vielen Tischlern und ehedem mehr als jetzt, zum Poliren des Holzes gebraucht.

Zehnte Famielie. Die Characeen, *Characeae.*

Im Wasser schwimmende Pflanzen, deren schmale, ästige, grüne und manchmal durchscheinende Stengel von Stelle zu Stelle 8 bis 10 Fuſs in einem Quirl gestellte Aeste tragen, kommen im Bauwesen nicht vor.

Nach dieser kurzen Beschreibung der in Schlesien vorhandenen beim Bauwesen vorkommenden cryptogamischen Gewächse bittet man die Leser dieser Zeitschrift noch folgende Erläuterungen und Zusätze zur Flora gern aufzunehmen und nach der Reihefolge des Linneeschen Systems in solche einzuschalten.

1. Der Rainweide (*Ligustrum vulgare* L.), II. Klasse, ist in der neuesten Flora von Schlesien von Wimmer, Berlin 1832, der ich in mehrern Angaben gefolgt bin, der Name „Hartriegel" und in v. Burgsdorfs Forsthandbuch, Berlin 1790, auch die Benennung „Zaunriegel" beigelegt. Den Namen Hartriegel führt jedoch nur gemeinhin der rothe Hornstrauch (*Cornus sanguinea* L.). Der Liguster ist in mehrern Gegenden dieser Provinz nicht vorhanden, daher ihn mehrere Forstmänner nicht für einheimisch und wildwachsend halten. In mehrern Gegenden des Vorgebirges, am Zobtenberge bei Ohlau, in den Laubhölzern des Treb-

nitzer Kreises habe ich den Liguster hier und da wildwachsend angetroffen, auch Wimmer hält ihn für eine durchaus einheimische Pflanze.

2. Der Hartriegel (*Cornus sanguinea* L.), IV. Klasse, wächst sehr häufig in den Kreisen am Fuſse des Gebirges. In der Gegend von Jauer, Striegau, Nimptsch u. a. a. O. trifft man ihn zu Bewehrungen der Dorfgärten stark benutzt.

3. Die Johannisbeere (*Ribes* L.), V. Klasse. Von den verschiedenen im April und Mai blühenden Arten der Johannisbeere müssen wir in unsrer Flora der rothen J. (*Ribes rubrum* L.) und der Stachelbeere, Christbeere (*Ribes grossularia* L.), Erwähnung thun, weil beide Sträucher sich mit Nutzen zu lebendigen Zäunen verpflanzen lassen. In gut cultivirten Obst- und Gemüse-Gärten fehlen sie niemals und sind durch Pfropfen zu genieſsbaren Fruchtformen veredelt. Wild wachsend findet man sie nicht selten in Laubhölzern und Hekken, doch mehr auf tragbarem als magern Boden.

4. Der Feldahorn, Masseller, Maſsholder (*Acer campestre* L.), VIII. Klasse, ist weit gemeiner als der Platanen-Ahorn wildwachsend in Laubholzwaldungen anzutreffen, doch fast immer als Strauch, selten als Baum. Er blüht im Mai und Juni und unterscheidet sich durch kleinere selbst in der Stärke des Grüns verschiedenen Blätter ganz wesentlich von den andern Gattungen des Ahorns. In Baumschulen gezogen wächst der Masseller, wie jene, zum hohen Baume und liefert ein vortreffliches hartes Holz von gelblicher Farbe. In Roüdchen bei Wohlau wurde vor einiger Zeit ein alter Masseller von 40 Fuſs Höhe und 20 Zoll Durchmesser des Stammendes gefällt. Der Stamm lieferte herrliches Tischlerholz und der Wurzelstock, der 6 Fuſs im Durchmesser hatte, schön gemaserte Fourniere.

5. Die Eiche (*Quercus* L.), XXI. Klasse. Die Stein- auch Traubeneiche genannt, unterscheidet sich von der gemeinen Stiel- oder Masteiche auf folgende Weise: die erstere hat kleinere weniger tief eingeschnittene Blätter, die fast ohne Stiel, unmittelbar an den Zweigen hängen und mehrentheils den Winter über vertroknet am Baume bleiben. Die Eicheln sind kleiner und kürzer und hängen zu 3 bis 8 Stück fast

ohne Stiel, wie Trauben an den Zweigen. Bey der zweiten Gattung sind die Blätter tief eingeschnitten und die Eicheln, welche nur bis höchstens 3 Stück an einem Stiel hängen sind walzenförmig. Der Wuchs ist schlanker, wie bei der Steineiche; das Holz leicht spaltig und von blafsgelber Farbe.

In Sachsen unterscheidet man von den vorigen noch die Raseneiche und die Bastardeiche.

In mehrern englischen Gärten in Schlesien zieht man jetzt die Korkeiche *Quercus rubra* und die Kermes-Eiche *Quercus coccifera* oder *coccinea.* Sie sind zwar in südlichern Gegenden einheimisch, vertragen jedoch unser Klima gut und sollen sich durch manche gute Eigenschaften vor unsern Eichenarten auszeichnen.

6. Den Hornbaum oder die Weifsbuche (*Carpinus betulus* L.), XXI. Klasse, fand man ehedem in allen Ziergärten dieser Provinz in Alleen von 9 bis 12 Fufs Höhe gepflanzt, die man mit der Scheere sorgfältig in einer steifen Regelmäfsigkeit erhielt. Die engliche Gartentheorie hat diese ängstliche Manier verbannt, doch ist entschieden, dafs der Hornbaum sich vorzugsweise zu Laubwänden und also zu lebendigen Zäunen anwenden läfst. Man erlangt solche durch Samen oder durch Anpflanzung junger Bäumchen in wenig Jahren doch nur in lehmigem oder mit Dammerde vermischtem Erdreich.

7. Der Lerchenbaum (*Pinus laryx* L.), XXI. Klasse, mufs ehedem in Schlesien weit häufiger vorhanden gewesen sein als jetzt, denn es giebt in Breslau und in einigen der gröfsern Provinzial-Städte alte ganz aus Lerchenholz gezimmerte Dachstühle, auch ist es in diesen Städten nicht selten alte Wasserrinnen zwischen den Giebelhäusern von Lerchenholz anzutreffen. Die Holzungen, in denen dieses schöne Bauholz gewachsen, sind Spurlos verschwunden, auch die Gegenden, wo sie gewesen sein könnten, nicht zu ermitteln. Dürfte man aber annehmen, dafs dieses starke Lerchenbaumholz von den Kunzendorfer Bergen bey Neustadt, oder aus dem Glätzischen, wovon ich in der Flora Seite 172 und 173 Erwähnung gethan habe, entnommen worden ist, so würde dies beweisen, dafs man in jener Zeit keine Kosten gespart hat, bessere Bauhölzer selbst aus entlegener Ferne anzuschaffen. In gegenwärtiger Zeit, wo die Leistun-

gen der Baukunst einem fortdauernden Tadel unterworfen werden, oder ihnen die Dauerhaftigkeit und Festigkeit abgesprochen wird, in welchen die Alten zu bauen verstanden, ist es nothwendig alles zu bemerken, was Letztere gethan haben, um ihre Bauwerke für mehrere Jahrhunderte zu errichten *).

Das Holz des Lerchenbaumes soll nach den Erfahrungen glaubwürdiger Männer die eigenthümliche Eigenschaft haben, daſs die davon verfertigten Bettstellen vor der Bettwanze (*Cimex lectularius* Lin.) **) nicht besucht werden. Bestätigt sich diese Erfahrung so ist ein Grund zur fleiſsigen Cultivirung dieses nützlichen Baumes mehr vorhanden.

---

*) Im December-Stück der Schlesischen Provinzial-Blätter für 1834; Seite 562, befindet sich ein mit einer scharfen Feder geschriebener Aufsatz über: „Sonst und Jetzt — bezüglich auf die Festigkeit und Dauerhaftigkeit der Bauwerke." Der anonyme Verfasser desselben sagt, daſs alle die Architecten verschiedener Gröſse und Qualität, an die er sich um belehrende Auskunft über den fraglichen Gegenstand gewendet habe, ihm nichts genügendes hierüber zu sagen gewuſst hätten und daſs er zu dem unerfreulichen Schluſs genöthigt worden sey, daſs unsre Werke der Baukunst an Güte und Dauerhaftigkeit denen der Meister in der alten Welt nachstehen.

**) Es wird wohl wenig Landbaumeister geben, die in ihrem practischen Leben nicht aufgefordert worden sein sollten, ein Mittel zur Verminderung oder Vertilgung dieses lästigen und übelriechenden Insects anzugeben, weshalb hier folgendes bemerkt wird.

Die Bettwanze hält sich in allen Weltgegenden auf, wiewohl man behauptet, daſs sie ursprünglich nicht in Europa zu Hause gewesen sey und man in England bis zum Jahr 1670 nichts von ihr gehört haben will.

Sie vermehrt sich im Sommer ungemein durch die Wärme der Sonne; im Winter erstarrt sie, wird aber durch die strengste Kälte nicht getödtet, auch kann sie lange Zeit, selbst Jahre, ohne Nahrung zubringen. Die Bettwanze läuft sehr schnell, verbirgt sich bei Tage und geht in der Nacht der Ausdünstung der Menschen nach, denen sie das Blut aussaugt. Die Hühner- und Tauben-Ställe sind ihre liebste Wohnung. Tapeten, Brettwände, auch berohrte und beputzte Holzwände begünstigen ihre Vermehrung auſserordentlich.

Sprünge oder Risse in den Wänden, so fein sie auch sein mögen, dienen zu Schlupfwinkeln für die Wanzen, wo sie erst überhand genommen haben, da sind sie fast nie völlig zu vertilgen. Nur öfteres Nachsehen und die strengste Reinlichkeit können dieser groſsen Beschwerde einige Grenzen setzen.

Alle bisjezt zur Vertilgung dieser Menschen-Plage in Vorschlag gebrachten Mittel, deren es sehr viele giebt und bald in Salben, bald in Decocten bestehen, sind nur als Palliativ-Mittel zu brauchen, die täglich, oder doch sehr häufig wiederholt werden müssen, wenn sie nur von einigem Erfolge sein sollen.

8. Die Fichte (*Pinus abies* Lin.), XXI. Klasse. Die besten lebendigen Zäune, die auch einen leichten sandigen Boden vertragen, werden aus Fichten gezogen. Man erlangt solche Zäune am besten durch Verpflanzung vierjähriger Fichtenbäumchen. Sie gewähren auch im Winter durch die grünen Nadeln ein gutes Aussehen und einen dichten Schutz der Gärten.

9. Der gemeine Hanf (*Cannabis sativa* L.), XXII. Klasse. Man bezahlt jetzt in Schlesien 1 Pfund gute Seilerarbeit mit 6 bis 7 Sgr. Wird der rohe Hanf einige Zeit in feuchten oder dumpfigen Behältnissen aufbewahrt, so wird derselbe leicht schimmelig und daraus verfertigte Seile

---

Nimmt man unter den Kalk zum Abputz der Wände eine Abkochung von dem übelriechenden Holze des Sadebaums, *Juniperus sabina Lin.*, welches in allen Apotheken zu haben ist, so hat dies zwar einigen jedoch geringen Einflufs zur Abhaltung der Wanzen. In kurzer Zeit hat auch dieses Mittel so wie alle übrigen, seine Wirksamkeit verloren.

Fettigkeiten verhindern das Laufen dieser Insecten, daher das Bestreichen der Fugen und Winkel hölzerner Bettstellen mit Inselt, Oel und andern Fetten sie in ihren Schlupfwinkeln festhält, wehrend welcher Zeit ihre Vermehrung desto ungestörter fortschreitet. Nach wenig Tagen verliert sich die Fettigkeit und das Auslaufen der Wanzen geschieht um so häufiger. Das Wallrath (*Sperma leti*) hielt man in dieser Beziehung für ein Universalmittel gegen die Wanzen, bis man sich überzeugte, dafs es die Fettigkeit nur etwas länger als Inselt und dergleichen conservirt, im Übrigen aber nichts voraus hat.

Die Behauptung einiger, dafs das Eintauchen aus einander genommener hölzerner Bettstellen im Wasser wehrend zwei oder drei Tage die Wanzenbrut vertilge, hat ebenfalls ihre Richtigkeit nicht, denn die Anwendung dieses Mittels hat seine Unwirksamkeit bewiesen.

Eiserne Bettstellen ohne Vorhänge und von den Wänden abgerückt, dienen am sichersten als Schutzmittel gegen die Wanzen. Sie sollten daher bei allen wohleingerichteten Famielien um so weniger fehlen, als ein gut gearbeitetes eisernes Bettstell nach Maasgabe seiner Gröfse jezt 5 bis $6\frac{1}{2}$ Rthlr. kostet, ein gut gearbeitetes hölzernes Bettstell aber einen höhern Preis hat.

Ein für die ärmere Klasse sehr wohlfeiles und gutes Mittel die Zahl der Wanzen zu vermindern, ist ohnstreitig dieses: Man nehme ein 1 bis $1\frac{1}{2}$ Zoll starkes behobeltes Brett, bohre auf einer Seite desselben viele jedoch nicht durchgehende Löcher und stellt solches zwischen die Wand und das Bette, so dafs die Löcher gegen das Bette gerichtet sind. Jeden Morgen kann man gewahr werden, dafs Wanzen bei ihrem Rückzug aus dem Bette sich in diese ihnen sehr bequeme Wohnungen begeben haben und alsdann durch siedendes Wasser leicht getödtet werden können.

reifsen nach kurzer Zeit. — Diesen Fehler kann man durchs Auge nicht leicht, wohl aber durch den Geruch entdekken.

110. Die Pappel (*Populus* Lin.), XXII. Klasse. Das specifische Gewicht des Pappelholzes ist 0,383. — Das Pappelholz soll in einem geringern Grade als das Lerchenholz die Eigenschaft haben, dafs die Wanzen seinen Geruch nicht vertragen können und also Bettstellen von Pappelholz als ein Schutzmittel gegen sie betrachtet werden könnte. Doch mangelt es hierin noch an vollständiger Erfahrung.

Wohlau, im December 1834.

11.

Einiges allgemein Verständliche über Eisenbahnen, insbesondere als Privat-Unternehmungen; für alle Diejenigen, welche sich dafür interessiren, und besonders für Diejenigen, so als Actionnairs daran Theil zu nehmen geneigt sind.

(Vom Herausgeber.)

Das eifrige Bestreben, welches sich in der neuesten Zeit auch in Deutschland offenbart, sich des Nutzens, den Eisenbahnen einem Lande zu gewähren vermögen, theilhaftig zu machen, ist unstreitig höchst erfreulich; und noch erfreulicher wird es sein, wenn man, wie es auch wirklich scheint, damit von Worten bald zur That übergehen sollte; denn grofs ist wahrlich der Nutzen einer so bedeutenden Erleichterung und Beförderung des Verkehrs. Die Dampfschiffahrt zur See und auf den Binnen-Gewässern, und die Eisenbahnfahrt auf dem Lande, müssen nothwendig die Menschen wieder um Vieles einander näher rücken, und werden den geistigen, geselligen und Handels-Verkehr so mächtig beleben, dafs die Völker in der Civilisation und die Einzelnen in der richtigen Einsicht in ihre wahren Interessen einen neuen grofsen Fortschritt zu machen nicht verfehlen können.

Bis jetzt, scheint es, bleibt in Deutschland der Bau von Eisenbahnen in weiterer Ausdehnung, nemlich, um als Land- und Heerstrafsen zu dienen, noch gänzlich Privat-Unternehmern überlassen. Die Staaten selbst, also die Regierungen der einzelnen deutschen Länder, bauen noch nicht Eisenbahnen auf den Heerstrafsen, wie sie es mit Chausséen thun.

Für Privatpersonen ist es nun aber durchaus nothwendig, dafs der **Ertrag** einer Eisenbahn annehmliche Zinsen des Anlage-Capitals abwerfe. Und hiebei darf das Einkommen von der Bahn nur nach dem Maafsstabe der **actuellen** Frequenz berechnet werden; denn auf ein ungewisses **Wachsthum** derselben läfst sich mit Sicherheit nicht im voraus zählen; auch mufs der Transport auf der Eisenbahn im Ganzen dem Publico **wenigstens nicht theuerer** zu stehen kommen, als auf einer Chaussée. Die Erhaltungs- und Verwaltungs-Kosten müssen von dem Einkommen abgezogen werden. Was dann übrig bleibt, mufs annehmliche Zinsen vom Anlage-Capitale nebst den Mitteln zur Amortisation desselben gewähren. Ist solches nicht der Fall, so ist es unmöglich, dafs eine Eisenbahn durch Privat-Unternehmer zu Stande komme; denn nur der Staat, oder das ganze Volk, kann Aufopferungen in einzelnen Fällen für das Gemeinwesen, Eines in das Andere aufrechnend, von so bedeutendem Umfange, wie es hier nöthig sein kann, machen: nicht eine Privatperson, oder eine Gesellschaft von Actionnairs. Es ist also nothwendiger Weise das erste Geschäft einer Gesellschaft von Eisenbahn-Unternehmern: zu berechnen, ob und wie ihre Capitalien sich verzinsen werden; und zwar kommt es bei dieser Berechnung nothwendig auf die Vergleichung der Erfolge einer Eisenbahn mit denen einer Chaussée an; denn ist auf der Strafse, auf welcher man eine Eisenbahn bauen will, eine Chaussée schon vorhanden (was meistens der Fall sein wird), so vermag die Eisenbahn nur dann den Transport-Verkehr von der Chaussée ab und zu sich herüber zu ziehen, wenn sie wohlfeiler zu transportiren im Stande ist, oder doch der Transport, in so fern die gröfsere Bequemlichkeit in Anschlag kommt, nicht theurer ist, als auf der Chaussée. Ist noch keine Chaussée vorhanden, so mufs gleichwohl nothwendig der Transport auf der Eisenbahn wohlfeiler sein, als er auf einer Chaussée zu stehen kommen würde; wenigstens darf er nicht theurer sein; denn sonst könnte eine andere Unternehmer-Gesellschaft, neben der Eisenbahn, umgekehrt, eine Chaussée bauen und durch diese der Eisenbahn den Verkehr entziehen.

Bei diesen Berechnungen, scheint es nun, gehe man hier und da wohl etwas zu leicht zu Werke; besonders findet man solches in Schriften und Brochüren, die, obgleich unbezweifelt in der besten Absicht und Meinung, Eisenbahnen auf zu allgemeine Angaben hin und ohne hinreichende Begründung, mit zu wenig Berücksichtigung der localen Umstände, als vortheilhafte *Privat-Unternehmungen* empfehlen. Man findet z. B. Plane, die nichts weniger beabsichtigen, als ganz Deutschland mit einem Eisenbahn-Netze zu überspannen, obgleich noch nicht nachgewiesen ist, dafs solches unter den örtlichen Umständen durch Privat-Unternehmer ohne Schaden derselben möglich sei. Als Grundlage der Berechnung des Ertrages findet man Aufstellungen wie folgende: auf Eisenbahnen kann so und so viel mal mehr Last mit gleicher Kraft transportirt werden, als auf Chausséen; folglich beträgt die Ersparung so und so viel, und dies giebt so und so viel Procent Zinsen des Anlage-Capitals; wobei denn, wie sich weiter unten zeigen wird, die Vorausschätzung, ohne vorherige Ausmessung des Terrains, so bedeutend von der Wahrheit abweichen kann, daſs die Unternehmer nothwendig einen Theil ihrer Capitalien einbüſsen müssen. Oder: in England hat die Liverpooler Bahn so und so viele Hunderttausend Thaler gekostet; zwar ist dort die Frequenz so und so viel mal stärker, als auf dieser oder jener Straſse in Deutschland; aber in England ist es so und so viel mal theurer als hier; folglich wird eine Eisenbahn hier eben so wohl rentiren, als in England; welcher Vergleich wiederum nur völlig scheinbar ist, und von welchem die Resultate ganz ungemein von der Wahrheit abweichen können. Oder man findet auch wohl z. B. mit Holz plattirte Eisenbahnen statt massiver Schienenbahnen empfohlen, der Wohlfeilheit wegen, während sie doch, da, wo das Bauholz theuer ist, oder mangelt, in der Wirklichkeit, gerade umgekehrt, auf die Dauer theurer sind. Oder man findet kaum den Unterschied in der Rechnung erwogen, ob der Dampfwagen seine Fracht 1 Meile oder 4, 5, 6 Meilen in der Stunde fortziehen soll; was gleichwohl einen sehr groſsen Unterschied macht, u. s. w.

Träfe man solche Unzulänglichkeit der vorherigen Prüfung und Berechnung nur bloſs in Schriften und Brochüren an: so wäre noch zu hoffen, daſs man, wenn es zur That kommt, das Fehlende wohl erst noch nachholen werde. Aber man hört und sieht sogar, daſs auf bloſs allgemeine Schätzungen hin, schon Concessionen erbeten, ja daſs Unternehmungen abgschlossen, Actien gezeichnet und selbst theilweise eingezahlt werden, ehe noch einmal die Linie der Eisenbahn, die man bauen will, näher ausgemittelt und ehe ein technischer Entwurf zu der Straſse verfertigt worden ist; ohne welchen doch gleichwohl die ganze Unternehmung durchaus kein Fundament hat.

Bei einem solchen Beginnen kann es denn nun aber leicht kommen, daſs hier, wo es sich um Hunderttausende und Millionen von Thalern handelt, für die Unternehmer groſse Verluste entstehen. Es kann mancher Theilnehmer, der, in der Hoffnung auf gute Zinsen, und vielleicht selbst in der wohlgemeinten Absicht, zu einer guten Sache mitzuwirken, einen Theil seines Ersparten hingegeben hat, um das Seinige kommen, und, was für das Gemeinwesen noch viel schlimmer ist: es können dergleichen Verluste, wenn sie sich wiederholen, der guten Sache selbst schaden, können eine der wohlthätigsten technischen Vervollkommnungen um ihren Credit bringen, unrichtige Urtheile über den Gegenstand selbst erzeugen, und so das Land, wenigstens auf einige Zeit, des Nutzens desselben berauben.

Der Übelstand liegt offenbar darin, dafs man, obgleich es sich um eine ganz technische Sache handelt, den eigentlich technischen Theil derselben öfters zu leicht nimmt, ihn gleichsam als Nebensache betrachtet, den Gegenstand fast nur als Geld-Speculation behandelt und die Meinung hegt, der technische Theil desselben lasse sich durch allgemeine Schätzungen abfertigen, oder am Ende nachholen; was, wie sich hier weiter zeigen wird, durchaus nicht der Fall ist. Diese irrige Meinung aber hat wieder vielleicht ihren Grund insbesondere darin, dafs der Gegenstand noch so sehr neu ist, und dafs selbst die technischen Hauptpuncte, auf welche es dabei ankommt, noch gar zu wenig allgemein bekannt sind. Man findet sie freilich in den Schriften Sachverständiger über Eisenbahnen (obgleich auch dort nicht immer die Hauptsachen deutlich genug hervorstechen): aber in's gröfsere Publicum, welches hier gerade als Unternehmer betheiligt ist, ist die Kenntnifs, selbst der Hauptprincipien, noch durchaus nicht gelangt; und die Brochüren, wenigstens diejenigen, welche von Nicht-Technikern herrühren, tragen, wie schon oben angedeutet, leider nicht immer dazu bei, das Publicum auf die Hauptsachen zu führen und sie ihm deutlicher zu machen. Daher kann denn eine unzureichende Begründung von Unternehmungen kommen, die so grofse Summen erfordern. Eisenbahnen haben in gewissem technischen Betracht, eine ziemlich weit reichende Ähnlichkeit mit Canälen, wenigstens eine bei weitem gröfsere Ähnlichkeit mit denselben, als Chausséen. Canäle sind ein schon alter, vielfach erprobter Gegenstand. Nur durch zu viele Verluste ist selbst das gröfsere Publicum so ziemlich mit dem, worauf es dabei, insbesondere auch technisch, ankommt, belehrt worden; und so fällt es jetzt Niemand mehr ein, bei dem technischen Theil eines Canal-Projects mit einer blofs allgemeinen Vorausschätzung sich zu begnügen. Eisenbahnen sind noch neu, und hier fehlt noch die allgemeine Bekanntschaft mit der Wesenheit und den Eigenthümlichkeiten derselben. Im Interesse des allgemeinen Wohls ist es aber natürlich zu wünschen, dafs diese Bekanntschaft nicht erst ebenfalls durch Verluste, sondern, möglichst im Voraus, ohne dieselben erlangt werden möge.

Unter diesen Umständen hat es dem Verfasser dieses Aufsatzes geschienen, daſs er vielleicht nicht zu tadeln sein werde, wenn er seinerseits hier einige Worte über den Gegenstand an das groſse Publicum richtet. Er glaubt, als Techniker, einigen Beruf dazu zu haben; denn er hat sich nicht allein mit dem Straſsenbau von amtswegen und aus persönlicher Vorliebe für denselben, und aus Drang, Nützliches, so weit es in seinen geringen Kräften ist, seinerseits fördern zu helfen, auch mit Eisenbahnen möglichst genau bekannt gemacht, sondern er hat auch die Straſsenbaukunst, stets über seinen Gegenstand nachdenkend, an 30 Jahre lang practisch, und zum Theil in sehr bedeutendem Umfange ausgeübt, glaubt also mit Demjenigen, worauf es ankommt, gut bekannt zu sein. Er hofft, daſs man ihm, statt ihn seiner gegenwärtigen Bemühung wegen zu tadeln, vielmehr das Anerkenntniſs, daſs seine Absicht, wie er es versichern darf, gut gemeint und frei von allen Neben-Rücksichten ist, als die einzige Vergeltung, die er in Anspruch nimmt, nicht versagen werde.

Man glaube aber ja nicht etwa, daſs die gegenwärtigen Zeilen die Absicht haben, der Verbreitung der Eisenbahnen überhaupt entgegen zu wirken, oder dieselbe durch Bedenklichkeiten zu erschweren. Schon aus den Andeutungen im Eingange folgt, daſs der Verfasser von dem groſsen und in der That unabsehbaren Nutzen der Eisenbahnen vollkommen überzeugt ist, und nichts angelegentlicher wünscht, als diesen Nutzen auch seinem Vaterlande zugeführt zu sehen. Er hat ja selbst, bei einer Gelegenheit, die sich zufällig darbot, direct, so viel an ihm war, zur Mitwirkung die Hand geboten und also dadurch einen Beweis von seiner Vorliebe für den Gegenstand abgelegt. Er hat, aufgefordert von den Herren Unternehmern der Eisenbahn zwischen Berlin und Potsdam, ungeachtet des übelen Zustandes seiner Gesundheit und der Schwäche seiner schon durch vielfache andere Beschäftigungen und Obliegenheiten in Anspruch genommenen Kräfte, es nicht abgelehnt, den Plan zu dieser Eisenbahn auszuarbeiten; welcher Umstand aber auch wiederum nicht etwa den Argwohn erzeugen möge, als sei bei den gegenwärtigen Mahnungen zur Vorsicht bei Eisenbahnen überhaupt, vielleicht persönliches Interesse für die Bahn zwischen Berlin und Potsdam im Spiele. Einestheils fühlt sich der Verfasser dergleichen fremd, und wo ja die Meinung entstehen möchte, wird sie nothwendig von der Erwägung widerlegt werden müssen, daſs jede mögliche andere

Eisenbahn, die mit der hiesigen auch nur in die entfernteste Beziehung zu kommen vermöchte, dieser immer nur in hohem Grade vortheilhaft, nicht nachtheilig sein kann. Der Verfasser zählt sich sogar in der That zu den allereifrigsten Vertheidigern der Eisenbahnen; aber gewohnt, ruhig zu überlegen und zu unterscheiden, hat er sich auch die Bedenken, welche Privatleute bei solchen Unternehmungen nothwendig nicht übersehen dürfen, nicht verheelen können, und die Befürchtung, auf welche die Erfahrung, dafs jene Bedenken nicht genugsam berücksichtigt zu werden scheinen, führen mufs: nemlich die Befürchtung, dafs durch verfehlte Unternehmungen der nützliche Gegenstand selbst decreditirt werden möchte, ist es, welche ihn zu den hier folgenden Erörterungen vermocht hat. Nicht die Absicht, *gegen* die Eisenbahnen zu sprechen, und Unternehmer solcher Werke einschüchtern zu helfen, sondern vielmehr der dem Verfasser beiwohnende lebendige Eifer *für* den Gegenstand und *für* dessen Förderung ist es, aus welchem das was folgt hervorging.

Der Zweck dieses Aufsatzes ist also, um es näher auszusprechen: Alle die sich für Eisenbahnen interessiren, insbesondere Unternehmer und Actionnairs, die ihr Geld dazu hergeben wollen, zu ermahnen, zunächst niemals auf allgemeine Berechnungen, ohne vorhergegangene nähere Recognoscirung des *Terrains*, und ohne vorherige Messung und Abwägung der vorher näher ausgemittelten Strafsenlinie, so wie ohne vorherige überschlägliche Kostenberechnung, auf solche Unternehmungen sich einzulassen; denn ohne wirkliche Messungen und nähere Berechnungen ist es *ganz unmöglich*, sich des Erfolgs und der Sicherheit gegen Schaden zu vergewissern. Wie man aus dem was folgt sehen wird, entscheidet einestheils die Frequenz einer Strafse, so wie auch selbst eine an sich näherungsweise richtige Schätzung der Anlage-Kosten der Bahn, durchaus noch nicht vollständig über die Vortheilhaftigkeit der Unternehmung. Es giebt noch ein drittes, was machen kann, dafs selbst dann, wenn die Frequenz und die Baukosten ganz günstige Resultate zu geben scheinen, dennoch der Erfolg weit unter der Erwartung bleiben mufs; dieses dritte ist das Terrain. Das Terrain kann Ursach sein, dafs eine Eisenbahn, statt des, nach dem Maafsstabe ähnlich scheinender Fälle, vielleicht auf 6 und mehrere Procente berechneten Ertrags, kaum die Hälfte einträgt: ja es kann Fälle geben, wo eine Eisenbahn für die Unternehmer geradezu nicht einmal so vortheilhaft ist, als eine gewöhnliche Chaussée; auch darf man die Gegenden für solche Fälle nicht etwa erst in den Gebirgen und Sümpfen suchen, sondern sie können in Ländern vorkommen, die man eben zu nennen pflegt und deren Boden fest ist, namentlich selbst im nördlichen Deutschland. Anderntheils mufs die gröfsere Geschwindigkeit der Fahrt eben so wohl besonders erkauft und bezahlt werden, als die Zugkraft selbst. Wir werden diese Umstände im Folgenden zu beweisen suchen, und zwar den Beweis nicht auf hypothetischen oder willkührlichen, sondern auf allgemeinen, bestimmten Erfahrungen und Naturgesetzen gegründet.

Da das Folgende, wie gesagt, insbesondere für das gröfsere Publicum und für Geschäftsmänner bestimmt ist, von welchen nähere technische Kenntnisse nicht zu verlangen sind, so wird man sorgfältig bemüht sein, die Voraussetzung von dergleichen, so wie von physicalischen und mathematischen Kenntnissen, auf welche das was zu sagen gegründet werden mufs, auf Dasjenige, was allgemein bekannt ist, zu beschränken. Wer nähere und tiefer eingehende Erörterungen über Eisenbahnen zu lesen wünscht, den verweisen wir, aufser auf die davon handelnden ausführlichen engländischen und französischen Schriften, auf Dasjenige, was darüber in das gegenwärtige Journal der Baukunst bis jetzt aufgenommen worden ist und ferner aufgenommen werden wird.

1.

Der Nutzen der Eisenbahnen für den Verkehr ist zwiefach.

Erstlich kann durch die nemliche Kraft, welche mit einer gewissen Geschwindigkeit auf Chausséen eine gewisse Last fortschafft, auf Eisenbahnen eine bedeutend gröfsere Last transportirt werden, oder umgekehrt: zur Fortschaffung der nemlichen Last mit der nemlichen Geschwindigkeit ist auf der Eisenbahn bedeutend weniger Kraft nothwendig, als auf der Chaussée, so dafs also auf der Eisenbahn an Transport-Kraft und folglich an Transport-Kosten bedeutend gespart wird. Dieser Gewinn kommt daher, dafs theils eine Eisenbahn glatter und härter ist, als eine Chaussée, theils, dafs die Fuhrwerke auf dem glatten Wege vortheilhafter gebaut werden können.

Zweitens sind Eisenbahnen insbesondere geeignet, Lasten, durch Benutzung der Dampfkraft, mit einer so grofsen Geschwindigkeit fortzuschaffen, wie sich sie selbst durch die schnellsten Pferde nicht erreichen läfst; was für **Reisende**, und **zum Theil** für den Transport von Waaren, so wie für andere besondere, **örtliche** Zwecke grofse Vortheile haben kann. Es haben zwar Versuche in der neuern Zeit gezeigt, dafs durch Dampfkraft auch auf Chausséen Fuhrwerke mit sehr grofser Geschwindigkeit fortgeschafft werden können; allein es ist noch nicht erwiesen, dafs von den Dampfwagen, die, wegen der Dampfmaschine, welche sie mit sich führen müfsen, immer sehr schwer sind, und die, wenn sie sich auch leichter bauen liefsen, immer nothwendig ein bedeutendes Gewicht bekommen **müssen**, damit ihre Räder fest genug eingreifen, um noch andere Lasten wie die eigene mit sich fortzuziehen und nicht etwa blofs gleitend sich zu drehen ohne sich fortzubewegen, der Angriff auf die Chaussée diese nicht so schnell und stark zerstöre, dafs der Verlust gegen den Gewinn aufser allem Verhältnifs und gröfser ist, als der Betrag der Zinsen der höheren Baukosten von Eisenbahnen. Man mufs also, wenigstens vor der Hand, die Geeignetheit für die Benutzung der Dampfkraft zur Fortschaffung von Fuhrwerken den Eisenbahnen fast noch ausschliefslich zugestehen *).

*) Der Verfasser erlaubt sich, **Dampfwagen** statt des fremden Wortes *Locomotive* zu schreiben, welches, wie es scheint, anfängt, gebräuchlich zu werden; und zwar nicht blofs aus dem Grunde, weil es offenbar angemessen ist, dann, wenn Wörter aus der eigenen Sprache einen Gegenstand, welcher es auch sein mag, vollkommen deutlich bezeichnen, sich dieser vorzugsweise zu bedienen, sondern auch deshalb, weil fremde Wörter, statt der eigenen gebraucht, sogar leicht den Standtpunct der Ansicht von dem Gegenstande mehr oder weniger verschieben und Begriffe des Fremden, Ungewöhnlichen, Künstlichen, schwer Nachzuahmenden oder wohl gar zweifelhaft Angemessenen erzeugen können, die vielleicht nicht passend sind. Also: eben so wie man, und zwar mit Recht, in einer deutschen Schrift nicht *chemin de fer* oder *rail-raod*, sondern **Eisenbahn**, nicht *machine à vapeur* oder *steam-engine*, sondern **Dampfmaschine** schreibt, schreibt der Verfasser auch nicht *locomotive*, sondern **Dampfwagen**; desgleichen nicht *rails*, sondern **Schienen**; nicht *chairs*, sondern **Schienenstühle**; nicht *stones*, oder *dès*, sondern **Schienentragsteine**; nicht *edge-rails*, *plate-rails*, sondern **Stabschienen**, **Rinnenschienen**; nicht *remorqueur*, sondern **Hülfsdampfwagen** u. s. w. Denn alle diese deutschen Wörter bezeichnen ihre Gegenstände eben so vollkommen, wie die französischen und englandischen. In Fällen dagegen, wo ein fremdes Wort bezeichnender ist, als ein deutsches es sein würde, bedient er sich desselben unbedenklich. So z. B. möchte nicht leicht ein deutsches Wort zu finden sein, welches diejenige Stelle einer Eisenbahn, die so steil ist, dafs die Lasten durch besondere Maschinen bergan gezogen werden müssen, und die im Französischen, ziemlich unpassend, *plan incliné*, im Englischen, eben so unpassend, *inclined plane* heifst, bezeichnete. Hier bedient sich der Verfasser des genau seinen Gegenstand ausdrückenden fremden Wortes **Rampe** u. s. w.

Wir wollen nun zuerst die Ersparung an Transportkraft und Transportkosten durch Eisenbahnen näher betrachten und darauf weiter von der Vergröſserung der Geschwindigkeit des Transportes sprechen.

Bei der Untersuchung der Ersparung an Transportkosten wird es aber, weil es insbesondere auch auf eine Vergleichung der Eisenbahnen mit Chausséen, in Beziehung auf die gröſsere Vortheilhaftigkeit der einen oder der anderen Art von Straſsen für Unternehmer, ankommt, angemessen sein, insbesondere zunächst nur auf die Pferdekraft Rücksicht zu nehmen, weil nur diese auf beiden Arten von Straſsen gleich benutzbar ist, während die Dampfkraft, wie bemerkt, den Eisenbahnen einstweilen noch, wenigstens zu dem Zwecke einer sehr groſsen Beschleunigung des Transports, ausschlieſslich vorbehalten bleibt.

2.

Die Kraft, welche nothwendig ist, ein Fuhrwerk auf einer Straſse mit einer gewissen, bestimmten Geschwindigkeit fortzuschaffen, richtet sich offenbar nach dem Widerstande, welchem das Fuhrwerk auf der Straſse begegnet, und steht mit ihm in geradem Verhältnisse; denn wenn z. B. der Widerstand doppelt und dreifach so groſs ist, muſs auch die Kraft zwei- und dreimal so groſs sein; ist der Widerstand halb so groſs, so ist nur die Hälfte der Kraft nöthig u. s. w.

Der Widerstand nun, welchen das Fuhrwerk auf der Straſse findet, ist zweierlei Art, und die erste Art zerfällt wieder in zwei Theile. Er entsteht nemlich:

Erstlich aus der Reibung

a) der Achsen in den Buchsen der Räder,

b) der Radfelgen auf der Straſse;

welcher letztere Theil des Widerstandes aber nur fast uneigentlich Reibung genannt wird, indem die Räder in der Regel auf der Bahn nicht gleiten, und sich also auf derselben nicht eigentlich reiben, sondern vielmehr, rollend, über die Unebenheiten der Bahn hinweg zu heben sind; wobei zugleich auf der Chaussée vielleicht Steine und Kiesel zerdrückt werden.

Zweitens daraus, daſs die Last selbst, des Fuhrwerks, so wie auch diejenige der ziehenden Thiere oder Maschinen, dann, wenn die Bahn nicht vollkommen horizontal liegt, beim Bergauffahren, wie auf eine schiefe Ebene, allmälig hinauf gehoben werden mufs.

Nur der erste Theil des Widerstandes, der aus der Reibung der Radachsen in den Buchsen und der Radfelgen auf der Strafsenbahn entsteht, ist, nach Verschiedenheit der Bauart der Strafsen und der Fuhrwerke, verschieden. Der zweite Theil ist durchaus *immer, und ohne alle Ausnahme, für jede Art der Strafse und für jede Art des Fuhrwerks ganz vollkommen derselbe.* Er läfst sich weder vermindern, noch auch vermehren, die Lasten mögen auf Schlitten, oder auf schlecht oder gut gebauten Wagen, auf bodenlosen, sandigen oder sumpfigen Strafsen, oder auf einer Chaussée, oder auf einer Eisenbahn transportirt werden; denn er rührt unmittelbar von der Wirkung der Schwere der Körper selbst her, jener unabänderlichen und unwandelbaren Naturkraft, die allen Körpern unveräufserlich und unveränderlich inwohnt. Es läfst sich dreist behaupten, dafs es sogar, für alle Zeiten völlig unmöglich sein werde, durch irgend eine Erfindung an jenem Widerstande auch nur ein Quentchen zu ersparen; denn unmöglich ist es, die Körper unschwer zu machen, oder, so lange ihre Masse dieselbe bleibt, ihr Gewicht auch nur um das Geringste zu vermindern.

Also *nur allein* an dem ersten Theile des Widerstandes, und folglich *nur* an demjenigen Theile der Transportkraft, der zur Überwindung dieses Theils nothwendig ist, und mithin auch *nur* an den Kosten dieses Theils kann durch Vervollkommnung der Strafsen und der Fuhrwerke gespart werden.

3.

Daraus folgt denn schon hier im Allgemeinen, und selbst ohne erst näher auf Zahlen einzugehen, offenbar, dafs man ja nicht etwa wie folgt rechnen dürfe: die Transportkosten auf einer vorhandenen Chaussée betragen nach der Erfahrung so und so viel; auf einer horizontalen Eisenbahn wird der so und so vielte Theil derjenigen Transportkraft, die auf einer horizontalen Strafse nöthig sein würde, erspart; die Kosten dieser Kraftersparung, als der eben so vielte Theil der Kosten der Transportkraft auf der Chaussée angeschlagen, gewähren gute Zinsen der Kosten einer Eisenbahn: also ist es vortheilhaft eine Eisenbahn statt der vorhandenen Chaussée zu bauen. Eine solche Rechnung kann, wenn das

Terrain einigermafsen bedeutend uneben ist, so ungemein unrichtig sein, dafs sich am Ende statt 5, 6 und mehrer Procent Zinsen, die man erwartete, vielleicht nur die Hälfte und noch weniger ergiebt; denn es wird ja durch die Eisenbahn keinesweges auch auf der nicht horizontalen Strafse der eben so vielte Theil der gesammten Transportkosten erspart, als auf horizontaler Strafse, sondern nur der eben so vielte Theil von *einem Theile* der Transportkosten, nemlich von demjenigen Theile, der auf die zur Überwindung der Reibung der Achsen in den Buchsen und der Radfelgen auf der Bahn nöthige Zugkraft kommt, keinesweges auch nur das geringste von den Kosten der Kraft, die nöthig ist, die Lasten auf der schrägen Bahn in die Höhe zu heben; dieser letzte Theil der Kraft aber, welcher völlig unverändert der nemliche bleibt, kann so bedeutend sein, dafs die wirkliche Ersparung an Transportkosten am Ende nur sehr gering ist. Und auf die Ersparung an Transportkosten beruht einzig und allein die Möglichkeit der Ausführung von Eisenbahnen durch Privat-Unternehmer.

4.

Besser schon, und so gar scheinbar ganz richtig, würde es sein, wenn man wie folgt rechnete. Durch eine Eisenbahn wird gegen eine Chaussée von demjenigen Theile der Transportkraft, der zur Überwindung der Reibung der Wagen-Achsen in den Buchsen und der Radfelgen auf der Strafse, also mit Ausschlufs der zum Heben der Lasten über die Anhöhen erforderlichen Kraft, nothwendig ist, der so und so vielte Theil erspart; folglich der so und so vielte Theil des jenem Theile der Transportkraft entsprechenden Theils der Transportkosten. Diese Ersparung gewährt noch gute Zinsen der Anlage-Kosten der Eisenbahn: folglich ist es eine vortheilhafte Unternehmung, eine Eisenbahn auf der vorhandenen Chaussée zu bauen, oder dicht daneben. Aber auch diese Rechnung kann noch unrichtig sein, und selbst in solchem Maafse, dafs wiederum statt 5 oder 6 Procent Zinsen am Ende nur die Hälfte herauskommt.

Doch wir wollen, statt weiter Allgemeines auszusprechen, zuvörderst auf einige Zahlen eingehen, und zwar erst, in so weit es nöthig ist, um näher in's Licht zu stellen, wie und in welchem Maafse möglicherweise das Resultat der ersten Berechnung (§. 3.) von der Wahrheit abweichen kann.

5.

1. Ein Pferd von mittler Stärke kann auf einer guten, horizontalen *Chaussée*, mit der Geschwindigkeit von 1000 Ruthen in der Stunde, oder $3\frac{1}{3}$ Fuſs in der Secunde, täglich $4\frac{1}{2}$ Meile weit, wenn es je den fünften Tag ruht, ein gut gebautes Fuhrwerk, mit eisernen Achsen, hohen Rädern u. s. w. fortziehen, welches mit seiner Ladung 24 Ctr. wiegt.

2. Das nemliche Pferd kann, mit der nemlichen Geschwindigkeit, täglich eben so weit, und ebenfalls je den fünften Tag ruhend, auf einer guten, horizontalen *Eisenbahn*, wiederum für die möglichste Verminderung der Reibung gebaute Fuhrwerke fortziehen, welche mit ihrer Ladung zusammen 240 Ctr. wiegen.

3. In beiden Fällen kommt auf das Gewicht der Fuhrwerke selbst etwa der dritte Theil der gesammten Last, so daſs die fortgeschaffte Fracht zwei Drittheile derselben beträgt.

4. Die Kraft, welche das Pferd bei seiner oben beschriebenen Wirkung in horizontaler Richtung anwendet, ist zu einem Centner oder 110 Pfd. anzunehmen; das Gewicht des Körpers des Thieres zu 5 Ctr.

5. Derjenige Theil des horizontalen Widerstandes also, den die Fuhrwerke, auf der Straſse, in der Reibung der Radachsen auf den Buchsen und der Radfelgen auf der Bahn finden, beträgt auf der Chaussée den 24sten und auf der Eisenbahn den 240sten Theil des Gewichts der Fuhrwerke; denn auf einer horizontalen Straſse giebt es keinen anderen Widerstand, als jenen, und folglich wird hier die gesammte Zugkraft des Pferdes von 1 Ctr. zur Überwindung der auf der Chaussée von 24 Ctr. Last und auf der Eisenbahn von 240 Ctr. Last herrührenden Reibung verwendet.

6. Die Kraft, welche, unabhängig von der Reibung der Achsen der Fuhrwerke und der Radfelgen auf der Bahn, also auſser derselben nöthig ist, eine Last eine *schräge* Bahn bergauf zu ziehen, ist, einem Naturgesetze zufolge, dem nemlichen Theile der Last gleich, welchen die auf der Bahn erstiegene Höhe von ihrer Länge ausmacht. Also wenn z. B. die Straſse 1 auf 24, das heiſst z. B. 1 Fuſs auf 24 Fuſs Länge, oder 1 Ruthe auf 24 Ruthen lang u. s. w. hinauf steigt, so beträgt die Kraft, welche, *auſser* derjenigen zur Überwindung der Reibung, zum Heraufziehen der Last nöthig ist, den 24sten Theil derselben. Steigt die Straſse 1 auf 50, so beträgt sie den 50sten Theil der Last u. s. w.

6.

Hieraus würde sich nun, wenn man, zunächst nach den einfachsten, scheinbar richtigen Ansichten, einen Überschlag machen wollte, Folgendes ergeben.

Um 240 Ctr. auf einer horizontalen Chaussée fortzuziehen, sind nöthig . . . . 10 Pferde Kraft,
auf einer horizontalen Eisenbahn hingegen nur . . 1 - -

Also werden durch die Eisenbahn gegen die Chaussée erspart . . . . 9 Pferde Kraft,
oder $\frac{9}{10}$, das heifst . . . . 90 Procent
der Zugkraft.

Steigt dagegen, die Chaussée sowohl, als die Eisenbahn, z. B. 1 auf 240, so ist beim Bergauffahren, *auf der einen sowohl, wie auf der anderen,* noch aufserdem zum Emporheben der Last der 240ste Theil derselben, mithin noch 1 Pferde Kraft nöthig. Also sind, um die 240 Ctr. bergauf zu schaffen, überhaupt nöthig
auf der Chaussée . . . . 11 Pferde Kraft,
auf der Eisenbahn . . . . 2 - -

Mithin werden durch die Eisenbahn gegen die Chaussée erspart, wieder . . . . 9 Pferde Kraft,
oder $\frac{9}{11}$, das heifst . . . . $81\frac{9}{11}$ Procent
der Zugkraft.

Steigen die beiden Strafsen 1 auf 120, so ist zum Emporheben der Last der 120ste Theil derselben nöthig; also noch 2 Pferde Kraft, mithin überhaupt auf der Chaussée . . . . 12 Pferde Kraft;
auf der Eisenbahn . . . . 3 - -

und es werden durch die Eisenbahn gegen die Chaussée erspart, wieder . . . . 9 Pferde Kraft,
oder $\frac{9}{12}$, das heifst . . . . 75 Procent
der Zugkraft, u. s. w.

Überhaupt sieht man, dafs nach dieser Art zu rechnen immer 9 Pferde Kraft für die 240 Ctr. Last erspart werden würden, welches auch das Gefälle der beiden Strafsen sein mag. In der That würde die Ersparung in allen Fällen diejenige Kraft sein, welche zur Überwindung der Reibung auf der Eisenbahn weniger nöthig ist, als auf der Chaussée; denn der andere Theil der Zugkraft, welchen das Emporheben der Last erfordert, bleibt, wie schon bemerkt, auf beiden Strafsen, so wie auf jeder beliebigen anderen, immer und völlig unverändert derselbe. Da nun aber die gesammte Zugkraft mit dem Gefälle immer fort zunimmt, so ist die Ersparung von 9 Pferden Kraft, so wie die Strafse steiler wird, auch immer fort ein geringerer Theil der gesammten Zugkraft. Stiegen die beiden Strafsen z. B. 1 auf 24, so wären auf der Chaussée zusammen 20 Pferde Kraft nöthig und die Ersparung von 9 Pferden Kraft betrüge nur noch $\frac{9}{20}$ oder 45 Procent der gesammten Zugkraft, statt der 90 Procent auf der horizontalen Bahn; also nur noch halb so viel.

7.

Es darf indessen, ehe wir weiter gehen, nicht unbemerkt bleiben, dafs die Rechnungs-Art im vorigen Paragraph, obgleich in der That die daraus sich ergebenden *Verhältnisse* der Ersparung an Zugkraft auf der Eisenbahn gegen die auf der Chaussée wirklich genau dieselben sind, welche eine richtigere Rechnung ergiebt, dennoch in Rücksicht des Betrages der Zugkräfte selbst, auf der einen oder der anderen Art von Strafsen, bedeutende Modificationen erleidet. Diese Modificationen dürfen, obgleich sie, wie gesagt, keine Änderungen der Resultate, worauf es hier ankommt, nach sich ziehen, nicht unerwähnt bleiben, um nicht eine Rechnungs-Methode überhaupt für richtig auszugeben, welche es nicht ist.

Die Modificationen sind folgende:

Erstlich nemlich ist es, strenge genommen, nicht richtig, für den Widerstand, den die Fuhrwerke auf der Strafse durch die Reibung der Rad-Achsen in den Buchsen und der Radfelgen auf der Bahn finden, auch dann, wenn die Strafse nicht horizontal ist, den nemlichen Theil der Last anzunehmen, wie wenn die Bahn wagerecht liegt. Denn die Richtung des Drucks der Last ist immer lothrecht oder bleirecht, also dann, wenn die Strafse nicht wagerecht liegt, auf derselben nicht perpendiculair; wie in dem Fall einer horizontalen Strafse. Der Druck der Last auf eine schräge Bahn ist schräg, und der von der Last herrührende perpendiculaire Druck auf die Bahn ist geringer, als die Last. Und da sich nun die Reibung einer Last auf einer Fläche nur nach dem perpendiculairen Druck richtet, so ist auch die Reibung etwas geringer, als sie oben angesetzt wurde. Freilich ist der Unterschied nur sehr gering: er beträgt, selbst bei dem stärksten Gefälle einer Strafse, von 1 auf 18, noch nicht den 600ten Theil des Ganzen. Gleichwohl ist er vorhanden.

Zweitens mufs, nächst der Last, welche die Pferde auf einer schrägen Strafse in die Höhe ziehen, auch das eigene Gewicht der Thiere selbst von ihnen in die Höhe gebracht werden, so dafs also das Gewicht der Zugthiere selbst zu dem Gewichte der Wagen, vor welche sie gespannt sind, noch hinzu kommt. Der Unterschied, welcher hieraus in den einzelnen Resultaten entsteht, ist bedeutend, weil das Gewicht der Pferde gegen die Last, welche sie ziehen, nicht unbeträchtlich ist.

Drittens ist die Anstrengung, welche Zugthiere bergauf machen müssen, um eine gröfsere Zugkraft hervorzubringen, stärker, als die Zugkraft selbst. Dieser Umstand liegt in dem Bau des Körpers der Thiere. Ein Pferd bringt dadurch seine Zugkraft hervor, dafs es sich nach vorn überlehnt, damit sein Schwerpunct vor seine Unterstützung falle. In der zu diesem Überlehnen und dem Fortbewegen seines Körpers nöthigen Anwendung der Muskelkraft besteht die Anstrengung, die es machen mufs, um zu ziehen. Auf schräger Bahn mufs es sich aber, etwa um den Winkel den die Bahn mit den Horizont macht, stärker überlegen, als auf wagerechter Strafse für die nemliche Zugkraft. Also ist seine Anstrengung auf schräger Bahn, zur Hervorbringung der nemlichen Zugkraft, stärker, als auf wagerechter Strafse. Dieser Unterschied der Anstrengung der Zugthiere ist ebenfalls nicht unbedeutend. Die beiden letzten Unterschiede müssen daher auch nothwendig um so mehr in Rechnung kommen.

Die Auseinandersetzung der Art, wie diese Modificationen in Rechnung zu bringen sind, würde hier zu weit führen, und auch, in Rücksicht auf die oben angedeutete besondere Bestimmung des gegenwärtigen Aufsatzes, hier nicht passend sein, weil sie ohne einige Anwendung der Buchstabenrechnung nur mit Schwierigkeiten und nicht kurz und einfach genug möglich sein würde. Sie kann aber auch füglich um so mehr wegbleiben, da, wie gesagt, die Resultate, auf welche es hier ankommt, von denen der obigen einfachen, allgemein verständlichen Rechnung nicht abweichen. Wer die Auseinandersetzung verlangt, wird sie, nebst der Erklärung der Ursache, aus welcher die genauere Rechnung dieselben Vergleichungen der Zugkraft giebt, wie die obige bloſse Näherung, in oben gedachten Aufsätzen im Journale der Baukunst finden. Die Resultate selbst sind folgende.

Neigung der Straſse gegen den Horizont.	Gesammte nothwendige Austrengung der Zugthiere, um 240 Ctr. bergauf zu ziehen. Auf einer Chaussée.	Auf einer Eisenbahn.	Also auf der Eisenbahn weniger.	Thut Ersparung an der Zugkraft gegen die auf der Chaussée.
0 oder horizontal	1100 Pfd.	110 Pfd.	990 Pfd.	90 Procent.
1 auf 240 . .	1263 -	230 -	1033 -	$81\frac{9}{11}$ -
1 auf 120 . .	1440 -	360 -	1080 -	75 -
1 auf 72 . .	1703 -	553 -	1150 -	$67\frac{1}{2}$ -
1 auf 48 . .	2084 -	834 -	1250 -	60 -
1 auf 36 . .	2538 -	1168 -	1370 -	54 -
1 auf 24 . .	3771 -	2074 -	1697 -	45 -
1 auf 18 . .	5775 -	3547 -	2228 -	$38\frac{1}{2}$ -

Wie diese Tafel zeigt, weicht zwar der Betrag der Zugkraft selbst, auf der Chaussée, wie auf der Eisenbahn, so wie ihr Unterschied, von demjenigen, welchen die obige kürzere Rechnung gab, überall und sogar bedeutend ab, indem z. B. die Ersparung an Zugkraft keinesweges überall 9 Ctr. beträgt, sondern sogar bis über 20 Ctr. steigt. An den obigen Beispielen der horizontalen Straſse, und der nur 1 auf 240, 120 und 24 steigenden Straſsen aber sieht man, daſs das *Verhältniſs* der Zugkraft auf der Eisenbahn zu derjenigen auf der Chaussée in der gegenwärtigen Tafel mit dem oben gefundenen genau übereinstimmt; die Ersparung ist hier, wie dort, in den erwähnten Fällen resp. 90, $81\frac{9}{11}$, 75 und 45 Procent. Die Resultate, auf welche es hier ankommt, sind also, wie gesagt, dieselben.

8.

Diese Resultate der Rechnungen in §. 6. und 7. ergeben nun, daſs man möglicherweise zu einem sehr von der Wahrheit abweichenden und dem Unternehmungs-Capital einer Eisenbahn ungemein gefährlichen Ergebniſs gelangen könnte, wenn man schlieſsen wollte, es werde, weil die Ersparung an Transportkraft, und folglich an Transportkosten, auf einer horizontalen Eisenbahn 90 Procent von den Transportkosten auf einer Chaussée beträgt, das nemliche überhaupt Statt finden. Wenn man auf solche Weise, nachdem die Transportkosten auf der Chaussée berechnet worden sind, (was, wenn eine Chaussée schon vorhanden ist, aus der Frequenz und den üblichen Frachtkosten, mit Berücksichtigung des Gewinnes der Fuhrleute, ganz gut angeht), annehmen wollte, dafs 90 Procent dieser Kosten auf der Eisenbahn weniger nöthig sein werden, und dann die Unternehmung der Eisenbahn beschliefsen wollte, sobald sich findet, dafs die 90 Procent der Transportkosten, nächst den Erhaltungs- Verwaltungs- und Amortisations-Kosten des Anlage-Capitals, gute Zinsen, etwa von 5 bis 6 Procent gewähren: so könnte es in der That kommen, dafs sich, nachdem die Eisenbahn gebaut worden ist, statt 5 oder 6 Procent nur 2 oder 3 Procent Zinsen ergeben. Denn die Ersparung an den Transportkosten kann, wie die Tabelle zeigt, von 90 Procent auf weniger als die Hälfte herabsinken. Aber auch selbst nicht bis zu 1 auf 18, oder 1 auf 24 darf das Gefälle der Strafse steigen, um bis zu der Hälfte der Zinsen herab zu kommen, sondern es kann sich, weil die Erhaltungs- und Verwaltungs-Kosten die nemlichen bleiben, ergeben, dafs schon, selbst bei viel geringerem Gefälle, die Zinsen sehr schlecht ausfallen. Dieses letzte wird sich am besten an einem Beispiele zeigen lassen.

Wir wollen nemlich annehmen, man habe gefunden, dafs auf irgend einer Strafse die reinen Transportkosten, für die vorhandene Frequenz, nemlich die Frachtkosten, nach Abzug des Gewinnes der Fuhrleute, 10000 Rthlr. jährlich auf eine Meile betragen: so bestände der Gewinn für die Eisenbahn, nach dem Satze berechnet, dafs durch dieselbe 90 Procent der Transportkosten gegen die Chaussée erspart werden, in 9000 Rthlr. jährlich. Nun mag die Meile Eisenbahn, wie es ungefähr in Deutschland, da, wo gerade keine besonderen Schwierigkeiten, grofse Brücken und dergleichen, vorkommen, der Fall sein dürfte, 120 000 Rthlr. kosten. Von den 9000 Rthlr. Überschufs gehen zunächst ab die Erhaltungskosten, welche für die Meile wenigstens auf 2000 Rthlr., und die Verwaltungskosten, welche auf 1000 Rthlr. anzuschlagen sein dürften, thut 3000 Rthlr.; es bleibt also noch 6000 Rthlr. reiner Überschufs übrig. Derselbe giebt zu den Zinsen und zum Amortisations-Fonds von dem Anlage-Capital der 120 000 Rthlr. 5 Procent; was schon ganz annehmlich ist. Nun aber sei die Strafse nicht horizontal, sondern habe 1 auf 24 Gefälle. In diesem Falle werden nach der Tabelle §. 7. nicht mehr 90 sondern nur noch 45 Procent der Transportkosten, also in dem gegenwärtigen Falle nicht 9000, sondern nur noch 4500 Rthlr. gewonnen. Hiervon die 3000 Rthlr. Erhaltungs- und Verwaltungskosten, welche die nemlichen bleiben, abgezogen, läfst 1500 Rthlr., und dies giebt zu Zinsen und Amortisations-Fonds nicht mehr 5 sondern nur noch $1\frac{1}{4}$ Procent des Anlage-Capitals, was schon zum Bankerut des Unternehmungs-Fonds führt. Aber der Abhang auf der Strafse braucht auch gar nicht so stark zu sein (1 auf 24 oder 6 Zoll auf die Ruthe, wie vorhin angenommen), sondern selbst schon ein viel geringeres Gefälle giebt für die Unternehmer ein betrübtes Resultat. Für den Abhang 1 auf 48 (3 Zoll auf die Ruthe) z. B. beträgt schon nach der Tabelle die Ersparung statt 90 nur 60 Procent, also statt 9000 nur 6000 Rthlr., und läfst also, nach Abzug der 3000 Rthlr. Erhaltungs- und Verwaltungskosten, nur 3000 Rthlr., also nur $2\frac{1}{2}$ Procent des Anlage-Capitals übrig. Ja selbst schon ein Gefälle von 1 auf 120 ($1\frac{1}{5}$ Zoll auf die Ruthe), (und ein solches Gefälle kommt sehr häufig vor, selbst in den ebensten Gegenden, fern von allen Bergen oder Gebirgen), reducirt nach der Tabelle die Ersparung an Transportkosten durch die Eisenbahn von 90 auf 75 Procent. Sie beträgt also statt 9000 nur 7500 Rthlr. und es bleiben, nach Abzug der 3000 Rthlr. Erhaltungs- und Verwaltungskosten, nur 4500 Rthlr. übrig, was nicht 5 sondern nur $3\frac{3}{4}$ Procent Verzinsung und Amortisations-Fonds giebt.

Hieraus folgt denn deutlich, dafs man sich durch jene Art zu rechnen, nemlich durch Vernachläfsigung einer näheren und speciellen Berücksichtigung der Abhänge der Bahn, gar sehr täuschen kann, und dafs es in der That ganz unmöglich ist, aus der blofsen Frequenz und den üblichen Frachtkosten auf einer vorhandenen Chaussée mit irgend einiger Sicherheit auf die Erfolge und den Ertrag einer Eisenbahn zu schliefsen.

9.

Man kann nun aber gegen alle diese Berechnungen zunächst einwenden: das, was bei denselben angenommen, nemlich, dafs der Transport der Lasten nur bergauf erfolge, finde fast niemals Statt; vielmehr seien da, wo ja eine Strafse überall nur nach derselben Richtung hin abhängt, z. B. von Kohlen- oder anderen Gruben nach einem schiffbaren

Flusse hin, die Frachten in der Regel bergab und nicht bergauf zu fahren, so dafs durch den starken Abhang der Strafse sogar eher an Transportkraft gewonnen als verloren werde; im Allgemeinen aber hätten Strafsen von gröfserer Länge in der Regel abwechselnde Gefälle: sie führten bald bergauf, bald bergab, und in solchen Fällen werde durch die Ersparung an Transportkraft auf der Thalfahrt die Zulage an Kraft bei der Bergfahrt mehr oder weniger compensirt, so dafs die Resultate in der Wirklichkeit, auch in den als Beispiele angenommenen Fällen, anders und vortheilhafter zu stehen kämen, als es aus den obigen Rechnungen zu folgen scheine.

Die Thatsache, dafs Frachten nur sehr selten ausschliefslich bergauf zu schaffen sind, ist vollkommen richtig. Weniger richtig wäre es, im Vorbeigehen bemerkt, schon, wenn man etwa annehmen wollte, es sei im Allgemeinen mehr Fracht bergab als bergauf zu transportiren; denn alle Waaren die zur See ankommen und in's Innere des Landes geschafft werden sollen, gehen, nach der Natur der Sache, bergauf, weil alles Land höher liegt, als das Meer, selbst öfters um einige tausend Fufs höher; und gerade die überseeischen Waaren sind es öfters vorzugsweise, die auf den gröfseren Heerstrafsen sich fortbewegen. Höchstens wird man, in so fern die Ausfuhr der Einfuhr gleich gesetzt werden darf, im Allgemeinen annehmen dürfen, die Transportmasse bergab sei derjenigen bergauf gleich.

Ferner ist die Behauptung, es werde bei ber Thalfahrt auf Eisenbahnen, eben wie auf Chausséen, an Transportkraft, und folglich an Transportkosten, nicht verloren, sondern gewonnen, bedingungsweise ebenfalls vollkommen richtig; aber auch nur bedingungsweise, und ein grofser Irrthum würde es sein, etwa anzunehmen, die Thalfahrt gereiche einer Eisenbahn in eben dem Maafse, ohne gegenseitige Verluste, zum Vortheile, wie einer Chaussée. Sie gereicht ihr in der Wirklichkeit nur dann zum unbedingten Vortheile, ohne gegenseitige Verluste, wenn die Gefälle der Strafse sehr gering sind, und viel geringer, als gleich förderliche Chaussée-Abhänge. Und dieser Umstand entscheidet weiter über die Summe der Erfolge auf Strafsen von gröfserer Ausdehnung, welche, ganz nach der allerdings wiederum vollkommen richtigen Entgegnung, keinesweges immer bergan, sondern vielmehr in der Regel abwechselnd bergan und bergab führen. Aber er hat darauf einen so wesentlichen und bedeutenden Einfluſs, daſs sich fast behaupten läſst: in der Regel stehe die abwechselnde Thalfahrt der Bergfahrt keinesweges gleich vortheilhaft gegenüber, vielmehr sei die Ersparung an den Transportkosten auf der Thalfahrt sehr weit entfernt, die Zuschüsse für die Bergfahrt auch nur einigermaſsen zu compensiren, und man muſs, um sicher zu gehen, vielmehr wirklich beinahe auf fortwährende Bergfahrt rechnen. Nur allein, wenn die Gefälle sehr gering sind, findet bei Eisenbahnen eine Compensation Statt. Von dergleichen sehr geringen Gefällen ist aber oben auch nichts Nachtheiliges behauptet worden.

Doch wir müssen, um diese allgemeinen Äuſserungen zu rechtfertigen, wieder erst etwas näher auf die Art und Eigenthümlichkeit der Eisenschienen-Straſsen eingehen.

10.

Wir haben oben gesehen, daſs die Reibung der Rad-Achsen in den Buchsen und der Radfelgen auf der Straſse zusammen ungefähr den 240sten und auf Chausséen ungefähr den 24sten Theil der Last der Fuhrwerke und ihrer Ladung beträgt; desgleichen daſs die Kraft, welche nöthig ist, eine Last eine schiefe Fläche hinauf zu ziehen, den eben so vielten Theil der Last ausmacht, wie die Steigung der Fläche von ihrer Länge. Daraus läſst sich unmittelbar schlieſsen, daſs, sobald eine Eisenbahn stärker abhängt, als 1 auf 240, und eine Chaussée stärker, als 1 auf 24, die Fuhrwerke mit ihrer Ladung von selbst herabrollen werden; denn die zum Heraufziehen einer Last nöthige Kraft ist es, welche die Last bergab treibt, und folglich wird sich die Last wirklich von selbst bergab bewegen, sobald jene Kraft stärker ist, als der Widerstand, den die Reibung der Achsen in den Buchsen und der Radfelgen auf der Bahn dem Herabrollen entgegensetzt. Die obigen Bedingungen des Herabrollens der Fuhrwerke auf Eisenbahnen und Chausséen, durch das eigene Gewicht, bestätigt auch wirklich die Erfahrung.

Es folgt nun weiter, daſs, so lange der Abhang einer Eisenbahn *weniger* beträgt als 1 auf 240, und der Abhang einer Chaussée *weniger* als 1 auf 24: daſs dann, weil das Gewicht der Fuhrwerke selbige bergab treibt, und dieser Trieb der Zugkraft bei der Thalfahrt nicht entgegen wirkt, sondern ihr zu Hülfe kommt, durch den Abhang der Bahn eine wirkliche und wesentliche Ersparung an der Transportkraft und an den Transportkosten erlangt wird, obgleich dieser Gewinn gleichwohl noch keinesweges so grofs ist, als es beim ersten Anblick scheinen mag; denn die Zugthiere, wenn sie auch gar nicht zu ziehen brauchen, müssen doch wenigstens noch ihren Weg durchlaufen, und die Kosten ihrer Erhaltung, während der Zeit die sie dazu brauchen, sind nicht viel geringer, als in dem Falle, wenn sie sich ihrer Kraft zu bedienen haben.

Hingegen ganz anders verhält es sich, sobald der Abhang der Strafse *stärker* ist, als resp. 1 auf 240 und 1 auf 24. Alsdann entsteht ein Überschufs der aus dem Abhange der Bahn herrührenden Kraft, welche die Fuhrwerke thalwärts treibt, über den Widerstand der Reibung; und der Wirkung dieses Überschusses der Triebkraft dürfen die Fuhrwerke nicht ohne Weiteres überlassen werden; denn er würde sie, nicht mit gleich bleibender, sondern mit zunehmender Geschwindigkeit forttreiben, und wenn der Abhang lang wäre, würde die Geschwindigkeit bald so grofs werden, dafs die Zugthiere und die Fuhrwerke beschädigt, vielleicht jene übergefahren, diese zertrümmert werden könnten; wie es Jedem schon von sehr steilen Chausséen bekannt ist. Die Fuhrwerke müssen also alsdann gehemmt werden; aber dieses Hemmen kann so genau nicht geschehen, dafs es gerade nur den Trieb des Gewichts der Fuhrwerke thalwärts aufhebt; es mufs stärker sein, als dieser Trieb; und folglich ist alsdann dennoch wieder Kraft zum Fortziehen der Wagen nöthig. Mindestens aber wird diese Kraft nicht geringer nöthig sein, als auf horizontaler Bahn, und folglich ist ein Abhang von mehr als resp. 1 auf 240 und 1 auf 24 nicht mehr als vortheilhaft bei der Thalfahrt, sondern nur höchstens der horizontalen Lage der Strafse gleich zu achten. Aber auch dieses kaum, oder doch nur da, wo der Abhang entweder nur eben 1 auf 240 und 1 auf 24, oder doch nur sehr wenig mehr beträgt. Denn schnell nimmt die Triebkraft des Gewichts der Fuhrwerke zu: sehr bald ist Gefahr beim Herabfahren vorhanden: die Hemmung mufs also zur Vorsicht noch stärker sein, und bedeutend stärker, als strenge genommen nothwendig ist; den Überschufs der Hemmung zu überwinden aber ist Zugkraft nöthig, und folglich nimmt mit dem Abhange eigentlich nicht die Ersparung an Zugkraft zu, sondern ab, und die Vermehrung desselben ist bei der Thalfahrt dem Transporte nicht mehr förderlich, sondern nachtheilig, in dem Maafse, dafs sie sogar der Bergfahrt bald gleich geachtet werden mufs. Der

Abhang darf weiter nur noch wenig zunehmen, so ist die Thalfahrt, nach den bisherigen Erfahrungen, ohne besondere Vorrichtungen, mit dem bloſsen Hemmen, gar nicht mehr möglich; dergleichen besondere Vorrichtungen erhöhen aber wieder den Betrag des Anlage-Capitals bedeutend und ändern folglich die ganze Rechnung.

In diesem Puncte ist nun aber die Eisenbahn, besonders für die Thalfahrt, gegen eine Chaussée wesentlich im Nachtheil. Eine Chaussée kann nemlich bekanntlich sehr füglich einen Abhang von 1 auf 18 oder 8 Zoll auf die Ruthe bekommen; die Frachten können auf einer solchen Chaussée, mit Hülfe des Hemmens, wo es, nemlich auf einer sehr glatten Bahn, überhaupt nothwendig ist, ohne alle Gefahr bergab gefahren werden. Keinesweges aber darf eine Eisenbahn ein solches Gefälle bekommen. Die Erfahrung hat gelehrt, daſs ein Abhang von 1 auf 72 schon das äuſserste Gefälle ist, welches eine Eisenbahn ohne besondere Vorrichtungen bekommen darf, ja daſs man ohne Gefahr für die Zugthiere und die Menschen mit dem bloſsen Hemmen sogar nicht wohl über 1 auf 96 hinausgehen darf.

In der That ist eine Eisenbahn, mit einem nur wenig stärkeren Gefälle als demjenigen, auf welchem die Lasten von selbst herabzurollen anfangen, rücksichtlich der Gefahr bei der Thalfahrt, schon einer sehr steilen Chaussée zu vergleichen. Auf einer Eisenbahn nemlich, mit 1 auf 240 Gefälle, ist, wie oben bemerkt, die Kraft, mit welcher das Gewicht der Fuhrwerke solche bergab treibt, der Reibung gleich: sie beträgt, gleich der Reibung, auf 240 Ctr. Last 1 Ctr. Gesetzt nun, die Bahn habe 1 auf 120 Abhang, so beträgt die Kraft, welche die Lasten bergab treibt, den 120sten Theil der Last, also 2 Ctr., und es ist folglich 1 Ctr. Übergewicht über die Reibung vorhanden. Dieser 1 Ctr. Übergewicht wirkt aber auf die auf der glatten Eisenbahn sich bewegende Masse nicht etwa nur eben so viel, als 1 Ctr. auf einer im Vergleich rauhen Chaussée ebenfalls auf 240 Ctr. Masse wirken würde, sondern bei weitem stärker, weil der Widerstand der glatten Eisenbahn mit der Geschwindigkeit bei weitem weniger zunimmt, als der Widerstand der im Vergleich holperigen Chaussée. Es fehlt zwar hier noch an Erfahrungssätzen, aus wirklichen Beobachtungen entnommen, wie es sich dabei in Zahlen verhalte; aber wahrscheinlich muſs das Übergewicht auf einer rauhen Bahn, wenn es eben so wirken soll, als dasjenige auf einer glatten Bahn, fast in demselben Verhältnisse stärker sein, wie die Zugkraft auf der horizontalen rauhen Bahn gegen die Zugkraft auf der horizontalen glatten Bahn. Ist es so, so würde hier der 1 Ctr. Übergewicht auf der Eisenbahn schon so viel wirken, als erst 10 Ctr. Übergewicht auf der Chaussée. Diese 10 Ctr. Übergewicht auf der Chaussé entstehen aber erst, wenn die Strafse 1 auf 12 oder 1 Fufs auf die Ruthe Gefälle hat; denn alsdann erst ist die Kraft, welche das Gewicht der 240 Ctr. Last bergab treibt, $\frac{240}{12}$ oder 20 Ctr., so dafs nach Abzug der zur Überwindung der Reibung nöthigen 10 Ctr., 10 Ctr. Übergewicht wirksam bleiben. Also wäre eine Eisenbahn mit 1 auf 120, oder $1\frac{1}{5}$ Zoll Abhang auf die Ruthe, für die Thalfahrt schon eben so gefährlich, als eine Chaussée mit 1 Fufs Gefälle auf die Ruthe. Mit 1 auf 96 oder $1\frac{1}{2}$ Zoll Gefälle auf die Ruthe wäre eine Eisenbahn, nach dieser Art zu rechnen, schon einer Chaussée zu vergleichen, von 1 auf $9\frac{3}{5}$ oder 15 Zoll Gefälle auf die Ruthe, die schon kaum mehr mit Lasten befahren werden kann; mit 6 Zoll Gefälle auf die Ruthe, einer Chaussée mit 1 auf $2\frac{2}{5}$ oder 5 Fufs Gefälle auf die Ruthe, die ganz unpracticabel ist. Ist aber auch das Verhältnifs der Wirkungen des bergab treibenden Übergewichts auf der glatten und der rauhen Bahn nicht so grofs, wie vorausgesetzt: so ist die Wirkung doch jedenfalls auf der Eisenbahn bei weitem stärker, als auf der Chaussée, und es ist gewifs, dafs eine Eisenbahn mit 2 bis 3 Zoll Gefälle auf die Ruthe nicht mehr ohne die allergröfste Gefahr, mit Hülfe des Hemmens allein, bergab befahren werden kann.

Da sich indessen allenfalls annehmen liefse, dafs man vielleicht noch Mittel fände, die Gefahr beim Bergabfahren auf steilen Eisenbahnen, ohne besondere kostbare Anordnungen, dennoch wirklich zu entfernen, und anderseits für die Bergfahrt ein starker Abhang für die Hervorbringung der Zugkraft, wenigstens für die dazu nöthige Anstrengung der Thiere, auf der Eisenbahn nicht nachtheiliger ist, als auf der Chaussée, indem es für die Zugkraft der Pferde gleichgültig ist, ob sie eine Eisenbahn mit 6 Zoll Gefälle auf die Ruthe ersteigen, oder eine Chaussée: so müssen auch noch die Umstände bei der Bergfahrt auf stärker abhängenden Eisenbahnen näher betrachtet werden.

Auch hier zeigt sich, dafs Eisenbahnen mit starken Abhängen gegen Chausséen mit eben so starkem Gefälle wesentlich im Nachtheil sind. Auf einer Chaussée nemlich, mit 1 auf 24 Gefälle, ist bergauf erst doppelt so viel Zugkraft nöthig, als auf einer horizontalen Strafse. Zu dieser Verdoppelung der Anstrengung sind die Zugthiere, wenn anders der Abhang nicht etwa zu lang ist, noch fähig, ohne dafs Vorspann nöthig wäre; und das um so mehr, da sie auf dem folgenden bergabführenden Abhange wieder an Kraft sparen und sich erholen können. Auf der Eisenbahn dagegen erfolgt die Verdoppelung der Zugkraft schon bei einem Gefälle von 1 auf 240. Beträgt der Abhang 1 auf 120, so ist schon die dreifache Zugkraft nöthig, auf 1 auf 80 Abhang schon die vierfache, auf 1 auf 60 Abhang schon die fünffache Zugkraft. Also sind die Zugthiere, sobald der Abhang stärker ist, als 1 auf 240, schon kaum mehr im Stande, die für die horizontale Strafse angemessene Last ohne Vorspann bergauf zu schaffen. Für alle stärkere Abhänge als 1 auf 240, und höchstens 1 auf 160, mufs also nothwendig entweder Vorspann genommen, oder die Last mufs theilweise heraufgezogen werden. Es müfsten also, wenn man einer Eisenbahn eben so starke Abhänge geben wollte, wie eine Chaussée sie bekommen darf, nothwendig entweder an jeder Steige Vorspann-Pferde *bereit* gehalten werden: oder man müfste, wenn gar zu vieles Steigen und Fallen vorkommt, so viele Pferde mit sich führen, dafs die Abhänge erstiegen werden können: oder man müfste die Last auf viele Wagen vertheilen, damit dieselbe einzeln heraufgezogen werden könnte. Alles dieses ist aber offenbar mit Verlust, und zwar mit bedeutendem Verlust verbunden, weil entweder eine grofse Menge von Pferden würde gefüttert werden müssen, die nicht fortwährend in Arbeit, sondern theilweise müfsig sind, oder viel Zeit verloren gehen würde. Also liegt auch hierin ein Grund gegen stärkere Abhänge der Eisenbahnen.

Aus allem diesen folgt nun, dafs man, wie es auch in der bisherigen Praxis mit Recht geschieht, längere starke Abhänge der Eisenbahnen durchaus vermeiden mufs und diese Art Strafsen nicht auf Dämme legen darf, die für Chausséen ganz passend sein würden. Es folgt, dafs, wenn das Terrain durchaus stärkere Abhänge erfordert, andere, besondere Vorrichtungen rathsam und nothwendig sind, um die Höhen zu ersteigen und zu übersteigen.

Welches sind aber diese Vorrichtungen, oder welche Mittel giebt es in den genannten Fällen, eine Eisenbahn practicabel zu machen? Diese Frage wollen wir im folgenden Paragraphe erwägen.

11.

Es giebt nach den bisherigen Erfahrungen folgende Mittel.

Erstlich. Man treibe, wenn auf ein starkes Steigen des Terrains nahebei ein ungefähr gleich hohes Fallen folgt, also wenn die Strafse über einen nur schmalen Terrain-Rücken, etwa über eine schmale Wasserscheide, führt, horizontal, oder doch nur mit geringem Gefälle, einen Stollen (*Tunnel*) durch den Terrain-Rücken und lege in denselben die Bahn.

Zweitens. Man setze, im gleichen Falle, auf den Gipfel des Rückens eine feststehende Dampfmaschine, oder ein Rofswerk und dergleichen, und lasse von denselben die Lasten den Rücken hinauf ziehen und sie auf der andern Seite, von der Maschine gegen das Hinabgleiten festgehalten, wieder hinabrollen, wobei, wenn es thunlich, auch die hinabfahrenden Lasten dem Heraufziehen der bergauf fahrenden Wagen zu Hülfe kommen können.

Drittens. Man terrassire den Abhang, wenn er höher ist; das heifst: man baue die Eisenbahn stufenweise hinauf, und zwar so lang als möglich beinahe horizontal; darauf eine Rampe von etwa 1 auf 30 Abhang; darauf wieder so lang als möglich die Bahn horizontal; hierauf wieder eine Rampe, und so weiter, bis zum Gipfel. Oben auf jede Rampe wird eine Dampfmaschine gesetzt, welche die Fuhrwerke hinaufzieht und sie hinabfahren läfst.

Viertens. Man ersteige den Abhang mit der Eisenbahn durch Verlängerung derselben, mit Krümmen von sehr grofsen Halbmessern, und zwar so, dafs die verlängerte Bahn nur noch denjenigen Abhang behält, welcher ohne Vorspann erstiegen werden kann, und auf welchem, unter dem Schutze der blofsen Hemmung, die Lasten hinabrollen können.

Fünftens. Man mache durch die Unebenheiten Einschnitte, mit horizontalem, oder doch nur wenig abhängendem Boden, und lege in dieselben die Bahn. Die Erde aus den Einschnitten kann zugleich zu den Dämmen dienen, die vielleicht nöthig sind, um, mit vermindertem Gefälle, Vertiefungen des Terrains zu passiren, die auf die Anhöhen folgen.

Das erste Mittel ist offenbar ungemein kostbar und seine Benutzung sehr beschränkt. Zu lange unterirdische Wege, selbst wenn die Kosten nicht in Betracht kämen, würden jedenfalls für die Reisenden höchst unangenehm sein; auch können eigenthümliche Terrain-Hindernisse, wie

z. B. Quellen, Felsen u. s. w. das Mittel, wenigstens so weit jetzt die Kunst unterirdische Strafsen zu bauen reicht, bald unanwendbar machen. Da aber hier nur die Kosten insbesondere in Betracht kommen, und diese offenbar sehr grofs sind; so kommt das Mittel überhaupt nur wenig und nur in den seltenen Fällen in Betracht, wo entweder der Terrainrücken sehr hoch und dabei nur schmal ist, oder wo eigenthümliche Umstände und Hindernisse, z. B. das Dazwischenliegen einer Stadt, steiler Klippen, und dergleichen, keine anderen Mittel zulassen.

Das zweite Mittel, einen Terrainrücken zu übersteigen, scheint sich zwar, besonders dann, wenn das Gewicht der hinabfahrenden Wagen mit zum Bergaufziehen der hinauffahrenden benutzt werden kann, sehr zu empfehlen. Aber einestheils ist seine Anwendung wiederum nur sehr beschränkt, weil es, wenn die Abhänge einige hundert Ruthen, höchstens 600 Ruthen, lang sind, wegen der Länge des Seiles, welches die Wagen ziehen und halten mufs, nicht mehr anwendbar ist; anderntheils ist auch dieses Übersteigen eines Rückens ebenfalls nicht wenig kostbar, sowohl im Bau, als für den Transport selbst. Man rechnet, der Erfahrung nach, dafs auf diese Art das Übersteigen einer Höhe von etwa 150 Fufs so viel kostet, als der Transport auf 1 Meile horizontaler Eisenbahn.

Von dem dritten Mittel, wo es an die Stelle des zweiten treten mufs, oder soll, gilt noch in stärkerem Maafse, was so eben von dem zweiten gesagt worden. Es ist ebenfalls ungemein kostbar.

Das vierte Mittel ist offenbar das natürlichste; es erfordert keine künstliche Maschinerien, die bekanntlich auch noch ihre eigenthümlichen Schwierigkeiten in dem Mangel an Leuten zur Anordnung, Erhaltung und Bedienung solcher zusammengesetzten Vorrichtungen haben; auch ist es fast überall anwendbar. Aber es ist ebenfalls kostbar, und dies noch um so mehr, da man, weil die Verlängerung einer Strafse nicht ohne Krümmen möglich ist, wiederum, insbesondere dieser Krümmen wegen, wäre es auch thunlich, ihnen überall sehr grofse Halbmesser zu geben (was aber wenigstens wieder die Kosten erhöhen wird) den Abhang nothwendig, wenigstens auf längere Strecken, so weit vermindern, also die Strafse verhältnifsmäfsig in dem Maafse verlängern mufs, dafs bei der Thalfahrt das Übergewicht des Triebes der Lasten bergab über die Reibung der Wagen denselben keine zu grofse Geschwindigkeit beibringen kann; denn ohne diese Beobachtung entsteht immer, eben aus den Krümmen, für die Thalfahrt grofse Gefahr, sobald man nicht immerfort hemmen und dadurch wieder Kraft verlieren, sondern die natürliche Kraft der Schwere zur Fahrt benutzen will. Die Eisenbahn von St. Etienne nach Lyon z. B. liegt grofsentheils auf einem fortlaufenden Abhange. Sie hat nur sehr mäfsige Gefälle, von 1 bis 1½ Zoll auf die Ruthe, von welchen man zum Theil die Wagen durch ihr eigenes Gewicht herabrollen läfst; aber sie hat viele Krümmen. Bekanntlich nun hört man nur zu oft von Unglücksfällen auf dieser Strafse, und diese kommen daher, dafs die Wagen, wenn sie zu stark in den Zug gekommen sind, in den Krümmen über die Schienen springen, oder sonst beschädigt werden. Man wird es also nicht wagen dürfen, einer Eisenbahn auf längeren Abhängen (und durch die Verlängerung der Bahn werden die Abhänge schon für mäfsige Höhen lang) mehr als 1 bis 1½ Zoll Gefälle auf die Ruthe zu geben. Und da nun eine Chaussée an solchen Stellen schon füglich 6 Zoll Gefälle auf die Ruthe würde bekommen dürfen, so folgt, dafs die Eisenbahm wenigstens viermal so *lang* nöthig ist, als die Chaussée. Man sieht aber, wie sehr hierdurch die Anlage-Kosten, zumal bei der Theurung der Eisenbahnen, erhöht werden müssen. Und nicht blofs die Anlage-Kosten erhöhen sich, sondern auch die Transportkosten. Denn obgleich die zum Emporheben der Lasten nöthige Zugkraft für die ganze Höhe die nemliche bleibt, die Bahn mag stark oder schwach steigen: so bleibt doch nicht die andere, zur Überwindung der Reibung nöthige Zugkraft die nemliche, sondern wächst vielmehr im Verhältnisse der Länge der Strafse; denn es ist klar, dafs auf die vierfache Länge viermal so viel Transportkraft und Transportkosten nöthig sind, als auf die einfache Länge.

Das fünfte Mittel endlich ist dasjenige, welches insbesondere für sehr ebene Gegenden pafst, wo es keine, einigermafsen bedeutenden Anhöhen oder Berge, sondern nur kleine Ungleichheiten des Bodens giebt. Aber die unvermeidliche Nothwendigkeit der Anwendung dieses Mittels in solchen Fällen ist gerade eine der Hauptursachen, aus welchen Eisenbahnen meistens so sehr viel theurer sind, als Chausséen. Ihre grofsen Kosten liegen nemlich keinesweges in denen der Eisenschienen allein, sondern öfters eben so sehr in der Bedeutenheit der unvermeidlich nothwendigen Damm-Arbeiten, deren fast immer, und fast ohne Ausnahme, bei weitem mehr nothwendig sind, als zu Chausséen. In der That sind offenbar weit mehr Damm-Arbeiten nöthig, ein Terrain so zu reguliren, dafs der Strafsendamm nirgend mehr als 1 bis $1\frac{1}{2}$ Zoll Gefälle auf die Ruthe bekommt, als wenn, wie bei der Chaussée, 4, 6 bis 8 Zoll, und ein beliebiger Wechsel von Steigen und Fallen zuläfslich ist. Freilich kommt eigentlich die hieraus entstehende Kostbarkeit der Eisenbahnen bei der Erwägung der gegenwärtigen Frage, in wie fern man davon abstrahiren müsse, die Transportkosten auf einer Eisenbahn so zu berechnen, als wäre sie horizontal, und ob nicht vielmehr die Transportkosten so zu schätzen seien, als steige die Bahn fortwährend, nicht in Betracht, indem vorausgesetzt wird, die gröfsere Kostbarkeit der Eisenbahnen werde bei der Zinsenberechnung des Anlage-Capitals doch schon berücksichtigt. Indessen ist der Umstand nicht zu übersehen, dafs die Kostbarkeit der Damm-Arbeit bei der Anwendung des fünften Mittels alsbald ungeheuer steigt, so wie nur das Terrain einigermafsen schwierig wird. So z. B. ist das Terrain zwischen Berlin und Potsdam im Allgemeinen so günstig, wie es selten vorkommt (die Ebenheit der Gegend um Berlin ist ja bekannt), und die Anhöhen, über welche sich die vorhandene Chaussée, gegen Potsdam hin, zieht, werden von der Eisenbahn gänzlich umgangen: gleichwohl wird die Damm-Arbeit auf die Meile gegen 20 000 Rthlr. kosten, blofs weil Anhöhen zu durchschneiden und Vertiefungen von etlichen und 20 Fufs hoch und tief zu durchdämmen sind, die man aufserdem kaum bemerken würde. Zu der Eisenbahn von Antwerpen nach Brüssel und Lüttich, auf Cöln zu, wo das Terrain ebenfalls sehr günstig und eben ist, steigen die Kosten der Damm-Arbeiten von etwa 7000 Rthlr. bis auf 93 000 Rthlr. auf die Meile. Nur näher nach Antwerpen zu, wo der Boden, wie in Holland, fast wassergleich eben ist, finden die geringeren Kosten Statt. Zur Eisenbahn zwischen Liverpool und Manchester haben die Damm-Arbeiten im Durchschnitt beinahe 200 000 Rthlr. auf die Meile gekostet, obgleich das Terrain keinesweges bergig und hügelig, sondern vielmehr noch zu dem ebeneren zu rechnen ist. Man mufs sich also wenigstens vor der Meinung hüten, als seien die zur Verminderung der Transportkraft und der Transportkosten unumgänglich nothwendigen schwachen Gefälle einer Eisenbahn, selbst in scheinbar sehr ebenem Terrain, ohne grofsen Kosten-Unterschied herzustellen, oder auch, als liefsen sich diese Kosten nach der blofsen Ansicht des Terrains auch nur einigermafsen richtig schätzen,

Es ist gewifs selbst dem geübtesten Ingenieur völlig unmöglich, aus einer blofsen Ansicht der Gegend, ohne vorherige Ausmessung und Abwägung der Strafsenlinie, auch nur zu sagen, ob die Damm-Arbeiten 10, oder 20, oder 30, oder 50 Tausend Thaler, oder noch mehr auf die Meile kosten werden. Von keinem Artikel einer Eisenbahn sind die Kosten gleichförmiger, als von den Schienen selbst, mit den zugehörigen Schienenstühlen, Steinen und der übrigen Unterstützung: sie betragen in Deutschland, Belgien, Frankreich, und selbst in England, nirgends unter 60 und nirgends über 80 Tausend Thaler für eine Meile einfacher Bahn; selbst die Liverpoler Bahn eingeschlossen. Gleichwohl schwanken die gesammten Kosten einer Eisenbahn von 100 bis zu 800 Tausend Thalern, von welchem ungeheuren Unterschiede nur etwa 80 bis 100 Tausend Thaler darauf kommen, ob nur eine einfache, oder ob eine doppelte Bahn gemacht wird. Die Hauptursachen des so sehr grofsen Unterschiedes liegen in der Verschiedenheit der Kosten der Damm-Arbeiten, des Terrains, der Brücken und in anderen localen Verhältnissen; und selbst nicht einmal in der Verschiedenheit der Preise der Dinge in den verschiedenen Ländern, die, wie wir dessen weiter unten noch gedenken werden, in Rücksicht dessen, was bei Eisenbahnen vorkommt, keinesweges so sehr verschieden sind, als man vielleicht glauben möchte. So folgt denn auch offenbar, dafs es unmöglich ist, auch denjenigen Theil der Anlage-Kosten, welcher zur Herstellung der zu einer gewissen Gleichförmigkeit der Transportkosten nöthigen Gleichförmigkeit der Abhänge der Bahn erfordert wird, und welcher, weil die Zinsen davon bei der Unternehmung berechnet werden müssen, eben so wohl in Betracht kommt, als bei den Transportkosten das Gefälle der Bahn, vorher, ohne nähere Ausmessung, auch nur mit irgend einiger Sicherheit, zu schätzen.

12.

Aus dem nun, was in den beiden vorigen Paragraphen aus einander gesetzt worden, folgt zunächst, dafs auf Eisenbahnen die Ersparung an Transportkosten auf der Thalfahrt, gegen diejenigen auf horizontaler Bahn, niemals etwa den bei der Bergfahrt nöthigen Zuschufs an Kosten zu denen auf der horizontalen Bahn vollständig compensiren könne, sondern dafs nur einzig und allein dann, wenn der Abhang der Bahn nicht bedeutend stärker ist, als derjenige, auf welchem die Wagen durch ihr eigenes Gewicht herabrollen: also nur dann, wenn der Abhang nicht mehr als höchstens 1 auf etwa 144 oder etwa 1 Zoll auf die Ruthe beträgt, überhaupt eine Ersparung bei der Thalfahrt Statt finde, die indessen, weil die Zugthiere gleichwohl sich selbst mit den Lasten noch fortbewegen müssen, wenn es auch ohne dafs sie ziehen geschieht, niemals die Transportkosten für solche fallende Strecken auf Null reducirt, so dafs die Ersparung niemals den Kosten des Transports auf horizontaler Bahn, auf die gleiche Länge, gleich kommen kann. In allen anderen Fällen sind mehr Transportkraft und Transportkosten nöthig, als auf horizontaler Bahn.

Ferner zeigt sich, dafs der Zuschufs an Kraft für die Bergfahrt sehr schnell und stark zunimmt, so wie die Gefälle nur einigermafsen das oben bezeichnete Maafs überschreiten, und zwar viel stärker, als auf Chausséen. Auf einem Abhange von 1 auf 240 beträgt, wie die Tabelle (§. 7.) anzeigt, der Überschufs für die Bergfahrt schon etwa eben so viel, als die Transportkraft selbst auf horizontaler Bahn; denn es sind 230 Pfund Zugkraft statt der 110 auf der horizontalen Bahn, also 120 Pfund mehr nöthig; auf 1 auf 120 Abhang beträgt der Überschufs schon mehr als doppelt so viel; auf 1 auf 72 Abhang schon viermal so viel u. s. w., während es sich auf der Chaussée, wie in der Tabelle die daneben stehenden Zahlen zeigen, ganz anders verhält, nemlich die Zunahme des Überschusses viel geringer ist.

Es folgt also, dafs auf Eisenbahnen, auch dann, wenn sie abwechselnd steigen und fallen, auf die ganze Länge derselben, nemlich eben so wohl auf den fallenden, als auf den steigenden Strecken, mehr Transportkraft nöthig ist, als auf horizontaler Bahn, sobald die Gefälle der Bahn stärker sind, als etwa 1 Zoll auf die Ruthe; dafs man also keinesweges etwa annehmen darf, die Ersparung an Zugkraft auf den fallenden Strecken compensire den Zuschufs auf den steigenden, sondern dafs man, sobald die Gefälle stärker sind, als 1 Zoll auf die Ruthe, wirklich, wie in §. 9. angedeutet, eher so rechnen mufs, als steige die Bahn fortwährend. Und um Gefälle, die für Chausséen noch practicabel sind, und sogar Ersparung an Zugkraft gewähren würden, auf die für Eisenbahnen passenden geringeren Gefälle zu reduciren, ist wiederum jedenfalls eine sehr bedeutende Erhöhung der Anlage-Kosten nöthig.

Es folgt also, dafs nur in dem einzigen Falle, wenn eine Eisenbahn, eben sowohl wie eine Chaussée, entweder ganz horizontal liegt, oder, abwechselnd steigend und fallend, ohne *länger* sein zu dürfen, wie die Chaussée, Gefälle bekommen kann, die weniger als etwa 1 Zoll auf die Ruthe betragen, die Transportkraft und die Transportkosten auf derselben ohne weiteres mit einiger Gewifsheit aus denen auf der Chaussée gefunden werden können; dafs hingegen in allen anderen Fällen die Schätzung der Transportkosten auf der Eisenbahn aus denjenigen auf der Chaussée ohne nähere Messung und Berechnung im Allgemeinen ganz unmöglich ist, und dafs, wenn man sie etwa nach demjenigen Verhältnisse, welches zwischen horizontalen Chausséen und horizontalen Eisenbahnen wirklich Statt findet, berechnen wollte, das Resultat *sehr* weit von der Wahrheit abweichen und dafs es kommen kann, dafs am Ende von dem erwarteten Ertrage und den Anlage-Capitals-Zinsen nur die Hälfte und ein selbst noch viel geringerer Theil wirklich erzielt wird; wie solches schon oben angedeutet ist, hier aber nun näher sich gezeigt hat.

13.

So verhält es sich mit der in (§. 3.) erwähnten Vorausschätzung des zu erwartenden Ertrags einer Eisenbahn, aus den Kosten der Transportkraft auf einer vorhandenen Chaussée entnommen, wenn sie ohne Sonderung des zur Überwindung der Reibung nöthigen Theils der Transportkraft von demjenigen geschieht, welcher auf das Emporheben der Last kommt.

Aber was bis hierher auseinander gesetzt worden reicht auch zugleich hin, um einzusehen, dafs auch die andere in §. 4. erwähnte Vorausschätzung des Gewinnes an Transportkosten durch die Eisenbahn möglicherweise sehr weit von der Wahrheit entfernt bleiben kann. Es ist nemlich zwar vollkommen richtig, dafs von *demjenigen Theile* der Transportkraft, welcher zur Überwindung der Reibung der Radachsen in den Buchsen und der Radfelgen auf einer Chaussée nothwendig ist, durch die Eisenbahn ungefähr 90 Procent, immer, und in allen Fällen, die Bahn mag horizontal liegen, oder steigen, oder fallen, erspart wird; aber offenbar findet auch diese Ersparung nur dann Statt, wenn beide Arten von Strafsen *gleich lang* sein können, welches nunmehr eine neue Berücksichtigung ist, oder wenn bei der Eisenbahn, von gleicher Länge, nicht etwa besondere Vorrichtungen nothwendig sind, deren die Chaussée nicht bedarf; denn ist die Eisenbahn 2, 3, 4 mal *so lang* nöthig, so ist auf ihr offenbar auch die 2, 3, 4fache Transportkraft, folglich sind statt 10 Procent, 20, 30, 40 Procent von der Transportkraft auf der Chaussée nothwendig, und folglich werden nicht mehr 90, sondern nur noch 80, 70, 60 Procent erspart; zugleich aber erhöhen sich die Anlage-Kosten auf das 2, 3 und 4fache. Der Gewinn nimmt also sehr stark ab. Sind besondere Vorrichtungen nöthig, deren die Chaussée nicht bedarf, sonst ohne eine weitere Verlängerung der Strafse, wie Tunnels, Rampen, oder auch hohe Dämme und tiefe Einschnitte, so nimmt der Gewinn wieder dadurch ab, dafs die Anlage-Kosten höher steigen; und da diese Erhöhung sehr bedeutend sein kann, so kann die Verminderung des erwarteten Ertrags wiederum sehr grofs sein. Verlängerungen der Strafse, oder besondere Vorrichtungen, sind aber wirklich nöthig, sobald das Terrain stärkere Abhänge hat, als etwa 1 Zoll auf die Ruthe, die anderseits die Chaussée, bis zu 6 und 8 Zoll auf die Ruthe, noch nicht ohne weiteres unpracticabel machen: also findet eine Verminderung des ohne Rücksicht darauf berechneten Ertrags und Gewinnes nothwendig immer Statt; und zwar kann dieselbe sehr bedeutend sein.

Es folgt also, dafs auch die in §. 4. erwähnte Vorausschätzung des Gewinnes durch eine Eisenbahn wiederum nur allein dann mit einiger Sicherheit Statt findet, wenn das Terrain entweder ganz horizontal ist, oder doch keine stärkeren Abhänge als etwa 1 Zoll auf die Ruthe hat. In allen anderen Fällen kann das Resultat der Schätzung wiederum sehr bedeutend von der Wahrheit abweichen, und es kann wieder kommen, dafs von den erwarteten Anlage-Capitalszinsen in der Wirklichkeit nur ein kleiner Theil erzielt wird.

14.

Wir haben ferner über eine andere, im Eingang erwähnte, allgemeine Aufstellung Einiges zu sagen, durch welche man Eisenbahnen in Deutschland Privatleuten als eine ergiebige Unternehmung empfohlen findet, nemlich: dafs, obgleich die Frequenz auf den Strafsen in Deutschland im Durchschnitt geringer sei, als in England, doch auch die Kosten des Lebensunterhaltes es ungefähr in gleichem Verhältnisse seien, also auch die Anlage-Kosten von Eisenbahnen; und dafs folglich Eisenbahnen, weil sie in England gute Zinsen trügen, auch in Deutschland rentiren würden.

Dafs die Frequenz in Deutschland meistens geringer ist, als in England, ist ganz wahr, so wie auch, dafs es die Kosten des Lebensunterhaltes sind; aber dafs in gleichem Verhältnisse die Anlage-Kosten von Eisenbahnen in Deutschland geringer wären, als in England, kann nicht zugegeben werden. Zum Beispiel: ein Haupt-Artikel bei Eisenbahnen ist offenbar das Eisen; und dieses ist in England nicht theurer, als in Deutschland, sondern vielmehr wohlfeiler. Der Beweis davon liegt darin, dafs man zu Eisenbahnen in Deutschland die Schienen aus England kommen läfst, weil man sie dort wohlfeiler und dauerhafter erhält. In der That hat der Centner Schienen, selbst zur Liverpooler Bahn, nur etwa 4 Rthlr. 10 Sgr. gekostet. In Deutschland kostet er gegen 6 Rthlr. Der Tagelohn ist ferner in England zwar allerdings 2 bis 3 mal so hoch, als in Deutschland; aber bekanntlich leistet auch der engländische Arbeiter, besser genährt, und geübter und gewandter, fast in demselben Verhältnisse mehr, als der deutsche. Der Beweis im Grofsen liegt wieder darin, dafs bekanntlich die deutschen Fabriken, selbst diejenigen, welche viel gemeine Handarbeit erfordern, nur mit grofser Schwierigkeit mit den engländischen concurriren und Preis halten können. Nebenwerke, z. B. Brücken in den Strafsen, sind ebenfalls in England nicht auffallend theurer, als in Deutschland. Die Brücke am Sankey z. B., auf der Liverpooler Bahn, mit 9 Bogen, jeder von $48\frac{1}{2}$ Fufs Spannung, 24 Fufs zwischen den Geländern breit, und unter den Bögen bis 58 Fufs hoch, hat etwa 300 000 Rthlr. gekostet: hier z. B. in Berlin würde eine solche Brücke zuverläfsig mehr kosten. Die Irwell-Brücke, 63 Fufs weit, 30 Fufs hoch und gegen 60 Fufs breit, hat etwa 58 000 Rthlr. gekostet. Die Brücke von Newton, mit 4 Bogen, jeder von 29 Fufs weit, gegen 30 Fufs breit und 27 Fufs hoch, von Ziegeln erbaut und mit Quadern bekleidet, hat etwa 36 000 Rthlr. gekostet. Die Brücke No. 52. über den Bridgewater-Canal, mit 2 Bogen, von 21 Fufs weit, gegen 30 Fufs breit und 20 Fufs hoch, hat gegen 8000 Rthlr. gekostet. Alle diese Brücken würden in Deutschland nicht leicht weniger kosten. Blofs der Grund und Boden ist in England meistens bedeutend theurer, als in Deutschland;

auch kommen grofse Nebenkosten vor, die in Deutschland in der Regel wegfallen. So z. B. haben bei der Liverpooler Bahn die Kosten der Parlaments-Acte allein an 200 000 Rthlr. (auf die Meile berechnet gegen 30 000 Rthlr.) betragen. Aufser diesen Artikeln aber kann nicht zugegeben werden, dafs der Bau der Eisenbahnen selbst, in England bedeutend theurer sei, als in Deutschland; auch sind im Ganzen wirklich die Kosten ausgeführter und beabsichtigter Eisenbahnen dort nicht sehr viel höher, als hier. Wenn man von den engländischen Eisenbahnen spricht, so hat man meistens, gleichsam unwillkührlich, die Liverpooler Bahn im Sinne. Allein die in der That ungeheuern Kosten derselben, von mehr als 800 000 Rthlr. für die Meile (mit Einschlufs des Fuhrwerks), mit 4 Reihen Schienen, rühren zuverläfsig nicht von der engländischen Theurung, sondern, aufser von den oben erwähnten Nebenkosten und der Theurung des Grund und Bodens, die aber doch zusammen genommen nur einen Unterschied von vielleicht nicht viel über 100 000 Rthlr. auf die Meile ausmachen, insbesondere nur von den Terrain-Schwierigkeiten her, oder vielmehr von der Art, wie man sie zu überwinden gesucht hat. Die 50 und 60 Fufs hohen Dämme, die 70 Fufs tiefen Einschnitte, zum Theil in Felsen, die unterirdischen Theile der Strafse, die Durchdämmung des weit ausgedehnten Katzen-Sumpfes u. s. w. haben ungeheure Kosten erfordert, und es ist sehr die Frage, ob die Liverpooler Bahn, wenn sie so, wie sie ist, in Deutschland gebaut worden wäre, viel weniger gekostet haben würde. Dagegen giebt es Eisenbahnen in England, die nicht mehr, und andere, die so gar weniger gekostet haben, als auf dem Continent. Die Bahn z. B. von St. Helen-Runcorn, mit zwei Reihen Schienen, hat etwa 300 000 Rthlr. die Meile gekostet; die Bahn von Boston nach Leigh, eben so, etwa 350 000 Rthlr.; die Bahn von Canterbury nach Whitestable 275 000 Rthlr.; die von Darlington nach Stockton nur etwa 165 000 Rthlr. In Deutschland giebt es noch wenig ausgedehnte Eisenbahnen, welche zum Vergleich pafsten; aber in Frankreich und Belgien, wo die Preise der Dinge von denen in Deutschland wenig verschieden sind, haben die Eisenbahnen nicht weniger gekostet; zum Beispiel die Bahn bei Roanne auf die Meile 200 000 Rthlr.; die Bahn von St. Etienne nach Lyon 450 000 Rthlr. die Meile; die Bahn von Antwerpen nach Brüssel und Lüttich ist im Durchschnitt zu etwa 200 000 Rthlr. angeschlagen und im Einzelnen von 100 000 Rthlr.

bis zu beinahe 300 000 Rthlr. die Meile. Die Kosten der Eisenbahn zwischen Berlin und Potsdam, wo das Terrain so überaus günstig ist, auch deshalb, weil die Brücken unbedeutend sind, wird, mit dem Fuhrwerke, die Meile über 150 000 Rthlr. kosten.

Die Behauptung, dafs die Anlage-Kosten der Eisenbahnen in Deutschland gegen die in England, im Allgemeinen, in dem Verhältnisse geringer wären, als es die Frequenz ist, kann also nicht zugegeben werden. Die hieraus hergenommene Empfehlung der Eisenbahnen in Deutschland, als einträgliche Unternehmungen für Privatleute im Allgemeinen, hat also kein Fundament, obschon gleichwohl die Eisenbahnen in Deutschland wirklich, unter Umständen, sehr gute und einträgliche Unternehmungen, auch für Privatleute, sein können; wenn auch nicht aus jenem Grunde, der nicht Statt findet. Es kommt auf die Frequenz und die Anlage-Kosten für die Meile nicht allein an, sondern auch auf die Höhe der Transportkosten, und auf das Terrain; und hievon läfst sich das Endresultat aus so allgemeinen Aufstellungen nicht beurtheilen.

15.

Wir haben ferner des Vorschlags näher zu gedenken, den man oft wiederholen hört: den Eisenbahnen in Deutschland nicht massive, gewalzte eiserne Schienen zu geben, wie es in England, Frankreich und Belgien geschieht, sondern auf Querhölzer hölzerne Balken zu strecken und auf diese schwache eiserne Schienen zu befestigen, auf welchen die Räder rollen, auf die Weise, wie es in Böhmen geschehen ist und meistens in Nord-America geschieht, wenn auch dort nicht durchweg; denn z. B. die Eisenbahn von Camden nach Amboy, und zum Theil diejenige von Philadelphia nach Columbia, haben massive Schienen. Man hört versichern, dafs durch diese Bauart so bedeutend an Kosten gespart werde, dafs die Einführung der Eisenbahnen in Deutschland dadurch insbesondere werde gefördert werden.

Diese Behauptung ist in der Regel nicht richtig. Käme es auf Eisenbahnen in Rufsland, Polen, oder durch die grofsen Wälder in einem Theile von Ost- und Westpreufsen an, wo das Holz nur ungemein wenig kostet: so möchte es wahr sein, dafs durch hölzerne, plattirte Eisenbahnen, sowohl in den Anlage-Kosten, als auch auf die Dauer, wirklich eine namhafte Ersparung erzielt werde; obgleich auch dort noch die Schienen selbst vielleicht nicht immer den gröſseren Theil der Anlage-Kosten verursachen werden: für Eisenbahnen in Deutschland hingegen, die wenigen Gegenden ausgenommen, wo das Holz noch im Überflusse zu finden oder doch sehr wohlfeil ist, ist die Ersparung an den Anlage-Kosten nicht bedeutend, und auf die Dauer gerechnet findet überhaupt keine Ersparung Statt, vielmehr kosten die plattirten Bahnen sogar *mehr*.

Wir wollen als Beispiel und Beweis die projectirte Eisenbahn zwischen Berlin und Potsdam annehmen, in welcher Gegend der Preis des Holzes noch keinesweges übermäſsig hoch ist.

Zu den massiven Schienen sind nöthig auf die laufende Ruthe:

8 Steine zur Unterstützung der Schienen zu 1 Rthlr.	8 Rthlr. — Sgr.		
8 eiserne Schienenstühle zu 15 Sgr.	4 - — -		
288 Pfd. gewalzte eiserne Schienen, 12 Pfd. auf den laufenden Fuſs schwer, zu 6 Rthlr. der Ctr. . .	15 - 21 -		
Für das Setzen der Steine, Legen und Befestigen der Schienen . .	3 - — -		
Zusammen		30 Rthlr.	21 Sgr.

Zu den plattirten Schienen sind nöthig auf die laufende Ruthe:

36 laufende Fuſs kerniges Fichtenholz, 10 Zoll im Quadrat stark, zu 2 Querschwellen, jede von 6 Fuſs lang, und zu 2 Schienenträger, jeden von 12 Fuſs lang, zu 7½ Sgr.,	9 Rthlr. — Sgr.		
96 Pfd. Eisen zu der eisernen Plattirung, von 1 Quadratzoll Querschnitt, zu 6 Rthlr. den Ctr., thut	5 - 7 -		
Für das Bearbeiten, Legen und Befestigen der Schienen	3 - — -		
Zusammen		17 Rthlr.	7 Sgr.
Es werden also erspart auf die laufende Ruthe . .		13 Rthlr.	14 Sgr.
Thut auf die Meile		26 933 Rthlr.	10 Sgr.

Alles übrige bleibt. Die gesammten Anlage-Kosten der Bahn werden nun, wie oben bemerkt, etwa 150 000 Rthlr. auf die Meile betragen. Also beläuft sich die Ersparung an den Anlage-Kosten noch nicht auf den fünften Theil der Kosten der Bahn, und genauer nur auf etwa 18 Procent, und ist also schon keinesweges sehr bedeutend.

Nun aber kann das fichtene Holz, der Erfahrung zufolge, im Freien und an der Oberfläche der Erde, zum Theil in derselben liegend, höchstens 4 Jahre dauern, und mufs folglich alle 4 Jahre erneuert werden. Eichen-Holz möchte zwar wohl doppelt so lange vorhalten: aber es ist bei Berlin auch doppelt so theuer, als das fichtene, und in so grofser Menge, wie es hier nöthig sein würde, gar nicht zu haben. Es kommt daher an Erhaltungs-Kosten auf das Jahr zunächst der vierte Theil der Kosten des Holzes und des Legens der Schienen, von resp. 9 und 3 Rthlr., thut . . . . 3 Rthlr. — Sgr.

Rechnet man ferner, dafs, äufsersten Falles, die eiserne Plattirung 10 Jahre vorhält, so kommt noch der 10te Theil von 5 Rthlr. 7 Sgr. hinzu, thut . . . . - - 16 -

Die jährlichen Erhaltungs-Kosten werden also auf die laufende Ruthe sein 3 Rthlr. 16 Sgr.; thut auf die Meile . . . . 7066 Rthlr. 20 Sgr.

Die Erhaltungs-Kosten der massiven Schienen betragen, den Erfahrungen auf anderen Eisenbahnen zufolge, höchstens . . . . 1500 - — -

also kostet die plattirte Bahn zu erhalten jährlich . 5566 Rthlr. 20 Sgr. mehr, als die massive. Die Zinsen der obigen Ersparung an den Anlage-Kosten von 26 933 Rthlr. 10 Sgr. betragen aber zu 5 Procent nur . . . . 1346 - 20 -

also kostet die plattirte Bahn effective . . . . . 4220 Rthlr. — Sgr. jährlich auf die Meile *mehr*, als die massive, was einem *höheren* Anlage-Capitale von 81 733 Rthlr. 10 Sgr. entspricht.

Und da nun die Preise des Holzes in Deutschland nur selten geringer sind, als bei Berlin, häufig eher noch höher: so folgt, dafs die Behauptung, plattirte Schienen gewährten im Allgemeinen eine wesentliche

Ersparung, unbegründet ist. Und da ferner auch noch der Umstand in Betracht kommt, daſs eine so starke Consumtion von Bauholz, die sich in der That auf nicht weniger als wenigstens 500 Stämme guten Bauholzes jährlich auf jede Meile belaufen würde, für Gegenden, wo schon das Holz fehlt, sehr groſse Nachtheile und Bedenken hat: so folgt, daſs die Befolgung des Rathes, eisenplattirte Bahnen zu machen, die Vortheile der Eisenbahnen für Deutschland nicht allein nicht erhöhen, sondern wesentlich vermindern, und also ihre Einführung nicht fördern, sondern erschweren würde.

16.

Wir haben bis hierher überall angenommen, daſs der Transport der Lasten auf Eisenbahnen durch Pferdekraft geschehen solle. Wir haben also nun auch noch die Benutzung der Dampfkraft zur Fortbewegung von Lasten auf Eisenbahnen zu berücksichtigen. Ehe aber darüber gesprochen wird, dürfte es nöthig sein, den Einfluſs näher zu erwägen, den die Vergröſserung oder Verminderung der Geschwindigkeit der Fahrten auf die Transportkosten hat.

Man berücksichtigt diesen Einfluſs, der sehr groſs ist, im Allgemeinen wohl zu wenig, und es ist sogar die Meinung ziemlich verbreitet, oder es wird doch wenigstens stillschweigend vorausgesetzt, daſs die Vermehrung der Geschwindigkeit der Fahrten entweder keinen, oder doch nur einen wenig merklichen Einfluſs auf die Erhöhung der Transportkosten habe. Vielleicht wird man zu dieser Meinung durch die alltägliche Bemerkung veranlaſst, daſs, wenn z. B. einmal Pferde vor einen Wagen gespannt sind, sie nur stärker angetrieben werden dürfen, um den Wagen geschwinder fortzuschaffen, ohne daſs dadurch unmittelbar gerade mehre Kosten entständen. Allein diese Meinung ist, sobald von Fuhrwerk in Masse, und auf die Dauer, die Rede ist, welches dann nothwendig so hat angeordnet werden müssen, daſs die vorhandene und bezahlte Kraft der Thiere, oder auch die des Dampfes, schon in demjenigen vollen Maaſse in Anspruch genommen wird, welches der Erhaltung und vortheilhaftesten Benutzung der Zugkraft auf die Dauer angemessen ist, durchaus irrig. Das nemliche Gesetz, welches bekanntlich, im Allgemeinen, für alle Maschinen ohne Ausnahme gilt: daſs sich die Kraft umgekehrt wie die Geschwindigkeit verhält, oder, war dasselbe ist, daſs, um die 2, 3, 4fache

Geschwindigkeit der gleichen Masse mitzutheilen, die 2, 3, 4fache Kraft nothwendig ist, gilt vielmehr auch zuverläfsig nicht blofs für Maschinen, sondern auch selbst für organische und für die Wirkung aller nur möglichen Kräfte, welches auch ihre Art, und wie verwickelt auch ihre Benutzung sein mag. Man kann auch für die Fortschaffung der Lasten auf Strafsen als ganz allgemeines Gesetz annehmen, dafs, um eine gleiche Last mit der 2, 3, 4fachen Geschwindigkeit fortzubewegen, sei es durch Pferde oder durch Dampf, am Ende auch gerade die 2, 3, 4fache Kraft und die 2, 3, 4fachen *Kosten* der Transportkraft unvermeidlich nothwendig sind. Wie weit nun das Resultat dieser Regel von demjenigen der Meinung, als sei zur Verstärkung der Geschwindigkeit der Fahrt nur wenig Zulage zu den Transportkosten erforderlich, zum Nachtheile und zur Täuschung bei den auf eine dergleichen Meinung gestützten Vorausberechnungen, abweiche, fällt in die Augen.

Doch wir müssen die Richtigkeit der obigen allgemeinen Regel zu beweisen suchen. Durch einfache Schlüsse sich Rechenschaft davon zu geben und von ihrer Naturgemäfsheit sich zu überzeugen, ist leicht. Man erwäge nemlich Folgendes. Gesetzt, eine gewisse Zugkraft, Pferde oder Dampf, vermöge 24 Ctr. Last, auf irgend einer Strafse, in irgend einem Wagen, in 1 Stunde 1 Meile weit fortzuziehen. Man stelle sich vor, die Strafse sei z. B. 4 Meilen lang. Am Anfange der ersten Meile sei eine grofse Menge zu transportirender Last aufgehäuft; am Anfange der zweiten Meile ebenfalls eine grofse Masse Last; am Anfange der dritten Meile gleichfalls; auch am Anfange der vierten Meile; so wie am Ende der vierten Meile. Nun sei ferner am Anfange jeder der vier Meilen eine der oben beschriebenen gleiche Transportkraft bereit, den Transport zu beginnen. Jetzt erfolge der Transport wirklich: so wird *jede* Transportkraft ihre 24 Ctr. 1 Meile weit fortrücken, und zwar alles zugleich, in einer und derselben Stunde. Die Wirkung hiervon wird aber offenbar sein, dafs sich, nach Ablauf der Stunde, am Anfange der ersten Meile 24 Ctr. Last weniger befinden, als vorher, und am Ende der vierten Meile 24 Ctr. Last mehr. Es werden also effective 24 Ctr. Last in der einen Stunde durch die ganzen 4 Meilen, vom Anfange der ersten bis zum Ende der letzten Meile, also 4 Meilen weit, fortgerückt sein: ob die nemlichen 24 Ctr., um die sich die am Anfange der ersten Meile aufgehäufte Last vermindert hat, oder nicht, ist offenbar gleichgültig; denn wenn die Bewegung weiter fortdauert, so gelangt am Ende gleichwohl, und zwar nach derselben Regel, alle Last vom Anfange der ersten Meile nach dem Ende der letzten. Nun kosten aber die 4 bereit stehenden Transportkräfte offenbar 4 mal so viel, als die einfache Transportkraft, welche im Stande ist, 24 Ctr. in 1 Stunde 1 Meile weit fortzuschaffen; also folgt, dafs es nothwendig 4 mal so viel kosten wird, 24 Ctr. in 1 Stunde 4 Meilen weit fortzuschaffen, als 1 Meile weit. Ähnlich verhält es sich offenbar, wenn statt 4 Meilen eine andere Zahl von Meilen angenommen wird. Da nun aber ferner zugleich vorausgesetzt werden mufs, dafs jede der nach dem obigen Beispiele bereit stehenden 4 Transportkräfte schon alles Mögliche leiste, was von ihr, ihrer Natur nach, mit Rücksicht auf ihre vortheilhafte Benutzung und Erhaltung auf die Dauer, nur verlangt werden kann: so folgt, dafs auch dann, wenn statt vier bereit stehender Transportkräfte nur eine vorhanden, und es anders möglich wäre, dafs durch dieselbe die nemlichen 24 Ctr. in der einen Stunde, statt durch die erste, durch die ganzen 4 Meilen fortgeschafft würden: dafs auch dann diese letzte Wirkung nothwendig eben so viel kosten werde, als die 4 einzelnen vorhin bereit gestellten Transportkräfte: also vier mal so viel, wenn die gleiche Last in einer Stunde 4 Meilen weit fortgeschafft wird, oder mit der vierfachen Geschwindigkeit, als wenn die Last nur 1 Meile weit, oder nur mit der einfachen Geschwindigkeit fortgebracht wird. Denn kostete jenes weniger, so wären nicht die einzelnen Transportkräfte so angeordnet gewesen, dafs ihre Wirkung die möglich vortheilhafteste sei; gegen die Voraussetzung. Es folgt also, dafs es, nothwendig und unter allen Umständen, eine Last mit der 2, 3, 4fachen Geschwindigkeit fortzuschaffen auch 2, 3, 4mal so viel kosten mufs, als der Transport der nemlichen Last mit der einfachen Geschwindigkeit.

Diese Schlüsse sind so sicher, wie es der Satz selbst ist. Aber man wird vielleicht verlangen, dafs auch die Erfahrung über die Behauptung befragt werde. Die Benutzung der Dampfkraft zum Transport von Lasten ist noch zu neu, als dafs hinreichende, vergleichende Beobachtungen, die zur Beurtheilung nöthig sein würden, vorhanden wären. Aber über die Wirkung und die Kosten der Pferdekraft hat man einige Beobachtungen im Grofsen angestellt und wir wollen sehen, was dieselben ergeben.

Man hat die Leistungen der Pferde beobachtet, für drei verschiedene Geschwindigkeiten, nemlich: die der langsam sich bewegenden Frachtpferde, der Pferde vor Eil-Frachtwagen und der vor den französischen und englischen Diligencen im stärksten Galop rennenden Pferde. Die erste Art von Frachtpferden können, wenn sie von 5 Tagen einen ruhen, mit 1000 Ruthen oder $\frac{1}{2}$ Meile Geschwindigkeit in der Stunde, täglich 9 Stunden ziehen, also ihre Last $4\frac{1}{2}$ Meile weit fortschaffen und ihre Zugkraft beträgt 1 Centner. Die zweite Art von Pferden können, wenn sie von 4 Tagen einen ruhen, mit etwa 2400 Ruthen oder $1\frac{1}{5}$ Meile Geschwindigkeit in der Stunde, täglich 3 Stunden ziehen, also 7200 Ruthen zurücklegen und ihre Zugkraft beträgt dann noch 70 Pfund. Die dritte Art von Pferden können, wenn sie von 3 Tagen einen ruhen, mit etwa 4250 Ruthen oder $2\frac{1}{8}$ Meile Geschwindigkeit in der Stunde, täglich $1\frac{1}{2}$ Stunde ziehen und folglich 6375 Ruthen Weges zurücklegen. Ihre Zugkraft beträgt noch $42\frac{2}{3}$ Pfund. Diese Resultate sind Mittelzahlen vieler Beobachtungen an Pferden von verschiedener Kraft und Ausdauer und unter der Bedingung der vortheilhaftesten Erhaltung und Benutzung der Thiere auf die Dauer. Die Zugkräfte sind direct mit dem Dynamometer, und zwar dem Pendel-Kraftmesser, gemessen. Um nun vergleichende Resultate zu ziehen, müssen auch noch die Kosten der Erhaltung der Pferde und ihrer Führer, oder des Fuhrwerks überhaupt, ermittelt werden. Dies kann, da es nur auf Vergleichungen, nicht auf absolute Zahlen ankommt, nach mittleren Preisen geschehen. Zwar sind die Erhaltungs-Kosten der drei verschiedenen Arten von Pferden nicht sehr verschieden, weil die Fütterung derselben ziemlich dieselbe ist; aber doch immer um etwas, weil schnell rennende Pferde schon in der Regel selbst theurer sind, als gewöhnliche Frachtpferde, auch die Führung bei der schnellen Fahrt etwas mehr kostet. Man kann folgendes an jährlichen Kosten annehmen.

	Erste Art der Pferde.	Zweite Art der Pferde.	Dritte Art der Pferde.
Dienstzeit:	6 Jahre.	5 Jahre.	4 Jahre.
Zur Wieder-Aufsammlung der Anschaffungs-Kosten	21 Rthlr.	35 Rthlr.	60 Rthlr.
An Futter 6 Metzen Hafer täglich, thut 137 Scheffel jährlich, zu 1 Rthlr., . .	137 -	137 -	137 -

	Erste Art der Pferde.	Zweite Art der Pferde.	Dritte Art der Pferde.
Bis hierher . .	158 Rthlr.	172 Rthlr.	197 Rthlr.
50 Ctr. Heu jährlich, zu 1 Rthlr., ...	50 -	50 -	50 -
6 Schock Bunde Stroh, zu 6 Rthlr., ...	36 -	36 -	36 -
Für den Beschlag jährlich .	36 -	36 -	36 -
Erhaltungs- u. Erneuerungs-Kosten des Geschirrs und Stallgeräthes	8 -	10 -	12 -
Lohn des Kutschers . . .	120 -	132 -	144 -
Erhaltungs- u. Erneuerungs-Kosten der Kleidung desselben	8 -	10 -	12 -
Erhaltungs- u. Erneuerungs-Kosten der Stallung . .	10 -	10 -	10 -
Zusammen	426 Rthlr.	456 Rthlr.	497 Rthlr.

Dieses giebt nun, zusammengenommen mit den obigen Daten, in der Übersicht Folgendes:

	Geschwindigkeit des Pferdes in der Stunde.	Täglicher Dienst.	Täglicher Weg.	Zugkraft.	das Pferd ruht 1 Tag von	das Pferd kostet zu erhalten jährlich	Der Centner Zugkraft kostet also auf die Meile	
	Ruthen.	Stunden.	Ruthen.	Pfund.	Tagen.	Rthlr.	Sgr.	Spf.
No. 1.	1000	9	9000	110	5	426	9 -	$8\frac{3}{4}$
No. 2.	2400	3	7200	70	4	456	21 -	10
No. 3.	4250	$1\frac{1}{2}$	6350	$42\frac{2}{3}$	3	497	49 -	9

In der letzten Rubrik dieses Täfelchens sind sogleich die Resultate angegeben. Man findet sie wie folgt. Das Pferd No. 1. z. B. hat in 5 Tagen einen Ruhetag, also 73 Ruhetage jährlich, folglich 292 Arbeitstage jährlich. An jedem Arbeitstage legt es $4\frac{1}{2}$ Meile mit seiner Last zurück, folglich während eines Jahres 1314 Meilen. Das Pferd kostet jährlich 426 Rthlr., also kostet seine Zugkraft auf die Meile $\frac{426}{1314}$ Rthlr., oder 9 Sgr. $8\frac{3}{4}$ Spf. Die Zugkraft beträgt hier gerade 1 Ctr.: also kostet der Centner Zugkraft, mit 1000 Ruthen Geschwindigkeit in der Stunde, 9 Sgr. $8\frac{3}{4}$ Spf., wie es in der letzten Rubrik angegeben ist. Auf ähnliche Weise sind die beiden anderen in der letzten Rubrik angegebenen Resultate gefunden.

Diese Resultate zeigen nun schon beim ersten Anblick, dafs sich die Kosten gleicher Zugkräfte, nemlich eines Centners Zugkraft, für die verschiedenen Geschwindigkeiten in der That ungefähr wie diese Geschwindigkeiten verhalten; denn die Geschwindigkeiten von No. 2. und 3. sind $2\frac{2}{5}$ und $4\frac{1}{4}$ mal so grofs, als von No. 1., und ungefähr eben so verhalten sich auch die Kosten von 21 Sgr. 10 Spf. und 49 Sgr. 9 Spf. zu 9 Sgr. $8\frac{3}{4}$ Spf. Sollten sie sich genau so verhalten, so müfsten, wenn No. 1., 9 Sgr. $8\frac{3}{4}$ Spf. kostet, No. 2., 23 Sgr. 4 Spf. statt 21 Sgr. 10 Spf. und No. 3., 41 Sgr. 4 Spf. statt 49 Sgr. 9 Spf. kosten; welches für so verwickelte und schwierig zu berichtigende Erfahrungs-Resultate nahe genug übereinstimmt.

Also bestätigt auch die Erfahrung allerdings, wenigstens für die Pferdekraft, den obigen allgemeinen Satz: dafs die nemliche Last mit 2, 3, 4facher Geschwindigkeit zu transportiren 2, 3, 4 mal so viel kostet, als mit der einfachen Geschwindigkeit. Für die Dampfkraft wird sich, wenn erst hinreichende Beobachtungen über ihre Wirkung und Erfolge werden gemacht sein, wahrscheinlich ebenfalls nichts anderes als die Bestätigung des allgemeinen Satzes ergeben.

Zu erinnern ist übrigens kaum nöthig, dafs nicht etwa unbedingt, auch mit verschiedenartigen Transportkräften, dieselbe Last 2, 3, 4 mal so geschwind fortzubringen 2, 3, 4 mal so viel kosten müsse, als mit der einfachen Geschwindigkeit; dafs also z. B. 24 Ctr. durch Dampfkraft 4 Meilen in der Stunde fortzuschaffen nicht etwa nothwendig 4 mal so viel kosten müssen, als durch Pferdekraft 1 Meile in der Stunde. Hier hängt das Verhältnifs offenbar von den eigenthümlichen Kosten der beiden verschiedenen Kräfte ab, die, von einer Art zur andern, sehr ungleich sein können. Der Satz heifst nur:

> Dieselbe Last mit derselben Art von Kraft, sei es Pferdekraft oder Dampfkraft u. s. w., mit der 2, 3, 4fachen Geschwindigkeit zu transportiren, kostet nothwendig 2, 3, 4 mal so viel, als der Transport mit der einfachen Geschwindigkeit.

17.

Aus diesem allgemeinen Satze ziehen wir nun folgende, bei der Vorausberechnung der Erfolge und des Ertrages einer Eisenbahn-Unternehmung nothwendig zu berücksichtigende, Bemerkungen.

Man glaube nemlich ja nicht etwa, daſs, da eine Eisenbahn so glatt ist, und die Lasten darauf mit so groſser Leichtigkeit fortgezogen werden können, die Zugkraft, wenn ihr schon die angemessene Ladung zugetheilt worden ist, diese Last auch leicht noch geschwinder werde fortzuschaffen vermögen, so daſs dadurch vielleicht noch ein neuer, überschüssiger Gewinn zu erzielen sei. Hat einmal die Zugkraft, für eine bestimmte Geschwindigkeit, ihre volle, richtige Ladung erhalten: so kann die Geschwindigkeit keinesweges ohne neue Kosten vermehrt werden; und zwar steigen die Kosten um nichts Geringeres, als im Verhältnisse der Geschwindigkeit selbst. Soll die Geschwindigkeit vermehrt werden, so kann von der Zugkraft, in umgekehrtem Verhältnisse, nur noch weniger Last fortgebracht werden. Es würde also eine groſse Täuschung sein, wenn man etwa glauben wollte: ein Dampfwagen, der, einmal angefeuert, eine gewisse, gehörig abgemessene Last 2 Meilen weit in der Stunde fortzuziehen vermag, werde etwa, mit ein wenig mehr Feuerung, die nemliche Last auch wohl 4 Meilen in der Stunde fortzuziehen im Stande sein. Dieses ist, wenn auch vielleicht in vereinzelten Fällen richtig, so doch auf die Dauer, und in Masse, gewiſs nicht der Fall; und die Erfahrung wird es, wie schon gesagt, ohne Zweifel auch bei der Dampfkraft noch ausdrücklich bestätigen, daſs, wenn man z. B. statt 2 Meilen 4 Meilen in der Stunde mit derselben Last fortkommen will, gerade die doppelten Kosten nöthig sind. Eben so bei Pferden.

Hieraus folgt denn weiter, welche ungeheure Verschwendung es sei, wenn man sehr groſse Transport-Geschwindigkeiten, für welche sich Eisenbahnen, und besonders Dampfwagen in Verbindung mit denselben so vorzüglich eignen, auch für Gegenstände Statt finden läſst, wo sie entweder unnütz sind, oder wo doch ihr Nutzen nicht mit den Kosten im Verhältnisse steht. Ein Passagier, der 4 Meilen in der Stunde fortgeschafft sein will, muſs, nach voller Billigkeit und nach vollem Rechte, 4 mal so viel dafür bezahlen, als wenn er sich mit 1 Meile in der Stunde begnügt. Nun kann es allerdings sein, daſs ihm wirklich seine Zeit in dem Maaſse kostbar ist, oder daſs er an den Kosten des längeren Aufenthalts unterwegs und des Einkehrens in Wirthshäusern so viel erspart, daſs er wirklich gern das 4fache bezahlt, weil er doch noch Vortheil für sich behält: aber schwerlich ist dieser Fall bei Waaren aller Art überall der nemliche. Er kann es bei einigen Waaren sein, z. B. bei

Eſswaaren, die auf lange dauerndem Transporte verderben; beim Schlachtvieh; oder bei Modewaaren, die schnell alt werden; oder bei Waaren, die andern auf dem Markt zuvorkommen und ihnen den Rang ablaufen sollen: aber bei weitem bei den meisten schweren Lasten, wie Kohlen, Holz, Getraide, Steine, Eisen u. s. w. wird es schwerlich so sein. Es folgt also, daſs Unternehmer von Eisenbahnen gar sehr übel thun, und zu ihrem sehr groſsen Nachtheil und Verlust rechnen, wenn sie, ohne Unterscheidung, durch die groſse Geschwindigkeit des Transports, zu welcher Eisenbahnen sich eignen, ihren Gewinn an derselben suchen und zu erlangen glauben. Haben sie nicht die volle Gewiſsheit, daſs die ungewöhnliche Transport-Geschwindigkeit auch wirklich für alle Waaren, die sie transportiren wollen, denjenigen groſsen Werth habe, der im Verhältnisse der Geschwindigkeit selbst steht und gern bezahlt wird: so mögen sie ja den Vortheil nicht in der Transport-Eil suchen, sondern bei der geringeren Geschwindigkeit stehen bleiben, und nur den Transport so wohlfeil zu liefern trachten, als es möglich ist. Es kann freilich sein, daſs, wenn mit Dampfkraft gefahren wird, ungleiche Geschwindigkeiten nicht wohl Statt finden können, wegen des Begegnens und Ausweichens der Fuhrwerke, und daſs also, wenn sich ergeben hat, daſs die groſse Geschwindigkeit für die Reisenden wirklich vortheilhaft ist, und gern bezahlt wird, die übrigen Lasten deshalb nun ebenfalls mit gleicher Eil fortgetrieben werden müssen, wie es z. B. auf der Liverpooler Bahn wirklich geschieht; aber dann sollte man entweder diejenigen Lasten, welche der groſsen Geschwindigkeit nicht bedürfen, lieber gar nicht auf der Eisenbahn transportiren, oder man sollte wenigstens nicht glauben, es werde dadurch, daſs man sie ohne verhältniſsmäſsige Erhöhung der Transport-Preise mit fortfährt, wirklich derjenige Gewinn erzielt, der erlangt werden könnte, wenn man ihnen bloſs eine vortheilhafte und angemessene Geschwindigkeit gäbe.

Freilich läſst sich nicht unbedingt sagen, daſs es überhaupt unmöglich sei, den Transport der Frachten ohne Erhöhung der Kosten zu beschleunigen. Denn, wenn z. B. der Verkehr auf einer Straſse so regelmäſsig, so bestimmt zugemessen und so bedeutend ist, daſs sich *Relais* legen lassen, auf welchen die Pferde, hin- und zurückgehend, mit ihrer vollen Kraft, und ohne unnöthige Ruhezeit, in Thätigkeit gesetzt werden können, während ihnen zugleich, indem sie einander abwechseln, die ihnen nothwendige Ruhe bleibt: so ist es allerdings möglich, schon mit der gewöhnlichen Geschwindigkeit der Frachtpferde, von 1000 Ruthen in der Stunde, die Frachten statt $4\frac{1}{2}$ Meile weit, wie es mit einerlei Pferden geschieht, durch Tag und Nacht, 12 Meilen fortzubringen, ohne Erhöhung der Kosten. Aber, aufser in diesem Falle, mufs, wenn man dieselben Pferde die Last statt $4\frac{1}{2}$ auch nur 6 Meilen weit täglich will fortziehen lassen, die Last im Verhältnisse nothwendig geringer sein, und die Kosten werden nothwendig wenigstens um den dritten Theil steigen. Bei der Anwendung der Dampfkraft finden Relais nicht wohl Statt, und folglich ist hier der Gewinn gröfserer Geschwindigkeit ohne Erhöhung der Kosten um so weniger möglich.

Man glaube auch nicht etwa, dafs die grofse Geschwindigkeit den Dampfwagen gleichsam natürlich sei, und dafs durch eine geringere Geschwindigkeit dieser Fortschaffungs-Maschinen keine Ersparung zu erzielen sei. Wenn nur die Dampfmaschine danach eingerichtet wird, so ist es fast gewifs, dafs, z. B. die Fortschaffung der nemlichen Last durch einen Dampfwagen, der nur 1 Meile in der Stunde zurücklegt, auch nur den vierten Theil so viel kosten wird, als durch einen Dampfwagen, der sich 4 Meilen in der Stunde fortbewegt.

18.

Die Frage, ob es auf einer Eisenbahn, die man zu bauen beabsichtigt, vortheilhafter sein werde, Pferde zur Zugkraft zu nehmen, oder Dampf, läfst sich durch blofse Vergleichung der Preise der Kohlen gegen die in der Gegend anderer Bahnen, wo man sich der Dampfkraft bedient, eben so wenig entscheiden, als sich z. B. aus der blofsen Vergleichung der Frequenz der zu erwartende Ertrag der Eisenbahn im Voraus schätzen läfst.

Die Abhänge der Strafse haben zunächst auf das Erfordernifs an Transportkraft bei Dampfwagen noch mehr Einflufs, als bei Pferden; schon weil das mit auf die Abhänge hinaufzuhebende Gewicht der Dampfwagen selbst, im Verhältnisse zur fortbewegten Last, bedeutender ist, als bei Pferden. Ein Pferd, welches etwa 5 Ctr. wiegt, zieht auf der Eisenbahn wenigstens 200 Ctr. fort, und wiegt also nur den 40sten Theil seiner Fracht. Ein Dampfwagen, von 30 Pferden Kraft, der etwa 1500 Ctr. fortzieht, wiegt wenigstens 220 Ctr., also etwa den 7ten Theil seiner

Fracht. Auch ist der Vorspann auf starken Abhängen, aus einem mit diesem Umstande zusammenhängenden Grunde, bei der Dampfkraft, für dieselben Kosten weniger wirksam, als bei Pferden; desgleichen sind überhaupt etwas stärkere Abhänge, zur Ersparung an Länge der Eisenbahn, bei Pferden eher möglich, als bei Dampf, so dafs auch die Rampen mit feststehenden Dampfmaschinen bei Pferden etwas mehr vermieden werden können, als bei Dampf. Ferner können die Bahnschienen, wenn mit Pferdekraft gefahren werden soll, schwächer sein, als für Dampfkraft, weil der Dampfwagen, der nothwendig sehr schwer sein mufs, damit seine Räder auf den Schienen nicht gleiten, wegfällt; und, was noch bedeutender ist: auch die Fundamentirung der Schienen ist weniger stark nöthig, besonders für gewöhnliche, mäfsige Geschwindigkeiten; denn wenn auch unter einem Wagen von mäfsiger Geschwindigkeit hie und da ein Schienentragstein sich niederdrückt, was leicht zu verbessern ist, so entsteht daraus noch keine Gefahr für die Passage, wie bei grofsen Geschwindigkeiten; welches alles, den Vortheil vermindernd, den die Dampfkraft in diesem oder jenem Falle versprechen mag, in Rechnung kommt.

Sodann kommt es darauf an, welche Geschwindigkeit des Transports nach den besonderen örtlichen Verhältnissen am vortheilhaftesten befunden werden mufs. Besteht der Verkehr auf der Strafse vorzüglich in dem von Reisenden, so kann es sein, dafs die Dampfkraft entschieden den Vorzug hat, selbst wenn die Kohlen theurer sind und die Zugkraft an sich selbst mehr kostet, als die gleiche Kraft der Pferde; und zwar insbesondere deshalb, weil die Geschwindigkeit, die sich mit Pferden erreichen läfst, enger begrenzt ist, nemlich, wie bekannt, nicht gut bis über 2 Meilen auf die Stunde getrieben werden kann, während, wie die Erfahrung lehrt, Geschwindigkeiten von 4 Meilen, und noch mehr, in der Stunde, durch Dampfkraft wirklich hervorzubringen sind. Jedoch frägt es sich dann wieder, ob die Frachten etwa so unbedeutend sind, dafs sie sich ohne Schaden mit der Geschwindigkeit des Personen-Fuhrwerks, deren sie eigentlich nicht bedürfen, fortschaffen lassen; oder ob aus der Verschiedenheit der Geschwindigkeiten beim Begegnen und dem einander Übereilen der Wagen nicht etwa Hindernisse und Gefahren für die Passage erwachsen; oder ob auf den Transport der Frachten ganz verzichtet werden könne; oder ob wirklich ohne alle Gefahr für die Passage verschiedene Geschwindigkeiten auf der Bahn ohne Nachtheil Statt finden können: nemlich ob der Verkehr so stark sei, dafs die Zinsen der Kosten einer doppelten Bahn herauskommen, die übrigens nicht gerade doppelt so grofs sind, als die einer einfachen Bahn, schon weil die Ausweichestellen bei einer einfachen Bahn sehr beträchtliche Kosten machen können, welche bei der doppelten Bahn zum grofsen Theile wegfallen. Ist der Verkehr mit Frachten auf einer Eisenbahn gegen den mit Passagieren überwiegend, so frägt es sich wieder, ob für die gröfsere Masse der Frachten die gewöhnliche Geschwindigkeit hinreichend, oder ob eine Verstärkung derselben nothwendig sei, und ob vielleicht eine mittlere Geschwindigkeit, wenn keine Verschiedenheit füglich practicabel ist, für Waaren und für Reisende zugleich die vortheilhafteste sei.

Wird aber eine grofse Geschwindigkeit auf einer Eisenbahn, auf welcher etwa der Verkehr vorzüglich in dem von Passagieren besteht, vortheilhaft befunden, so darf man ja nicht vergessen, dafs durch die grofse Geschwindigkeit, der Erfahrung nach, wiederum sowohl die Eisenbahn, als die Dampfwagen, sehr leiden, die dann beide mehr Erhaltungskosten erfordern. Die Gerüchte von den Verwüstungen, welche die grofse Geschwindigkeit, besonders der schweren Lasten, auf der Liverpooler Bahn anrichtet, sind bekannt, und die Thatsache ist nicht zu leugnen, obgleich die Nachrichten davon theils übertrieben werden, theils die Gröfse des Schadens in einem besonderen Umstande seinen Grund hat, so, dafs noch keineswegs folgt, dafs der Schaden auf anderen Eisenbahnen eben so grofs sein werde. Die Liverpooler Bahn ist nemlich ursprünglich zum Theil gar nicht für Dampfkraft gebaut worden, sondern für Pferde; also weniger stark, als nöthig gewesen wäre. Man hat die Schienen nicht allein durch zu kleine Steine, sondern sogar blofs durch schwache Querhölzer und zum Theil durch blofse Klötze unterstützt; und daher kommt es, dafs sehr bedeutende Beschädigungen nicht aufhörten und nicht eher aufhören können und werden, bis nach und nach die Bahn durch die Ausbesserungen selbst hinreichende Stärke erhalten haben wird. Solche Beschädigungen werden also nicht Statt finden, wenn man einer neuen Eisenbahn, gleich vom Anfang an, die erforderliche Stärke giebt. Die Zerbrechlichkeit der Dampfwagen, und die vielen und kostbaren Reparaturen an denselben, die den Gegnern des Dampf-Fuhrwerks Anlafs geben, gegen die Benutzung der Dampfkraft zum Transport überhaupt zu protestiren, ist allerdings ebenfalls Thatsache; aber theils sind die Nachrichten davon wiederum übertrieben, theils hat die Beschädigung der Dampfwagen ebenfalls mit ihren Grund in der Schwäche der Bahn, und wird sich vermindern, wenn die Bahn erst verstärkt sein wird. Wäre indessen wirklich die Dauer der Dampfwagen jetzt verhältnifsmäfsig noch gering, so liegt darin noch kein Grund, etwa einem Transportmittel ganz zu entsagen, welches, in Rücksicht auf die Geschwindigkeit, Wirkungen hervorbringt, die bisher auf keinem anderen Wege zu erlangen waren, und welches also eigentlich unschätzbar ist: vielmehr gegentheils ein Antrieb, ferner um Vervollkommnung dieser Maschinen sich zu bemühen; welchem Antriebe man auch glücklicherweise, besonders in England, wirklich folgt.

Hat sich nun gefunden, dafs auf einer Eisenbahn, die man erbauen will, die gewöhnliche Geschwindigkeit, oder doch wenig mehr, nach den örtlichen Umständen die vortheilhafteste sein werde, weil nemlich der einzelne Verkehr etwa in schweren Frachten besteht, von einer Art, dafs die Eil des Transports ohne wesentlichen Nutzen ist, wie z. B., wenn vorzüglich Kohlen, Holz, Getraide und dergleichen zu transportiren sind: so scheint es zwar beim ersten Anblicke, dafs hier Pferdekraft entschieden besser sein werde, als Dampfkraft; indessen folgt solches noch nicht mit Gewifsheit, ohne wirklichen Überschlag der Kosten; und blofs allgemeine Schätzungen, von vorhandenen anderen Fällen ausgehend, können wieder auf Irrthümer führen. Fände sich z. B., dafs die Pferdekraft um etwas wohlfeiler sei, als es die Dampfkraft für grofse Geschwindigkeiten sein würde, so folgt daraus noch keinesweges, dafs die Dampfkraft auch für geringere Geschwindigkeiten theurer sein werde, sondern es läfst sich eher, nach dem allgemeinen Satze, dafs die Transportkosten umgekehrt wie die Geschwindigkeit sich verhalten, vermuthen, die Dampfkraft werde wohlfeiler sein. Es kommt auf die wirkliche Berechnung an.

Überall läfst sich also auch hier, bei der Frage, ob man Pferde- oder Dampfkraft benutzen solle, nur nach wirklicher und zwar näherer Berechnung urtheilen, niemals nach blofs allgemeiner Schätzung und nach allgemeiner Vergleichung mit den Erfolgen in anderen, vorhandenen Fällen. Und auch diese Berechnung ist wieder nicht eher mit Sicherheit möglich, als bis die Strafsenlinie ausgemittelt und ihre Länge, nebst ihren verschiedenen Abhängen, wirklich ausgemessen ist.

19.

Es wäre zwar weiter noch manches Nähere über den Gegenstand des gegenwärtigen Aufsatzes zu sagen, was auch von allgemeinem Interesse sein möchte; allein es würde nicht wohl mit gehöriger Gründlichkeit möglich sein, ohne auf den Gegenstand des Aufsatzes erst sowohl technisch, als in Rücksicht der Principien, nach welchen die Erfolge zu beurtheilen, näher mathematisch einzugehen, was denn die vorgesteckten engen Grenzen des Raumes nicht gestatten, und was auch den eigenthümlichen Bedingungen der gegenwärtigen Bemerkungen, Jedem ohne Mühe verständlich zu sein, entgegen sein würde. Es mufs also fernern, ausführlicheren Abhandlungen vorbehalten bleiben, und es möge daher bei dem Obigen für den gegenwärtigen Zweck sein Bewenden haben. Zur Übersicht und als Resultat der gesammten Auseinandersetzung aber möge noch, kurz zusammengefafst, angedeutet werden, wofür Eisenbahn-Unternehmer und Actionnairs bei der Vorausberechnung des Erfolges ihrer Unternehmung sich zu hüten haben dürften, um in ihren Erwartungen nicht getäuscht zu werden und nicht in die Gefahr des Verlustes grofser Summen zu gerathen, und was sie besorgen zu lassen haben dürften, um des Erfolges möglichst gewifs zu werden.

Zu *hüten* dürfte man sich haben vor allen blofs allgemein vergleichenden Schlüssen von vorhandenen Eisenbahnen auf neu zu etablirende, sowohl in Rücksicht der Anlage-Kosten, als der Transportkraft, sei es nach dem Maafsstabe der Frequenz, oder des Verhältnisses der Transportkraft auf horizontalen Eisenbahnen und Chausséen. Dergleichen allgemeine Schätzungen haben nicht die geringste Gewifsheit, und das Resultat kann *sehr weit* von der Wirklichkeit abweichen: nicht blofs um 10 oder 20 Procent, sondern um 100 Procent und noch mehr. Es kann, wie im Eingange bemerkt, sich ereignen, dafs statt der 5 oder 6 Procent reinen Ertrages, welchen die Schätzung ergiebt, am Ende nur die Hälfte und noch weniger herauskommt; auch kann der umgekehrte Fall Statt finden. Es kann sein, dafs eine Eisenbahn, als Privat-Unternehmung, sogar nicht vortheilhafter ist, als eine Chaussée an derselben Stelle; und es kann auch sein, dafs sie 10 mal mehr einbringt, während die blofs allgemeine Schätzung vielleicht irgend ein Mittel von beiden angiebt. Die Unsicherheit der Ermittelung, der Kosten sowohl, als des Ertrages, durch blofs vergleichende Schätzungen, ist bei

Eisenbahnen fast nicht minder grofs, als bei Canälen; und wenn es nun geschieht, dafs statt 5 und 6 Procent nur 2 bis 3 Procent gewonnen werden, so ist das schon nichts anderes als der Verlust der Hälfte des Anlage-Capitals; ergiebt sich aber ein solches Resultat etwa schon vor der Vollendung des Werkes mit einiger Gewifsheit, so kann die Folge sein, dafs das Werk, der ungünstigen Aussicht wegen, unvollendet bleibt; und dann kann der Einschufs an Capitalien ganz verloren gehen.

Ferner möge man sich hüten vor einer unzureichenden, wiederum blofs nur aus allgemeinen Schätzungen entnommenen, oder auch wohl von unrichtigen Ansichten ausgehenden Wahl der Transportkraft, der Pferde-, oder Dampfkraft. Auch hier kann der wirkliche Erfolg wiederum sehr von den Erwartungen abweichen und es können grofse Summen verloren gehen.

Sodann hüte man sich vor *scheinbaren* Ersparungen, die in der Wirklichkeit keinen Gewinn bringen, eben so sehr, wie vor Verschwendung von Überflüssigem und Unnöthigem. Denn blofs scheinbare Ersparungen sind öfters gerade die allerschlimmste Verschwendung. Dahin können, wie oben auseinander gesetzt, hölzerne, blofs mit Eisen plattirte Bahnen gehören. Aus dem Gemeinplatze: Holz sei wohlfeiler als Eisen, der unter Umständen etwas ganz Richtiges ausdrücken kann, folgt noch keinesweges ohne Weiteres, dafs auch eine eisenplattirte Schienenstrafse wirklich wohlfeiler sei, als eine massive Eisenbahn. Auch eine hölzerne Brücke z. B. ist, den ersten Anlage-Kosten nach, fast immer wohlfeiler, als eine steinerne: gleichwohl ist sie es noch keinesweges mit Rücksicht auf die Dauer und die Folgezeit wirklich. Wäre es so, so würde man fast nirgends steinerne Brücken sehen; und gleichwohl baut man dergleichen, und mit Recht, und selbst blofs aus wahrer, richtiger Ökonomie. Es gehört ferner dahin die zu weit gehende Ersparung an der Stärke der Schienen und der Unterstützung derselben. Auch diese Ersparung kann gröfsere Verluste zur Folge haben, als mit der Ersparung im Verhältnisse stehen. Die Liverpooler Bahn giebt ein redendes Beispiel davon. Vorzüglich gehört auch noch dahin die Verstärkung der Abhänge der Bahn, oder eine zu wellenförmige Profillinie derselben, um vielleicht an der Länge der Bahn, oder an den Damm-Arbeiten zu ersparen. Diese Ersparung kann die verderblichste von allen sein; ein verhältnifsmäfsig geringer Gewinn kann hier eine ungemeine Erhöhung der Transportkosten zur Folge haben, die dann für alle Zeiten bleibt und wie eine schwere Steuer auf der Unternehmung lastet. Aber auch das Überflüssige und die Verschwendung, vielleicht nicht aus Absicht, sondern aus Mangel an Übung und Übersicht des technischen Projectgebers, liegt hier sehr nahe. Insbesondere die vortheilhafteste Linie einer Strafse im Grundrifs und im Profil zu finden, ist, gleich wie bei Chausséen, so auch bei Eisenbahnen, und bei diesen noch in weit höherem Grade, eine der schwierigsten Aufgaben des Strafsenbaues. Die Construction einer Eisenbahn, eben wie das Stein-Packen bei der Chaussée, kann Jeder bald fassen; es ist am Ende beinahe nur Sache jedes gewöhnlichen Arbeiters; aber die richtige Wahl der Linie der Strafse ist schon ausschliefslich die Aufgabe des Ingenieurs, und vom Nicht-Techniker in der Regel durchaus nicht zu lösen. Trifft letzterer das Richtige, so ist es blofser Zufall. Auch der blofse Theoretiker wird die Aufgabe schwer richtig lösen; denn alles Kreuz- und Quermessen und Nivelliren, was viel Geld und viel verlorene Zeit kosten kann, hilft nicht so viel, als der Blick eines practischen Technikers. Hier also hüte man sich, diese Haupt-Aufgabe, anstatt einem Baumeister mit geübtem Auge und mathematischem Sinne, einem Nicht-Techniker oder auch einem blofsen Theoretiker zu übertragen. Die Aufgabe scheint so leicht, dafs auch der Nicht-Techniker ihr gewachsen zu sein glauben mag; allein sie ist es in der That nicht; sie ist vielmehr ungemein schwierig.

Überhaupt ist ein practischer Ingenieur bei Eisenbahnen, noch bei weitem mehr als bei Chausséen, eine Hauptperson, und dies völlig in demselben Maafse, wie diejenigen Männer, die, wenn das Werk Privat-Unternehmung ist, die Geld-Angelegenheiten leiten und besorgen. Deshalb ist es denn auch sehr angemessen, dafs der Ingenieur bei einer Privat-Unternehmung von Eisenbahnen selbst einer der Directoren sei, mit der Berechtigung, über alles Technische, nach Maafsgabe des einmal beschlossenen Planes, ausschliefslich und ohne weitern Einspruch der nicht technischen Directoren, zu entscheiden und zu walten. Jede Privat-Unternehmung von Eisenbahnen, an deren *Direction* der Baumeister der Bahn nicht selbst Theil hat, sondern wo die finanziellen Directoren blofs einen Baumeister beliebig zuziehen, auf die Weise etwa wie der Bauherr eines Hauses Werkleute oder allenfalls einen Architekten, mit der Befugnifs, ihn nach Belieben wieder wegzuschicken und einen andern herbei zu rufen, trägt den Keim vorhandener Gefahr des Mifslingens in sich. In der That kann das Unternehmen eines so durchaus technischen Gegenstandes, wie eine Eisenbahn, offenbar nur dann mit Sicherheit gelingen, wenn eine Hauptperson dabei, der Techniker, der eigentlich das Werk schaffen und herstellen soll, auch volle Einwirkung hat und gegen jedes Hindernifs bei der Erfüllung seiner Pflicht gesichert ist. Die Actionnairs, als Bauherren, ernennen, entweder in ihrer Gesammtheit, oder besser durch einen erwählten Ausschufs, Geld- und Gewerbständige, einen Rechtsverständigen und einen Techniker, aber alle in *gleichem* Range, zu Directoren; denn die Wirkung aller dieser Männer auf das Werk ist *gleich* wichtig, und folglich dürfen auch der Rechts- und der Bauverständige offenbar nie etwa von den übrigen Directoren abhängig sein und von ihnen entlassen werden können, eben so wenig wie umgekehrt diese von ihnen.

Was Privat-Unternehmer von Eisenbahnen ferner noch *zu beobachten* haben dürften, um sich des Ertrages vorher möglichst zu versichern, ist Folgendes.

Zunächst wird der Verkehr zu ermitteln sein, auf welchen man dürfte rechnen können, in so fern es möglich ist, den Transport wohlfeiler, oder doch wenigstens nicht theurer zu liefern, als auf der Chaussée. Diese Ausmittelung wird in der Regel mit ziemlicher Sicherheit möglich sein. Man rechne, wenn eine Zunahme des Verkehrs nicht etwa mit völliger Gewifsheit vorauszusehen ist, nur auf den effectiven, bisherigen Verkehr. Daraus wird sich, durch Vergleichung mit vorhandenen Eisenbahnen, und durch allgemeine Berücksichtigung der etwaigen Verschiedenheit der örtlichen Verhältnisse, ungefähr ergeben: keineswegs etwa, *wieviel* die neue Eisenbahn eintragen dürfte, auch noch nicht einmal mit Gewifsheit, *ob* sie als Privat-Unternehmung überhaupt ausführbar sei, sondern blofs erst, ob es rathsam sei, die Kosten an die weitere *nähere Ermittelung* zu wenden, oder nicht. Findet sich, dafs diese nähere Ermittelung rathsam sei: dann lasse man, durch einen auch in der Wahl von Strafsen-Linien erfahrenen Strafsen-Baumeister zunächst im Allgemeinen die vortheilhafteste Linie der Eisenbahn zur Stelle ausmitteln; hierauf in dieser Richtung das Terrain im Allgemeinen, in einiger Breite zu beiden Seiten, ausmessen; sodann durch den nemlichen Ingenieur die

Linie näher bestimmen und ausstecken, darauf dieselbe nivelliren, und dann wieder durch den Ingenieur, die Anlagekosten sowohl, als die Transportkosten, mit Pferden und mit Dampf, berechnen. Man wähle auch zu diesen Arbeiten ja einen wirklichen Strafsenbaumeister, und auch nicht etwa einen Techniker, der insbesondere nur Maschinen-Baumeister ist, was man, besonders in England, häufig unter *Engineer* (Ingenieur) versteht, so geschickt auch ein solcher Mann in seinem Fache sein mag. Denn die Maschinen sind bei den Eisenbahnen nur ein einzelner Theil dessen, worauf es ankommt, und nicht einmal eine Hauptschwierigkeit; um so weniger, da sie ja durch bewährte Maschinen-Baumeister in gröfster Vollkommenheit zu erlangen sind. Erst dann, und nur erst dann, wenn diese Vorarbeiten gemacht sind, wird sich mit Sicherheit finden, ob das Unternehmen mit Vortheil für die Actionnairs ausführbar sei, und was es ungefähr eintragen dürfte, keinesweges aber eher, und keinesweges nach allgemeinen Schätzungen. Wird die vorherige Ausmessung unterlassen, und werden Actien gezeichnet, oder gar Gelder eingezahlt, ehe die Ausmessung und Berechnung geschehen ist, so können die gröfsten Verluste entstehen. Man glaube oder fürchte hierbei nicht, dafs etwa die Kosten der vorherigen Messungen überaus grofs und verhältnifsmäfsig unerschwinglich sein werden. Es ist zu der Beurtheilung, so weit sie nothwendig, um erst mit Sicherheit zu wissen, ob das Unternehmen ausführbar sei, und wieviel Procent Zinsen es ungefähr abwerfen werde, durchaus keine detaillirte Vermessung und keine Nivellirung bis aufs Haar, und noch viel weniger ein voluminöser Bau-Anschlag, mit Zeichnungen, so ausführlich, wie er zur wirklichen Ausführung des Baues gemacht zu werden pflegt, nothwendig; sondern von einem geübten Ingenieur kann Alles, was bis hierher nothwendig ist, sehr bald geschehen, und auch die Kosten der allgemeinen Ausmessung und Nivellirung sind keinesweges bedeutend. Man kann annehmen, dafs die gesammten Kosten der vorläufigen Messungen und Berechnungen auf die Meile Strafse vielleicht nicht über 200 Rthlr., höchstens 300 Rthlr. betragen werden. Auch sind sie für den näheren Bauplan selbst nicht verloren. Dieser Bauplan mufs dann, im Fall die vorläufige Messung und Berechnung ergeben hat, dafs die Eisenbahn als Privat-Unternehmung vortheilhaft sein werde, und die Unternehmung beschlossen worden ist, nachdem man sich des Aufbringens der im Voraus überschläglich berechneten Anlagekosten versichert hat, ausgearbeitet werden, und zwar, damit nicht etwa Abänderungen entstehen, die wiederum den Erfolg von Neuem so unsicher machen, wie er es vorher war, wo möglich durch den nemlichen Baumeister, der den vorläufigen Plan gemacht hat. Aber auch selbst der ausführliche Bauplan ist keinesweges mit großer Weitläufigkeit nöthig, sondern nur mit derjenigen, angemessenen Genauigkeit, welcher die Weitläufigkeit häufig eher nachtheilig als förderlich ist. Insbesondere kann eine minutiose und ängstliche Vorherberechnung der Kosten zu nichts nutzen; sie ist vielmehr bei mehreren Dingen völlig illusorisch und kostet nur unnütz Geld und Zeit. So z. B. bei den Damm-Arbeiten, wo die Vorausberechnung nie mit dem wirklichen Bedarf genau stimmt und stimmen kann; auch beinahe gar keinen Zweck hat, indem diese Damm-Arbeit niemals in Masse, sondern nur schachtruthenweise in Verding ausgeführt werden kann. Ähnlich bei anderen Dingen. Es ist völlig hinreichend, wenn die Voraus-Veranschlagung die Kosten nur bis auf etwa 5 Procent genau anzeigt, weil eine solche etwaige Differenz auf den Ertrag der Unternehmung nur einen geringen Einfluß hat, in so fern nur sonst die Transportkosten auf der Bahn richtig angeschlagen sind. Dagegen muß der ausführliche Bauplan genau und im Detail angeben, wie zu construiren sei, welche Materialien zu nehmen seien, und wie bei der Ausführung zu verfahren sei. Dies ist wichtiger, als die Vorausberechnung der Kosten auf Groschen und Pfennige; was doch nachher, so weitläufig es auch geschehen mag, niemals stimmt und stimmen kann.

So, und nur durch dieses Verfahren dürfte, nach des Verfassers Überzeugung, bei Privat-Unternehmungen von Eisenbahnen zu einem gedeihlichen Ziele und zur Sicherheit vor Gefahr des Verlustes bedeutender Capitalien zu gelangen sein.

20.

Es ist, schließlich gesagt, zwar schon im Eingange dieses Aufsatzes bemerkt worden, daß der Verfasser desselben weit entfernt ist, den großen Nutzen der Eisenbahnen überhaupt zu bezweifeln oder zu verkennen, und daß er keinesweges die Absicht habe, selbst Privatleute von Unternehmungen abzumahnen, die zur Beförderung der Einführung der Eisenbahnen gereichen können, sondern nur die Absicht, sie auf Dasjenige aufmerksam zu machen, was sie dabei zur Erlangung der Sicherheit des Erfolges und der Sicherung ihrer Capitalien zu beobachten haben dürften. Vielleicht aber ist es dennoch nicht unnütz, schon um näher zu zeigen, wie vollkommen der Verfasser von dem Nutzen der Eisenbahnen überhaupt überzeugt ist, dafs er auch noch mit wenigen Worten andeute, wie nach seiner Ansicht dieser Gegenstand überhaupt, und nicht wie hier ausschliefslich geschehen als Privat-Unternehmung, zu betrachten sein dürfte.

Eisenbahnen sind nemlich, nach des Verfassers Überzeugung, immer und überall da nützlich und den Chausséen vorzuziehen, wo zum Transport auf denselben überhaupt weniger Kraft und weniger Kosten nöthig sind, als auf Chausséen: ganz eben so, wie Chausséen, ihrerseits, immer und überall nützlich und den unbefestigten Strafsen vorzuziehen sind, wo der Transport auf denselben weniger Kraft und weniger Kosten erfordert, als auf den letzteren. Also dürften von den Fällen, wo Eisenbahnen den Vorzug vor Chausséen haben, nur allein die seltenen, in §. 13. erwähnten, Fälle auszunehmen sein, wo eine Eisenbahn, um die nothwendige Verminderung des Gefälles zu erlangen, so sehr verlängert werden mufs, dafs die zur Überwindung der Reibung der Achsen in den Buchsen und der Radfelgen auf der Bahn auf der längeren Strafse nöthige Kraft mehr beträgt, als auf der kürzeren Chaussée, so dafs an Transportkraft und an Ttransportkosten nichts erspart wird; oder auch wo die besonderen Vorrichtungen, um die Lasten bergan zu heben, so schwierig sind, dafs darauf mehr Kraft und Zeit verloren gehen würde, als auf einer Chaussée, in so fern auf dieser jene besonderen Vorrichtungen vermieden werden können. Dafs der Überschufs der Anlage-Kosten der Eisenbahnen gegen die von Chausséen immer berücksichtigt und nach dem Maafsstabe der Zinsen desselben in Rechnung gebracht werden müsse, ist ferner, nach des Verfassers Überzeugung, sobald von Eisenbahnen nicht blofs als Privat-Unternehmung, sondern als allgemeine Staats-Angelegenheit die Rede ist, nur bedingt richtig, weil es bei allgemeinen Verbesserungen und Vervollkommnungen, die der Staat ausführt, nicht sowohl auf den unmittelbaren, directen Zinsen-Ertrag der angelegten Capitalien, sondern vielmehr auf die nützlichen Erfolge überhaupt, die sich sogar öfters gar nicht in Gelde berechnen lassen, und darauf ankommt, in welchem Verhältnisse diese Erfolge mit anderen stehen, die durch ähnliche Anlage-

Capitalien zu erreichen sein möchten. Der Fall, wenn Eisenbahnen von Privatleuten unternommen werden, ist von demjenigen, wenn der Staat oder das ganze Volk sie baut, gänzlich und wesentlich verschieden.

Unternehmen nemlich Privatleute eine Eisenbahn: so frägt es sich, ob der Ertrag, den die neue Strafse unter der Bedingung abwerfen wird, dafs der Transport auf derselben wenigstens schon etwas wohlfeiler sei, als auf der bisherigen Strafse (jedenfalls nicht theurer, als auf einer Chaussée), nächst den Erhaltungs- und Verwaltungskosten, annehmliche Zinsen des Anlage-Capitals, nebst einem Fonds zur Amortisation desselben innerhalb einer nicht zu langen Reihe von Jahren, gewähren könne. Ist dies nicht der Fall, so ist die Unternehmung durch Privatleute durchaus nicht ausführbar, und alle Eisenbahnen, die weniger eintragen, sind für Privat-Unternehmungen gänzlich ungeeignet. Das Publicum dagegen mufs sich bei allen Privat-Unternehmungen von Eisenbahnen seinerseits, einstweilen, und bis dahin, dafs das Anlage-Capital amortisirt ist, mit dem geringeren Gewinne begnügen, der über die den Unternehmern gebührenden Zinsen ihrer Capitalien hinaus Statt findet, bis späterhin, nach geschehener Amortisation des Anlage-Capitals, den Nachkommen die gesammte Erleichterung des Transports zu Theil wird; was aber auch ganz in der Ordnung und immer noch ganz annehmlich ist, da dem Publico jedenfalls schon gleich vom Anfang an ein Gewinn, bestände er selbst auch nur in der leichtern und bequemern Fahrt auf der Eisenbahn, als ein Geschenk, zu Theil wird, welches ihm nicht werden würde, wenn nicht die Actionnairs ihre Capitalien und die Unternehmer ihre Bemühungen hergäben.

Baut dagegen der Staat Eisenbahnen: so frägt es sich nur: erstlich, ob überhaupt diese Bauwerke Transportkraft ersparen, oder sonst Nutzen gewähren werden, etwa durch Beschleunigung des Transports, oder für andere Staatszwecke, und zwar nicht allein für den bisherigen Verkehr, sondern auch für alle Folgezeit; und dann, zweitens, ob der zu hoffende Nutzen wichtiger sei und höher angeschlagen werden müsse, als der Nutzen dieser oder jener anderen Vervollkommnung, die mit gleichem Geld-Aufwande zu erlangen ist. Müssen beide Fragen bejahend beantwortet werden, so sind für den Staat schon Beweggründe zu der Unternehmung vorhanden, und es kommt gar nicht weiter auf das Verhältnifs an, in welchem der Geldwerth der in der nächsten Zeit zu erwartenden Ersparung an Transportkraft zu den Zinsen des Anlage-Capitals stehe (ganz anders wie der Privat-Unternehmung); denn einestheils ist diese Ersparung in der nächsten Zeit gar nicht die gesammte Ersparung, sondern sie kann vielmehr auf eine nicht voraus zu berechnende Höhe steigen, indem die Erleichterung des Verkehrs, besonders dann, wenn sie nicht auf einzelnen Strafsenstrecken Statt findet, sondern über ein ganzes Land sich ausdehnt, den Verkehr selbst beleben und in hohem Grade vermehren kann: anderntheils kann die Erleichterung des Verkehrs auch noch für andere Staatszwecke, selbst in intellectueller und moralischer Beziehung, einen Nutzen haben, der sich nicht zu Gelde berechnen läfst; welches beides Privat-Unternehmer, das erste wenigstens nicht in gleichem Maafse, das letzte gar nicht in Anschlag bringen können.

Dafs die erste Frage bejahend zu beantworten sei, ist im Allgemeinen aufser Zweifel; denn es ist nicht zu verkennen, dafs, da der Ausnahmen nur so wenige sind, Eisenbahnen im Ganzen nicht allein wirklich eine bedeutende Ersparung an Transportkraft und Transportkosten zu gewähren geeignet sind, sondern dafs dann auch die Erleichterung des Verkehrs für die Gesammtmasse des Volkes, durch die Anreizung, welche die Leichtigkeit des Vertriebes der Producte zum bessern Anbau des Landes giebt, so wie in intellectueller und moralischer Rücksicht, von sehr grofsem und unberechnenbarem Nutzen sein werde. Ob die zweite Frage ebenfalls zu bejahen sei, hängt zwar ganz von Orts- und Zeitumständen und Verhältnissen ab; dafs indessen die Bejahung, wenigstens im Friedenszustande, in der Regel wahrscheinlich sei, läfst sich aus der Erfahrung selbst, und zwar aus dem Verfahren abnehmen, welches wirklich die Staaten in Rücksicht der Strafsen, mit vollem Rechte, schon immer befolgt haben. Diese Erfahrung macht es zugleich noch, gleichsam zusammenfassend und übersichtlich, anschaulich, wie weit der Fall, wenn der Staat Eisenbahnen bauen wollte, von demjenigen der Privat-Unternehmungen verschieden ist. Die Staaten nemlich haben es nun schon ziemlich allgemein erkannt, wie wichtig die Erleichterung des Verkehrs durch gute Strafsen ist. Sie haben, in Folge dieser Einsicht, an die Stelle der natürlichen, schwer fahrbaren Wege Chausséen gesetzt. Aber wie haben sie dies gethan? Sie haben die Kosten dazu aus

Staatsmitteln hergegeben, und nicht darnach gefragt, wie hoch sich diese Kosten, von der Ausgabe an, verzinsen werden. Aber mit vollem Grunde haben sie das gethan: denn der Erfolg hat bewiesen, dafs das Anlage-Capital von selbst dem Staate hundertfältig sich verzinsete und wieder einkam. Die glorreiche Regierung des Preufsischen Staates hat noch in neuester Zeit ein glänzendes Beispiel dazu gegeben. Sie hat Millionen hergeschossen, um das Land mit trefflich chaussirten Strafsen zu durchziehen. Der Verfasser dieses Aufsatzes war einer der näheren Augenzeugen davon; denn auch er hat Gelegenheit gehabt, vom Jahre 1816 an, als Techniker, zu diesem heilvollen Werke mit seinen geringen Diensten mitzuwirken. Der geringe Zoll, welcher auf den neueren Chausséen, wie auf den älteren, erhoben wird, mag kaum die Erhaltungskosten derselben decken, und ist gewifs weit entfernt, auch nur die geringsten Zinsen des Anlage-Capitals zu gewähren; geschweige denn das Capital zurück zu erstatten. Gleichwohl hat der Staat nicht allein dabei wohl sich befunden, sondern die neuen Strafsen sind auch augenfällig mit eine Ursach und Quelle der Zunahme der Blüthe des Staates gewesen, und das Land segnet auch dafür seinen erhabenen, väterlichen König. So wie nun aber Chausséen statt der gewöhnlichen Wege dem Staate nützlich und heilsam gewesen sind: so werden es fernerhin unfehlbar auch Eisenbahnen statt der Chausséen sein. Denn sie verhalten sich im Allgemeinen, in Rücksicht ihres Nutzens, zu Chausséen fast eben so, wie diese zu den unbefestigten Wegen. Sie sind ein zweiter, mindestens gleich grofser, Schritt zur Vervollkommnung. Die Staaten werden also, eben so wie sie es nützlich fanden, Chausséen aus Staatsmitteln zu bauen, auch wiederum eben so nützlich und angemessen es finden, Eisenbahnen, gleichfalls aus Staatsmitteln zu bauen, sobald es, mitten unter den übrigen noch zu erzielenden Vervollkommnungen, thunlich und räthlich sein wird; und sie werden dabei eben so wenig darnach fragen, wie hoch sich das Anlage-Capital verzinse, wie sie es bei den Chausséen thaten, und eben so wenig, wie sie, wenn sie z. B. Unterrichts- oder andere nützliche Anstalten gründen, auf die Geld-Verzinsung des Capitals sehen.

Alles dieses aber können Privatpersonen nicht thun; und so zeigt sich denn augenfällig, wie grofs der Unterschied sei zwischen Unternehmungen von Eisenbahnen durch Privatleute, und durch den Staat. Zugleich aber zeigt sich, dafs daraus, dafs Privatleute bei solchen Unternehmungen vorsichtig sein müssen, durchaus nicht etwa folgt, daſs Eisenbahnen überhaupt nicht zu empfehlen wären. Vielmehr behalten dieselben ihren groſsen und in der That unabsehlichen Werth, so schwierig auch ihre Förderung durch Privat-Unternehmungen in vielen Fällen sein, und so groſse Vorsicht auch bei dergleichen Unternehmungen nothwendig sein mag.

Nachdem nun der Verfasser noch diese seine Ansicht von Eisenbahn-Unternehmungen durch den Staat in wenigen Worten auseinander gesetzt hat, glaubt er, die Versicherung wiederholen zu dürfen, daſs er himmelweit davon entfernt sei, durch den gegenwärtigen Aufsatz auch nur das geringste *gegen* die Förderung der Eisenbahnen überhaupt haben sagen zu wollen. Der einzige Zweck des Aufsatzes war, Privat-Unternehmer auf Dasjenige aufmerksam zu machen, was sie bei ihrem Vorhaben zu beobachten haben dürften, um sich gegen mögliche Irrthümer der Vorausberechnung und gegen Verluste zu sichern; und bei dieser Absicht hatte der Verfasser wiederum nicht bloſs das Interesse der Privatleute allein im Auge, sondern er hielt auch zugleich seine Absicht dem Interesse des Staates selbst gemäſs, weil dieses in der That gefährdet werden würde, wenn wiederholte Verluste bei Privat-Unternehmungen von Eisenbahnen den Eifer des Publicums für die gute Sache schwächen und so die Förderung derselben lähmen sollten.

Berlin, im Juli 1835.

Nachschrift. Der vorstehende, im Juli dieses Jahres geschriebene Aufsatz konnte damals wegen Mangel an Raum nicht sogleich in dem Journale der Baukunst gedruckt, sondern kann erst jetzt darin aufgenommen werden. In der Zwischenzeit, nemlich Anfangs September dieses Jahres, hat der Verfasser Gelegenheit gehabt, die Eisenbahn von Brüssel nach Mecheln zu sehen, auch auf der Reise von hier dorthin über die verschiedenen Eisenbahnbau-Projecte: von Düsseldorf über Elberfelde nach den Westphälischen Kohlengruben: von Cölln nach der Belgischen Grenze und von Leipzig nach Dresden einige nähere Notizen zu sammeln. Besonders über die Brüsseler Eisenbahn hat er durch die Güte des einen der beiden Erbauer derselben, des ausgezeichneten und verdienten Ingenieurs Herrn von Ridder (der andere der beiden

Erbauer, Herr **Simons**, war nach **England** verreiset) genaue und umständliche Auskunft erhalten, für welche er Herrn v. **Ridder** hierdurch öffentlich seinen verbindlichsten Dank abstattet. Diese verschiedenen Notizen über Eisenbahnen sind dem Verfasser dieses Aufsatzes ungemein interessant und lehrreich gewesen, und er wird auch nicht ermangeln, über die Brüsseler Bahn, als Fortsetzung der im 3ten und 4ten Hefte 8ten Bandes dieses Journals enthaltenen Nachrichten von der Belgischen Eisenbahn, sobald es seine Zeit erlaubt, einiges nähere Technische in der gegenwärtigen Zeitschrift zu berichten. Allem, was er auf der Reise nach **Brüssel** von Eisenbahnen sahe und hörte, ist aber keine von den in dem obigen Aufsatze ausgesprochenen Ansichten entgegen. Der Verfasser hat jetzt, beim abermaligen Durchlesen des Aufsatzes, vor dem Drucke, keinen Anlaſs gefunden, an den Inhalte desselben etwas zu ändern. Er übergiebt ihn also dem Publico mit verstärktem Vertrauen, wissentlich nicht gegen Dasjenige gefehlt zu haben, was nach seiner Überzeugung bei dem Gegenstande recht und wahr ist.

Berlin, im October 1835.

12.

Versuche über die Widerstandsfähigkeit der bekanntesten und nützlichsten Bausteine, welche das Rheinische Schiefergebirge und das daran grenzende Flötzgebirge an der Mosel und in den Ardennen liefern, angestellt im Festungs-Bauhofe zu Coblenz.

(Von dem Königl. Preufs Ingenieur-Premier-Lieutenant Herrn *Beise* zu Coblenz.)

(Fortsetzung der Abhandlung No. 6. Bd. 9. Hft. I.)

Laufende No.	Stein-Arten und Fund-Ort. Art, wie sie unter die Presse gebracht wurden	Dimensionen in Preufsischen Zollen. Länge.	Breite.	Höhe.	Gewichte, bei welchen man die Trennung hörte, ehe sich Risse zeigten. Pr. Pfd.	Gewichte, durch welche feine Risse entstanden, die nur so eben sichtbar wurden. Pr. Pfunde.	Gewichte, bei welchen sich die entstandenen Risse bis auf $\frac{1}{10}$ Linie erweiterten. Pr. Pfunde.	Gewichte, welche die Zerstörung der Steine bewirkten. Pr. Pfd.	Gewichte, bei welchen die Ecken absprangen, oder sich einzelne Flächen abschalten. Pr. Pfunde.	Compression des Steines, unmittelbar vor der Zerstörung beobachtet, wo es möglich war, in Pr. Linien.	Besondere Bemerkungen und Beobachtungen
35.	Grauwacke aus den Brüchen zwischen St. Goar und Oberwesel am Rhein. Oben und unten feine Sandlager	$3\frac{1}{4}$	3	$3\frac{1}{3}$	48795	49280 Zwei Risse.	56275 Erweiterten sich beide.	56275	Keine.	$1\frac{1}{12}$	Beide Lager waren sehr uneben, deshalb zerbrach der Stein mit so geringem Gewichte, meistens in vierseitige Prismen.
36	Desgl	$3\frac{1}{12}$	$3\frac{1}{4}$	$3\frac{1}{8}$	48783	48783 Ein Rifs. 54782 Ein anderer.	54782 Erweiterten sich beide.	56284	Desgl.	$\frac{7}{12}$	Eben so wie der vorige; nur blieben die Stücke gröfser
37.	Desgl.	$4\frac{11}{12}$	$4\frac{11}{12}$	$4\frac{11}{12}$	72786	99795 Vier Risse.	99795 Zwei erweiterten sich.	119300	Desgl.	$\frac{11}{12}$	Die natürlichen Lager waren zwar auch, aber nicht sehr uneben.
38.	Desgl.	5	5	5	57780	72796 Mehrere.	84035 Alle.	125300	Desgl.	$1\frac{4}{5}$	Desgleichen. Zerbrach blofs in Stücke, die umher sprangen; meistens klingenartig und prismatisch gestaltet.

Nimmt man nun alle die Resultate derjenigen Grauwackenwürfel zusammen, welche ganz gleiche Höhe haben, oder deren Höhen weniger als $\frac{1}{2}$ Zoll von einander verschieden sind, und berechnet ihre Widerstandsfähigkeit auf den Quadratzoll Widerstandsfläche: so erhält man für diejenigen Exemplare, welche beinahe 2, genau 2 und wenig über 2 Zoll hoch sind, pro Quadratzoll für die Steine No.

Laufende No.	Stein-Arten und Fund-Ort. Art, wie sie unter die Presse gebracht wurden.	Dimensionen in Preufsischen Zollen. Länge.	Breite.	Höhe.	Gewichte, bei welchen man die Trennung hörte, ehe sich Risse zeigten. Pr. Pfd.	Gewichte, durch welche feine Risse entstanden, die nur so eben sichtbar wurden. Pr. Pfunde.	Gewichte, bei welchen sich die entstandenen Risse bis auf $\frac{1}{10}$ Linie erweiterten. Pr. Pfunde.	Gewichte, welche die Zerstörung der Steine bewirkten. Pr. Pfd.	Gewichte, bei welchen die Ecken absprangen, der sich einzelne Flächen abschälten. Pr. Pfunde.	Compression des Steines, unmittelbar vor der Zerstörung beobachtet, wo es möglich war, in Pr. Linien.	Besondere Bemerkungen und Beobachtungen.
1.	- - -	2	$2\frac{1}{6}$	2	5555	7104	7104	7104	5535	- -	
4.	- - -	$2\frac{1}{6}$	$2\frac{1}{12}$	$1\frac{5}{6}$	10813	10813	11875	11875	11875	- -	
5.	- - -	$2\frac{1}{6}$	$2\frac{1}{12}$	2	12544	12544	17562	18934	18934	- -	
6.	- - -	4	4	$2\frac{1}{6}$	3633	3633	5710	12316	2215	- -	
15.	- - -	$3\frac{1}{4}$	$3\frac{1}{4}$	$1\frac{3}{4}$	6933	6933	8220	9225	9225	- -	
16.	- - -	2	2	2	6030	7698	7698	7698	5996	- -	
	Summa	-	-	-	45508	48725	58169	67152	53780	- -	
	Daher kommt durchschnittlich pro Quadratzoll	-	-	-	7585	8121	9695	11192	8963	- -	

Die Bruchtheile der Pfunde wurden weggelassen, wenn sie weniger als ½ Pfd. betrugen; dagegen rechnete man das Pfd. voll, wenn der Bruch mehr als ½ Pfd. betrug. Da wo keine Ecken absprangen, mufsten solche nothwendig bei der Zerstörung abspringen, daher ist in allen diesen Fällen das Gewicht angenommen worden, welches den Stein zerdrückt.

Für diejenigen Exemplare, welche beinahe 3 Zoll, 3 Zoll oder sehr wenig mehr als 3 Zoll Höhe haben, finden wir pro Quadratzoll für die Steine No.:

Laufende No.	Stein-Arten	Länge	Breite	Höhe	Trennung	feine Risse	$\frac{1}{10}$ Linie	Zerstörung	Ecken	Compression	Bemerkungen
2.	- - -	$3\frac{1}{4}$	$3\frac{5}{12}$	$2\frac{5}{6}$	5744	5744	5744	8176	8176	- -	
3.	- - -	3	3	3	5254	6431	6477	10642	6599	- -	
14.	- - -	3	3	3	5254	6431	6478	10643	6599	- -	
17.	- - -	$3\frac{1}{4}$	$3\frac{5}{12}$	$2\frac{5}{6}$	5254	5910	5910	8178	8178	- -	
18.	- - -	$3\frac{1}{6}$	$3\frac{1}{2}$	$3\frac{1}{4}$	6753	7181	7462	10305	10305	- -	
19.	- - -	$3\frac{7}{12}$	4	$3\frac{1}{4}$	7485	7485	8402	9168	9168	- -	
20.	- - -	$3\frac{1}{4}$	3	$2\frac{1}{2}$	4187	4189	4697	7160	7160	- -	
22.	- - -	$3\frac{1}{4}$	$4\frac{1}{2}$	$2\frac{11}{12}$	9284	9844	11251	12310	12310	- -	
23.	- - -	$4\frac{1}{6}$	$3\frac{1}{12}$	$2\frac{7}{12}$	8698	8698	11401	13810	13810	- -	
35.	- - -	$3\frac{1}{6}$	3	$3\frac{1}{6}$	5155	5182	5924	5924	5924	- -	
36.	- - -	$3\frac{1}{12}$	$3\frac{1}{4}$	$3\frac{1}{6}$	4868	5167	5466	5925	5925	- -	
	Summa	-	-	-	67936	72262	79212	105541	94154	- -	
	Beträgt durchschnittlich pro Quadratzoll	-	-	-	6176	6569	7201	9595	8559	- -	

Da wo mit verschiedenen Gewichten Risse entstanden, wurde das mittlere Gewicht genommen, dasselbe gilt von der Erweiterung der Risse, wo sich einige früher, andere später bis auf $\frac{1}{10}$ Linie erweiterten.

Bei den Steinen, welche wenig unter 4 Zoll, genau 4 Zoll oder wenig über 4 Zoll Höhe hatten, findet man Widerstandsfähigkeit pro Quadratzoll:

Laufende No.	Stein-Arten	Länge	Breite	Höhe	Trennung	feine Risse	$\frac{1}{10}$ Linie	Zerstörung	Ecken	Compression	Bemerkungen
7.	- - -	$4\frac{1}{2}$	4	$4\frac{1}{12}$	10025	10025	12875	13632	13632	- -	
8.	- - -	$4\frac{1}{6}$	$4\frac{1}{4}$	4	8993	8993	9465	13046	13046	- -	
11.	- - -	$3\frac{3}{4}$	$4\frac{5}{6}$	4	4040	4040	4333	6581	3358	- -	
21.	- - -	$4\frac{11}{12}$	$4\frac{1}{6}$	$3\frac{5}{12}$	5200	5200	8385	10421	10421	- -	
24.	- - -	$3\frac{1}{2}$	$4\frac{1}{2}$	$3\frac{7}{12}$	4362	4362	4714	5033	3212	- -	
25.	- - -	$3\frac{1}{2}$	$3\frac{1}{2}$	$3\frac{3}{4}$	9122	9122	9122	9122	4006	- -	
26.	- - -	$3\frac{7}{12}$	$3\frac{1}{2}$	$3\frac{11}{12}$	13217	13217	13217	13217	13217	- -	
27.	- - -	4	$3\frac{3}{4}$	$3\frac{1}{2}$	5352	5352	5352	5352	5352	- -	
28.	- - -	$3\frac{1}{4}$	4	$3\frac{5}{6}$	8574	8574	8574	8574	8574	- -	
29.	- - -	$3\frac{5}{6}$	$4\frac{1}{2}$	$4\frac{1}{12}$	8185	8185	8185	11248	7222	- -	
30.	- - -	$3\frac{5}{6}$	$4\frac{1}{2}$	$4\frac{1}{12}$	14363	14363	14363	14363	14363	- -	
31.	- - -	$4\frac{1}{12}$	$3\frac{5}{6}$	$3\frac{11}{12}$	5307	6354	7402	7402	5977	- -	
32.	- - -	4	$3\frac{3}{4}$	$3\frac{11}{12}$	9916	9916	11526	14546	14546	- -	
33.	- - -	4	$3\frac{5}{6}$	$3\frac{11}{12}$	6007	6007	6007	6007	6007	- -	
34.	- - -	$3\frac{5}{6}$	$3\frac{11}{12}$	$3\frac{11}{12}$	8379	9051	9051	12058	12058	- -	
	Summa	-	-	-	121042	122761	132571	150602	134991	- -	
	Beträgt durchschnittlich pro Quadratzoll	-	-	-	8069	8184	8838	10040	8998	- -	

Nimmt man blofs diejenigen Steine zusammen, bei denen wirklich Ecken absprangen, ehe der Stein zerstört wurde, nemlich die No. 1., 3., 6., 10., 11., 12., 14., 16., 24., 25., 29., 31., so erhält man das Durchschnittsresultat für die Möglichkeit wo schon Ecken abspringen können von 4862 Pfund auf den Quadratzoll, oder etwa bei der Hälfte des allgemeinen Widerstandsvermögens bis zur gänzlichen Zerstörung, wenn man keine Rücksicht auf die Unterlagen nimmt.

Diejenigen Exemplare, welche wenig unter 5 Zoll, genau 5 Zoll, oder wenig über 5 Zoll Höhe hatten, geben folgende Resultate:

Laufende No.	Stein-Arten und Fund-Ort! Art, wie sie unter die Presse gebracht wurden.	Dimensionen in Preufsischen Zollen. Länge.	Breite.	Höhe.	Gewichte, bei welchen man die Trennung hörte, ehe sich Risse zeigten Pr. Pfd.	Gewichte, durch welche feine Risse entstanden, die nur so eben sichtbar wurden. Pr. Pfunde.	Gewichte, bei welchen sich die entstandenen Risse bis auf $\frac{1}{10}$ Linie erweiterten. Pr. Pfunde.	Gewichte, welche die Zerstörung der Steine bewirkten. Pr. Pfd.	Gewichte, bei welchen die Ecken absprangen, oder sich einzelne Flächen abschalten. Pr. Pfunde.	Compression des Steines, unmittelbar vor der Zerstörung beobachtet, wo es möglich war, in Pr. Linien.	Besondere Bemerkungen und Beobachtungen.
9.	- - - -	$4\frac{1}{4}$	$4\frac{1}{4}$	$5\frac{1}{6}$	7566	7566	7566	10847	10847	- -	Im Allgemeinen konnte man bei allen diesen Steinen beobachten, dafs diejenigen, worin das thonige Bindemittel in grofserer Masse vorhanden war, auch die geringsten Widerstände zeigten. Daher rührt auch die Verschiedenheit in den einzelnen Exemplaren. Ueberdies hatte die Glätte der Druckflächen grofsen Einflufs auf die Resultate.
10.	- - - -	$3\frac{5}{6}$	$3\frac{5}{6}$	$4\frac{3}{4}$	4778	4778	5192	6524	4727	- -	
13.	- - - -	7	5	$4\frac{3}{4}$	1865	2208	2508	- -	- -	- -	
37.	- - - -	$4\frac{11}{12}$	$4\frac{11}{12}$	$4\frac{11}{12}$	3011	4128	4128	4935	4935	- -	
38.	- - - -	5	5	5	2311	2912	3361	5012	5012	- -	
	Summa	-	-	-	19531	21592	22755	27318	25521	- -	
	Beträgt pro Quadratzoll	-	-	-	3906	4318	4551	6829	6380	- -	

Ein Exemplar von beinahe 6 Zoll im Cubus gab:

12.	- - - -	6	$5\frac{11}{12}$	$5\frac{11}{12}$	1416	1631	2698	6421	2896	- -	

Nimmt man alle diese Resultate der 2, 3, 4, 5 und 6 Zoll hohen Steine zusammen, so erhält man pro Quadratzoll Widerstandsfläche:

	Die 2 Zoll hohen	-	-	-	7585	8121	9695	11192	8963	- -	Bei 4 Zoll Höhe scheint daher das gröfste Widerstandsvermögen vorhanden zu sein, und dasselbe bei gröfserer Höhe bedeutend abzunehmen.
	Die 3 Zoll hohen	-	-	-	6176	6569	7201	9595	8559	- -	
	Die 4 Zoll hohen	-	-	-	8069	8184	8838	10040	8998	- -	
	Die 5 Zoll hohen	-	-	-	3906	4318	4551	6829	6380	- -	
	Die 6 Zoll hohen	-	-	-	1416	1631	2698	6421	2896	- -	
	Durchschnitt aller	-	-	-	5490	5765	6597	8815	7159	- -	
	Ohne Unterlage	-	-	-	5037	5789	5948	7747	6198	- -	
	Sandlager . .	-	-	-	7004	7531	8449	9988	9005	- -	
	Bleiplatten . .	-	-	-	4684	5191	5735	9934	7912	- -	

Diese Zahlen können nun wohl als die mittlere Widerstandsfähigkeit der Grauwacke angesehen werden, wenn es nöthig wird solche bei irgend einer Construction in Rechnung zu bringen.

Werden alle Steine ohne Unterlagen zerdrückt, zusammen genommen, nemlich No. 1., 2., 3., 12., 16., 17 und 33., so erhält man pro Quadratzoll

	- - -	-	-	-	5037	5789	5948	7747	6198	- -	

Ferner alle Steine mit Unterlagen von feinem Sande, oder No. 4., 5., 6., 7., 8., 9., 10., 11., 18., 19., 20., 21., 22., 23., 24., 25., 26., 27., 28., 29., 30., 31., 32., 34., 35., 36., 37., 38., geben die Durchschnittsresultate pro Quadratzoll:

	- - - -	-	-	-	7004	7531	8449	9988	9005	- -	

Diejenigen Steine, welche Ober- und Unterlager von Bleiplatten erhielten, gaben die Durchschnitts-Widerstände pro Quadratzoll:

	- - - -	-	-	-	4684	5191	5735	9934	7912	- -	

Ein Exemplar, dessen natürliche Lager vertikal unter die Presse gestellt wurde, gab durchschnittlich pro Quadratzoll:

	- - -	-	-	-	8379	9051	9051	12058	12058	- -	Hier wenigstens hatte dies keinen nachtheiligen Einflufs.

Das Maximum des Widerstandsvermögens der Grauwacke findet sich pro Quadratzoll Widerstandsfläche:

5.	Bei den 2 Zoll hohen	-	-	-	12544	12544	17562	18934	- -	- -	
22.	Bei den 3 Zoll hohen	-	-	-	9284	9844	11251	12310	- -	- -	
26.	Bei den 4 Zoll hohen	-	-	-	13217	13217	13217	13217	- -	- -	
30.	- - - - -	-	-	-	14363	14363	14363	14363	- -	- -	
32.	- - - - -	-	-	-	9916	9916	11526	14546	- -	- -	
9.	Bei den 5 Zoll hohen	-	-	-	7566	7566	7566	10847	- -	- -	
	Im Durchschnitt	-	-	-	11149	11242	12581	14036	- -	- -	

Laufende No.	Stein-Arten und Fund-Ort. Art, wie sie unter die Presse gebracht wurden.	Dimensionen in Preufsischen Zollen. Länge.	Breite.	Höhe.	Gewichte, bei welchen man die Trennung hörte, ehe sich Risse zeigten. Pr. Pfd.	Gewichte, durch welche feine Risse entstanden, die nur so eben sichtbar wurden. Pr. Pfunde.	Gewichte, bei welchen sich die entstandenen Risse bis auf $\frac{1}{10}$ Linie erweiterten. Pr. Pfunde.	Gewichte, welche die Zerstörung der Steine bewirkten. Pr. Pfd.	Gewichte, bei welchen die Ecken absprangen, oder sich einzelne Flächen abschälten. Pr. Pfunde.	Compression des Steines, unmittelbar vor der Zerstörung beobachtet, wo es möglich war, in Pr. Linien.	Besondere Bemerkungen und Beobachtungen.

Wenn man die Durchschnitts-Widerstände ohne Unterlager mit feinen Sandlagern und Bleiplatten vergleicht, so scheint es, als wenn feine Sandlager, folglich auch guter feiner Mörtel, die besten Unterlagen geben würden, so dafs es eine vortheilhafte Methode wäre, die Quadersteine dieser Felsart mit Mörtel unter einander zu verbinden.

Hinsichtlich der Fundörter erhält man nachstehende Resultate; die jedoch nur örtlich von Nutzen sein können.

Laufende No.	Stein-Arten und Fund-Ort	Länge	Breite	Höhe	Trennung (Pr. Pfd.)	feine Risse (Pr. Pfunde)	Risse erweitert (Pr. Pfunde)	Zerstörung (Pr. Pfd.)	Ecken abgesprungen (Pr. Pfunde)	Compression (Pr. Linien)	Besondere Bemerkungen und Beobachtungen
	Bei Coblenz.	-	-	-	6294	6592	7567	9712	8443	- -	Die Ursache, warum die Grauwacke oberhalb St. Goar so weich erscheint, liegt wohl darin, dafs sie hier viel Thonschiefer beigemengt hat, und dafs die beiden letzten Exemplare 5 Zoll hoch waren.
	Zwischen Boppard und Oberspay.	-	-	-	6640	7206	8151	9881	9669	- -	
	Nordwestlicher Abhang des Taunus.	-	-	-	8435	8591	8865	9720	8594	- -	
	Zwischen St. Goar und Oberwesel.	-	-	-	3836	4347	4720	5452	5449	- -	

§. 2.

Tab. II. Übergangs-Thonschiefer des Rheinischen Schiefergebirges.

Dieser Stein giebt ein gutes Baumaterial. Man hat daraus zu Coblenz einen grofsen Theil der Festungsmauern erbauet. Zum Häuserbau ist er sowohl innerhalb als äufserlich anwendbar, und giebt gute dauerhafte Mauern, wegen seiner flachen grofsen Platten, die einen festen Verband geben. Man fertigt daraus feine Dachschiefer, deren Dauer sich nach der Feinheit des Kornes und nach der Dunkelheit der Farbe richtet. Ferner werden daraus Rechentafeln, grofse Platten zum Eindecken der freistehenden Festungs- und Gartenmauern, der Grabenkaponieren u. s. w. gefertigt. Im untern Theil des Strafsenbettes wurde er häufig beim Chausséebau angewendet, ehe die Mac-Adamsche Manier bekannt wurde. Zur obern Beschüttung der Chausséen und zu Pflastersteinen ist er jedoch zu weich und verwittert zu leicht im Freien. Eine ins Graue fallende Art dieses Steines, welche sehr reich ist, eignet sich besonders zum Bekleiden solcher Wände, die tapezirt werden sollen, weil sie gar keine Feuchtigkeit annimmt.

Laufende No.	Stein-Arten und Fund-Ort	Länge	Breite	Höhe	Trennung (Pr. Pfd.)	feine Risse (Pr. Pfunde)	Risse erweitert (Pr. Pfunde)	Zerstörung (Pr. Pfd.)	Ecken abgesprungen (Pr. Pfunde)	Compression (Pr. Linien)	Besondere Bemerkungen und Beobachtungen
39.	Blauer Thonschiefer in der Umgegend von Coblenz und Ehrenbreitstein, und im Moselthale hinauf, mit d. Grauwacke abwechselnd lagernd. Die Farbe ist bald dunkelblau, bald ins Dunkelgraue, bald ins Hellgrüne übergehend. Die Klüfte sind häufig mit Eisenoxyd roth gefärbt. Ohne Unterlager.	3	3	3	24915	24915 Zwei Risse.	43035 Die alten erweiterten sich und neue entstanden.	43035	Keine Ecke, die Risse lagen in der Mitte.	Wegen der schnellen Zerstörung nicht beobachtet.	Die Lager waren ganz glatt geschliffen, die Zerstörung geschah sehr innig in eine trockene thonige Masse. Graue Farbe.
40.	Desgl.	3	3	3	36995	36995 Ein Rifs. 41525 Mehrere.	47565 Wurden alle sehr weit.	56625	Desgl.	$\frac{5}{8}$	Hatte sehr unebene Lager und zerbrach in Prismen und Pyramiden. Graue Farbe, wenig schmutzig blau.
41.	Eben solcher Stein. Die natürlichen Lager wurden vertikal gestellt.	3	3	3	47565	47565 Die natürlichen Lager trennten sich.	52850	52850	Desgl.	$1\frac{5}{6}$	Hatte glatt geschliffene künstliche Lager, und wurde in Staub u. Körner zerdrückt. Blaue Farbe.

Laufende No.	Stein-Arten und Fund-Ort. Art, wie sie unter die Presse gebracht wurden.	Dimensionen in Preufsischen Zollen. Länge.	Breite.	Höhe.	Gewichte, bei welchen man die Trennung hörte, ehe sich Risse zeigten. Pr. Pfd.	Gewichte, durch welche feine Risse entstanden, die nur so eben sichtbar wurden. Pr. Pfunde	Gewichte, bei welchen sich die entstandenen Risse bis auf $\frac{1}{10}$ Linie erweiterten. Pr. Pfunde.	Gewichte, welche die Zerstörung der Steine bewirkten. Pr. Pfd.	Gewichte, bei welchen die Ecken absprangen, oder sich einzelne Flächen abschälten. Pr. Pfunde.	Compression des Steines, unmittelbar vor der Zerstörung beobachtet, wo es möglich war, in Pr. Linien	Besondere Bemerkungen und Beobachtungen.
42.	Eben solcher Stein auf seine natürlichen Lager gelegt.	4	$3\frac{11}{12}$	$2\frac{11}{12}$	23405	23405 Mehrere Risse.	36995	44545	Desgl.	$1\frac{1}{2}$	Glattgeschliffene Lager. In Staub zerstört. Mehr grün als blau.
43.	Desgl. Oben und unten Sandlager.	3	$3\frac{1}{12}$	3	56625	56625 Mehrere Risse.	70215 Alle.	83805	Eine Ecke. 56625	$\frac{3}{4}$	Glatte Lager, dunkelblaue Farbe mit rothen Streifen von Eisenoxyd.
44.	Desgl. Oben und unten Sandlager.	3	3	3	65685	65685 Zwei Risse. 79275 Mehrere.	88335 die ersten, 92865 alle.	92865	Keine Ecke.	1	Das obere Lager rauh, das untere sehr glatt. Dunkelblaue Farbe.
45.	Desgleichen.	$3\frac{11}{12}$	4	$2\frac{11}{12}$	32465	32465 Ein Rifs.	41525	44545	Desgl.	Nicht beobachtet.	Graue Farbe, das obere Lager uneben. Zerbrach in Prismen und Pyramiden.
46.	Eben solcher Stein, die natürlichen Lager vertikal gestellt, ohne Unterlager.	$4\frac{1}{12}$	4	$3\frac{11}{12}$	23405	23405 ein, 40015 mehrere.	30955 zwei, 56625 alle.	64175	Desgl.	Desgl.	Die künstlichen Lager uneben, weil sie sich nicht gut bearbeiten liefsen.
47.	Ein solcher Stein auf seine natürlichen Lager, oben und unten Sandlager.	4	4	$3\frac{11}{12}$	64175	64175 Mehrere Risse.	65685 einige, 83805 alle.	109475	Eine Ecke. 83335	Desgl.	Das obere Lager rauh, das untere eben, er wurde ganz in Staub zerdrückt. Dunkelblaue Farbe.
48.	Desgl.	4	$4\frac{1}{6}$	$4\frac{1}{3}$	94375	94375 ein, 103435 mehrere Risse.	103435 der erste, 117025 alle.	139675	Zwei Ecken. 103435	2	Innig zerstört. Blaue Farbe.
49.	Eben solcher Stein, aber ohne Unterlagen.	$4\frac{7}{12}$	$4\frac{9}{12}$	$4\frac{1}{2}$	20385	20385 zwei, 50585 noch zwei.	50585 die ersten, 64175 alle.	93865	Eine Ecke. 33975	1	Die Lager waren sehr gut, aber nicht glatt geschliffen.
50.	Desgl.	$4\frac{11}{12}$	$4\frac{3}{4}$	$4\frac{3}{4}$	27935	27935 Ein Rifs, 50585 noch zwei.	86825 alle.	110985	Keine Ecke.	$\frac{11}{12}$	Desgl. Völlig zerstört.
51.	Desgl.	5	$4\frac{3}{4}$	5	43035	43035 Mehrere Risse.	62665	89845	Desgl.	1	Hatte sehr ungleiche Lager, und wurde deshalb blofs in Prismen zerspalten.
52.	Desgl.	5	$4\frac{5}{6}$	5	50585	50585 Zwei Risse.	83805	126085	35485 Eine kleine Ecke.	2	Hatte zwar rauhe Lager, aber wurde vollständig zertrümmert in Körner und Staub.

Laufende No.	Stein-Arten und Fund-Ort. Art, wie sie unter die Presse gebracht wurden.	Dimensionen in Preufsischen Zollen. Länge.	Breite.	Höhe.	Gewichte, bei welchen man die Trennung hörte, ehe sich Risse zeigten. Pr. Pfd.	Gewichte, durch welche feine Risse entstanden, die nur so eben sichtbar wurden. Pr. Pfunde.	Gewichte, bei welchen sich die entstandenen Risse bis auf $\frac{1}{10}$ Linie erweiterten. Pr. Pfunde.	Gewichte, welche die Zerstörung der Steine bewirkten. Pr. Pfd.	Gewichte, bei welchen die Ecken absprangen, oder sich einzelne Flächen abschälten. Pr. Pfunde.	Compression des Steines, unmittelbar vor der Zerstörung beobachtet, wo es möglich war, in Pr. Linien.	Besondere Bemerkungen und Beobachtungen.
53.	Desgl.	$4\frac{2}{3}$	$4\frac{2}{3}$	$4\frac{2}{3}$	53605	53605 Einige Risse.	83805	89845	20385 Eine Ecke.	$2\frac{1}{2}$	Das Lager war gut, aber nicht glatt geschliffen. Der Stein zerbrach in mehrere kleinere und gröfsere Prismen und Pyramiden.
54.	Desgl.	$5\frac{11}{12}$	$5\frac{5}{6}$	$5\frac{3}{4}$	46055	46055 Ein Rifs.	58135 Der erste erweiterte sich und es entstanden mehrere neue.	97395	Keine Ecke.	1	Weifsgrauer, wenig ins Blaue fallender Stein, mit thonigem Ansehen.
55.	Desgl.	6	$5\frac{11}{12}$	$5\frac{11}{12}$	61155	61155 Ein Rifs, mit 64175 mehrere.	65685	129105	35485 Eine Ecke.	1	Dieser Stein hatte dunklere Farbe, jedoch war das Graue noch vorherrschend. Die eine Seite des Steines zerbrach in sehr kleine, die andere in gröfsere Prismen und irreguläre Stücke.
56.	Desgl.	$5\frac{3}{4}$	6	$5\frac{11}{12}$	65680	65680 Mehrere Risse.	68705	123065	35485 Eine Ecke, 43035 noch eine.	2	Wie der vorige Stein.
57.	Desgl.	$5\frac{5}{6}$	6	$5\frac{11}{12}$	53605	53605 Ein Rifs.	61155	165043	39505 Eine.	$1\frac{1}{8}$	Hatte unebene Lager, aber eine dunklere und blaue Farbe; wurde in sehr kleine Stücke zertrümmert.
58.	Desgl.	6	$5\frac{1}{2}$	$5\frac{5}{6}$	49175	49175 Ein horizontaler Rifs, 80785 ein vertikaler.	91355 Blofs der vertikale erweiterte sich.	140185	35485 Eine Ecke, 68705 die drei anderen.	$1\frac{1}{6}$	Wie der vorige. Der horizontale Rifs entstand dadurch, dafs das eine natürliche Lager zusammengedrückt wurde.

Berechnet man nun die Widerstände aller Steine, welche 3 Zoll Höhe haben, pro Quadratzoll, so ergiebt sich im Durchschnitt pro Quadratzoll:

No.		Länge	Breite	Höhe							Bemerkungen
39.	- - -	3	3	3	2768	2768	4782	4782	4782	- -	Die Exemplare No. 41. und 46., welche auf der hohen Kante, dem Haupte oder mit den natürlichen Lagern vertikal zerstört wurden, weichen bedeutend in der Widerstandsfähigkeit von einander ab; und es ist dies schon durch die Farbe angedeutet worden. Der blaue Schiefer, wenn er noch nicht aus wirklichen Dachschiefern od. Tafelschiefern besteht, ist bedeutend härter, als der graue, d. schon ein mehr thoniges Ansehn hat.
40.	- - -	3	3	3	4111	4111	5285	6292	6292	- -	
41.	- - -	3	3	3	5285	5285	5872	5872	5872	- -	
42.	- - -	4	$3\frac{11}{12}$	$2\frac{11}{12}$	1494	1494	2306	2843	2843	- -	
43.	- - -	3	$3\frac{1}{12}$	3	6122	6122	7591	9060	6122	- -	
44.	- - -	3	3	3	7298	7298	9815	10318	10318	- -	
45.	- - -	$3\frac{11}{12}$	4	$2\frac{11}{12}$	2072	2072	2650	2843	2843	- -	
	Summa	-	-	-	29150	29150	38301	44010	39072	- -	
	Daher pro Quadratzoll im Durchchnitt	-	-	-	4164	4164	5471	6287	5582	- -	

Laufende No.	Stein-Arten und Fund-Ort. Art, wie sie unter die Presse gebracht wurden.	Dimensionen in Preufsischen Zollen. Länge.	Breite.	Höhe.	Gewichte, bei welchen man die Trennung hörte, ehe sich Risse zeigten. Pr. Pfd.	Gewichte, durch welche feine Risse entstanden, die nur so eben sichtbar wurden. Pr. Pfunde.	Gewichte, bei welchen sich die entstandenen Risse bis auf $\frac{1}{10}$ Linie erweiterten. Pr. Pfunde.	Gewichte, welche die Zerstörung der Steine bewirkten. Pr. Pfd.	Gewichte, bei welchen die Ecken absprangen, oder sich einzelne Flächen abschälten. Pr. Pfunde.	Compression des Steines, unmittelbar vor der Zerstörung beobachtet, wo es möglich war, in Pr. Linien.	Besondere Bemerkungen und Beobachtungen.

Die Steine, welche beinahe 4 Zoll, 4 Zoll oder höchstens $\frac{1}{2}$ Zoll mehr als 4 Zoll zur Höhe hatten, geben folgende Resultate pro Quadratzoll:

46.	- - -	$4\frac{1}{12}$	4	$3\frac{11}{12}$	1988	2319	2683	3929	3929	- -	
47.	- - -	4	4	$3\frac{11}{12}$	4101	4101	4672	6842	5208	- -	
48.	- - -	4	$4\frac{1}{6}$	$4\frac{1}{3}$	5563	5934	6613	8381	6206	- -	
49.	- - -	$4\frac{7}{12}$	$4\frac{7}{12}$	$4\frac{1}{2}$	970	1689	2371	4468	1617	- -	
	Summa	-	-	-	12722	13943	16339	23600	16960	- -	
	Daher durchschnittlich pro Quadratzoll	-	-	-	3480	3486	4085	5900	4240	- -	

Alle Steine zusammengenommen, welche beinahe 5 Zoll, genau 5 Zoll, oder wenig über 5 Zoll Höhe hatten, geben folgende Resultate pro Quadratzoll:

50.	- - -	$4\frac{11}{12}$	$4\frac{3}{4}$	$4\frac{3}{4}$	1196	1681	3718	4770	4770	- -	Nimmt man diejenigen Steine zusammen, wo die Ecken wirklich absprangen, nemlich No. 46., 47., 48., 49., 52., 53., 55., 56., 57. und 58., so erhält man für die Möglichkeit, bei welcher Belastung die Ecken abspringen können, das mittlere Gewicht von 2883 Pfund, oder etwa bei dem durchschnittlichen halben Gewichte, welches die Steine zerbricht. Die Gute der obern und untern Lager-Flächen äufsern hierauf aber einen bedeutenden Einflufs.
51.	- - -	5	$4\frac{3}{4}$	5	1812	1812	2639	3783	3783	- -	
52.	- - -	5	$4\frac{5}{6}$	5	2093	2093	3468	5216	1468	- -	
53.	- - -	$4\frac{2}{3}$	$4\frac{2}{3}$	$4\frac{2}{3}$	2462	2462	2566	2750	634	- -	
	Summa	-	-	-	7563	8048	12391	16519	10645	- -	
	Durchschnittlich pro Quadratzoll .	-	-	-	1891	2012	3098	4130	2661	- -	

Die 6zölligen oder beinahe 6zölligen Steine geben pro Quadratzoll Druckfläche:

54.	- - -	$5\frac{11}{12}$	$5\frac{5}{6}$	$5\frac{3}{4}$	1294	1294	1684	2822	2822	- -	
55.	- - -	6	$5\frac{11}{12}$	$5\frac{11}{12}$	1721	1721	1850	2743	2743	- -	
56	- - -	$5\frac{3}{4}$	6	$5\frac{11}{12}$	1904	1904	1992	3567	1028	- -	
57.	- - -	$5\frac{5}{6}$	6	$5\frac{11}{12}$	1560	1560	1747	4716	2243	- -	
58.	- - -	6	$5\frac{1}{2}$	$5\frac{5}{6}$	1490	1969	2768	4248	1578	- -	
	Summa	-	-	-	7969	8448	10041	18096	10414	- -	
	Durchschnittlich pro Quadratzoll .	-	-	-	1594	4689	2008	3619	2082	- -	

Nimmt man alle die Resultate der 3, 4, 5 und 6zölligen Exemplare zusammen, um die durchschnittliche Widerstandsfähigkeit des geprüften Thonschiefers daraus zu erhalten, so findet man pro Quadratzoll:

	Die 3 Zoll hohen	-	-	-	4164	4164	5471	6287	5582	- -	
	Die 4 Zoll hohen	-	-	-	3480	3486	4085	6900	4240	- -	
	Die 5 Zoll hohen	-	-	-	1891	2012	3098	4130	2661	- -	
	Die 6 Zoll hohen	-	-	-	1594	1689	2008	3619	2082	- -	
	Durchschnitt aller	-	-	-	2782	2838	3665	4984	3641	- -	
	Ohne Unterlagen										
	3 und 4 Zoll hoch	-	-	-	2769	2928	3883	4698	4233	- -	
	5 und 6 Zoll hoch	-	-	-	1763	1844	2654	3681	2701	- -	
	Mit Sandlagern										
	3 und 4 Zoll hoch	-	-	-	5031	5225	6268	7689	6139	- -	
	6 Zoll hoch .	-	-	-	1484	1813	2169	4177	1616	- -	
	Die Lager vertikal	-	-	-	3636	3752	4277	4900	4900	- -	

Diese Zahlen können nun als die Repräsentanten der Widerstandsfähigkeit des Uebergangsthonschiefers betrachtet werden, wenn es nöthig wird Bauten irgend einer Art damit aufzuführen.

Alle ohne Unterlagen zerdrückten Steine zusammengenommen geben No. 39., 40., 41., 42., 46., 49. oder die

3 und 4zölligen .	-	-	-	2769	2928	3883	4698	4233 pro Quadratzoll; und die
5 und 6zölligen .	-	-	-	1763	1844	2657	3681	2701; folglich bedeutend weniger, d. h.

die No. 50., 51., 52., 53., 54., 55.

Laufende No.	Stein-Arten und Fund-Ort. Art, wie sie unter die Presse gebracht wurden.	Dimensionen in Preufsischen Zollen. Länge.	Breite.	Höhe.	Gewichte, bei welchen man die Trennung hörte, ehe sich Risse zeigten. Pr. Pfd.	Gewichte, durch welche feine Risse entstanden, die nur so eben sichtbar wurden. Pr. Pfunde.	Gewichte, bei welchen sich die entstandenen Risse bis auf $\frac{1}{10}$ Linie erweiterten. Pr. Pfunde.	Gewichte, welche die Zerstörung der Steine bewirkten. Pr. Pfd.	Gewichte, bei welchen die Ecken absprangen, oder sich einzelne Flächen abschälten. Pr. Pfunde.	Compression des Steines, unmittelbar vor der Zerstörung beobachtet, wo es möglich war, in Pr. Linien.	Besondere Bemerkungen und Beobachtungen.

Die mit Oberlager und Unterlager von Sand zerdrückten Steine geben pro Quadratzoll:

	Die 3 und 4zölligen	-	-	-	5031	5225	6268	7689	6139,		und die No. 56., 57. und 58.,
	oder die 6zölligen	-	-	-	1484	1813	2169	4177	1616.		Die Sandlager, oder der feine

Mörtel, verstärken daher die Widerstände dieser Steinart bedeutend.

Mit Bleiplatten wurden keine solche Steine zerdrückt, weil sie sich zu Quadern nicht bearbeiten lassen.

Die beiden Exemplare No. 41. und 46., welche mit ihren natürlichen Lagern in vertikaler Stellung zerstört wurden, gaben pro Quadratzoll | 3636 | 3752 | 4277 | 4900 | 4900. Im Allgemeinen scheint diese Position daher keinen grofsen Einflufs auf die Widerstände dieser Steinart zu haben; jedoch werden sie eher von der Witterung leiden, weil das Wasser dann leichter in die Lagerschichten eindringen kann. Auch liefern die Rollschichten auf den Contrescarpen der Festung Coblenz, welche zum grofsen Theil aus solchem Schiefer gefertigt wurden, den Beweis, dafs diese Verwitterung nur sehr langsam vor sich gehe, wenn der Stein nicht gar zu weich und thonig ist.

Das Maximum der Widerstände findet sich, bei den 3 Zoll hohen Schiefern

43.	- - -	-	-	-	6122	6122	7591	9060	6122		
44.	- - -	-	-	-	7298	7298	9815	10318	10318,		bei den 4 Zoll hohen
47.	- - -	-	-	-	4101	4101	4672	6842	5208		
48.	- - -	-	-	-	5563	5934	6613	8381	6206,		bei den 5 Zoll hohen
50.	- - -	-	-	-	1196	1681	3718	4770	4770		
51.	- - -	-	-	-	2093	2093	3468	5216	1468,		bei den 6zölligen
57.	- - -	-	-	-	1560	1560	1747	4716	2243		
58.	- - -	-	-	-	1490	1969	2768	4248	1578		
	Summa	-	-	-	29423	30758	40392	53551	37913		
	Oder durchschnittlich pro Quadratzoll	-	-	-	3678	3845	5049	6694	4739		

Das Minimum der Widerstände findet sich bei den 3zölligen Steinen, bei No.

42.	- - -	-	-	-	1494	1494	2306	2843	2843,		unter den 4 Zoll hohen bei No.
46.	- - -	-	-	-	1988	2219	2683	3929	3929,		bei den 5zölligen No.
53.	- - -	-	-	-	2462	2462	2566	2750	624.		Die 5zöll. zeigen ihr Minimum No.
55.	- - -	-	-	-	1721	1721	1850	2743	2743		
	Summa	-	-	-	7665	7896	9405	12265	10139		
	Durchschnittlich pro Quadratzoll .	-	-	-	1916	1974	2351	3066	2535		

Auch hier sieht man eine Abnahme der Widerstände bei Vermehrung der Höhe der Steine, am besten aus den Durchschnittsresultaten pro Quadratzoll, und zwar im Verhältnisse von 6287 : 5900 : 4130 : 3619, so dafs man schon ein Gesetz entdecken kann, nach welchem diese Abnahme bei der wirklichen Zerstörung Statt finde. Eine gleiche Verminderung der Widerstände findet man auch bei den übrigen Widerstandsmomenten.

§. 3.

Tab. III. Übergangskalk, oder bunter Marmor.

Die hier zerdrückten Exemplare kamen von der Lahn und der Dill, wie auch von Stromberg. Man wendet ihn zu Säulen, Altarstücken, Treppenstuffen, Thür- und Fenstergewänden, zu Platten in Häusern, Kirchen u. s. w. an. Die kleinern Stücke können als gute Bausteine zum Häuserbau und zu Mauern jeder Art gebraucht werden. Gebrannt giebt er einen schönen weifsen Kalk zum Weifsen der Zimmer. Will man ihn aber zum Bau als Mörtel benutzen, so mufs er vorher eingesumpft werden; weil er, nachdem er verarbeitet ist, im Mörtel und selbst in der Mauer, sich nochmals auflöscht, wenn er nicht lange vorher eingelöscht und immer feucht erhalten worden ist. Dies ist auch der Grund, warum man in vielen alten Gebäuden der Rhein- und Lahngegend statt Mörtel einen weifsen mit Sandkörnern vermengten Staub im Innern der Mauern findet. Mit Trafse zu einem hydraulischen Mörtel bereitet, erhärtet er viel schneller und wird weit fester als der Flötzkalk, wie dies viele in Coblenz angestellte Versuche beweisen, wovon die Mörtelgruben noch im Festungsbauhofe vorhanden sind.

Laufende No.	Stein-Arten und Fund-Ort. Art, wie sie unter die Presse gebracht wurden.	Dimensionen in Preufsischen Zollen.			Gewichte, bei welchen man die Trennung hörte, ehe sich Risse zeigten.	Gewichte, durch welche feine Risse entstanden, die nur so eben sichtbar wurden.	Gewichte, bei welchen sich die entstandenen Risse bis auf $\frac{1}{10}$ Linie erweiterten.	Gewichte, welche die Zerstörung der Steine bewirkten.	Gewichte, bei welchen die Ecken absprangen, oder sich einzelne Flächen abschälten.	Compression des Steines, unmittelbar vor der Zerstörung beobachtet, wo es möglich war, in	Besondere Bemerkungen und Beobachtungen
		Länge.	Breite.	Höhe.	Pr. Pfd.	Pr. Pfunde.	Pr. Pfunde.	Pr. Pfd.	Pr. Pfunde.	Pr. Linien.	
59.	Lahnkalk, welcher sich neben der Porphyr- u. Grünsteinformation im Grauwackengebirge vorfindet. Oben und unten Sandlager.	$3\frac{5}{6}$	4	4	35485	35485 Zwei Risse.	91355 Der eine erweiterte sich beinahe um $\frac{1}{2}$ Linie.	135145	Keine Ecke, weil die Risse in der Mitte lagen.	Nicht beobachtet.	Hatte gute glattgeschliffene Lager, blaue Farbe mit hellen Flecken, wurde in sehr kleine Prismen und Kalkstaub, nebst Pyramidchen zerstört.
60.	Desgl.	4	4	4	42615	42615 Zwei Risse.	97863	149520	Desgl.	$1\frac{1}{2}$	Wie der vorige, rothbunte Farbe.
61.	Desgl.	$5\frac{1}{3}$	$5\frac{1}{12}$	$4\frac{11}{12}$	35485	35485 Ein Rifs.	143450	201434	119290	4	Dieser Stein hielt 16 Stunden lang den Druck von 186 485 Pfund aus, ohne zu zerbrechen. Er hatte sehr glatte Lager.
62.	Desgl.	5	5	5	54720	54720 Ein Rifs.	136315	200125	125700	$2\frac{1}{2}$	
63.	Desgl.	6	$4\frac{5}{6}$	2	29445	29445 Ein Rifs, 46055 mehrere.	112495	194035	80785 eine, 98905 noch eine.	5	Dieses Exemplar war unter 114 005 Pfd. um 10 Lin. breiter geworden. Bei den übrigen hatte man diese Ausdehnung nicht gesehen.
64.	Desgl.	6	6	2	38175	38175 Ein Rifs.	140126	202325	Keine.	4	Dehnte sich nicht in der Breite aus.
65.	Stromberger Kalk,	$3\frac{5}{6}$	4	$3\frac{11}{12}$	27935	27935 Ein Rifs, 35485 noch ein Rifs, 38505 mehrere Risse.	61155 der erste, 74275 alle.	118535	27935 Eine Ecke.	0	Hatte sehr glatte Lager, bläuliche Farbe, und wurde in Körner, Prismen und Staub zerdrückt.
66.	Desgl.	$3\frac{5}{6}$	4	4	35485	35485 Ein Rifs.	91355	135145	Keine Ecke.	0	Wie der vorige.
67.	Desgl.	4	4	4	68705	68705 Ein Rifs.	101925	110985	Desgl.	1	Desgleichen.
68.	Desgl.	3	$3\frac{1}{2}$	$3\frac{5}{6}$	53605	53605 Ein Rifs.	67195	88335	68705 Eine Ecke.	0	Wurde sehr innig zerstört.

Es wurden hier nur so viel Steine zerdrückt, weil es schwierig war, mehrere Exemplare zu erhalten, und weil man glaubte das Durchschnittsresultat aus 10 Exemplaren würde hinreichend sein.

Die 2 Zoll hohen Steine gaben pro Quadratzoll Druckfläche:

		Länge	Breite	Höhe						
63.	- - - -	6	$4\frac{5}{6}$	2	1015	1302	3845	6691	3098	
64.	- - - -	6	6	2	1060	1060	3892	5620	5620	
	Summa				2075	2362	7737	12311	8718	
	Durchschnittlich pro Quadratzoll .	-	-	-	1037	1181	3869	6156	4309	

Wo mehr als Ein Resultat in irgend einer Rubrik erhalten wurde, hat man hier und bei den folgenden Exemplaren das Durchschnittsresultat pro Quadratzoll genommen, wovon man sich leicht durch Vergleichung derselben mit den Lasten, welche die Steine beschwerten, überzeugen kann.

Laufende No.	Stein-Arten und Fund-Ort. Art, wie sie unter die Presse gebracht wurden.	Dimensionen in Preufsischen Zollen. Länge.	Breite.	Höhe.	Gewichte, bei welchen man die Trennung hörte, ehe sich Risse zeigten. Pr. Pfd.	Gewichte, durch welche feine Risse entstanden, die nur so eben sichtbar wurden. Pr. Pfunde.	Gewichte, bei welchen sich die entstandenen Risse bis auf $\frac{1}{10}$ Linie erweiterten. Pr. Pfunde.	Gewichte, welche die Zerstörung der Steine bewirkten. Pr. Pfd.	Gewichte, bei welchen die Ecken absprangen, oder sich einzelne Flächen abschälten. Pr. Pfunde.	Compression des Steines, unmittelbar vor der Zerstörung beobachtet, wo es möglich war, in Pr. Linien.	Besondere Bemerkungen und Beobachtungen.
	Die 4 Zoll hohen Steine haben folgende Resultate pro Quadratzoll Druckfläche gegeben:										
59.	- - -	$3\frac{5}{6}$	4	4	2314	2314	6088	8814	8814	- -	Nimmt man diejenigen Exemplare zusammen, an welchen die Ecken vor d. Zerstörung schon absprangen, so erhält man für No. 61., 62., 63., 65. und 68. die Durchschnittszahl 4115 Preufs. Pfund pro Quadratzoll, oder die Möglichkeit, dafs die aus diesen Steinen bearbeiteten Quader die Ekken verlieren, fängt im Durchschnitt mit wenig mehr als der Hälfte ihrer Totalbelastung beim Zerbrechen an.
60.	- - -	4	4	4	2663	2663	6116	9345	9345	- -	
65.	- - -	$3\frac{5}{6}$	4	$3\frac{11}{12}$	1822	2216	4579	7948	1822	- -	
66.	- - -	$3\frac{5}{6}$	4	4	2314	2314	5958	8814	8814	- -	
67.	- - -	4	4	4	4294	4294	6370	6937	6937	- -	
68.	- - -	3	$3\frac{1}{2}$	$3\frac{5}{6}$	5105	5105	6395	8413	6543	- -	
	Daher durchschnittlich pro Quadratzoll	-	-	-	3085	3151	5918	8378	7406	- -	
	Die beiden 5 Zoll hohen Exemplare geben pro Quadratzoll Druckfläche:										
61.	- - -	$5\frac{1}{3}$	$5\frac{1}{12}$	$4\frac{11}{12}$	1309	1309	5291	7430	4400	- -	
62.	- - -	5	5	5	2188	2188	5453	8005	5028	- -	
	Daher durchschnittlich pro Quadratzoll	-	-	-	1748	1748	5372	7718	4714	- -	

Werden die Resultate der 2, 4 und 5 Zoll hohen Exemplare vereinigt, um daraus den Durchschnitt zu ziehen, so erhält man pro Quadratzoll:

		Länge	Breite	Höhe	Trennung	feine Risse	$\frac{1}{10}$ Linie	Zerstörung	Ecken	Compression	Bemerkungen
	Für die 2 Zoll hohen	-	-	-	1038	1181	3869	6156	4309	- -	
	Für die 4 Zoll hohen	-	-	-	3085	3151	5918	8378	7406	- -	
	Für die 5 Zoll hohen	-	-	-	1748	1748	5372	7718	4714	- -	
	Oder durchschnittlich pro Quadratzoll	-	-	-	1957	2026	5053	7751	5476	- -	

Welche Zahlen als die Repräsentanten dieser Steinart hinsichtlich ihrer Widerstandsfähigkeit unter gleichmäfsigem und stetigem Druck betrachtet werden können.

Die Widerstandsfähigkeit des Lahnkalkes allein beträgt im Durchschnitt pro Quadratzoll (No. 59., 60., 61., 62., 63., 64.):

		Länge	Breite	Höhe	Trennung	feine Risse	$\frac{1}{10}$ Linie	Zerstörung	Ecken	Compression
	- - -	-	-	-	1758	1806	5114	7651	6051	- -

Die Widerstände des Stromberger Kalkes sind durchschnittlich pro Quadratzoll (No. 65., 66., 67., 68.):

		Länge	Breite	Höhe	Trennung	feine Risse	$\frac{1}{10}$ Linie	Zerstörung	Ecken	
	- - -	-	-	-	3384	3482	5825	8028	6029	
	Das Maximum pro Quadratzoll beträgt	-	-	-	3357	3361	6200	8857	8234	No. 59., 60. und 68.
	Das Minimum pro Quadratzoll ist .	-	-	-	1038	1181	3869	6156	4309	In den Exemplaren No. 63. und 64. im Lahnkalk.

§. 4.

Tab. IV. Kieselschiefer aus dem Soonwalde.

Ein sehr festes Gestein, was jedoch in nicht gar zu grofsen Massen vorkömmt, weil sich viele Zerklüftungen darin befinden. Es ist daher auch nur zum Strafsenbau, zum Steinpflaster und zu Mauern, aber nicht zu Quadersteinen anzuwenden.

Laufende No.	Stein-Arten	Länge	Breite	Höhe	Trennung	feine Risse	$\frac{1}{10}$ Linie	Zerstörung	Ecken	Compression	Bemerkungen
69.	Kieselschiefer. Unten und oben eine 2 Linien dicke Bleiplatte.	$2\frac{1}{3}$	2	$2\frac{1}{4}$	49075	71725 Nur ein Rifs.	89845 Der erste erweiterte sich und es entstanden mehrere.	130917	Keine.	3	Das obere Lager war sehr rauh und uneben, weshalb die Unterlagen nöthig waren. Es war unmöglich den zerstörten Stein unter der Presse wegzubringen, man mufste sich dazu des Meifsels bedienen.
70.	Feine Sandlager.	$4\frac{1}{3}$	$4\frac{1}{3}$	$3\frac{3}{4}$	71725	71725 Zwei.	86825	221215	Desgl.	3	Das obere Lager war sehr glatt, das untere rauh.
71.	Ohne Unterlagen.	$4\frac{1}{3}$	$4\frac{1}{8}$	$3\frac{1}{4}$	72603	74561	90375	224520	Desgl.	2	Obere und untere Lager sehr glatt.

Laufende No.	Stein-Arten und Fund-Ort. Art, wie sie unter die Presse gebracht wurden.	Dimensionen in Preufsischen Zollen. Länge.	Breite.	Höhe.	Gewichte, bei welchen man die Trennung hörte, ehe sich Risse zeigten. Pr. Pfd.	Gewichte, durch welche feine Risse entstanden, die nur so eben sichtbar wurden. Pr. Pfunde	Gewichte, bei welchen sich die entstandenen Risse bis auf $\frac{1}{10}$ Linie erweiterten. Pr. Pfunde.	Gewichte, welche die Zerstörung der Steine bewirkten. Pr. Pfd.	Gewichte, bei welchen die Ecken absprangen, oder sich einzelne Flächen abschälten. Pr. Pfunde.	Compression des Steines, unmittelbar vor der Zerstörung beobachtet, wo es möglich war, in Pr. Linien.	Besondere Bemerkungen und Beobachtungen.
Der Stein No. 69. trug daher pro Q.-Zoll					9815	9815	17969	26183	Hier ist eine grofse Differenz der Widerstandsfähigkeit im Verhältnifs der Höhe, weil der $2\frac{1}{2}$ Zoll hohe Stein mehr als doppelt soviel trug als die nur $1\frac{1}{2}$ Zoll höhern Steine.		
- - No. 70. - - - - - -					3678	3678	4453	11344			
- - No. 71. - - - - - -					3723	3824	4635	11514			

Wir wollen hier zwar die mittlern Widerstände mit aufführen, aber diese sind nicht als die wirklichen Widerstände der ganzen Steinart zu betrachten; es sind die folgenden:

5739	5772	9019	16347

§. 5.

Tab. V. Quarz aus der Umgegend von Coblenz, im Rheinthale und dessen Hängen.

Man findet ihn gangartig in der Grauwacke, er ist sehr fest und würde ein sehr gutes Strafsenbau-Material geben, wenn er in gehöriger Menge vorhanden wäre; er ist aber selten häufig. Er ist sehr zerklüftet, und man trifft ihn nur selten in grofsen Blöcken an. Es ist ein gutes Material zum Steinpflaster und zu den äufsern Theilen der Gebäude als Bruchstein zu verwenden. Im Innern derselben schwitzt er und verdirbt die Tapeten u. s. w. durch Feuchtigkeit.

Laufende No.	Stein-Arten und Fund-Ort.	Länge	Breite	Höhe	Trennung	feine Risse	$\frac{1}{10}$ Linie	Zerstörung	Ecken	Compression	Bemerkungen
72.	Aus den Eisengruben zwischen Boppard und Osterspey. Oben und unten Sandlager. $\frac{1}{2}$ Linie stark.	3	$2\frac{5}{8}$	$2\frac{1}{8}$	12835	15855 Mehrere sehr feine Risse.	21895 Erweiterten sich alle.	40650	Keine Ecke.	0	Diese Steinart läfst sich sehr schwer in regelmäfsige Körper bringen, deshalb mufste man, um die unebene Flächen auszugleichen, Unterlager wählen. Dieser erste Stein hatte einen feinen horizontalen Rifs.
73.	Desgl.	$4\frac{1}{2}$	$4\frac{1}{4}$	$2\frac{1}{2}$	43035	50585	101925	147225	Desgl.	0	Sehr unebene Lager, aber keine Risse oder Stiche.
74.	Vom Kühkopf, bei Coblenz. Oben und unten Sandlager.	$4\frac{1}{2}$	$4\frac{1}{4}$	$2\frac{1}{2}$	45356	58975 Zwei Risse.	106720 Ein Rifs erweiterte sich, und es entstanden mehrere.	150815	Desgl.	0	Etwas bessere Lager, jedoch rauh.
75.	Aus den Eisengruben wie No. 72. u. 73. Oben u. unten $\frac{1}{2}$ Lin. starke Bleiplatten.	$2\frac{1}{2}$	$2\frac{3}{4}$	2	35480	38510 Mehrere Risse.	49075 Alle Risse erweiterten sich.	65685	Desgl.	0	Hatte ein sehr gutes glattgeschliffenes Lager, was nur durch viele Mühe und Arbeit bereitet werden konnte.
76.	Desgl.	$4\frac{1}{2}$	5	3	65685	65685 Ein kaum sichtbarer Rifs.	88335 Der erste Rifs erweiterte sich ein wenig, es entstanden aber mehrere.	203699	Desgl.	0	Dieser Stein hatte ein unebenes Lager, jedoch waren die Löcher kaum sichtbar. Er wurde ganz in Staub zerdrückt, welcher den Geruch der Ameisensäure lange behielt.
77.	Desgl.	$4\frac{1}{2}$	5	$3\frac{3}{4}$	88335	88335	95885	18540	Desgl.	0	Hatte ein sehr rauhes Lager.

Die Widerstände der 2 Zoll hohen Steine, und zwar:

No. 72. betragen pro Quadratzoll .	1510	1865	2576	4782	Die geringe Widerstandsfähigkeit rührte von dem horizontalen Rifs her.
No. 73. - - - - - - .	2250	2645	5329	7109	
No. 74. - - - - - - .	2372	3136	5580	7885	
No. 75. - - - - - - .	5160	5601	7339	9554	Der grofse Widerstand kommt wohl durch die geschliffenen Lager.
Der 3 Z. hohen No. 76. betragen p. Q.-Z.	2919	2919	3926	9053	
Der 4 Z. hohen No. 77. - - - - - -	3926	3926	4261	5268	
Durchschnittlich p. Q.-Z. der 2 Z. hohen	2823	3312	5206	7333	

Vergleicht man alle mit Sandlagern zerdrückten mit einander, so findet man bei denselben durchschnittlich Widerstand pro Quadratzoll . . . . | 2011 | 2549 | 4495 | 6592 |

Die auf Bleiplatten zerdrückten dagegen geben durchschnittlich pro Quadratzoll:

3727	3940	5133	7802

Die durchschnittlichen Widerstände aller 6 Exemplare betragen pro Quadratzoll horizontale Grundfläche:

3023	3348	4835	7275	Welche Zahlen wohl als Repräsentanten der Widerstände dieser Steinart betrachtet werden können.

(Die Fortsetzung folgt.)

Im Verlage von G. Reimer in Berlin sind folgende Werke erschienen:

Gudermann, Dr. C., Theorie der Potenzial- oder cyklisch-hyperbolischen Functionen. Mit einer Kupfertafel. 4 Rthlr.

Eytelwein, F. A., über die Anlage und Einrichtung der Salz-Magazine in den verschiedenen Provinzen des Preufsischen Staats. Mit 9 Zeichnungen. $1\frac{1}{4}$ Rthlr.

— Anleitung zur Ermittelung der Dauer und Unterhaltungskosten der Gebäude und zur Bestimmung der Bau-Ablösungs-Kapitalien und jährlichen Renten. Zum Gebrauche für Baumeister, Kameralisten, Oeconomie-Commissarien etc. $\frac{7}{12}$ Rthlr.

Eytelwein, J. A., practische Anleitung zur Wasserbaukunst. 4 Hefte, mit 47 Kupfertafeln. $13\frac{1}{3}$ Rthlr.

— Bemerkungen über den Stofsheber. Mit 3 Kupf. $1\frac{2}{3}$ Rthlr.

— practische Anleitung zur Construction der Faschinenwerke. Mit 8 Kupf. $2\frac{2}{3}$ Rthlr.

— Handbuch der Hydrostatik. Mit vorzüglicher Rücksicht auf ihre Anwendung in der Architectur. Mit 6 Kupf. $1\frac{7}{12}$ Rthlr.

— Handbuch der Perspective. 2 Thle. Mit 18 Kupf. $5\frac{1}{3}$ Rthlr.

— Handbuch der Statik fester Körper. Mit vorzüglicher Rücksicht auf ihre Anwendung in der Architektur. 3 Bände mit 22 Kupfertafeln. 2te Aufl. $7\frac{1}{2}$ Thlr.

Forstner, A. v., Lehrbuch der theoretischen Mechanik oder der Gleichgewichts- und Bewegungslehre fester, tropfbarer und luftförmiger Körper, so weit diese Lehren durch die Elementarmathematik vorgetragen werden können, mit Hinweisungen auf die practische Mechanik und auf die weitere Ausführung der Mechanik durch die höhere Mathematik. In 2 Bänden. 1ster Band enthaltend: Die Einleitung in die Mechanik, die allgemeine Statik, die Geostatik, Hydrostatik und Aërostatik. Mit 3 Kupfertafeln. $2\frac{2}{3}$ Rthlr. 2ter Band enthaltend: Die allgemeinen dynamischen Lehren, die Geodynamik, Hydrodynamik und Aërodynamik. $3\frac{2}{3}$ Rthlr.

Hülfsbuch beim Zeichnen architectonischer, artistischer und technischer Verzierungen, entworfen von den Malern Rosendahl und Asmus. 1stes und 2tes Heft, jedes in 5 Blättern. à $\frac{1}{6}$ Rthlr.

Lauber, L. M., Versuch einer rein wissenschaftlichen Darstellung der Mathematik durch strenge Begründung derselben in ihren Prinzipien und Elementen. Erster Theil. Die allgemeinen Prinzipien der Gröfsenlehre nebst den Elementen der Zahlenlehre. $\frac{2}{3}$ Rthlr. Zweiter Theil. Die Elemente der Geometrie. $1\frac{1}{3}$ Rthlr.

Zahn, W., Ornamente aller klassischen Kunst-Epochen, nach den Originalen in ihren eigenthümlichen Farben dargestellt. 1stes, 2tes, 3tes und 4tes Heft. à $2\frac{1}{2}$ Rthlr

Inhaltsverzeichnifs des dritten Hefts neunten Bandes.

Berlin, gedruckt bei G. Reimer.

Journal
für
die Baukunst.

In zwanglosen Heften.

Herausgegeben

von

Dr. A. L. Crelle,

Königlich-Preufsischem Geheimen-Ober-Baurathe, Mitgliede der Königlichen Akademie der Wissenschaften zu Berlin, Correspondenten der Kaiserlichen Akademie der Wissenschaften zu St. Petersburg und der Königlichen Akademieen der Wissenschaften zu Neapel und Brüssel, Ehrenmitgliede der Hamburger Gesellschaft zur Verbreitung der mathematischen Wissenschaften.

Neunter Band.

Viertes Heft.

Mit fünf Kupfertafeln (Taf. XIII. — XVII.)

Berlin,

bei G. Reimer

1836.

13.

Die neuen Kochöfen in den Garnison-Lazarethen zu Coblenz, Luxemburg und Mainz.

(Von dem Königl. Preufs. Ingenieur-Premier-Lieutenant Herrn *Beise* zu Coblenz.)

Als man genöthigt worden war, die Küchen in den Kasernen entweder zu Dampfküchen oder für mehrere Compagnien, Bataillons u. s. w. mit gewöhnlicher Feuerung, zu concentriren, fühlte man auch das Bedürfnifs, in den Garnison-Lazarethen holzersparende Oefen zu bauen, welche allen Anforderungen der Speisebereitung für Kranke entsprächen.

Einzelne grofse Kessel, wie in den Kasernenküchen, einzumauern, war hier nicht anzuempfehlen, weil oft sehr viele verschiedene Speisen gleichzeitig, nach den Vorschriften des dirigirenden Arztes und den Krankheitsumständen, zubereitet werden müssen. Die in Darmstadt eingeführten ellipsoïdischen Kochheerde, wo in 9 Gefäfsen von gleicher Gröfse die Speisen für die Soldaten derselben Compagnie zubereitet werden, schienen am geeignetsten für den Zweck zu sein, wenn man, den in mehreren Jahren gesammelten Erfahrungen gemäfs, die Töpfe zur Speisebereitung von verschiedener Gröfse fertigen liefs, dergestalt, dafs die delicateren Speisen in kleinen und die gewöhnlichen, als Rindfleisch und Suppe, Graupen, Kartoffeln, Erbsen, Linsen und ähnliche Gemüse, in den gröfsern Gefäfsen zubereitet wurden. Das Resultat dieser Erfahrungen war, dafs es hinreichend sein würde, wenn man einen ganz grofsen Fleischtopf, vier grofse und vier kleine Gemüsetöpfe und einen Kessel zum Vorerwärmen des Nachfüllwassers und zum Erhitzen des Spühlwassers in den Ofen hängen konnte. Der gröfste Topf mufste 70 Quart, die Gemüsetöpfe gröfster Art jeder 40 Quart und die kleinsten jeder 20 Quart Preufsisch Maafs enthalten. Wegen Construction der Rauch-Abzüge konnte der eine Topf jedoch nur so tief hineingehängt werden, dafs er 12 Quart fafste. Der Kessel zum Erhitzen des Wassers enthielt ebenfalls 70 Quart. Ein Kochofen von dieser Gröfse lieferte das Essen für 250 bis 300 Mann täglich.

Wenn nun gleich die Hauptidee zu dieser Art von Oefen nicht neu ist, so haben sie doch, um dadurch die gröfstmögliche Oeconomie des Brennstoffes zu erzielen, solche wesentliche Modificationen erlitten, dafs sie mit den ersten ihrer Art nur noch die äufsere Gestalt, und auch diese nur entfernt, gemein haben. Der erste Ofen, welcher im Garnison-Lazareth zu Coblenz erbaut wurde, hatte ein Ellipsoïd von $2\frac{1}{2}$ Fufs Höhe, mit sehr kleinem Rost, und blofs herabsteigende Züge, so dafs das Feuer sich in zwei Strömen seitwärts ergofs, ohne sämmtliche 8 Töpfe zu umspielen. Das Resultat war, dafs man täglich 6 Cubikfufs gutes Buchenholz verbrauchte, um für 150 bis 200 Mann Speisen darin zu bereiten. Späterhin sperrte und hemmte man den Flammenzug durch Traversen und Verengung des Raumes unter dem Warmwasserkessel, welcher die Hitze nur von dem in den Schornstein einströmenden Rauch erhält. Diese Veränderung hatte zur Folge, dafs man etwa mit 4 Cubikfufs Holz denselben Zweck erreichte.

Da ich nun die Oeconomie noch weiter zu treiben gedachte, liefs ich den Oefen, zuerst in Coblenz, und später in Luxemburg, die nachfolgend beschriebene Einrichtung geben, wodurch nun für 200 Mann täglich im Durchschnitt nur 2 Cubikfufs, und für 300 Mann, in derselben Zeit, 3 Cubikfufs gutes Buchenholz verbraucht werden, um Frühstück, Mittagessen und Abendbrod zu bereiten. Wenn es nun auch späterhin vielleicht gelingen möchte, mit Hülfe der Physik und Chemie noch vortheilhaftere Einrichtungen für die Garnison-Lazarethe und Hospitäler zu machen, so ist mir doch vorläufig keine bessere bekannt, und ich habe sie deshalb öffentlich bekannt machen wollen.

I. Beschreibung eines Kochofens für ein Garnison-Lazareth zu 250 Mann; denjenigen ähnlich, von welchen zwei in Coblenz und in Luxemburg erbauet und eingerichtet worden sind, vor respective 13 und 8 Jahren. (Ein dritter Ofen dieser Art ist nach dieser Beschreibung noch im März 1834 erbauet; eben so ist ein kleiner Ofen in Bonn und zuletzt einer in Stargardt erbauet worden.)

Taf. XIII. Fig. 1. zeigt die Construction des Grundrisses, und die beigeschriebenen Zahlen geben genau an, wie die Figur des Ofens, von oben gesehen, erlangt werden kann, und wie die acht Kochtöpfe und der Warmwasserkessel gegen einander gestellt worden sind, um die möglich gröfste Wärmemenge zu benutzen, und doch dem Feuer in allen Richtungen den gehörigen Spielraum zu lassen.

a ist die Ausmündung des ellipsoïdischen Feuertopfes in den hohlen Raum, in welchen die Kochgefäfse eingehängt werden.

Anmerkung. Der ellipsoïdische Feuertopf von Eisengufs war nicht haltbar, sondern zerschmolz. Dagegen bewährte sich ein Feuertopf aus vulkanischem Tuffstein, den man in der Nähe von Coblenz, bei Bell, Weib u. s. w. findet.

b Oeffnung für den grofsen Fleischtopf von 66 bis 70 Quart. *c, c, c, c* vier andere Oeffnungen für Gemüsetöpfe, jeder 34 bis 40 Quart enthaltend. Diese Oeffnungen sind $12\frac{1}{4}$ Zoll weit, damit die Töpfe, welche nur 12 Zoll im Durchmesser haben, bequem aus- und eingesetzt werden können. *d, d* zwei kleinere Oeffnungen für Kochtöpfe von 15 bis 20 Quart, jede $9\frac{1}{4}$ Zoll im Durchmesser, während die Töpfe nur $8\frac{1}{2}$ bis 9 Zoll haben. *e* Oeffnung für einen Topf von 12 Quart Gehalt, welcher wegen der Construction der Züge nicht so tief in den Ofen reichen darf, als die andern. *f* viereckige Oeffnung für einen Warmwasserkessel, welcher circa 70 Quart Wasser, sowohl zum Nachfüllen der Kochgefäfse, wenn solche eingekocht sind, als auch zum Erhitzen des Spühlwassers bestimmt, fassen kann. Dieser Topf wird jedes Mal wieder gefüllt, wenn Wasser im erwärmten Zustande daraus entnommen worden ist. In Coblenz hat man jetzt die Töpfe *c, c, c, c* beinahe eben so hoch gemacht, als den Topf *b*. Dadurch ist man zwar im Stande, für 350 Mann mit $3\frac{1}{2}$ Cubikfufs Buchenholz zu kochen: aber da der gröfte Theil dieser Töpfe nicht vom Feuer berührt wird, so braucht man auch für 100 Mann eben so viel. Hätte man die Töpfe unten erweitert, so würde der nemliche Zweck besser erreicht worden sein, und man konnte auch für 100 bis 200 Mann mit 2 bis $2\frac{1}{2}$ Cubikfufs Holz kochen; wie früher.

Fig. 2. Obere Ansicht des Ofens, wenn keine Kochgefäfse darin stehen.

Anmerkung. Man kann die eiserne Heerdplatte einen Zoll vorstehen lassen; der Radius wird alsdann stets 2 Fufs 6 Zoll auf 2 Fufs 7 Zoll angenommen. Der Kochheerd in Coblenz hat diesen Vorsprung der Platte von 1 Zoll.

a Mund des Feuertopfes. *b* Oeffnung für den Fleischtopf. *c, c, c, c* Oeffnungen für die grofsen Gemüsetöpfe. *d, d* und *e* Oeffnungen für die kleineren Gemüsetöpfe. *f* Oeffnung für den viereckigen Warmwasserkessel. *g, g, g, g* versenkte Mutterschrauben, um die Verdoppelung der Platte des Wasserkessels festzuhalten. Es ist nemlich gut, diese Platte zu verdoppeln und die Zwischenräume mit feingesiebter Holzasche oder Kohlenstaub auszufüllen, weil dann die Hitze besser im Ofen zusammengehalten' wird. *h, h, h, h, h* eben solche versenkte Mutterschrauben, welche die Verdoppelung der obern Kochplatte festhalten müssen. Wenn man alle hier gezeichneten Mutterschrauben anbringt, so können sich die verdoppelten Platten nicht werfen. Wenn sie sich werfen, so schliefsen die Kochtöpfe nicht, und es geht Wärme, folglich auch Brennstoff verloren. *i, i, i, i* Einfassung der Versenkung vor dem Ofen, von Haustein. Diese Versenkung dient dazu, die Holzmasse für einen Tag aufzunehmen und den Köchen das Einfeuern zu erleichtern, wozu sie sich sonst zu sehr bücken und auf den Knien liegen müfsten. *l, l* Treppenstufen zum Hinuntersteigen in obige Versenkung. *k* freier Platz in der Versenkung dicht am Ofen.

Fig. 3. Untere Ansicht der Heerdplatte mit ihrer Verdoppelung. *b* Oeffnung für den grofsen Fleischtopf. *c, c, c, c* Oeffnungen für die grofsen Gemüsetöpfe. *d, d* und *e* Oeffnungen für die kleineren Gemüsetöpfe. *f* Oeffnung für den Warmwasserkessel. Man sieht, dafs diese Oeffnungen unten zwei Zoll weiter sind, als oben, theils um das bequeme Aus- und Einheben der Töpfe zu erlangen, theils aber auch, um der erhitzten Luft zu gestatten, den obern Theil der Töpfe zu treffen und dadurch Brennstoff zu ersparen. *g, g, g, g* und *h, h* verstreckte Mutterschrauben, um die verdoppelten Platten, deren Zwischenraum, wie oben bemerkt, ausgefüllt ist, gehörig mit einander zu verbinden. Die Platten werden $\frac{1}{3}$ bis $\frac{1}{2}$ Zoll dick in Kastengufs gegossen und wiegen 660 bis 750 Pfund. Es mufs darauf gesehen werden, dafs die Modelle sich beim Formen nicht verziehen, weil sonst die krumme Verdoppelung schwierig anzupassen ist, und die Schlosser-Arbeit dadurch bedeutend vertheuert wird. *i, i, i* steinerne 8zöllige Einfassung der Versenkung vor dem Heerde. *n, n, n, n* Bedeckung durch ein Gitter aus zweizölligem Eichenholze über dieser Versenkung, welche in einem Falze liegt, damit man sich die Füfse nicht daran stofse. Um aber zu verhindern, dafs diese Bedeckung nicht weggenommen werden könne, wird sie mit Charnierbändern und Kloben in das Gespunde aus gutem Haustein, mit Blei eingegossen. Diese Charniere und Kloben dürfen aber nicht vorstehen, sondern sind in dem Falz *m, m*, Fig. 2., versenkt.

Fig. 4. Obere Ansicht des Rostes, von 20 Zoll Durchmesser, dessen Stäbe oben 2 Linien, unten aber wenigstens 4 Linien auseinander stehen, um das Verstopfen und das Durchfallen noch brauchbarer Kohlen zu verhüten, und der Luft freien Zutritt zum Brennstoffe zu gestatten. Dieser Rost ist nach doppeltem Maafsstabe gezeichnet, um zu zeigen, wie die Stäbe modellirt werden müssen. Er ist am dauerhaftesten und wohlfeilsten aus Gufseisen. Damit man ihn aber bequem herausnehmen könne, mufs er aus zwei Hälften gegossen werden, wie Fig. 5. zeigt. Er wiegt dann circa 160 Pfund, wenn er $1\frac{1}{2}$ Zoll stark ist, und mufs Kastengufs sein, um ihn recht sauber zu haben.

Fig. 6. Untere Ansicht des Rostes, welche deshalb so genau gezeichnet worden ist, damit der Schreiner das Modell danach fertigen könne.

Fig. 7. Durchschnitt des Rostes nach der Linie *AB* Fig. 4., welcher ebenfalls des Modelles wegen hinzugefügt worden ist.

Fig. 8. Durchschnitt der verdoppelten Kochplatte nach *opq* Fig. 3. *b* Oeffnung für den grofsen Fleischtopf. *c, c* Oeffnungen für die grofsen Gemüsetöpfe, *h, h, h* die versenkten Mutterschrauben, welche beide Platten zusammenhalten. *r, r, r* Ausfüllungs-Asche. Dieser Durchschnitt, so wie Fig. 4., 5., 6., 7., sind nach doppeltem Maafsstabe gezeichnet worden, damit der Schreiner darnach das Modell fertigen könne.

Fig. 9. Grundrifs in der Höhe *CD* Fig. 34.

Diese Figur giebt die Gestalt und Lage der untern horizontalen Züge an; eben so die Gröfse und Lage des Rostes und des Feuerraumes. *a* eine gufseiserne Platte, welche den Feuerraum vom Aschenkasten trennt, 10 Zoll breit, $\frac{1}{2}$ Zoll stark und so lang, dafs sie dicht an den Rost stöfst, worauf das Feuer brennt. *b* der Rost, welcher schon oben näher beschrieben worden ist. *c, c* Anfang der untern (horizontalen) Züge, an der Stelle, wo der Rauch in dieselben hinuntersteigt. *c, d, e* die Züge selbst, welche bei *c* 5 Zoll, bei *d* $5\frac{1}{2}$ Zoll und bei *e* 6 Zoll im Quadrat weit sind, und bei *e*, diese Weite beibehaltend, vertical in die Höhe steigen, wo sie dann unter dem Warmwasserkessel bei *i, i*, Fig. 11. ausmünden. *m* Mauer, oder Wand, in welcher der Schornstein *f* jedoch so aufgeführt wird, dafs nirgends Feuersgefahr entstehen kann. *g* Vertiefung vor dem Ofen. *h, h* Treppentritte, welche zu dieser Vertiefung führen.

Die punctirten Linien in dieser Figur zeigen die Constructions-Radien der Züge, wobei zugleich ihre Länge angegeben worden ist, um den Steinhauer oder Maurer in den Stand zu setzen, ihre Arbeit darnach zu verfertigen. Es ist nun zwar möglich, diese Züge aus Ziegeln oder anderen feuerfesten Steinen aufzumauern, aber es gehört eine ununterbrochene

Aufsicht dazu, damit die Maurer, welche immer gern nach eignem Gutdünken verfahren, sie genau nach der Zeichnung verfertigen. Am besten ist es daher, diese Züge *c*, *d*, *e*, so wie den Feuertopf und alle Theile, bei welchen es auf Genauigkeit ankommt, aus gutem Tuffstein oder andern feuerfesten Steinen hauen und nur die unbedeutendsten Zwischenräume mit Ziegeln aufmauern zu lassen.

Fig. 10. Grundrifs in der Höhe *EF* Fig. 34. Diese Figur zeigt die Gestalt und die Lage der obern horizontalen Züge *dd*, *ee*; auch die Gröfse der herabsteigenden oder stürzenden Züge *cc*.

Alle diese Züge sind 5 Zoll im Quadrat weit, und die punctirten Linien bedeuten die Constructions-Radien mit ihren Längenziffern.

Da es sehr schwer sein würde, wegen der Länge und Gestalt der Züge *c*, *d*, *e*, Fig. 9., selbige gehörig von Rufs und Asche zu reinigen, so werden, etwa in der Mitte ihrer Länge, die mit Ringen versehenen Reinigungsbüchsen *f*, *f* angebracht, welche man ausheben und dann mit der Hand die Züge *c*, *d*, *e* gehörig ausräumen kann. Auf dieses Ausräumen durch einen Schornsteinfegerknaben, welcher durch die Oeffnungen für die grofsen Kochtöpfe in den Ofen kriecht, mufs sorgfältig gehalten werden; denn wenn sich hier Asche oder Rufs anhäuft, so hat der Ofen keinen Zug und es wird viel Holz verschwendet. *g* und *h* zeigen die Orte an, wo der Rauch aus dem Ofen in die Züge *d*, *d* und *e*, *e* herabsteigt, welche so beschaffen sind, dafs immer ein Zug *d*, und ein anderer *d*, den Rauch in den stürzenden Zug *c* gleichzeitig abgeben. *b* Weite des Elipsoïds nahe unter dem Munde. *a* Eisenplatte (gegossen), 1 Zoll stark, welche den Feuerraum *a*, Fig. 9., bedeckt und auch diesen von den Zügen *d*, *d* trennt, weil hier nicht Steindicke genug vorhanden ist, um die Züge darin anzubringen. Ohne diese Platte würde der Ofen bald reparaturbedürftig werden.

Fig. 11. Grundrifs des Ofens in der Höhe *GH* Fig. 34. Diese Figur zeigt: *b* Mündung des Ellipsoïds, 7 bis 10 Zoll oben weit; *g* und *h* die obern stürzenden Züge, welche entweder aus Tuffstein gehauen, oder der Dauer wegen, noch besser, aus einzölligem Eisen gegossen werden; *d*, *d*, *e*, *e* Decke der obern horizontalen Züge, aus Ziegeln, oder besser aus Gufseisen verfertigt, welches dauerhafter ist und keine Reparaturen verursacht; *c*, *c* Büchsen zum Reinigen. Man nimmt nemlich zuerst diese Büchsen und dann auch die ½zölligen Gufseisenplatten *d*, *d*, *e*, *e* weg, und reinigt sowohl die obern als die untern Züge, wie bei Fig. 10. gesagt wurde.

Die Platten *d, d, e, e* werden in Falze unter die Hausteine der Seitenwände geschoben, wie dies durch die Schraffirung angedeutet worden ist. Der vordere Zug *h* hat etwa 30 Quadratzoll, der hintere *g* hingegen nur 16 bis 20 Quadratzoll Fläche, um den grofsen Gemüsetöpfen mehr Hitze zuzuführen (*c, c, c,* Fig. 2.). *i, i* der Ort, wo die untern horizontalen Züge unter den Warmwasserkessel, 6 Zoll im Quadrat weit, ausmünden. *o* Traverse von Stein zwischen den Zügen *i, i*; *n* eine Mauermasse, welche den Raum unter dem Wasserkessel vereinigt, um die Wärme besser zu benutzen, ehe sie in den Schornstein entweicht. *f* Schornstein, welcher in der Nähe des Wasserkessels 9 bis 10 Zoll grofs, bei *f* aber nur 7 Zoll im Durchmesser ist. Am Wasserkessel ist er weiter, damit er den Rauch gut ziehe und ihn nicht in die Küche zurückdränge, wodurch auch Brennmaterial verschwendet werden würde. *m* Mauer, oder Wand, worin sich der Schornstein *f* befindet.

Fig. 12. zeigt, wie der Schieber *b*, in dem Schornsteine *f*, solchen verschliefst, in einem Falze geht, aus ⅓zölligem Gufseisen oder starkem Eisenblech gefertigt ist, und zum bequemen Manöver mit dem Handgriff *a* versehen ist.

Fig. 13. und 14. Grundrifs und Aufrifs des grofsen Suppen- oder Fleischtopfes. *a, a* Handhaben zum Einhängen und Ausheben in den Heerd und aus demselben. *b* Theil, welcher in den Ofen reicht. *c* Theile über der Kochplatte. *d* Deckel des Topfes, welcher selbigen genau und dampfdicht verschliefst und oben einen Handgriff hat.

Fig. 15. Grofser Gemüsetopf, wo dieselben Buchstaben dieselben Theile bezeichnen, wie bei Fig. 14. Statt 2 bis 4 Zoll stehen diese Töpfe jetzt mit Unrecht 11 bis 12 Zoll über der Kochplatte vor. In Coblenz zeigt sich, dafs dies nicht gut ist.

Fig. 16. und 17. Aufrifs und Grundrifs der kleinen Gemüsetöpfe, wo wieder dieselben Buchstaben ähnliche Theile bezeichnen, wie Fig. 14. und 15. Diese Töpfe sind in Coblenz noch erhöhet worden, statt dafs man sie hätte unten erweitern und näher zusammenbringen sollen.

Fig. 18. Der kleinste Gemüsetopf, welcher wegen des Zuges *G*, Fig. 11., nur 8 bis 9 Zoll in den Ofen reichen darf.

Fig. 19., 20., 21. Aufrisse und Grundrisse des Warmwasserkessels von 70 Quart, welcher viereckig ist und genau in den viereckigen Raum Fig. 2. und 3. pafst.

Alle diese Töpfe können aus Gufseisen, Kupfer oder weifsem Pontonbleche verfertigt werden. Kupferne Töpfe sind sehr dauerhaft, aber gefährlich. Gufseiserne sind dauerhaft und nicht gefährlich, erfordern aber mehr Brennstoff. Blecherne verrosten eher, erfordern aber wenig Brennstoff und sind für die Gesundheit weit weniger gefährlich als die kupfernen. Die Handhaben *a*, *a* an den Kochtöpfen stehen deshalb senkrecht, damit die Töpfe während des Kochens herumgedreht werden können, um das Anbrennen der Speisen zu verhüten.

Fig. 22. Grundrifs in der Höhe *AB* Fig. 34. Diese Figur zeigt das Fundament des Ofens und den Grund des Aschenfalles, welcher vorn, bei *a*, nur 9 Zoll und in der Mitte unter dem Ellipsoïde 18 Zoll weit ist, damit die Platte *a*, Fig. 9., so wie der Rost selbst, ein bequemes Auflager erhalten und leicht herausgenommen werden können. Auch ist hier der Ort angegeben, wo der 7zöllige Schornstein *c* später angelegt wird.

Fig. 23. Grundrifs in der Höhe *IK* Fig. 34. Man sieht hier, wie die Töpfe *b*, *c*, *c*, *c*, *c*, *g*, *g*, *h* in dem hohlen Raume unter der Heerdplatte aufgestellt oder vielmehr eingebauen sind.

Nach dieser Vertheilung der Töpfe richtet sich die Stärke der Seitenwände. Man trägt nemlich nach Fig. 1. die Töpfe auf den Grundrifs und beschreibt mit Radien, welche 2 Zoll weiter sind als die Radien der Töpfe selbst, Kreisbogen nach aufsen um die Töpfe; darauf zieht man von einem Topfe zum andern eine gerade Linie, als die gemeinschaftliche Tangente beider, um dadurch die gezogenen Kreisbogen zu begrenzen und die Dicke und Gestalt der Seitenwände zu bestimmen.

i der vordere obere stürzende Zug, aus Tuffsteinen gehauen, oder von einzölligem Eisen gegossen, 25 bis 30 Quadratzoll Zugfläche enthaltend. Die Localität erfordert aber oft, dafs dieser Zug noch mehr verengt werde, besonders bei kleinen Heerden dieser Art, oder wenn der Zug des Feuers zu stark ist. Der hintere obere stürzende Zug ist durch den Topf bedeckt und deshalb nur ein Theil seiner hintersten Wand sichtbar. Die Wände dieses Zuges sind ebenfalls aus Tuffsteinen, oder der gröfsern Dauer wegen aus einzölligem Gufseisen zu verfertigen. *k*, *k* die hinteren, unter dem Wasserkessel *i*, Fig. 24., aufsteigenden 6zölligen Züge. *l* die sie trennende Traverse. *m* ein Stück Mauerwerk, welches auf 2 Zoll unter den Warmwasserkessel reicht, um die Hitze mehr aufzuhalten. *f* 7zölliger Schornstein, der in der Nähe des Wasserkessels 9 bis 10 Zoll weit ist, um den Rauch besser anzuziehen. *n* Mauer oder Wand.

Fig. 24. Obere Ansicht des Ofens, wenn sämmtliche Kochtöpfe ohne Deckel darauf stehen. Man sieht hier, dafs sich die Töpfe, welche am nächsten zusammenstehen, tangiren, doch so, dafs jeder einzelne, des Anbrennens wegen, herumgedreht werden kann, weil er immer an der dem Feuer zugekehrten Seite zuerst kocht. *a* Suppentopf. *c, c, c, c* grofse Gemüsetöpfe. *g, g* kleinere Gemüsetöpfe. *n* kleinster Topf. *i* Warmwasserkessel. *k, k* zwei Réchauds, um Fett auszulassen, oder Kleinigkeiten auf selbigen zu braten oder zu erwärmen. Die Kohlen hiezu werden aus dem Ofen genommen. Uebrigens kann ein solches Réchaud schon hinreichend sein, wenn für weniger als 200 Mann gekocht wird. *d* Raum vor dem Ofen. *e, e* Treppentritte. *f* Schornstein, in dessen Nähe man die Kragsteine für den 10zölligen Dampfabzug durch punctirte Linien angedeutet sieht. *lmop* ist eine punctirte Linie, welche den aus leichten Dachsparren und Brettern erbauten Dampfabzug-Mantel in seiner horizontalen Lage angiebt. Von diesem Dampfabzuge mit seinem Mantel wird bei Beschreibung der Figuren 34., 35. und 36. die Rede sein.

Fig. 25. Schieber im Schornstein, im Grundrifs. *a* Schieber. *b* Handgriff. *f* Schornstein. Dieser Schieber ist für die Oekonomie des Brennstoffes äufserst wichtig.

Fig. 26. Durchschnitt eines verdoppelten, mit Asche ausgefüllten Schiebers, welcher alle Wärme im Heerde versperrt, wenn er geschlossen wird, nachdem alle Speisen bereitet worden sind.

a Schieber, *b* Handgriff, *c* der Falz worin er sich bewegt. *d* Aschenausfüllung. *e, e* Seitenwände des 7zölligen Schornsteins. *f* runder Schornstein.

Fig. 27. und 28. Aufrifs und Grundrifs der Ofenthüren mit Rahmen, woran sie befestigt sind.

a, a, a, a Rahmen, welcher in die Hausteine eingelassen wird. *b, b* Federklinken für die Thüren des Feuerraums und des Aschenfalles. *c, c* kleine Klappen, durch welche die zum Verbrennen nöthige Luft in den Ofen strömt, diese Klappen würden hinreichend sein statt aller Thüren, wenn man nicht Holz einlegen oder Asche herausnehmen müfste. *d, d* einfache Klinken der Klappen. *e, e, e, e* Charniere, vermittelst derer die Thüren in dem Rahmen *a, a, a, a* befestigt sind. Dieser Rahmen wird aus 2 Zoll breitem, ½ Zoll starkem Eisen verfertigt. *g* Thüre vor dem Feuerkasten; *f* Thüre vor dem Aschenfalle. Diese Thüren werden aus ⅓zölligem Eisenblech oder Gufseisen verfertigt und in der gezeichneten Art beschlagen und eingerichtet.

Fig. 29. und 30. Deckel von starkem Eisenblech, verdoppelt und mit Asche ausgefüllt. Diese Deckel werden auf die Oeffnungen des Fleischtopfes und der grofsen und kleinen Gemüsetöpfe gelegt, wenn solche ausgehoben worden sind, um gar keine Hitze zu verlieren. *a* obere Platte; *b* untere Platte. *d* mit Asche ausgefüllter Raum. *c* Handgriff. Diese Figuren sind so grofs gezeichnet worden, damit der Schlosser ohne Aufsicht darnach arbeiten kann. Die Deckel müssen gut vernietet, die Asche sehr trocken eingestampft werden, damit das Eisen nicht vorsteht oder die Asche herausfällt.

Wenn diese Deckel nicht gut und genau schliefsen, so geht Wärme, folglich auch Brennstoff verloren; sie dürfen daher nicht schief sein.

Fig. 31. zeigt diesen Deckel von oben, mit seinem Handgriffe *e*.

Fig. 32. und 33. Untere Ansicht und Durchschnitt eines Deckels für die Oeffnungen der kleinern Töpfe. Dieselben Buchstaben bezeichnen hier dieselben Theile wie in Fig. 29., 30. und 31.

Da der Wasserkessel nur äufserst selten ausgehoben wird, so ist für dessen Oeffnung kein solcher Deckel nöthig, welcher sehr grofs und schwer zu bewegen sein würde.

Fig. 34. Durchschnitt des Ofens nach der Linie *AB* Fig. 24. *a*, *a* die versenkten Charniere, welche die Klappe *b* auf der Vertiefung, die vor der Einfeuerungsöffnung *e* angebracht ist, festhalten.

c das 5zöllige Gespunde um diese Vertiefung. *d*, *d* Treppentritte zum Hinabsteigen. *f* Thüre vor dem Feuerkasten, *g* Thüre vor dem Aschenfalle. *h* ellipsoïdischer Feuertopf, dessen genaue Construction durch die punctirten Radien angedeutet worden ist. Dieser Feuertopf kann übrigens ein Conoïd sein, dessen obere Oeffnung 7 bis 10 Zoll weit ist, dessen Weite auf dem Roste 12 bis 18 Zoll und dessen Höhe 7 bis 11 Zoll beträgt, je nachdem der Ofen für mehr oder weniger Mannschaft eingerichtet ist.

i Aschenfall unter diesem Feuertopfe, welcher von dem Feuertopfe durch den Rost von 1½ Zoll Dicke geschieden ist. Dieser Rost ist deshalb so stark, damit er nicht öftere Reparaturen erfordere. *k* gufseiserne Platte, 1 Zoll dick, die den hohlen Raum vor dem Feuertopfe, welcher 10 Zoll hoch ist, vom Aschenfalle trennt.

l Deckplatte des hohlen Raumes, durch welche das Brennmaterial in den Ofen gelegt wird. Sie ist ebenfalls einen Zoll stark und trennt zugleich den obern Zug *n* von diesem hohlen Raume.

m ein hohles Prisma von Tuffsteinen, oder besser von Gufseisen, durch welches der Rauch im vordern Theile des Ofens in die obern Züge gelangt. *o* ist ein eben solches hohles Prisma, nur von weniger Durchschnittsfläche, weil der Zug nach dem hintern Theile des Ofens immer stärker ist, wegen der sich daselbst anhäufenden Wärme. Diese Prismen müssen zu der Gröfse des Ofens proportionirt sein und es mufs dadurch die Stärke des Zuges regulirt werden.

Wäre das hintere Prisma eben so weit, als das vordere, so würden die vordern Töpfe, die überdies gröfser sind, zu langsam kochen, und es würde folglich Brennmaterial verloren gehen.

Oefters ereignet es sich, dafs das hintere Prisma noch zu weit ist und dann die hintern drei kleineren Töpfe zu stark, dagegen die vordern nicht genug kochen. In diesem Falle verengt man dasselbe so lange, durch Einsetzen von Blechplatten, bis die Absicht erreicht ist, d. h. bis alle Töpfe gleichzeitig kochen. Man könnte diese Prismen auch weglassen und dafür die obern Zugöffnungen gleich zwischen den Deckplatten anfangen lassen; aber alsdann wird die Hitze dem obern Theile der Kochtöpfe nicht stark genug zugeführt. Niemals aber bedecke man die obern Züge mit Ziegelsteinen; denn alsdann hat der Maurer fast bei jeder Reinigung eine kleine Reparatur zu machen.

Das Beste ist, wenn die gufseisernen Platten, vom Prisma bis zur Reinigungsbüchse, aus einem Stücke gegossen werden, wie es die Zeichnung angiebt. Sie liegen dann in einem guten Falz und brauchen nicht in Speise gelegt zu werden.

p der hintere obere Zug, 5 Zoll im Quadrat weit. *q* ein grofser Gemüsetopf. *r* der grofse Fleisch- und Suppentopf. *y* der kleine Gemüsetopf. *v* der Warmwasserkessel. *s* Ausfüllung der Doppelplatte mit Holzasche. *t* die obere, *u* die untere Kochplatte aus Kastengufs, $\frac{1}{3}$ bis $\frac{1}{2}$ Zoll stark. *w* der, am Warmwasserkessel 10 Zoll, sonst aber 7 Zoll im Durchmesser weite Schornstein. *x* der doppelte, mit Asche ausgefüllte Schieber. *z*, *z* in Fig. 34., 35., 36. das eiserne Zugband, um den Kochofen zusammen zu halten und die Ausdehnung desselben durch die Wärme zu hindern.

a, a Kragsteine zum Tragen des Dampfabzugmantels. *f, f* das Mantelholz. *d, d* vierzöllige Hölzer, worauf die schwachen Bretter *c, c* genagelt sind, die, wie die Hölzer, mit Kalkspeise verputzt werden. *h, h* Kragsteine, welche den aus leichten Steinen aufgeführten 10zölligen Dampfabzug tragen. *b, b* ein Beispiel, wie noch mehrere Schornsteine neben dem Schornsteine des Heerdes mit aufgeführt werden können. Der Dampfabzug wird bei *h, h* mit einer Blechklappe versehen, welche dazu dient, die Wärme im Winter in der Küche zu erhalten. Diese Blechklappe wird durch eine eiserne Zugstange auf und zugemacht. Der Dampfabzug kann deshalb so leicht erbaut werden, weil gar kein Rauch durch denselben geht, sondern nur der Speisedunst und der Kohlendampf des Confoirs *d*, Fig. 36.

AB, CD, EF, GH, IK sind die Höhen, in welchen die horizontalen Durchschnitte des Ofens auf den übrigen vier Tafeln genommen worden sind.

g, g ein eisernes Band zum Tragen des Dampfabzugmantels. Die Figuren dieser Tafeln zeigen auch bei *z*, wie der obere Theil des Ofens mit einem eisernen Zugbande *z* unter der Kochplatte umgeben wird; wie schon oben erwähnt worden ist.

Fig. 35. Vordere Ansicht des Ofens. *ab* obere Kochplatte. *cd* Fuge, wo die obern Seitenwände auf die untern gesezt werden. *lm* Küchensohle. *eek* zeigt, wie weit der Heerd aus Tuffsteinen sein mufs; eben das die Schraffirung in Fig. 34. *e* Vertiefung vor dem Ofen. *f* Einfeuerungsthüre. *g* Thüre vor dem Aschenfalle. *z* gewöhnliches Mauerwerk aus Ziegeln oder Bruchsteinen (Fig. 34. und 35.). *x* Schieber im Schornsteine. *a, a* Kragsteine. *f, f* Mantelholz. *c, c* Verputz des Dampfabzugs. *h, h, h, h* Kragsteine, welche den Dampfabzug tragen.

Es ist hiebei zu bemerken, dafs die Einrichtung des Schornsteins hier wesentlich ist, und derselbe nie in einen weiten Schornstein geleitet werden darf, sondern für sich zum Dach hinausgeleitet werden mufs. Unterläfst man dies, so kann es sich ereignen, dafs man den Ofen des Rauchs wegen gar nicht benutzen kann. In diesem Falle kostet er auch aufserordentlich viel Holz. Dies ist auch der Grund, warum Rauchrohr und Dampfabzug in der Zeichnung mit aufgenommen worden sind.

Fig. 36. Durchschnitt des Ofens nach *CD* Fig. 24. *a* Raum für den Warmwasserkessel. *b, b* die hinten aufsteigenden Züge. *c, c* Seitenwände. *d* Confoir. *e* Rost von Gufseisen. *f* Gewölbe. *g* hohler Raum für Holz. Die leichte Schraffirung bedeutet Tuffstein.

z, *z* eisernes Zugband, um den Ofen oder Heerd zusammenzuhalten.

Fig. 37. Durchschnitt nach *AB* Fig. 24.

a Feuertopf. *b* Aschenfall unter demselben. *c*, *c* obere Züge. *d*, *d* untere Züge. *e* und *g* grofse Gemüsetöpfe. *f* Fleischtopf. *h*, *h*, *h* hohler Raum um die Kochgefäfse. *i*, *i* Aschen-Ausfüllung von reiner, gesiebter, gut zusammengestampfter Holzasche. *k*, *k* obere Kochplatte. *l*, *l*, *l*, *l* untere Kochplatten. *m*, *m* fünf bis sechs Zoll starke Seitenwände des Ofens. Der leicht schraffirte Raum bedeutet, wie weit der Ofen aus Tuffstein verfertigt worden ist. Die stärkere Schraffirung bezeichnet gewöhnliche Fundamentmauer. *r*, *r* Reinigungsbüchsen für die obern Züge.

Fig. 38. Durchschnitt der obern Züge nach der krummen Linie *ABDcefgi* Fig. 10. *BdCefg* oberer Zug, 5 Zoll im Quadrat, über welchem bei *B* und *g* die hohlen gufseisernen Prismen stehen, durch welche der Rauch in ihn gelangt. *r* Reinigungsbüchse des obern Zuges. Bei *C* steigt der Rauch in den untern Zug, welcher vorn 5, hinten 6 Zoll weit ist, um bei *i* unter den Wasserkessel zu gelangen. *f* Reinigungsbüchse des untern Zuges. *k*, *k* obere, *l*, *l* untere Kochplatte. *i*, *i* Aschen-Ausfüllung. *o* und *p* Schornstein. *q* Schieber im Schornstein, der hier nur einfach gezeichnet ist, aber besser doppelt, mit Asche ausgefüllt, gemacht wird. *m* Schornsteinmauer, die, wo es angeht, aus Tuffstein oder guten Ziegeln sein mufs, aber auch aus gewöhnlichem Mauerwerk gefertigt werden kann.

Fig. 39. Durchschnitt nach der Linie *ABCD* Fig. 9. Diese Figur zeigt den Durchschnitt des untern Zuges auf jeder Seite; *d* oberer Zug, welcher nur theilweise in die Durchschnittsfläche fällt.

Be unterer Zug, welcher bei *e* unter den Wasserkessel einmündet. *k*, *k* obere Kochplatte. *l*, *l* untere Verdopplung derselben. *i*, *i* Ausfüllung mit Holzasche. Die leichte Schraffirung bezeichnet Tuffstein und die stärkere gewöhnliche Fundamentmauer.

II. Zug des Feuers im Ofen.

Das Feuer brennt im Feuertopfe *a* Fig. 2., *b* Fig. 9., 10., 11., *h* Fig. 34., *a* Fig. 37. Hierauf tritt es unter die Kochtöpfe, steigt durch die Prismen *m* und *o* in die obern Züge Fig. 38. und strömt daselbst von *g* und *B* nach *C*, wo sich der Rauch vereinigt, in die untern Züge bei *B* Fig. 39. hinabsenkt und dann bei *e*, *e* Fig. 39. oder *i* Fig. 38. oder *b*, *b* Fig. 36. unter den Warmwasserkessel *v* Fig. 34. tritt. Von hier geht der Rauch in den Schornstein *w*, wo sein Zug durch den Schieber *x* gefördert oder gehindert werden kann, je nachdem es das Bedürfniſs erfordert.

III. Reinigung des Ofens.

Ein Schornsteinfegerknabe kriecht durch eine der groſsen Kochöffnungen in den Heerd, nimmt die Büchsen *c*, *c* Fig. 11. und auch die Platten *d*, *d*, *e*, *e* (von Guſseisen) weg, während die Prismen *h*, *g* stehen bleiben. Nun reinigt er die dadurch ganz geöffneten obern Züge und auch beide Prismen von Ruſs und Asche, und wirft solche in den Feuertopf. Hierauf hebt er die Reinigungsbüchsen *f*, *f* Fig. 10. auf und holt mit der Hand und mit einer Bürste alle Asche und den Ruſs aus den untern Zügen *B*, *d*, *e* Fig. 9. Endlich wird der Wasserkessel ausgehoben und auch daselbst aus den aufsteigenden Zügen *i*, *i* Fig. 9. und 10. Ruſs und Asche entfernt. Der enge Schornstein wird, mittelst Durchziehen einer Bürste an einem Seil, auf die bekannte Weise gereinigt. Ist aller Ruſs und Asche aus dem Ofen entfernt, so werden sämmtliche Platten und Büchsen, so wie es die obigen Figuren andeuten, wieder hingelegt und eingesetzt. Auf diese Weise verursacht die Reinigung der obern und untern Züge keine anderen Kosten, als die durch die gesetzlich vorgeschriebene Reinigung verursachten.

Anmerkung. In Coblenz wird der Kochheerd alle 14 Tage gereinigt; die Operation dauert etwa $\frac{1}{2}$ Stunde und geschieht gewöhnlich nach dem Mittagessen, zwischen 1 und 2 Uhr, am Sonnabend. Die einmalige Reinigung kostet 5 Sgr., mithin die Reinigung jährlich 4 Rthlr.

IV. Behandlung des Ofens.

Für einen Krankenstand von 200 Mann im Garnison-Lazarethe werden dem Koche täglich durchschnittlich zwei Cubikfuſs gutes Buchenholz, für 300 Mann etwa 3 Cubikfuſs gegeben. Das Holz wird in Stücken von etwa 1 Fuſs Länge, 2 bis 4 Zoll Dicke, oder von etwa $1\frac{1}{2}$, 2 bis $2\frac{1}{2}$ Pfund Gewicht, gespalten. Morgens um 4 Uhr wird das Feuer mit kleinem Holze etc. in dem Heerde angezündet; 3 bis 4 Stücke Holz werden nach und nach darauf gelegt; späterhin werden 1 bis 2 Stücke hinzugethan, um sämmtliche Kessel und Töpfe, die Abends zuvor gereinigt und mit Wasser gefüllt worden, zum Kochen zu bringen. Der grofse Topf kocht in ungefähr 40 bis 45 Minuten, der zweite in etwa 30 Minuten, der dritte in 20 Minuten, so dafs nach etwa $\frac{3}{4}$ Stunden Zeit die Ingredenzien für die Zubereitung des Frühstücks für die Kranken, bestehend in Mehlsuppe oder Hafergrützsuppe u. s. w., hinzugethan werden können. Hafergrützsuppe bedarf mehr Zeit und Holz, als Mehlsuppe. Um $5\frac{1}{2}$ Uhr ist das Frühstück fertig; dann werden sogleich die Kessel oder Töpfe gereinigt und mit k a l t e m Wasser wieder gefüllt, weil das warme zum Frühstück verbraucht werden mufs. Um 6 oder $6\frac{1}{4}$ Uhr wird aufs Neue gefeuert, um das Wasser, namentlich in dem grofsen Kessel, zum Kochen zu bringen, und nach etwa 1 Stunde Zeit, also um 7 bis $7\frac{1}{4}$ Uhr, werden die rohen Speisen hinzugethan. Um 11, $11\frac{1}{2}$, spätestens 12 Uhr, je nachdem die Art der Speise ist, ist das Mittagessen fertig. Hülsenfrüchte bedürfen mehr Zeit und Holz, als Kartoffeln u. s. w. Bis das Essen ausgetheilt ist, die Kessel oder Töpfe gereinigt, mit Wasser gefüllt sind und auf den Heerd gestellt werden, vergeht etwa 1 Stunde Zeit, etwa bis 1 Uhr. Um 3 Uhr, auch wohl $\frac{1}{4}$ Stunde früher oder später, wird das Feuer abermals zur Zubereitung des Abendbrodtes angezündet, so dafs spätestens um 4 Uhr das Wasser in dem Topfe zum Kochen gebracht und um $5\frac{1}{2}$ bis 6 Uhr das Abendessen zubereitet ist. Nach der Vertheilung des Abendessens werden die Kessel sogleich gereinigt. Nähere Nachrichten über die Behandlung des Heerdes können übrigens von der Königlichen Lazareth-Commission zu Coblenz und Luxemburg direct eingezogen werden. Da aber die Localität allenthalben verschieden ist, so wird durch sorgfältige Beobachtung und Vergleichung der erzielten Resultate mit den hier angegebenen leicht die richtigste Behandlung herausgefunden werden können.

Wesentlich ist bei der Behandlung des Ofens der richtige Gebrauch des Schiebers im Schornsteine. Dann erst, wenn die Töpfe ankochen sollen, ist es nöthig, denselben beinahe ganz zu öffnen, damit der starke Zug eine grofse Hitze erzeuge; späterhin, wenn alles kocht, wird er so lange in den Schornstein geschoben, bis die Seitenwände der Töpfe oberhalb mit einem feinen Rauch umgeben erscheinen. Hierauf zieht man ihn noch so weit zurück, bis kein Rauch mehr erscheint, und der schwache Zug hinreichend bleibt, die Töpfe im Kochen zu erhalten. Alles Wasser zum Nachfüllen der Speisen wird aus dem Warmwasserkessel genommen, weil das Nachfüllen mit kaltem Wasser nur Holzverschwendung verursacht; was bei dieser Vorrichtung doch hauptsüchlich vermieden werden soll. Wenn die ersten Proben mit einem neugebauten Ofen dieser Art gemacht werden sollen, so lasse man gleich wirkliche Gemüse und Fleisch kochen, und sehe, so lange der Ofen noch nicht völlig ausgetrocknet ist, vorläufig nicht auf zu groſse Oekonomie des Brennstoffes; etwa 14 Tage bis 3 Wochen lang. Ist das Austrocknen erfolgt, so können die nöthigen Vergleiche angestellt werden, um den Brennstoffbedarf zu ermitteln. Ist der Zug im Ofen zu schwach, so liegt dies an dem Schornsteine, welcher dann so lange erhöht werden muſs, bis er über alle höher liegenden, sich ihm nahe befindenden Gegenstände empor ragt; und dem Uebel wird abgeholfen sein. Ist der Zug aber zu stark, so wird durch Verengung der Prismen *o* und *p* so lange nachgeholfen, bis er gemäſsigt ist; denn wenn man den Schieber allein verschlieſst, so kann die Hitze unter den Kochgefäſsen nicht so sehr zusammengehalten werden, als wenn die Züge *o*, *p* gleichzeitig in der Nähe des Feuers verengt werden.

V. Erhaltung des Kochheerdes zu Coblenz.

Dieser Kochheerd wurde im Jahr 1825 erbaut; seitdem betragen die Reparatur- und Erhaltungskosten, mit denen der Verzinnung und sonstigen Ausbesserung der Töpfe, jährlich etwa 40 Rthlr. Am Heerde selbst finden sich äuſserlich nie, inwendig nur Reparaturen am Feuertopfe, welcher innerhalb einiger Jahre immer ausbrennt.

VI. Allgemeine Bemerkungen über die Einfeuerungs-Oeffnung der ellipsoïdischen Feuertöpfe und die oberen Züge etc.

Die Einfeuerungs-Oeffnung unterbricht den Schluſs oder den Umfang des Ellipsoïds Fig. 9., Fig. 34. Je kleiner diese Oeffnung dicht am Feuertopfe, wegen der Unterbrechung ist: desto vollkommener ist die Verbrennung in demselben Ellipsoïde.

Aus diesem Grunde wird der Aschenfall *a* Fig. 23. an dem runden Raume *b* unter dem Roste am besten nur 6 Zoll weit gemacht; die Einfeuerungs-Oeffnung *a* Fig. 9. wird deshalb auch nahe am Rost nur 7 Zoll weit, wie dort die eingeschriebene Ziffer andeutet, eben so wie in Fig. 10. gemacht. Auch kann die Thüre *g* vor dem Aschenfall Fig. 27. 6 Zoll hoch 8 Zoll breit und die Thüre *g* vor der Einfeuerungs-Oeffnung 8 Zoll hoch und 8 Zoll breit werden, um den Zug gegen das Feuer zu verstärken.

Wollte man mit Steinkohlen in solchen Oefen heitzen, so würde das Ellipsoïd unten 16 Zoll, oben 10 Zoll weit und nur 6 bis 8 Zoll hoch werden, um die Glut näher an die Töpfe zu bringen. Der Rost müfste denn aber zwischen seinen Stäben 4 Linien bis 6 Linien Zwischenraum erhalten, um das Verschlacken der Kohlen zu verhüten.

Will man die Prismen bei *B* und *G* Fig. 38. nicht anwenden, was aber wegen besserer Benutzung der Hitze stets anzurathen ist, so kann man die Rauch-Oeffnungen auch so vertheilen, wie es Fig. 40. angegeben ist. Daselbst ist nemlich *a* das Ellipsoïd in der Mitte. *b*, *b* sind die vordern Zug-Oeffnungen, welche dann erst bei *r*, *r* Fig. 38. anfangen. *c* ist die hintere Zug-Oeffnung, welche nach Versuchen, von $1\frac{1}{2}$ bis 3 Zoll so lange erweitert werden mufs, bis alle Töpfe zugleich kochen. Der Topf *y* Fig. 34. reicht dann eben so tief in den Ofen hinunter, wie die übrigen. Man sieht leicht, dafs in diesem Falle die Flamme nur den Boden dieser Töpfe berührt, während sie, bei Anbringung der beiden Prismen bei *B* und *G* Fig. 38., nicht allein die Böden, sondern auch ihre Seiten berührt, wodurch sie nach der Theorie $\frac{1}{7}$ mehr Wärmestoff einsaugen müssen.

Die obern Züge im Kochofen zu Coblenz sind so angeordnet, wie Fig. 40. zeigt; die zu Luxemburg haben Prismen.

Die obere Kochplatte ist zwar in allen Figuren so dargestellt, als ob sie keinen Vorsprung hätte, um genau und, der Verständlichkeit wegen, den Umrifs des Ofens im Mauerwerk darzustellen: sie kann aber so grofs verfertigt werden, dafs sie 1 Zoll rund umher vorsteht, indem man den Constructionsradius von 2 Fufs 6 Zoll (Fig. 1.) 1 Zoll länger, nemlich für den obern Theil der Platte 2 Fufs 7 Zoll annimmt.

VII. Bau des Ofens.

Zuerst wird der Grund des Ofens nach Fig. 1. abgesteckt; das Fundament wird ausgehoben und dann nach Fig. 22. mit dem Aschenfall ausgemauert. Hierauf legt man die Steinschicht, in welche die untern Züge *c*, *d*, *e* Fig. 9. von oben eingearbeitet worden sind, und der Rost und die Platte über dem Aschenfall werden eingelegt. Jetzt wird die zweite Hausteinschicht, worin die obern Züge nach Fig. 10. von oben eingearbeitet werden, über die untern Züge Fig. 9. gelegt, worin schon das ganze Ellipsoïd oder der Feuertopf befindlich ist. Die Büchsen *f*, *f* Fig. 10. werden nun eingesetzt. Jetzt kommen die Platten *d*, *d*, *e*, *e* Fig. 11., die Büchsen *c*, *c* und die hohlen Prismen *g*, *h*, so wie sie die Figur angiebt, an ihren Ort, wobei die Mittellinie immer wieder auf jede Schicht aufgetragen werden muſs, um genau zu arbeiten. Der Mörtel besteht zur Hälfte aus gelöschtem Kalk, zur Hälfte aus Lehm, mit Essig oder Milch durchgerührt und etwas eingeworfenem Kälberhaar.

Der Maurer muſs sorgfältig Acht haben, daſs alle Fugen genau voll Mörtel gethan werden, damit der Rauch nirgends durchdringen könne. Jetzt folgen die obern Steinschichten, um den eigentlichen Kochraum, aus vier Stücken gearbeitet, aufzustellen; der eiserne Reif *z*, *z*, dicht unter der obern Kochplatte, welcher Fig. 34. bis 40. allenthalben mit *z* bezeichnet ist, wird umgelegt und durch die Zugschrauben fest angezogen, damit die vier obern Steine nur eine Masse bilden.

Endlich setzt man die verdoppelte Kochplatte auf, hängt die Töpfe ein, führt Schornstein und Dampfabzug auf, wenn sie nicht schon vorher fertig waren, und macht Feuer in den Ofen, um ihn auszutrocken.

Sollte der Ofen den ersten Tag, oder so lange er noch feucht ist, ein wenig Rauch zurückdrängen, so schadet es nichts; verliert sich der Rauch aber in mehr als 3 Tagen nicht, so ist es nöthig, die Lage des Schornsteins zu untersuchen, und ihn, falls es nothwendig, durch eine Aufmauerung oder ein oben eingesetztes Blechrohr zu erhöhen, damit der Zug stärker werde und der Wind keinen Einfluſs darauf ausüben könne. Bei einem 7zölligen Schornsteine wird solches aber nie oder doch nur höchst selten vorkommen.

Bemerkung. „Die beiden bewährten Kochheerde zu Coblenz und „Luxemburg sind unter der Leitung des Königl. Preuſs. Ingenieur-„Lieutenants Beise erbaut, und es hat derselbe hauptsächlich das „Verdienst um diese für die Königliche Staatskasse und die Truppen „so nützliche und vortheilhafte Einrichtung, etc. Coblenz, im De-„cember 1832. (gez.) von Mühlbach, Ingenieur-Hauptmann und „Garnison-Bau-Director des 8ten Armee-Corps."

VIII. Kostenberechnung des Ofens.

Allgemeine Bemerkungen.

1. Der Ofen wird aus Tuffsteinen oder Ziegeln erbaut, im letztern Falle aber mit starkem Eisenblech überzogen. Die Kosten sind in beiden Fällen gleich.

2. Die Kochplatte wird verdoppelt, mit Holzasche ausgefüllt und darauf mit versenkten Mutterschrauben fest angezogen. Das Ganze ist Kastenguſs.

3. Die Kochgefäſse sind aus starkem, verzinnten Eisenblech.

4. Schornstein und Dampfabzug werden nach Fig. 34. eingerichtet. Ist ein Rauchfang vorhanden, so ist es nur nöthig, den Schornstein in den alten 7 Zoll weit einzubauen.

5. Zum Auslassen des Fettes wird ein Confoir neben dem Ofen angebracht, damit der Kohlendampf desselben durch den Dampfabzug aus der Küche entweiche.

6. Der Rost und die Deckplatten der obern Züge werden, wie in der Zeichnung angegeben ist, eben so wie die Prismen und die obern Züge, aus Eisen gegossen. Die Reinigungsbüchsen der Schieber im Schornsteine und die Deckel auf den Kochöffnungen sind aus starkem Eisenblech, die Rosten und die Platten des Confoirs aus Guſseisen.

7. Vor dem Ofen ist eine Vertiefung, um zu den Einfeuerungs-Oeffnungen zu gelangen. Das Gestell der Thüren ist aus 2 Zoll breitem, $\frac{1}{2}$ Zoll starkem Eisen; die Thüren etc. sind aus starkem Eisenblech.

Die Oeffnung ist mit einem 2zölligen eichenen Holzgitter bedeckt.

No.	Sätze.	Benennung der Arbeiten und der einzelnen Gegenstände.	Dimension. Länge		Breite		Höhe		Geld-Betrag.		
			Fuſs	Zoll	Fuſs	Zoll	Fuſs	Zoll	Thlr.	Sgr.	Pf.
		Tit. I. Erd-Arbeit.									
1.	$\frac{80}{144}$	Schachtruthen Erde das Fundament auszuheben.									
		a. Der Heerd	7	—	5	—	1	6			
		b. Die Versenkung	4	—	4	6	1	6			
		Wofür eine Schachtruthe gesetzt werden kann à 1 Thlr.	.	.	.	.	.	.	1	—	—
		Summa Erd-Arbeit	.	.	.	.	.	.	1	—	—
		Muſs das Fundament tiefer gemacht werden, so kostet die Erd-Arbeit auch verhältniſsmäſsig mehr.									
		Tit. II. Dem Steinhauer.									
2.	$101\frac{1}{8}$	Cubikfuſs rohe Steine von Bell anzuschaffen:									
		a. für die untern Züge und Ellipse	5	—	5	—	1	6			
			10	—	—	6	1	6			
		b. für die obern Wände	5	—	5	—	1	6			
		und den Warmwasserkessel	2	10	1	8	1	6			
			2	10	1	8	1	6			
		à 9 Sgr. . .	.	.	.	.	.	.	30	10	—
3.	70	Arbeitstage, diese Hausteine zu bearbeiten, so daſs der Ofen fertig aufgestellt werden kann, à 25 Sgr., . . .	.	.	.	.	.	.	58	10	—
4.	11	Meistertage, à 1 Thlr., ...	.	.	.	.	.	.	11	—	—
		Soll ein Dampfabzug erbauet werden, so sind noch nöthig:									
		6 lauf. Fuſs groſse Kragsteine 10 à 5 Zoll, à 8 Sgr.,	.	.	.	.	.	.	1	18	—
		4 dito dito 5 à 5 Zoll, à 4 Sgr.,	.	.	.	.	.	.	—	16	—
5.	12	laufende Fuſs Einfassung der Vertiefung vor dem Ofen, 8zöllig, à 10 Sgr., ...	.	.	.	.	.	.	4	—	—
6.	$5\frac{1}{2}$	laufende Fuſs Treppentritte, 6 à 10zöllig, à 9 Sgr., . .	.	.	.	.	.	.	1	19	6
7.	20	Quadratfuſs Küchenplatten rund um den Ofen, à 3 Sgr., . .	.	.	.	.	.	.	2	—	—
8.	1	Confoir-Stein aus Tuffstein mit 2 Löchern . . .	.	.	.	.	.	.	1	10	—
		Summa dem Steinhauer	.	.	.	.	.	.	110	24	—

No.	Sätze.	Benennung der Arbeiten und der einzelnen Gegenstände.	Geld-Betrag. Thlr.	Sgr.	Pf.
		Tit. III. Dem Maurer.			
10.	1	Schachtruthe Mauerwerk zum Fundament	7	—	—
11.	12	Gesellentage, à 15 Sgr., den Ofen aufzurichten	6	—	—
12.	2	Meistertage, à 1 Thlr., ...	2	—	—
13.	12	Handlangertage, à 9 Sgr., ...	3	18	—
14.		Material, an Lehm, Kalk, Sand und Kälberhaare	10	—	—
15.	154	Quadratfuſs Rauchfangmantel zu fertigen, incl. Verputz, 11 Fuſs lang, 7 Zoll breit, 2 mal, an Brettern, Nägeln und Holz, à 3 Sgr., ...	15	12	—
16.	40	laufende Fuſs Schornstein und Dampfabzug aufzuführen, weil in den meisten Gebäuden eine solche Höhe vorkommt, à 1 Thlr. 15 Sgr., ...	60	—	—
17.	500	Stück Ziegelstein, à 1 Thlr. per 100 Stück, ...	5	—	—
		Summa dem Maurer	109	-	—
		Tit. IV. Dem Schreiner.			
18.		Modelle für die Platten, den Rost der Ellipse, die Deckplatten der obern Züge, die Confoir-Roste und sonstiges Eisenwerk zu modelliren	25	—	—
19.	$7\frac{1}{2}$	Quadratfuſs eisernes Gitter auf die Vertiefung vor dem Ofen, 2 Zoll stark, zu fertigen, à 5 Sgr., ...	1	7	6
		Summa dem Schreiner	26	7	6
		Tit. V. Dem Schlosser.			
20.	700	Pfund Guſseisen, Kastenguſs, zu den Kochplatten, à 1 Sgr. 6 Pf., . . .	35	—	—
21.	27	Muttersehrauben, incl. Bohren der Löcher und Zusammensetzen der Platten, à 16 Sgr.,	14	12	—
22	80	Pfund Schmiedeisen zu den Thüren und Rahmen u. s. w., à 6 Sgr., . . .	16	—	—
23.		5 groſse Deckel, à 2 Thlr. 15 Sgr., 12 Thlr. 15 Sgr., und 3 kleine Deckel, à 20 Sgr., 2 Thlr., zusammen	14	15	—
24.	1	Schieber im Schornstein, verdoppelt	2	20	—
25.	600	Pfund Guſseisen, Heerdguſs, zu den Platten über den Zügen und Prismen, den Rosten, à 1 Sgr. 2 Pf., ...	23	10	—
26.	40	Pfund Eisen zum Festhalten des Rauchfangmantels, à 4 Sgr., ...	5	10	—
27.	2	Charniere am Gitter der Vertiefung, à 10 Sgr., ...	—	20	—
28.	4	Reinigungsbüchsen mit Ringen, à 1 Thlr., ...	4	—	—
29	1	Reifen um den Ofen zum Zusammenhalten, wiegt 25 Pfund, à 6 Sgr., .	5	—	—
		Summa dem Schlosser	120	—	—
		Tit. VI. Dem Anstreicher.			
30.	65	Quadratfuſs Oel-Anstrich des Ofens, à 1 Sgr. 6 Pf., ...	3	7	6
		Summa dem Anstreicher	3	7	6
		Tit. VII. Dem Kupferschmidt.			
31.	1	Fleischtopf von Neuwieder Pontonblech, enthält 70 Quart, ...	19	—	—
32.	4	groſse Gemüsetöpfe, jeder 36 Quart, à 10 Thlr., ...	40	—	—
33.	3	kleinere dergleichen (12 bis 15 Quart), à 6 Thlr., ...	18	—	—
34.	1	Warmwasserkessel 66 bis 70 Quart	14	—	—
		Summa dem Kupferschmidt	91	—	—
		Recapitulation.			
		Tit. I. für Erd-Arbeit	1	—	—
		- II. - Steinhauer-Arbeit	110	24	—
		- III. - Maurer-Arbeit	109	—	—
		- IV. - Schreiner-Arbeit	26	7	6
		- V. - Schlosser-Arbeit	120	27	—
		- VI. - Anstreicher-Arbeit	3	7	6
		- VII. - Kupferschmiede-Arbeit	91	—	—
		Summa	462	6	—
		An Extraordinaire 10 pro Ct. circa	47	24	—
		Summa Summarum	510	—	—

Bemerkung.

Auch in dem Falle, wo kein Dampfabzug nöthig, sondern ein solcher schon vorhanden ist, werden die Kosten nicht geringer ausfallen, weil dann gewöhnlich ein 7zölliger Schornstein in die Brandmauer eingearbeitet werden mufs, wovon der Cubikfufs ausgebrochene Mauer, nach deren Festigkeit, auf 8 Pfennige bis 2 Silbergroschen zu stehen kommt.

Auch dann, wenn der ganze Ofen aus Ziegelsteinen erbaut wird, bedarf man gegen 2000 Ziegel, welche nicht viel wohlfeiler sind, als die Tuffsteine.

Soll der Ofen transportirt werden, so sind gegen 70 Centner Gewicht dafür in Anrechnung zu bringen.

Wenn die Töpfe aus Kupfer verfertigt werden sollen, so dient als Anhaltpunct, dafs diejenigen im Garnison-Lazareth zu Coblenz 115 Thaler gekostet haben.

Uebersicht der Figuren.

Fig. 1. Construction des Grundrisses.
Fig. 2. Ansicht von oben.
Fig. 3. Untere Ansicht der Kochplatte und des Gitters über der Vertiefung.
Fig. 4. Rost, von oben gesehen.
Fig. 5. Der halbe Rost.
Fig. 6. Rost, von unten gesehen.
Fig. 7. Profil des Rostes.
Fig. 8. Profil der Kochplatte nach opq.

Anmerkung. Der Radius xy in Fig. 1. und 2. ist 2 Fufs 6 Zoll. Die Dimension für das Mauerwerk yy im Grundrifs ist 2 Fufs 7 Zoll, wenn die eiserne Heerdplatte, wie in Coblenz, einen kleinen Vorsprung von 1 Zoll bekommt.

Fig. 9. Untere Züge und Rost, nach der Linie CD Fig. 34.
Fig. 10. Obere Züge, nach EF Fig. 34.
Fig. 11. Horizontal-Durchschnitt durch EF Fig. 34.
Fig. 12. Schieber im Schornstein.
Fig. 13. und 14. Fleischtopf.
Fig. 15., 16., 17. und 18. Gemüsetopf.
Fig. 19., 20. und 21. Wasserkessel.

Fig. 22. Durchschnitt nach *AB* Fig. 34.
Fig. 23. Grundrifs nach *ik* Fig. 34.
Fig. 24. Ansicht des Ofens, wenn darin Töpfe hängen.
Fig. 25. und 26. Doppelter Schieber im Schornstein.
Fig. 27. und 28. Einfeuerungsthüren.
Fig. 29., 30. und 31. Grofser Deckel.
Fig. 32. und 33. Kleiner Deckel auf die Kochöffnungen.
Fig. 34. Längsdurchschnitt nach *AB* Fig. 23.
Fig. 35. Vordere Ansicht des Ofens.
Fig. 36. Durchschnitt nach *CD* Fig. 24.
Fig. 37. Querdurchschnitt nach *AB* Fig. 11.
Fig. 38. Durchschnitt der obern Züge nach *ABdfgm* Fig. 10.
Fig. 39. Durchschnitt der untern Züge nach *ABdeCD* Fig. 9.
Fig. 40. Horizontaler Durchschnitt nach *GH* Fig. 34.

14.

Versuche über die Widerstandsfähigkeit der bekanntesten und nützlichsten Bausteine, welche das Rheinische Schiefergebirge und das daran grenzende Flötzgebirge an der Mosel und in den Ardennen liefern, angestellt im Festungs-Bauhofe zu Coblenz.

(Von dem Königl. Preufs. Ingenieur-Premier-Lieutenant Herrn *Beise* zu Coblenz.)

(Fortsetzung der Abhandlung No. 6. Hft. 1. und No. 12. Hft. 3. dieses Bandes.)

---

§. 6.

Tab. VI. Schaalstein aus der Umgegend von Dillenburg im Nassauischen und dem nordwestlichen Taunus-Abhange.

Dies Gestein, welches mit Recht als dasjenige betrachtet werden kann, was im Grauwackengebirge das meiste Metall führt, läfst sich zu Deckplatten, Treppenstufen, Thür- und Fenstergewänden verarbeiten, und giebt aufserdem in kleinern Stücken gute Bruchsteinmauern. Es ist grünlich und mit weifsen feinen Adern, wie ein Netz durchwebt, welches aus Kalk besteht, während die grünliche Ausfüllung mehr thoniger Natur ist. So vorzüglich es auch zu Haustein-Arbeiten ist, hält es doch nicht lange, wenn es befahren oder betreten wird, wie man dies in Wiesbaden und andern Orten sieht, wo man tiefe Höhlen hineingetreten hat. Als Strafsen- und Pflastermaterial nur zur Noth gebräuchlich.

Laufende No.	Stein-Arten und Fund-Ort. Art, wie sie unter die Presse gebracht wurden.	Dimensionen in Preufsischen Zollen.			Gewichte, bei welchen man die Trennung hörte, ehe sich Risse zeigten. Pr. Pfd.	Gewichte, durch welche feine Risse entstanden, die nur so eben sichtbar wurden. Pr. Pfunde.	Gewichte, bei welchen sich die entstandenen Risse bis auf $\frac{1}{10}$ Linie erweiterten. Pr. Pfunde.	Gewichte, welche die Zerstörung der Steine bewirkten. Pr. Pfd.	Gewichte, bei welchen die Ecken absprangen, oder sich einzelne Flächen abschälten. Pr. Pfunde.	Compression des Steines, unmittelbar vor der Zerstörung beobachtet, wo es möglich war, in Pr. Linien.	Besondere Bemerkungen und Beobachtungen.
		Länge.	Breite.	Höhe.							
78.	Aus einem Nebenthale der Dill, ohne Unterlagen.	3	3	3	55736	55736 Mehrere Risse.	68275 Nur zwei erweiterten sich.	82918	40730 Eine Ecke.	1	Sehr gute Lager; der Stein wurde in Prismen und Pyramiden von verschiedener Gröfse zerdrückt, so wie das Kalknetz solche begrenzte.
79.	Desgl.	4	4	4	30665	58542 Zwei Risse.	79115 Beide erweiterten sich und es entstanden mehrere.	106725	Keine.	$1\frac{1}{2}$	Desgleichen. Nur waren die Prismen und Pyramiden gröfser als bei dem vorigen Stein.
80.	Desgl.	$4\frac{1}{2}$	4	$3\frac{11}{12}$	37894	42725 Mehrere.	67836 Alle erweitert.	95635	Keine.	1	Desgleichen; ein grofser Theil in feinen Staub zerdrückt

Laufende No.	Stein-Arten und Fund-Ort. Art, wie sie unter die Presse gebracht wurden.	Dimensionen in Preufsischen Zollen. Länge.	Breite.	Höhe.	Gewichte, bei welchen man die Trennung hörte, ehe sich Risse zeigten. Pr. Pfd.	Gewichte, durch welche feine Risse entstanden, die nur so eben sichtbar wurden. Pr. Pfunde.	Gewichte, bei welchen sich die entstandenen Risse bis auf $\frac{1}{10}$ Linie erweiterten. Pr. Pfunde.	Gewichte, welche die Zerstörung der Steine bewirkten. Pr. Pfd.	Gewichte, bei welchen die Ecken absprangen, oder sich einzelne Flächen abschälten. Pr. Pfunde.	Compression des Steines, unmittelbar vor der Zerstörung beobachtet, wo es möglich war, in Pr. Linien.	Besondere Bemerkungen und Beobachtungen.
81.	Desgl.	6	6	$6\frac{1}{12}$	54585	54585 Drei Risse.	69755 Zwei erweitert; mehrere entstanden.	165326	47872 EineEcke.	- -	Beinahe ganz in Staub und Körner verwandelt, daher nicht zu beurtheilen, welche Körper zurückblieben.
	Widerstände pro Quadratzoll:										
	No. 78. . . .	-	-	-	6193	6193	7586	9213	4526	- -	Man sieht auch hier wieder, dafs die Steine etwa bei der Hälfte ihrer Belastnng Risse erhalten.
	No. 79. . . .	-	-	-	1916	3659	4945	6670	- -		
	No. 80. . . ,	-	-	-	2105	2373	3769	5324	- -		
	No. 81. . . .	-	-	-	1516	1516	1938	4592	1330		
	Summa	-	-	-	11730	13741	18238	25799	5856	- -	
	Durchschnittlich pro Quadratzoll .	-	-	-	2933	3445	4560	6450	2928	- -	

Welche 5 Zahlen als Repräsentanten der Widerstände des Schaalsteins, in so fern er als Haustein verbauet wird, betrachtet werden können, da man selten die weichste Art anwenden wird, und eine festere Art als die geprüfte selten angetroffen werden möchte, weil man sich die festesten Proben verschafft hatte, die man erlangen konnte.

§. 7.

Tab. VII. Porphyr von der Lahn und der Aar.

Nur zu Bruchsteinmauern, Pflastersteinen und Chausséen gebräuchlich, weil er sich mit dem Meifsel schwer bearbeiten läfst. Jedoch lassen sich verschiedene Gegenstände daraus fertigen und abschleifen, wenn er nicht zerklüftet ist. Er ist unter der Presse sehr spröde und zerspringt mit Krachen.

Laufende No.	Stein-Arten und Fund-Ort. Art, wie sie unter die Presse gebracht wurden.	Länge.	Breite.	Höhe.	Pr. Pfd.	Pr. Pfunde.	Pr. Pfunde.	Pr. Pfd.	Pr. Pfunde.	Pr. Linien.	Besondere Bemerkungen und Beobachtungen.
82.	Ohne Unterlagen.	$2\frac{5}{6}$	$2\frac{5}{6}$	$2\frac{11}{12}$	8305	32465 Ein Rifs.	35485 Erweiterte sich, es entstanden zwei andere.	77765	Eine mit 15858 eine andere mit 32465	1	Hatte sehr gute glattgeschliffene Lager, welche sehr mühsam zu bereiten waren. Zerbrach in Prismen von oben bis unten durchgehend.
83.	Desgl.	4	4	$3\frac{11}{12}$	23405	26425 Ein Rifs, 54605 ein anderer.	56605 Beide erweitert.	164439	Eine Ecke mit 20380	1	Wie der vorige. Weil aber der Stein höher war, so brachen diese Prismen in der Mitte durch.
84.	Zwei Steine aufeinander, oben, unten und in der Mitte Sandlager.	3	3	$5\frac{11}{12}$	29445	29445 Ein Rifs.	53605 Erweiterte sich, es entstanden mehrere.	56625	Keine.	2	Hatte gute Lager, der obere Stein war blofs in Prismen und andere unregelmäfsige Stücke zerdrückt. Der untere hatte keinen Schaden gelitten.
85.	Desgl.	3	3	$5\frac{11}{12}$	30955	30955 Ein Rifs, 38505 mehrere.	43035 Erweiterten sich alle.	43035	Keine.	$1\frac{1}{2}$	Hatten gute Lager; beide Steine wurden zerdrückt.
86.	Zwei Steine aufeinander, oben, unten und in der Mitte Bleiplatten, $\frac{1}{2}$ Linie stark.	$2\frac{5}{6}$	3	6	49075	49075 Nur zwei Risse.	62665 Die beiden ersten, 68705 entstanden mehrere.	70215	Keine.	$2\frac{1}{4}$	Die Lager waren sehr gut; beide Steine wurden in Prismen und Pyramiden zerbrochen mit starkem Krachen u. Umherfliegen der Bruchstücke.

Laufende No.	Stein-Arten und Fund-Ort. Art, wie sie unter die Presse gebracht wurden.	Dimensionen in Preufsischen Zollen. Länge.	Breite.	Höhe.	Gewichte, bei welchen man die Trennung hörte, ehe sich Risse zeigten. Pr. Pfd.	Gewichte, durch welche feine Risse entstanden, die nur so eben sichtbar wurden. Pr. Pfunde.	Gewichte, bei welchen sich die entstandenen Risse bis auf $\frac{1}{10}$ Linie erweiterten. Pr. Pfunde.	Gewichte, welche die Zerstörung der Steine bewirkten. Pr. Pfd.	Gewichte, bei welchen die Ecken absprangen, oder sich einzelne Flächen abschälten. Pr. Pfunde.	Compression des Steines, unmittelbar vor der Zerstörung beobachtet, wo es möglich war, in Pr. Linien	Besondere Bemerkungen und Beobachtungen.
87.	Desgl.	$2\frac{3}{4}$	3	$5\frac{3}{4}$	26420	26420 Ein Rifs, 58135 noch zwei.	59845 Alle drei Risse erweiterten sich.	59845	Keine.	$1\frac{1}{4}$	Beide Steine hatten zwar gute, aber nicht geschliffene Lager. Der untere Stein wurde ganz zerdrückt, der obere erhielt blofs einen Rifs.
	Widerstände pro Quadratzoll:										
	No. 82. . . .	-	-	-	1034	4044	4454	9687	3012		Bei den Ecken ist das Mittelgewicht von beiden genommen.
	No. 83. . . .	-	-	-	1463	2532	3538	10277	1274		Da wo doppelte Gewichte vorkommen, ist das Mittel angenommen.
	No. 84. . . .	-	-	-	3272	3272	5956	6292	- -	- -	
	No. 85. . . .	-	-	-	3439	3858	4782	4782			Da wo doppelte Gewichte vorkommen, ist das Mittelgewicht angenommen.
	No. 86. . . .	-	-	-	5773	5773	7727	8261			Desgl.
	No. 87. . . .	-	-	-	3203	5125	7254	7254			Desgl.

Wenn wir die beiden einzelnen, ohne Unterlagen zerdrückten Steine zusammen nehmen, so finden wir eine mittlere Widerstandsfähigkeit pro Q.-Zoll von | 1248 | 3288 | 3996 | 9982 | 2143 | Diese Zahlen können wohl als Repräsentanten dieser Porphyrart betrachtet werden, weil beide Exemplare aus den mittelmäfsig schweren ausgewählt worden waren.

Die mittlern Widerstände der 6 Zoll und beinahe 6 Zoll hohen Steine, wo zwei auf einander lagen, sind die folgenden pro Quadrat-Zoll . | 3922 | 4507 | 6430 | 6647 | Welche Zahlen, da sie von 8 verschiedenen Steinen herrühren, die sorgfältig ausgewählt waren, als die Widerstände 6 Zoll hoher Mauerschichten betrachtet werden können.

§. 8.

Tab. VIII. Porphyr von der Nahe.

Dieses Gestein ist roth mit gelblichen und weifsen Streifen durchzogen; sehr fest und als Steinpflaster, Chausséematerial und Bausteine besonders zu empfehlen, wenn es auch nicht zu leugnen ist, dafs es sich schwer mit dem Meifsel bearbeiten läfst. Die gröfseren Stücke geben besonders dauerhafte Treppenstufen u. s. w.

Laufende No.	Stein-Arten	Länge	Breite	Höhe	Trennung	Feine Risse	Risse erweitert	Zerstörung	Ecken	Compression	Bemerkungen
88.	Ohne Unterlagen.	$3\frac{5}{6}$	4	4	24160	27935 Drei Risse.	35485 Der eine, 82295 d. andere, 83805 der letzte.	130615	82295 Eine Ecke.	$\frac{1}{2}$	Zerbrach mit Krachen in viele kleine Pyramiden und Parallelepipeden, wovon mehrere weit umherflogen.
89.	Desgl.	4	4	$3\frac{11}{12}$	44745	62665 Mehrere.	80785 Alle erweitert.	123065	40010 Eine.	1	Wurde nicht so innig zerstört wie der vorige, übrigens dieselben Erscheinungen.
90.	Desgl.	$3\frac{5}{6}$	4	$3\frac{5}{6}$	15825	15825 Ein Rifs.	24915	65680	15825 Eine Ecke.	1	Hatte ungleiche Lager und ein zerklüftetes Ansehen, sonst die vorigen Erscheinungen.
91.	Desgl.	$3\frac{5}{6}$	4	$3\frac{7}{8}$	33975	33975 Ein Rifs.	56625 Der Eine, 62665 mehrere.	62665	24915 Eine, 41525 d. andere, 56625 die dritte.	$1\frac{1}{2}$	Wie der vorige.

Laufende No.	Stein-Arten und Fund-Ort, Art, wie sie unter die Presse gebracht wurden.	Dimensionen in Preufsischen Zollen. Länge.	Breite.	Höhe.	Gewichte, bei welchen man die Trennung hörte, ehe sich Risse zeigten. Pr. Pfd.	Gewichte, durch welche feine Risse entstanden, die nur so eben sichtbar wurden. Pr. Pfunde.	Gewichte, bei welchen sich die entstandenen Risse bis auf $\frac{1}{10}$ Linie erweiterten. Pr. Pfunde.	Gewichte, welche die Zerstörung der Steine bewirkten. Pr. Pfd.	Gewichte, bei welchen die Ecken absprangen, oder sich einzelne Flächen abschälten. Pr. Pfunde.	Compression des Steines, unmittelbar vor der Zerstörung beobachtet, wo es möglich war, in Pr. Linien.	Besondere Bemerkungen und Beobachtungen
92.	Desgl.	4	4	4	15885	15885 Ein Rifs, 50585 noch einer	80785 Erweiterten sich beide.	147225	27935 Eine, 52395 eine.	$1\frac{1}{3}$	Hatte sehr gute Lager, ein festes Ansehen und crystallinische Textur.
93.	Desgl.	3	$2\frac{3}{4}$	$2\frac{11}{12}$	20385	33975 Ein Rifs.	40015	53605	20385 Eine, 23405 d. andere.	$1\frac{5}{6}$	Hatte ungleiche Lager, jedoch ein festes Ansehen.
94.	Desgl.	$3\frac{3}{4}$	4	$3\frac{5}{6}$	35505	35505 Ein Rifs, 41525 noch zwei.	80785 Alle drei.	126085	50585 Eine Ecke.	2	Gute glatte Lager und festes Ansehen.
95	Desgl.	4	4	$3\frac{11}{12}$	41520	41520 Ein Rifs.	68605	103435	46055 Eine Ecke.	$1\frac{1}{8}$	Das obere Lager sehr gut, das untere rauh.
96.	Desgl.	5	5	5	74740	74740 Ein Rifs.	85315 Der erste erweitert, mit 94375 ein neuer, 115515 mehrere	131370	24915	Nicht zu beobachten.	Hatte vollkommen ebene Lager, und wurde in kleine Würfel, Prismen, Pyramiden, Körner und Staub ganz zerstört.
97.	Oben und unten Sand.	4	4	$3\frac{11}{12}$	65685	65685 Ein Rifs.	88335 Noch zwei Risse.	103435	Keine.	1	Etwas rauhe Lager, weshalb die Sandlager gewählt wurden.
98.	Oben und unten Bleiplatten von $\frac{1}{2}$ Linie Stärke.	4	4	$3\frac{11}{12}$	44545 61155	64187 Ein Rifs, 67707 zwei.	67704 Ein Rifs, 110985 alle.	120800	Desgl.	1	Mit 15100 Pfund wurden die Bleiplatten ganz in die Poren gedrückt. Gute Lager.
99.	Desgl.	$2\frac{1}{3}$	4	4	56624	56624 Ein Rifs.	56624	71724	Desgl.	1	Gute Lager; wurde innig zerstört.
100.	Desgl.	4	$3\frac{5}{6}$	$3\frac{11}{12}$	65685	65685	95885 Ein Rifs, 103440 mehrere.	106475	Desgl.	2	Wie der vorige.
101.	2 Steine auf einander, oben, unten und in der Mitte Sandlager.	$3\frac{1}{2}$	4	$6\frac{11}{12}$	158550	158550 Ein Rifs.	158550	158550	124575 Eine Ecke.	Nicht zu beobachten.	Zersprang mit grofsem Geräusch in Prismen, welche durch beide Steine reichten. Die Splitter sprangen rund umher.
102	Auf die hohe Kante oder die natürlichen Lager vertikal gestellt, ohne Unterlagen.	4	$3\frac{1}{3}$	$3\frac{11}{12}$	36995	36995 Ein Rifs.	40015 Mit 47565 noch ein Rifs.	49075	9815 Die erste, 12835 die zweite, 15855 die dritte, 19915 die vierte.	2	Gute Lager, aber ein sehr zerspaltenes Ansehen, weshalb er auch mit einer so geringen Last zertrümmert wurde.

Laufende No.	Stein-Arten und Fund-Ort. Art, wie sie unter die Presse gebracht wurden.	Dimensionen in Preufsischen Zollen. Länge.	Breite.	Höhe.	Gewichte, bei welchen man die Trennung hörte, ehe sich Risse zeigten. Pr. Pfd.	Gewichte, durch welche feine Risse entstanden, die nur so eben sichtbar wurden. Pr. Pfunde.	Gewichte, bei welchen sich die entstandenen Risse bis auf $\frac{1}{16}$ Linie erweiterten. Pr. Pfunde.	Gewichte, welche die Zerstörung der Steine bewirkten. Pr. Pfd.	Gewichte, bei welchen die Ecken absprangen, oder sich einzelne Flächen abschälten. Pr. Pfunde.	Compression des Steines, unmittelbar vor der Zerstörung beobachtet, wo es möglich war, in Pr. Linien.	Besondere Bemerkungen und Beobachtungen.
103.	Desgl.	4	$3\frac{5}{6}$	$3\frac{5}{6}$	40468	47565 Ein Rifs, 77765 ein anderer.	97395 Beide.	114005	40468 65685	2	Die Lager waren eben, und der Stein hatte ein festes Ansehen.
104.	Desgl.	4	$3\frac{5}{6}$	$3\frac{5}{6}$	24910	24910 Ein Rifs, 27935 ein anderer, 35485 noch zwei	95885	126085	55115	$1\frac{1}{4}$	Die Risse wurden beinahe alle gleich bei ihrem Erscheinen $\frac{1}{6}$ Linie weit. Der Stein innig zerstört. Sehr glatte Lager und festes Ansehen
105.	Desgl.	2	$3\frac{1}{2}$	$3\frac{11}{12}$	26425	26425 Ein Rifs.	30955 Mehrere Risse.	33980 alle erweitert.	17360	- -	Die obere Fläche war uneben, die untere lagegen sehr glatt.
106.	Desgleichen, aber oben und unten $\frac{1}{2}$ Linie starke Bleiplatten.	4	4	4	49075 100415	101925 Ein Rifs.	114760. 129105 Mehrere.	143450	132125 EineEcke.	Nicht beobachtet.	Mit diesem Steine zerbrach die Maschine zugleich; er hatte vollkommen glatte Lager, feinkörniges und festes Ansehen.

Werden die von No. 88. bis inclusive 106. berechneten Widerstände auf den Quadratzoll Lagerfläche berechnet, so erhält man die nachfolgenden Resultate für den Porphyr an der Nahe.

Der 3 Zoll hohe Stein No. 93.				2471	4118	4850	6497	2654	- -	

Die 4 Zoll hohen Steine, welche ohne Unterlagen zerdrückt wurden, gaben pro Quadratzoll:

									Bemerkungen
No. 88. . . .	-	-	-	1576	1822	4382	8518	5367	Da wo mehrere Gewichte vorkommen, um eine bestimmte Wirkung zu erreichen, sind die Durchschnittszahlen derselben angenommen worden. Diejenigen Bruchtheile, welche kein halbes Pfund betrugen, wurden weggelassen, und diejenigen, welche mehr als ein halbes Pfund ausmachten, sind für ein ganzes gerechnet worden.
No. 89. . . .	-	-	-	2797	3917	5049	7692	2501	
No. 90. . . .	-	-	-	1032	1032	1625	4284	1032	
No. 91. . . .	-	-	-	2216	2216	3913	4087	2675	
No. 92. . . .	-	-	-	990	2077	5049	9201	2526	
No. 94. . . .	-	-	-	3228	3501	7344	11264	4599	
No. 95. . . .	-	-	-	2595	2595	4288	6465	2878	
Summa	-	-	-	14434	17160	31650	51511	21578	
Daher durchschnittlich pro Quadratzoll	-	-	-	2062	2452	4522	7359	3083	

Der 4 Zoll hohe Stein, welcher Sandlager oben und unten hatte, trug pro Quadratzoll,

nemlich No. 97.,	-	-	-	4105	4105	5521	6465	- -	Verlor keine Ecke.

Die 4 Zoll hohen Steine, welche oben und unten Bleiplatten hatten, trugen pro Quadratzoll, nemlich:

									Bemerkungen
No. 98. . . .	-	-	-	3303	4121	5584	7550	- -	Alle diese Steine verloren keine Ecken, wodurch sich folglich der Nutzen der Bleiplatten bei solchen Steinen bestätigte, welche eine bedeutende Widerstandsfähigkeit besitzen.
No. 99. . . .	-	-	-	6067	6067	6067	7685	- -	
No. 100. . . .	-	-	-	4284	4284	6499	6944	- -	
Summa	-	-	-	13654	14472	18150	22179	- -	
Durchschnittlich pro Quadratzoll .	-	-	-	4551	4824	6050	7393	- -	

Die auf die hohe Kante oder mit ihren natürlichen Lagern vertikal gestellten 4 oder nahe 4 Zoll hohen Steine gaben pro Quadratzoll Widerstand, nemlich ohne Unterlagen von Sand oder Bleiplatten:

Laufende No.	Stein-Arten und Fund-Ort. Art, wie sie unter die Presse gebracht wurden.	Dimensionen in Preufsischen Zollen. Länge.	Breite.	Höhe.	Gewichte, bei welchen man die Trennung hörte, ehe sich Risse zeigten. Pr. Pfd.	Gewichte, durch welche feine Risse entstanden, die nur so eben sichtbar wurden. Pr. Pfunde	Gewichte, bei welchen sich die entstandenen Risse bis auf $\frac{1}{10}$ Linie erweiterten. Pr. Pfunde.	Gewichte, welche die Zerstörung der Steine bewirkten. Pr. Pfd.	Gewichte, bei welchen die Ecken absprangen, oder sich einzelne Flächen abschälten. Pr. Pfunde.	Compression des Steines, unmittelbar vor der Zerstörung beobachtet, wo es möglich war, in Pr. Linien.	Besondere Bemerkungen und Beobachtungen.
	No. 102. . . .	-	-	-	2775	2775	3284	3681	1095	- -	Die Ecken sprangen hier wieder bei etwa der halben Widerstandsfähigkeit ab. Im Allgemeinen trägt diese Steinart deshalb auf der hohen Kante weniger, als auf dem natürlichen Lager.
	No. 103. . . .	-	-	-	2639	4087	6352	7435	3461		
	No. 104. . . ,	-	-	-	1624	19:0	6253	8223	3594		
	No. 105. . . .	-	-	-	3964	3964	4643	5097	2604		
	Summa	-	-	-	11002	12746	20532	24436	10754	- -	
	Durchschnittlich pro Quadratzoll .	-	-	-	2751	3187	5158	6109	2689	- -	

Der eine mit seinen natürlichen Lagern vertikal oder auf die hohe Kante gestellte Stein, oben und unten Bleiplatten, hatte Widerstand bei 4 Zoll Höhe pro Quadratzoll:

		Länge	Breite	Höhe	Trennung	feine Risse	$\frac{1}{10}$ Linie	Zerstörung	Ecken	Compression
	No. 106. . . .	-	-	-	4671	6370	7620	8966	8258	- -

Der 5zöllige, ohne Unterlagen zerdrückte Stein hatte Widerstand pro Quadratzoll, nemlich

		Länge	Breite	Höhe	Trennung	feine Risse	$\frac{1}{10}$ Linie	Zerstörung	Ecken	Compression
	No. 96. . . .	-	-	-	2989	2989	3936	5255	997	- -

Die beiden auf einander gestellten Steine von beinahe 7 Zoll Höhe, welche unten, oben und in der Mitte Sandlager erhielten, um dadurch den noch nicht erhärteten Mörtel nachzuahmen, gaben folgende Widerstände pro Quadratzoll:

		Länge	Breite	Höhe	Trennung	feine Risse	$\frac{1}{10}$ Linie	Zerstörung	Ecken	Compression
	No. 101.	-	-	-	8889	11335	11335	11335	8889	- -

Ein Umstand, welcher hinreichend beweiset, dafs diejenigen Quader- und andern Mauern am dauerhaftesten sind, welche so dicke Mörtellagen haben, dafs die Steine sich nicht berühren können.

Nimmt man die Steine No. 88., 89., 90., 91., 93., 94., 95., 97., 98., 99., 100., 102., 103., 104., 105., 106. zusammen, um daraus das mittlere Resultat zu ziehen, so erhält man für diese Steinart, pro Quadratzoll Widerstandsfähigkeit

		Länge	Breite	Höhe	Trennung	feine Risse	$\frac{1}{10}$ Linie	Zerstörung	Ecken	Compression
	Widerstandsfähigkeit	-	-	-	2991	3428	5217	7097	3122	- -

Diese Zahlen mögen daher als Repräsentanten des Porphyrs an der Nahe gelten.

§. 9.

Tab. IX. Trachyt.

Die geprüften Exemplare waren theils vom Siebengebirge bei Bonn, theils vom Westerwalde. Dafs diese Steine keinen guten Baustein geben, beweiset der Dom zu Cölln und andere Gebäude, weil er sich leicht durch Verwitterung in Blätter und einzelne unregelmäfsige Stücke zertheilt. Zu solchen Gebänden, welche innerlich und äufserlich einen Verputz erhalten, und zu Mauerwerk, was nicht der Witterung ausgesetzt ist, jedoch sehr gut.

Laufende No.	Stein-Arten	Länge	Breite	Höhe	Trennung	feine Risse	$\frac{1}{10}$ Linie	Zerstörung	Ecken	Compression	Bemerkungen
107.	Vom Siebengebirge. Ohne Unterlagen.	4	4	$3\frac{11}{12}$	23405	27935 Ein Rifs.	32470	58840	40015	$\frac{11}{12}$	Erhielt vor der Zerstörung nur einen Rifs in einem Crystal und wurde in viele prismatische u. pyramidenförmige Stücke u. Körner zermalmt.
108.	Desgl.	4	4	$3\frac{11}{12}$	28430	33445 44015	44015 46055 64930	65685	46055	$1\frac{1}{2}$	Hatte gute Lager, jedoch waren die natürlichen Lager um 15° gegen den Horizont geneigt.
109.	Trachyt vom Westrande, ohne Unterlagen.	4	$3\frac{5}{6}$	$3\frac{11}{12}$	25756	29845 Ein Rifs.	34760	58536	45742	1	Gute Lager, ganz horizontal. Zerbrach in unregelmäfsige Stücke.
110.	Desgleichen, oben und unten eine Bleiplatte, $\frac{1}{2}$ Zoll stark.	$3\frac{5}{6}$	4	$3\frac{7}{8}$	24160	27935 Drei Risse.	35485 Ein Rifs, 82295 ein anderer, 83805 der dritte.	130615	82295	$\frac{5}{6}$	Die Lagerschichten waren ein wenig gegen den Horizont geneigt.

Laufende No.	Stein-Arten und Fund-Ort. Art, wie sie unter die Presse gebracht wurden.	Dimensionen in Preufsischen Zollen. Länge.	Breite.	Höhe.	Gewichte, bei welchen man die Trennung hörte, ehe sich Risse zeigten. Pr. Pfd.	Gewichte, durch welche feine Risse entstanden, die nur so eben sichtbar wurden. Pr. Pfunde.	Gewichte, bei welchen sich die entstandenen Risse bis auf $\frac{1}{10}$ Linie erweiterten. Pr. Pfunde.	Gewichte, welche die Zerstörung der Steine bewirkten. Pr. Pfd.	Gewichte, bei welchen die Ecken absprangen, oder sich einzelne Flächen abschälten. Pr. Pfunde	Compression des Steines, unmittelbar vor der Zerstörung beobachtet, wo es möglich war, in Pr. Linien.	Besondere Bemerkungen und Beobachtungen.
111.	Desgleichen. Auf die hohe Kante oder die Lagerschichten vertikal ohne Unterlagen.	4	$3\frac{7}{8}$	$3\frac{11}{12}$	21895	23405 Ein Rifs, 29445 mehrere.	38505 Alle.	52090	Keine Ecke.	$\frac{7}{8}$	Hatte ein lockeres Ansehen, mit vielen Crystalltheilen und ein geringeres specifisches als das vorige Exemplar.
112.	Desgl.	4	4	4	32465	44545 Zwei Risse.	46055 Der eine, 58135 der andere.	64175	Desgl.	$1\frac{1}{4}$	Hatte ein festeres Ansehen als der vorige und zerbrach in Prismen.
113.	Zwei solche Steine auf einander, oben, unten und zwischen beiden $\frac{1}{2}$ Linie starke Bleiplatten.	4	$3\frac{5}{6}$	$7\frac{5}{6}$	15855 23405 30955 35485 40015	40015 Zwei Risse.	43035 Der eine, 53605 der andere.	58135	15855 23405 30955 35485	- -	Beide Steine hatten sehr gute glatte Lager, aber ein poröses lockeres Ansehen. Sie wurden beide in Prismen zerbrochen.
	Die ohne Unterlagen zerdrückten 3 Steine gaben pro Quadratzoll folgende Widerstände, und haben beinahe 4 Zoll Höhe, nemlich:										
	No. 107. . . .	-	-	-	1463	1746	2029	3677	2501	- -	Da wo mehrere Gewichte vorkommen, ist immer das mittlere Gewicht genommen worden.
	No. 108. . . .	-	-	-	1777	2090	3229	4105	2878	- -	
	No. 109. . . .	-	-	-	1680	1729	2267	3818	2983	- -	
	Summa	-	-	-	4920	5575	7525	11600	8362	- -	
	Durchschnittlich pro Quadratzoll .	-	-	-	1640	1858	2508	3866	2787	- -	
	Der eine Stein, 4 Zoll beinahe hoch, welcher oben und unten Bleiplatten hatte, trug pro Quadratzoll Widerstandfläche, nemlich No. 110.	-	-	-	1576	1822	4382	8515	5367	- -	
	Die beiden mit ihren Lagern vertikal gestellten Exemplare gaben die folgenden Widerstände pro Quadratzoll:										
	No 111. . . .	-	-	-	1413	1705	2481	3038	- -	- -	
	No. 112. . . .	-	-	-	2029	2784	3256	4011	- -	- -	
	Summa	-	-	-	3442	4489	5737	7049	- -	- -	
	Durchschnittlich pro Quadratzoll .	-	-	-	1721	2244	2868	3525	- -	- -	
	Die beiden auf einander zerdrückten Steine gaben pro Quadratzoll Druckfläche, nemlich:										
	No. 113. . . .	-	-	-	1900	2827	3151	3791	1745	- -	
	Nimmt man von den 6 ersten Exemplaren dieser Steinart die Resultate zusammen, so geben sie das Mittelresultat pro Quadratzoll .	-	-	-	1656	1981	2941	4527	3432	- -	als Repräsentanten des Widerstandes dieser meistens nur örtlich nützlichen Steinart.

§. 10.

Tab. X. Basalt vom Siebengebirge aus dem Rheinthale.

Diese Steinart, welche sich auf den höchsten Puncten des Westerwaldes, in der Umgegend von Andernach in der Eifel, bei Bertrich, am Siebengebirge, am Taunus und im Rheinthal in einzelnen Kuppen in der hiesigen Gegend befindet, ist eine der nützlichsten, festesten und dauerhaftesten. Der säulenförmige sowohl, als der massive Basalt, geben schöne Bausteine zu Festungswerken, Brücken, Häusern und Mauern jeder Art. Als Strafsenmaterial ist es ganz vorzüglich wegen seiner grofsen Härte zu benutzen. Jedoch ist derjenige, welcher vielen Olivin und andere Beimischungen enthält, auch noch der Verwitterung ausgesetzt, wie er z. B. am südlichen Hange des Taunus vorkommt. Man fängt jetzt an selbst die Chausséen bei Coblenz u. s. w. im Rheinthale damit zu beschütten, ungeachtet man ihn weit her holen mufs; denn seine grofse Dauer bringt die anfänglich gröfsern Kosten bald wieder ein, weil man nicht so oft nöthig hat, die daraus gefertigten Strafsenbahnen zu repariren. Die Stadtmauern von Andernach haben den Kugeln der Schweden im 30jährigen Kriege Trotz geboten, und da wo man heut zu Tage Festungsmauern daraus erbauet, wird es schwer werden, bei einer Belagerung Bresche zu schiefsen.

Laufende No.	Stein-Arten und Fund-Ort. Art, wie sie unter die Presse gebracht wurden.	Dimensionen in Preufsischen Zollen. Länge.	Breite.	Höhe.	Gewichte, bei welchen man die Trennung hörte, ehe sich Risse zeigten. Pr. Pfd.	Gewichte, durch welche feine Risse entstanden, die nur so eben sichtbar wurden. Pr. Pfunde	Gewichte, bei welchen sich die entstandenen Risse bis auf $\frac{1}{10}$ Linie erweiterten. Pr. Pfunde.	Gewichte, welche die Zerstörung der Steine bewirkten. Pr. Pfd.	Gewichte, bei welchen die Ecken absprangen, oder sich einzelne Flächen abschalten. Pr. Pfunde.	Compression des Steines, unmittelbar vor der Zerstörung beobachtet, wo es möglich war, in Pr. Linien.	Besondere Bemerkungen und Beobachtungen.
114.	Basalt vom Siebengebirge. Ohne Unterlagen.	4	4	$3\frac{11}{12}$	68705	70215 Ein Rifs, 73235 mehrere.	74745 Alle.	124575	23405	2	Dieser Stein hatte gute Lager und war von d. mittelmäfsig schweren Gestein
115.	Desgl.	4	4	$3\frac{11}{12}$	46055	68700 3 Risse.	73235	106455	Keine.	Nicht beobachtet.	Desgl.
116.	Desgl.	4	4	4	41525	65684 2 Risse.	71720 Ein Rifs, 83805 d. andere.	211525	Keine.	Desgl.	Sehr gute Lager. Vom härtesten Säulenbasalt, welcher hier zu finden ist.
117.	Desgl.	4	4	$3\frac{11}{12}$	174405	174405 Mehrere Risse.	177425 Einer erweiterte sich nur.	230275	Keine.	Desgl.	Wie der vorige. Alle diese Exemplare wurden in Prismen, Pyramiden, Körner und wenig Staub zerdrückt. Die Stücke und Splitter sprangen umher.
	Bezeichnet man diese Widerstände auf den Quadratzoll Druckfläche, so erhält man folgende Resultate:										
	No. 114. . . .	-	-	-	4294	4483	4672	7786	1463	- -	Man kann annehmen, dafs die Ecken bei dem Basalt gar nicht abspringen, wenn die Steinschichten durch Mörtel mit einander verbunden werden.
	No. 115. . . .	-	-	-	2878	4294	4577	6653	- -	- -	
	No. 116. . . .	-	-	-	2595	4105	4860	13220	- -	- -	
	No. 117. . . .	-	-	-	10900	10900	10900	14330	- -	- -	
	Summa	-	-	-	20667	23782	25009	41989	1463	- -	
	Durchschnittlich pro Quadratzoll .	-	-	-	5167	5945	6252	10497	1463	- -	

§. 11.

Tab. XI. Basaltisches Gestein (Lava ähnlich) aus der Umgegend zwischen Andernach und Mayen.

Dieses Gestein ist sehr porös, aber sehr fest, von schwärzlich blauer Farbe, die zum Theil ins Violette schillert. Es giebt sehr gute Mühlsteine aus der Gegend von Nieder-Mendig, wo eigene Gruben dazu angelegt worden sind. Die gröfsern Stücke geben gute Quadersteine, Fenster- und Thürgewände, Gesimse, vorzügliche beinahe unzerstörbare Treppentritte, Tabletten, Küchenplatten, Steinpflaster u. s. w. Die kleineren Stücke geben ganz vorzügliches Mauerwerk, was sich mit dem Mörtel wegen der vielen Poren des Steines sehr innig verbindet. Der Abfall, oder die kleinsten Stücke liefern ein sehr gutes Strafsenmaterial, was dem Basalt selbst nur wenig an Festigkeit nachsteht. Auch werden alle Strafsen in der Umgegend mit diesem Gestein verfertigt und unterhalten.

Laufende No.	Stein-Arten und Fund-Ort.	Länge.	Breite.	Höhe.	Trennung Pr. Pfd.	Feine Risse Pr. Pfunde	Risse bis $\frac{1}{10}$ Linie Pr. Pfunde	Zerstörung Pr. Pfd.	Ecken Pr. Pfunde	Compression Pr. Linien	Bemerkungen
118.	Aus dem Steinbruche bei Eich, unweit Mayen. Ohne Unterlagen.	3	3	3	27935	27935 Zwei Risse.	54360 Erweiterten sich beide.	59615	Keine Ecke.	$\frac{1}{4}$	Hatte gute Lager, war aber sehr porös wie Mandelstein, aus welchem die feinen Mandeln verwittert sind, deshalb blieb das Lager rauh.
119.	Desgl.	3	3	$2\frac{11}{12}$	21891	35485 Ein Rifs.	46055	53608	Desgl.	$\frac{11}{12}$	Wie der vorige.

Laufende No.	Stein-Arten und Fund-Ort. Art, wie sie unter die Presse gebracht wurden.	Dimensionen in Preufsischen Zollen. Länge.	Breite.	Höhe.	Gewichte, bei welchen man die Trennung hörte, ehe sich Risse zeigten. Pr. Pfd.	Gewichte, durch welche feine Risse entstanden, die nur so eben sichtbar wurden. Pr. Pfunde.	Gewichte, bei welchen sich die entstandenen Risse bis auf $\frac{1}{10}$ Linie erweiterten. Pr. Pfunde.	Gewichte, welche die Zerstörung der Steine bewirkten. Pr. Pfd.	Gewichte, bei welchen die Ecken absprangen, oder sich einzelne Flächen abschalten. Pr. Pfunde.	Compression des Steines, unmittelbar vor der Zerstörung beobachtet, wo es möglich war, in Pr. Linien.	Besondere Bemerkungen und Beobachtungen.
120.	Desgl.	3	3	$2\frac{11}{12}$	38505	43035 Zwei Risse.	65690 Noch mehrere Risse.	68705	Keine Ecke.	$1\frac{1}{2}$	Hatte gute Lager und feinere Poren.
121.	Desgl.	3	3	$2\frac{11}{12}$	36995	40010	47565	52100	Desgl.	$\frac{8}{9}$	Wie der vorige.
122.	Desgl.	3	3	$2\frac{11}{12}$	29440	29440 Ein Rifs, 46055 noch zwei.	46055 Der erste, 49075 d. andern.	49075	35505	1	Desgl.
123.	Desgl.	3	2	3	46050	46050	54360	54360	Keine.	2	Desgleichen, äufserst feine Poren.
124.	Desgl.	3	3	2	26425	27935 Drei Risse.	39445 Der erste, 51525 d. andern.	60585	Keine.	$1\frac{1}{3}$	Desgleichen, nur gröbere Poren.
125.	Desgl.	3	2	$1\frac{11}{12}$	35485	40015 Ein Rifs.	55115 Erweiterte sich, 63420 noch zwei.	73235	Keine.	$\frac{9}{10}$	Desgl.
126.	Desgl.	3	3	$1\frac{11}{12}$	20385	21900 Ein Rifs, 27935 zwei.	44545 Alle erweitert.	56625	Desgl.	$\frac{10}{11}$	Desgl.
127.	Desgl.	4	4	$3\frac{3}{4}$	71725	77765 Drei Risse.	94375 Blofs einer.	129105	50585	$1\frac{1}{12}$	Desgleichen, aber sehr feine Poren.
128.	Desgl.	4	4	$3\frac{5}{6}$	33975	33975 Ein Rifs.	58225 Noch mehrere Risse.	67195	33975	1	Dieser Stein ist mehr Kugelstein und nicht so fest als der vorige.
129.	Desgl.	4	4	$3\frac{3}{7}$	14345	33975 Zwei Risse.	43035 Beide erweitert.	53605	33975	1	Hatte sehr rauhe Lager: sonst wie der vorige.
130.	Desgl.	4	4	$3\frac{11}{12}$	12835	12835 Ein Rifs.	46055 Noch zwei Risse.	64175	46055	1	Desgl.
131.	Desgl.	4	4	$3\frac{5}{6}$	43035	43035 Mehrere.	59645 Alle erweitert.	71725	56625	1	Hatte ein besseres Lager wie die vorigen.
132.	Ein Stein als Cylinder bearbeitet, aus den Brüchen von Eich, ohne Unterlagen.	3	dia.	3	15555	20085	56625	56625	Keine.	2	Hatte sehr gute Lager, und wurde in unreguläre Körper von der Gröfse einer Haselnufs, bis zu Staub zerstört.
133.	Desgl.	3	dia.	$2\frac{3}{4}$	24915	38515 Zwei Risse.	61155	61155	46055	$1\frac{1}{6}$	Hatte zwar rauhe Lager, wurde aber eben so innig zerstört, wie der vorige.

Laufende No.	Stein-Arten und Fund-Ort. Art, wie sie unter die Presse gebracht wurden.	Dimensionen in Preufsischen Zollen. Länge.	Breite.	Höhe.	Gewichte, bei welchen man die Trennung hörte, ehe sich Risse zeigten. Pr. Pfd	Gewichte, durch welche feine Risse entstanden, die nur so eben sichtbar wurden. Pr. Pfunde.	Gewichte, bei welchen sich die entstandenen Risse bis auf $\frac{1}{10}$ Linie erweiterten. Pr. Pfunde.	Gewichte, welche die Zerstörung der Steine bewirkten. Pr. Pfd.	Gewichte, bei welchen die Ecken absprangen, oder sich einzelne Flächen abschälten. Pr. Pfunde.	Compression des Steines, unmittelbar vor der Zerstörung beobachtet, wo es möglich war, in Pr. Linien.	Besondere Bemerkungen und Beobachtungen.
134.	Desgl.	3	dia.	$5\frac{11}{12}$	35485	47055 Ein Rifs.	47055	47055	Keine.	1	Wie der vorige. Nur dafs er vor der Zerstörung ein tonnenähnliches Ansehen erhielt.
135.	Desgl.	3	dia.	$5\frac{11}{12}$	36995	36995 2 Risse.	44545	47055	Keine.	1	Wie der vorige.
136.	Desgl.	3	dia.	6	18875	29445 Ein Rifs.	55115 Der erste erweiterte sich und ein neuer entstand.	56625	Keine.	2	Dieser Stein hatte sehr gute Lager und zerspaltete von oben bis unten in Klingen, Prismen und Keilen, nachdem er in der Mitte einen Bruch erhalten hatte.
137.	Desgl.	3	dia.	$8\frac{11}{12}$	43035	43035 Zwei Risse.	43035	43035	Keine.	Nicht zu beobachten.	Gute Lager. Dieselbe Erscheinung wie der vorige.
138.	Desgl.	3	dia.	$8\frac{11}{12}$	47565	55120 Mehrere Risse.	55120 Alle erweitert.	55120	Keine.	Desgl.	Desgl.
139.	Desgl.	3	dia.	9	41525	41525	41525	41525	Keine.	$\frac{1}{2}$	Desgl.
140.	Desgl.	3	dia.	9	40015	40015	40015	40015	Keine.	$\frac{1}{8}$	Desgl.
141.	Desgl.	3	dia.	9	47565	59645	59645	59645	Keine.	$\frac{1}{6}$	Desgl.
142.	Desgl.	4	dia.	2	20385	20385 Ein Rifs.	49075 Der erste erweitert, ein anderer entstand.	52850	Keine.	3	Gute Lager, wurde zu Körnern u. Staub zerdrückt, war aber sehr grobporig.
143.	Desgl.	4	dia.	$3\frac{11}{12}$	73235	73235	73235	73235	27935 41525	1	Gute Lager, in kleinere u. gröfsere unregelmäfsige Stücke von vierkantiger und pyramidalischer Gestalt.
144.	Desgl.	4	dia.	$3\frac{11}{12}$	43035	83805 Ein Rifs.	107965 Mehrere Risse.	114760	36995 95885	1	Es sprangen zwei Segmente ab, der Stein war aber eben so beschaffen wie der vorige.
145.	Desgl.	4	dia.	6	83805	137410 Mehrere Risse.	137410	137410	83805	1	Desgl., nur ein Segment. Hatte sehr glatt bearbeitete Lager.
146.	Desgl.	4	dia.	6	65685	65685	77765	77765	Keine.	$\frac{10}{11}$	War sehr porös u. hatte rauhe Lager.
147.	Desgl.	4	dia.	$5\frac{11}{12}$	73235	86825	104945	104945	35485 55870	1	Sprangen zwei Segmente ab. Die Lager waren gut u. der Stein hatte feine Poren.

Laufende No.	Stein-Arten und Fund-Ort. Art, wie sie unter die Presse gebracht wurden.	Dimensionen in Preufsischen Zollen. Länge.	Breite.	Höhe.	Gewichte, bei welchen man die Trennung hörte, ehe sich Risse zeigten. Pr. Pfd.	Gewichte, durch welche feine Risse entstanden, die nur so eben sichtbar wurden. Pr. Pfunde.	Gewichte, bei welchen sich die entstandenen Risse bis auf $\frac{1}{10}$ Linie erweiterten. Pr. Pfunde.	Gewichte, welche die Zerstörung der Steine bewirkten. Pr. Pfd.	Gewichte, bei welchen die Ecken absprangen, oder sich einzelne Flächen abschälten. Pr. Pfunde.	Compression des Steines, unmittelbar vor der Zerstörung beobachtet, wo es möglich war, in Pr. Linien.	Besondere Bemerkungen und Beobachtungen.
148.	Desgl.	4	dia.	$7\frac{11}{12}$	88335	135900 Mehrere Risse, die sich gleich erweiterten.	135900	135900	18875 95885 110985	1	Es sprangen drei Segmente ab. Der Stein war so beschaffen wie der vorige, und zerspaltete sich in mehrere kleinere u. gröfsere Prismen, Keile u. Pyramiden.
149.	Desgl.	4	dia.	8	50585	74745 Mehrere Risse.	74745	113250	44545 53605	$1\frac{1}{10}$	Desgl.
150.	Desgl.	4	dia.	8	53605	120045 Zwei Risse.	120045	126085	53605 70215 83805	$1\frac{7}{8}$	Der Stein hatte gute Lager und wurde ganz zerstört in kleine Körper u. Staub.
151.	Desgl.	4	dia.	10	50585 65685	74745	74745	74745	50585	2	Desgl.
152.	Desgl.	4	dia.	10	46055	82295	85315	85315	46055	2	Desgl.
153.	Ein viereckiger Stein, oben und unten Sandlager.	3	3	2	29445	30955	35485	41235	36995	$\frac{11}{12}$	Rauhe, aber ebene Lager. In kleine Körper, Körner und Staub zerdrückt.
154.	Desgl.	3	3	$1\frac{11}{12}$	20385	20385	38505	58135	38505	$1\frac{11}{12}$	Gute Lager, aber ziemlich weite Poren.
155.	Desgl.	3	3	$1\frac{11}{12}$	24915	27935	46055 53605	58890	55896	1	Desgl.
156.	Desgl.	4	4	$3\frac{5}{8}$	43085	43035	59645	71725	56625	1	Rauhe Lager wegen der grofsen Poren.
157.	Cylinder. Desgl.	4	dia.	$9\frac{5}{8}$	83805	83805	83805	83805	Keine.	Nicht beobachtet.	Wurde in Prismen, Klingen und Pyramiden zerspalten.
158.	Ein viereckiger Stein, oben und unten ½ Linie starke Bleiplatten.	4	2	$3\frac{3}{4}$	67195	67195	76255	97395	26425 61155	$1\frac{1}{10}$	Hatte ziemlich weite Poren.
159.	Desgl.	4	4	$3\frac{5}{8}$	44545	44545	92865	111740	73235	$\frac{11}{12}$	Die Poren fein, die Lager sehr gut.
160.	Desgl.	4	4	$3\frac{5}{8}$	30955	30955	76255	94375	71725	1	Desgl.
161.	Cylinder. Desgl.	4	dia.	8	65685	86825 Mehrere Risse.	113005 Alle erweitert.	113005	86825	2	Desgl.
162.	Zwei Steine aufeinander, ohne Unterlage.	4	dia.	$7\frac{5}{8}$	36995	40015	40015	40015	Keine.	2	Beide Steine völlig zerstört.
163.	Zwei Steine aufeinander, oben, unten und in der Mitte Sand.	3	dia.	6	32465	32465	32465	32465	Keine	Nicht beobachtet.	Der obere Stein war ganz geblieben, dagegen der untere völlig zerstört.

Laufende No.	Stein-Arten und Fund-Ort. Art, wie sie unter die Presse gebracht wurden.	Dimensionen in Preufsischen Zollen. Länge.	Breite.	Höhe.	Gewichte, bei welchen man die Trennung hörte, ehe sich Risse zeigten. Pr. Pfd.	Gewichte, durch welche feine Risse entstanden, die nur so eben sichtbar wurden. Pr. Pfunde.	Gewichte, bei welchen sich die entstandenen Risse bis auf $\frac{1}{10}$ Linie erweiterten. Pr. Pfunde.	Gewichte, welche die Zerstörung der Steine bewirkten. Pr. Pfd.	Gewichte, bei welchen die Ecken absprangen, oder sich einzelne Flächen abschälten. Pr. Pfunde.	Compression des Steines, unmittelbar vor der Zerstörung beobachtet, wo es möglich war, in Pr. Linien.	Besondere Bemerkungen und Beobachtungen.
164.	Desgl.	3	dia.	$8\frac{11}{12}$	33975	33975	33975	33975	Keine.	Nicht beobachtet.	Der obere Stein ganz zerstört, der untere nur zum Theil.
165.	Desgl.	4	dia.	$7\frac{5}{8}$	52095	52095	55115	64175	Keine.	$1\frac{1}{2}$	Der obere Stein war völlig zerstört, dagegen vom untern nur ein Segment abgesprungen.
166.	Desgl.	4	dia.	$7\frac{2}{3}$	58135	58135	59645	59645	Keine.	$1\frac{1}{4}$	Der obere Stein wurde in viele kleine Prismen u. Segmente zerstört, dagegen hatte der untere blofs einige Risse bekommen.
167.	Drei cylindrische Steine auf einander, oben, unten und zwischen denselben Sand.	3	dia.	9	33975	33975	33975	33975	Keine.	Nicht beobachtet.	Der obere Stein war völlig zerstört, der mittlere nur zum Theil und der untere hatte gar nicht gelitten.

Werden nun alle viereckigen 2 Zoll hohen Steine, welche ohne Unterlagen zerdrückt wurden, zusammengenommen, so erhält man die folgenden Widerstände derselben pro Quadratzoll:

	Länge	Breite	Höhe	Trennung	feine Risse	$\frac{1}{10}$ Linie	Zerstörung	Ecken	Compression
No. 124. . . .	-	-	-	2936	3104	5454	6732	Keine Ecke.	- -
No. 125. . . .	-	-	-	5914	6669	9185	12236	Desgl.	- -
No. 126. . . .	-	-	-	2265	2769	4949	6292	Desgl.	- -
Summa	-	-	-	11115	12542	19588	25260	- -	- -
Durchschnittlich pro Quadratzoll .	-	-	-	3705	4180	6529	8420	- -	- -

Die viereckigen mit Sandlagern zerdrückten 2 Zoll hohen Steine gaben folgende Resultate pro Quadratzoll Druckfläche:

	Länge	Breite	Höhe	Trennung	feine Risse	$\frac{1}{10}$ Linie	Zerstörung	Ecken	Compression
No. 153. . . .	-	-	-	3272	3439	3943	4582	4111	- -
No. 154. . . .	-	-	-	2265	2265	4279	6459	4279	- -
No. 155. . . .	-	-	-	2768	3104	5527	6453	6211	- -
Summa	-	-	-	8305	8808	13749	17494	14601	- -
Durchschnittlich pro Quadratzoll .	-	-	-	2768	2936	4583	5831	4867	- -

Nimmt man dagegen alle 2 Zoll hohen Steine zusammen, gleichviel, ob sie ohne oder mit Sandlagern zerdrückt wurden, so erhält man pro Q.-Zoll | 3473 | 3558 | 5556 | 7126 | 4867 | - - |

Die 3 oder beinahe 3 Zoll hohen Steine gaben die folgenden Widerstände, wenn es Würfel waren, nemlich:

	Länge	Breite	Höhe	Trennung	feine Risse	$\frac{1}{10}$ Linie	Zerstörung	Ecken	Compression
No. 118. . . .	-	-	-	3104	3104	6040	6624	- -	- -
No. 119. . . .	-	-	-	2432	3943	5117	5956	- -	- -
No. 120. . . .	-	-	-	4278	4782	7299	7633	- -	- -
No. 121. . . .	-	-	-	4111	4446	5285	5778	- -	- -
No. 122. . . .	-	-	-	3271	4194	5285	5453	3945	- -
No. 123. . . .	-	-	-	7675	7675	9060	9060	- -	- -
Summa	-	-	-	24871	28144	38086	40504	3945	- -
Durchschnittlich pro Quadratzoll .	-	-	-	4145	4691	6348	6751	3945	- -

Die 4 oder beinahe 4 Zoll hohen viereckigen Steine gaben die folgenden Widerstände pro Quadratzoll ohne Unterlagen:

Laufende No.	Stein-Arten und Fund-Ort. Art, wie sie unter die Presse gebracht wurden.	Dimensionen in Preufsischen Zollen. Länge.	Breite.	Höhe.	Gewichte, bei welchen man die Trennung hörte, ehe sich Risse zeigten. Pr. Pfd.	Gewichte, durch welche feine Risse entstanden, die nur so eben sichtbar wurden. Pr. Pfunde.	Gewichte, bei welchen sich die entstandenen Risse bis auf $\frac{1}{10}$ Linie erweiterten. Pr. Pfunde.	Gewichte, welche die Zerstörung der Steine bewirkten. Pr. Pfd.	Gewichte, bei welchen die Ecken absprangen, oder sich einzelne Flächen abschälten. Pr. Pfunde.	Compression des Steines, unmittelbar vor der Zerstörung beobachtet, wo es möglich war, in Pr. Linien.	Besondere Bemerkungen und Beobachtungen.
	No. 127. . . .	-	-	-	4483	4860	5898	8069	3787	- -	
	No. 128. . . .	-	-	-	2123	2123	3639	4200	2123	- -	
	No. 129. . . .	-	-	-	897	2123	2689	3350	2123	- -	
	No. 130. . . .	-	-	-	802	802	2878	4010	2878	- -	
	No. 131. . . .	-	-	-	2689	2689	3728	4483	3539	- -	
	Summa	-	-	-	10994	12597	18832	24112	14450	- -	
	Durchschnittlich pro Quadratzoll .	-	-	-	2199	2519	3766	4822	2890	- -	
	Der beinahe 4 Zoll hohe, auf Sandlagern zerdrückte Stein trug pro Quadratzoll Druckfläche:										
	No. 156. . . .	-	-	-	2689	2689	3728	4483	3539	- -	
	Die beinahe 4 Zoll hohen, auf ½ Linie starken Bleiplatten zerdrückten Steine trugen pro Q.-Zoll Widerstandsfläche:										
	No. 158. . . .	-	-	-	4200	4200	4766	6087	2737	- -	Hier scheinen ½ Linie starke Bleiplatten zwischen den Quadern gute Dienste zu leisten.
	No. 159. . . .	-	-	-	2784	2784	5804	6984	4577	- -	
	No. 160. . . .	-	-	-	1935	1935	4766	5898	4483	- -	
	Summa	-	-	-	8919	8919	15336	18969	11797	- -	
	Durchschnittlich pro Quadratzoll .	-	-	-	2973	2973	5112	6323	3932	- -	
	Alle 4 Zoll hohen Steine zusammen genommen, ohne Rücksicht auf Unterlagen oder nicht, gaben ein Durchschnittsresultat von	-	-	-	3165	3490	5065	5864	3070	- -	
	Die cylindrischen Steine von 3 Zoll Durchmesser gaben die folgenden Resultate pro Quadratzoll; die 3 Zoll hohen:										
	No. 132. . . .	-	-	-	2203	2963	8025	8025	- -	- -	
	No. 133. . . .	-	-	-	3529	5454	8662	8662	6522	- -	Ohne Unterlagen.
	Summa	-	-	-	5732	8417	16687	16687	6522	- -	
	Durchschnittlich pro Quadratzoll .	-	-	-	2866	4208	8343	8343	3261	- -	
	Die cylindrischen, 6 oder beinahe 6 Zoll hohen Steine lieferten die nachstehenden Widerstände bei 3 Zoll Durchmesser pro Quadratzoll:										
	No. 134. . . .	-	-	-	5026	6665	6665	6665	- -	- -	
	No. 135. . . .	-	-	-	5234	5234	6309	6699	- -	- -	
	No. 136. . . .	-	-	-	2674	4171	7804	8021	- -	- -	
	No. 145. . . .	-	-	-	6672	10941	10941	10941	6672	- -	Die jetzt folgenden 3 Steine hatten 4 Zoll Durchmesser.
	No. 146. . . .	-	-	-	5230	5230	6191	6191	- -	- -	
	No. 147. . . .	-	-	-	5831	6912	8355	8355	3637	- -	
	Summa	-	-	-	30627	39153	46269	46872	10309	- -	
	Durchschnittlich pro Quadratzoll .	-	-	-	5105	6526	7712	7812	5154	- -	
	Die 8 Zoll, oder beinahe 8 Zoll hohen cylindrischen Steine von 4 Zoll Durchmesser gaben pro Q.-Zoll Widerstand:										
	No. 148. . . .	-	-	-	7033	10820	10820	10820	5725	- -	Ohne Unterlagen.
	No. 149. . . .	-	-	-	4020	5951	5951	11343	3907	- -	
	No. 150. . . .	-	-	-	4268	9558	9558	10036	5510	- -	
	Summa	-	-	-	15321	26329	26329	32199	15142	- -	
	Durchschn. pro Q.-Z.	-	-	-	5107	8776	8776	10733	5047	- -	
	Die 9 oder beinahe 9 Zoll hohen cylindrischen, 3 Zoll im Durchmesser haltenden Steine trugen pro Quadratzoll:										
	No. 137. . . .	-	-	-	6131	6131	6131	6131	- -	- -	Ohne Unterlagen.
	No. 138. . . .	-	-	-	6468	7807	7807	7807	- -	- -	
	No. 139. . . .	-	-	-	5881	5881	5881	5881	- -	- -	
	No. 140. . . .	-	-	-	5667	5667	5667	5667	- -	- -	
	No. 141. . . .	-	-	-	6737	8448	8448	8448	- -	- -	
	Summa	-	-	-	30884	33934	33934	33934	- -	- -	
	Durchschn. pro Q.-Z.	-	-	-	6177	6787	6787	6787	- -	- -	

Laufende No. / Stein-Arten und Fund-Ort. Art, wie sie unter die Presse gebracht wurden.	Dimensionen in Preufsischen Zollen. Länge.	Breite.	Höhe.	Gewichte, bei welchen man die Trennung hörte, ehe sich Risse zeigten. Pr. Pfd.	Gewichte, durch welche feine Risse entstanden, die nur so eben sichtbar wurden. Pr. Pfunde	Gewichte, bei welchen sich die entstandenen Risse bis auf $\frac{1}{10}$ Linie erweiterten. Pr. Pfunde.	Gewichte, welche die Zerstörung der Steine bewirkten. Pr. Pfd.	Gewichte, bei welchen die Ecken absprangen, oder sich einzelne Flächen abschälten. Pr. Pfunde.	Compression des Steines, unmittelbar vor der Zerstörung beobachtet, wo es möglich war, in Pr. Linien.	Besondere Bemerkungen und Beobachtungen.
Die 10 oder beinahe 10 Zoll hohen cylindrischen, 4 Zoll im Durchmesser haltenden Steine trugen pro Quadratzoll:										
No. 151. . . .	-	-	-	4628	5951	5951	5951	4020	- -	Ohne Unterlagen.
No. 152. . . .	-	-	-	3682	6552	6792	6792	3682	- -	
Summa	-	-	-	8310	12503	12743	12743	7702	- -	
Durchschnittlich pro Quadratzoll .	-	-	-	4155	6251	6371	6371	3851	- -	
Der 2 Zoll hohe cylindrische Stein von 4 Zoll Durchmesser, welcher ohne Unterlagen zerdrückt wurde, gab pro Quadratzoll: No. 142. . .				1623	1623	3907	4208	- -	- -	
Die beiden beinahe 4 Zoll hohen cylindrischen Steine von 4 Zoll Durchmesser gaben:										
No. 143. . . .	-	-	-	5838	5838	5838	5838	2765	- -	
No. 144. . . .	-	-	-	3426	6672	8596	9137	5289	- -	
Summa	-	-	-	9264	12510	14434	14975	8054	- -	
Durchschnittlich pro Quadratzoll .	-	-	-	4632	6255	7217	7487	4027	- -	
Der cylindrische, auf Unterlagen von feinem Sande zerdrückte, beinahe 10 Zoll hohe Stein trug pro Quadratzoll Druckfläche: No. 157. . . .				6672	6672	6672	6672	- -	- -	
Der 18 Zoll hohe cylindrische Stein, welcher auf Unterlagen von $\frac{1}{8}$ Linie dicken Bleiplatten zerdrückt wurde, trug auf jeden Quadratzoll: No. 161.				5223	6912	8997	8997	6912	- -	
Diejenigen Steine, wo 2 oder 3 Cylinder von 4 Zoll Durchmesser auf einander gestellt wurden, gaben pro Quadratzoll folgende Resultate:										
No. 162. . . .	-	-	-	2945	3186	3186	3186	3186	- -	Es ist merkwürdig, dafs bei so vielen dieser Exemplare die Risse sich erst erzeugten, wenn sie der Zerstörung ganz nahe waren. So dafs ein mit denselben aufgeführtes Gebäude bis zum Moment seines Einsturzes keine Brüche oder Risse zeigen würde.
No. 163. . . .	-	-	-	2584	2584	2584	2584	2584	- -	
No. 164. . . .	-	-	-	2705	2705	2705	2705	2705	- -	
No. 165. . . .	-	-	-	4147	4147	4388	5108	- -	- -	
No. 166. . . .	-	-	-	4628	4628	4749	4749	- -	- -	
No. 167. . . .	-	-	-	2697	2697	2697	2697	- -	- -	
Summa	-	-	-	19706	19947	20309	21029	8475	- -	
Durchschnittlich pro Quadratzoll .	-	-	-	3284	3325	3385	3505	2825	- -	
Zusammenstellung.										
Die 2 Zoll hohen viereckigen Steine trugen durchschnittlich pro Quadratzoll:										
- - - - - -	-	-	-	3473	3558	5565	7126	4867	- -	
Die 3 Zoll hohen	-	-	-	4145	4691	6348	6751	3945	- -	
Die 4 Zoll hohen	-	-	-	3165	3490	5065	5864	3070	- -	
Die 2 Zoll hohen cylindrischen . .	-	-	-	1623	1623	3907	4208	- -	- -	War ein grobporiges Exemplar.
Die 3 Zoll hohen	-	-	-	2866	4208	8343	8343	3261	- -	
Die 4 Zoll hohen	-	-	-	4632	6255	7217	7487	4027	- -	Aus der nebenstehenden Zusammenstellung geht hervor, dafs bei diesen harten Steinen die Unterlagen fast gar keinen Unterschied in der Widerstandsfähigkeit machen, eben so die Höhe, wenn sie gleich 5 Mal gröfser wird. Denn die 2 Zoll hohen Steine trugen bis zu ihrer völligen Zerstörung nur 7126 Preufs. Pfunde pro Quadratzoll, und die 10 Zoll hohen noch 6371 u. 6672 eben solcher Pfunde.
Die 6 Zoll hohen	-	-	-	5105	6526	7712	7812	5154	- -	
Die 8 Zoll hohen	-	-	-	5107	8776	8776	10713	5047	- -	
Die 9 Zoll hohen	-	-	-	6177	6787	6787	6787	- -	- -	
Die 10 Zoll hohen	-	-	-	4155	6251	6371	6371	3851	- -	
Der 8 Zoll hohe auf Bleiplatten zerdrückte	-	-	-	5223	6912	8997	8997	6912	- -	
Der 10 Zoll hohe auf Sandlagern zerdrückte	-	-	-	6672	6672	6672	6672	6672	- -	
Mehrere cylindrische Steine auf einander zerdrückt .	-	-	-	3284	3325	3385	3505	2825	- -	

Laufende No.	Stein-Arten und Fund-Ort. Art, wie sie unter die Presse gebracht wurden.	Dimensionen in Preufsischen Zollen. Länge.	Breite.	Höhe.	Gewichte, bei welchen man die Trennung hörte, ehe sich Risse zeigten. Pr. Pfd.	Gewichte, durch welche feine Risse entstanden, die nur so eben sichtbar wurden. Pr. Pfunde.	Gewichte, bei welchen sich die entstandenen Risse bis auf $\frac{1}{10}$ Linie erweiterten. Pr. Pfunde.	Gewichte, welche die Zerstörung der Steine bewirkten. Pr. Pfd.	Gewichte, bei welchen die Ecken absprangen, oder sich einzelne Flächen abschälten. Pr. Pfunde.	Compression des Steines, unmittelbar vor der Zerstörung beobachtet, wo es möglich war, in Pr. Linien.	Besondere Bemerkungen und Beobachtungen.
168.	Basaltisches Gestein aus den Brüchen von Niedermendig, ohne Unterlagen.	5	5	2	58135	58135 Ein Rifs.	86825 Der erste erweiterte sich, es entstanden mehrere.	258210	43140	- -	Hatte sehr gute Lager, feine Poren und wurde in Sand und Staub zerdrückt.
169.	Desgl.	3	3	3	32465	41525	44545	50590	Keine Ecke.	$1\frac{1}{4}$	Gutes Lager, feine Poren, wurde nicht so innig zerstört als der vorige.
170.	Desgl.	4	4	$3\frac{5}{6}$	15855	15855 Ein Rifs, 56625 ein anderer, 58135 ein dritter.	77765 Alle drei.	79275	13985 58135	1	Desgl.
171.	Desgl.	4	4	$3\frac{5}{6}$	58135	58135	70215	73205	17365 58135	$1\frac{1}{4}$	Desgl.
172.	Desgl.	4	4	$3\frac{7}{8}$	43035	115515	115515	115515	Keine.	$1\frac{1}{2}$	Desgl.
173.	Desgl.	4	4	$3\frac{5}{6}$	35485	38505	79275	83805	38505	1	Desgl.
174.	Desgl.	4	4	$3\frac{5}{6}$	46055	46055	50585	59645	Keine.	Nicht beobachtet.	Desgl.
175.	Desgl.	4	4	$3\frac{5}{6}$	44542	67200	67200	86825	Keine.	1	Hatte rauhe Lager, aber festes Ansehen.
176.	Desgl.	4	4	$3\frac{7}{8}$	44542	44542	86825	89830	Keine.	$\frac{1}{2}$	Wie der vorige in Staub und Körner zerdrückt.
177.	Eben solcher Stein, aber oben und unten feine Sandlager.	4	4	$3\frac{5}{6}$	56620	62665 Zwei Risse.	71725 Der eine erweitert und ein neuer.	83805	Keine.	$\frac{1}{2}$	Gute Lager, feine Poren und wurde in Prismen, Pyramiden und Körner zerstört.
178.	Desgl.	4	4	$3\frac{5}{6}$	65685	65685	65685	65685	Keine.	1	Dieser Stein zeigte vorher gar keine Risse und zersprengte sich plötzlich in grössere u. kleinere Prismen etc., welche umher sprangen.
179.	Eben solcher Stein, ohne Unterlagen.	5	5	$4\frac{11}{12}$	135145	135145	154020	154020	Keine.	4	War sehr feinkörnig. Innig zerstört.
180.	Desgl.	5	5	$4\frac{11}{12}$	50585	135900 Zwei Risse.	156284 Einer erweitert, noch ein neuer.	185578	80785	1	Der Stein hatte gute Lager u. ein feinkörniges festes Ansehen.
181.	Desgl.	5	5	5	65685	65685 Ein Rifs.	101930 Der erste erweitert, mit 132125 mehrere neue.	175915	107210	Nicht beobachtet.	War in so feine Stücke wie Graupen zerdrückt worden.

Laufende No.	Stein-Arten und Fund-Ort. Art, wie sie unter die Presse gebracht wurden.	Dimensionen in Preufsischen Zollen.			Gewichte, bei welchen man die Trennung hörte, ehe sich Risse zeigten. Pr. Pfd.	Gewichte, durch welche feine Risse entstanden, die nur so eben sichtbar wurden. Pr. Pfunde.	Gewichte, bei welchen sich die entstandenen Risse bis auf $\frac{1}{10}$ Linie erweiterten. Pr. Pfunde.	Gewichte, welche die Zerstörung der Steine bewirkten. Pr. Pfd.	Gewichte, bei welchen die Ecken absprangen, oder sich einzelne Flächen abschalten. Pr. Pfunde.	Compression des Steines, unmittelbar vor der Zerstörung beobachtet, wo es möglich war, in Pr. Linien	Besondere Bemerkungen und Beobachtungen.
		Länge.	Breite.	Höhe.							
182.	Zwei Steine auf einander, ohne Unterlagen.	5	5	$3\frac{5}{8}$	43790	43790 Ein Rifs, 65680 ein anderer.	127595	165345	Keine.	1	Hatten beide gute Lager und festes Ansehen, wurden deshalb auch innig zerstört.
183.	Drei Steine desgl.	5	5	6	51340	51340 Ein Rifs, 73990 noch einer, 93620 mehrere.	93620 Erweiterten sich alle.	93620	Keine.	$1\frac{1}{12}$	Desgl.
184.	Ein Stein ohne Unterlagen.	6	3	6	43035	47565	125330	125330	36995 Eine Ecke, 95130 noch eine.	1	Sehr feine Poren, gute Lager. Wurde in Pyramiden, Prismen und andere Körper zersprengt.
185.	Desgl.	6	$2\frac{1}{2}$	6	35485	40015	88335	111740	Keine.	Nicht beobachtet.	Desgl.
186.	Desgl.	$4\frac{1}{2}$	2	$4\frac{1}{2}$	26425	32465	40015	44545	30955	$1\frac{1}{2}$	Desgl.
187.	Desgl.	6	2	6	40115	50585	56625	56625	41625	$1\frac{1}{2}$	Desgl.
188.	Desgl.	4	4	6	86825	109475 Mehrere Risse.	110715 Alle erweitert.	110715	43035 91355	4	Desgl.
189.	Ein Stein ohne Unterlagen zerdrückt.	2	2	6	15855	26425 Mehrere Risse am obern Theile.	26425	26425	23405	2	Das obere Viertel wurde nur zerstört, der untere Theil blieb ganz unverletzt, so viel sichtbar davon war.
190.	Desgl.	2	2	6	18875	33975	33975	33975	Keine.	2	Zerspaltete von oben bis unten in Klingen u. Prismen.
191.	Ein cylindrischer Stein.	2	dia.	6	14315	24915	24915	24917	17365	2	In Körner, Prismen und Pyramiden zerstört.
192.	Desgl.	2	dia.	6	18875	23405	24915	24915	21895	$1\frac{1}{2}$	Desgl.
193.	Desgl.	2	dia.	6	17365	25420	25420	25420	Keine.	2	Desgl.
194.	Desgl.	4	dia.	6	95885	101925	101925	101925	Keine.	1	Desgl.
195.	Desgl.	5	dia.	$5\frac{11}{12}$	79275	111740	111740	111740	53505 107965	1	Desgl.
196.	Desgl.	5	dia.	$5\frac{11}{12}$	87429	162325 Zwei Risse.	177425 Beide erweitert, ein neuer.	180908	Keine Ecke.	Nicht beobachtet.	
	Der 2 Zoll hohe Stein dieser Art trug pro Quadratzoll, nemlich ohne Unterlagen zerdrückt:										
	No. 168. . . .	-	-	-	2325	2325	3473	10328	1725	- -	
	Der 3 Zoll hohe Stein, welcher ohne Unterlagen zerdrückt wurde, gab pro Quadratzoll Druckfläche, viereckig:										
	No. 169. . . .	-	-	-	3607	4614	4949	5621	- -	- -	

Laufende No.	Stein-Arten und Fund-Ort. Art, wie sie unter die Presse gebracht wurden.	Dimensionen in Preufsischen Zollen. Länge.	Breite.	Höhe.	Gewichte, bei welchen man die Trennung hörte, ehe sich Risse zeigten. Pr. Pfd.	Gewichte, durch welche feine Risse entstanden, die nur so eben sichtbar wurden. Pr. Pfunde.	Gewichte, bei welchen sich die entstandenen Risse bis auf $\frac{1}{10}$ Linie erweiterten. Pr. Pfunde.	Gewichte, welche die Zerstörung der Steine bewirkten. Pr. Pfd.	Gewichte, bei welchen die Ecken absprangen, oder sich einzelne Flächen abschalten. Pr. Pfunde.	Compression des Steines, unmittelbar vor der Zerstörung beobachtet, wo es möglich war, in Pr. Linien	Besondere Bemerkungen und Beobachtungen.
	Die 4 Zoll hohen, ohne Unterlagen zerdrückten Bausteine gaben pro Quadratzoll Druckfläche, in viereckiger Form:										
	No. 170. . . .	-	-	-	991	2721	4860	4955	2254	- -	Es ist merkwürdig, dafs die 4 Zoll hohen Steine weniger im Durchschnitt tragen als die 6 Zoll hohen.
	No. 171. . . .	-	-	-	3633	3633	4388	4575	2360	- -	
	No. 172. . . .	-	-	-	2689	7213	7213	7213	- -	- -	
	No. 173. . . .	-	-	-	2218	2218	4955	5238	2218	- -	
	No. 174. . . .	-	-	-	2878	2878	3162	3728	- -	- -	
	No. 175. . . .	-	-	-	2784	4200	4200	5426	- -	- -	
	No. 176. . . .	-	-	-	2784	2784	5426	5614	- -	- -	
	No. 177. . . .	-	-	-	3539	3916	4483	5238	- -	- -	
	No. 178. . . .	-	-	-	4105	4105	4105	4105	- -	- -	
	Summa	-	-	-	25621	33668	42792	46092	6832	- -	
	Durchschnittlich pro Quadratzoll .	-	-	-	2847	3741	4755	5121	2277	- -	
	Die 5 oder beinahe 5 Zoll hohen viereckigen, ohne Unterlagen zerdrückten Steine dieser Art gaben folgende Resultate pro Quadratzoll:										
	No. 179. . . .	-	-	-	5406	5406	6161	6161	- -	- -	
	No. 180. . . .	-	-	-	2023	5436	6251	7423	3231	- -	
	No. 181. . . .	-	-	-	2627	2627	4681	7037	4288	- -	
	No. 186. . . .	-	-	-	2642	3246	4001	4454	3095	- -	
	Summa	-	-	-	12698	16715	21094	25075	10614	- -	Es scheint als ob dicke Steine mehr Widerstand leisten, als eben so hohe, welche weniger Druckfläche entgegenzustellen haben.
	Im Durchschnitt pro Quadratzoll .	-	-	-	3174	4179	5274	6269	3538	- -	
	Die 6 Zoll hohen viereckigen, ohne Unterlagen zerstörten Steine trugen pro Quadratzoll:										
	No. 184. . . .	-	-	-	2391	2643	6963	6963	3670	- -	Hier sind die mittlern Widerstände gröfser, als bei den vorigen 5 Zoll hohen Steinen, ungeachtet es dieselbe Steinart und meistens aus demselben Bruche war.
	No. 185. . . .	-	-	-	2366	2661	5889	7449	- -	- -	
	No. 187. . . .	-	-	-	3343	4215	4719	4719	3460	- -	
	No. 188. . . .	-	-	-	5427	6842	6919	6919	4199	- -	
	No. 189. . . ,	-	-	-	3964	6606	6606	6606	5851	- -	
	No. 190. . . .	-	-	-	4719	8494	8494	8494	- -	- -	
	Summa	-	-	-	22210	31461	39590	41150	17180	- -	
	Durchschnittlich pro Quadratzoll .	-	-	-	3701	5243	6599	6858	4295	- -	
	Die beiden, ohne Unterlagen auf einander zerdrückten Steine von beinahe 4 Zoll Höhe gaben Widerstand pro Quadratzoll: No. 182.	-	-	-	1751	2189	5104	6614	4289	- -	
	Die drei, ohne Unterlagen auf einander zerdrückten Steine von 6 Zoll Höhe gaben pro Quadratzoll Widerstandsfläche: No. 183.	-	-	-	2054	2919	3745	3745	- -	- -	
	Die cylindrischen Steine von 6, oder beinahe 6 Zoll Höhe gaben pro Quadratzoll Druckfläche:										
	No. 191. . . .	-	-	-	4559	7934	7934	7934	5530	- -	Die runden Steine scheinen folglich bei derselben Höhe mehr Widerstand zu besitzen.
	No. 192. . . .	-	-	-	6011	7454	7934	7934	6973	- -	
	No. 193. . . .	-	-	-	5530	8095	8095	8095	- -	- -	
	No. 194. . . .	-	-	-	7626	8123	8123	8123	- -	- -	
	No. 195. . . .	-	-	-	4040	5695	5695	5695	- -	- -	
	No. 196. . . .	-	-	-	4456	8273	8273	8273	4115	- -	
	Summa	-	-	-	32222	45574	45574	45574	16618	- -	
	Durchschnittlich pro Quadratzoll .	-	-	-	5370	7596	7596	7596	5539	- -	

Laufende No.	Stein-Arten und Fund-Ort. Art, wie sie unter die Presse gebracht wurden.	Dimensionen in Preufsischen Zollen. Länge.	Breite.	Höhe.	Gewichte, bei welchen man die Trennung hörte, ehe sich Risse zeigten. Pr. Pfd.	Gewichte, durch welche feine Risse entstanden, die nur so eben sichtbar wurden. Pr. Pfunde	Gewichte, bei welchen sich die entstandenen Risse bis auf $\frac{1}{10}$ Linie erweiterten. Pr. Pfunde.	Gewichte, welche die Zerstörung der Steine bewirkten. Pr. Pfd.	Gewichte, bei welchen die Ecken absprangen, oder sich einzelne Flächen abschalten. Pr. Pfunde.	Compression des Steines, unmittelbar vor der Zerstörung beobachtet, wo es möglich war, in Pr. Linien.	Besondere Bemerkungen und Beobachtungen.
197.	Basaltisches Gestein aus den Brüchen bei Winningen an der Mosel, woraus die Brücke über die Mosel zu Coblenz erbaut worden ist. Ohne Unterlagen.	3	3	2	24820	43130 Ein Rifs.	46180 Mehrere Risse, die sich mit 71740 Pfd. erweiterten.	84725	Keine Ecke.	1	Gute Lager. Dieser Stein ist in grofsen Massen abgesondert, ohne Lager vorhanden und gleicht dem Basalt sehr, nur dafs er nicht säulenförmig erscheint und hier und da noch porös ist. Er wurde in Prismen, Pyramiden, Keile und andere Stücke zerstört.
198.	Desgl.	4	4	$3\frac{3}{4}$	35480	35480 Ein Rifs, 62665 mehrere.	63615	95190	Keine.	1	Desgl.
199	Desgl.	4	4	$3\frac{3}{4}$	58130	58130	73205	109475	Keine.	1	Desgl.
200.	Desgl.	4	4	$3\frac{5}{6}$	46055	46055	46055	46055	26425	1	Rauhe unebene Lager; läfst sich nicht gut bearbeiten.
201.	Desgl.	4	4	$3\frac{3}{4}$	44540	47565	53605	65685	Keine.	2	Etwas bessere Lager als der vorige.
202.	Desgl.	6	5	$2\frac{3}{4}$	80790	85314	103435	194790	Keine.	Nicht beobachtet.	Gute Lager, alles übrige wie No. 197.
203.	Desgleichen, aber oben u. unten Sandlager.	$2\frac{1}{2}$	$2\frac{2}{3}$	3	27935	33975	35490	35490	Keine.	1	Desgl.
204.	Desgl.	$2\frac{2}{3}$	3	$2\frac{11}{12}$	35480	35480	40885	43905	Keine.	Nicht beobachtet.	Desgl.
205.	Desgleichen. Zwei Steine auf einander mit Mörtel durch einander verbunden, oben u. unten Sandlager.	4	4	$7\frac{5}{6}$	73135	76155	76155	76155	20380 Eine Ecke, 58135 eine andere vorn, 62655 eine dritte am untern Stein.	$\frac{1}{2}$	Beide Steine hatten gute Lager. Der Mörtelverband wurde schon mit 20380 Pfund aufgehoben u. dessen Volumen bedeutend vermindert.
	Oder pro Q.-Z. Druckfläche				4571	4759	4759	4759	2941		
	Der Widerstand des 2 Zoll hohen Steines war folglich pro Quadratzoll:										
	nemlich No. 197.	-	-	-	2758	4792	6551	9417	- -	- -	
	Die 3 Zoll hohen Steine leisteten pro Quadratzoll einen Widerstand.										
	No. 202. . . .	-	-	-	2693	2844	3448	6493	- -	- -	Diese beiden letzten Steine hatten Sandlager.
	No 203. . . .	-	-	-	4190	5099	5324	5324	- -	- -	
	No. 204. . . .	-	-	-	4435	4435	5111	5486	- -	- -	
	Summa	-	-	-	11318	12378	13883	17303	- -	- -	
	Durchschn. pro Q.-Z.	-	-	-	3772	3094	3627	5767	- -	- -	
	Die 4 Zoll hohen Steine trugen pro Quadratzoll Druckfläche:										
	No. 198. . . .	-	-	-	2218	3067	3976	5946	- -		Diese Brücke, welche schon Jahrhunderten trotzt, erfordert selten eine Reparatur, weil das Material, woraus sie erbauet worden ist, so aufserordentlich viel Widerstand leistet, dafs der Eisgang nichts dagegen ausrichtet.
	No. 199. . . .	-	-	-	3633	3633	4575	6842	- -		
	No. 200. . . .	-	-	-	2878	2878	2878	2878	1651		
	No. 201. . . .	-	-	-	2784	2973	3350	4105	- -		
	Summa	-	-	-	11513	12551	14779	19771	1651		
	Durchschn. pro Q.-Z.	-	-	-	2878	3138	3695	4943	1651		

Laufende No.	Stein-Arten und Fund-Ort. Art, wie sie unter die Presse gebracht wurden.	Dimensionen in Preufsischen Zollen. Länge.	Breite.	Höhe.	Gewichte, bei welchen man die Trennung hörte, ehe sich Risse zeigten. Pr. Pfd.	Gewichte, durch welche feine Risse entstanden, die nur so eben sichtbar wurden. Pr. Pfunde.	Gewichte, bei welchen sich die entstandenen Risse bis auf $\frac{1}{10}$ Linie erweiterten. Pr. Pfunde.	Gewichte, welche die Zerstörung der Steine bewirkten. Pr. Pfd.	Gewichte, bei welchen die Ecken absprangen, oder sich einzelne Flächen abschälten. Pr. Pfunde	Compression des Steines, unmittelbar vor der Zerstörung beobachtet, wo es möglich war, in Pr. Linien	Besondere Bemerkungen und Beobachtungen.
206.	Basaltisches Gestein vom Camillenberge, vier Stunden von Coblenz entfernt, zwischen Münster, Mayfeld, Mayen und Coblenz. Ohne Unterlagen.	5	5	$4\frac{11}{12}$	58136	Keine Risse.	Keine Risse.	76255	Keine Ecke.	1	Gute Lager. Diese Steinart ist sehr porös und elastisch, und enthält viele mit Goldglanz schimmernde Glimmerblättchen. Er heifst hier Saustein, weil man damit die Haare der geschlachteten Schweine abreibt. Er giebt gutes dauerhaftes Mauerwerk, ist aber nur im Nothfall zum Strafsenbau anwendbar.
207.	Desgl.	5	5	$4\frac{5}{6}$	61155	61155	61155	61155	Keine.	1	Wie der vorige.
208.	Desgl.	4	4	4	38505	38505	38505	38505	15855	$\frac{3}{4}$	Desgl.
209.	Desgl.	3	3	3	15860	15860	21896	21896	Keine.	Nicht beobachtet.	Sehr grobe Poren, fast wie ausgewitterte Mandellöcher.
210.	Desgl.	2	2	$3\frac{11}{12}$	10580	10580	10580	10580	Keine.	Desgl.	
211.	Rund desgl.	5	dia.	5	35485	35485	47565	53605	30955	Desgl.	
	Der 3 Zoll hohe Stein trug folglich pro Quadratzoll Widerstandsfläche:										
	No. 209. . . .	-	-	-	1762	1762	2433	2433	- -	- -	
	Die beiden 4 Zoll, oder beinahe 4 Zoll hohen Steine trugen pro Quadratzoll Druckfläche:										
	No. 208. . . .	-	-	-	2406	2406	2406	2406	1762	- -	
	No. 210. . . .	-	-	-	2645	2645	2645	2645	- -	- -	
	Summa	-	-	-	5051	5051	5051	5051	1762	- -	
	Durchschnittlich pro Quadratzoll .	-	-	-	2525	2525	2525	2525	1762	- -	
	Die beiden 5 Zoll oder beinahe 5 Zoll hohen Steine trugen pro Quadratzoll:										
	No. 206. . . .	-	-	-	2325	Keine.	Keine.	3050	- -	- -	
	No. 207. . . .	-	-	-	2446	2446	2446	2446	- -	- -	
	Summa	-	-	-	4771	- -	- -	5496	- -	- -	
	Durchschnittlich pro Quadratzoll .	-	-	-	2385	2446	2446	2748	- -	- -	
	Der 5 Zoll hohe, 5 Zoll im Durchmesser haltende cylindrische Stein hatte einen Widerstand pro Quadratzoll										
	No. 211. . . .	-	-	-	1809	1809	2424	2732	1577	- -	

§. 12.

Tab. XII. Tufsteine verschiedener Art.

Laufende No.	Stein-Arten und Fund-Ort.	Länge.	Breite.	Höhe.	Trennung Pr. Pfd.	Feine Risse Pr. Pfunde.	Risse bis auf $\frac{1}{10}$ Linie Pr. Pfunde.	Zerstörung Pr. Pfd.	Ecken Pr. Pfunde	Compression Pr. Linien	Besondere Bemerkungen und Beobachtungen.
212.	Tufstein aus d. Steinbrüchen bei Weib, unweit Andernach. Ohne Unterlager zerdrückt, weil sich die Lager sehr gut und glatt bearbeiten und abschleifen lassen.	3	3	3	8525	8525 Ein Rifs.	10600 Der erste erweiterte sich, ein neuer.	10600	Keine.	Nicht beobachtet.	Dies ist ein fester Thontuf, welcher in grofsen Massen vorkommt, und selten sichtbare Lager hat. Er ist ganz dicht, nur hat er hie und da eine festere Crystallmasse, welche aus Kieselerde zu bestehen scheint, und von den Steinhauern Gal-
213.	Desgl.	4	4	$3\frac{5}{6}$	14345	15855 Drei Risse	23408 Alle erweitert.	26425	20385	2	

Laufende No.	Stein-Arten und Fund-Ort. Art, wie sie unter die Presse gebracht wurden.	Dimensionen in Preussischen Zollen.			Gewichte, bei welchen man die Trennung hörte, ehe sich Risse zeigten.	Gewichte, durch welche feine Risse entstanden, die nur so eben sichtbar wurden.	Gewichte, bei welchen sich die entstandenen Risse bis auf $\frac{1}{10}$ Linie erweiterten.	Gewichte, welche die Zerstörung der Steine bewirkten.	Gewichte, bei welchen die Ecken absprangen, oder sich einzelne Flächen abschälten.	Compression des Steines, unmittelbar vor der Zerstörung beobachtet, wo es möglich war, in	Besondere Bemerkungen und Beobachtungen
		Länge.	Breite.	Höhe.	Pr. Pfd.	Pr. Pfunde.	Pr. Pfunde.	Pr. Pfd.	Pr. Pfunde.	Pr. Linien.	
214.	Desgl.	4	4	$3\frac{5}{6}$	12840	17360 Ein Rifs.	18865 Der erste, mehrere neue mit 21855	25670	Keine.	2	len genannt werden. Er giebt sehr gute Gesimse, Thür- u. Fenstergewände. Gothische Fensterverzierungen (*traccny-work*), weil er sich gut bearbeiten läfst. Auch zu Feuerbauten anwendbar und zu jedem andern Mauerwerk. Man findet in diesem Tuf zuweilen ganz versteinerte Bäume.
215.	Desgl.	4	4	$3\frac{5}{6}$	11324	15860	21140	25675	Keine.	$1\frac{1}{6}$	
216.	Desgl.	4	4	$3\frac{5}{6}$	9815	17360	20385	23405	Keine.	1	
217.	Desgl.	4	4	$3\frac{11}{12}$	9815	9815	9815	23405	12835 Eine, 17365 noch eine andere.	1	
218.	Desgl.	4	4	$3\frac{5}{6}$	15855	15855	20385	21895	9815	2	
219.	Desgl.	4	4	$3\frac{11}{12}$	9824	15855	20385	21895	9815 Eine, 12840 eine andere.	2	
220.	Desgl.	4	4	$3\frac{11}{12}$	8310	8310 Ein Rifs, 29450 noch einer, 36994 noch einer.	36994 Die beiden ersten, 38505 der letzte.	40020	29450	2	Desgl.
221.	Desgl.	4	4	$3\frac{5}{6}$	6794	6794 Ein Rifs, 26425 noch einer 32465 mehrere.	43035 Die beiden ersten, 47565 alle.	47565	28690 Eine, 43790 noch eine.	1	Um den Versuch mit diesem Steine zu vollenden, wurden 48 Stunden erfordert, weil man d. Gewichte nur Loth für Loth auflegen konnte.
222.	Desgl.	4	4	$3\frac{5}{6}$	12835	12835 Ein Rifs.	21895 Der erste erweitert, noch drei neue.	29450	Keine.	1	Gute Lager, sehr dicht und fest, ohne viele Gallen. Wurde in unregelmäfsige Massen zerdrückt.
223.	Desgl.	4	4	$3\frac{7}{8}$	21895	21895	26425	30955	8400	Nicht beobachtet.	Wie der vorige.
224.	Desgl.	4	4	$3\frac{11}{12}$	9875	9815 Ein Rifs.	14345 Der erste erweitert, 18900 mehrere.	21955	Keine.	2	Desgl.
225.	Desgl.	4	4	$3\frac{11}{12}$	15860	15860 Ein Rifs, 18120 noch einer.	20385 Beide erweitert.	20385	Keine.	2	Desgl.
226.	Desgl.	$3\frac{1}{4}$	4	$3\frac{5}{6}$	6794	6794	9820	15860	9820	1	Dieser Stein war sehr grobkörnig mit vielen Gallen.
227.	Desgl., aber oben und unten $\frac{1}{2}$ Linie dicke Bleiplatten.	4	4	$3\frac{11}{12}$	24915	24915	27935	30955	19630	1	Desgleichen, aber feinkörnig und dicht.

Laufende No.	Stein-Arten und Fund-Ort. Art, wie sie unter die Presse gebracht wurden.	Dimensionen in Preufsischen Zollen. Länge.	Breite.	Höhe.	Gewichte, bei welchen man die Trennung hörte, ehe sich Risse zeigten. Pr. Pfd.	Gewichte, durch welche feine Risse entstanden, die nur so eben sichtbar wurden. Pr. Pfunde.	Gewichte, bei welchen sich die entstandenen Risse bis auf $\frac{1}{10}$ Linie erweiterten. Pr. Pfunde.	Gewichte, welche die Zerstörung der Steine bewirkten. Pr. Pfd.	Gewichte, bei welchen die Ecken absprangen, oder sich einzelne Flächen abschälten. Pr. Pfunde.	Compression des Steines, unmittelbar vor der Zerstörung beobachtet, wo es möglich war, in Pr. Linien.	Besondere Bemerkungen und Beobachtungen.
228.	Desgl., ohne Unlagen.	6	6	$5\frac{11}{12}$	21895	21895 Ein Rifs, 32465 mehrere.	41525 Der erste, 53605 d. andern.	55115	Keine.	$\frac{11}{12}$	Desgl.
229.	Desgl.	6	6	$5\frac{11}{12}$	26425	27935 2 Risse.	40015	50590	18875	1	Desgl.
230.	Desgl.	6	6	6	20386	20386 Ein Rifs, 33975 noch zwei.	46060	55116	17365	$\frac{10}{12}$	Desgl.
231.	Desgl.	6	6	6	19630	19630	43934 Ein Rifs.	50584	19630	1	Desgl.
232.	Desgl.	6	6	$5\frac{11}{12}$	32465	34465	44545	46055	26425	1	Desgl.
233.	Desgl.	8	7	$8\frac{1}{6}$	18880	32465	43035 Der erste erweitert, mit 47565 mehrere.	52095	18880 Eine, 24915 eine andere.	4	Desgl.
234.	Desgl.	8	8	$7\frac{11}{12}$	20384	40020 Ein Rifs.	55115 Der erste erweitert, 61155 mehrere.	62765	20385 Eine, 40020 noch eine.	2	Desgl.
235.	Desgl.	8	8	8	15875	43035 Zwei Risse.	50585 59645	62765	15875 Eine, 32465 noch eine, 50585 die dritte.	2	Desgl.
236.	Desgl., 2 Steine auf einander, oben, zwischen beiden und unten Sand.	4	4	$7\frac{3}{4}$	14345	14345 Ein Rifs, 15855 ein anderer.	15855	17365	Keine.	2	Desgl. Beide zerdrückt in Prismen, Pyramiden, Körner und Staub.
237.	Desgl.	4	4	8	17405	17405	18915	18915	Keine.	$1\frac{1}{2}$	Desgl.
238.	Desgl.	4	4	8	32465	32465 33975	33975	33975	26425	1	Desgl.
239.	Desgl., oben, unten und zwischen denselben eine Bleiplatte.	4	4	$7\frac{5}{6}$	32465	33975	35820	35820	29430	1	Desgl.
240.	Desgl., zwei Steine neben einander ohne Unterlagen.	4	4	4	23405 d. obere, 40015 d. untere	23405 Ein Rifs, 20015 ein Rifs.	26425 40015	} 44545	14345 Vom obern.	1	Ein Stein war feinkörniger als der andere; der grobkörnigste brach zuerst.
241.	Ein eben solcher Stein ohne Unterlagen.	4	4	$3\frac{5}{6}$	9820	9820	9820 Ein Rifs.	23405	12835 Eine Ecke, 17365 eine andere.	1	Gute Lager, sehr dicht u. festes Ansehen, jedoch mehrere Gallen. Zerbrach in unreguläre Körper.

Laufende No.	Stein-Arten und Fund-Ort. Art, wie sie unter die Presse gebracht wurden.	Dimensionen in Preufsischen Zollen.			Gewichte, bei welchen man die Trennung hörte, ehe sich Risse zeigten. Pr. Pfd.	Gewichte, durch welche feine Risse entstanden, die nur so eben sichtbar wurden. Pr. Pfunde	Gewichte, bei welchen sich die entstandenen Risse bis auf $\frac{1}{10}$ Linie erweiterten. Pr. Pfunde.	Gewichte, welche die Zerstörung der Steine bewirkten. Pr. Pfd.	Gewichte, bei welchen die Ecken absprangen, oder sich einzelne Flächen abschälten. Pr. Pfunde.	Compression des Steines, unmittelbar vor der Zerstörung beobachtet, wo es möglich war, in Pr. Linien.	Besondere Bemerkungen und Beobachtungen.
		Länge.	Breite.	Höhe.							
242.	Desgl.	4	4	$3\frac{5}{6}$	8310	8310 Ein Rifs, 29450 noch einer, 36994 mehrere.	36944 Die beiden ersten, 38505 die letzten.	40020	29450	2	Wie der vorige, wurde aber beinahe in Staub zerdrückt.
243.	2 Steine desgl., oben, unten und zwischen beiden Sandlager.	4	4	$7\frac{5}{6}$	12835	12835 Ein Rifs, 14384 noch zwei.	14384 Alle drei.	17405	Keine.	1	Beide Steine zerstört.
	Der 3zöllige Stein trug pro Quadratzoll Druckfläche, nemlich:										
	No. 212. . . .	-	-	-	948	948	1177	1177	- -	- -	
	Die 4 Zoll hohen Steine gaben pro Quadratzoll Druckfläche, nemlich:										
	No. 213. . . .	-	-	-	896	991	1463	1651	1274	- -	Diese Steinart, welche ein festeres Ansehen hat, wie die folgende, trägt indessen nicht so grofse Lasten, als letztere. Da, wo mehrere Gewichte vorkommen, um eine bestimmte Wirkung hervorzubringen, hat man das arithmetische Mittel derselben angenommen.
	No. 214. . . .	-	-	-	803	1085	1272	1605	- -	- -	
	No. 215. . . .	-	-	-	708	991	1321	1605	- -	- -	
	No. 216. . . .	-	-	-	426	1085	1274	1463	- -	- -	
	No. 217. . . .	-	-	-	426	426	426	1463	944	- -	
	No. 218. . . .	-	-	-	991	991	1274	1369	462	- -	
	No. 219. . . .	-	-	-	427	991	1274	1369	709	- -	
	No. 220. . . .	-	-	-	519	1766	2359	2501	1216	- -	
	No. 221. . . .	-	-	-	425	1368	2831	2973	2265	- -	
	No. 222. . . .	-	-	-	802	802	1368	1841	- -	- -	
	No. 223. . . .	-	-	-	1369	1369	1652	1935	525	- -	
	No. 224. . . .	-	-	-	426	426	1039	1372	- -	- -	
	No. 225. . . .	-	-	-	991	1062	1274	1274	- -	- -	
	No. 226. . . .	-	-	-	447	447	655	1057	655	- -	
	No. 227. . . .	-	-	-	1557	1557	1746	1928	1227	- -	
	No. 241. . . .	-	-	-	614	614	614	1463	950	- -	
	No. 242. . . .	-	-	-	519	1557	2309	2501	1841	- -	
	Summa	-	-	-	13646	17544	24151	29369	1118	- -	
	Durchschnittlich pro Quadratzoll .	-	-	-	803	1032	1421	1728	1010	- -	
	Die 6 oder beinahe 6 Zoll hohen Steine trugen pro Quadratzoll Druckfläche:										
	No. 228. . . .	-	-	-	608	755	1321	1531	- -	- -	
	No. 229. . . .	-	-	-	734	770	1111	1405	524	- -	
	No. 230. . . .	-	-	-	566	755	1279	1531	482	- -	
	No. 231. . . .	-	-	-	545	545	1242	1405	545	- -	
	No. 232. . . .	-	-	-	902	957	1210	1280	734	- -	
	Summa	-	-	-	3355	3782	6163	7152	3285	- -	
	Durchschnittlich pro Quadratzoll .	-	-	-	671	756	1233	1430	571	- -	
	Die 8 Zoll hohen Steine gaben pro Quadratzoll folgende Widerstände:										
	No. 233. . . .	-	-	-	337	579	809	931	391	- -	
	No. 234. . . .	-	-	-	319	625	909	981	472	- -	
	No. 235. . . .	-	-	-	248	630	861	981	255	- -	
	Summa	-	-	-	904	1834	2579	2893	1118	- -	
	Durchschnittlich pro Quadratzoll .	-	-	-	301	611	859	964	372	- -	

Zwei Steine auf einander zerdrückt, mit Sandlager dazwischen und unten und oben, gaben pro Quadratzoll Druckfläche:

Laufende No.	Stein-Arten und Fund-Ort. Art, wie sie unter die Presse gebracht wurden.	Dimensionen in Preufsischen Zollen. Länge.	Breite.	Höhe.	Gewichte, bei welchen man die Trennung hörte, ehe sich Risse zeigten. Pr. Pfd.	Gewichte, durch welche feine Risse entstanden, die nur so eben sichtbar wurden. Pr. Pfunde.	Gewichte, bei welchen sich die entstandenen Risse bis auf $\frac{1}{10}$ Linie erweiterten. Pr. Pfunde.	Gewichte, welche die Zerstörung der Steine bewirkten. Pr. Pfd.	Gewichte, bei welchen die Ecken absprangen, oder sich einzelne Flächen abschälten. Pr. Pfunde.	Compression des Steines, unmittelbar vor der Zerstörung beobachtet, wo es möglich war, in Pr. Linien.	Besondere Bemerkungen und Beobachtungen.
	No. 236.	-	-	-	897	944	991	1085	- -	- -	Bei dieser Steinart scheinen daher Sandlager, folglich der Mörtel in dickeren Lagen sehr zweckmäfsig zu sein.
	No. 237.	-	-	-	1088	1088	1182	1182	- -	- -	
	No. 238.	-	-	-	2029	2076	2123	2123	1651	- -	
	No. 243.	-	-	-	802	851	899	1025	- -	- -	
	Summa	-	-	-	4816	4959	5195	5415	- -	- -	
	Durchschnittlich pro Quadratzoll .	-	-	-	1204	1240	1299	1354	1651	- -	
	Desgl. zwei Steine dieser Art neben einander ohne Unterlagen zerdrückt pro Quadratzoll Druckfläche:										
	No. 240.	-	-	-	1982	1982	2076	2784	896	- -	
	Desgl. zwei Steine auf einander, oben, unten und dazwischen Bleiplatten:										
	No. 239.	-	-	-	2029	2123	2239	2239	1839	- -	Hier sind die Bleiplatten folglich sehr wirksam gewesen.
244.	Tufstein aus d. Steinbrüchen von Bell, unweit Andernach und des Laacher Sees. Ohne Unterlagen zerdrückt, weil sich sehr gute Lager daran meifseln und schleifen lassen.	$2\frac{1}{2}$	$2\frac{1}{2}$	5	9560	9060 Ein Rifs.	9815 Der erste erweiterte sich, es entstanden mehrere neue.	10570	Keine.	Nicht zu beobachten, weil die Zerstörung zu plötzlich erfolgte.	Dieser Stein ist etwas poröser als der aus d. Steinbrüchen bei Weib. Man construirt daraus Backöfen, Feuerheerde, Stubenöfen, Kochöfen, Malzdarren, überhaupt alle mögliche Feuerbauten, nebst ihren Schornsteinen, welche darin ausgehöhlt werden. Dieser Stein widersteht d. Feuer sehr gut, verbrennt aber nach und nach an der dem Feuer zugekehrten Seite und wird dadurch mürbe und bröckelt sich ab. Simse, Fenster- und Thürgespunde und Mauern aller Art werden daraus verfertigt.
245.	Desgl.	$2\frac{1}{2}$	$2\frac{1}{2}$	5	8775	9150	9896	11125	Keine.	Desgl.	
246.	Desgl.	$2\frac{1}{2}$	$2\frac{1}{2}$	5	12745	12745 Mehrere.	13945	19675	10832	Desgl.	Hatte ein sehr festes Ansehen.
247.	Desgl.	$2\frac{1}{2}$	$2\frac{1}{2}$	6	8302	8302	8302	8302	4286	Desgl.	Dieser Stein war sehr grobkörnig und hatte einzelne grofse kieselartige prismatische Gallen. Daher sein geringer Widerstand.
248.	Desgl.	$2\frac{1}{2}$	$2\frac{1}{2}$	6	6040	7550	9052	10570	Keine.	Desgl.	Hatte ein besseres Ansehen als der vorige.
249.	Desgl.	$2\frac{1}{2}$	$2\frac{1}{2}$	6	11322	11322	12080	13590	Keine.	Desgl.	Desgl.

Laufende No.	Stein-Arten und Fund-Ort. Art, wie sie unter die Presse gebracht wurden.	Dimensionen in Preufsischen Zollen. Länge.	Breite.	Höhe.	Gewichte, bei welchen man die Trennung hörte, ehe sich Risse zeigten. Pr. Pfd.	Gewichte, durch welche feine Risse entstanden, die nur so eben sichtbar wurden. Pr. Pfunde	Gewichte, bei welchen sich die entstandenen Risse bis auf $\frac{1}{10}$ Linie erweiterten. Pr. Pfunde.	Gewichte, welche die Zerstörung der Steine bewirkten. Pr. Pfd.	Gewichte, bei welchen die Ecken absprangen, oder sich einzelne Flächen abschälten. Pr. Pfunde.	Compression des Steines, unmittelbar vor der Zerstörung beobachtet, wo es möglich war, in Pr. Linien.	Besondere Bemerkungen und Beobachtungen.
250.	Desgl.	$2\frac{1}{2}$	$2\frac{1}{2}$	7	9060	9060	12080	12080	Keine.	Desgl.	Desgl.
251.	Desgl.	$2\frac{1}{2}$	$2\frac{1}{2}$	7	10570	10570	11570	18875	9820	Desgl.	Desgl.
252.	Desgl.	$2\frac{1}{2}$	$2\frac{1}{2}$	7	11324	11324	11324	11324	6794	Desgl.	Desgl.
253.	Desgl.	$2\frac{1}{2}$	$2\frac{1}{2}$	8	9812	9812	15860	16460	Keine.	Desgl.	Gute Lager, blofs der obere Theil zerstört.
254.	Desgl.	$2\frac{1}{2}$	$2\frac{1}{2}$	8	15100	15100	15100	17364	14345	Desgl.	Blofs der untere Theil zerstört.
255.	Desgl.	$2\frac{1}{2}$	$2\frac{1}{2}$	8	12080	12080 Mehrere Risse.	12840 Alle erweitert.	12840	6796	Desgl.	Zerspaltete, bauchte sich aus und zerbrach in mehrere unregelmäfsige Prismen.
	Die 5 Zoll hohen Steine trugen pro Quadratzoll Widerstandsfläche:										
	No. 244. . . .	-	-	-	1450	1450	1570	1691	- -	- -	Wo mehr Gewichte in derselben Spalte vorkommen, ist das arithmetische Mittel derselben genommen worden.
	No. 245. . . .	-	-	-	1404	1460	1583	1780	- -	- -	
	No. 246. . . .	-	-	-	2039	2039	2231	3148	1733	- -	
	Summa	-	-	-	4893	4949	5384	6619	1733	- -	
	Durchschnittlich pro Quadratzoll .	-	-	-	1631	1649	1794	2206	1733	- -	
	Die 6 Zoll hohen Steine hatten einen Widerstand pro Quadratzoll Druckfläche:										
	No. 247. . . .	-	-	-	1328	1328	1328	1328	686	- -	Es scheint, als wenn die Höhe keinen Einflufs auf den Widerstand hat, wenn sie nicht mehr als doppelt so grofs ist; denn die 5, 6, 7 und 8zölligen Steine haben beinahe gleich viel Last getragen.
	No. 248. . . .	-	-	-	966	1208	1448	1695	- -	- -	
	No. 249. . . .	-	-	-	1811	1821	1933	2174	- -	- -	
	Summa	-	-	-	4105	4347	4709	5197	686	- -	
	Durchschnittlich pro Quadratzoll:	-	-	-	1368	1449	1569	1732	686	- -	
	Die 7 Zoll hohen Steine trugen pro Quadratzoll:										
	No. 250. . . .	-	-	-	1450	1450	1933	1933	- -	- -	
	No. 251. . . .	-	-	-	1691	1691	1691	3020	1571	- -	
	No. 252. . . .	-	-	-	1812	1812	1812	1812	1287	- -	
	Summa	-	-	-	4953	5053	5436	6765	2858	- -	
	Durchschnittlich pro Quadratzoll	-	-	-	1651	1684	1812	2255	929	- -	
	Die 8 Zoll hohen gaben eine Widerstandsfähigkeit pro Quadratzoll:										
	No. 253. . . .	-	-	-	1570	1570	2538	2634	- -	- -	Die Widerstandsfähigkeit des Steins aus Bell ist daher viel gröfser als jene der Steine aus Weib.
	No. 254. . . .	-	-	-	2416	2416	2416	2778	2295	- -	
	No. 255. . . .	-	-	-	1933	1933	2054	2054	1047	- -	
	Summa	-	-	-	5919	5919	7008	7466	3342	- -	
	Durchschnittlich pro Quadratzoll .	-	-	-	1973	1973	2669	2488	1114	- -	

Laufende No.	Stein-Arten und Fund-Ort. Art, wie sie unter die Presse gebracht wurden.	Dimensionen in Preußischen Zollen.			Gewichte, bei welchen man die Trennung hörte, ehe sich Risse zeigten.	Gewichte, durch welche feine Risse entstanden, die nur so eben sichtbar wurden.	Gewichte, bei welchen sich die entstandenen Risse bis auf $\frac{1}{10}$ Linie erweiterten.	Gewichte, welche die Zerstörung der Steine bewirkten.	Gewichte, bei welchen die Ecken absprangen, oder sich einzelne Flächen abschälten.	Compression des Steines, unmittelbar vor der Zerstörung beobachtet, wo es möglich war, in	Besondere Bemerkungen und Beobachtungen.
		Länge.	Breite.	Höhe.	Pr. Pfd.	Pr. Pfunde.	Pr. Pfunde.	Pr. Pfd.	Pr. Pfunde.	Pr. Linien.	
256.	Ein Stein von dem feinsten Tufstein, welcher in den obern Lagen der Steinbrüche von Bell, Weib u. s. w. gefunden wird. Ohne Unterlagen zerdrückt, weil sich die Lager sehr glatt bearbeiten und abschleifen lassen.	3	3	3	5285	5285 Mehrere Risse.	12835 Erweiterten sich alle.	12835	Keine Ecke.	Nicht zu beobachten, weil die Zerstörung zu schnell erfolgte.	Dieser Stein, welchen man eigentlich Tufthon nennen könnte, löset sich im Frost und in der Nässe auf und bekommt schon Risse bei einer mäfsigen Hitze. Deshalb ist er auch nur zu Mauern u. Fachwänden im Innern d. Gebäude brauchbar. Zu architektonischen Verzierungen, Gesimsen u. s. w. ist er unbrauchbar, weil die Ecken zu leicht abspringen.
257.	Desgl.	3	3	3	10570	10570 Drei Risse.	15860 Es entstanden noch mehrere Risse.	18120	Desgl.	3	Dieser Stein wurde eben so wie der vorige in unregelmäfsige Keile, Prismen u. Körner zerdrückt.
258.	Desgl.	3	3	$2\frac{11}{12}$	11325	11325 Zwei Risse.	15855 Die ersten erweitert, mehrere neue.	17365	Desgl.	1	Desgl.
259.	Desgl.	2	2	$3\frac{7}{8}$	6795	6795	9060	9060	Desgl.	$1\frac{1}{2}$	Desgl.
260.	Desgl.	2	2	$3\frac{11}{12}$	8305	8305	8305	8305	6794	1	Desgl.
261.	Desgl.	4	4	$3\frac{7}{8}$	17365	17365 Vier Risse.	18864 Alle erweitert.	23410	9875 Eine vorn, 11325 eine hinten, 14345 desgl.	$1\frac{1}{2}$	Desgl.
262.	Desgl.	6	6	$5\frac{5}{8}$	9820	11325 Ein Rifs, 27935 mehrere.	35486 Nur zwei erweitert.	53605	36995	Nicht beobachtet.	Desgl.
263.	Desgl.	6	6	$6\frac{1}{12}$	6795	6795 Zwei, 20865 noch zwei.	43035	55115	8305 Eine, 31895 noch eine.	Desgl.	Desgl.
264.	Desgl.	6	6	$5\frac{11}{12}$	8310	8310	29445	38504	9820 Eine, 14345 noch eine, 36995 noch eine.	1	Desgl.

Laufende No.	Stein-Arten und Fund-Ort. Art, wie sie unter die Presse gebracht wurden.	Dimensionen in Preufsischen Zollen. Länge.	Breite.	Höhe.	Gewichte, bei welchen man die Trennung hörte, ehe sich Risse zeigten. Pr. Pfd.	Gewichte, durch welche feine Risse entstanden, die nur so eben sichtbar wurden. Pr. Pfunde.	Gewichte, bei welchen sich die entstandenen Risse bis auf $\frac{1}{10}$ Linie erweiterten. Pr. Pfunde.	Gewichte, welche die Zerstörung der Steine bewirkten. Pr. Pfd.	Gewichte, bei welchen die Ecken absprangen, oder sich einzelne Flächen abschälten. Pr. Pfunde.	Compression des Steines, unmittelbar vor der Zerstörung beobachtet, wo es möglich war, in Pr. Linien.	Besondere Bemerkungen und Beobachtungen.
265.	Desgl.	3	dia.	$3\frac{11}{12}$	14345	14345	14345	14345	6795 Ein Segment, 9810 ein anderes.	2	Desgl.
266.	Ein cylindrischer Stein, desgl.	4	dia.	$3\frac{7}{8}$	24915	24915	24915	24915	9815 Ein Segment, 18875 ein anderes.	$1\frac{1}{2}$	Desgl., hatte sehr festes Ansel
267.	Desgl.	4	dia.	6	41525	41525 Mehrere.	41525	41525	12836 Ein Segment, 20384 ein anderes.	1	Desgl., dieser St hatte ein festes, ni thoniges Anseher
268.	Zwei solcher Steine von 4eckiger Gestalt neben einander ohne Unterlagen.	3 3	3 3	$2\frac{11}{12}$ $2\frac{11}{12}$	9815 d. obere, 15855 der untere.	9815 15855 Mehrere Risse jeder Stein.	20385 Die Risse erweiterten sich in beiden alle	29455 Wurden beide zerdrückt.	Keine Ecke.	$1\frac{1}{2}$	Beide Steine ren aus demsel Stück verfertigt.
	Die 3 Zoll hohen Steine trugen pro Quadratzoll Druckfläche, d. h. die viereckigen:										
	No. 256. . . .	-	-	-	587	587	1426	1426	- -	- -	
	No. 257. . . .	-	-	-	1174	1174	1762	2013	- -	- -	
	No. 258. . . .	-	-	-	1258	1258	. 1762	1929	- -	- -	
	Summa	-	-	-	3019	3019	4950	5368	- -	- -	
	Durchschnittlich pro Quadratzoll .	-	-	-	1006	1006	1650	1789	- -	- -	
	Die 4 oder beinahe 4 Zoll hohen Steine trugen im Durchschnitt pro Quadratzoll Widerstandsfläche:										
	No. 259. . . .	-	-	-	1699	1699	2265	2265	- -	Diese Steinart trägt daher ebe viel als die Tufsteine aus Weib, che ein festeres Ansehen haben. kann daher auch solche Mauern aus fertigen, in welche keine Fe tigkeit dringt und die von au mit Mörtel beworfen sind. Sie ben sehr schöne trockene Wä worauf Tapeten und alles schön halten wird.	
	No. 260. . . .	-	-	-	2076	2076	2076	2076	1699		
	No. 261. . . .	-	-	-	1085	1085	1179	1463	739		
	Summa	-	-	-	4860	4860	5520	5804	2438		
	Durchschnittlich pro Quadratzoll .	-	-	-	1620	1620	1840	1934	1219		
	Die 6 oder beinahe 6 Zoll hohen viereckigen Steine trugen pro Quadratzoll:										
	No. 262. . . .	-	-	-	273	545	986	1488	1028	- -	
	No. 263. . . .	-	-	-	188	384	1195	1531	558	- -	
	No. 264. . . .	-	-	-	231	231	818	1069	711	- -	
	Summa	-	-	-	692	1160	2999	4088	2297	- -	
	Durchschnittlich pro Quadratzoll .	-	-	-	231	386	999	1362	766	- -	
	Die 4 Zoll hohen cylindrischen Steine trugen pro Quadratzoll:										
	No. 265. . . .	-	-	-	1016	1016	1016	1016	588	- -	
	No. 266. . . .	-	-	-	1933	1933	1933	1933	1141	- -	
	Summa	-	-	-	2499	2499	2499	2499	1729	- -	
	Durchschnittlich pro Quadratzoll .	-	-	-	1499	1499	1499	1499	864	- -	
	Der 6 Zoll hohe, 4 Zoll im Durchmesser haltende cylindrische Stein trug pro Quadratzoll Druckfläche:										
	No. 267. . . .	-	-	-	3274	3274	3274	3274	1322	- -	
	Die beiden, beinahe 3 Zoll hohen Steine trugen daher pro Quadratzoll Widerstandsfläche neben einander:										
	No. 268. . . .	-	-	-	1710	1710	1132	1636	- -	- -	

(Die Fortsetzung folgt.)

15.
Ergebnisse einiger Untersuchungen über Kalk und Mörtel.

(Von Herrn *Courtois,* Brücken- und Wege-Ingenieur.)

(Aus den *Annales des ponts et chaussées.* 1834.)

[Diese von Herrn Courtois angestellten Untersuchungen bezogen sich, wie er berichtet, auf die Mittel, dem gewöhnlichen Kalke mit möglichst geringen Kosten einen bestimmten Grad von Wasserfestigkeit (*hydraulicité*) und dem Mörtel eine bestimmte Härte zu geben, und scheinen dem Herausgeber dieses Journals auch für Deutschland so interessant, dafs ihnen in den gegenwärtigen Blättern eine Stelle gebührt. D. H.]

1.

Die Kunst, gute Mörtel zu bereiten, wird täglich wichtiger, wegen des Einflusses, den dieser Theil der Baustoffe auf die Dauer und Wohlfeilheit der Bauwerke hat. Wenn die Baumeister bei jedem bedeutenden Werke, welches sie ausführen, ihre Erwägungen und Beobachtungen bekannt machten, so würde man, auch in Rücksicht der Mörtelbereitung, bald alle Mittel kennen lernen, welche die verschiedenen örtlichen Umstände zur Vervollkommnung der Mörtel darbieten. [Den deutschen Baumeistern eine bequeme Gelegenheit zu verschaffen, die Beobachtungen und Erfahrungen, welche sie bei der Ausübung ihrer Kunst zu machen Gelegenheit haben, ihren Kunstgenossen und dem Publicum mitzutheilen, ist einer der Hauptzwecke des gegenwärtigen Journals. Es bleibt noch immer zu wünschen, dafs diese Gelegenheit von den Baumeistern mehr benutzt werden möchte. D. H.]

Da ich nun Gelegenheit gehabt habe, zu verschiedenen Zeiten mit Kalken und wasserfesten Mörteln (*mortiers hydrauliques*), und über die Mittel, sie mit geringen Kosten zusammen zu setzen, zahlreiche Versuche anzustellen: so glaube ich eine Pflicht zu erfüllen, wenn ich die vorzüglichsten Ergebnisse, auf welche ich gekommen bin, bekannt mache.

Meine Untersuchungen haben insbesondere diejenigen Mischungen oder Zusammensetzungen von Kalk und Thon zum Gegenstande gehabt, welche zwischen den wasserfesten Mörteln und den Cementen liegen. Um keine Mischung zu übergehen, habe ich mit allen möglichen Verbindungen von 100 Theilen Kalk und Thon operirt.

Ich werde also der Reihe nach sprechen:

Erstlich von den Grundstoffen der Verbindungen, den Kalksteinen, den thonigen Erden und den Mergeln. Ich werde ihre Bestandtheile und ihre Eigenschaften angeben.

Zweitens von den einfachsten Verbindungen, die in den Tabellen erster Ordnung genannt werden sollen; nemlich von den Mischungen von 1, 2, 3, 4 etc. Theilen Thon mit 9, 8, 7, 6 etc. Theilen Kalk.

Drittens von den Verbindungen zweiter Ordnung oder den wasserbeständigen Teigen, welche entstehen, wenn man die Verbindungen erster Ordnung, in verschiedenen Verhältnissen, mit gewöhnlichem Kalke mischt.

Viertens von den Verbindungen dritter Ordnung oder den Mörteln, die man aus den wasserfesten Teigen erhält, wenn man ihnen das doppelte Volumen Sand zusetzt.

Ich werde die Ergebnisse der Erfahrungen mittheilen, welche ich über die verschiedenen wasserhaltigen Teige gemacht habe, und über die verschiedenen Mörtel, sowohl rücksichtlich ihrer Erhärtung, nach verschiedener Zeitdauer der Eintauchung, als rücksichtlich des Verhältnisses des Widerstandes der verschiedenen Mischungen gegen den Bruch, nach gleicher Dauer der Eintauchung.

Ich werde darauf die den künstlichen Mischungen ähnliche natürliche Bindestoffe untersuchen, und anzeigen, wie sie sich erkennen lassen. Es wird sich zeigen, dafs wasserbeständige Bindestoffe sehr häufig vorkommen.

Am Schlusse der Bemerkungen über die Festigkeit der künstlichen wasserhaltigen Bindeteige werden die Versuche mitgetheilt werden, welche ich über die Vergleichung einer grofsen Zahl natürlicher Bindestoffe mit den künstlichen angestellt habe.

I. Künstliche Verbindungen des Kalkes und des Thones.

2.

Kalk. Ohne in das Detail der chemischen Eigenschaften des Kalkes einzugehen, genüge es, zu bemerken, daſs derselbe die Basis der Kalk- oder Gipssteine ist; daſs er sich in groſser Hitze mit der Kiesel-Erde verbindet und mit ihr das Kalk-Silicat bildet. Auf nassem Wege scheint sich der Kalk mit ungebranntem und gebranntem Thone zu verbinden, und bildet dann ein *Hydro-Silicat*, dessen Basis Kalk und Alaun ist.

Den Kalk, dessen man sich zu den Mörteln bedient, erhält man durch Calcination von Kalksteinen, welche mehr oder weniger reine Kohlensäure oder kohlengesäuerten Kalk enthalten, und den man fast in jedem Boden findet. Auch geben verschiedene thierische Körpertheile, besonders Auster- und andere Muschelschalen, Kalk.

Die Wirkung der Calcination besteht darin, daſs das Wasser verdunstet und die Kohlensäure ausgetrieben wird. Wenn man den zu brennenden Kalkstein in Stücke von 1 bis $1\frac{1}{2}$ Zoll im Durchmesser zerschlägt, und durch die brennende Masse einen Strom von wässerigen Dämpfen leitet, so lassen sich in einem Ofen, mit ununterbrochenem Feuer, 100 Cubikfuſs Kalk mit etwa 20 Cubikfuſs Steinkohlen brennen. In feuchtem Wetter sind mehr Kohlen, und bis zu dem dritten Theile der Masse des Kalkes, nöthig. Beim Canale der Ardennen, wo ich eine groſse Menge Kalk habe brennen lassen, thaten die Brenner 1 Maaſs Steinkohlen zu 5, 6 und selbst 7 Maaſs Kalksteinen; indessen waren allerdings diese Steine chlorhaltige Kreide, die sich leichter in Kalk verwandeln läſst, als andere Kalksteine. Zu Theil, im Departement der Ardèche, wo man den besten wasserfesten Kalk gewinnt, den ich kenne, nimmt man, um 6 Cubikfuſs Kalk zu brennen, nur 1 Cubikfuſs Kohlen.

Wenn der Kalkstein thonhaltig ist, so muſs man vorsichtig feuern, und die Glut muſs weniger heftig sein, als wenn der kohlensaure Kalk reiner ist, weil in zu starkem Feuer der Kalk und der Thon zusammenschmelzen und eine todte, nicht mehr ätzende, glasartige Masse geben, welche ein Doppel-Silicat von Kalk- und Alaun-Erde ist.

Ist ein Kalkstein vor dem Durchbrennen erkaltet, so muſs man ihn benetzen, ehe er wieder in den Ofen gebracht wird. Ohne das würde er schwer in lebendigen Kalk zu verwandeln sein.

Nach dem Brennen hat der Kalk eine starke Affinität zum Wasser, und schwillt auf, indem er es einsaugt. Gießt man eine gewisse Menge Wasser auf gebrannte Kalksteine, so erhitzen sie sich bekanntlich, bersten, und zerfallen in Staub, oder in Teig, je nach der Menge des aufgeschütteten Wassers. Während dieser Operation verdampft ein kleiner Theil des Wassers durch die entstandene Hitze. Aber wenn der Kalk aus sehr reinem Steine gewonnen wurde, so ist der gelöschte Kalk, dem Volumen nach, beinahe dem Wasser gleich, welches beim Löschen aufging. Ich habe dieses Resultat im Jahre 1823 fast immer gleichmäßsig bei einer Menge von Versuchen erhalten. Ich operirte bei denselben mit 3 bis 10 Cubikfuſs Kalk.

3.

Thon. Der Thon ist aus Kiesel- und Alaun-Erde zusammengesetzt, in verschiedenen Verhältnissen; auch zuweilen noch mit Quarzsand, Eisen- und Magnesium-Oxyd und Kalk gemischt. Wenn der Thon keinen Sand enthält, so ist er fein, und fühlt sich schlüpfrig an. Er bildet mit dem Wasser einen fettigen Teig, der sich in beliebige Gestalten formen läſst, ohne zu zerbrechen.

Von der Thon-Erde, deren ich mich vorzüglich bedient habe, finden sich die Bestandtheile in der 1sten, 2ten und 3ten Spalte der ersten Tafel angegeben.

4.

Verbindungen von Kalk und Thon. Wenn man ungebrannten Thon, in verschiedenen Verhältnissen, mit Kalk mengt, so bildet sich ein Teig, der viel fester ist, als der Thon allein. Dieser Teig nimmt, unter Wasser gebracht, nach 3 Tagen eine gewisse Härte an, welche er behält. Der härteste Teig entsteht aus 1 Theil Kalk und 9 Theilen Thon. Nach 3 Tagen widersteht dieser Teig schon vollkommen dem Drucke mit dem Daumen.

Wenn eine Mischung von Kalk und ungebranntem Thon einige Tage der Luft ausgesetzt worden ist und, ohne zu schnell zu trocknen, einen Theil ihrer Feuchtigkeit verloren hat, so verändert sie sich, nachher eingetaucht, gar nicht mehr: in so fern nemlich der Kalk in der Mischung, dem Volumen nach, nicht mehr als den dritten Theil des Thones ausmacht. Weniger kann er betragen, aber nicht mehr. Man könnte sich eines solchen Mörtels bei Cisternen, Wasserbehältern, oder sonst zu

Constructionen bedienen, wo nicht sowohl Festigkeit als nur Unauflöslichkeit des Mörtels nothwendig ist. Ich bedaure, dafs ich nicht in Zahlen die Widerstandsfähigkeit des aus Kalk und ungebranntem Thone zusammengesetzten Mörtels angeben kann; zu der Zeit, als ich mich mit den ersten Versuchen beschäftigte, kam es mir vorzugweise nur auf das Binden des Kalkes unter Wasser an.

Die Eigenschaft des ungebrannten Thons, durch Mischung mit Kalk fester zu werden, scheint in der Champagne seit langer Zeit bekannt zu sein; denn man findet dort die hölzernen Häuser in der Regel mit einem Mörtel beworfen, der aus Kalk und einer weifsen thonigen und kalkigen Erde zusammengesetzt ist. Auch die Decken haben einen solchen Überzug und sie sind völlig haltbar, wenn man nicht etwa den Überzug zu schnell hat trocknen lassen.

Die nemliche Eigenschaft des Thones macht es auch erklärlich, warum Sand, mit ungebranntem Thone gemischt, mit dem Kalk einen Mörtel giebt, der unter Wasser eine gewifse Festigkeit annimmt, deren Zunahme jedoch nach einigen Tagen aufhört. Man mufs jedoch unter Sand nicht solchen verstehen, in dessen Zwischenräumen sich Erde befindet, die mehr oder weniger animalische oder vegetabilische Bestandtheile hat. Mit solchen Bestandtheilen würde der Kalk eine mehr oder weniger im Wasser auflösliche Seife bilden, die die Erhärtung des Mörtels verhindert. Solch unreiner Sand giebt immer, wenn man unterläfst, ihn zu waschen, einen sehr schlechten Mörtel.

Mengt man 0, 1, 2, 3, 4, 5, 6, 7, 8, 9 und 10 Theile Thon, der wenig oder gar nicht kalkhaltig ist, mit 10, 9, 8, 7, 6, 5, 4, 3, 2, 1 und 0 Theilen gewöhnlichen oder fetten Kalks, so entstehen daraus 11 Verbindungen, deren erste der reine Kalk und deren letzte der reine Thon ist. Bringt man die 10 letzten der 11 Mischungen in den Ofen, so erhält man durch das Brennen verschiedene Körper, deren Eigenschaften beschrieben werden sollen.

5.

Wasserfester Kalk, (*chaux hydraulique*). Die beiden ersten Verbindungen geben die wasserfesten Kalke; wie es von Herrn Vicat seit lange gezeigt worden ist.

Die erste Zusammensetzung ist mittelmäfsig wasserfest, erhärtet im Wasser langsam, und nimmt die Festigkeit harter Seife an.

Die zweite Zusammensetzung nimmt 3 Tage nach der Eintauchung die Härte der Kreide an; nach 20 Tagen ist ihre Härte von der Art, daſs ein Stäbchen von 1 Linie im Durchmesser, mit 2 Pfund Gewicht beladen, und 2 Zoll hoch herunterfallend, nur $1\frac{1}{3}$ Linie tief eindringt. Nach 2 Monaten Eintauchung macht das Stäbchen, auf dieselbe Weise herunterfallend, keinen merklichen Eindruck mehr auf die Masse.

Setzt man die beiden ersten Mischungen mit gewöhnlichem Kalke zusammen, so theilen sie demselben ihre wasserbeständigen Eigenschaften mit, aber in schnell abnehmendem Maaſse. Wasserbeständiger Kalk, den fünften Theil Thon enthaltend, gemengt mit einem gleichen Volumen gewöhnlichen Kalkes, nimmt nach zwei Monaten nur noch die Härte des Wasserkalkes an, welcher den zehnten Theil Thon enthält. Man kann durch eine solche Mischung die Wasserfestigkeit eines wenig hydraulischen Kalkes merklich verstärken. Ein solcher Kalk, der für sich selbst unter Wasser nur wenig erhärten würde, erhält durch Mischung, bloſs mit dem fünften Theil stark wasserbeständigen Kalkes, schon die Eigenschaften eines mittelmäſsig hydraulischen Kalkes.

6.

Kalkcemente. Die vier Mischungen, welche entstehen, wenn man 3, 4, 5 und 6 Theile Thon mit 7, 6, 5 und 4 Theile Kalk versetzt, geben, gebrannt, Körper, welche langsam zergehen, wenig Hitze dabei entwickeln, aber, pulverisirt und in Teig verwandelt, aufschwellen, und unter Wasser schnell und stark erhärten. Das Aufschwellen dauert noch lange Zeit nach dem Anfange der Erhärtung fort. Denn wenn man ein Glas mit der Masse füllt, so zerbirst es nach allen Richtungen; die Spalten werden aber erst ein oder zwei Monate nach dem Anfange der Erhärtung merklich und denen des Mergels gleich. Diese Zunahme des Volumens, welche das Glas zersprengt, ist gleichwohl wenig beträchtlich; denn wenn man aus dem Teige Ziegel formt, so bekommen dieselben selten Risse. Alle vorhin genannten Mischungen, gemengt mit einem gleich groſsen, oder selbst doppelt so groſsen Volumen Sand, geben einen wasserbeständigen Mörtel, der unter Wasser schon nach 6 Stunden so weit erhärtet ist, daſs er dem Drucke des Daumens widersteht; nach 8 Tagen aber so weit, daſs er den Stoſs des oben beschriebenen Stiftes aushält.

Aufser diese Eigenschaft haben die Mischungen noch diejenige, ihre Wasserbeständigkeit dem gewöhnlichen Kalke mitzutheilen, und ihn selbst sehr wasserfest zu machen.

Mengt man 1, 2, 3, 4, 5, 6, 7, 8 und 9 Theile Pulver der Mischungen, der Reihe nach, mit 9, 8, 7, 6, 5, 4, 3, 2 und 1 Theilen gewöhnlichen Kalks, so erlangt dieser dadurch verschiedene Grade von Wasserfestigkeit. Mit 5 Theilen des Pulvers erhält man einen stark wasserbeständigen Kalk. Zwei Theile machen noch 8 Theile Kalk ziemlich wasserfest; aber ein Theil verändert 9 Theile Kalk nur wenig. Nach 8 Tagen nimmt die Zusammensetzung unter Wasser kaum erst die Härte weicher Seife an.

Taucht man die Zusammensetzungen, eine Stunde nach ihrer Bereitung, unter Wasser, so werden die am wenigsten wasserfesten nach 6 Tagen consistent. Die festesten widerstehen nach dieser Zeit dem Eindrucke des Daumes. Jeder von den Teigen, mit wenigstens eben so viel Sand gemengt, als sein Volumen füllt, und höchstens mit doppelt so viel, giebt einen Mörtel, der ein wenig langsamer unter Wasser erhärtet, als der Teig selbst.

Die Zusammensetzung von 5 Theilen Kalk und 5 Theilen Thon giebt das kräftigste Pulver.

Je nach den Verhältnissen des Kalkes und des Pulvers ist der daraus gebildete Teig mehr oder weniger körnig, oder fettig; aber alle erhärten unter Wasser schnell. So z. B. hat das Pulver von 4 Theilen Kalk und 6 Theilen Thon fast die nemlichen Resultate gegeben, wie das von 6 Theilen Kalk und 4 Theilen Thon.

Die genannten Verbindungen haben daher gleichzeitig die Eigenschaften des Kalkes und des Cementes. So wie sie sind, mit Sand versetzt, geben sie Mörtel, und wirken also als Kalke. Mit Kalk dagegen versetzt, wirken sie als Cemente, weil sie dem Kalke ihre Wasserbeständigkeit mittheilen. Wegen dieser zwiefachen Eigenschaft habe ich sie Kalkcemente genannt.

7.

Wassercement. Die äufsersten 3 Mischungen von 7, 8 und 9 Theilen Thon mit 3, 2 und 1 Theilen Kalk geben, gebrannt, Körper, welche sich nicht löschen lassen. Ihre Farbe ist mehr oder weniger roth, je nachdem der Thon mehr oder weniger Eisen-Oxyd enthält. Diese

Körper, zu Pulver zerstoſsen, und in Teig verwandelt, geben einen mehr oder weniger magern Mörtel, welcher unter Wasser nach 10 Tagen consistent wird.

Das Pulver aus diesen Zusammensetzungen, mit mehr oder weniger gewöhnlichem Kalk versetzt, giebt Wassermörtel, welche in wenigen Tagen unter Wasser erhärten.

Da diese Verbindungen wirkliche Cemente sind, indem sie für sich selbst unter Wasser erhärten, so scheint es angemessen, sie Wassercemente zu nennen, um sie von den gewöhnlichen Cementen zu unterscheiden, welche unter Wasser nicht die geringste Consistenz annehmen.

8.

Gewöhnliche Cemente. Der Thon, gebrannt und dann zerstoſsen, giebt, wie seit langer Zeit bekannt, einen Cement, der, in verschiedenen Verhältnissen mit gewöhnlichem Kalke gemengt, einen Mörtel liefert, welcher unter Wasser langsam erhärtet, mit der Zeit aber noch härter wird, als der hydraulische Kalk allein, oder mit Sand gemengt; wie man dieses sehen wird, wo von dem Widerstande der hydraulischen Teige und der Mörtel gegen den Bruch die Rede ist.

9.

Verfahren bei der Mischung. Alle oben gedachten Verbindungen sind unmittelbar im Augenblicke des Löschens des Kalkes selbst gemacht worden, oder doch sehr bald nach dem Löschen. Das Löschen geschah immer auf die gewöhnliche Weise; man that den Kalk in ein Gefäſs und goſs darauf die erforderliche Quantität Wasser.

Wenn der Kalk schon einige Tage zuvor gelöscht worden ist, so bersten die Teige und Mörtel unter Wasser, und nehmen wenig Festigkeit an. Sie scheinen sich von dem darin enthaltenen Kalk abzusondern; denn das Wasser, in welches sie getaucht sind, bedeckt sich mit einem Häutchen von kohlensaurem Kalk; was in viel geringerem Maaſse geschieht, wenn der Kalk frisch gelöscht ist. Ich erwähne übrigens bloſs dieser Erscheinung nur, ohne es zu unternehmen, sie zu erklären.

Eine ähnliche Erscheinung zeigt sich, wenn der Kalk heiſs untergetaucht wird. Alsdann liegt die Ursach derselben in dem Aufschwellen des vor der Untertauchung nicht mit Wasser gesättigten Teiges.

Man muſs daher die Mischungen im Augenblick des Löschens machen, und sie erst 3 bis 4 Stunden nachher untertauchen, im Fall das

Volumen der Mischung nur klein ist; hingegen erst 20 bis 30 Stunden nachher, wenn die Masse eine beträchtliche Gröfse hat.

10.

Verfahren bei den Versuchen. Bei den ersten Versuchen, die ich anzustellen Gelegenheit fand, mengte ich gewöhnlichen Kalk mit einer Ziegel-Erde, deren Bestandtheile in der ersten Spalte der ersten Tafel angegeben sind. Diese Erde, welche kaum ein Fünftheil Kalk enthielt, gab Mischungen von den oben beschriebenen Eigenschaften.

Bei diesen ersten Versuchen, bei welchen noch weniger methodisch verfahren worden ist, als bei den spätern, begnügte ich mich, mit dem Teige Gläser, bis auf den dritten Theil, und den Rest darüber mit Wasser anzufüllen. Die allmälige Erhärtung des Teiges maafs ich dadurch, dafs ich einen, mit Blei auf einen Theil seiner Länge umgebenen Stift, von 1 Linie im Durchmesser, der, so belastet, 2 Pfund wog, 2 Zoll hoch auf die Masse herunterfallen liefs.

Bei einer zweiten Reihe von Versuchen habe ich von der thonigen Erde Gebrauch gemacht, deren Bestandtheile in der zweiten Spalte der ersten Tafel angegeben sind. Diese Erde enthielt, wie man sieht, 9 Theile Kalk auf 100. Auch gab sie weniger festen und weniger schnell erhärtenden Teig.

Das Volumen der verschiedenen Teige war immer das nemliche. Sie wurden in einem blechernen Prisma von $13\frac{3}{4}$ Linie im Quadrat und $20\frac{2}{3}$ Linie hoch geformt; die noch weiche Masse wurde vermittelst eines prismatischen Holzes aus der Form gedrückt und auf den Boden eines Glases gebracht. Die Prismen blieben dann noch eine halbe Stunde der Luft ausgesetzt und wurden darauf unmittelbar mit Wasser bedeckt.

Da ich nun, der Reihe nach, 9, 8, 7, 6, 5, 4, 3, 2, 1 und 0 Theile des Pulvers, von den 10 Mischungen der ersten Ordnung, mit 0, 1, 2, 3, 4, 5, 6, 7, 8 und 9 Theilen gewöhnlichen Kalks versetzte, so erhielt ich 100 verschiedene Mischungen zweiter Ordnung, oder, wenn man will, 100 verschiedene wasserbeständige Teige.

Die beiden horizontalen Reihen von Zahlen in der Überschrift der 3ten und 4ten Tafel bezeichnen, erstlich, die in die zweite Spalte gebrachten Theile der Combinationen erster Ordnung, und zweitens, die Theile gewöhnlichen Kalkes, welche durch ihr Hinzukommen die Combinationen zweiter Ordnung gaben.

Die Teige aus einer und derselben senkrechten Spalte sind also aus einer gleichen Menge von Theilen gewöhnlichen Kalkes, der Reihe nach, mit der nemlichen Zahl von Theilen der verschiedenen Mischungen erster Ordnung, welche die 2te Spalte der Tafel angiebt, zusammengesetzt.

11.

Erhärtung der wasserbeständigen Teige. Um die Fortschritte der Erhärtung der verschiedenen Teige zu messen, konnte ich mich des mit 2 Pfund Blei beladenen Stiftes nicht bedienen, weil er unfehlbar die Teigprismen zersprengt haben würde. Ich habe also einen andern Stift von $\frac{11}{20}$ Linie im Durchmesser genommen, der auf einen Theil seiner Länge mit $20\frac{1}{2}$ Loth Blei umfuttert war. Vierzehn Tage nach der Eintauchung wurden die Prismen aus den Gläsern gezogen, in welchen sie untergetaucht worden waren, und dem Stofse des Stiftes unterworfen, den man aber blofs $9\frac{1}{6}$ Linie hoch herunterfallen liefs. Die Zahlen in den Spalten der dritten Tafel geben für jedes Prisma die Tiefe des Eindrucks des Stiftes an.

Mehrere Prismen widerstanden dem Stofse des Stiftes vollkommen, und erlitten davon keinen merklichen Eindruck. Andere zeigten Abweichungen in den Resultaten, deren Ursach aber nicht ersichtlich war.

Zwei Monate nach der Eintauchung wurden die Prismen einer zweiten Untersuchung unterworfen. Man liefs jetzt den Stift $18\frac{1}{3}$ Linie hoch herunterfallen; die 4te Tafel giebt die Tiefe des Eindringens des Stiftes an. Da die Wirkungen des Stofses jetzt doppelt so stark hätten sein müssen, in der That aber geringer waren, als früher: so folgt, dafs die Härte der hydraulischen Teige in den fernern 40 Tagen auf mehr als das Doppelte zugenommen haben mufste.

Vier Monate nach der Eintauchung brachte der Stift, den ich nicht wohl höher als $27\frac{1}{2}$ Linien herunterfallen lassen konnte, auf die meisten Teige gar keinen Eindruck mehr hervor.

12.

Widerstand der wasserbeständigen Teige gegen den Bruch. Jetzt, meinte ich, sei es an der Zeit, auch diesen Widerstand zu messen. Um ihn zu finden, habe ich mit den Prismen, von $13\frac{3}{4}$ Linien im Quadrat und $20\frac{2}{3}$ Linien hoch, operirt, und mich dabei eines Apparates bedient, der demjenigen ähnlich war, welchen der General Treussart in seinem Werke über die Mörtel beschreibt. Jedes Prisma lief durch einen eisernen Biegel, und ruhte auf zwei Stützpuncten, die nur 13¾ Linien von einander entfernt waren. An den Haken des Biegels war eine Schale gehängt, auf welche man allmälig immer stärkere Gewichte legte. Man zeichnete diejenigen auf, welche den Bruch hervorbrachten, und rechnete dazu das Gewicht des Biegels und der Schale, welches 11¾ Pfund betrug. Die daraus sich ergebenden Gewichte finden sich in der 5ten Tafel.

Die in dieser Tafel verzeichneten Resultate zeigen einige Anomalieen, von welchen mehrere wohl aus leeren Räumen entstanden, die in den Prismen gewesen waren, und die ihre Widerstandskraft schwächten. Andere Prismen trugen mehr Last, als man von der Art ihrer Zusammensetzung erwarten durfte; wovon sich indessen die Ursach nicht angeben läfst.

Die 5te Tafel ergiebt Folgendes.

Erstlich: mittelmäfsig wasserfester Kalk, bestehend aus 1 Theil Thon und 9 Theilen Kalk, gemengt mit gewöhnlichem Kalke, in verschiedenen Verhältnissen, gab Prismen, welche 28 bis 64 Pfund trugen.

Zweitens: stark wasserbeständiger Kalk, bestehend aus 2 Theilen Thon und 8 Theilen Kalk, eben so gemengt, gab Prismen, welche 51 bis 200 Pfund trugen.

Drittens: Prismen von Kalkcement, in verschiedenen Verhältnissen mit gewöhnlichem Kalke gemischt, trugen 51 bis 427 Pfund.

Viertens: Prismen aus Wassercement und gewöhnlichem Kalk trugen 43 bis 352 Pfund.

Fünftens: Prismen aus gewöhnlichem Cement und gewöhnlichem Kalk trugen 0 bis 346 Pfund.

Ein Prisma aus gewöhnlicher gebrannter Ziegel-Erde, wie man sie zu Rive de Gior verwendet, genau von der nemlichen Gröfse wie die Teigprismen, brach unter einer Last von 113 Pfund.

Von den 100 Teigprismen, deren Bruchfestigkeit gemessen wurde, waren also 69 fester, als das Prisma aus der, freilich sehr grobkörnigen, gebrannten Ziegel-Erde.

13.

Widerstand der Mörtel gegen den Bruch. Zugleich mit den Teigprismen hatte man auch Prismen aus den nemlichen Teigen, versetzt mit dem doppelten Volumen Sand, geformt, und zwar von 100 verschiedenen Zusammensetzungen, die in der 3ten, 4ten und 5ten Tafel verzeichnet sind. Dieses waren also Mischungen der **dritten** Ordnung, oder **Mörtel**. Alle diese Mörtelprismen waren $45\frac{9}{10}$ Linien lang und $20\frac{2}{3}$ Linien im Quadrat.

Nach viermonatlicher Eintauchung untersuchte man ihren Widerstand gegen den Bruch. Die Prismen gingen durch einen eisernen Biegel, und ruhten auf Stützpuncten, welche 23 Linien von einander entfernt waren. Am Haken des Biegels war eine Wagschale gehängt, auf welche man allmählig immer mehr Gewichte legte. Man zeichnete das Gewicht auf, unter welchem das Prisma brach, und that dazu noch die $11\frac{3}{4}$ Pfund Gewicht der Wagschale und des Biegels. Die Resultate dieser Versuche zeigt die 6te Tafel.

Die Festigkeit der Prismen ergab sich viel geringer, als man, im Vergleiche mit den wasserbeständigen Teigen (Tafel 5.), hätte erwarten können. Die Ursach davon scheint mir von der im Allgemeinen zu großen Menge des zugesetzten Sandes herzurühren. In der That enthielten die Kalkcemente und die gewöhnlichen Cemente schon in gewissem Maaße viele Theile, die nicht schmelzbar gewesen waren, und die folglich schon die Stelle des Sandes vertraten. Die übrigen Theile der Masse, die den sandigen Theilen zum Bindemittel dienen konnten, waren also in den meisten Prismen nicht beträchtlich genug.

Ich hätte gern die Mörtel wenigstens ein Jahr unter Wasser gelassen, gewann aber diese Zeit nicht, sondern mußte mit den Versuchen eilen, damit sie nicht unvollständig blieben.

Ein Prisma von gewöhnlicher, gebrannter Ziegel-Erde, eben so groß, wie die Mörtelprismen, brach unter dem Gewichte von 232 Pfund. Von den 100 Mörtelprismen waren also nur 5 fester, als das Prisma aus gebrannter Ziegel-Erde. Es wird sich aber, wenn von den natürlichen Kalkcementen die Rede sein wird, zeigen, daß Mörtelprismen vorgekommen sind, die nach 4 Monaten beinahe doppelt so fest geworden waren, als diejenigen Tafel 6.

Aus dem Obigen ergiebt sich nun folgende Abstufung der einfachen Mischungen, welche zu Mörteln dienen können, und zu welchen man die Bestandtheile überall antrifft; wie es sich weiter unten zeigen wird:

1. **Gewöhnliche Kalke**, ohne Thon, oder doch nur mit dem 10ten Theile Thon;

2. **Wasserkalke**, mit Thon bis zu 5 Theilen des Volumens;
3. **Kalk-Cemente**, welche 5 bis 6 Theile Thon auf 10 Theile des gesammten Volumens enthalten;
4. **Wasser-Cemente**, welche auf 10 Theile nur 4 bis 1 Theil Kalk enthalten;
5. **Gewöhnliche Cemente**, ohne, oder doch nur mit weniger als dem 10ten Theile Kalk.

II. Natürliche Verbindungen des Kalkes mit dem Thone.

14.

Zum Wasserkalk geeignete Kalksteine. Kalk- Kiesel- und Alaun-Erde, die wesentlichen Bestandtheile der Wasserkalke, kommen sehr häufig in den secondairen und tertiairen Gebirgsarten vor. Fast die ganze Rinde des Erdballes ist daraus gebildet. Jede der genannten Substanzen füllt mehr oder weniger mächtige Lager, die öfters mit einander abwechseln. Das Abwechseln macht sich bemerklich, wenn in einer und derselben Formation die Gebirgsart **wechselt**. An solchen Stellen sieht man oft Thonschichten mit Kalkschichten und darauf mit Sand- und Sandsteinschichten wechseln. Wo ein Wechsel Statt findet, besteht selten eine Schicht ganz aus der nemlichen Substanz. Bei den Übergängen vom Kalk zum Thone z. B. findet man zuerst Kalkschichten, welche etwas weniges Thon enthalten; dann wird der Kalk mehr thonig und geht zuweilen in Mergel über, und endlich zeigt sich der Thon allein, ohne Beimischung von Kalk. Wo ein solcher Übergang Statt findet, ist es offenbar nicht schwer, eine Kalkschicht darin zu entdecken, in welcher der Thon zum Kalke dasjenige Verhältnifs hat, welches zum Wasserkalke tauglich ist.

Die obige Bemerkung ist mir öfters behülflich gewesen, natürliche Wasserkalke zu entdecken. In der Juraformation zum Beispiel, wo man oft auf den beschriebenen Übergang stöfst, habe ich Wasserkalk gefunden: **erstlich** nahe an der Grenze von **Brabant**, im **Maas**-Departement, in den Oolythlagern, welche mit Thonbänken wechseln; **zweitens** bei **Villers-le-Tourneur**, im **Ardennen**-Departement, in ähnlichen Oolythlagern; **drittens** bei **Joinville**, im Departement der obern **Marne**.

Seit lange benutzt man bei Lyon eine Lage von Muschel-Lias, welche mit Thonbänken wechselt und einen schwach hydraulischen Kalk liefert.

Bei Mâcon werden Oolythbänke eben so benutzt. Die stark hydraulischen Kalke von Sury im Loire-Departement und von Theil im Ardèche-Departement werden aus einigen Lias-Bänken gewonnen, welche ähnlich gelagert sind.

Auch in den untern Lagen der Kreideformation, wo ähnliche Wechselungen vorzukommen pflegen, ist es mir leicht gewesen, an verschiedenen Stellen, auf den Grenzen der Formation, hydraulischen Kalk zu finden; z. B. bei St. Menehould, Rethel und Vitry-le-Français.

In den tertiairen Gebirgen, wo Abwechselungen von Kalk und Thon sichtbar waren, namentlich bei Hermonville im Marne-Departement, bei Valsery im Aisne-Departement, in den Muschelkalklagern, und bei Chateau-Thierry, in den Kieselkalkbänken, war es ebenfalls leicht, diejenigen Bänke zu erkennen, welche hydraulischen Kalk liefern konnten.

Die obige Bemerkung ist immer auf Bänke von einer und derselben Formation passend; aber nicht mehr auf Übergänge von einer Formation zur andern. Die Kreideformation ist z. B. öfters von Töpferthon bedeckt, der den tertiairen Gebirgsarten angehört. Da aber diese beiden Lager zu verschiedenartigen Formationen gehören, und selbst zu verschiedenen Gebirgsarten, so existirte die erste schon lange vorher, ehe sie von der zweiten bedeckt wurde. Da Kalk und Thon nicht gleichzeitig gebildet wurden, so finden sie sich nicht ohne Übergänge oder Mischungen über einander gelagert.

Daraus darf man schliefsen, dafs überall, wo man Kalklagen mit Thon oder Mergel wechseln sieht, zuverlässig eine oder mehrere Bänke vorhanden sind, welche hydraulischen Kalk liefern. Fünf oder sechs Versuche mit Stückchen von den verschiedenen Steinarten geben dann bald die Schicht zu erkennen, welche man anbrechen mufs.

Ich werde diese Bemerkungen über die natürlichen hydraulischen Kalke mit einer Übersicht der Versuche beschliefsen, die ich mit einigen dieser Kalke und den daraus bereiteten Mörteln dargestellt habe.

Die Versuche sind unter denselben Maafsgaben und Umständen dargestellt worden, wie die obigen Versuche mit künstlichen Mischungen, auf welche sich die 5te und 6te Tafel bezieht.

Die Prismen der Kalkteige hatten $13\frac{3}{4}$ Linien im Quadrat und $20\frac{2}{3}$ Linien Höhe. Sie wurden auf $13\frac{3}{4}$ Linien von einander entfernte Stützpuncte gelegt.

Die Prismen der Mörtel hatten $20\frac{2}{3}$ Linien Länge und Breite und $45\frac{5}{6}$ Linien Höhe. Sie wurden auf 23 Linien von einander entfernte Stützpuncte gelegt.

Der nemliche Biegel ging über die Mitte des Prisma, und an seinen untern Haken wurde immer die nemliche Wagschale gehängt, welche, mit dem Biegel, $11\frac{3}{4}$ Pfund wog.

Aus dem Widerstand eines Prisma, von den Maafsen der Kalkteige, findet sich der Widerstand eines Prisma, von den Maafsen der Kalkmörtel, von gleicher Masse, wenn man Länge, Breite, Höhe und Widerstand des einen und des andern Prisma durch a, b, c, E und a_1, b_1, c_1, E_1 bezeichnet, nach der Formel

$$E_1 = \frac{a_1 b_1^2 c}{a b^2 c_1} . E.$$

Dieselbe giebt, für die oben genannten Maafse,

$$E_1 = 2{,}04 E.$$

Der Kalk aus Theil, im Ardèche-Departement hat die stärkste Wasserfestigkeit von allen, welche mir bis jetzt bekannt geworden sind. Man erhält ihn durch das Brennen eines Steines, dessen Bestandtheile in der 4ten Spalte der ersten Tafel angegeben sind.

Ein Prisma aus diesem Kalk, von den Abmessungen der hydraulischen Teigprismen Tafel 5., brach unter einem Gewicht von 222 Pfunden. Es war also nach viermonatlicher Eintauchung doppelt so fest geworden, als es ein Prisma aus Ziegeln von der nemlichen Gröfse ist.

In der 6ten Tafel habe ich das Ergebnifs der Versuche mit Mörtelprismen mitgetheilt, zu welchen Kalk von Theil genommen war, mit Sand in verschiedenen Verhältnissen gemengt. Diese Mörtelprismen brachen, wenn sie einen Monat alt waren, unter einem Gewicht, welches nur von 58 bis 79 Pfund wechselte. Der Mörtel, aus 1 Theil Kalk und 4 Theilen Sand, trug 58 Pfund, und derjenige aus 1 Theil Kalk und $1\frac{1}{2}$ Theilen Sand, 79 Pfund.

Ein Ziegel, aus Mörtel geformt, welcher 1 Theil Kalk von Theil und 2 Theile Sand enthielt, trug nach 4monatlicher Eintauchung 454 Pfund. Seine Festigkeit war also 6 mal so grofs, als nach 1monatlicher

Eintauchung, und 2 mal so stark, als die eines Ziegels aus gebrannter Ziegel-Erde.

In der Umgegend von Rive-de-Gier findet man die Überreste einer römischen Wasserleitung, welche einen Theil des Gewässers von St. Etienne nach Lyon leitete. Ich habe aus dieser Ruine ein Stück Mörtel genommen, welches so hart wie Stein zu sein schien. Es wurde mit aller Vorsicht genau in die Maafse der Prismen gebracht, mit welchen man Versuche angestellt hatte. Das Prisma aus dem Römischen Mörtel brach unter dem Gewichte von 504 Pfunden, und trug also nur 50 Pfund mehr, als das Prisma aus dem Mörtelziegel von Theil.

Ein Ziegel, aus Mörtel geformt, welcher 1 Theil Kalk von Vitry-le-Français und 2 Theile Sand enthielt, brach, nach 4monatlicher Eintauchung, unter eine Belastung von 142 Pfunden.

Der Kalk von Sury, im Loire-Departement, welchen man gewöhnlich für sehr wasserfest hält, gab, mit dem doppelten Volumen Sand versetzt, einen Mörtelziegel, welcher nach viermonatlicher Eintauchung schon unter 62 Pfund Gewicht brach. Die Festigkeit dieses Ziegels war daher kaum der 7te Theil derjenigen eines Mörtelziegels aus Kalk von Theil. Indessen rührte die Ursache der geringen Festigkeit des Ziegels aus Kalk von Sury, dessen hydraulische Eigenschaften seit langer Zeit bekannt sind, ohne Zweifel von irgend einem Fehler des Ziegels her; vielleicht von einer bei dem Versuch nicht sichtbar gewesenen Spalte.

15.

Zu Kalk-Cementen geeignete Steine und Erden. Nicht überall trifft man auf eine Abwechselung von Kalk und Thon, welche die Auffindung von natürlichem hydraulischen Mörtel erleichtern könnte. Zuweilen scheint der Fels fast gleichartig zu sein. Gegen die Mitte der Kreide-Formation zwischen Châlons und Troyes, oder wenn man die Grenzen des tertiairen Terrains verfolgt, ist die Kreide fast reiner kohlensaurer Kalk, in welchem man vergebens eine Schicht suchen würde, die für hydraulischen Kalk Thon genug enthielte. Weiterhin fehlt die Kalk-Erde, die in den secondairen und tertiairen Bildungen in solchem Überflufs vorwaltet, fast ganz, oder findet sich nur an zerstreuten Stellen. In solchen Gegenden hat man keine Wahl. Man mufs den Kalkstein nehmen, wie man ihn findet, wenn er auch zu wenig Thon für hydraulischen Kalk enthält. Gleichwohl findet sich in diesen Gegenden nicht selten ein Gestein, welches, mäſsig gebrannt, Kalk-Cement von den oben beschriebenen Eigenschaften giebt. Die meisten Mergel-Arten sind dazu geeignet. Der Kalk und der Thon, aus welchen sie zusammengesetzt sind, wechselt zwar in seinen Verhältnissen: indessen bleiben dieselben doch meistens in denjenigen Grenzen, innerhalb welcher die Geeignetheit zum Kalk-Cemente liegt. Die Mergel kommen in Frankreich sehr häufig vor, und sie würden, gebrannt und zerstoſsen, sehr nützlich sein, um dem gewöhnlichen Kalke eine bestimmte Wasserfestigkeit zu geben.

Wenn man die Wahl hat, so muſs man vorzugsweise diejenigen Mergel nehmen, welche keinen, oder doch nur wenig Sand enthalten, damit der daraus zu bildende hydraulische Teig desto mehr Sand aufzunehmen und eine desto gröſsere Menge Mörtel zu geben im Stande sei.

Das Brennen des Mergels erfordert weniger Hitze, als die Calcination der Kalksteine. Ist die Hitze zu stark, so verglaset sich der Mergel, und es entsteht ein Doppel-Silicat, mit Kalk und Alaun-Basis. Ist das Feuer weniger heftig, so bildet sich eine feste Masse von schwach glasigem Bruch. Diese Masse ist schwer zu zerstoſsen, und giebt einen fast todten Cement. Ist dagegen die Hitze gerade angemessen, so ist der Bruch matt und die Masse leicht pulverisirbar. Die Räder, welche in groſsen Werkstätten zur Bereitung des Mörtels dienen, sind zur Zerreibung hinreichend. Ist die Hitze zu gering, so findet sich der Cement mit erdigen Theilen gemengt, welche seine Bindekraft vermindern. Es ist offenbar schwierig, eine allgemeine Regel für das Brennen der Mergel zu geben; denn einige erfordern selbst einen sehr hohen Grad der Hitze. Um leicht den rechten Grad des Feuers zu finden, bringe man etwas von dem zu brennenden Mergel in die Form eines Cylinders von $4\frac{1}{2}$ Zoll lang und 1 bis $1\frac{1}{2}$ Zoll im Durchmesser, setze das eine Ende des Cylinders einem heftigen Feuer aus und lasse das andere Ende vom Feuer frei. So wie das erste Ende anfängt, zu verglasen, ziehe man den Cylinder aus dem Feuer und theile ihn in 4 Theile, nach dem Aussehen der Verglasung. Man pulverisire jeden Theil, und wird nun durch einen leichten Versuch den Grad der Hitze ermessen können, die den künstlichen Cement giebt. Damit der Cylinder nicht etwa im Feuer zerbreche, muſs man ihm eine Achse von Eisendraht geben.

Der gebrannte Mergel muſs zerstoſsen werden, ehe man ihn dem Kalke beimengt; denn sonst würde er Wasser einsaugen, welches die Bindekraft des Pulvers vermindern und seine Verbindung mit dem Kalk erschweren würde.

Ich habe Gelegenheit gehabt, mit mehreren Mergeln aus den Departements der Loire, der Ardennen und der Marne und Rhône Versuche anzustellen. Alle gaben einen guten Cement. Die englischen Cemente von Parker, die Boulogner Strandsteine und der Cement von St. Leger, bei Châlons an der Saône, kommen von mergelartigen Steinen her, die ungefähr eben so viel Thon als Kalk enthalten.

Der Kalk von Senonches kommt von einem Mergel her, welcher mehr Kalk- als Thon-Erde enthält. Alle diese Substanzen sind also Kalk-Cemente.

Die Resultate der zahlreichen Versuche, welche ich mit drei verschiedenen Mergelarten angestellt habe, finden sich in der 6ten, 7ten und 8ten Spalte der ersten Tafel verzeichnet.

Die erste Mergel-Art war von St. Just, im Departement der Loire, die zweite von Aubigny, im nemlichen Departement, und die dritte von den Ufern der Rhône bei Lyon und bei Givors.

Der Mergel von St. Just enthält nur 36 Theile Kalk, mit 41 Theilen Thon verbunden. Er giebt, gebrannt und darauf zerstofsen, einen sehr kräftigen Cement.

Die Versuche 5. und 6., Tafel 7., zeigen, dafs 8 und 7 Theile Mergelpulver, mit 2 und 3 Theilen Kalk versetzt, einen hydraulischen Teig gaben, welcher, kaum 2 Monat alt, eine Festigkeit von 350 und 303 Pfd. hatte.

Die Versuche 27., 28. und 29., Tafel 8., zeigten, dafs 4 Monat alter Mörtel, aus einem hydraulischen Teige, der halb aus Mergelpulver von St. Just bestand, gemengt mit seinem doppelten Volumen Sand, eine Last von 89 Pfunden trug. Dieser Mangel an Festigkeit rührte von der Menge des zugesetzten Sandes her.

Der Mergel von Aubigny enthält nur 25 Theile Kalk, mit 55 Theilen Thon verbunden. Dieser Mergel, gebrannt und zerstofsen, gab einen Kalk-Cement von mittelmäfsiger Bindekraft.

Die Versuche No. 11., 12., 13. und 14., Tafel 7., ergeben:

Erstlich, dafs ein Prisma aus diesem Kalkpulver, nach 4monatlicher Eintauchung, unter einer Last von $149\frac{1}{2}$ Pfund brach.

Zweitens, dafs ein Prisma aus 9 Theilen des Pulvers, gemengt mit einem Theile gewöhnlichen Kalks, $136\frac{1}{2}$ Pfund Last trug.

Drittens, dafs Prismen aus 8 und 7 Theilen Pulver, versetzt mit 2 und 3 Theilen gewöhnlichen Kalks, nur 64 und 42½ Pfund trugen.

Der Widerstand der aus Mergelpulver von Aubigny und gewöhnlichem Kalk und Sand zusammengesetzten Mörtelprismen zeigt sich viel weniger unregelmäfsig, als bei den Teigprismen.

Der Versuch No. 31. Tafel 8. zeigt, dafs ein Mörtelziegel aus 1 Theil Pulver und 2 Theilen Sand, 4 Monate lang eingetaucht, unter 34 Pfund Gewicht brach; der Versuch No. 34. hingegen, dafs ein solcher Ziegel, bestehend aus 4 Theilen gewöhnlichen Kalks und 6 Theilen Mergelpulver, versetzt mit 20 Theilen Sand, 169 Pfund trug.

Die geringe Festigkeit des Ziegels No. 31. rührt offenbar von dem zu vielen Sande her, der dem Pulver zugesetzt war, in welchem schon die Hälfte der Bestandtheile die Stelle des Sandes vertrat, so, dafs der ganze Ziegel kaum zum 5ten Theile aus einem Pulver bestand, welches fähig gewesen wäre, sich in Kalk zu verwandeln.

Der Mergel von Givors enthält nicht mehr als 24 Kalktheile, verbunden mit 55 Theilen Thon; aber nach dem Brennen ist er leichter pulverisirbar, als der Mörtel von Aubigny, und giebt ein kräftigeres Pulver.

Der Versuch No. 3. Tafel 7. zeigt, dafs ein Prisma aus diesem Pulver, in Teig verwandelt, nach zwei Monaten Eintauchung, 215½ Pfund getragen hat.

Der Versuch No. 4. zeigt, dafs ein anderes Prisma, dessen Teig aus 4 Theilen gewöhnlichen Kalks und 6 Theilen Pulver bestand, unter 160 Pfunden Last brach.

Der Versuch No. 26. Tafel 8. ergiebt, dafs ein Mörtelprisma, 1 Monat alt, bestehend aus 1 Theil Mergelpulver und 3 Theilen Sand, unter einer Last von 36½ Pfund brach.

Der Versuch No. 13. ergiebt, dafs Mörtel, aus 1 Theil Mergelpulver und 2 Theilen Sand bestehend, eine Last ven 49 Pfunden trug, während, zufolge des Versuches No. 23., Mörtel, aus 2 Theilen Mergelpulver und 1 Theile Sand zusammengesetzt, erst unter einer Last von 218 Pfunden brach. Der Sand, zum Mergelpulverteig gethan, vermindert daher sehr bedeutend dessen Festigkeit; was indessen bei den aus gewöhnlichem Kalk und Mergelpulver zusammengesetzten hydraulischen Teigen, wie es die Versuche No. 14. bis 22. ergeben, weniger merklich ist.

Nach dem Versuche No. 22. Tafel 8. brach ein aus 1 Theil Kalk, 1 Theil Mergelpulver und $2\frac{2}{5}$ Theilen Sand zusammengesetzter Mörtel unter einer Last von 130 Pfunden.

Nach dem Versuche No. 20. brach ein Mörtel, bestehend aus 1 Theil Kalk, 1 Theil Mergelpulver und $2\frac{1}{2}$ Theilen Sand, unter 132 Pfunden Last.

Endlich trug, dem Versuche No. 18. zufolge, ein Mörtel, bestehend aus 1 Theil Kalk, 1 Theil Mergelpulver und $1\frac{3}{5}$ Theilen Sand, ein Gewicht von 134 Pfunden.

Da alle Mörtel kaum 1 Monat alt waren, so gaben die Versuche über den Einfluſs der Zeit auf sie noch nicht hinreichende Auskunft. Ich hätte gern die verschiedenen Massen älter werden lassen; aber die Umstände zwangen mich, zu eilen, und ich wollte doch lieber die Versuche wenigstens nicht ganz unvollständig lassen, als sie aufgeben.

16.

Zu Wasser-Cementen geeignete Erden. Die Körper, welche ich mit dem Worte *Wassercement* bezeichnet habe, und welche aus 7, 8 bis 9 Theilen Thon, mit 3, 2 und 1 Theilen Kalk versetzt, bestehen, sind wahre künstliche Puzzolanen; denn die chemische Zerlegung natürlicher Puzzolanen hat gezeigt, daſs sie ungefähr den 11ten Theil Kalk enthalten, mit Kiesel- und Alaun-Erde gemischt. Die meisten Thone, und selbst Mergel, welche unter Säuren aufbrausen und weniger als 40 Procent Kalk enthalten, sind also, wenn sich darin nicht etwa zu viel Sand befindet, geeignet, gebrannt und zerstoſsen, natürliche hydraulische Cemente zu geben, welche unter Wasser erhärten. Jeder dieser Cemente giebt, ohne Hinzufügung von Kalk, mit einem gleichen Volumen Sand versetzt, einen Wassermörtel; aber dieser Mörtel ist für Mauerwerk viel zu mager.

Die gelben und weiſsen Mergel-Erden, welche in der Champagne sehr häufig vorkommen, geben gute Wassercemente. Ich habe dergleichen Erden auf den Hügeln westlich der Stadt Rethel, so wie an andern Stellen der Thäler der Aisne und Marne gefunden. Diese Erden geben, gebrannt, sehr leichte Ziegel. Sind die Ziegel nicht zu stark, bis zum Anfange der Verglasung, gebrannt, so werden sie, unter Wasser gebracht, ungemein hart. Mehrere Millionen solcher Ziegel sind unter meinen Augen verfertigt und zu den Bauwerken des Canals der Ardennen verbraucht worden. Ist die Ziegelmasse verglaset worden, so haftet der Mörtel daran nur sehr schwach. Um gutes Mauerwerk zu machen, muſs man die verglaseten Ziegel vermeiden und nur solche nehmen, die noch ihre rothe Farbe haben. Dann sind sie nicht-pulverisirte Cemente, welche viel Anziehungskraft für den Kalk haben und an dem Mörtel stark haften.

17.

Thone, oder thonige Erden. Gewöhnliche Cemente. Alle Thone, oder thonige Erden, welche keinen Kalk enthalten, geben, gebrannt und mehr oder weniger pulverisirt, gewöhnliche Cemente. Zu den üblichsten nimmt man Ziegel- und Dachsteinstücken. Wenn die thonigen Erden, die zu Cementen geeignet sind, zu starker Hitze ausgesetzt werden, so fangen sie an, zu verglasen (*fritter*), und dann sind sie schwer zu pulverisiren, und der Cement wird matt und ist wenig vom Sande verschieden.

Von allen mir bekannt gewordenen Cementen ist der kräftigste der aus Thon von Bédouan im Ardèche-Departement. Die Bestandtheile desselben findet man in der 3ten Spalte der 1ten Tafel angegeben.

Der Versuch No. 15. Tafel 7. ergab, daſs ein Prisma hydraulischen Teiges, bestehend aus 2 Theilen gewöhnlichen Kalks und 5 Theilen Cements, nach viermonatlicher Eintauchung, eine Last von 776 Pfunden trug. Ein gleiches Prisma hydraulischen Kalks von Theil, des besten, welchen ich kenne, trug nur 441 Pfunde.

Der Versuch No. 50. Tafel 8. zeigt, daſs Mörtel, aus 1 Theil des genannten hydraulischen Teiges und 1 Theil Sandes zusammengesetzt, nach viermonatlicher Eintauchung, 710½ Pfund trug.

Mörtel, aus 1 Theil Kalks von Theil und 2 Theilen Sandes bestehend, brach unter einer Last von 454½ Pfund. Ein gleich groſses Mörtelprisma, aus einer an 1600 Jahre alten römischen Wasserleitung genommen, brach unter einer Last von 503½ Pfund.

Diese Versuche zeigen, daſs diejenigen hydraulischen Teige und Mörtel, welche in kurzer Zeit die gröſste Festigkeit erlangen, solche sind, zu welchen ein Cement genommen wird, der von einem Thone, dem von Bédouan ähnlich, kommt.

Ich habe die Versuche über gewöhnlichen Cement damit beschlossen, daſs ich zu erforschen suchte, ob das Eisen die Festigkeit des Thones verstärke. Ich habe deshalb dem Thone verschiedene Quantitäten Eisenerzes (eines kohlensauern Eisens, gemischt mit kohlensaurem Kalke) zugesetzt, und die Mischung, nachdem sie gebrannt war, pulverisiren lassen. Die Versuche No. 17. bis 25. Tafel 7. zeigen die Festigkeit der aus Thoncement und Eisenerz zusammengesetzten hydraulischen Teige. Die Versuche No. 41. und 49. diejenige, der aus diesen Teigen gemachten Mörtel. Es ergiebt sich aus diesen Versuchen, dafs das Eisenerz die Kraft des Cementes nicht verstärkt, ja, dafs sogar die Festigkeit geringer ist, wenn der Thon mehr als zwei Drittheile davon enthält.

Übersicht und Schlufs.

18.

Es folgt aus dem Obigen, wenn man die verschiedenen Zusammensetzungen durchgeht, die sich aus kalkfreiem Thone und gewöhnlichem Kalke in verschiedenen Verhältnissen machen lassen, dafs zuerst die *Wasserkalke* in Betracht kommen, welche bis zum 5ten Theile Thon enthalten. Hierauf haben die Mischungen, welche von 1 bis 3 Fünftheilen Thon enthalten, die Eigenschaften der Kalke und Cemente zugleich; welche also deshalb *Kalkcemente* genannt worden sind. Endlich kommen die Verbindungen an die Reihe, welche von 6 bis 9 Zehntheilen Thon enthalten, und welche man insbesondere *Wassercemente* nennen kann, weil sie, unvermischt, oder auch mit etwas Kalk versetzt, Wassermörtel geben.

19.

Wasserkalke. Da ihre Eigenschaften bekannt genug sind, so habe ich sie nur deshalb berücksichtigt, um die allgemeinen Untersuchungen der Verbindungen von Kalk und Thon zu vervollständigen, und um einige Beobachtungen über die Lagerung der Kalkfelsen mitzutheilen, welche die zu natürlichem Wasserkalk erforderliche Quantität Thon enthalten.

20.

Kalkcemente. Die Mischungen, welche ich Kalkcemente genannt habe, waren bisher wenig untersucht. Deshalb habe ich ihnen eine besondere Aufmerksamkeit gewidmet. Diese Mischungen, gebrannt, pulverisirt und in Teig verwandelt, erhärten, unter Wasser gebracht, sehr schnell. Mit einem gleichen, oder selbst dem doppelten Volumen Sand versetzt, geben sie einen sehr guten Wassermörtel. Mit gewöhnlichem Kalk, im Augenblick des Löschens versetzt, verleihen sie demselben einen von den Verhältnissen der Mischung abhängenden Grad der Wasserfestigkeit. 3 Theile Kalkcement machen 3 Theile gewöhnlichen Kalks sehr wasserfest. Auch weniger Kalkcement ist noch hinreichend, und selten wird mehr nöthig sein, wenn man nicht dem Teige eine Wasserfestigkeit geben will, die stärker ist, als die des besten Kalks.

Die sehr thonigen Kalksteine und die meisten in Frankreich häufig vorkommenden Mergel geben, mäfsig gebrannt, natürliche Kalkcemente. Man wird daher dem gewöhnlichen Kalke den verlangten Grad von Wasserfestigkeit geben können, wenn man ihm eine gewisse Masse des gebrannten und pulverisirten Mergels zusetzt. Die Verhältnisse der Mischung werden von der Kraft des Mergelpulvers abhängen, welches man zur Disposition hat. Selten aber werden mehr als 2 Theile Mergelpulvers auf 3 Theile gewöhnlichen Kalks nothwendig sein.

In Lyon und beim Canal von Givors hat man sich bisher zu den Wasserwerken des sehr wasserfesten Kalkes von Theil bedient. Aber die Mergel, welche sich dort in der Nähe finden, und deren Eigenschaften ich ermittelt habe, werden, wenn man sie mit gewöhnlichem Kalke versetzt, mit Vortheil statt des Kalkes von Theil benutzt werden können, von welchem der Cubikfufs $11\frac{1}{4}$ Sgr. kostet. Die Hälfte gewöhnlichen Kalks, zu 4 Sgr. der Cubikfufs, und die Hälfte Mergelpulver, zu $2\frac{1}{2}$ Sgr. der Cubikfufs, geben einen sehr wasserfesten Teig, zu $3\frac{1}{4}$ Sgr. der Cubikfufs. Die davon zu erwartende Ersparung wird besonders für die Fortsetzung des Canals von Givors beträchtlich sein, zu welchem nicht weniger als 320 000 Cubikfufs Kalk von Theil erforderlich sein würden.

Da, wo der Brennstoff theuer ist, und auch der natürliche Wasserkalk, so wie der Mergel, zum Kalkcemente fehlt, wird der künstliche Kalkcement dem künstlichen Wasserkalke vorzuziehen sein. Denn in dem aus gewöhnlichem Kalk und Kalkcement zusammengesetzten Wasserkalke nimmt der Kalkcement höchstens die Hälfte des Volumens ein; also werden die Kosten des Brennens und der Zubereitung geringer sein. Anderntheils sind die gewöhnlichen Kalke und die Kalkcemente leichter aufzubewahren, als die Wasserkalke; und endlich hat man den Vortheil, den Grad der Wasserfestigkeit beliebig bestimmen zu können und die gewöhnlichen Kalke nur erst im Augenblick des Verbrauchs, oder wenige Stunden vorher, in Wasserkalk verwandeln zu dürfen.

21.

Wassercemente. Die Verbindungen, welchen ich insbesondere die Benennung *Wassercemente* beizulegen vorgeschlagen habe, besitzen die Eigenschaft, allein, oder mit einer gleichen Masse Sand versetzt, einen mehr oder weniger magern Wassermörtel zu geben. Diese Cemente, mit gewöhnlichem Kalke gemengt, geben Teige, welche innerhalb 14 Tagen unter Wasser erhärten. Ein Theil Cements ist hinreichend, um zwei Theile gewöhnlichen Kalks wasserfest zu machen.

Die meisten, überall sehr gemeinen Thon- und Kalk-Erden eignen sich sehr gut, gebrannt und pulverisirt, zu Wassercementen. Das Brennen muſs mäſsig geschehn, damit die Masse sich nicht verglase und todt gebrannt werde.

Wenn die Thon- und Kalk-Erden einen groſsen Theil Sand enthalten, so geben sie Ziegel, welche, zerstoſsen, wahre Wassercemente sind. Diese Ziegel sind nach dem Brennen sehr leicht und scheinen sehr wenig fest zu sein, wenn sie nicht mehr oder weniger in Verglasung übergegangen sind. Aber sie binden stark mit dem Mörtel und werden unter Wasser bald sehr hart. Hat man sie sehr stark gebrannt, so sind sie verglaset worden, öfters ohne ihre Form verloren zu haben. Dann aber haftet der Mörtel an ihnen wenig, weil alsdann der Cement, den sie enthalten, todt gebrannt worden ist.

Beim Ardennen-Canal habe ich Gelegenheit gehabt, von diesen Bemerkungen Nutzen zu ziehen. Zu den Wasserwerken desjenigen Theils dieses Canals, der im Aisne-Thal liegt, fand sich kein anderes Material, als die kalkthonige Erde, welche den Boden dieses Thals bedeckt, und die rissigen Kreidelager an den Mündungen, nebst eben so rissigen Steinen und Erden. Verschiedene Versuche im Kleinen zeigten mir indessen, daſs es durch ein vorsichtiges Verfahren möglich sein würde, aus der Erde des Thals Ziegel zu machen. Durch andere Versuche entdeckte ich in der grauen Kreide, oder der Chloritkreide, Lager, welche Wasserkalk geben konnten, und es wurden nun in den Jahren 1826, 1827 und 1828 Schleusen und andere Wasserwerke mit den Ziegeln aus der Thal-Erde, mit Wasserkalk aus der Kreide, und mit Werksteinen aus dem Kreidefelsen, die man hinter die Bekleidung von Ziegeln legte, erbaut.

In der kreidigen Champagne, wo es keine andern Baustoffe als Kreide, Mergel und thonkalkige Erde giebt, und wo man deshalb die meisten Gebäude aus Holz baut, wird daher gleichfalls eben so festes Mauerwerk gemacht werden können, als irgendwo.

22.

Gewöhnliche Cemente. Ich begnüge mich, von denselben zu bemerken, dafs sie um so kräftiger sind, je reiner und feuerbeständiger (*apyre*) der Thon ist, der dazu genommen wird. Und dann scheint es mir gewifs, dafs die hydraulischen Teige und Mörtel, welche daraus bereitet werden, fester sind, als die ähnlichen, aus Wasserkalk gemachten Mörtel.

Endlich folgere ich aus dem zweiten Theile der berichteten Thatsachen, dafs sich überall, wo sich Kalksteine, Mergel und thonkalkige Erden finden, mit geringen Kosten wasserfeste Teige und Mörtel bereiten lassen, deren Festigkeit man nach Belieben von 45 bis zu 776 Pfunden, für ein Prisma von 23 Linien lang und $20\frac{2}{3}$ Linien im Quadrat, steigern kann.

Dieses sind die Beobachtungen, welche ich zu machen Gelegenheit gehabt habe. Dieselben sind zwar nur sehr unvollständig, und geben noch nicht hinreichende Auskunft über den Einflufs der Zeit auf die Festigkeit der hydraulischen Teige und Mörtel: aber wenn die Resultate, auf welche ich gekommen bin, auch nur die Aufmerksamkeit der Baumeister weiter anregen, so ist schon der Zweck, welchen ich hatte, erreicht.

Die oben gedachten Tafeln sind folgende.

Tafel 1.

Bestandtheile der verschiedenen natürlichen Mischungen von Kalk und Thon, welche, gebrannt, entweder für sich selbst, oder mit gewöhnlichem Kalke versetzt, geeignet sind, wasserbeständige Teige zu geben.

Bestandtheile.	1. Ziegel-Erde von Rive de Gier.	2. Wasser-Thon von Rive de Gier.	3. Thon von Bédouan.	4. Kalkstein von Theil.	5. Mergel von Echaux.	6. Mergel von St. Just.	7. Mergel von Aubigny.	8. Mergel von Givors.
Wasser	8,00	5,80	12,00	3,00	6,20	6,80	12,20	13,20
Kohlensaurer Kalk .	—	9,20	—	76,80	53,20	35,40	24,80	23,80
Kohlensaures Magnesium	—	1,60	—	wenig	2,00	1,20	—	0,80
			Zusammen	79,80	61,40	43,40	37,00	37,80
Thon.								
Kiesel-Erde . . .	57,80	60,00	52,00	14,40	22,00	26,00	38,40	39,60
Alaun-Erde . . .	10,60	14,80	28,00	2,80	7,20	15,00	11,60	7,00
Kalk	2,00	—	3,00	1,20	1,40	2,00	5,40	8,40
Magnesium . . .	—	—	1,00	0,40	—	1,20	—	1,60
Eisen-Oxyd . . .	12,40	8,40	2,00	0,80	7,60	11,60	7,20	4,80
Ueberhaupt	99,80	99,80	98,00	99,40	99,60	99,20	99,60	99,20

Diese verschiedenen Analysen sind in der Bergwerksschule zu St. Etienne unter Aufsicht des Herrn Socart, chemischen Präparators, gemacht und mir von den Herren Berg-Ingenieurs Delséries und Clapeyron gefälligst mitgetheilt worden.

Tafel 2.

Bestandtheile natürlicher Verbindungen von Kalk und Thon. Aus dem Werke des Herrn General Treussart.

Bestandtheile.		9.	10.	11.	12.	13.	14.	15.	16.	17.	18.	19.	20.
		Thone.			Wasserkalke.			Kalk-Cemente.			Wasser-Cemente.		
		Pfeifenthon von Cöln.	Von Frankfurt.	Von Suftenheim.	Von St. Germain.	Von Metz.	Von Senonches.	Engl. Parker Cement.	Kiesel von Boulogne.	Cement von Pouilly.	Puzzolane.	Traſs.	Calcinirter Basalt von der obern Loire.
Wasser		6,60	16,00	7,80	—	—	—	—	—	—	9,20	9,60	2,00
Kalk		—	—	—	83,00	68,39	70,00	55,40	54,00	42,86	8,80	2,60	9,50
Thon	Kiesel	67,00	50,90	72,40	—	—	—	—	—	—	44,50	57,00	44,50
	Alaun	24,00	32,70	11,80	—	—	—	—	—	—	15,00	12,00	16,75
	Magnesium	1,20	1,50	2,00	17,00	31,70	30,00	44,60	46,00	57,14	4,70	1,00	—
	Eisen-Oxyd	1,20	—	4,80	—	—	—	—	—	—	12,00	5,00	20,00
Potasche		—	—	—	—	—	—	—	—	—	4,00	1,00	2,60
Sodau		—	—	—	—	—	—	—	—	—	—	—	2,37
Zusammen		100,00	100,20	99,80	100,00	100,00	100,00	100,00	100,00	100 00	99,60	99,20	97,92

Tafel 3.

Tiefe, auf welche ein Stift von 0,55 Linien im Durchmesser, mit $20\frac{1}{8}$ Loth Gewicht belastet, und $9\frac{1}{6}$ Linien hoch herunterfallend, in Prismen von künstlichen wasserbeständigen Teigen, die 14 Tage eingetaucht gewesen waren, eindrang.

Bestandtheile der Körper erster Ordnung.	Von diesen Körpern erster Ordnung waren zu den wasserbeständigen Teigen, woraus die Prismen bestanden, verbunden:									
	10 / 0	9 / 1	8 / 2	7 / 3	6 / 4	5 / 5	4 / 6	3 / 7	2 / 8	1 Theile mit / 9 Theilen Kalk.
A. Gewöhnlicher Cement.	Linien.	Linien.	Linien.	Linien.	Linien.	Linien.	Linien.	Linien.	Linien.	Linien.
1. 10 Theile gebrannte Ziegel-Erde, 0 - - Kalk	20,65	0,00	0,00	0,00	0,00	0,46	1,38	1,38	1,38	3,21
B. Wasser-Cemente.										
2. 9 Theile Thon, 1 Theil Kalk	0,46	0,00	0,00	0,00	0,92	0,92	1,38	0,92	6,88	5,96
3. 8 Theile Thon, 2 - - Kalk	0,46	0,46	0,00	0,00	0,92	0,46	0,92	5,05	1,84	2,29
4. 7 Theile Thon, 3 - - Kalk	0,46	0,46	0,46	0,92	1,84	0,46	0,92	1,84	2,75	3,21
C. Kalk-Cemente.										
5. 6 Theile Thon, 4 - - Kalk	0,92	1,38	0,92	0,46	0,46	0,92	2,75	1,38	6,42	2,75
6. 5 Theile Thon, 5 - - Kalk	0,00	0,00	0,00	0,92	0,92	0,46	1,38	1,38	1,38	1,38
7. 4 Theile Thon, 6 - - Kalk	0,00	0,46	0,46	1,38	1,38	5,05	2,29	2,29	2,29	3,21
8. 3 Theile Thon, 7 - - Kalk	0,00	0,92	0,92	1,38	0,92	1,38	2,75	1,38	1,38	1,38
D. Wasser-Kalk.										
9. 2 Theile Thon, 8 - - Kalk	1,38	0,92	1,84	1,84	1,84	2,75	5,05	2,29	3,21	2,29
10. 1 Theil Thon, 9 Theile Kalk	4,58	5,50	2,29	2,29	2,29	9,18	2,29	7,78	9,18	18,35
E. Gewöhnlicher Kalk.										
11. 0 Theile Thon, 10 - - Kalk	20,65	—	—	—	—	—	—	—	—	—

Tafel 4.

Tiefe, auf welche ein Stift von 0,55 Linien im Durchmesser, mit $20\frac{1}{4}$ Loth Gewicht belastet, und $18\frac{1}{3}$ Linien hoch herunterfallend, in Prismen von künstlichen wasserbeständigen Teigen, die 2 Monate eingetaucht gewesen waren, eindrang.

Bestandtheile der Körper erster Ordnung.	Von diesen Körpern erster Ordnung waren zu den wasserbeständigen Teigen, woraus die Prismen bestanden, verbunden: 10 / 0	9 / 1	8 / 2	7 / 3	6 / 4	5 / 5	4 / 6	3 / 7	2 / 8	1 / 9 Theile mit Theilen Kalk.
	Linien.	Linien.	Linien.	Linien.	Linien.	Linien.	Linien.	Linien.	Linien.	Linien.
A. Gewöhnlicher Cement.										
1. {10 Theile gebrannte Ziegel-Erde / 0 - - Kalk}	20,65	0,00	0,00	2,29	0,46	0,92	1,38	1,38	1,84	3,21
B. Wasser-Cemente.										
2. {9 Theile Thon / 1 Theil Kalk}	0,92	0,69	0,00	0,00	0,46	0,46	0,46	0,46	0,92	1,38
3. {8 Theile Thon / 2 - - Kalk}	0,92	0,23	0,00	0,00	0,00	0,23	0,23	0,46	0,92	1,38
4. {7 Theile Thon / 3 - - Kalk}	0,46	0,46	0,00	0,23	0,23	0,23	0,46	0,92	1,38	3,21
C. Kalk-Cemente.										
5. {6 Theile Thon / 4 - - Kalk}	0,46	0,46	0,46	0,23	0,46	0,69	0,92	0,92	1,38	1,38
6. {5 Theile Thon / 5 - - Kalk}	0,00	0,00	0,00	0,23	0,23	0,46	0,46	0,46	0,92	0,92
7. {4 Theile Thon / 6 - - Kalk}	0,00	0,46	0,69	0,92	0,92	1,38	0,92	0,92	0,92	1,38
8. {3 Theile Thon / 7 - - Kalk}	0,00	0,23	2,29	0,46	0,46	0,69	0,92	1,15	1,38	1,38
D. Wasser-Kalk.										
9. {2 Theile Thon / 8 - - Kalk}	0,46	0,92	1,38	1,38	1,38	1,38	1,84	1,84	1,38	1,38
10. {1 Theil Thon / 9 Theile Kalk}	1,38	1,83	1,38	1,38	2,75	4,59	3,21	3,67	3,67	3,67
E. Gewöhnlicher Kalk.										
11. {0 Theile Thon / 10 - - Kalk}	20,65	—	—	—	—	—	—	—	—	—

Tafel 5.

Gewichte, unter welchen die Prismen künstlichen hydraulischen Teiges nach viermonatlicher Eintauchung brachen.

Bestandtheile der Körper erster Ordnung.	Von diesen Körpern erster Ordnung waren zu den wasserbeständigen Teigen, woraus die Prismen bestanden, verbunden:									
	10 / 0	9 / 1	8 / 2	7 / 3	6 / 4	5 / 5	4 / 6	3 / 7	2 / 8	1 / 9 Theile mit / Theilen Kalk.
	Pfunde.	Pfunde.	Pfunde.	Pfunde.	Pfunde.	Pfunde.	Pfunde.	Pfunde.	Pfunde.	Pfunde.
A. Gewöhnlicher Cement.										
1. {10 Theile gebrannter Thon / 0 - - Kalk} .	0	203	324	345	282	222	139	134	58	32
B. Wasser-Cemente.										
2. {9 Theile Thon / 1 Theil Kalk}	58	254	288	247	288	211	175	188	117	77
3. {8 Theile Thon / 2 - - Kalk}	32	311	241	352	309	267	228	122	149	43
4. {7 Theile Thon / 3 - - Kalk}	188	345	339	249	198	290	115	139	70	53
C. Kalk-Cemente.										
5. {6 Theile Thon / 4 - - Kalk}	147	241	222	247	247	179	137	126	66	51
6. {5 Theile Thon / 5 - - Kalk}	425	228	375	179	175	331	188	128	96	47
7. {4 Theile Thon / 6 - - Kalk}	384	177	267	166	194	115	117	105	96	62
8. {3 Theile Thon / 7 - - Kalk}	188	173	294	151	143	132	75	156	119	77
D. Wasser-Kalke.										
9. {2 Theile Thon / 8 - - Kalk}	134	201	111	130	147	0	79	102	81	51
10. {1 Theil Thon / 9 Theile Kalk}	68	73	83	94	50	43	38	32	32	28

Tafel 6.

Gewichte, unter welchen Prismen aus Mörtel (Mischungen dritter Ordnung) nach viermonatlicher Eintauchung brechen. Die Prismen bestanden aus den künstlichen hydraulischen Teigen der vorigen Tafeln, versetzt mit dem doppelten Volumen Sand.

Bestandtheile der Körper erster Ordnung.	Von diesen Körpern erster Ordnung waren in den Teigen, welche in den Prismen mit dem doppelten Volumen Sand versetzt waren, verbunden									
	10 / 0	9 / 1	8 / 2	7 / 3	6 / 4	5 / 5	4 / 6	3 / 7	2 / 8	1 / 9 Theile mit Theilen Kalk.
A. Gewöhnlicher Cement.	Pfunde.	Pfunde.	Pfunde.	Pfunde.	Pfunde.	Pfunde.	Pfunde.	Pfunde.	Pfunde.	Pfunde.
1. {10 Theile gebrannter Thon / 0 - - Kalk} .	0	156	96	177	164	179	128	119	55	73
B. Wasser-Cemente.										
2. {9 Theile Thon / 1 Theil Kalk}	47	143	158	139	177	179	198	111	113	53
3. {8 Theile Thon / 2 - - Kalk}	71	124	162	170	156	316	192	130	177	137
4. {7 Theile Thon / 3 - - Kalk}	92	181	143	124	194	119	162	102	115	43
C. Kalk-Cemente.										
5. {6 Theile Thon / 4 - - Kalk}	73	215	203	192	164	218	154	111	137	53
6. {5 Theile Thon / 5 - - Kalk}	179	73	194	203	211	173	149	134	115	68
7. {4 Theile Thon / 6 - - Kalk}	49	170	282	395	269	160	151	181	137	171
8. {3 Theile Thon / 7 - - Kalk}	147	152	211	267	196	241	98	196	166	205
D. Wasser-Kalke.										
9. {2 Theile Thon / 8 - - Kalk}	145	181	141	166	141	186	194	145	130	117
10. {1 Theil Thon / 9 Theile Kalk}	139	124	147	162	130	109	102	53	68	70

Tafel 7.
Gewichte, welche Prismen verschiedener natürlicher wasserbeständiger Teige trugen.

Zahl des Versuchs.	Bestandtheile der Prismen.	Alter der Teige, oder Zeit der Eintauchung.	Gewöhnlicher und hydraulischer Kalk.	Wasser-Cement und Kalk-Cement.	Gewicht, welches die Prismen trugen.
		Monate.			Pfunde.
1.	Kalk von Theil	4	1	0	222
2.	Cement von Pouilly	4	0	1	418
3.	Mergel von Givors allein	2	0	1	215
4.	Mergel von Givors und gewöhnlicher Kalk	2	4	6	160
5.	Mergel von St. Just und gewöhnlicher Kalk	2	2	8	350
6.	Desgleichen	2	3	7	303
7.	Desgleichen	2	6	4	162
8.	Desgleichen	2	7	3	128
9.	Desgleichen	2	8	2	85
10.	Desgleichen	2	9	1	75
11.	Mergel von Aubigny allein	4	0	1	149
12.	Mergel von Aubigny und gewöhnlicher Kalk	4	1	9	137
13.	Desgleichen	4	2	8	64
14.	Desgleichen	4	3	7	43
15.	Thon-Cement von Bédouan und gewöhnlicher Kalk	4	2	5	736
16.	Gebrannte Ziegel-Erde	-	-	-	188
	Thon-Cement mit Eisen-Erze zusammen gebrannt, und pulverisirt.				
17.	9 Theile Thon und 1 Theil Eisenerz	3	2	5	203
18.	8 - - - 2 - - -	3	2	5	211
19.	7 - - - 3 - - -	3	2	5	299
20.	6 - - - 4 - - -	3	2	5	111
21.	5 - - - 5 - - -	3	2	5	209
22.	4 - - - 6 - - -	3	2	5	265
23.	3 - - - 7 - - -	3	2	5	218
24.	2 - - - 8 - - -	3	2	5	132
25.	1 - - - 9 - - -	3	2	5	109

Tafel 8.

Gewichte, welche Prismen verschiedener Mörtel, aus natürlichen wasserbeständigen Teigen gemacht, trugen.

Zahl der Versuche.	Die zu den Mörteln genommenen hydraulischen Teige waren:	Alter der Mörtel, oder Zeit der Eintauchung.	Gewöhnlicher und hydraulischer Kalk.	Wasser-Cement und Kalk-Cement.	Kiesel-Sand von Givors.		Gewicht, welches die Prismen trugen.
	Hydraulische Kalke.	Monate.			Pfd.	Lth.	Pfd.
1.	Kalk von Chanay bei Mâcon . . .	4	1	0	4	8½	38
2.	Kalk von Sury an der Loire . . .	4	1	0	4	8½	64
3.	Kalk von Theil (Ardèche-Departement)	4	1	0	4	8½	454
4.	Desgleichen	1	1	0	2	4¼	73
5.	Desgleichen	1	1	0	3	6½	79
6.	Desgleichen	1	1	0	4	8½	64
7.	Desgleichen	1	1	0	5	10⅔	66
8.	Desgleichen	1	1	0	6	13	64
9.	Desgleichen	1	1	0	7	15	62
10.	Desgleichen	1	1	0	8	17	58
11.	Cement von St. Léger bei Châlons an der Saône.	4	0	1	4	8½	156
12.	Cement von Pouilly	4	0	1	4	8½	288
13.	Mergel von Givors allein	1	0	1	4	8½	49
14.	Mergel von Givors und gewöhnlicher Kalk	1	1	1	6	13	85
15.	Desgleichen	1	1	1	2	4¼	102
16.	Desgleichen	1	1	1	2	18	98
17.	Desgleichen	1	1	1	3	—	117
18.	Desgleichen . . . , ...	1	1	1	3	13	134
19.	Desgleichen	1	1	1	3	27	105
20.	Desgleichen	1	1	1	4	8½	132
21.	Desgleichen	1	1	1	4	22	115
22.	Desgleichen	1	1	1	5	4	130
23.	Mergel von Givors allein	1	0	2	2	4¼	218
24.	Desgleichen	1	0	3	4	8½	92
25.	Desgleichen	1	0	6	10	21	43
26.	Desgleichen	1	0	1	6	13	36
27.	Mergel von St. Just und gewöhnlicher Kalk	4	4	6	42	21	139
28.	Desgleichen	4	5	5	42	21	90
29.	Desgleichen	4	6	4	42	21	75
30.	Mergel von Aubigny allein	4	0	1	4	8½	34

Fortsetzung von Tafel 8.

Zahl der Versuche.	Die zu den Mörteln genommenen hydraulischen Teige waren:	Alter der Mörtel, oder Zeit der Eintauchung.	Gewöhnlicher und hydraulischer Kalk.	Wasser-Cement und Kalk-Cement.	Kiesel-Sand von Givors.		Gewicht, welches die Prismen trugen.
		Monate.			Pfd.	Lth.	Pfd.
31.	Mergel von Aubigny und gewöhnlichen Kalk	4	1	9	42	21	68
32.	Desgleichen	4	2	8	42	21	73
33.	Desgleichen	4	3	7	42	21	124
34.	Desgleichen	4	4	6	42	21	169
35.	Desgleichen	4	5	5	42	21	92
36.	Desgleichen	4	6	4	42	21	68
37.	Desgleichen	4	7	3	42	21	98
38.	Desgleichen	4	8	2	42	21	36
39.	Desgleichen	4	9	1	42	21	51
40.	Desgleichen	4	5	5	32	—	117
	Kalk-Cemente und Thon-Cemente mit Eisenerz.						
41.	9 Theile Thon und 1 Theil Eisenerz .	4	4	10	29	23½	565
42.	8 - - - 2 - - - - .	4	4	10	29	23½	286
43.	7 - - - 3 - - - - .	4	4	10	29	23½	235
44.	6 - - - 4 - - - - .	4	4	10	29	23½	130
45.	5 - - - 5 - - - - .	4	4	10	29	23½	218
46.	4 - - - 6 - - - - .	4	4	10	29	23½	309
47.	3 - - - 7 - - - - .	4	4	10	29	23½	139
48.	2 - - - 8 - - - - .	4	4	10	29	23½	124
49.	1 - - - 9 - - - - .	4	4	10	29	23½	102
50.	Gewöhnlicher Kalk und Thon von Bédouan	4	4	10	29	23½	710
51.	Kalk und Thon von Rive de Giers .	4	4	10	29	23½	623
52.	Mörtel aus der römischen Wasserleitung der Durèze	1800 Jahre					504
53.	Gebrannter Ziegel						233

16.

Fortsetzung der im 3. und 4. Hefte 8. Bandes und im 1. Hefte 9. Bandes dieses Journals enthaltenen Nachrichten von der Belgischen Eisenbahn.

Man hat häufig Nachrichten von der Belgischen Eisenbahn, besonders über die seit dem Mai vorigen Jahres eröffnete erste Section derselben, von Brüssel bis Mecheln, in den Zeitungen gefunden, theils ungemein günstigen Inhalts, was den Erfolg und den ungeheuren Geld-Ertrag der genannten Section betrifft, theils auch ungünstiger Art, in Betreff der Fahrt auf derselben, welche ziemlich unbequem sein soll. Beide Arten von Nachrichten dürften keine ganz richtige Vorstellung von ihrem Gegenstande geben; denn einestheils dürfte aus den blofs summarischen Angaben der Einnahme und Ausgabe aus der ersten Zeit nach Eröffnung der Bahn noch nicht ohne Weiteres auf den Ertrag für die Folge sich schliefsen lassen, und die ungünstigen Schilderungen der Fahrt anderntheils hat der Herausgeber, als er im September des vorigen Jahres die Bahn sah, und auf derselben wiederholt fuhr, nicht in dem Maafse bestätigt gefunden, wie sie gegeben worden sind.

Es wird daher einiges Nähere und Authentische über diese Bahn, von einigen Bemerkungen begleitet, vielleicht nicht überflüssig sein.

Zuerst wollen wir den officiellen und detaillirten Bericht der Behörden über den Erfolg der Eisenbahn zwischen Brüssel und Mecheln, während der ersten drei Monate nach ihrer Eröffnung, mittheilen. Er findet sich z. B. in No. VII., November 1835, des Londoner *Railway-Magazine*. Wir geben die wörtliche Übersetzung davon, und zwar darin, nach der Gewohnheit dieses Journals, die fremden Münzen, Maafse und Gewichte auf Preufsische reducirt.

Bericht des Belgischen Ministers des Innern, Herrn de Theux, vom 4. August 1835, in der Kammer der Repräsentanten, über die dortige Eisenbahn.

Meine Herren. Das Gesetz vom 1. Mai 1834 über unser Eisenbahnsystem schreibt vor, dafs der Kammer über den Fortgang und den Erfolg dieser Unternehmung ausführliche Berichte erstattet werden sollen.

Wir sind so glücklich, Ihnen schon jetzt einen solchen Bericht günstigen Inhalts vorlegen zu können, und der gute Erfolg des Anfangs der Unternehmung scheint eine Bürgschaft für die grofsen Vortheile zu geben, welche dieselbe nach ihrer Vollendung dem Lande gewähren wird.

Die Strecke von Brüssel bis Mecheln ist zuerst ausgeführt worden. Dieser Bau war allen den Schwierigkeiten unterworfen, welche ganz neuen, ungewohnten Werken eigen zu sein pflegen. Sie sind aber vollständig überwunden worden, und schon der erste Anfang des Werks hat den vollkommensten Erfolg gehabt. Der Bau-Anschlag der dirigirenden Ingenieurs ist nur um ein Geringes überschritten worden, und die Überschreitung rührt nur daher, dafs man den Weg etwas breiter gemacht und schwerere Schienen genommen hat, als Anfangs beabsichtigt war.

Der Wunsch, die Ausführung des Werkes zu beschleunigen, um dem Publicum so bald als möglich dessen Vortheile zu verschaffen, hat aufserdem nicht die alleräufserste Ökonomie gestattet.

Dafs die ganze, 3 Meilen lange, Station in dem kurzen Zeitraume von 12 Monaten nach der Bekanntmachung des Gesetzes vollendet worden, ungeachtet die Vorarbeiten damals noch nicht ganz vollständig waren, ist unstreitig erfreulich.

Die gesammte Ausgabe für diese Section beläuft sich bis jetzt auf 326 426 Rthlr. 20 Sgr.

Es ist auch erfreulich, dafs, während in einem andern Lande, nahe bei einer der gröfsten Hauptstädte von Europa, einer Unternehmer-Gesellschaft ein bedeutender Geld-Zuschufs hat bewilligt werden müssen [das Englische Journal bemerkt, dafs hier wahrscheinlich die Eisenbahn zwischen London und Greenwich gemeint sei, D. H.], gegentheils die Bahn zwischen Brüssel und Mecheln der Regierung, welche sie bauen liefs, einen namhaften Ertrag abgeworfen hat, obgleich die Fahrpreise für Passagiere sehr niedrig angesetzt sind. [Wie schon aus den, in dem gegenwärtigen Journal mitgetheilten, frühern Nachrichten über die Belgische Eisenbahn hervorgeht, legt man dort einen grofsen Werth darauf, dafs die dortigen Eisenbahnen nicht Privat-Unternehmern überlassen worden sondern von der Regierung selbst unternommen worden sind; wogegen aber wohl Vieles einzuwenden sein möchte. D. H.] Die Einnahme betrug für den Transport von 163 532 Personen, welche vom 7. Mai bis 31. Juli die Eisenbahn befahren haben, 28 521 Rthlr. 18. Sgr. [Hierüber sehe man die weiter unten folgenden Details und Bemerkungen. D. H.]

Die Resultate des Werkes sind nicht allein rücksichtlich der Kosten und der Zeitdauer des Baues befriedigend gewesen, sondern das Werk selbst ist auch als wohlgelungen zu betrachten. Auch läfst sich mit Zuversicht erwarten, dafs die Kosten der Erhaltung desselben für die Folge so gering sein werden, als es nach der Natur der Sache möglich ist. Die bisherigen Erhaltungskosten können nur abnehmen. Die Güte der Schienen läfst nichts zu wünschen übrig.

Auch die Erfolge bei der Benutzung der Bahn sind befriedigend gewesen und es sind noch keine Unfälle der Art vorgekommen, wie sie anfangs mochten befürchtet worden sein.

Die grofse Aufregung des Publicums bei der feierlichen Eröffnung führte der Bahn eine so ungeheure Menge von Passagieren zu, dafs es anfangs unmöglich war, alle Anforderungen zu befriedigen. Indessen auch die Schwierigkeiten der Handhabung eines so ganz neuen Werks sind allmälig besiegt worden.

Die Einnahmen sind auf das regelmäfsigste berechnet worden, und die Cassen haben täglich die eingegangenen Summen abgeliefert.

Die Bestimmung der Fahrpreise hat allgemeinen Beifall gefunden. Sie sind so angeordnet, dafs das Werk dem Armen wie dem Reichen gleich gute Dienste leistet. So kann man ohne Übertreibung versichern, dafs die Eisenbahn ein wahres Nationalwerk ist.

Die Details der Einnahmen und der Ausgaben bei dem Bau und der Erhaltung des Werkes, so wie für die Transportkraft, nebst allen übrigen Berichten, die hier zu weitläuftig sein würden, sind in der Kammer auf die Tafel gelegt worden.

Man hat es für den Anfang angemessen erachtet, keine Vorbereitungen zum Transport von Waaren zu machen, weil sich zwischen Brüssel und Mecheln noch keine hinreichende Transportmasse gefunden haben würde, um die Kosten der Frachtkarren zu decken, und man durch dieselben kein Hindernifs bereiten wollte.

Die Ingenieurs haben auch über den Fortgang des Baues in den andern Stationen Bericht erstattet. Ich fühle mich verpflichtet, denselben das Zeugnifs zu geben, dafs sie mit dem gröfsten Eifer alles mögliche thun, um die Ausführung zu beschleunigen und dadurch den Wünschen der Regierung und dem dringenden Begehren des Publicums zu genügen.

Es ist indessen nicht zu übersehen, meine Herren, dafs grade die Vorarbeiten jedesmal die meisten Schwierigkeiten machen. Ehe man anfangen kann, müssen erst alle Messungen und technischen Plane vollendet sein; der Grund und Boden mufs erworben und der Besitz desselben gesichert sein. Erst dann, wenn die Vorarbeiten regelmäfsig geschehen und vollendet sind, kann der Bau selbst rasch fortschreiten; und blofs dieser Umstand ist die Ursach des Verzuges in verschiedenen Sectionen, die der Ungeduld des Publicums zu langsam fortzuschreiten scheinen. Ich kann indessen die Kammer versichern, dafs alles mögliche zur Beschleunigung der Ausführung des Werkes geschieht und ferner geschehen wird.

Unter den unvermeidlichen Schwierigkeiten und Hindernissen bei einer so ausgedehnten Unternehmung, bedaure ich, auch wiederum derjenigen der Erwerbung des Terrains zur Bahn gedenken zu müssen. Das Gesetz vom 17. April v. J. hat zwar die durch die Constitution verheifsene Ausfüllung einer Lücke gewährt; aber es bleiben noch Hindernisse übrig, welche weggeräumt werden sollten, für Fälle, wo es auf schleunige Ausführung von Unternehmungen ankommt.

Diese Hindernisse werden in einem Berichte aus einander gesetzt werden, welchen die mit der Erwerbung des Terrains zu der Eisenbahn beauftragte Commission auf meine Aufforderung erstatten wird.

Die Regierung wird wahrscheinlich noch die Mitwirkung der Kammer wegen Verbesserung und Vervollständigung des von ihr schon so bereitwillig discutirten Expropriationsgesetzes in Anspruch zu nehmen haben. Dieser Gegenstand wird eine genaue Untersuchung erfordern, und ich rechne dabei auf die Einsicht derselben geübten Rechtsverständigen, welche ihn schon früher unterstützt haben. Die jetzigen Schwierigkeiten bei der Terrain-Erwerbung lassen sich leicht ermessen, wenn man bedenkt, dafs in Brabant auf eine Strecke von 3 Meilen mit etwa 500 und in Flandern mit vielleicht 1000 verschiedenen Grundeigenthümern zu unterhandeln ist; wobei noch viele Parzellen Gemeindegut sind.

Ich habe noch des Seiten-Armes der Eisenbahn nach dem Hennegau zu gedenken.

Es sind zur Ausführung desselben durch Privat-Unternehmer-Gesellschaften verschiedene Projecte vorgelegt worden. Aber die Untersuchung derselben ist noch nicht so weit gediehen, um in die Details derselben eingehen zu können. Eben so verhält es sich mit der Verbindung von Gent und Lille durch eine Eisenbahn. Die Regierung hat hierüber noch keinen Entschlufs zu fassen vermocht.

Ich lege Ihnen, meine Herren, die Berechnungen vor, welche zu dem gegenwärtigen Berichte gehören. Sollte noch weitere Auskunft verlangt werden, so bin ich dazu bereit.

Übersicht der Baukosten bis zum 1sten August 1835.

Aufgestellt von den dirigirenden Ingenieurs Herren *Simons* und *de Ridder*.

	Summe nach den Kosten-Anschlägen.		Davon ist bis jetzt ausgegeben:	
1. Strecke zwischen Brüssel und Mecheln.				
Kosten des Terrains zur Strafse, mit Inbegriff der Kosten der Verhandlungen, so wie der den Grundeigenthümern zu zahlenden Verzugszinsen.	70 272 Rthlr.	— Sgr.	57 932 Rthlr.	15 Sgr.
Kosten von Terrain-Abschnitten, die, ohne von der Strafse bedeckt zu werden, gekauft werden mufsten.			28 422 -	21 -
Kosten des Dammes zu einer doppelten Bahn.	25 226 -	20 -	29 864 -	20 -
Zu Brücken, Gebäuden etc.	33 546 -	20 -	18 621 -	24 -
Zu der Eisenbahn selbst, 7644 Ruthen lang, mit Inbegriff des zur Vollendung noch Nothwendigen.	203 653 -	10 -	172 043 -	18 -
Unvorhergesehene Ausgaben, welche aus den Verzögerungen bei der Fabrication der Schienen entstanden.			4 090 -	28 -
Nebenwerke.	17 413 -	10 -	10 596 -	3 -
Verwaltungs- und Aufsichts-Kosten.	4 933 -	10 -	} 4 854 -	13 -
Kosten des Projects.	533 -	10 -		
Zusammen	355 578 Rthlr.	20 Sgr.	326 426 Rthlr.	22 Sgr.

2. Strecke zwischen Löwen und Tirlemont.

	Summe nach den Kosten-Anschlägen.		Davon ist bis jetzt ausgegeben:	
Kosten des Terrains zur Strafse. .	82 080 Rthlr.	— Sgr.	56 886 Rthlr.	12 Sgr.
Damm-Arbeiten.	150 186 -	20 -	13 333 -	10 -
Brücken, Gebäude etc.	195 200 -	— -	3 200 -	— -
Die Eisenbahn selbst.	169 866 -	20 -	24 000 -	— -
Nebenwerke.	11 013 -	10 -	— -	— -
Verwaltungs- und Aufsichts-Kosten.	19 200 -	— -	} 3 600 -	— -
Kosten des Projects.	2 400 -	— -	}	
Zusammen	629 946 Rthlr.	20 Sgr.	101 019 Rthlr.	22 Sgr.

3. Strecke zwischen Mecheln und Termonde.

Kosten des Terrains.	86 033 Rthlr.	10 Sgr.	47 450 Rthlr.	28 Sgr.
Damm-Arbeiten.	29 333 -	10 -	2 933 -	10 -
Brücken, Gebäude etc.	32 000 -	— -	1 600 -	— -
Die Eisenbahn selbst.	283 200 -	— -	29 173 -	10 -
Nebenwerke.	23 466 -	20 -		
Verwaltungs- und Aufsichts-Kosten.	6 400 -	— -	2 533 -	10 -
Zusammen	461 333 Rthlr.	10 Sgr.	83 690 Rthlr.	28 Sgr.

4. Strecke zwischen Tirlemont und Waremme.

Kosten des Terrains.	107 136 Rthlr.	— Sgr.	28 219 Rthlr.	— Sgr.
Damm-Arbeiten.	344 880 -	— -	7 200 -	— -
Brücken, Gebäude etc.	31 866 -	20 -	1 333 -	10 -
Die Eisenbahn selbst.	255 200 -	— -	21 573 -	10 -
Nebenwerke.	14 640 -	— -		
Verwaltungs- und Aufsichtskosten. .	20 400 -	— -	} 2 933 -	10 -
Kosten des Projects	2 400 -	— -	}	
Zusammen	776 522 Rthlr.	20 Sgr.	61 259 Rthlr.	— Sgr.

5. Strecke zwischen Mecheln und Antwerpen.

	Summe nach den Kosten-Anschlägen.		Davon ist bis jetzt ausgegeben:	
Kosten des Terrains.	80 640 Rthlr.	— Sgr.	25 286 Rthlr.	8 Sgr.
Damm-Arbeiten.	21 706 -	20 -	2 133 -	10 -
Brücken, Gebäude etc.	48 000 -	— -	10 400 -	— -
Die Eisenbahn selbst.	248 720 -	— -	42 466 -	20 -
Nebenwerke.	19 333 -	10 -	— -	— -
Verwaltungs- und Aufsichts-Kosten.	6 266 -	20 -	2 400 -	— -
Kosten des Projects.	1 333 -	10 -		
Zusammen	426 000 Rthlr.	— Sgr.	83 686 Rthlr.	8 Sgr.

6. Projectirte Strecken, zwischen Waremme und Lüttich, zwischen Lüttich und Verviers und zwischen Termonde und Gent.

Messungen und Nivellements.	1 386 Rthlr.	20 Sgr.
Kosten der Projecte.	3 030 -	12 -
Zusammen	4 417 -	2 -

7. Kosten der Transportmittel.

	Summe nach den Kosten-Anschlägen.	Davon ist bis jetzt ausgegeben:	
A. Gebäude und Terrain dazu.			
Terrain zu den Gebäuden.	666 666 Rthlr. 20 Sgr.	29 370 Rthlr.	— Sgr.
Verschiedene Constructionen.		13 340 -	23 -
Vorrichtungen zu den Anlagen.		6 133 -	10 -
B. Die Transportmittel selbst.			
Dampfwagen		59 045 -	28 -
Bahnwagen.		21 333 -	10 -
Verwaltungs- und Aufsichts-Kosten.		4 000 -	— -
Zusammen	666 666 Rthlr. 20 Sgr.	133 223 Rthlr.	11 Sgr.

8. Ausgaben für Vorbereitungen.

Für Schuppen, Fähren, Befriedigungen etc. Desgleichen Kosten der feierlichen Eröffnung der Strecke zwischen Brüssel und Mecheln.	12 480 Rthlr.	21 Sgr.
Zusammen	12 480 Rthlr.	21 Sgr.

Überhaupt.	Summe nach den Kosten-Anschlägen.		Davon ist bis jetzt ausgegeben:	
1. Zur Strecke zwischen Mecheln und Brüssel	355 578 Rthlr.	20 Sgr.	326 426 Rthlr.	22 Sgr.
2. Zur Strecke zwischen Löwen und Tirlemont	629 946 -	20 -	101 019 -	22 -
3. Zur Strecke zwischen Mecheln und Termonde	461 333 -	10 -	83 690 -	28 -
4. Zur Strecke zwischen Tirlemont und Waremme	776 522 -	20 -	61 259 -	— -
5. Zur Strecke zwischen Mecheln und Antwerpen	426 000 -	— -	83 686 -	8 -
6. Zu den projectirten Strecken			4 417 -	2 -
7. Kosten der Transportmittel	666 666 -	20 -	133 223 -	11 -
8. Zu Vorbereitungen			12 480 -	21 -
Ganze Summe	3 316 048 Rthlr.	— Sgr.	806 203 Rthlr.	24 Sgr.

Übersicht der Kosten der Erhaltung und Verwaltung der Bahnstrecke zwischen Brüssel und Mecheln; desgleichen der Transportkosten auf derselben.

Augestellt von den dirigirenden Ingenieurs Herren *Simons* und *de Ridder*.

I. Erhaltung und Reparatur der Bahn.

1. Für Materialien-Vorräthe.

Werkzeuge	666 Rthlr.	20 Sgr.		
Sand	325 -	2 -		
Schienen, Schienenstühle und Bolzen; Hölzerne Quer-Unterlagen	1333 -	10 -		
			2325 Rthlr.	2 Sgr.

2. Ambulante Werkstätten.

An Arbeitslohn und Reparatur-Kosten der Werkzeuge:

Im Mai	420 Rthlr.	14 Sgr.		
In der ersten Hälfte des Juni	291 -	8 -		
In der zweiten Hälfte des Juni	369 -	— -		
In der ersten Hälfte des Juli	380 -	11 -		
In der zweiten Hälfte des Juli	400 -	— -		
			1861 -	3 -
		Bis hieher	4186 Rthlr.	5 Sgr.

Bis hieher 4186 Rthlr. 5 Sgr.

3. Laufende Erhaltungskosten.

Gehalt der Wegewärter und Barrierenwächter; für Reinigung der Bahn; für einstweilige Befriedigungen, Signalfahnen, Tafeln, Besen und andere Werkzeuge etc.

Im Mai	214 Rthlr.	12 Sgr.		
In der ersten Hälfte des Juni	119 -	18 -		
In der zweiten Hälfte des Juni	132 -	13 -		
In der ersten Hälfte des Juli	138 -	— -		
In der zweiten Hälfte des Juli	133 -	10 -		
			737 -	23 -

4. Aufsichtskosten.

Gehalt und Entschädigung eines Conducteurs-en-chef, zweier Aufseher und zweier Oberwegewärter, und zwar nur die Hälfte der Gehalte der Conducteurs und Aufseher angenommen, weil diese Personen zugleich mit den Projecten zu dem Reste der Section beschäftigt gewesen sind.	616 -	— -
Zusammen	5539 Rthlr.	28 Sgr.

II. Erhaltung und Reparaturen der Transportmittel.

1. Vorräthe zu Brüssel und Mecheln.

Gehalt der Schmiede, Stellmacher und Tischler; nebst kleinen Lieferungen zur Erhaltung und Ausbesserung der Bahn- und Dampfwagen:

In der ersten Hälfte des Mai	236 Rthlr.	7 Sgr.		
In der zweiten Hälfte des Mai	136 -	9 -		
In der ersten Hälfte des Juni	191 -	20 -		
In der zweiten Hälfte des Juni	212 -	16 -		
In der ersten Hälfte des Juli	243 -	9 -		
In der zweiten Hälfte des Juli	266 -	20 -		
			1286 Rthlr.	21 Sgr.

2. Für Dampf- und Bahnwagen.

An Brennstoff, Schmier, Öl, Hanf etc. Prüfungskosten der Kohlen zu den Coaks; für Kohlenkörbe und andere Werkzeuge etc.

Im Mai	982 Rthlr.	19 Sgr.		
Im Juni	1112 -	10 -		
Im Juli	1182 -	20 -		
			3287 -	19 -
3. Gehalt der Maschinisten, Feuerschürer und Handlanger			709 -	10 -
Bis hieher			5283 Rthlr.	20 Sgr.

	Bis hieher	5283 Rthlr.	20 Sgr.

4. Aufsichtskosten.

Gehalt und Entschädigung eines Maschinen-Ingenieurs, eines Ober-Conducteurs, eines Schmiedemeisters und dreier Aufseher; hier jedoch nur die Hälfte der Gehalte des Ingenieurs und Conducteurs angenommen, weil dieselben zugleich bei den Projecten beschäftigt waren, ...	906 -	20 -
Zusammen	6190 Rthlr.	10 Sgr.

III. Kosten der Einnahme-Erhebung und der Rechnungsführung.

Einem Controlleur 800 Rthlr. Gehalt, thut vom 1. Mai bis 31. Juli	200 Rthlr.	— Sgr.
3 Einnehmern zu 533 Rthlr. 10 Sgr. Gehalt, thut, eben so, . .	400 -	— -
1 Commis zu 266 Rthlr. 20 Sgr. Gehalt, thut vom 15. Juni bis 31. Juli	33 -	10 -
1 Commis zu 213 Rthlr. 10 Sgr. Gehalt, thut vom 1. Juni bis 31. Juli	35 -	17 -
1 Commis zu 160 Rthlr. Gehalt, thut vom 1. Juli bis 31. Juli .	13 -	10 -
1 Ober-Aufseher zu 400 Rthlr. Gehalt, thut vom 1. April bis 31. Juli	133 -	10 -
1 Aufseher zu 320 Rthlr. Gehalt, thut, eben so, ...	106 -	20 -
1 Aufseher zu 266 Rthlr. 20 Sgr. Gehalt, thut vom 24. Mai bis 31. Juli	50 -	— -
1 Aufseher zu 266 Rthlr. 20 Sgr. Gehalt, thut vom 1. Juni bis 31. Juli	44 -	13 -
2 Thürhütern zu 192 Rthlr. Gehalt, eben so, ...	64 -	— -
2 Boten zu 106 Rthlr. 20 Sgr. Gehalt, thut vom 1. bis 31. Juli .	17 -	23 -
An Bureau Kosten, Druckkosten, Stempelung der Zettel und verschiedenen kleinen Ausgaben	400 -	— -
Einem Anordner (*regulateur*)	80 -	— -
Zusammen	1578 Rthlr.	13 Sgr.

Überhaupt.

I.	Für Erhaltung und Reparatur der Bahn	5539 Rthlr.	28 Sgr.
II.	Für Erhaltung und Reparatur der Transportmittel	6190 -	10 -
III.	Kosten der Einnahme-Erhebung und der Rechnungsführung .	1578 -	13 -
	Ganze Summe	13308 Rthlr.	13 Sgr.

Details der Frequenz und der Einnahme auf der Eisenbahn zwischen Brüssel und Mecheln in den 86 Tagen vom 7. Mai bis 31. December 1835.

I. Von Brüssel nach Mecheln.

Tage.	Zahl der Passagiere.					Ertrag.									
1835.	In den Berlinen.	In den Diligencen.	In den Chars à bancs.	In den Waggons.	Zusammen.	Von den Berlinen.		Von den Diligencen.		Von den Chars à bancs.		Von den Waggons.		Zusammen.	
						Rthlr.	Sgr.	Rthlr.	Sgr.	Rthlr.	Sgr.	Rthlr.	Sgr.	Rthlr.	Sgr.
Im Mai.															
Am 7.	—	24	24	80	128	—	—	8	12	6	12	10	14	25	8
- 8.	—	72	62	417	551	—	—	28	24	16	16	55	18	100	28
- 9.	—	61	72	452	585	—	—	24	12	19	6	60	8	103	26
- 10.	—	72	144	451	667	—	—	28	24	38	12	60	4	127	10
- 11.	—	62	124	504	690	—	—	24	24	33	2	67	6	125	2
- 12.	—	27	121	332	480	—	—	10	24	32	8	44	8	87	10
- 13.	—	41	136	277	454	—	—	16	12	36	8	36	28	89	18
- 14.	—	35	93	331	459	—	—	14	—	24	24	44	4	82	28
- 15.	—	38	94	375	507	—	—	15	6	25	2	50	—	90	8
- 16.	—	18	90	412	520	—	—	7	6	24	—	54	28	86	4
- 17.	—	68	133	1319	1520	—	—	27	6	35	14	175	26	238	16
- 18.	—	72	144	513	729	—	—	28	24	38	12	68	12	135	18
- 19.	—	72	144	518	734	—	—	28	24	38	12	69	2	136	8
- 20.	—	72	144	512	728	—	—	28	24	38	12	68	8	135	14
- 21.	—	72	144	508	724	—	—	28	24	38	12	67	22	134	28
- 22.	—	33	108	479	620	—	—	13	6	28	24	63	26	105	26
- 23.	—	41	82	381	504	—	—	16	12	21	26	50	24	89	2
- 24.	—	57	144	1354	1555	—	—	22	24	38	12	180	16	241	22
- 25.	—	59	123	523	705	—	—	23	18	32	24	69	22	126	4
- 26.	—	63	136	459	658	—	—	25	6	36	8	61	6	122	20
- 27.	—	31	104	272	407	—	—	12	12	27	22	36	8	76	12
- 28.	—	43	116	1068	1227	—	—	17	6	30	28	142	12	190	16
- 29.	—	33	113	305	451	—	—	13	6	30	4	40	20	84	—
- 30.	—	40	95	309	444	—	—	16	—	25	10	41	6	82	16
- 31.	—	41	114	1008	1163	—	—	16	12	30	12	134	12	181	6
Im Juni.															
Am 1.	—	50	172	837	1059	—	—	20	—	45	26	109	16	175	12
- 2.	—	42	190	849	1081	—	—	16	24	50	20	110	27	178	11
- 3.	5	78	204	738	1025	3	10	31	6	54	12	96	29	185	27
- 4.	—	46	190	705	941	—	—	18	12	50	20	92	14	161	16
- 5.	9	11	117	521	658	6	—	4	12	31	6	68	18	110	6
- 6.	2	20	137	626	785	1	10	8	—	36	16	82	14	128	10

Tage.	Zahl der Passagiere.					Ertrag.									
1835.	In den Berlinen.	In den Diligencen.	In den Chars à bancs.	In den Waggons.	Zusammen.	Von den Berlinen.		Von den Diligencen.		Von den Chars à bancs.		Von den Waggons.		Zusammen.	
Im Juni.						Rthlr.	Sgr.	Rthlr.	Sgr.	Rthlr.	Sgr.	Rthlr.	Sgr.	Rthlr.	Sgr.
Am 7.	17	89	239	813	1158	11	10	35	18	63	22	107	5	217	25
- 8.	64	116	235	883	1298	42	20	46	12	62	20	115	2	266	24
- 9.	32	85	240	842	1199	21	10	34	—	64	—	110	—	229	10
- 10.	5	12	156	700	873	3	10	4	24	41	18	92	15	142	7
- 11.	15	47	206	710	978	10	—	18	24	54	28	93	27	177	19
- 12.	7	12	140	568	727	4	20	4	24	37	10	78	20	125	14
- 13.	3	24	136	537	700	2	—	9	18	36	8	76	8	124	4
- 14.	9	66	240	814	1129	6	—	26	12	64	—	111	11	207	23
- 15.	5	42	205	796	1048	3	10	16	24	54	20	107	14	182	8
- 16.	12	41	195	774	1022	8	—	16	12	52	—	105	8	181	20
- 17.	17	26	178	592	813	11	10	10	12	47	14	80	14	149	20
- 18.	45	93	213	798	1149	30	—	37	6	56	24	104	14	228	14
- 19.	8	30	174	568	780	5	10	12	—	46	12	75	5	138	27
- 20.	14	4	114	440	572	9	10	1	18	30	12	58	13	99	23
- 21.	4	50	326	853	1233	2	20	20	—	86	28	110	24	220	12
- 22.	19	41	267	638	965	12	20	16	12	71	—	83	4	183	6
- 23.	29	46	267	488	830	19	10	18	12	71	6	63	15	172	13
- 24.	11	19	226	501	757	7	10	7	18	59	28	65	10	140	6
- 25.	6	39	171	397	613	4	—	15	10	45	18	53	17	118	15
- 26.	6	25	137	355	523	4	—	10	—	36	10	47	2	97	12
- 27.	17	36	100	181	334	11	10	14	12	26	16	23	5	75	13
- 28.	5	34	143	450	632	3	10	13	18	37	26	85	7	140	1
- 29.	5	102	226	652	985	3	10	40	24	60	12	84	21	189	7
- 30.	25	54	223	625	927	16	20	21	14	59	14	81	18	179	6
Im Juli.															
Am 1.	13	48	217	575	853	8	20	19	6	57	26	72	11	158	3
- 2.	31	49	231	674	985	20	20	19	10	61	18	87	14	189	2
- 3.	6	23	132	534	695	4	—	9	6	35	6	69	17	117	29
- 4.	7	25	159	546	737	4	20	10	—	42	6	71	8	128	4
- 5.	9	93	278	2002	2382	6	—	37	8	74	4	263	24	381	6
- 6.	26	14	200	1342	1582	17	10	5	18	53	10	175	—	251	8
- 7.	28	14	220	1003	1265	18	20	5	18	58	20	137	18	220	16
- 8.	10	29	201	792	1032	6	20	11	18	53	18	107	7	179	3
- 9.	16	23	237	987	1263	10	20	9	6	63	6	130	—	213	2
- 10.	16	24	112	602	754	10	20	9	18	29	22	78	21	128	21
- 11.	1	31	141	487	660	—	20	12	4	37	18	64	—	114	12
- 12.	14	112	276	2250	2652	9	2	44	16	73	18	294	28	422	4
- 13.	20	36	284	880	1220	13	10	14	12	75	10	113	16	216	18
- 14.	4	27	197	626	854	2	20	10	20	52	14	81	6	147	—

Tage. 1835.	Zahl der Passagiere. In den Berlinen.	In den Diligencen.	In den Chars à bancs.	In den Waggons.	Zusammen.	Ertrag. Von den Berlinen. Rthlr.	Sgr.	Von den Diligencen. Rthlr.	Sgr.	Von den Chars à bancs. Rthlr.	Sgr.	Von den Waggons. Rthlr.	Sgr.	Zusammen. Rthlr.	Sgr.
Im Juli.															
Am 15.	31	39	198	710	978	20	20	15	6	52	8	90	5	178	19
- 16.	29	32	259	746	1066	19	2	12	24	68	8	95	4	195	8
- 17.	2	27	157	563	749	1	10	10	24	41	8	71	24	125	6
- 18.	16	22	137	453	628	10	20	8	24	36	4	57	20	113	8
- 19.	16	15	194	1402	1627	8	24	5	10	50	28	176	9	241	11
- 20.	8	24	291	2213	2536	5	10	9	18	77	18	287	8	379	24
- 21.	—	45	290	2084	2419	—	—	17	26	76	22	272	27	367	15
- 22.	3	45	235	1524	1807	2	—	18	—	62	18	220	16	303	4
- 23.	—	3	177	1182	1362	—	—	1	6	46	28	155	4	203	8
- 24.	22	32	241	857	1152	14	20	12	20	64	4	115	26	207	10
- 25.	—	2	117	535	654	—	—	—	24	30	16	68	3	99	13
- 26.	32	83	312	2194	2621	21	10	32	28	82	20	285	22	422	20
- 27.	46	62	316	1188	1612	30	12	24	24	84	—	151	28	291	4
- 28.	3	20	243	899	1165	2	—	8	—	64	18	116	27	191	15
- 29.	5	22	158	650	835	3	10	8	24	41	24	82	22	136	20
- 30.	6	21	237	743	1007	4	—	8	8	63	6	98	4	173	18
- 31.	9	23	136	521	689	6	—	9	2	35	22	66	11	117	5
Zusammen	825	3692	15154	64174	83845	547	10	1472	14	4032	16	8462	18	14514	27

II. Von Mecheln nach Brüssel.

Tage.	In den Berlinen.	In den Diligencen.	In den Chars à bancs.	In den Waggons.	Zusammen.	Von den Berlinen. Rthlr.	Sgr.	Von den Diligencen. Rthlr.	Sgr.	Von den Chars à bancs. Rthlr.	Sgr.	Von den Waggons. Rthlr.	Sgr.	Zusammen. Rthlr.	Sgr.
Im Mai.															
Am 7.	—	7	24	72	103	—	—	2	24	6	12	9	18	18	24
- 8.	—	12	40	226	278	—	—	4	24	10	20	44	19	60	3
- 9.	—	43	51	507	601	—	—	17	6	13	14	67	18	98	8
- 10.	—	67	142	578	787	—	—	26	24	37	26	77	2	141	22
- 11.	—	67	99	440	606	—	—	26	24	26	12	58	20	111	26
- 12.	—	23	97	382	502	—	—	9	6	25	26	50	28	86	—
- 13.	—	31	95	290	416	—	—	12	12	25	10	38	20	76	12
- 14.	—	49	103	276	428	—	—	19	18	27	14	36	24	83	26
- 15.	—	22	76	345	443	—	—	8	24	20	8	46	—	75	2
- 16.	—	18	105	390	513	—	—	7	6	28	—	52	—	87	6
- 17.	—	45	102	1170	1317	—	—	18	—	27	6	156	—	201	6
- 18.	—	72	144	548	764	—	—	28	24	38	12	73	2	140	8
- 19.	—	47	134	514	695	—	—	18	24	35	22	68	16	123	2
- 20.	—	55	129	490	674	—	—	22	—	34	12	65	10	121	22
- 21.	—	43	128	543	714	—	—	17	6	34	4	72	12	123	22
- 22.	—	43	94	404	541	—	—	17	6	25	2	53	26	96	4
- 23.	—	22	110	425	557	—	—	8	24	29	10	56	20	94	24
- 24.	—	33	112	1254	1399	—	—	13	6	29	26	167	6	210	8

Tage.	Zahl der Passagiere.					Ertrag.									
1835.	In den Berlinen.	In den Diligencen.	In den Chars à bancs.	In den Waggons.	Zusammen.	Von den Berlinen.		Von den Diligencen.		Von den Chars à bancs.		Von den Waggons.		Zusammen.	
Im Mai.						Rthlr.	Sgr.	Rthlr.	Sgr.	Rthlr.	Sgr.	Rthlr.	Sgr.	Rthlr.	Sgr.
Am 25.	—	50	143	480	673	—	—	20	—	38	4	64	—	122	4
- 26.	—	59	138	435	632	—	—	23	18	36	24	58	—	118	12
- 27.	—	12	83	239	334	—	—	4	24	22	4	31	26	58	24
- 28.	—	30	114	948	1092	—	—	12	—	30	12	126	12	168	24
- 29.	—	40	90	285	415	—	—	16	—	24	—	38	—	78	—
- 30.	—	36	102	289	427	—	—	14	12	27	6	38	16	80	4
- 31.	—	41	120	1005	1166	.	—	16	12	32	—	134	—	182	12
Im Juni.															
Am 1.	—	51	139	711	901	—	—	20	12	37	2	94	6	151	20
- 2.	—	44	180	823	1047	—	—	17	18	48	—	109	9	174	27
- 3.	—	48	186	658	892	—	—	19	6	49	18	86	—	154	24
- 4.	13	60	201	608	882	8	20	24	—	53	18	84	13	170	21
- 5.	13	18	117	494	642	8	20	7	6	30	16	64	13	110	25
- 6.	11	45	146	622	824	7	10	17	6	38	28	81	23	145	7
- 7.	54	122	237	861	1274	36	—	47	18	63	6	113	16	260	10
- 8.	60	99	239	864	1262	40	—	39	18	63	22	113	16	256	26
- 9.	29	61	215	762	1067	19	10	24	12	57	10	101	—	202	2
- 10.	5	25	152	677	859	3	10	10	—	40	16	89	20	143	16
- 11.	26	33	170	635	864	17	10	13	6	45	10	84	13	160	9
- 12.	—	7	127	474	608	—	—	2	24	33	10	62	28	99	2
- 13.	8	27	131	522	688	5	10	10	24	34	28	68	24	119	26
- 14.	18	69	176	853	1116	12	—	27	18	46	24	111	5	197	17
- 15.	23	31	158	772	984	15	10	12	12	42	2	101	28	171	22
- 16.	20	33	197	678	928	13	10	13	6	52	6	89	11	168	3
- 17.	17	43	160	635	855	11	10	17	6	42	18	83	22	154	26
- 18.	42	72	203	795	1112	28	—	28	24	54	4	104	20	215	18
- 19.	4	39	163	475	681	2	20	15	18	43	12	63	2	124	22
- 20.	3	32	130	399	564	2	—	12	16	34	18	52	7	101	11
- 21.	25	51	272	720	1068	16	20	20	12	72	16	92	23	202	11
- 22.	22	29	249	674	974	14	20	11	18	66	2	88	7	108	16
- 23.	24	41	311	447	823	16	—	16	—	82	12	58	4	172	16
- 24.	16	47	221	483	767	10	20	18	24	58	16	62	24	150	24
- 25.	27	59	170	367	623	18	—	23	18	45	8	47	17	134	13
- 26.	5	38	173	272	488	3	10	15	6	46	—	34	23	99	9
- 27.	16	62	133	156	367	10	20	24	24	35	4	20	2	90	20
- 28.	7	45	173	459	684	4	20	18	—	45	24	60	1	128	15
- 29.	10	49	186	763	1008	6	20	19	18	40	14	98	21	174	13
- 30.	21	46	167	563	797	14	—	18	12	44	16	73	29	150	27

Tage.	Zahl der Passagiere.					Ertrag.									
1835.	In den Berlinen.	In den Diligencen.	In den Chars à bancs.	In den Waggons.	Zusammen.	Von den Berlinen.		Von den Diligencen.		Von den Chars à bancs.		Von den Waggons.		Zusammen.	
Im Juli.						Rthlr.	Sgr.	Rthlr.	Sgr.	Rthlr.	Sgr.	Rthlr.	Sgr.	Rthlr.	Sgr.
Am 1.	14	35	191	624	864	9	10	14	—	60	—	81	7	154	17
- 2.	20	43	221	605	889	13	10	16	20	58	24	79	3	167	27
- 3.	18	31	151	451	651	12	—	12	12	40	6	58	12	123	1
- 4.	2	17	155	437	611	1	10	6	24	40	28	56	27	105	29
- 5.	14	54	256	1316	1640	9	10	21	18	68	6	173	20	272	24
- 6.	7	37	198	1385	1627	4	20	14	24	52	2	182	13	253	29
- 7.	12	46	265	1316	1639	8	—	18	12	70	20	174	6	271	8
- 8.	5	22	279	937	1243	3	10	8	20	74	12	123	10	209	22
- 9.	11	38	191	984	1224	7	10	15	6	50	29	129	29	203	13
- 10.	22	29	119	515	685	14	20	11	18	31	20	67	18	125	16
- 11.	—	25	154	560	739	—	—	9	22	40	28	73	—	123	20
- 12.	43	113	235	1798	2189	28	20	45	6	62	18	235	11	371	25
- 13.	36	85	286	915	1322	24	—	34	—	76	—	118	7	252	7
- 14.	13	51	233	561	858	8	20	20	—	61	22	71	9	161	21
- 15.	34	43	176	784	1037	22	20	16	24	46	12	99	29	185	25
- 16.	22	44	226	767	1059	13	26	17	19	59	22	96	9	187	16
- 17.	—	19	154	579	752	—	—	7	10	40	20	74	6	122	6
- 18.	14	20	202	497	733	9	10	8	—	53	12	63	12	134	4
- 19.	13	62	240	1625	1940	8	20	24	24	64	—	210	27	308	11
- 20.	38	60	218	1842	2158	25	10	24	—	57	26	240	11	347	17
- 21.	27	45	262	1774	2108	18	—	18	—	69	20	232	2	337	22
- 22.	24	70	188	1244	1526	16	—	28	—	49	26	163	24	257	20
- 23.	1	5	224	1205	1435	—	20	2	—	59	12	156	24	218	26
- 24.	37	31	211	563	842	24	20	12	12	56	8	72	9	165	19
- 25.	4	9	147	630	790	2	20	3	18	38	20	80	17	125	15
- 26.	36	106	290	1975	2407	24	—	42	12	76	28	257	16	400	26
- 27.	39	81	324	1042	1486	26	—	32	12	85	12	133	9	277	3
- 28.	21	41	192	785	1039	14	—	16	4	51	4	101	20	182	28
- 29.	7	18	178	694	897	4	20	7	6	47	2	88	16	147	14
- 30.	26	34	210	662	932	17	10	12	28	56	—	85	24	172	2
- 31.	7	19	139	474	639	4	20	7	18	36	16	61	7	110	1
Zusammen	1086	3726	14572	60303	79687	723	6	1484	24	3872	10	7926	11	14006	21

Überhaupt.

I. Von Brüssel nach Mecheln .	825	3692	15154	64174	83845	547	10	1472	14	4032	16	8462	18	14514	27
II. Von Mecheln nach Brüssel .	1086	3726	14572	60303	79687	723	6	1484	24	3872	10	7926	11	14006	21
Summa	1911	7418	29726	124477	163532	1270	16	2957	8	7904	26	16388	29	12852	18

Bemerkung des Herausgebers des gegenwärtigen Journals.

Hieraus ergiebt sich nun, daſs in den ersten 86 Tagen des Bestehens der Bahn die Einnahme von den transportirten 163532 Personen

betragen hat	28 521 Rthlr.	18 Sgr.
Die gesammten Ausgaben haben betragen	13 308 -	21 -
Bleibt Überschuſs	15 212 Rthlr.	27 Sgr.

Wollte man annehmen, das nemliche Verhältniſs werde beständig fortdauern, so würden

auf ein Jahr

kommen: 694 060 Passagiere, und an Einnahme .	121 050 Rthlr.	29 Sgr.
An Ausgabe	56 484 -	18 -
Also an Überschuſs	64 566 Rthlr.	11 Sgr.

Die Baukosten sind hier oben, nach den Anschlägen, angegeben

auf	355 578 Rthlr.	20 Sgr.
Hiezu an Zinsen während der Ausführung (man sehe den 8. Band dieses Journals S. 307) .	18 821 -	10 -
Ferner Anschaffungskosten der Transportmittel, nach der obigen Angabe S. 387 ad. 7. angenommen, in runder Zahl, zu	40 000 -	— -
Thut zusammen	414 400 Rthlr.	— Sgr.

Da aber doch wohl die Kosten mehr als veranschlagt betragen werden, so dürfte man die Anlagekosten rechnen können

wenigstens auf 450 000 Rthlr.,

und von dieser Summe würde der Überschuſs

etwa $14\frac{1}{3}$ Procent

ausmachen. Allein aus mehreren Ursachen ist auf diesen Zinsfuſs, bleibend, wohl noch nicht mit einiger Sicherheit zu rechnen.

Erstlich nemlich ist die Zeit von 86 Tagen überhaupt zu kurz, um danach auf die Zukunft der Bahn schlieſsen zu können.

Zweitens: selbst nicht einmal auf das erste Jahr läſst sich aus dieser Probezeit schlieſsen; denn sie fällt in die besten Sommermonate; und im Herbst, Winter und ersten Frühling wird wahrscheinlich die Frequenz bedeutend geringer sein. Schon Anfangs September, als der Herausgeber die Bahn eine Woche lang beobachtete, möchte die Durchschnittzahl von etwa 1900 Personen täglich, welche dem Obigen zufolge auf die ersten 86 Tage kommt, obgleich gerade das Wetter meistens noch sehr schön war, schwerlich erreicht worden sein.

Drittens ist die Frage, ob nicht auch die Neuheit des Werkes einen gröfsern Überschufs an Passagieren herbei gezogen haben möchte, als künftig durch den Anschlufs an Antwerpen für die gleiche Jahreszeit noch hinzukommen dürfte. Der Herausgeber beobachtete Anfangs September nächst der Bahn auch so viel möglich die Passagiere, und gewahrte, dafs eine Menge Personen die Bahn offenbar blofs aus Neugier befuhren; was späterhin wohl weniger der Fall sein wird.

Viertens dürften auch wohl noch manche Ausgaben zur Vollendung der Anlage des Werkes hinzukommen, auf welche man vielleicht noch nicht gerechnet hat; denn schwerlich dürfte das viele, selbst damals noch Fehlende mit der Summe, die nach der obigen Berechnung noch zur Vollendung übrig bleibt, hergestellt werden können. Besonders aber dürften die Erhaltungskosten in der Folge im Durchschnitt den Maafsstab der ersten 86 Tage übersteigen, wenn die Schienen und das Übrige abgängig werden und erneuert werden müssen.

Da nun nach dieser Ansicht die Einnahme wenigstens nicht zunehmen, die Ausgabe dagegen vielleicht noch steigen möchte, so läfst sich vermuthen, dafs der Zinsfufs auf die Dauer vielleicht bedeutend geringer sein werde, als ihn die ersten 86 Tage ergeben haben. Mindestens scheint die Hoffnung, welche einige Zeitungsnachrichten geäufsert haben: das Anlage-Capital werde in wenigen Jahren zurück zu gewinnen sein, etwas zu kühn. Inzwischen kann darüber nur die Erfahrung, also nur die Folgezeit entscheiden *).

Erhebliche Unbequemlichkeiten der Bahn und der Fuhrwerke für die Passagiere hat dagegen der Herausgeber zur Zeit seiner dortigen Anwesenheit nicht wahrgenommen, und kann in die Klagen darüber, in so fern

---

*) So eben, während des Drucks dieser Mittheilung, findet sich eine neuere Nachricht über die Frequenz auf der Eisenbahn zwischen Brüssel und Mecheln, aus Antwerpen, vom 11. März 1836, in der Berliner Vossischen Zeitung vom 16. März d. J. Dieser Nachricht zufolge haben sich im Januar d. J. 29 000, im Februar 30 000 und in den 299 Tagen seit der Eröffnung der Bahn, vom 7. Mai 1835 bis Ende Februar 1836, 479 000 Personen der Bahn bedient, und die Einnahme an Fuhrkosten hat 82 400 Rthlr. (309 000 Fr.) betragen.

Darf man diese Nachricht als authentisch betrachten, so findet sich schon ein anderes, minder günstiges Verhältnifs des Ertrages zu den Kosten. Denn, nach diesem Maafsstabe gerechnet, kommen auf das Jahr, nicht wie oben 694 060, sondern nur noch 586 331 Personen, und nicht 121 050 Rthlr. 29 Sgr., sondern nur 100 741 Rthlr. 15 Sgr. Brutto-Ertrag. Und

man anders in den Grenzen billiger Forderungen bleiben will, nicht einstimmen. Vielmehr hat ihm das Werk, so weit, als es bis dahin gediehen war, durchaus gelungen geschienen. Es macht nach seiner Überzeugung seinen Urhebern und den trefflichen Ingenieurs, die es ausführten, die gröfste Ehre. Es wird wenig grofse Bauwerke neuer und wenig versuchter Art geben, die mit so viel Umsicht und practischer Einsicht entworfen und ausgeführt wären, als diese Eisenbahn.

Der Herausgeber äufserte im vorigen Hefte dieses Journals, S. 287, er werde einiges nähere Technische über die Belgische Bahn, in Folge seiner Anschauung derselben, berichten. Er will es bei dieser Gelegenheit thun, mufs sich aber, in dem Drange seiner Geschäfte, nur auf einige wenigen allgemeinen Bemerkungen beschränken.

Die Bahn war Anfangs September v. J. von Brüssel ab, zwischen dem Laekener Thore und der Allée verte anfangend, bis zu dem Canal dicht vor Mecheln, (nach der Angabe des Herrn v. Ridder, eines der beiden Erbauer der Bahn), etwa 21500 Meter oder sehr nahe an 3 Meilen lang, vollendet und fahrbar. Etwa $\frac{1}{4}$ Meile fehlte noch bis Mecheln; denn es hatte die Brücke über den Canal noch nicht gebaut werden können. Bei Brüssel war der Hof der Bahn ummauert; auch waren feste Schuppen für die Dampf- und Bahnwagen etc. erbaut; aber für die Empfangstellen war erst interimistisch gesorgt. Am andern Ende, bei Mecheln, waren, auf freiem Felde, blofs interimistische Einrichtungen zum Abgange und Empfange gemacht. Auch fehlte noch die gänzliche Vollendung des Dammes und der Graben und zum Theil die Befriedigung der Bahn. Die Bahn war gerade nur erst so weit gebracht, um auf die angezeigte Länge befahren werden zu können. Sie hat zwei Reihen Schienen, und ist also einfach: aber es ist vorgesorgt worden, dafs der Damm zu einer doppelten Bahn verbreitet werden kann. Sie hat bis jetzt keine

---

da nun die Ausgabe wahrscheinlich nicht in demselben Verhältnifs gegen die ersten 86 Tage abgenommen haben wird, so reducirt sich schon der reine Ertrag von $14\frac{1}{3}$ auf höchstens 12 Procent. Aber auch dieses Resultat ist noch zweifelhaft. Denn, wenn im Januar und Februar wirklich nur etwa 30000, also im Durchschnitt täglich etwa 1000 Personen die Bahn befahren haben, so ist dies fast nur noch halb so viel, als in den ersten 86 Tagen, und da nun auch noch der October, November und December ungünstige Monate sind, so ist die Angabe der Summe von 479000 Personen, in den gesammten 299 Tagen, etwas zweifelhaft. Jedoch läfst sich dieser Zweifel allerdings nicht näher begründen. Nur die zu erwartenden officiellen Angaben der Frequenz und der Einnahme, so wie die noch fehlende Angabe der Kosten, können erst nähere und sichere Resultate geben.

Ausweichestellen. Die Spurbreite der Bahn ist 4 Fuſs 9 Zoll, die Breite der Banketts 4 Fuſs 6 Zoll. Die Schienen sind von gewalztem Eisen und verschieden, in der Regel aber 14½ Fuſs (5 Yards) lang. Sie sind nicht parallel oder cylindrisch, sondern unten wellenförmig (*undulated*) gewalzt. Der laufende Fuſs englischer Schienen wiegt nur etwa 8 Pfund; man wird aber in der Folge schwerere Schienen aus der Cokerillschen Fabrik zu Seraing bei Lüttich nehmen, die bis 12 Pfd. auf den Fuſs wiegen. Die Unterstützungen der Schienen sind nahe an 3 Fuſs (1 Yard) von einander entfernt. Für 1000 Kilogr. Schienen hat man etwa 375 Fr. bezahlt, was für den Centner etwa 5 Rthlr. 4 Sgr. ausmacht. Seitdem sind sie viel theurer geworden. Die Schienenstühle, von gegossenem Eisen, in welchen die Schienen mit eisernen Keilen festgekeilt sind, wiegen 13 bis 15 Pfd. Sie sind auf Querhölzer von 8 Fuſs lang aufgenagelt. Diese Querhölzer sind aus runden, unbeschlagenen Stämmen geschnitten. Die Stämme sind in der Richtung des Durchmessers der Rundung längs durchsägt; die platte Seite liegt unten und auf die obere runde Seite sind die Schienenstühle festgenagelt; nur an den Stellen, wo dieselben hintreffen, sind die Querhölzer, so viel, als zum Auflager der Schienenstühle nothwendig ist, beschlagen. Diese Querhölzer sind also die eigentlichen Träger und Unterstützungen der Bahn. Man hat dazu einstweilen allerhand Hölzer genommen: Buchen, Eschen, selbst Pappeln, und andere, wird ihnen aber in der Folge eichene Querhölzer substituiren. Man hat nur darauf gesehen, daſs die Hölzer nicht zu schwach waren. Sie sind mindestens 12 Zoll breit im Auflager. Nur da, wo der Boden gar zu unfest ist, hat man die Querhölzer auf einen Steinschlag von 1 bis 1½ Fuſs Dicke gelegt; auſserdem sind sie auf bloſsen Sand gelegt, und zwar vorzugsweise auf eine 1½ Fuſs hohe Sandschicht, die das Wasser durchseigen läſst, weil vor Allem verhindert werden muſs, daſs Wasser unter der Lagerfläche der Querhölzer verweile. Um noch mehr das Wasser aus dem Damm zu entfernen, geht die Sandschicht auch stellenweise quer durch die Bankette und ist an den Graben mit losen Kalksteinen eingefaſst. Diese Fundamentirungs-Art der Bahn hat bis jetzt gute Dienste gethan. So wie der Damm an den aufgeschütteten Stellen sich bedeutend gesetzt hat, legt man bloſs die Querhölzer von neuem, nachdem man den Damm wieder durch Aufschüttung in die richtige Höhe gebracht hat. Die Querhölzer sind nur bis zu ihrer Oberkante mit Sand bedeckt, so daſs die Schienen über dem Boden frei herausstehen. Die Oberfläche des Dammes und der Bankette ist bloſse Erde. Auch über den steinernen Brücken ist die Fundamentirungs-Art der Schienen die nemliche, wie auf dem Erd-Damme. Die Brücken sind nur so breit, als es zur Aufnahme der Schienenbahn nöthig ist. Auf den Querstraſsen stehen zu beiden Seiten der Bahn, jenseit des Grabens, Barrieren, welche während der Überfahrt des Bahnwagenzuges verschlossen werden. Der Übergang der Querstraſsen über die Bahn ist auf die gewöhnliche Weise eingerichtet. Die Querstraſsen sind nemlich in der Höhe der Oberkante der Schienen gepflastert, so daſs die die Querstraſsen befahrenden Wagen quer über die Schienen hinrollen.

Auf jede Meile sind 8 Bahnwärter, und besonders bei den Querwegen, stationirt. Sie stellen sich beim Vorbeifahren des Wagenzuges auf dem Bankett auf, und zeigen dem Führer des Dampfwagens durch Ausstrecken des Armes an, daſs die bevorstehende Bahnstrecke keine Hindernisse darbiete. Im entgegengesetzten Fall wird sogleich der Zug angehalten.

Das Terrain ist in dortiger Gegend fast ganz eben, und die geringen Gefälle sind kaum merkbar. Auch hat die Bahn bis Mecheln nur wenige Krümmen, von sehr groſsen Halbmessern. Desgleichen kommen keine sehr bedeutenden Einschnitte und Aufschüttungen vor.

Zum Auf- und Absteigen der Passagiere, so wie auch zu ihrem Aufenthalt, sind keine besonderen Einrichtungen gemacht. Das Auf- und Absteigen geschieht im Freien, und es müssen die Passagiere im Freien verweilen.

Die Dampfwagen sind aus der Stephensonschen Fabrik in Newcastle. Es waren ihrer 5 vorräthig; sie haben 20 bis 30 Pferde Kraft. Alle haben 6 Räder; ein Paar, von 4 F. im Durchmesser, in der Mitte, welches die eigentlich wirkenden Räder sind, und 2 Paar kleinere Räder, von 3 Fuſs im Durchmesser, vorn und hinten. Die Cylinder haben 12 Zoll Durchmesser; der Dampfwagen ist im Gestelle 18 Fuſs lang. Die Munitionswagen haben vier Räder und laden in der Mitte die Kohlen und rund um das Wasser.

Die Bahnfuhrwerke zum Transport der Passagiere sind viererlei Art, nemlich:

1. *Waggons.* Sie haben kein Verdeck, die Sitze keine Kissen und Lehnen, der Boden hat keinen Teppich. Nur rund um läuft ein niedriges Geländer. Jeder Waggon hat 5 Bänke von 8 Fuſs lang, 4 zu 5 Sitz-Plätzen und einen zu 6 Plätzen. Es finden also auf jedem Wagen 26 Personen Raum. Der Boden des Wagens ruht, wie bei allen übrigen Wagen, auf starken Druckfedern; aber die Gestellbalken haben keine

Stofskissen, so dafs der Stofs, beim Anhalten und Abfahren, auf diesen Wagen etwas hart ist. Dieses ist allerdings eine Unbequemlichkeit; aber sie ist nicht bedeutend, und, wenn man sich erst ein wenig gewöhnt hat, auf den bevorstehenden Stofs im Voraus zu achten, ohne allen Nachtheil. Auf diesen Wagen zahlt die Person 4 Sgr. ($\frac{1}{2}$ Franc).

2. *Chars à bancs.* Sie haben etwas höhere und dichte Wände, von Brettern, mit Thüren; desgleichen ein Verdeck von gefirnifster Leinwand; auch Vorhänge zur Abhaltung des Luftstroms. Jeder Wagen hat 8 Bänke zu 4 Sitzen, und fafst also 32 Personen. Die Gestellbalken haben, wie bei den folgenden beiden Arten von Wagen, Stofskissen, so dafs das Zusammenstofsen weniger fühlbar ist. Auf diesen Wagen zahlt die Person 8 Sgr.

3. *Diligencen.* Sie sind den preufsischen Schnellpostwagen ähnlich und haben drei vereinigte Wagenkasten, jeden mit 2 Bänken zu 5 Personen, so dafs also jeder Wagen 30 Personen fafst. Die Sitze sind gepolstert; an den Seiten sind Fenster und der Wagen ist ausgeschlagen. Auf diesen Wagen zahlt die Person 12 Sgr.

4. *Berlinen.* Sie haben ebenfalls drei vereinigte Wagenkasten, jeden mit 2 Bänken; auf jeder Bank sind drei durch Armlehnen gesonderte Sitze, so dafs der Wagen 18 Personen fafst. Der Fufsboden ist mit Wachsteppichen belegt. Alles ist gut gepolstert und ziemlich elegant staffirt. In diesen Wagen zahlt die Person 20 Sgr. Die Räder der sämmtlichen Wagen haben 3 Fufs im Durchmesser.

Die Waggons sind in den Balken 11 Fufs lang, die übrigen, mit den Stofskissen, 16 bis 18 Fufs lang.

Wegen des Gewichtes des Gepäcks der Passagiere ist man nicht schwierig. Frachtgüter aber werden, wie oben in dem officiellen Bericht gedacht, bis jetzt nicht transportirt.

Die wohlfeilen Wagen befinden sich in der Regel unmittelbar hinter dem Dampfwagen, und am Schlusse des Zuges; die theuerern Wagen in der Mitte. Bei den Fahrten, welche Referent auf der Bahn machte, zog der Dampfwagen 8 bis 10 Wagen, und konnte also gegen 300 Personen auf einmal fortbringen, jedoch waren die Berlinen, Diligencen und Chars à bancs fast niemals ganz besetzt, sondern fast nur die Waggons; der bedeckten Wagen bedient man sich nur mehr bei schlechtem Wetter.

Der Zug hält, sowohl von Brüssel nach Mecheln, als von Mecheln nach Brüssel, nur einmal an: nemlich bei dem Städtchen Vilvorde, ungefähr auf dem halben Wege, aber ohne dort Wasser und Kohlen einzunehmen, sondern blofs um Passagiere abzusetzen und aufzunehmen. Das völlige Stillehalten dauert nur 1 bis höchstens 2 Minuten; aber, da die Wagen bis zum Stillestehen ihre Geschwindigkeit nur allmählig verlieren, und umgekehrt wieder gewinnen, so kann man rechnen, dafs der Aufenthalt 5 bis 6 Minuten Zeit kostet. Von den 8 Fahrten, welche Referent machte, erforderte keine mehr als 39, und keine weniger als 32 Minuten. Die Geschwindigkeit ist aber sehr verschieden, nicht allein beim Abfahren und Ankommen, sondern auch während des Laufs der Wagen. Bergauf und in den Krümmen ist sie bedeutend geringer, als bergab und auf geraden Strecken. Die größste Geschwindigkeit kann bis 40 Fuſs in der Secunde betragen. Aber auch diese bedeutende Geschwindigkeit verursacht noch durchaus keine Unbequemlichkeit. Der Luftzug ist nicht stärker, als ein mäſsig starker Wind. Bloſs wer zum Schwindel geneigt ist, darf nicht gut nahe beim Wagen auf den Boden sehen. Sieht man dagegen etwas in die Ferne hinaus, so ist die schnelle Bewegung des Fuhrwerks nur angenehm. Nicht angenehm ist das Klappern der Wagen auf den Schienen; aber auch nur auf den Waggons. Es gleicht ganz dem Klappern einer Mahlmühle, und ist allerdings so stark, daſs Sprechende sich nur schwer einander verständlich machen können. In den Berlinen und Diligencen dagegen hört man einander ohne Schwierigkeit. Das Stoſsen der Wagen ist, selbst in den Waggons, nicht so stark, als in einem, schnell über ein gutes Pflaster hinfahrenden Wagen, der nicht in Federn, sondern nur etwa in Riemen hängt; in den Berlinen und Diligencen aber ist es nicht so stark, als in guten, in Federn hängenden Stadtwagen, auf dem Pflaster. Referent konnte in diesen Wagen, in einer auf den Sitz gegenüber aufgelegten Schreibtafel, ohne Schwierigkeit schreiben. Ein Stoſsen der Wagen, wie einige Berichte sagen, so stark wie auf einem Knüppeldamm, hat er in keiner der vier Arten Bahnwagen wahrgenommen.

Das Abholen und Zurücktransportiren der Passagiere durch die Stadt Brüssel ist Privat-Unternehmungen überlassen. Die dazu sich darbietenden Wagen sind mancherlei Art: Fiacres, Cabriolets, Omnibus etc., aber alle, welche Referent sahe, sind ziemlich unbequem und unangenehm. Einzelne Plätze in denselben kosten gleichwohl, ungeachtet die Entfernungen nicht bedeutend sind, $2\frac{1}{2}$ bis 4 Sgr.

Das Mannöver des Dampfwagens beim Wenden, um sich an das entgegengesetzte Ende des Zuges der Bahnwagen zu begeben (die alle rück- und vorwärts fahren und nicht gewendet werden), läſst sich ohne Zeichnungen nicht gut deutlich machen. Es wird davon bei einer anderen Gelegenheit die Rede sein.

Mit dem Wagenzuge fahren 4 Wagenmeister mit; den Dampfwagen führt ein Maschinist, und ein Arbeiter auf dem Munitionswagen reicht ihm Kohlen und Wasser zu. Der Führer des Dampfwagens muſs ununterbrochen die gröſste Aufmerksamkeit beobachten; er wird jedesmal um Mittag von einem andern abgelöset.

Der Wagenzug fährt im Sommer, an Sonn- und Festtagen, 5 Mal, an den übrigen Tagen 6 Mal von Brüssel nach Mecheln, und eben so oft zurück; im Winter verhältniſsig weniger oft. Zwischen je zwei Abfahrten vergehen 2 Stunden.

Referent muſs sich für diesesmal mit diesen wenigen Nachrichten über den Gegenstand begnügen. Er wird dieselben gelegentlich in der Folge fortsetzen.

Berlin, im März 1836.

Inhaltsverzeichnifs des vierten Hefts neunten Bandes.

Berlin, gedruckt bei G. Reimer

Grundriss.

1.

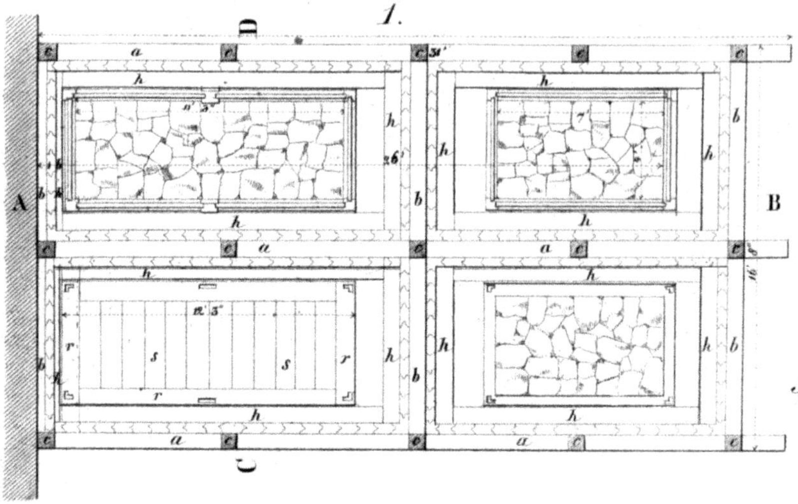

2.

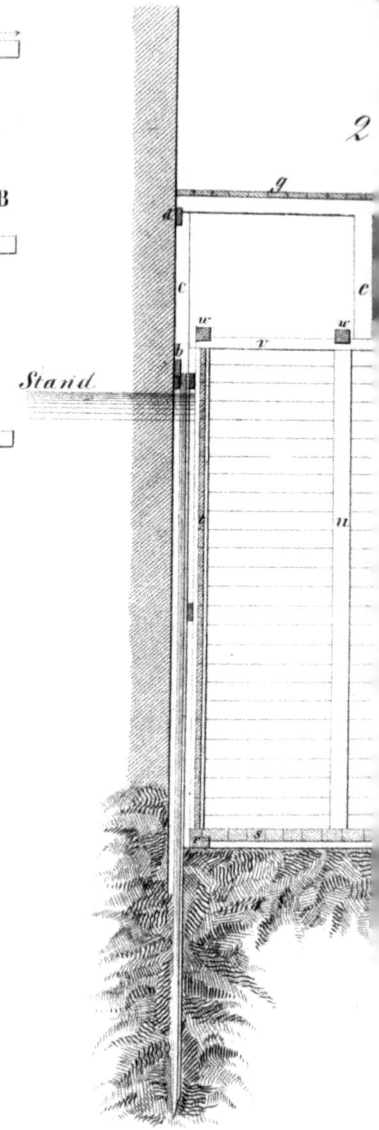

4.

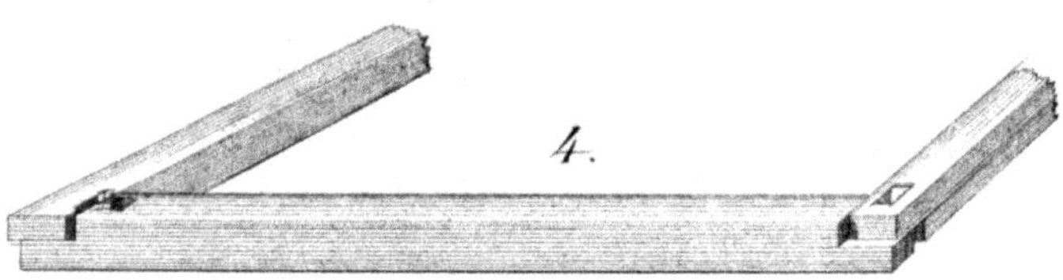

Detail des Geviertes m.

5.

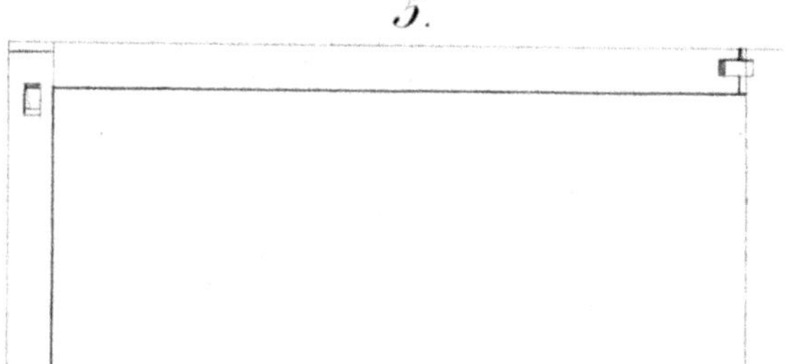

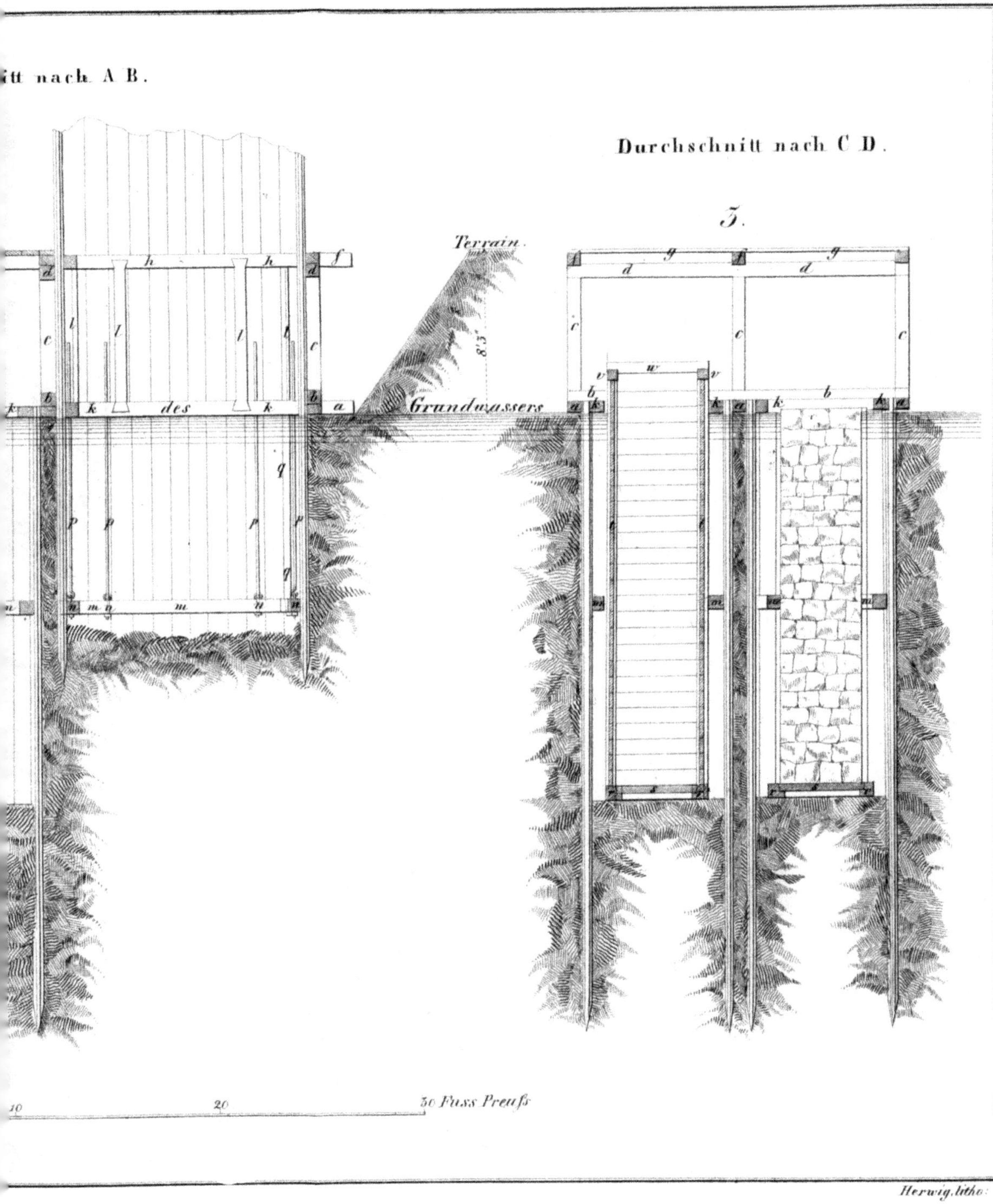

Herwig, lithо:

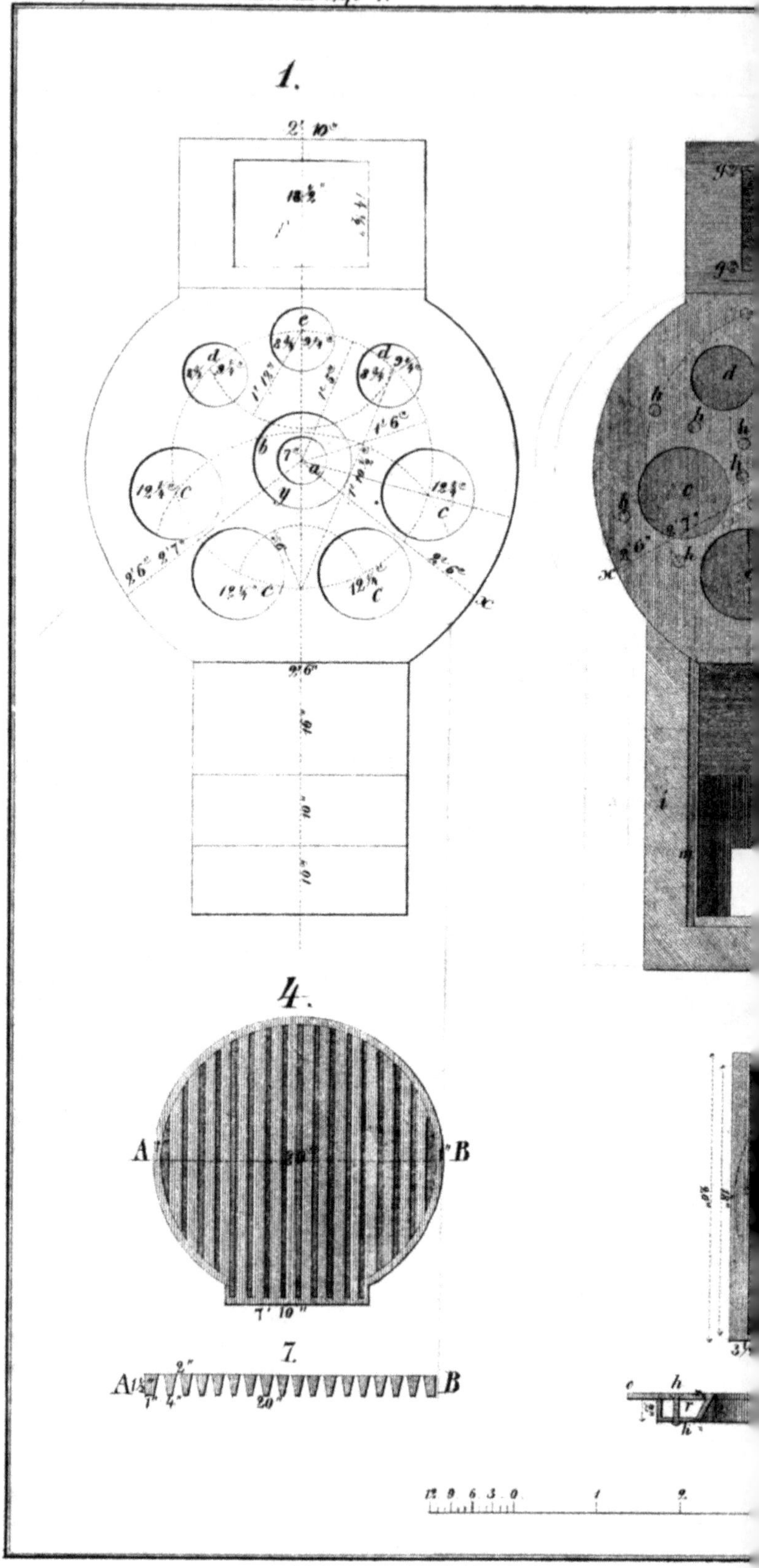
1.
4.
7.
A
B
2' 10"
7' 10"
20"

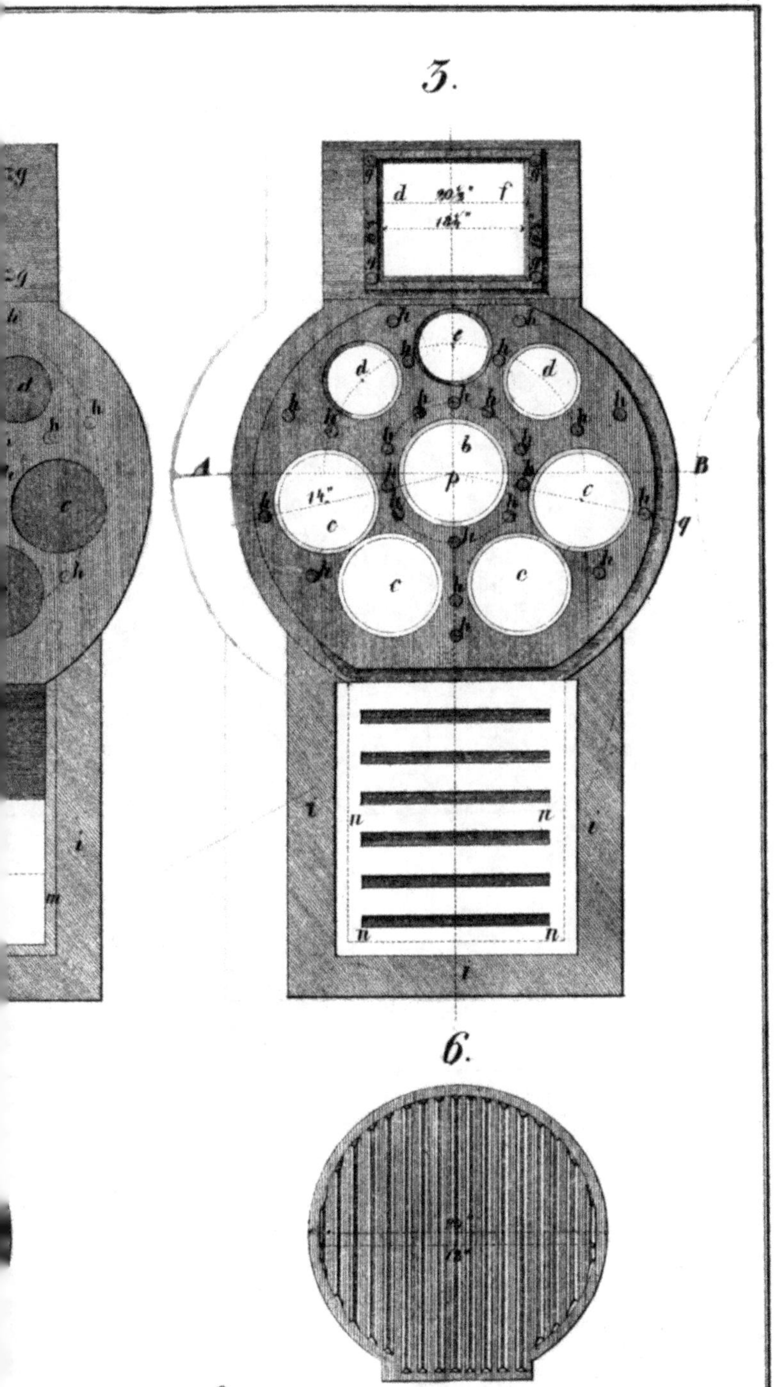
3.
d
f
A
B
b
p
c
e
h
g
q
i
n
14"
6.
8.
h
r
q
12¼"
14"
Fuss

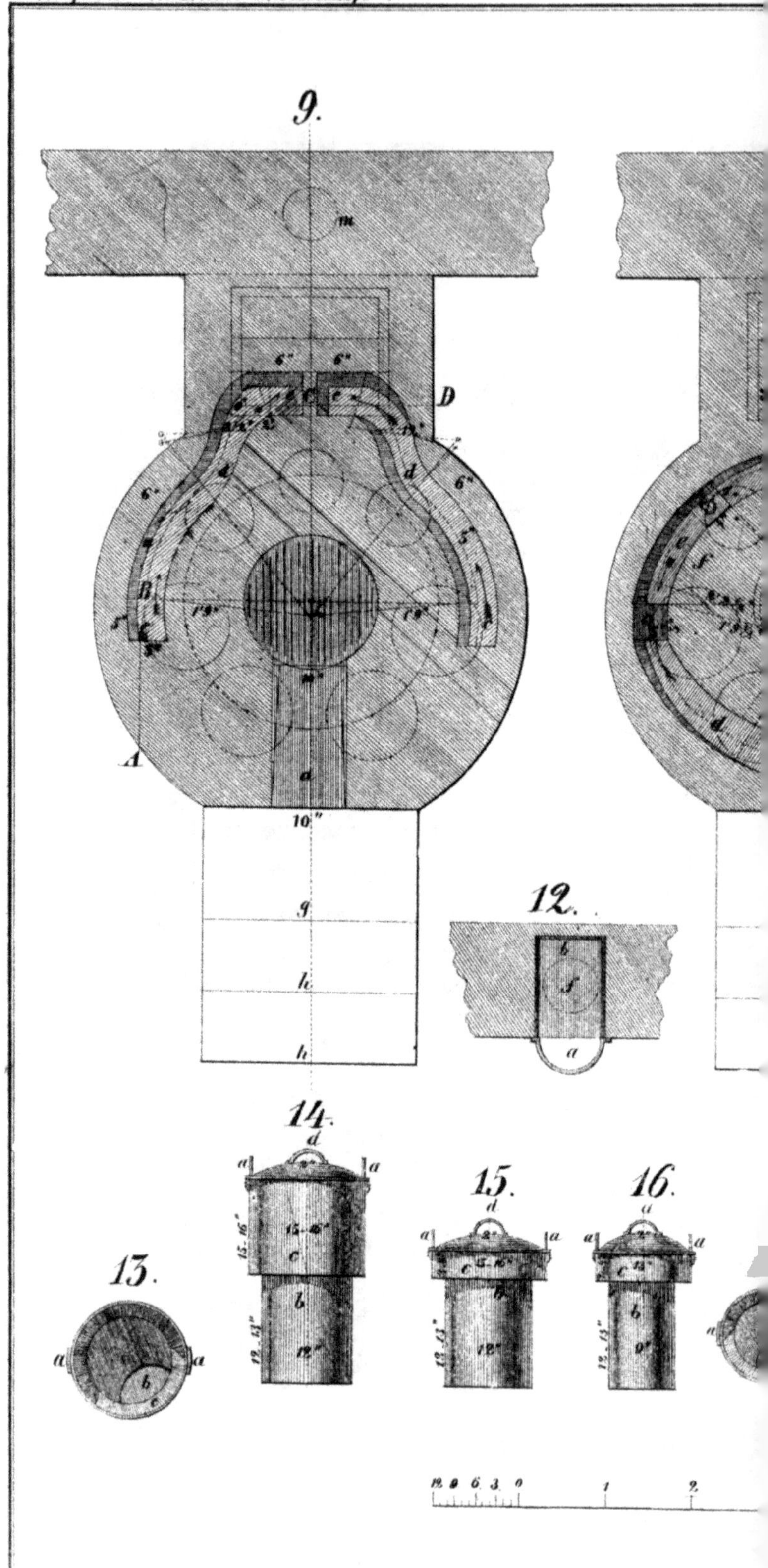
9.
m
D
A
B
d
12.
b
f
a
13.
a
b
c
14.
d
a
c
b
15.
d
a
c
b
16.
a
b

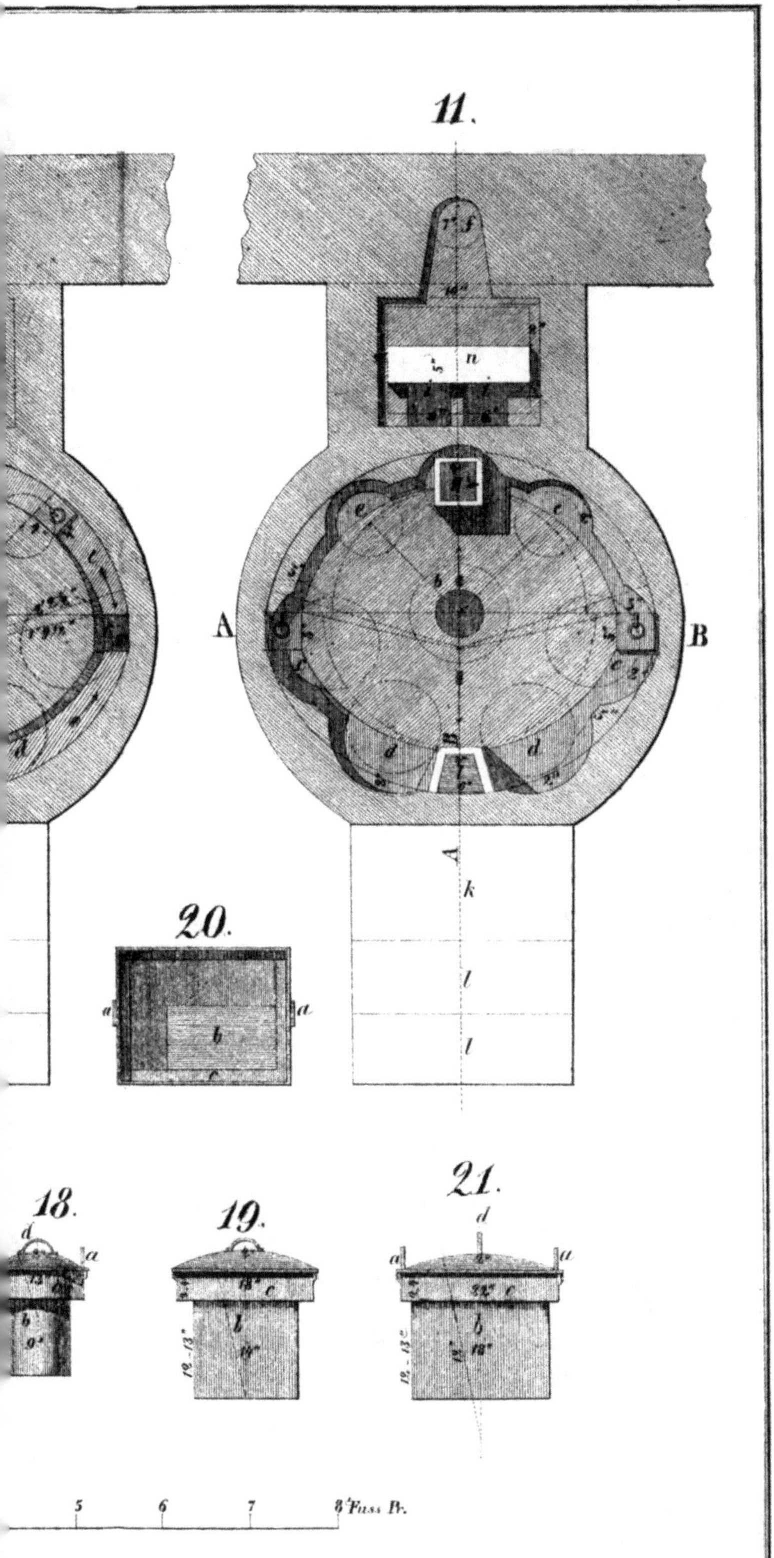

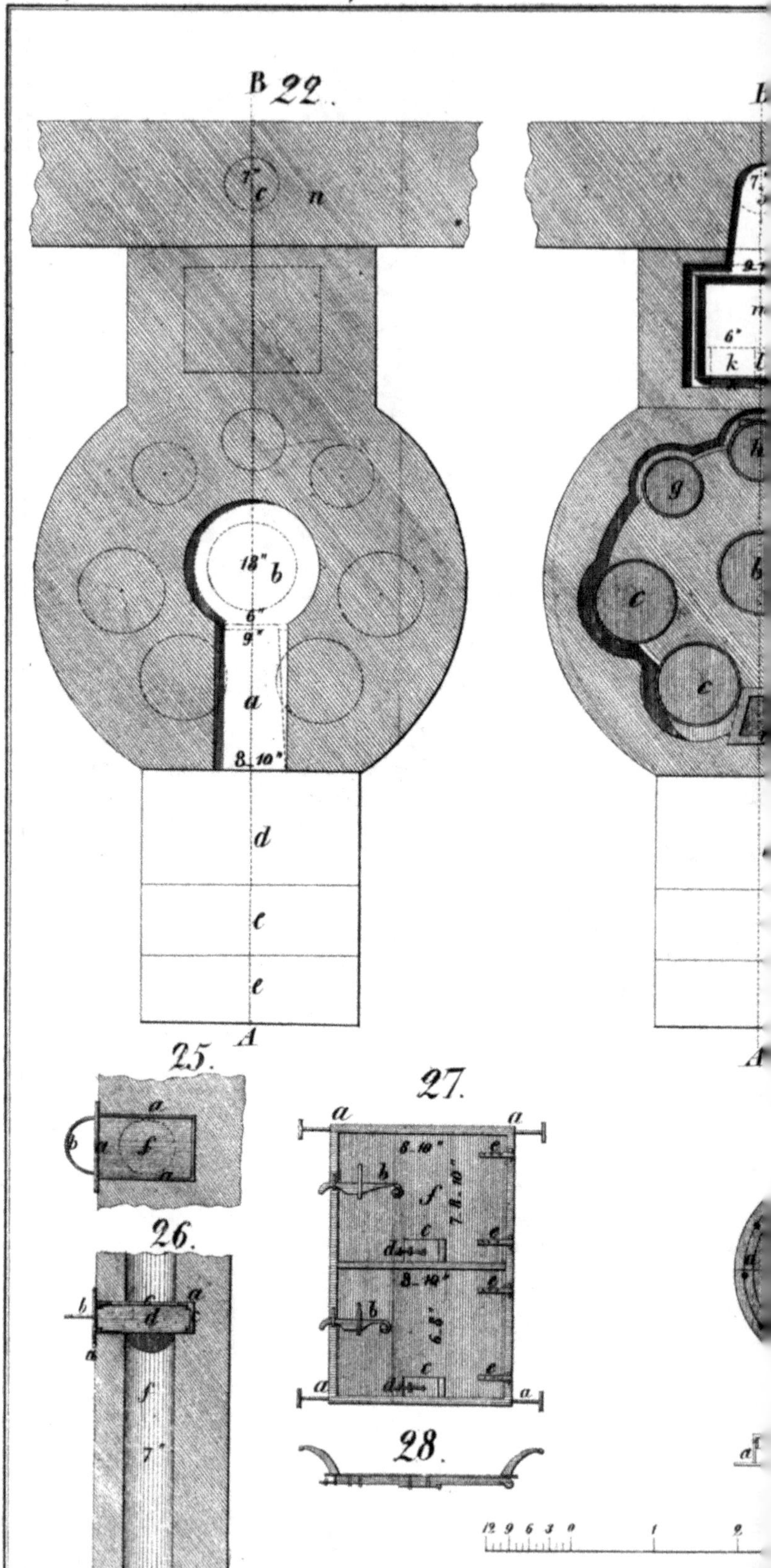
22.
B
A
25.
26.
27.
28.

TAF. XV.

24.

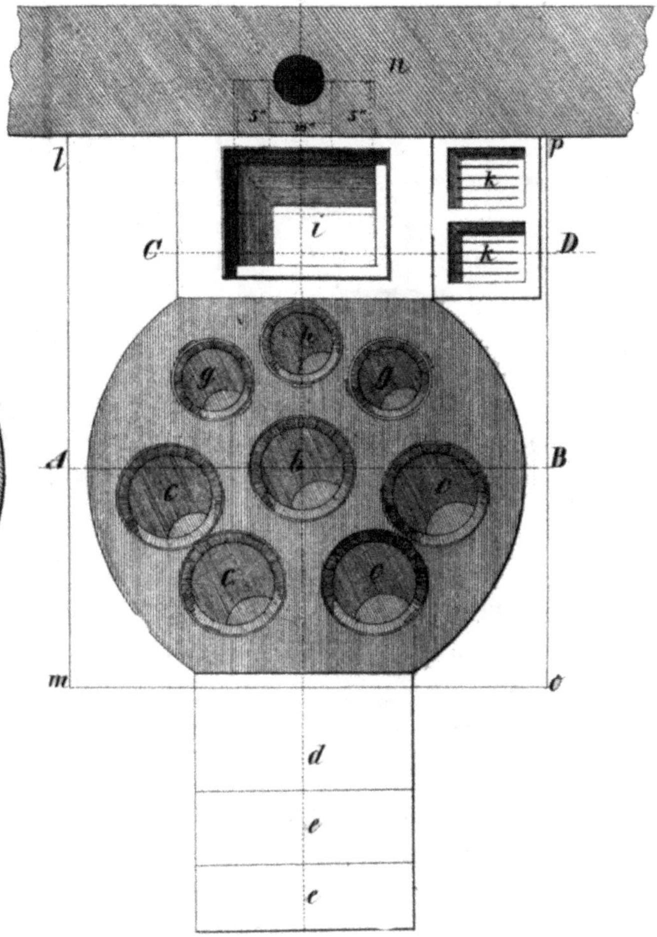

31.

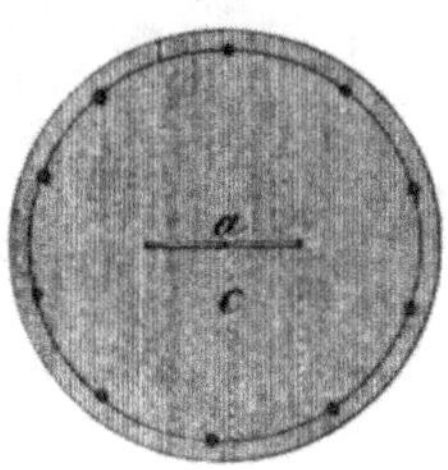

32.

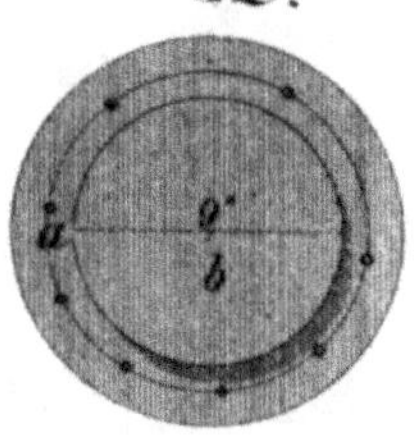

33.b

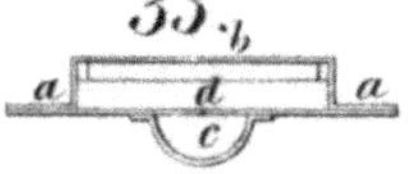

36.

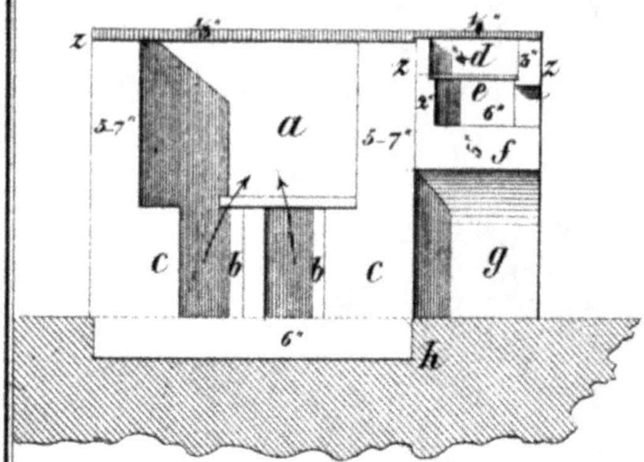

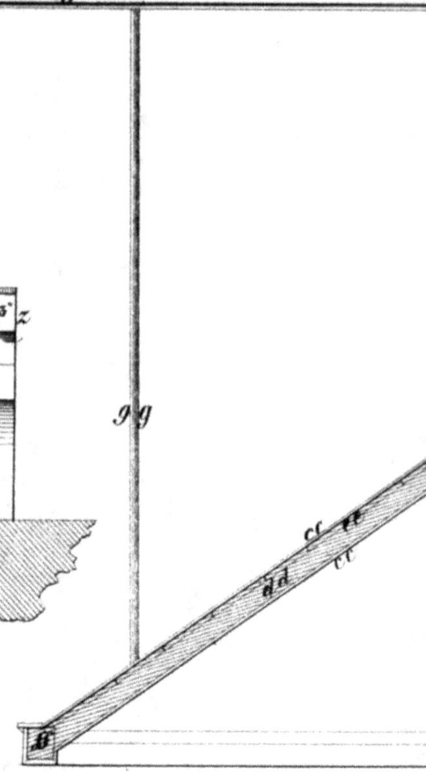

12 9 6 3 0 1 2 3 4 5 6 Fuss Pr

34.

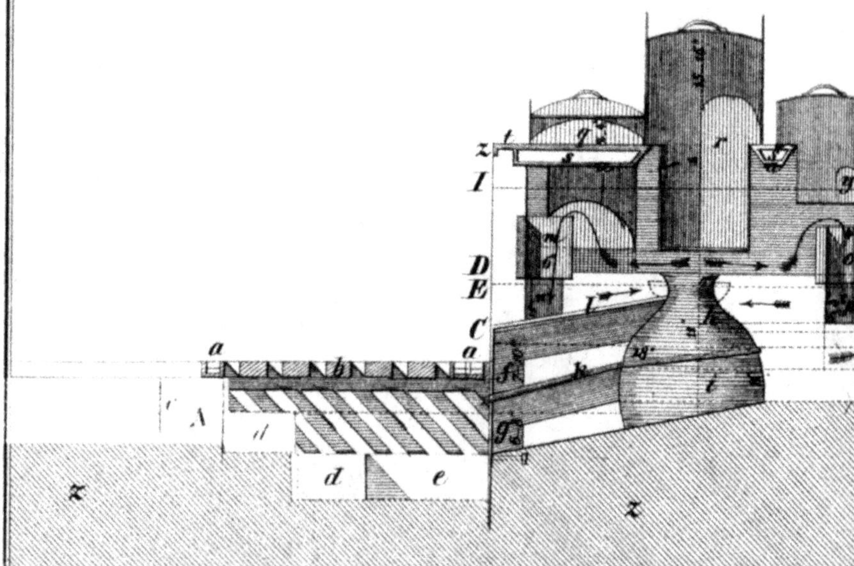

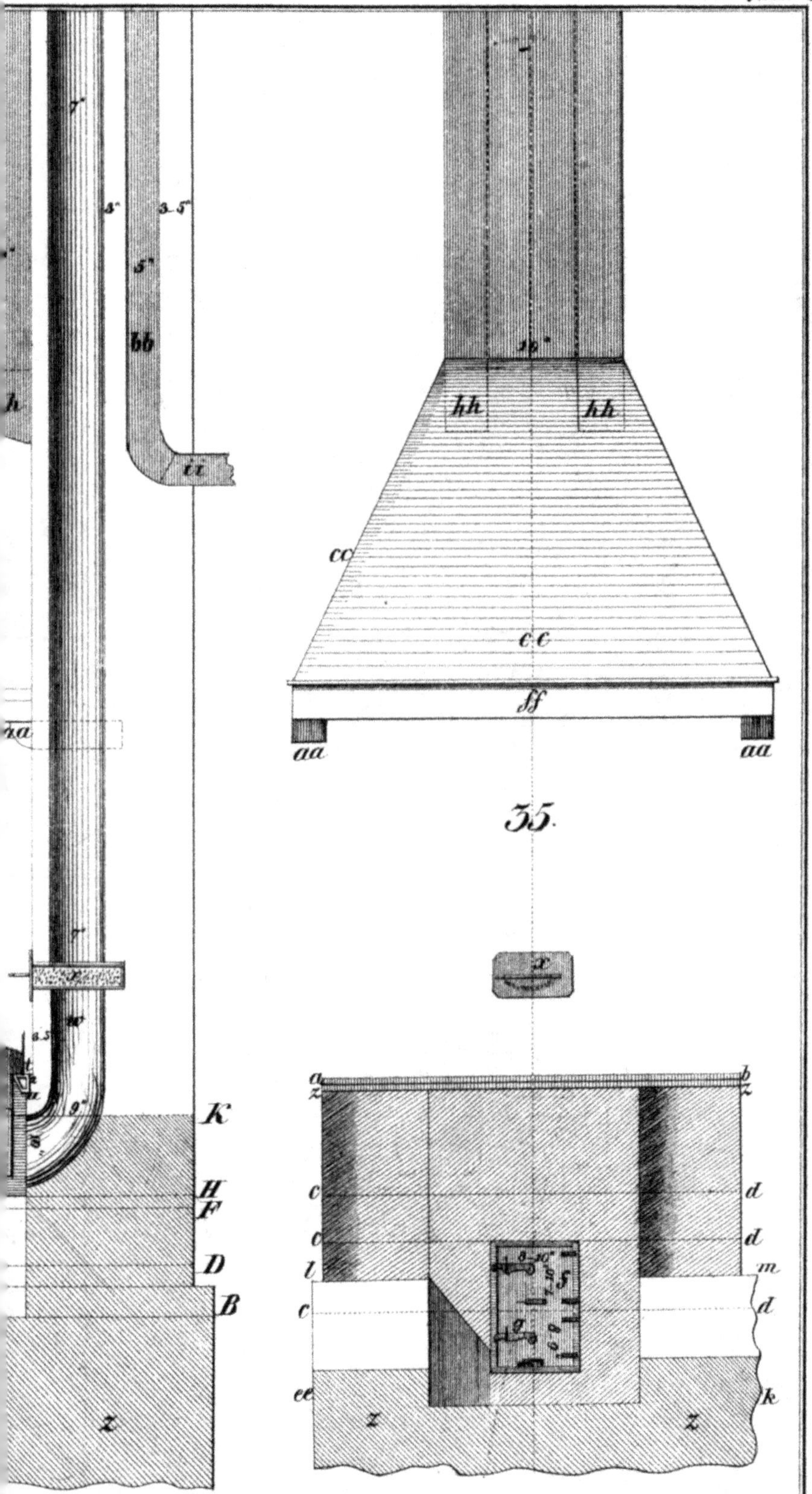

bb
ii
hh
hh
cc
cc
ff
aa
aa
35.
x
a
b
z
z
K
H
F
D
B
c
d
c
d
l
m
c
d
f
g
ee
k
z
z
z

37.

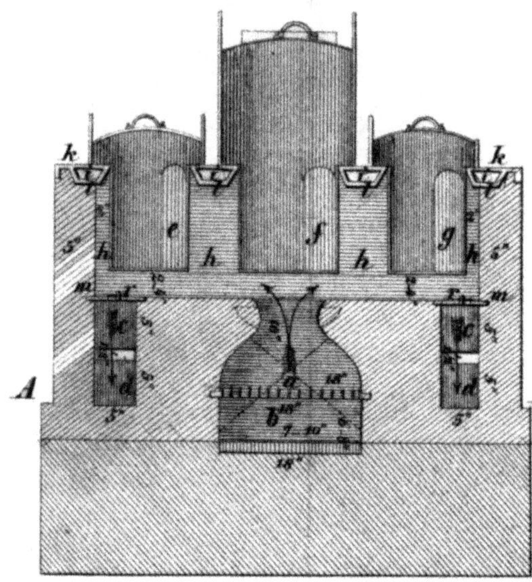

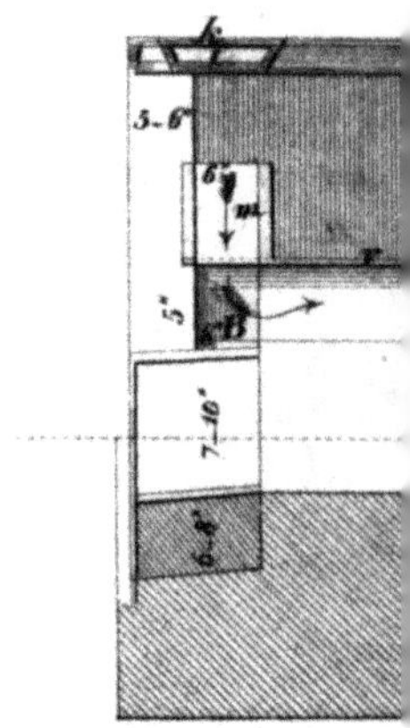

40.

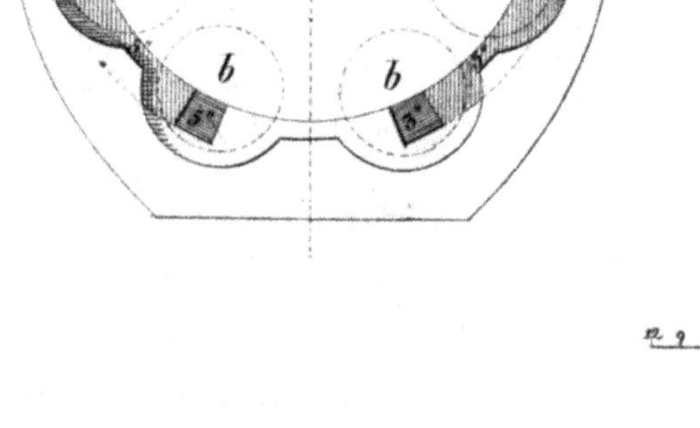

TAF. XVII.

38.

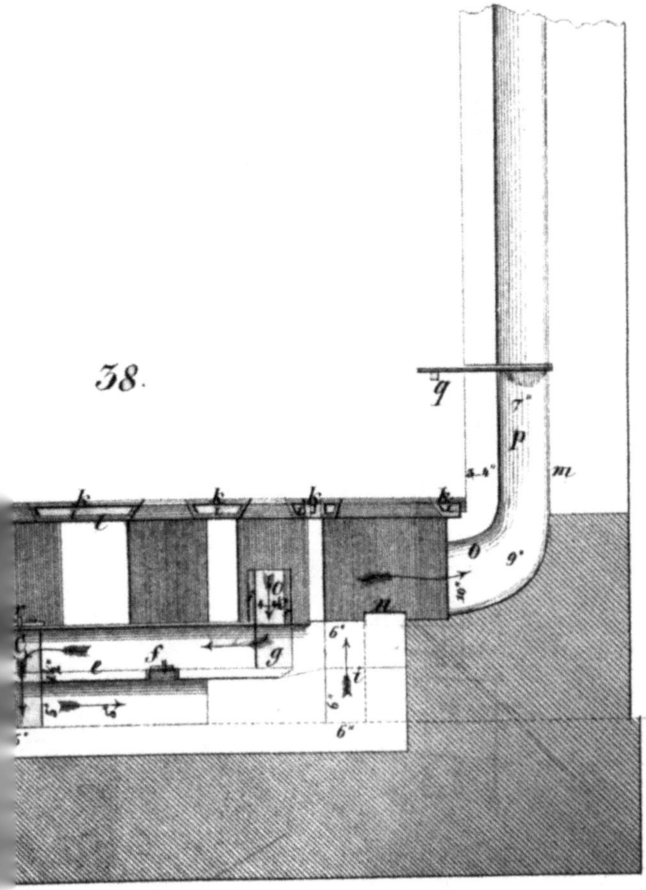

39.

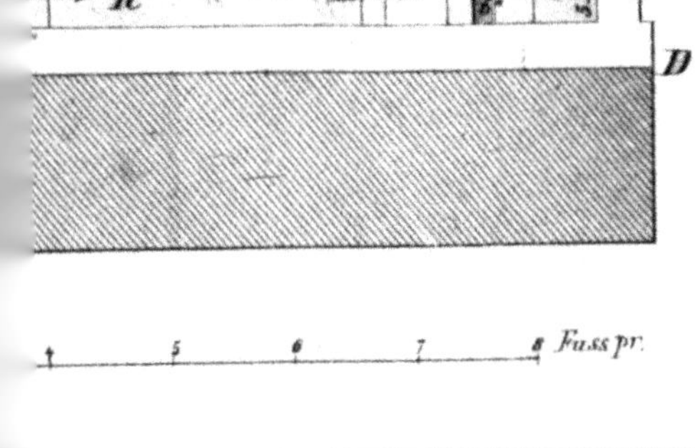

www.ingramcontent.com/pod-product-compliance
Lightning Source LLC
LaVergne TN
LVHW080745300926
849162LV00008BA/1757